国家出版基金资助项目

Projects Supported by the National Publishing Fund

钢铁工业协同创新关键共性技术丛书

主编　王国栋

低碳炼铁技术

Low-carbon Ironmaking Technology

储满生　柳政根　唐珏　著

北　京

冶 金 工 业 出 版 社

2021

内 容 提 要

本书概述了低碳炼铁背景和主要技术方向，详细介绍了高炉喷吹焦炉煤气富氢还原炼铁技术、复合铁焦和含碳复合炉料制备及高炉低碳冶炼技术、气基竖炉直接还原短流程及其应用于高铬型钒钛磁铁矿高效清洁冶炼技术、不锈钢粉尘、硼泥和铝业赤泥等典型冶金二次资源高效高值化利用技术的最新研究成果。本书可为低碳高炉炼铁和冶金资源高效清洁利用技术研发和应用提供借鉴参考，积极推动炼铁产业低碳绿色化发展。

本书可供冶金企业、科研、设计机构从事炼铁和冶金资源综合利用工作的科技人员和管理人员阅读，也可用作高等院校冶金工程、资源循环科学与工程、热能工程等相关专业本科高年级学生和研究生的教学参考书。

图书在版编目（CIP）数据

低碳炼铁技术/储满生，柳政根，唐珏著 . —北京：
冶金工业出版社，2021.5
（钢铁工业协同创新关键共性技术丛书）
ISBN 978-7-5024-8904-5

Ⅰ.①低… Ⅱ.①储… ②柳… ③唐… Ⅲ.①炼铁—
节能减排—研究 Ⅳ.①TF5

中国版本图书馆 CIP 数据核字（2021）第 171060 号

出 版 人 苏长永
地 址 北京市东城区嵩祝院北巷 39 号 邮编 100009 电话 (010)64027926
网 址 www.cnmip.com.cn 电子信箱 yjcbs@cnmip.com.cn
责任编辑 卢 敏 美术编辑 彭子赫 版式设计 孙跃红
责任校对 郑 娟 责任印制 李玉山
ISBN 978-7-5024-8904-5
冶金工业出版社出版发行；各地新华书店经销；北京捷迅佳彩印刷有限公司印刷
2021 年 5 月第 1 版，2021 年 5 月第 1 次印刷
710mm×1000mm 1/16；41 印张；795 千字；635 页
146.00 元

冶金工业出版社 投稿电话 (010)64027932 投稿信箱 tougao@cnmip.com.cn
冶金工业出版社营销中心 电话 (010)64044283 传真 (010)64027893
冶金工业出版社天猫旗舰店 yjgycbs.tmall.com
（本书如有印装质量问题，本社营销中心负责退换）

《钢铁工业协同创新关键共性技术丛书》
总　　序

　　钢铁工业作为重要的原材料工业，担任着"供给侧"的重要任务。钢铁工业努力以最低的资源、能源消耗，以最低的环境、生态负荷，以最高的效率和劳动生产率向社会提供足够数量且质量优良的高性能钢铁产品，满足社会发展、国家安全、人民生活的需求。

　　改革开放初期，我国钢铁工业处于跟跑阶段，主要依赖于从国外引进产线和技术。经过40多年的改革、创新与发展，我国已经具有10多亿吨的产钢能力，产量超过世界钢产量的一半，钢铁工业发展迅速。我国钢铁工业技术水平不断提高，在激烈的国际竞争中，目前处于"跟跑、并跑、领跑"三跑并行的局面。但是，我国钢铁工业技术发展当前仍然面临以下四大问题。一是钢铁生产资源、能源消耗巨大，污染物排放严重，环境不堪重负，迫切需要实现工艺绿色化。二是生产装备的稳定性、均匀性、一致性差，生产效率低。实现装备智能化，达到信息深度感知、协调精准控制、智能优化决策、自主学习提升，是钢铁行业迫在眉睫的任务。三是产品质量不够高，产品结构失衡，高性能产品、自主创新产品供给能力不足，产品优质化需求强烈。四是我国钢铁行业供给侧发展质量不够高，服务不到位。必须以提高发展质量和效益为中心，以支撑供给侧结构性改革为主线，把提高供给体系质量作为主攻方向，建设服务型钢铁行业，实现供给服务化。

　　我国钢铁工业在经历了快速发展后，近年来，进入了调整结构、转型发展的阶段。钢铁企业必须转变发展方式、优化经济结构、转换增长动力，坚持质量第一、效益优先，以供给侧结构性改革为主线，推动经济发展质量变革、效率变革、动力变革，提高全要素生产率，使中国钢铁工业成为"工艺绿色化、装备智能化、产品高质化、供给服务化"的全球领跑者,将中国钢铁建设成世界领先的钢铁工业集群。

2014年10月,以东北大学和北京科技大学两所冶金特色高校为核心,联合企业、研究院所、其他高等院校共同组建的钢铁共性技术协同创新中心通过教育部、财政部认定,正式开始运行。

自2014年10月通过国家认定至2018年年底,钢铁共性技术协同创新中心运行4年。工艺与装备研发平台围绕钢铁行业关键共性工艺与装备技术,根据平台顶层设计总体发展思路,以及各研究方向拟定的任务和指标,通过产学研深度融合和协同创新,在采矿与选矿、冶炼、热轧、短流程、冷轧、信息化智能化等六个研究方向上,开发出了新一代钢包底喷粉精炼工艺与装备技术、高品质连铸坯生产工艺与装备技术、炼铸轧一体化组织性能控制、极限规格热轧板带钢产品热处理工艺与装备、薄板坯无头/半无头轧制+无酸洗涂镀工艺技术、薄带连铸制备高性能硅钢的成套工艺技术与装备、高精度板形平直度与边部减薄控制技术与装备、先进退火和涂镀技术与装备、复杂难选铁矿预富集-悬浮焙烧-磁选(PSRM)新技术、超级铁精矿与洁净钢基料短流程绿色制备、长型材智能制造、扁平材智能制造等钢铁行业急需的关键共性技术。这些关键共性技术中的绝大部分属于我国科技工作者的原创技术,有落实的企业和产线,并已经在我国的钢铁企业得到了成功的推广和应用,促进了我国钢铁行业的绿色转型发展,多数技术整体达到了国际领先水平,为我国钢铁行业从"跟跑"到"领跑"的角色转换,实现"工艺绿色化、装备智能化、产品高质化、供给服务化"的奋斗目标,做出了重要贡献。

习近平总书记在2014年两院院士大会上的讲话中指出,"要加强统筹协调,大力开展协同创新,集中力量办大事,形成推进自主创新的强大合力"。回顾2年多的凝练、申报和4年多艰苦奋战的研究、开发历程,我们正是在这一思想的指导下开展的工作。钢铁企业领导、工人对我国原创技术的期盼,冲击着我们的心灵,激励我们把协同创新的成果整理出来,推广出去,让它们成为广大钢铁企业技术人员手中攻坚克难、夺取新胜利的锐利武器。于是，我们萌生了撰写一部系列丛书的愿望。这套系列丛书将基于钢铁共性技术协同创新中心系列创新成果，以全流程、绿色化工艺、装备与工程化、产业化为主线，结合钢铁工业生产线上实际运行的工程项目和生产的优质钢材实例，系统汇集产学研协同创新基础与应用基础研究进展和关键共性技术、前沿引领技术、现代工程技术创新，为企业技术改造、转型升级、高质量发展、规划未来发展蓝图提供参考。这一想法得到了企业广大同仁的积极响应，全力支持及密切配合。冶金工业出版社的领导和编辑同志特地来到学校，热心指导，提出建议，商量出版等具体事宜。

国家的需求和钢铁工业的期望牵动我们的心，鼓舞我们努力前行；行业同仁、出版社领导和编辑的支持与指导给了我们强大的信心。协同创新中心的各位首席和学术骨干及我们在企业和科研单位里的亲密战友立即行动起来，挥毫泼墨，大展宏图。我们相信，通过产学研各方和出版社同志的共同努力，我们会向钢铁界的同仁们、正在成长的学生们奉献出一套有表、有里、有分量、有影响的系列丛书，作为我们向广大企业同仁鼎力支持的回报。同时，在新中国成立70周年之际，向我们伟大祖国70岁生日献上用辛勤、汗水、创新、赤子之心铸就的一份礼物。

中国工程院院士

2019 年 7 月

前　言

钢铁工业是国民经济的重要基础产业，是衡量一个国家经济社会发展水平和综合实力的重要标志。改革开放以来，尤其是近十几年来，随着先进生产技术的不断发展和创新，我国钢铁工业不仅在"量"上实现了突破，在技术、装备、节能、环保等方面都不断进步，整体技术水平与世界先进国家的差距不断缩小。面向未来，中国钢铁工业特别在炼铁产业，实现低碳化、绿色化、智能化是发展的必然之路。目前，钢铁冶炼主要依赖煤基化石能源，在生产钢材制品的同时，产生了大量 CO_2 排放和难处理的二次资源，其中约 90% 是由高炉及铁前工序排放的。因此，炼铁产业的节能减排和资源高效清洁利用是钢铁工业可持续发展的关键。

为了有效降低钢铁工业的 CO_2 排放强度，实现炼铁能源结构和工艺流程优化、一次资源和二次资源的高效清洁利用，冶金工作者应责无旁贷地积极研发各种低碳炼铁新工艺和新技术，推动低碳炼铁技术的工业应用。本书基于作者多年的研究成果，详细论述低碳炼铁背景和主要技术方向，包括高炉喷吹焦炉煤气富氢还原炼铁技术、复合铁焦和含碳复合炉料制备及应用于高炉低碳冶炼技术、气基竖炉直接还原短流程及其应用于高铬型钒钛磁铁矿高效清洁冶炼技术、不锈钢粉尘、硼泥和铝业赤泥等典型冶金二次资源高效高值化利用技术等最新研究成果。期望本书的出版可为低碳炼铁和冶金资源高效清洁利用技术研发和应用提供参考，为积极推动炼铁产业低碳绿色化发展做出有用的贡献。

本书共分为6章，第1章低碳炼铁概述，简要介绍钢铁产业发展现状、CO_2排放情况、炼铁产业低碳节能减排的重点发展方向；第2章高炉富氢冶金技术，在介绍国内外氢冶金和制氢技术基础上，重点讲述高炉喷吹焦炉煤气富氢还原和炉顶煤气循环技术的研究成果；第3章高炉使用复合铁焦低碳冶炼技术，重点介绍复合铁焦新炉料技术研发现状、热压型复合铁焦制备及其应用于高炉炼铁的研究成果；第4章钒钛磁铁矿含碳复合炉料制备及高炉冶炼技术，重点介绍钒钛矿含碳复合新炉料制备及其应用于钒钛矿高炉强化冶炼的研究结果；第5章气基竖炉直接还原短流程及其应用于特色冶金资源高效清洁利用，介绍了气基竖炉直接还原-电炉短流程新工艺关键技术及其应用于高铬型钒钛磁铁矿高效清洁利用的研究成果；第6章典型冶金二次资源高效清洁利用，介绍了不锈钢粉尘、硼泥和赤泥等典型冶金二次资源高效高值化利用的研究成果。

本书主要由东北大学储满生、柳政根、唐珏负责撰写、统稿，安徽工业大学王宏涛、苏州大学赵伟负责部分内容修改，全书由储满生审核并定稿。其中储满生负责第1章的撰写，储满生和唐珏负责第2章的撰写，储满生、王宏涛、柳政根负责第3章的撰写，储满生、赵伟、柳政根负责第4章的撰写，储满生、唐珏、李峰负责第5章的撰写，储满生和李晰哲负责第6.1节的撰写，储满生和柳政根负责第6.2节和6.3节的撰写。另外，东北大学汤雅婷、冯聪、高立华、石泉、鲍继伟、刘培军、葛杨、李胜康、王佳鑫等研究生参加了本书的数据整理、编排以及修改工作。

本书所涉及的研究成果得到了 NSFC-辽宁联合基金重点项目（U1808212）、国家自然科学基金（51574067、50804008）、兴辽英才计划项目（XLYC1902118）和中央高校基本科研业务费项目

（N172502005）的资助。在本书编辑出版过程中，还得到了东北大学钢铁共性技术创新中心和冶金工业出版社的全力支持。另外，书中还引用了国内外同行文献中的部分科研成果，作者在此一并表示最诚挚的谢意。

　　由于作者水平有限，书中不妥之处诚请各位读者批评指正。

作　者

2020 年 9 月

于东北大学

目　　录

1 概述 ……………………………………………………………… 1

1.1 钢铁工业发展现状 …………………………………………… 1

1.2 钢铁工业 CO_2 排放现状 …………………………………… 4

1.3 钢铁工业 CO_2 减排途径 …………………………………… 7

1.3.1 研发低碳高炉炼铁技术 ……………………………… 8

1.3.2 发展气基竖炉直接还原-电炉短流程 ……………… 10

1.3.3 强化特色冶金资源高效清洁利用 …………………… 12

1.3.4 加强冶金二次资源高效利用 ………………………… 13

参考文献 ………………………………………………………… 14

2 高炉富氢冶金技术 …………………………………………… 15

2.1 国内外氢冶金技术研发现状 ………………………………… 15

2.1.1 亚洲氢冶金研发现状 ………………………………… 15

2.1.2 欧洲氢冶金发展现状及进展 ………………………… 18

2.1.3 美国钢铁协会（AISI）氢气闪速熔炼法 …………… 25

2.1.4 MIDREX-H_2® 氢气竖炉直接还原技术 …………… 27

2.1.5 我国氢冶金技术研发现状 …………………………… 29

2.2 国内外制氢技术 ……………………………………………… 32

2.2.1 煤气化制氢技术 ……………………………………… 32

2.2.2 天然气制氢技术 ……………………………………… 33

2.2.3 核能制氢技术 ………………………………………… 33

2.2.4 基于水电解反应的可再生能源发电制氢 …………… 35

2.2.5 传统制氢与新能源制氢技术对比分析 ……………… 37

2.3 高炉富氢冶炼研究现状 ……………………………………… 38

2.3.1 高炉喷吹氢气 ………………………………………… 39

2.3.2 高炉喷吹焦炉煤气 …………………………………… 41

2.3.3 高炉喷吹天然气 ……………………………………… 43

2.4 高炉喷吹焦炉煤气的数值模拟研究 ………………………… 45

2.4.1　高炉风口回旋区数学模型开发及应用 ················· 46

2.4.2　高炉喷吹焦炉煤气对回旋区特性指标的影响 ········· 52

2.4.3　高炉喷吹焦炉煤气操作的数学模拟解析 ············· 55

2.4.4　高炉喷吹焦炉煤气的㶲评价模型开发及应用 ········· 72

2.4.5　高炉炉顶煤气循环优化焦炉煤气喷吹的数学模拟 ····· 83

2.4.6　喷吹焦炉煤气对高炉炉料冶金性能的影响 ··········· 91

2.4.7　高炉喷吹焦炉煤气的经济效益分析 ················· 106

2.4.8　高炉喷吹焦炉煤气研究小结 ······················· 110

2.5　基于富氢还原的低碳高炉集成技术展望 ················· 111

参考文献 ··· 112

3　高炉使用复合铁焦低碳冶炼技术 ·················· 117

3.1　复合铁焦研究进展与发展动态 ························· 117

3.1.1　高炉使用复合铁焦低碳冶炼的原理 ················· 117

3.1.2　催化剂种类及添加方式 ··························· 119

3.1.3　碳气化反应催化机理 ····························· 121

3.1.4　复合铁焦新炉料技术研究进展 ····················· 122

3.1.5　复合铁焦新炉料制备及应用技术研究 ··············· 135

3.2　热压型复合铁焦制备工艺及冶金性能优化 ··············· 138

3.2.1　热压型复合铁焦制备工艺 ························· 138

3.2.2　热压型复合铁焦冶金性能优化技术 ················· 159

3.2.3　复合铁焦高温冶金性能评价 ······················· 189

3.2.4　小结 ··· 204

3.3　复合铁焦气化反应动力学及金属铁催化机理 ············· 205

3.3.1　实验原料 ······································· 206

3.3.2　复合铁焦非等温气化行为及动力学 ················· 206

3.3.3　等温条件下复合铁焦气化行为及动力学 ············· 215

3.3.4　金属铁的催化机理 ······························· 227

3.3.5　小结 ··· 227

3.4　复合铁焦对高炉冶炼过程的影响 ······················· 228

3.4.1　实验原料 ······································· 228

3.4.2　实验方法及方案 ································· 229

3.4.3　复合铁焦对焦炭气化反应的影响 ··················· 232

3.4.4　复合铁焦对含铁炉料还原过程的影响 ··············· 234

3.4.5　复合铁焦气化反应与含铁炉料还原反应耦合作用机制 ··········· 252

　　　3.4.6　复合铁焦对高炉综合炉料熔滴性能的影响 ·············· 253
　　　3.4.7　小结 ··· 262
　　3.5　复合铁焦新炉料制备及应用技术研究总结 ·················· 263
　　参考文献 ·· 265

4　钒钛磁铁矿含碳复合炉料制备及高炉冶炼技术 ················ 268
　　4.1　钒钛磁铁矿资源和高炉冶炼概况 ·························· 268
　　　4.1.1　钒钛磁铁矿资源储量及分布 ························· 268
　　　4.1.2　高炉法是当前钒钛磁铁矿综合利用的主体流程 ······· 270
　　　4.1.3　传统钒钛磁铁矿高炉炉料的冶金行为 ··············· 272
　　　4.1.4　高炉冶炼钒钛矿合理炉料结构研究现状 ············· 277
　　　4.1.5　铁矿含碳复合炉料制备及应用技术 ················· 278
　　4.2　钒钛矿含碳复合炉料制备工艺及优化 ···················· 283
　　　4.2.1　钒钛磁铁矿基础特性 ····························· 283
　　　4.2.2　煤粉基础特性 ··································· 285
　　　4.2.3　基于田口法的钒钛矿含碳复合炉料压块工艺参数优化 · 285
　　　4.2.4　钒钛磁铁矿含碳复合炉料炭化工艺参数优化 ········· 294
　　　4.2.5　优化条件下钒钛矿含碳复合炉料的成分 ············· 299
　　4.3　钒钛矿含碳复合炉料冶金特性及演变机制 ················ 300
　　　4.3.1　钒钛矿含碳复合炉料还原粉化行为及机理 ··········· 300
　　　4.3.2　钒钛矿含碳复合炉料还原收缩机制及动力学 ········· 303
　　　4.3.3　钒钛矿含碳复合炉料还原冷却后强度 ··············· 315
　　　4.3.4　钒钛矿含碳复合炉料高温强度 ····················· 318
　　4.4　钒钛矿含碳复合炉料还原热力学及动力学 ················ 319
　　　4.4.1　钒钛矿含碳复合炉料还原热力学解析 ··············· 319
　　　4.4.2　钒钛矿含碳复合炉料等温还原行为及动力学 ········· 323
　　　4.4.3　钒钛矿含碳复合炉料等温还原动力学 ··············· 330
　　　4.4.4　模拟高炉条件下钒钛矿含碳复合炉料还原行为 ······· 336
　　4.5　钒钛矿含碳复合炉料对综合炉料熔滴性能的影响 ·········· 338
　　　4.5.1　钒钛矿含碳复合炉料熔滴过程演变行为 ············· 338
　　　4.5.2　钒钛矿含碳复合炉料混装对综合炉料熔滴性能的影响 · 353
　　　4.5.3　钒钛矿含碳复合炉料与氧化球团矿交互作用 ········· 363
　　　4.5.4　钒钛矿含碳复合炉料与烧结矿交互作用 ············· 382
　　4.6　钒钛矿含碳复合炉料制备及高炉冶炼技术研究总结 ········ 405
　　参考文献 ·· 407

5 气基竖炉直接还原短流程及其应用于特色冶金资源高效清洁利用 ············· 409

　5.1 气基直接还原-电炉短流程概述 ······················· 409

　　5.1.1 我国钢铁行业节能减排现状 ······················ 409

　　5.1.2 主要钢铁生产流程能耗对比 ······················ 409

　　5.1.3 我国钢铁产业的发展需求及方向 ···················· 410

　　5.1.4 气基直接还原-电炉短流程发展现状及展望 ·············· 412

　5.2 煤制气-气基竖炉-电炉短流程主要关键技术 ················ 419

　　5.2.1 煤制气工艺合理评价及选择 ······················ 419

　　5.2.2 气基竖炉专用氧化球团矿制备及综合冶金性能 ············ 430

　　5.2.3 气基竖炉直接还原过程及能量利用分析 ················ 442

　　5.2.4 煤制气-气基竖炉-电炉短流程的环境影响分析 ············ 457

　　5.2.5 煤制气-气基竖炉-电炉短流程示范工程 ················ 470

　5.3 基于气基竖炉直接还原的高铬型钒钛磁铁矿高效利用新工艺 ······ 472

　　5.3.1 高铬型钒钛磁铁矿资源综合利用概况 ················· 472

　　5.3.2 高铬型钒钛球团矿氧化行为及固结机理 ················ 481

　　5.3.3 高铬型钒钛磁铁矿氧化球团气基竖炉直接还原 ············ 487

　　5.3.4 高铬型钒钛磁铁矿金属化球团电炉熔分 ··············· 494

　　5.3.5 高铬型钒钛磁铁矿气基竖炉直接还原-电炉冶炼新工艺展望 ····· 522

　参考文献 ·· 523

6 典型冶金二次资源高效清洁利用 ······················· 525

　6.1 不锈钢粉尘热压块-金属化还原-自粉化分离新技术 ·········· 525

　　6.1.1 不锈钢粉尘利用概况 ·························· 525

　　6.1.2 不锈钢粉尘热压块-金属化还原-自粉化新工艺的提出 ······· 534

　　6.1.3 不锈钢粉尘热压块-金属化还原反应热力学研究 ··········· 542

　　6.1.4 不锈钢粉尘热压块还原 ·························· 552

　　6.1.5 热压块还原产物 Fe-Cr-Ni-C 合金颗粒形成机理 ··········· 558

　　6.1.6 Fe-Cr-Ni-C 合金颗粒与渣相的分离机理 ··············· 577

　　6.1.7 不锈钢粉尘热压块-金属化还原-自粉化分离新工艺总结 ······ 591

　6.2 基于氧化球团矿添加剂的硼泥规模化综合利用技术 ·········· 592

　　6.2.1 硼资源及硼泥概况 ···························· 592

　　6.2.2 硼泥用作氧化球团矿添加剂的实验研究 ················ 595

　　6.2.3 硼泥添加剂对氧化球团矿性能的影响 ················· 596

　　6.2.4 硼泥降低膨润土用量的可行性研究 ·················· 601

　　6.2.5 硼泥添加剂的改进和影响 ························ 605

6.2.6　硼泥用作氧化球团矿添加剂的研究总结 ……………………… 608
6.3　赤泥金属化还原-分选技术 ………………………………………… 609
6.3.1　赤泥二次资源概况 ……………………………………………… 609
6.3.2　赤泥综合利用技术的研发现状 ………………………………… 611
6.3.3　赤泥金属化还原-分选工艺的提出 …………………………… 616
6.3.4　赤泥金属化还原-分选工艺的单因素实验研究 ……………… 618
6.3.5　赤泥金属化还原-分选工艺的响应曲面优化 ………………… 623
6.3.6　铝业赤泥金属化还原-分选工艺总结 ………………………… 632

参考文献 …………………………………………………………………… 633

索引 ……………………………………………………………………… 634

1 概　　述

1.1 钢铁工业发展现状

钢铁工业是国民经济的重要基础产业，是衡量一个国家经济社会发展水平和综合实力的重要标志。随着科学技术的不断进步和发展，新型结构材料不断出现，钢铁材料正受到不同新功能材料的挑战。由于钢铁性能优越，生产和消费都比较经济，在钢铁应用的大多数领域中尚无可与之匹敌的替代材料。随着发展中国家国民经济的快速发展，人类社会和产业对钢铁材料的需求将保持稳定增加的趋势。因此，在可预见的将来，钢铁仍将是最重要的结构材料[1]。

从现代钢铁冶炼工艺的基本确立到 21 世纪初期，钢铁产业获得了迅猛的发展，见图 1-1。20 世纪初期全世界粗钢年产量不过 0.35 亿吨左右，而 2019 年世界粗钢产量已超过 18.69 亿吨[2]。我国钢铁产业的发展情况见图 1-2。由 1950 年后我国粗钢产量及粗钢产量世界占比的变化趋势可以看出，1950~2000 年我国及世界粗钢产量增速较为缓慢，而 2000 年以后受经济快速增长和国力迅速崛起的带动，我国钢铁产量获得了令人震惊的持续高速发展。近些年来，受世界经济发展和国家政策等诸多因素影响，我国钢铁产业进入发展新阶段，产量增速逐步趋缓。

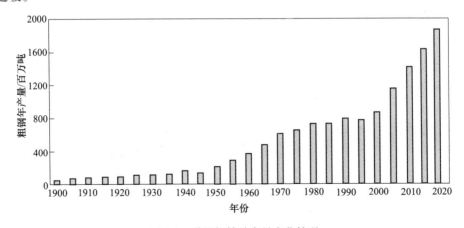

图 1-1　世界钢铁总产量变化情况

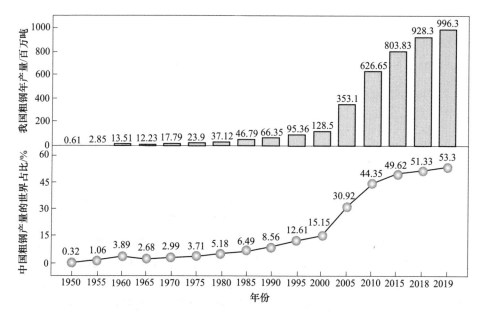

图 1-2　历年我国粗钢产量及占世界粗钢产量的比例

随着全球经济发展及技术进步，世界钢铁工业格局正在发生着变化。产钢国从欧美发达国家逐步向亚洲国家转移，主要是因为随着钢铁工业生产技术的进步，对于资源丰富的国家来说建立钢铁企业变得较为容易。与此同时，欧美发达国家的工业化进程几近完成，对钢铁的需求量相对稳定，而许多发展中国家正处在工业化进程的关键阶段，对钢铁的需求量大幅增加。进入 21 世纪以来，钢铁产量剧增，虽然全球钢铁消费量也迅速增加，但总体来说钢铁需求小于供给，供大于求使得钢铁工业进入了微利时代。同时，全球钢铁企业的联合、兼并和重组速度提升，全球化经济的发展推动了世界范围内的企业重组。钢铁企业通过加强与上游企业（如铁矿石、煤炭等企业）和下游企业（如汽车企业、建筑企业等）的合作，应对与日俱增的产业竞争。

钢铁工业是我国的基础产业，是国民经济发展的晴雨表，支撑着我国国民经济以及其下游产业的高速发展。在我国工业化、现代化、城镇化等进程中都起着至关重要的作用。21 世纪以来，我国钢铁工业进入前所未有的高速发展时期，受到世界钢铁业界的瞩目。我国粗钢产量从 1996 年以来一直保持全球第一位。2019 年世界粗钢产量为 18.69 亿吨，我国粗钢产量近 10 亿吨，占世界粗钢产量的 53.3%，见图 1-3。

改革开放以后先进生产技术的不断发展和创新，尤其是近十几年来，我国钢铁工业不仅在"量"上实现了突破，在技术装备、自主创新、节能环保等方面都不断进步。整体技术水平与世界先进国家的差距不断缩小，我国构建了鞍钢鲅

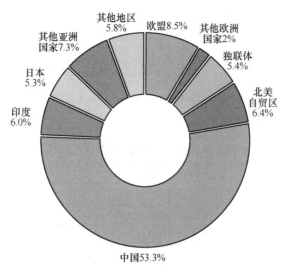

图 1-3　2019 年世界各国和地区粗钢产量占比

鱼圈、京唐钢铁等可循环钢铁生产流程，具备了自主设计和建设千万吨级钢厂的能力。生产设备也逐渐向大型化发展，目前我国已经拥有世界最现代化、最大型的冶金装备，如 $5000m^3$ 以上高炉、300t 大型炼钢转炉、5500mm 大型宽厚板轧机、2250mm 宽带钢热连轧机等。我国钢铁工业的发展经历了从国外引进技术、消化吸收到自主创新的阶段，钢铁工业的自主创新能力不断提高。目前，钢铁工业大型冶金装备国产化率可达到 90% 以上，关键共性技术不断推广，如新一代控轧控冷技术和一贯制生产管理技术等关键工艺技术促进了钢铁产业资源与能源的节约、生产效率的提高和成本降低。在产品研发领域，我国钢铁工业也不断推陈出新，研发百米高速重轨、油气输送用管线钢、双相不锈钢、高强汽车板等产品，为国家重点大工程的建设起到了支撑作用。除此之外，大型钢铁企业也开始关注应用信息技术进行科技创新管理，信息化已经成为大型钢铁企业普遍采用的管理手段。

我国已成为第一钢铁生产大国，但我国钢铁工业面临着诸多挑战，如产能过剩、产业集中度低、资源保障力弱、市场恶性竞争、环境资源失衡等问题日益凸显。"十四五"期间，国家在全力建设生态友好型社会，加强环保与资源节约仍是顺应我国最基本趋势的发展方向。因此，钢铁工业的环保与节能压力将进一步加大。

炼铁是钢铁生产的重要工序，2019 年中国生铁产量达到 8.09 亿吨，占世界生铁总产量的 64%。在生铁产量增长的同时，技术装备也取得长足进步，在炼铁、烧结、球团、焦化技术装备大型化、现代化、高效化、长寿化等方面成效卓著。近十年，中国自主设计建造了 $5000m^3$ 以上特大型高炉、$500m^2$ 以上大型烧结机，自主集成创新建设了500m² 以上带式焙烧机球团生产线和65孔7.0m以上大型焦炉，以及260t/h干熄焦装置。这些具有国际先进水平的大型炼铁技术装备，支撑了中国炼铁行业的迅猛发展，提升了中国钢铁工业的综合实力。近年来，中国高炉技术经济指标不断改善，高炉炼铁工序能耗从407.62kg/t降低到390.8kg/t，热风温度由1127℃提高到1142℃。表1-1列出了近年来我国主要钢铁企业高炉技术经济指标[3]。

表1-1 近年来我国主要钢铁企业高炉技术经济指标

指　　标	2015 年	2016 年	2017 年	2018 年
高炉利用系数/t·m^{-3}·d^{-1}	2.58	2.48	2.51	2.58
燃料比/kg·t^{-1}	536	543	544	536
入炉焦比/kg·t^{-1}	372	363	363	372
煤比/kg·t^{-1}	139	140	148	139
热风温度/℃	1140	1139	1142	1140
入炉矿品位/%	57.4	57.0	57.3	57.4
熟料率/%	89.9	84.9	89.1	89.9
休风率/%	1.86	2.57	1.93	1.86
炼铁工序能耗/kg·t^{-1}	392.1	390.6	390.8	392.1

近四十年来，中国高炉、烧结、球团、焦化等工序技术装备的大型化、现代化、高效化，有力支撑了中国钢铁工业的快速发展，迅速提高了中国炼铁系统整体技术水平，为实现炼铁工业高效、低耗、优质、长寿、安全、环保做出了贡献，使中国炼铁工业绿色低碳发展取得重要技术进步。与此同时，技术装备水平的提升，对中国解决技术发展不平衡问题、淘汰落后、流程优化、产业升级、技术进步都具有重要的现实意义和深远的历史意义，特别是近年来中国加大淘汰过剩和落后钢铁产能，钢铁工业供给侧结构性改革，取得了举世瞩目的成就。

面向未来，中国钢铁产业和钢铁制造流程结构将发生重大变化。随着社会废钢资源的不断积累，一定规模的电炉炼钢流程将会出现，不依赖高比例高炉铁水的电炉钢产量将逐渐增加；而且在可预见的未来，具有一定生产规模的直接还原、熔融还原等不依赖焦炭的非高炉炼铁装备将实现工业化生产，高炉炼铁的产量和比例都将出现下降。同时，随着中国经济发展的速度减缓和增长方式转变，市场拉动将会降低，再加上资源和能源可获取性的制约以及生态环境的限制，中国钢铁工业特别是炼铁产业，低碳化、绿色化、智能化是其发展的必然之路。

1.2　钢铁工业 CO_2 排放现状

自2000年以来，我国粗钢产量快速上升，钢铁行业 CO_2 排放量总体上也随之逐年增加,见图 1-4。2018 年,我国粗钢产量为 9.28 亿吨,钢铁行业 CO_2 排放量为 8.84 亿吨,吨钢 CO_2 排放量为 2.03t;与 2000 年相比,粗钢产量增长 622.4%,而钢铁行业 CO_2 排放量增长 382.7%,吨钢 CO_2 排放量下降 33.2%,我国钢铁行业节能减排工作取得了积极进展,CO_2 排放控制水平得到很大提升。

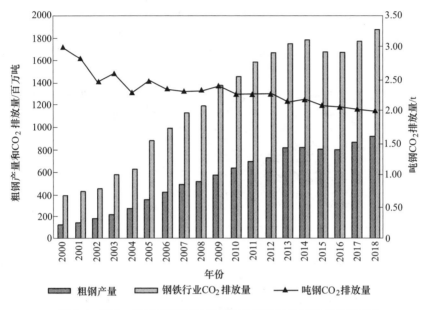

图 1-4 2000～2018 年我国粗钢产量和钢铁行业 CO_2 排放量变化

近年来,我国 CO_2 总排放量几乎呈指数增长,2007 年我国 CO_2 排放量已超过美国,成为全球第一大因化石能源燃烧排放 CO_2 的国家。2018 年中国 CO_2 排放量占世界总排放量的 28%,见图 1-5。因此,在未来较长时期内,我国都将面

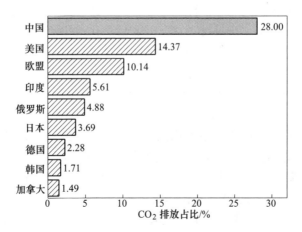

图 1-5 2018 年世界主要国家和地区 CO_2 排放占比

临 CO_2 减排的艰巨任务和严峻的国际压力。

钢铁工业是能源密集型行业，钢铁生产需消耗大量化石燃料，排放大量 CO_2。2017 年，我国钢铁工业 CO_2 排放量约占全国总排放量的 16.02%，远高于全球的 5%~6%，见图 1-6[4]。究其原因，主要在于：

（1）我国钢铁产量巨大，使得生产所排放 CO_2 量大；

（2）我国钢铁生产以高炉-转炉工艺为主，其粗钢产量占我国总产量的90%，高于世界 70% 的平均值，而高炉-转炉工艺吨钢 CO_2 排放量远高于废钢-电炉工艺；

（3）我国吨钢能耗高，CO_2 排放量大。我国大中型钢铁企业吨钢可比能耗比先进产钢国高出约 17.2%。

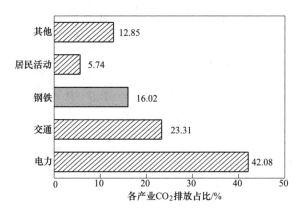

图 1-6 我国各产业 CO_2 排放占比

由于在钢铁应用的大部分领域内尚无材料可替换，而我国正在进行工业化和城镇化建设，因此钢铁产量将保持总体稳定，我国钢铁工业 CO_2 排放量仍将维持在一个相对较高的水平。2011 年我国工业和信息化部印发《钢铁工业"十二五"发展规划》要求钢铁工业单位工业增加值 CO_2 下降 18%。2015 年我国政府在巴黎气候大会上承诺于 2030 年左右使 CO_2 排放达到峰值并争取尽早实现，2030 年单位 GDP 的 CO_2 排放比 2005 年下降 60%~65%。CO_2 减排已成为钢铁工业亟待解决的问题。

钢铁冶金的本质是用碳还原氧化铁，生成碳饱和的铁水，并通过氧化精炼，制成不同碳含量的钢水，最后凝固、压延成用户所需的钢材。其热力学基本特征是碳与氧位的交替变化，见图 1-7。图 1-7 中 A→B 是炼铁过程；B→C 是炼钢过程；C→D 是脱氧、精炼过程。由图可见，碳是钢铁工业过程能量流、物质流的主要载体之一，焦炭是高炉中热量及还原剂的来源。铁水中的碳是氧气转炉过程升温及能量平衡的重要保证。除此之外，碳还是影响成品钢材性能的基础元素。

与其他有色金属不同，钢铁材料 90% 以上是铁碳或铁碳与少量合金元素组成的铁基合金（不锈钢、硅钢除外）。钢铁产业 CO_2 排放量的 80% 左右是由高炉及铁前工序产生，见图 1-8。因此，炼铁是钢铁工业低碳节能减排的关键[5]。

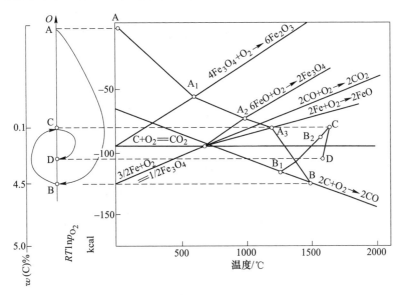

图 1-7　钢铁生产流程中碳与氧位的变化

（1kcal＝4186J）

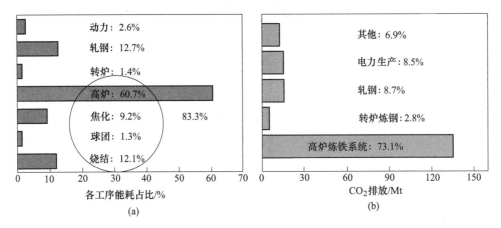

图 1-8　钢铁生产全流程各工序 CO_2 排放构成

（a）各工序能耗；（b）CO_2 排放

1.3　钢铁工业 CO₂ 减排途径

联合国环境规划署《2019 年碳排放差距报告》显示，尽管落实《巴黎协定》

遇到了一定阻力，但绝大多数国家已经积极行动，努力加快低碳产业技术革新，推动绿色低碳发展。共担气候变化责任，共促绿色低碳发展，符合全人类的利益，更是各国实现经济健康可持续发展的必然选择。当前，欧、美、日、韩等国的钢铁企业都在积极制定低碳发展目标并付诸行动，列于表 1-2。因此，我国钢铁企业需要加强低碳发展前沿技术研究，重视绿色低碳发展战略的重要性，并制定相应的低碳发展规划[6]。

表 1-2　国外典型钢铁企业低碳发展目标

钢铁企业	减排目标
安塞洛米塔尔	2030 年减排 30%，2050 年实现碳中和
浦项制铁	到 2020 年吨钢排放 CO_2 2t，2030 年排放目标正在制定
新日铁住金	2020 年减排 300 万吨，2030 年减排 900 万吨
美国钢铁公司	到 2030 年碳排放强度降低 20%

当前，我国面临国内强化产业转型升级、促进经济高质量发展，国际上落实《巴黎协定》、强化减排行动的新形势，高碳排放产业将会付出较大的代价，降低市场竞争力，影响企业可持续发展；而低碳排放产能将获得发展先机，减少企业运营成本，提高可持续发展竞争力并增加盈利。

碳定价决定着企业碳排放水平对吨钢成本的影响程度。当前，我国碳市场定价差异较大，七大碳交易市场的价格分别是北京 84 元/吨、上海 40 元/吨、广州 28 元/吨、天津 15 元/吨、深圳 5 元/吨、湖北 28 元/吨、重庆 23 元/吨。根据国际碳定价经验，在温室气体排放量占较大份额的辖区，碳定价往往较低；反之，亦然。随着我国碳交易市场的逐渐成熟，市场覆盖排放规模也将随之扩大，碳定价自然也将随之降低，假设价格在 20~40 元/吨之间浮动（欧盟为 25 欧元/吨），我国钢铁行业完成当前排放基础 10% 的减排目标，那么行业整体吨钢平均成本将增加 4.08~8.16 元/吨，将显著影响钢铁企业的盈利能力和竞争力。因此，钢铁企业今后必须重点研发和应用发展低碳节能减排技术。

1.3.1　研发低碳高炉炼铁技术

现代炼铁工艺主要包括高炉炼铁和非高炉炼铁。2018 年全球高炉生铁产量达到 12.39 亿吨，占全球生铁总产量的 93.16%，在现阶段高炉炼铁仍是钢铁生产的主导流程。近几十年来，我国炼铁工业得到了长足发展，产量显著增加，如图 1-9 所示。2000 年我国高炉生铁产量为 1.31 亿吨，占世界高炉生铁总产量的 22.75%；2018 年我国生铁产量达到了 7.71 亿吨，占世界高炉生铁总产量的 62.23%。

我国重点钢铁企业高炉燃料消耗和炼铁各工序能耗见图 1-10。由图 1-10（a）

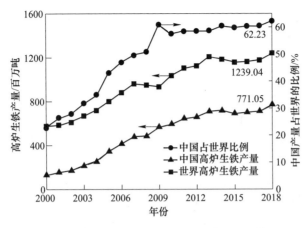

图 1-9　近二十年中国和世界高炉生铁产量

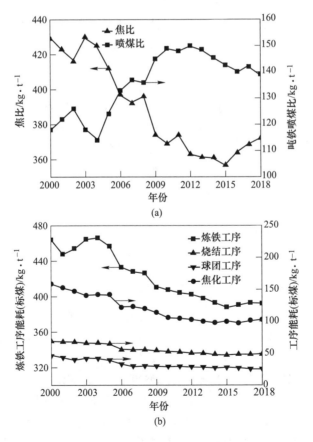

图 1-10　近二十年我国重点钢铁企业高炉炼铁燃料消耗和各工序能耗

(a) 焦比和喷煤比；(b) 炼铁各工序能耗

可知，我国重点钢铁企业焦比总体呈现逐年降低的趋势，而喷煤比呈现增加的趋势。2018年平均焦比为372.11kg/t，平均喷煤比为139.12kg/t。由图1-10（b）可知，我国重点钢铁企业炼铁各工序能耗逐渐降低。2018年重点钢铁企业烧结工序平均能耗（标准煤）为48.60kg/t，球团工序平均能耗（标准煤）为25.36kg/t，焦化工序平均能耗（标准煤）为102.53kg/t，炼铁工序平均能耗（标准煤）为392.13kg/t，这表明我国高炉炼铁技术取得了显著进步。但是，我国高炉炼铁水平与国外平均水平仍存在一定差距，我国高炉炼铁的平均燃料比欧洲高炉高50kg/t，比日本高炉高40kg/t，这些情况说明我国高炉炼铁技术差异较大，平均水平较低。

低碳高炉炼铁主要是综合采取各种技术措施，最大限度地降低高炉燃料比，减少 CO_2 排放。目前，低碳高炉技术研究主要集中于加强炉内碳素利用和氢参与间接还原。我国高炉炼铁经过数十年发展，取得了巨大进步，高炉燃料比和能耗水平均明显降低。目前，坚持精料、提高风温、保持合适的富氧率和喷煤量、提高操作水平、提高炉况顺行率和煤气利用率仍是高炉炼铁降低燃料比的技术措施。但是，按目前技术水平看，仅依靠这些传统技术降低高炉燃料比和能耗已接近其物理极限，难以实现重大突破。为此，各国积极开发低碳高炉前沿技术，如使用碳铁复合炉料、喷吹富氢物质、炉顶煤气循环和氧气高炉等，其原理如图1-11所示。首先，高炉使用高反应性的碳铁复合炉料可以降低热空区温度，操作线上 W 点向右方移动，从而控制铁矿石还原平衡；其次，高炉炉身喷吹焦炉煤气和天然气等热还原性气体可加强炉内间接还原，从而提高气体利用率，降低直接还原度，B 点向下移动，E 点向上移动。此外，基于氧气高炉的炉顶煤气循环可有效强化炉内间接还原，从而降低直接还原度，B 点向下移动。尽管燃料比可能有所增加，但焦比可明显降低。传统高炉和氧气高炉对氧气体积要求不同，由于氧气高炉吹入冷态氧气，所以实际喷吹的氧气体积要大于传统高炉热风中氧气的体积，从而 E 点向下移动[7]。

1.3.2　发展气基竖炉直接还原-电炉短流程

我国钢铁行业吨钢碳排放量平均为2.03t，虽然明显高于世界平均水平的1.82t，这主要是由于粗钢生产工艺的结构性差异造成的。我国钢铁生产的铁钢比高，主要铁源是高炉铁水，也即高炉-转炉在粗钢生产中占主要地位（见图1-12）。2015年我国高炉-转炉粗钢生产量占比为93.9%，而世界除中国以外的平均水平仅为56.93%。近些年来，我国电炉钢产量有所增加，但幅度很小。2019年我国高炉-转炉粗钢占比为89.6%，而世界除中国以外的平均水平为47.45%。因此，我国钢铁企业碳排放指标的改善仍有很大空间，除了发展清洁生产技术、装备及能源外，还可以通过提高碳排放较低的短流程生产工艺比例来降低碳排放。

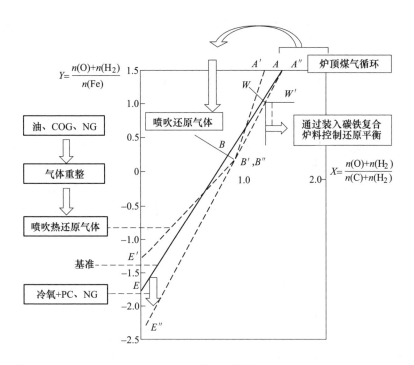

图 1-11 低碳高炉炼铁技术原理

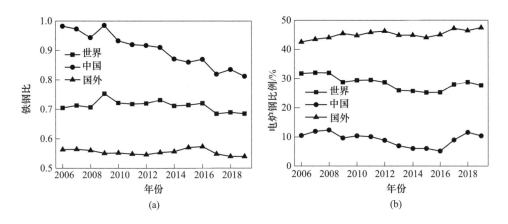

图 1-12 世界和中国钢铁生产的铁钢比与电炉钢比例
(a) 铁钢比;(b) 电炉钢比例

长期以来,我国电炉钢发展一直受到废钢资源短缺的制约,经过 21 世纪初的高速发展,到 2018 年我国钢铁积蓄量达到 90 亿吨。随着钢材制品报废周期的到来,我国废钢资源短缺现象将得到改善。中国工程院《黑色金属矿产资源强国战略》项目研究表明，到 2025 年，我国钢铁积蓄量将达到 120 亿吨，废钢资源年产量将达到 2.7 亿吨~3.0 亿吨。2030 年，我国钢铁积蓄量将达到 132 亿吨，废钢资源年产量将达到 3.2 亿~3.5 亿吨。届时，我国废钢资源将会供应充足，短流程炼钢的优势将逐渐体现出来，根据当前粗钢产量计算，当电炉粗钢比例达到 25% 的时候，我国钢铁行业的碳排放量将降低 10.2%，年减排 1.94 亿吨 CO_2。废钢蓄积量和产出量的迅速增长为短流程炼钢创造了有利条件。

采用直接还原工艺生产的直接还原铁（DRI）产品可为废钢-电炉短流程提供高纯净铁源材料，用作废钢残留元素的有效稀释剂。同时，气基竖炉直接还原工艺具有单机产能大、自动化程度高、产品质量稳定、环境友好等优势，是我国发展直接还原的主导方向。因此，基于国内资源和能源条件，逐步采用气基竖炉直接还原（废钢）-电炉短流程替代高炉-转炉流程，优化钢铁生产的工艺结构、能源结构和产品结构，成为钢铁产业实现节能减排的重要发展方向[8]。

1.3.3　强化特色冶金资源高效清洁利用

特色冶金资源占我国铁矿资源的 90% 左右，资源储量大，主要有钒钛磁铁矿、硼镁铁矿、高铁铝土矿等。我国钒钛磁铁矿总探明储量 180 多亿吨，其中攀西地区近 100 亿吨，含 Fe 31 亿吨，TiO_2 8.73 亿吨，V_2O_5 1579 万吨，分别占全国的 19.6%、62.2%、90.5%，钒和钛储量分别居世界第三位和第一位；辽东硼镁铁矿储量 2.83 亿吨，占全国铁矿的 1%；B_2O_3 储量 2184 万吨，占全国的 58%；高铁铝土矿全国储量近 15 亿吨，含铁和铝均在 30% 左右，目前为"死矿"。这些极具战略重要性的矿产资源高效利用产生的直接经济效益超过数万亿元，环境和社会效益等方面则难以用具体数字评价[9]。

以钒钛磁铁矿为例，目前主要采用高炉-转炉流程进行冶炼，该方法是将钒钛磁铁精矿造块处理后直接送至高炉中冶炼，冶炼过程中主要使用焦炭和喷吹煤粉作为还原剂，矿物中的钒在整个高炉冶炼的过程中大部分被还原进入铁水，得到含钒铁水和高炉渣。高炉冶炼之后所得含钒铁水经过脱硫、转炉吹炼，大部分钒被氧化进入渣中，得到生铁和含钒炉渣，所得的含钒炉渣可用于冶炼含钒铁合金，也可用于湿法制取 V_2O_5，得到的半钢进一步通过转炉脱碳得到钢水，而矿石中的钛主要进入高炉渣中。高炉法冶炼钒钛磁铁矿的主要优点是生产效率高、可进行大规模生产，但是由于自身的技术原因，其依赖焦炭资源，冶炼过程需造块引起环境问题，生产设备大流程长导致成本高。此外，高炉冶炼过程中所得钒渣和钛渣，由于焦炭和喷煤带入较多杂质和灰分，降低了钒、钛品位和活性，目前高炉冶炼产生的钛渣尚无法工业利用，造成了严重的环境污染和资源浪费。

硼铁矿高炉法综合利用是先将硼铁矿进行磁-重联合选矿，得到含硼铁精矿再经烧结造块后入高炉冶炼，产品为含硼生铁（含硼 0.8%~1.2%）和富硼渣

（含 B_2O_3 10%~13%）。工业试验结果表明，高炉冶炼硼铁矿时存在高炉产能下降、焦比高（约 1150kg/t）、炉衬侵蚀严重、产品含硫高等主要问题。更重要的是，焦炭灰分等进入富硼渣，导致其活性低，不能满足碳碱法生产硼砂的要求。虽然通过缓冷可以提高 B_2O_3 活性，但工业化生产很难实施，技术经济性难以保证，最终导致硼铁矿高炉冶炼至今未能实现稳定的工业化生产。

因此，复杂难处理特色冶金资源的高效利用必须立足于所有有价组元高效清洁利用，但"贫、细、散、杂"特性导致资源加工和利用均存在亟待解决的共性问题：采、选、冶困难，目前多以铁利用为主而其他有价组元回收率低，资源浪费严重，环境负荷大。

基于钒钛磁铁矿、硼铁矿等特色冶金资源高炉冶炼流程有价组元利用率低，环境负荷大，所以高效清洁利用该类资源成为必然趋势。气基竖炉直接还原具有不依赖焦炭、能耗低及环境负荷小的优点，在一些天然气资源丰富的地区得到了很好的发展。我国煤炭资源储量丰富，煤制气-气基竖炉直接还原短流程将是我国未来直接还原发展的主导方向。将气基竖炉直接还原工艺应用于特色冶金资源的高效清洁利用，不仅符合我国节能减排的要求，也有利于促进国民经济的发展，具有很好的发展前景。

1.3.4 加强冶金二次资源高效利用

冶金行业在中国经济建设发展中扮演着重要角色，但随着冶金行业快速发展，诸多弊端逐渐显露出来。冶金企业资源与能源消耗大，同时在冶金生产过程会产生数量庞大的固体废弃物二次资源。若不加以高效处理利用，不仅会造成严重的环境污染，而且还会造成资源浪费，不符合中国可持续发展的战略。

冶金二次资源主要包括各类冶金炉渣、冶金尘泥等废弃物。冶金尘泥是在冶金生产过程产生的含有铁、钙、碳、锌等组分的粉尘和泥浆的统称。我国冶炼企业每年产生冶金尘泥数量非常巨大，仅钢铁冶炼每年产生的尘泥约占到钢产量的 10%。2018 年我国钢产量按 9 亿吨计算，产生的尘泥量就达 9000 万吨。数量巨大的冶金尘泥若得不到妥善处理，不仅会造成资源的巨大浪费，还会造成严重的环境污染。因此，开发有效的资源化利用技术是处理冶金尘泥的必然选择[10]。

不锈钢粉尘是不锈钢生产的各类粉尘，一般含有 Fe 30%、Cr 8%~15%、Ni 1%~9%，产生量大，吨钢 18~33kg，属于典型难利用的二次资源。高效利用含铬不锈钢粉尘有助于解决环境污染和镍铬资源对外依存度高等问题。

硼泥是硼镁铁矿资源原矿破碎筛分、还原产物磨矿、湿法除杂、硼砂生产过程产生的含硼废弃物。如生产 1t 硼砂约产生硼泥 4t，全国硼砂产业每年产生 160万~200 万吨硼泥，多年以来硼泥的积存量达数千万吨。硼泥中碱性物质含量高，若野外堆放将产生严重的环境破坏，同时硼泥含有 30%~40% MgO、3%~6%

B_2O_3，具有较高的综合利用价值。因此，亟待开发硼泥高效大规模利用技术。

铝业赤泥是氧化铝工业产生的废弃物，主要有拜耳法赤泥、烧结法赤泥。一般来说，每生产 1t 氧化铝将产生 $1.0 \sim 2.5t$ 赤泥。目前铝业赤泥年产量约 8000 万吨，累积量超过 3.5 亿吨。赤泥含有大量 Fe_xO_y（拜耳法赤泥平均铁含量可达 32% 左右）、Al_2O_3、SiO_2、CaO 等，还含有 Ti、Ni、Cd、K、Pb、As，它们是综合利用价值很高的二次资源。

针对不同类型的尘泥，采用不同的资源化利用回收方式，既可以有效处理含铁尘泥，又可以获得一些高附加值产品。为了提高资源利用率和有效解决环境问题，有必要研发二次资源高效清洁利用技术，实现综合利用，发展循环经济，建设资源节约型产业。

参 考 文 献

[1] 朱苗勇. 现代冶金工艺学——钢铁冶金卷 [M]. 北京：冶金工业出版社，2016.

[2] World Steel Association. 2020 World Steel in Figures [R]. 2020，11~15.

[3] 张福明. 中国高炉炼铁技术装备发展成就与展望 [J]. 钢铁，2019，54 (11)：1~8.

[4] 朱仁良. 未来炼铁技术发展方向探讨及宝钢探索实践 [J]. 钢铁，2020，55 (8)：2~10.

[5] 徐匡迪. 低碳经济与钢铁工业 [J]. 钢铁，2010，45 (3)：1~12.

[6] 我国钢铁行业 CO_2 排放面临的形势、减排途径及未来发展建议 [R]. 世界金属导报，2020-08-30，B14.

[7] 王宏涛. 热压铁焦低碳高炉炼铁新炉料基础研究 [D]. 沈阳：东北大学，2019.

[8] 王国栋，储满生. 低碳减排的绿色钢铁冶金技术 [J]. 科技导报，2020，38 (14)：68~76.

[9] 储满生，柳政根，唐珏. 特色冶金资源非焦冶炼技术 [M]. 北京：冶金工业出版社，2014.

[10] 尚海霞，李海铭，魏汝飞，等. 钢铁尘泥的利用技术现状及展望 [J]. 钢铁，2019，54 (3)：9~17.

2 高炉富氢冶金技术

2.1 国内外氢冶金技术研发现状

氢能是一种绿色、高效的二次能源，具有热值较高、储量丰富、来源多样、应用广泛、利用形式多等特点，被视为"21世纪终极能源"。氢冶金通常是指利用氢气生产直接还原铁的气基直接还原工艺或其他富氢冶金技术。在全球低碳经济发展和"脱碳"大潮的背景下，以减少碳足迹、降低碳排放为中心的冶金工艺技术变革，也已成为钢铁行业绿色发展的新趋势。中国、日本、韩国、欧盟、美国等国家均出台相应政策，将发展氢能产业提升到国家能源战略高度，各钢铁企业和研究院也纷纷开展氢冶金研究。

2.1.1 亚洲氢冶金研发现状

2.1.1.1 日本 COURSE50 高炉富氢还原炼铁

日本 COURSE50 炼铁技术路线见图 2-1，包含了富氢还原炼铁和从高炉煤气捕集分离 CO_2 两项支柱技术。前者的基础是焦炉煤气（COG）重整富氢技术和高强度高反应性焦炭生产技术；后者是建立在 CO_2 物理吸附和化学吸收技术基础之上，能够利用钢铁厂的余热。通过新日铁住金君津厂建设的 $12m^3$、日出铁能力 35t 的高炉操作试验，确定了项目整体减排 30% 的目标，其中高炉富氢还原炼铁减排 10%，通过从高炉煤气中捕集封存 CO_2 技术减排 20%[1,2]。

高炉富氢还原炼铁是将焦炉煤气或改质焦炉煤气替代部分焦炭，从而减少高炉 CO_2 排放。2013 年，在瑞典 LKAB 试验高炉上完成了焦炉煤气喷吹的工业试验，目的是研究和评价使用普通焦炉煤气或改质焦炉煤气置换焦炭和降低还原剂比的潜力。富氢改质焦炉煤气通过炉身下部 3 个喷吹口喷进高炉，而普通焦炉煤气通过炉缸风口喷吹。研究表明，在炉身喷吹改质焦炉煤气能有效改善炉墙区域的透气性和增加间接还原度，改质焦炉煤气的理想喷吹条件如下：改质焦炉煤气喷吹量应控制在 $200m^3/t$ 以上，同时喷吹煤气的比例达到 20% 以上。为了支持氢还原试验，日本在新日铁住金君津厂建成试验高炉（$12m^3$），试验高炉炉身安装有喷吹口。2014 ~ 2016 年进行了第一阶段试验高炉操作，向试验高炉内喷吹 COG，结果表明，与不喷吹 COG 的条件相比，碳减排 9.4%，基本实现预定的碳

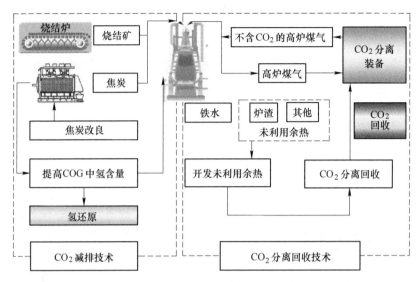

图 2-1　COURSE50 炼铁技术路线

减排目标。由于氢气轻且易于上升，仅从下部喷吹将限制与铁矿石反应概率，故试验高炉的炉身喷吹口设计为可以三段微调高度的结构，从而确定最佳氢气还原效果的位置。因为富氢还原伴随着吸热反应，所以在炉身喷吹口上部设置了预热煤气喷吹口以保证炉内温度。第二阶段将进行扩大试验，逐步模拟 $4000\sim5000\mathrm{m}^3$ 的实际高炉，同时进行富氢煤气加压喷吹和焦炉煤气改质整体装备研发。该项目计划于 2030 年在首座高炉实施富氢还原炼铁，2050 年实现该技术在日本高炉的推广普及。

此外，COURSE50 项目进行了钢铁厂副产 COG 制氢技术的开发。COG 离开炭化室时的温度达 800℃，可充分利用其显热对焦油和烃类物质进行催化裂解以产生氢气，其具体技术路线见图 2-2。将 COG 中的焦油等采用新型催化剂进行改质，可将 COG 的氢含量由 55% 提高至 63%~67% 以上，计划产出体积大于目前 2 倍的氢气[3]。目前，该技术已完成工业小试。

2.1.1.2　韩国 COOLSTAR 项目

2017 年 12 月开始，韩国正式开始研究氢还原炼铁 COOLSTAR（CO₂ Low Emission Technology of Steelmaking and Hydrogen Reduction）项目。作为一项政府课题，由韩国产业通商资源部主导，韩国政府和民间计划投入 898 亿韩元用于相关技术开发，终极目标是 CO_2 减排 15%，同时确保技术经济性。

COOLSTAR 项目主要包括"以高炉副生煤气制备氢气实现碳减排技术"和"替代型铁原料电炉炼钢技术"两项子课题。项目的第一部分由浦项钢铁公司主

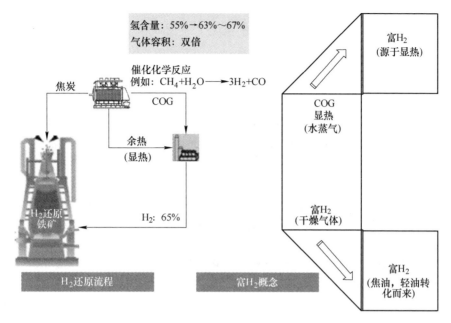

图 2-2 COURSE50 项目焦炉煤气制氢技术路线

导，依据欧洲和日本的技术开发经验和今后的发展方向，以利用煤为能源的传统高炉为基础，充分利用"灰氢"，这类氢气主要通过对钢铁厂产生的副产品煤气进行改质精制而成，而非可再生能源产生的"绿色"氢气，由此实现氢气的大规模生产，并作为高炉和电炉的还原剂；第二部分课题是将氢气作为还原剂，通过制备直接还原铁（DRI），逐步替代废钢，由此减少电炉炼钢工序 CO_2 排放，同时提高工序能效，最终目标是向韩国电炉企业全面推广。COOLSTAR 项目 2017~2020 年开展实验室规模的技术研发，主要完成基础技术开发；2021~2024 年开始中试规模的技术开发，完成中试技术验证，在 2024 年 11 月前完成氢还原炼铁工艺的中试开发，并对具有经济性的技术进行扩大规模的试验；2024~2030 年完成商业应用的前期准备研究；2030 年以后筛选出真正可行的技术并投入实际应用研究；2050 年前后实现商用化应用。

目前，浦项钢铁公司浦项厂已将还原性副产气体作为还原剂进行应用，这类副产气体由发电站供应；现代钢铁公司利用生物质替代煤炭，由此实现炼铁工序 CO_2 减排；浦项工科大学开发了高温固体氧化物电解电池系统，可以还原 CO_2，并通过间接去除技术，减少尾气中的 CO_2；延世大学开发的吸附工艺可从焦炉煤气中回收氢气，同时对甲烷进行浓缩；韩国科学技术院从焦炉煤气中生产氢气，并试图通过水蒸气改质工艺研究，扩大氢气的产量；釜庆大学利用炼铁副产煤气，制备高碳、高金属化率的 DRI[4]。

2.1.1.3 中国宝武的核能-制氢-冶金耦合技术

中国宝武的低碳冶金技术路线见图 2-3。2019 年 1 月 15 日，中国宝武与中核集团、清华大学签订《核能-制氢-冶金耦合技术战略合作框架协议》，三方将合作共同打造世界领先的核氢冶金产业联盟。以世界领先的第四代高温气冷堆核电技术为基础，开展超高温气冷堆核能制氢技术的研发，并与钢铁冶炼和煤化工工艺耦合，依托中国宝武产业发展需求，实现钢铁行业的 CO_2 超低排放和绿色制造。其中，核能制氢是将核反应堆与采用先进制氢工艺的制氢厂耦合，进行大规模 H_2 生产。经初步计算，一台 60 万千瓦高温气冷堆机组可满足 180 万吨钢对 H_2、电力及部分 O_2 的需求，每年可减排约 300 万吨 CO_2，减少能源消费约 100 万吨标准煤，将有效缓解我国钢铁生产的碳减排压力。

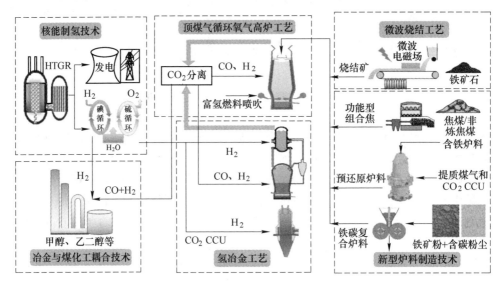

图 2-3 中国宝武低碳冶金技术路线

2.1.2 欧洲氢冶金发展现状及进展

2.1.2.1 ULCOS 新型直接还原和氢气直接还原炼钢技术

ULCOS（Ultra Low CO_2 Steel Making）是由 15 个欧洲国家及 48 家企业和机构联合发起的超低 CO_2 排放炼钢项目，旨在实现吨钢 CO_2 排放量降低 50% 或更多。整体技术路线见图 2-4，三角矩阵表明通过碳、氢、电可实现降低还原剂和燃料用量的途径，同时给出了所有能源结构，即煤和焦炭靠近碳在碳-氢线上；天然气靠近氢；氢气由电解水制取，在氢-电线上。ULCOS 主推四种工艺路线，包括：高炉炉顶煤气循环工艺（TGR-BF）、直接还原工艺（ULCORED）、熔融还原工艺（HISARNA）、电解铁矿石工艺（ULCOWIN/ULCOLYSIS）[5]。

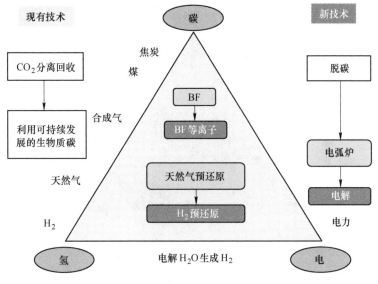

图 2-4　ULCOS 技术路线

ULCORED 工艺用煤制气或天然气取代传统的还原剂焦炭，并且通过炉顶煤气循环和预热工序，减少了天然气消耗，降低了工艺成本。此外，天然气部分氧化技术的应用使该工艺不再需要重整设备，大幅降低了设备投资。ULCORED 工艺流程见图 2-5，以天然气 ULCORED 为例，含铁炉料从 DRI 反应器顶部装入，净化后尾气和天然气混合喷入 DRI 反应器与含铁炉料发生反应，而后直接还原铁从反应器底部出来送入电弧炉炼成钢。新工艺的尾气只有 CO_2，可通过 CCS 存储。与欧洲高炉碳排放的均值相比，ULCORED 工艺与 CCS 技术结合使 CO_2 排放量降低 70%。

氢气直接还原炼钢技术（Hydrogen-based Steelmaking）是采用氢气作为还原剂，氢气来源于电解水，尾气产物只有水，可大幅降低 CO_2 排放量，整体工艺流程见图 2-6。该流程中，氢气直接还原竖炉的碳排放几乎为零。若考虑电力产生的碳排放，全流程吨钢 CO_2 排放量仅有 300kg，与传统高炉工艺 1850kg 的 CO_2 排放量相比减少 84%。氢气直接还原炼钢技术促进钢铁产业的可持续发展，但该工艺的未来发展在很大程度上取决于氢气的大规模、经济、绿色制取与储运[6~10]。

2.1.2.2　奥钢联 H2FUTURE 项目

2017 年初，由奥钢联、西门子、Verbund（奥地利领先的电力供应商，也是欧洲最大的水力发电商）公司、奥地利电网（APG）公司、奥地利 K1-MET（冶

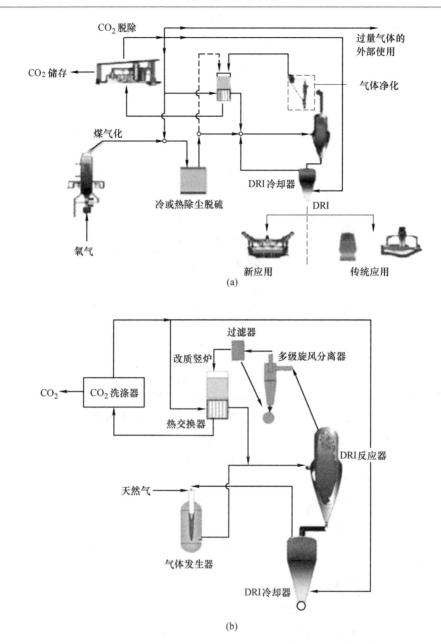

图 2-5　ULCORED 工艺流程

（a）煤制气 ULCORED；（b）天然气 ULCORED

金能力中心）中心组等发起了 H2FUTURE 项目，旨在通过研发突破性的氢气替代焦炭冶炼技术，降低钢铁生产过程中的 CO_2 排放，最终目标是到 2050 年减少 80% 的 CO_2 排放，并建设世界最大的氢还原中试工厂[11]。

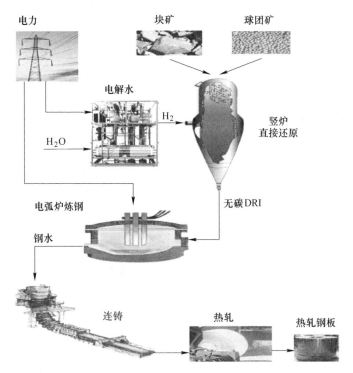

图 2-6 ULCOS 氢气直接还原炼钢工艺流程

该项目通过最先进的 PEM（质子交换膜电解槽）技术与电网服务相结合的方式，根据当地电网服务频率，调节电解槽系统消耗，利用可再生电力资源电解水获得纯净氢气供给钢铁生产。其中，PEM 技术由西门子公司提供；Verbund 公司作为项目协调方，负责利用可再生能源发电，并为项目提供电网相关服务；奥地利电网公司的主要任务是确保电力平衡供应，保障电网频率稳定；奥地利 K1-MET 中心组将负责研发钢铁生产过程中氢气可替代碳或碳基能源的工序，定量对比研究电解槽系统与其他方案在钢铁行业应用的技术可行性和经济性，同时研究该项目在欧洲甚至是全球钢铁行业的可复制性和大规模应用的潜力。

H2FUTURE 项目计划将在奥地利林茨的奥钢联阿尔卑斯基地建造一个 6MW 聚合物电解质膜（PEM）电解槽，氢气产量为 $1200m^3/h$，目标电解水产氢效率为 80% 以上。中试装置投入使用后，电解槽将进行为期 26 个月的示范运行，示范期分为 5 个中试化和半商业化运行，用于证明 PEM 电解槽能够从可再生电力中生产绿色氢气，并提供电网服务。随后，将在欧盟 28 国对钢铁行业和其他氢密集型行业进行更大规模的复制性研究。最终，提出政策和监管建议以促进在钢铁和化肥行业的部署。2019 年 11 月 11 日，奥地利林茨奥钢联钢厂 6MW 电解制氢装置已投产，氢能冶金时代正式开启[12]。

2.1.2.3　德国氢冶金项目

A　萨尔茨吉特钢铁公司 SALCOS 项目

2019 年 4 月，德国萨尔茨吉特钢铁公司与 Tenova 公司提出以氢气为还原剂炼铁，从而减少 CO_2 排放的 SALCOS 项目。图 2-7 为 SALCOS 工艺设想图，该项目旨在对原有的高炉-转炉炼钢工艺路线进行逐步改造，把以高炉为基础的碳密集型炼钢工艺逐步转变为直接还原炼铁-电弧炉工艺路线，同时实现富余氢气的多用途利用。

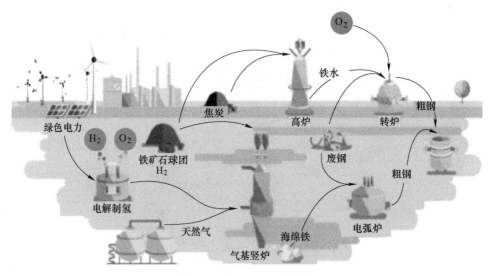

图 2-7　SALCOS 工艺设想

为实施 SALCOS 项目，萨尔茨吉特钢厂先期策划实施了萨尔茨吉特风电制氢项目，其思路是采用风力发电，电解水制氢和氧，再将氢气输送给冷轧工序作为还原性气体，将氧气输送给高炉使用。SALCOS 项目主要分为两步：第一步建设质子交换膜电解槽，电解蒸馏水制氢，生产能力为（标态）400m³/h；第二步将风力发电厂电力输送到电解水工厂。风力发电、制氢工厂建设投资总额约为 5000 万欧元，制氢工厂将在 2020 年投用，在此基础上再研究利用其他清洁能源发电。

在 2016 年 4 月正式启动了 GrInHy1.0（Green Industrial Hydrogen，即绿色工业制氢）项目，采用可逆式固体氧化物电解工艺生产氢气和氧气，并将多余的氢气储存起来。当风能（或其他可再生能源）波动时，电解槽转变成燃料电池，向电网供电，平衡电力需求。2017 年 5 月，该系统安装了 1500 组固体氧化物电解槽，于 2018 年 1 月完成了系统工业化环境运行，2019 年 1 月完成了连续2000h 的系统测试，2 月 GrInHy1.0 项目完成。与此同时，2019 年 1 月萨尔茨吉特钢厂开展了 GrInHy2.0 项目。通过钢企产生的余热资源生产水蒸气，用水蒸气与绿色再生能源发电，然后采用高温电解水法生产 H_2。H_2 既可用于直接还原铁生产，也可用于钢铁生产的后道工序，如作为冷轧退火的还原气体。

GrInHy2.0 项目设想见图 2-8。项目将首次在工业环境中采用标称输入功率为 720kW 的高温电解槽，目标是连续不间断运行 7000h，电解效率达到 80% 以上。同时，当可再生能源不足时，平时存储的 H_2 可将高温电解槽作为固体氧化物燃料电池用于发电。预计到 2022 年底，该高温电解槽将至少运行 1.3 万小时时，总共产生约 100t 高纯度（99.98%）氢气[11]。

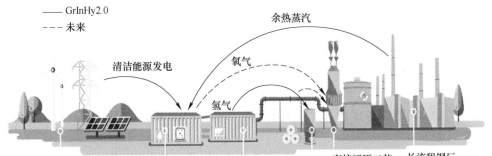

图 2-8　GrInHy2.0 项目规划

B　蒂森克虏伯钢铁公司"以氢代煤"项目

为在 2050 年实现向碳中和型钢厂的转型升级，蒂森克虏伯钢铁公司采取两种途径来减少 CO_2 排放：（1）将"绿色"H_2 代替煤炭作为高炉还原剂的"以氢代煤"项目；（2）将钢厂排放的含 CO_2 尾气转化为有价值的化工产品原料的 Carbon2Chem® 项目，均已获德国联邦政府和北莱茵-威斯特法伦州政府的资助。

"以氢代煤"项目主要分为四个阶段。在初期测试阶段，H_2 通过一个风口代替煤粉喷吹入杜伊斯堡钢厂 9 号高炉。若测试成功，则计划在 2021 年底之前扩展至高炉的全部 28 个风口。预计从 2022 年起，蒂森克虏伯钢铁公司逐步将杜伊斯堡的其他三个高炉实施氢气喷吹，理论上有望减少钢铁生产过程约 20% 的 CO_2 排放。同时，为了能从根本上改变钢铁生产结构，蒂森克虏伯钢铁公司计划从 2020 年中期开始建设首个大型直接还原系统，以 H_2 为基础生产固态 DRI 而不是液体生铁，然后采用现有高炉进行熔化，在这个过程中高炉仅充当熔炼单元，从而降低过程能耗和 CO_2 排放。最终从 2030 年起，将采用电弧炉（EAF）取代高炉进行 DRI 冶炼并加工成粗钢，其中电炉冶炼所需电力的最大比例来源于可再生能源。2019 年 11 月 11 日，第一批 H_2 被注入杜伊斯堡 9 号高炉，标志着"以氢代煤"项目正式启动[13]。

C　ROGESA 高炉喷吹 COG 工艺

德国主要钢铁企业迪林根和萨尔钢铁公司计划投资 1400 万欧元研发富氢还原炼铁工艺。这一工艺是将联合钢铁企业产生的富氢焦炉煤气喷吹入萨尔钢铁公司的 4 号和 5 号高炉内，用氢气取代部分碳作为还原剂，从而降低高炉的碳排放强度和整个炼铁过程的碳足迹。项目从 2020 年开始实施，先将 COG 由 5 号高炉的一半风口喷入高炉代替煤粉进行试验，计划 2035 年碳排放量减少 40%。

2.1.2.4　瑞典 HYBRIT 项目

2016 年 4 月，瑞典钢铁公司（SSAB）、大瀑布电力公司（Vattenfall）和瑞典矿业公司（LKAB）联合创立了突破性氢还原炼铁项目 HYBRIT（Hydrogen Breakthrough Ironmaking Technology）。该项目主要以氢气竖炉直接还原进行钢铁生产为核心概念，氢气来源于电解水，有望使瑞典 CO_2 排放降低 10%，芬兰 CO_2 排放降低 7%。

HYBRIT 新工艺和传统高炉工艺的对比见图 2-9，新工艺流程与现有的气基竖炉直接还原流程相似，但以 100% 氢气作为还原剂，还原产物是水。图 2-10 给出了传统高炉流程和 HYBRIT 新工艺 CO_2 排放、能源消耗对比（基于瑞典生产数据，以吨钢为计算单位）。高炉流程主要考虑了造块、熔剂生产、焦化、高炉炼铁、转炉炼钢工序，其 CO_2 排放、化石能源消耗（煤+油）、电力消耗分别为 1600kg、5231kW·h、235kW·h，其中能源消耗总计 5466kW·h；HYBRIT 新工艺主要考虑了造块、制氢、氢气直接还原、电炉工序，其 CO_2 排放、可再生能源消耗、化石能源消耗（煤）、电力消耗分别为 25kg、560kW·h、42kW·h、3488kW·h，其中能源消耗总计 4090kW·h（含可再生能源 560kW·h）。与传统高炉流程相比，HYBRIT 新工艺 CO_2 排放降低 1575kg，降低幅度为 98.44%；能源消耗减少 1376kW·h，减少 36.19%。该技术碳减排将经历 2025 年和 2040 年两个转折点，预期在 2050 年实现 CO_2 零排放。值得一提的是，瑞典 CO_2 减排 10% 将导致耗电量增加 $1.5×10^{10}$kW·h，可借助风能发电、太阳能发电等。

HYBRIT 计划建立三个中试工厂。首先，于 2018 年得到了瑞典能源署 5.28 亿瑞典克朗的资金支持，用于在瑞典吕勒奥建立一个制氢-氢气直接还原-炼钢中试工厂，进行非化石能源钢铁生产和制氢；其次，计划在瑞典马尔姆贝里和吕勒奥建立一个非化石能源铁矿造块厂，采用创新技术将化石燃料转变成可再生生物质燃料，实现铁矿造块 100% 可再生燃料，同时配套研发团块非化石能源加热技术，CO_2 排放量将减少 40%，相当于每年减排 CO_2 6 万吨；另外，将在瑞典吕勒奥建立一个储氢中试厂，为无化石能源钢铁生产提供必要条件[15~18]。

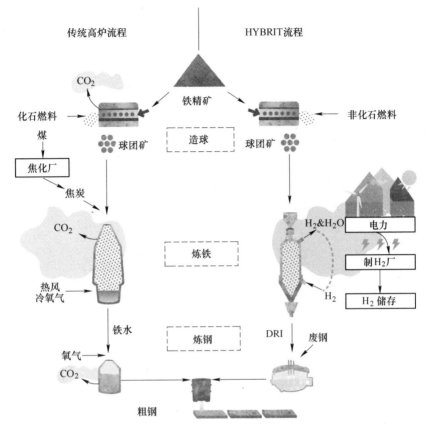

图 2-9　HYBRIT 新工艺和传统高炉工艺的技术路线

2.1.3　美国钢铁协会（AISI）氢气闪速熔炼法

氢气闪速熔炼法（Novel Flash Ironmaking Process）是使铁精矿粉在悬浮状态下，被热还原气体还原成金属化率较高的还原铁的工艺。热还原气体可以是 H_2，也可以是由煤、重油等经过不完全燃烧产生的还原气体 CO，或者是 H_2 和 CO 的混合气体。该工艺是针对美国铁矿资源和全球粉矿资源条件而开发的。美国产铁矿中有 60% 都是粒度小于 0.029~0.037mm 的铁燧岩精矿粉（产量达 5000 万~5500 万吨/年）。氢气闪速熔炼法就是不经过烧结或者球团造块，直接用这些细精矿粉生产铁水。从环保和还原动力学观点来说，氢气非常适合作还原剂和燃料。氢气闪速熔炼法生产的铁水可直接供后面炼钢工序。

目前，犹他大学已对安赛乐米塔尔和 Ternium 公司提供的铁精矿粉进行了较大规模的试验，试验系统见图 2-11。研究结果表明，在温度为 1200~1400℃ 时，1~7s 内可快速获得 90%~99% 的还原率，还原率的高低取决于氢的过剩系数。高

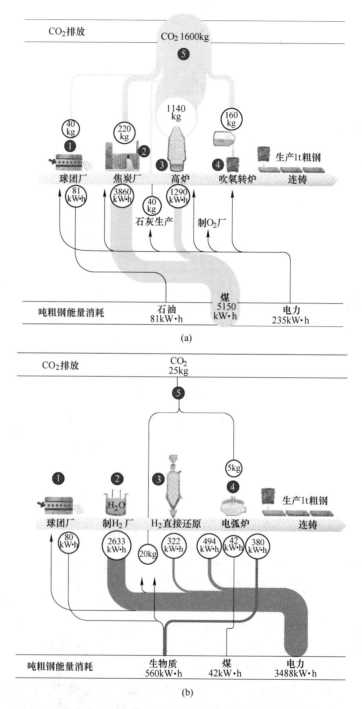

图 2-10　传统高炉流程和 HYBRIT 新工艺的 CO_2 排放与能源消耗
（a）传统高炉流程；（b）HYBRIT 新工艺

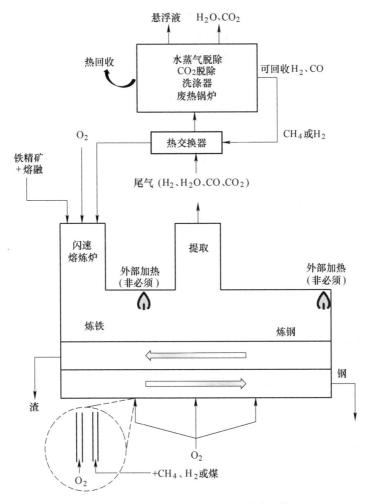

图 2-11 犹他大学实验室的闪速熔炼系统

炉工艺与使用 H_2、CH_4、煤的闪速熔炼工艺能耗对比列于表 2-1，可见，闪速熔炼技术的吨铁能耗远低于高炉流程。另外，新技术利用 H_2、CH_4 和煤作为燃料，生产 1t 铁水对应的 CO_2 排放量分别为 71kg、650kg 和 1145kg，而常规高炉炼铁生产 1t 铁水对应的 CO_2 排放量高达 1671kg。因此，即使采用煤作为燃料，闪速熔炼新工艺也比常规高炉炼铁工艺排放的 CO_2 量显著降低[19~21]。

2.1.4 MIDREX-H$_2$®氢气竖炉直接还原技术

富氢气基竖炉直接还原技术早在 20 世纪中叶已实现了工业化，以 MIDREX 和 HYL 工艺最具代表性，目前世界上正在运行着几十座以天然气、石油或煤为燃料重整制成的合成气生产 DRI 的 MIDREX 竖炉、HYL 竖炉。为了保证高温合金炉管不被腐蚀、减少影响顺行的铁矿球团粘结发生，多数竖炉的入炉煤气中氢气含量已达到 55%~80%，大型富氢气基竖炉直接还原铁生产技术及设备早已实现了工业化应用。奥钢联德克萨斯公司旗下年产 200 万吨的 MIDREX 工艺 HBI 工厂于 2017 年 2 月投产运行，是北美第一个商业化的 HBI 工厂。2013 年纽柯在美国路易斯安那州的圣詹姆斯教区投资 7.5 亿美元，建成第一个美国本土的 HYL 工艺 DRI 工厂，设计产能为 250 万吨/年[22,23]。

表 2-1　高炉工艺与使用 H_2、CH_4、煤的闪速熔炼工艺能耗对比　　（GJ/t）

项　　目		BF	H_2 闪速熔炼	CH_4 闪速熔炼	煤闪速熔炼
能量消耗（入料温度 25℃）	1. 氧化铁还原焓变（25℃）	2.09	-0.31	-0.61	1.73
	2. 铁水显热（1600℃）	1.36	1.36	1.36	1.36
	3. 造渣	-0.21	-0.15	-0.15	-0.21
	4. 渣显热（1600℃）	0.46	0.32	0.32	0.46
	5. SiO_2 还原	0.09			
	6. 石灰石（$CaCO_3$）分解	0.42	0.29	0.29	0.42
	7. 铁水中的碳	1.65			
	8. 热损失及不可统计部分（假设所有工艺相同）	2.60	2.60	2.60	2.60
	9. 废气显热	0.25	0.25	0.21	0.20
	总计消耗	8.70	4.36	4.02	6.56
	还原剂热量	5.37	7.70	8.00	5.67
	氧化铁还原总消耗	14.07	12.06	12.02	12.23
准备工序	1. 造球	2.87			
	2. 烧结	0.62			
	3. 炼焦	1.93			
	准备工序总计消耗	5.42	0	0	0
	生产熔融铁水所需总能量	19.49	12.06	12.02	12.23

以 MIDREX 工艺为例，大多数竖炉的入炉还原气中 H_2 和 CO 含量（体积比）一般约为 55% 和 36%（H_2/CO = 1.50（体积比））；委内瑞拉 FMO MIDREX 工厂由于使用水蒸气重整技术，H_2/CO 在 3.3~3.8 之间；其他地区的某些竖炉由于采用煤制气技术获取还原气，H_2/CO 在 0.37~0.38 之间。因此，目前 MIDREX 工艺已成功应用在 H_2/CO 为 0.37~3.8 条件下生产 DRI。在此基础上发展的 MIDREX 氢气竖炉（MIDREX-H_2®）的技术路线见图 2-12，该工艺省去了重整过程，直接将氢气加热到所需温度。在实际生产中入炉还原气中氢气含量约为

90%，其余为 CO、CO_2、H_2O 和 CH_4，这主要是为了控制适宜的炉温和保证直接还原铁渗碳[24,25]。

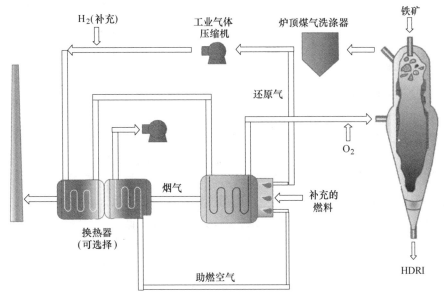

图 2-12 MIDREX-H_2®工艺流程

2.1.5 我国氢冶金技术研发现状

2.1.5.1 我国高炉早期的富氢冶金探索

近年来随着超低排放政策的实施和碳减排压力的日益加大，我国钢铁产业提出了绿色制造和制造绿色的新发展理念。富氢还原是高炉炼铁实现低碳绿色化的有效技术之一。我国高炉早期进行了风口喷吹焦炉煤气、天然气等富氢气体的短期探索，但由于诸多原因，未能坚持或大规模应用。最近，中国宝武提出了基于核能制氢的低碳冶金技术路线，其中包括高炉喷吹富氢气体和氢气的研发内容，相关研发项目正在开展中，以期形成核能-制氢-冶金的耦合技术。

2.1.5.2 我国气基竖炉直接还原和氢冶金项目

世界直接还原的发展历史和实践表明，气基竖炉工艺是迅速扩大直接还原铁生产的有效途径。2018 年气基直接还原铁产量占直接还原铁总产量的近 80%，具有显著的发展潜力和竞争力。20 世纪 70 年代，我国自行设计、建设了处理钒钛磁铁矿球团的 5m³ 气基竖炉，试验顺利成功，但因天然气资源问题被迫终止。到 70 年代后期，在韶钢建成以水煤气为还原气的气基竖炉工业化试验生产线，进行了长达 3 年的试生产，但因缺乏高品位铁矿石、水煤气，制气单机生产能力过小等原因未实现工业化生产。80 年代，宝钢开展了 BL 法煤制气-竖炉生产直接还原铁半工业化试验研究，试验是成功的，但因铁原料及制气成本问题未能进一步开发。自 2005 年，辽宁、吉林、内蒙古、安徽、山西等地，均有筹备建设煤制气-气基竖炉直接还原生产线的规划或建设项目，但均遭遇高品位铁原料来源、制气系统造价过高等原因未能实施。

近年来提出的基于气基竖炉直接还原的氢冶金项目主要有以下几个。

A　东北大学-华信钢铁公司的煤制气-富氢气基竖炉示范工程项目

随着化工行业煤制气技术的发展和成熟，以及竖炉直接还原技术的发展和进步，煤制气-气基竖炉直接还原技术应运而生，并成为发展热点。从国内能源结构考虑，我国因石油、天然气资源匮乏、价格昂贵，限制了气基直接还原技术的发展。但中国拥有丰富的煤炭资源，特别是非焦煤储量很大，将煤制合成气作为还原气来发展气基竖炉直接还原，是我国钢铁企业未来直接还原铁生产的重点发展方向，我国具有发展煤制气-气基竖炉直接还原工艺所涉及的化工、冶金、装备制造等学科、行业技术基础。

煤制气-气基竖炉直接还原集成技术主要包括铁精矿选矿技术、气基竖炉专用氧化球团制备及优化技术、煤气化技术的合理选择、气基还原控制技术和能量利用优化技术。

唐志东等[26]基于国内铁矿条件成功研发了磁铁精矿精选制备高品位铁精矿技术和相关设备，并建成年处理普通铁精矿 10 万吨示范性生产线。我国多地（河北、山西、吉林、辽宁、山东、湖北等）的磁铁矿资源，通过细磨、单一磁选实现了经济生产 $w(TFe) > 70.5\%$、$w(SiO_2) < 2.0\%$ 的高品位精矿粉，可直接用于生产气基竖炉还原专用氧化球团。

储满生等基于国内铁精矿条件进行了气基竖炉专用氧化球团制备及其冶金性能优化研究，发现通过优化控制添加剂使用、改善干燥预热及氧化焙烧工艺参数，可采用技术成熟且普遍的链算机—回转窑工艺，生产冶金性能优良的气基竖炉直接还原专用氧化球团。同时，研究结果还表明，采用高温高氢气基竖炉直接还原工艺，以国内某铁精矿球团为例，在 1050℃、$\varphi(H_2)/\varphi(CO) = 2.5$，还原 20min，还原率达 99%。综合考虑各类煤制气工艺的设备特性、技术经济指标及投资成本等，采用综合加权评分法进行煤制气工艺评价及合理选择技术研究。结果表明，采用流化床法煤制气工艺，投资成本相对较低，氧耗低，生产效率高。另外，对于气基还原过程的研究发现，H_2/CO 比高、温度较高时，还原速度快、球团膨胀率低，通过控制还原条件，可获得 TFe 不低于 92%、金属化率不低于 92%，SiO_2 含量<3% 的合格 DRI 产品。最后建立气基竖炉直接还原效能评价模型，进行气基竖炉过程能量利用及优化研究，表明实施 DRI 热送和加强炉顶煤气

循环利用是优化气基竖炉能量利用的有效手段。

东北大学与辽宁华信钢铁共性技术创新科技有限公司签订辽宁钢铁共性技术创新中心共建协议，共同筹建年产 1 万吨 DRI 和 10 万吨精品钢示范工程，着重开展煤制气-气基竖炉、新一代钢铁冶炼技术等重大关键共性前沿技术的研发和中试，目标是在氢冶金低碳冶炼、高端精品钢生产、钢铁生产短流程等重大工艺和装备技术方面取得重大突破并形成示范应用。目前正在开展的核心项目之一，是以低碳减排为目标的煤制气-气基竖炉直接还原的氢冶金短流程项目，以高品位氧化球团为原料，利用东北地区储量丰富、廉价的低阶煤通过煤制气装置生成含氢 65%~85% 的还原气，再通过具有自主知识产权的气基竖炉，生产纯净 DRI，并连续热装入新型电炉，最终生产高纯净钢，用于重大装备制造。这是最符合中国国情的、国内急需的氢冶金技术，具有推广应用前景广阔和节能减排的显著优势。与同地区的高炉-转炉长流程相比，吨钢能耗、CO_2、SO_2 和 NO_x 排放将分别减少 60.6%、54.3%、74.0% 和 22.7%。项目实施后，对氢冶金短流程技术在钢铁行业的推广和实现钢铁产业节能减排、改善环境、提高效益，实现低碳绿色创新发展具有重要意义。

B　中晋太行的焦炉煤气-气基竖炉直接还原项目

2012 年，山西中晋太行公司筹备建设 100 万吨/年焦化和焦炉煤气干重整-气基竖炉年产 30 万吨 DRI 的生产线。该项目引进了伊朗 MME 公司气基还原 PERED 工艺包，并采用中国石油大学开发的焦炉煤气干重整技术，目标是 CO_2 减排 28%。经过不懈努力，完成了技术转化与工程设计工作，工业化试验装置于 2017 年 8 月全面开工建设，于 2020 年 12 月 20 日点火运行。

C　河钢的气基竖炉氢冶金项目

2019 年 11 月，河钢集团与意大利特诺恩集团签署谅解备忘录，商定双方在氢冶金技术方面开展深入合作，利用世界最先进的制氢和氢还原技术，并联手中冶京诚，共同研发、建设全球首例 120 万吨/年规模的氢冶金示范工程，应用于河钢宣钢转型升级项目。项目将从分布式绿色能源、低成本制氢、焦炉煤气净化、气体自重整、氢冶金、成品热送、CO_2 脱除等全流程进行创新研发，探索出一条钢铁工业发展低碳，甚至"零碳"经济的最佳途径。从改变能源消耗结构入手，彻底解决钢铁生产的环境污染和碳排放问题，从而引领钢铁生产工艺变革。

D　日照钢铁的气基竖炉氢冶金项目

2020 年 5 月，京华日钢控股集团与中国钢研签订了合作协议。以氢冶金全新工艺-装备-品种-用户应用为目标，进行系统性、全链条的创新开发，通过现代化工、冶金联产循环经济的方式，建设具有我国自主知识产权的首台（套）年产 50 万吨氢冶金及高端钢材制造产线，推进钢铁行业科技创新模式，引领我国钢铁行业绿色化转型和高端品种系统性的结构升级。

2.2　国内外制氢技术

氢能既是理想高效的清洁能源，又是用途广泛的化工原料。煤气化制氢、天然气制氢等以传统能源制氢为主体的制氢产业具有高能耗、高污染的弊端。随着世界环保法规要求的日趋严格，基于可再生能源和核能利用的新型制氢技术越来越受到重视。目前，有两项制氢技术研发引起极大关注：一是瑞典的突破性氢能炼铁 HYBRIT 项目使用可再生能源发电，再电解水制氢（P2G）；二是中国宝武与中核集团、清华大学签订了核能制氢合作项目。这两个项目采用不同的制氢方法，为氢时代的发展提供大量廉价氢资源，满足低碳生产和低碳生活的共同需求。

2.2.1　煤气化制氢技术

煤气化制氢是指煤与水蒸气在一定温度压力条件下发生气化反应得到合成气，再通过对合成气中的 CO 进行转化处理，从而制取氢气的技术[27]。煤气化制氢技术在我国有良好的应用基础，目前主要存在污染严重等环保问题。煤气化制氢需在现有基础上进行升级改造，从设备、系统运行等方面全面提高技术水平，才能顺应可持续发展的战略需求。

目前成熟的煤气化制氢工艺是指将煤运输到气化炉内进行气化反应制氢的过程。煤气化制氢包含煤的获取、煤的运输、氢气制备与收集、氢气运输 4 个流程。

波兰克拉科夫 AGH 科技大学 Burmistrz 等[28]组成的研究团队致力于实际制氢项目的整体效益研究，该团队对比 Shell 和 Texaco/GE 公司两种煤气化制氢工艺，综合评判煤气化制氢工艺的具体效益。两家公司均采用地面加压气流床气化制氢手段，不同点主要在于煤样选择和预处理。Texaco/GE 工艺采用水煤浆预处理技术，即先将煤样与水混合制成水煤浆后，再进入加压气流床进行气化反应；Shell工艺采用煤粉预处理技术，向气化反应炉输送干煤粉燃料，之后再与蒸汽、空气发生气化反应。两种技术均加入了 CO_2 捕集单元，制氢效率均为 85%，评价结果见表 2-2[26]。

表 2-2　Texaco/GE 和 Shell 煤气化制氢技术指标对比

气化技术	气化煤种	制氢 1kg 温室气体释放当量（CO_2）/g	制氢 1kg 能耗/MJ
Texaco/GE	次烟煤	5206	214.1
Shell	次烟煤	4413	197.1
Shell	褐煤	7142	215.6

根据研究结果，煤气化制氢 1kg 的能耗为 190~325MJ，制氢 1kg 温室气体释

放当量（CO_2）为 5000～11300g。总体而言，煤气化制氢技术能耗高，对环境也不够友好。通过对比上述案例可发现，在煤气化制氢系统中，采用 CO_2 捕集设备可大大减少 CO_2 直接排放，对系统的环保效益产生积极影响。但是，加入 CO_2 捕集装置无疑也会造成较大的能耗，降低制氢系统的能源利用率。同时，CO_2 捕集单元的建设成本较高，这对制氢系统的经济效益会带来不利影响。CO_2 捕集技术的发展应朝着低能耗、低成本的方向进行，才能为煤气化制氢技术的环保效益带来实质性推动。

2.2.2 天然气制氢技术

天然气制氢技术较为成熟，产氢率高，是目前最常用的制氢技术。甲烷是天然气的主要成分，天然气制氢技术主要依托于甲烷转化制氢反应。甲烷转化制备氢气有两种思路[29]：一种是先将甲烷与水蒸气在一定反应条件下反应生成合成气，再将合成气中的 CO 进行转化，从而制得高纯度氢气，也即甲烷水蒸气重整技术；另一种是通过创造反应条件使甲烷直接分解成氢气和积炭，再通过分离提纯产物获得氢气，代表性技术为甲烷热解技术。

传统的甲烷水蒸气重整制氢流程包括原料气预热、脱硫、蒸汽转化、中变、低变、CO_2 脱除和甲烷化等环节[30]。甲烷热解制氢是指甲烷在高温环境中受热裂解成碳和氢气的技术，目前应用较为广泛的催化剂有熔融金属和熔融碳两种类型。熔融金属催化剂的催化效果较好，提高反应效率明显，不足之处在于容易失活，需要不断补充更新，生产成本高；熔融碳可以从热裂解产物中直接分离获得，从而实现催化剂自动更新，系统运行效率好，不足之处在于催化效果有待提升[31]。

2.2.3 核能制氢技术

核能是满足能源供应、保证国家安全的重要支柱之一。核能发电在技术成熟性、经济性、可持续性等方面具有很大的优势，同时相较于水电、光电、风电具有无间歇性、受自然条件约束少等优点，是可以大规模替代化石能源的清洁能源。

第四代核能反应堆制氢技术的核心是基于高温反应堆的工艺热。从核反应堆的角度来看，熔盐堆、超高温气冷堆的出口温度都超过 700℃，所提供的工艺热都可以满足高温制氢过程，系统效率和反应堆能提供的热能温度有很大的相关性（见图 2-13）[32,33]。目前核能制氢主要有两种途径：热化学循环制氢和高温电解制氢。

2.2.3.1 热化学循环制氢

热化学循环制氢是通过水蒸气热裂解的高温热化学循环过程来制备氢气。这

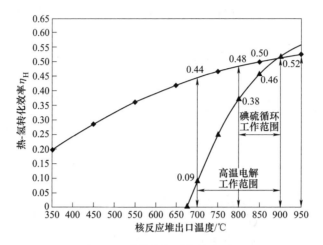

图 2-13   核能制氢系统效率对比

一过程中主要利用反应堆提供的高温热，在上百条热化学循环路线中主要有 I-S 循环、Cu-Cl 循环、Ca-Br 循环、U-C 循环等可以与第四代堆相匹配的技术路线。但是 I-S 循环制氢效率受温度影响较大，在 900℃ 以上效率可超 50%，但随着温度降到 800℃ 以下，效率急剧下降。同时也需指出的是，热化学循环是一个典型的化工过程，工艺规模化放大还存在一定风险。同时，高温下的强腐蚀性对材料和设备也提出了较高的要求，生产厂房的占地面积也较大。因此，循环制氢技术的主要挑战在于优化技术路线、提高整个过程效率、解决反应器腐蚀等问题。

目前日本原子能机构已完成 I-S 循环制氢中试，制氢速率达到 150L/h[32]。清华大学建立了实验室规模的 I-S 循环实验系统（60L/h），并已实现系统的长期运行[34]。

2.2.3.2   高温电解制氢

高温电解水蒸气制氢气（HTSE）以固体氧化物电解池（SOEC）为核心反应器，实现水蒸气高效分解制备氢气。由于高温电解制氢技术具有高效、清洁、过程简单等优点，近年来受到国内外研究者及企业的重视，已经成为与核能、风能、太阳能等清洁能源联用来制氢的重要技术。因高温电解制氢技术可与核能或可再生能源相结合，用于清洁燃料的制备和 CO_2 的转化，在新能源领域具有很好的应用前景。

高温电解制氢技术主要包括电解质与电极材料、电解池、电解堆和系统 4 个层面。目前高温电解制氢技术面临的主要挑战包括电解池长期运行过程的性能衰减问题、电解池的高温连接密封问题、辅助系统优化问题、大规模制氢系统集成问题。SOEC 是 HTSE 技术中的核心反应器（见图 2-14）。电解池（堆）中的电极/电解质材料在运行中存在着诸多分层、极化、中毒等问题，是导致系统衰减的重要原因。因此，需要针对 SOEC 工艺的特性，重点攻关电解池材料在高温和高湿环境下的长期稳定性问题；同时提升 SOEC 单电池生产装备的集成化和自动化水平，提高单电池良品率和一致性。大力发展千瓦级 SOEC 制氢模块的低成本和轻量化设计，提高规模化集成技术水平，开发电解池堆的分级集成技术。解决了这些问题，就可以使其在经济上具备一定的竞争力，从而更快进入实际应用领域。

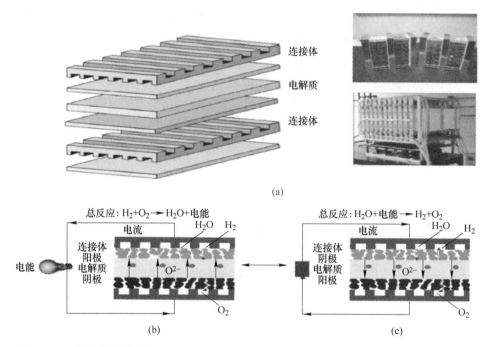

图 2-14 固体氧化物燃料电池（SOFC）和电解池（SOEC）电堆结构和发电/制氢工作原理
（a）SOFC/SOEC 结构示意图；（b）SOFC 发电工作原理；（c）SOEC 高温电解制氢工作原理

目前，美国、德国、丹麦、韩国、日本和中国等都在积极开展高温电解制氢的研究工作[35~39]。德国 Sunfire 公司和美国波音公司合作，建成了国际规模最大的 150kW 高温电解制氢示范装置，制氢速率达 40m³/h（标态）。中国科学院上海应用物理研究所在 2015 年研制 5kW 高温电解制氢系统的基础上，在中国科学院战略性先导科技专项的支持下，于 2018 年开展了 20kW 高温电解制氢中试装置的研制，计划于 2021 年建成国际首个基于熔盐堆的核能制氢验证装置，设计制氢速率达到 50m³/h（标态）。

2.2.4 基于水电解反应的可再生能源发电制氢

电解水制氢是基于电化学原理的一种常见制氢技术，电解水制氢系统包括电源、电极、电解液三大部分。目前，水电解制氢工艺代表性公司有德国 Lurgi 公司、加拿大多伦多电解槽有限公司和挪威 Hydro 公司等。德国 Lurgi 公司主要生产大型工业水电解制氢装置，产氢量 110~750m³/h。加拿大多伦多电解槽有限公司主要生产箱式单极电解槽，采用 28%KOH 溶液自然循环，在 70℃ 较低工作温度和低电流密度下操作，生产氢气纯度达 99.9%，单位电耗 4.7kW·h/m³。挪威 Hydro 公司以生产常压电解槽为主，工作温度 80℃，电流密度 2.5kA/m²，工作电压 1.8V，单位直流电耗 4.3kW·h/m³。

H. N. Su 等[40]研究表明，水电解制氢效率 75%~85%，工艺过程简单，无污染，但电耗较大，电耗 4.5~5.5kW·h/m³，电费占制氢成本约 80%。利用电网的电能进行电解水制氢不仅能耗高，也会间接造成较大的温室气体释放。可再生能源具有清洁环保的特点，将可再生能源发电系统产生的电能用于电解水制氢，可以优化传统电解水制氢的能源利用结构，使电解水制氢更加节能环保。

可再生能源发电制氢是发展前景广阔的新型制氢技术，目前已经能达到实际推广应用的技术要求，而风电制氢和太阳能光伏发电制氢是该领域的研究热门，适应于多种应用场合[41]。

2.2.4.1　风电制氢

风电制氢是将风力发电与电解水制氢耦合的系统。风电制氢系统包含风电站建设、电解水制氢、氢气的收集（压缩或液化）以及氢气运输至使用终端 4 个工序。利用风电场发电制氢，不仅可以大大降低电解水制氢的用电成本，提高整个风电场的资源利用率，而且可以提高并网风电的品质。

我国河北省沽源县建设的世界最大风电制氢综合利用示范项目已经全部并网发电。制氢站于 2016 年 9 月中旬开工建设，项目总投资 20.3 亿元，采用从麦克菲公司引进 4MW 风电制氢装置的技术设计方案和整套生产设备，包括 200MW 风力发电、10MW 电解水制氢系统、氢气综合利用系统 3 个部分，是国内首个风电制氢工业应用项目，同时也是全球最大容量的风电制氢工程。该项目有效解决了大面积弃风问题，破解河北省风电产业的发展瓶颈。项目建成后，可形成每年制氢 1752 万立方米的生产能力，不仅对提升坝上地区风电消纳能力具有重要意义，也将探索出风电本地消纳的新途径。

2.2.4.2　太阳能光伏发电制氢

光伏发电制氢与风电制氢的区别在于电解水制氢的所需电能由光伏板转化的电能提供，生产系统包含光伏电站建设维护、电解水制氢、氢气的收集（压缩或液化）以及氢气运输至使用终端 4 个环节。

为了提高光伏制氢的效率，Kothari 等[42]考察了不同温度（10~80℃）碱性电解液对电解结果及产氢速率的影响。2005 年埃及国家太阳能研究中心 Ahmad

等采用单晶硅材料制作光伏组件，构建小规模制氢系统。研究发现最大功率跟踪控制技术在光伏-制氢系统中，可以有效保障产物氢气以稳定的速率向外流出。来自德国 TU Ilmenau、Fraunhofer ISE 和加州理工学院的研究人员组成的国际团队在 2015 年研制出的技术制氢效率达到了 14%。而美国能源部（DOE）国家可再生能源实验室（NREL）的研究团队在 2017 年研制成功太阳能制氢效率达 16.2% 的技术。加州理工学院、剑桥大学、伊尔梅瑙工业大学和弗劳恩霍夫太阳能研究所的联合研究团队通过由 Rh 纳米颗粒和结晶 TiO_2 催化剂涂层制备而成太阳能电池串联，成功地将太阳能直接分解水制氢的效率提高到 19%。莫纳什化学院的 Leone Spiccia 教授应用泡沫 Ni 电极材料，使电极表面积大大增加，从而有效利用太阳光各波段光谱的能量，大大提高太阳能光电转换利用率，其技术使太阳能光电电解水制氢效率达到了 22%。

可再生能源发电制氢是一类节能环保的制氢技术，其中可再生能源发电站的建设过程是造成制氢系统能耗和温室气体释放的首要因素。因此，提高可再生能源发电制氢整体效益的关键在于对可再生能源发电技术的整体优化。虽然可再生能源发电站建设过程会造成较大的能耗和温室气体释放，但由于在运行过程中几乎没有排放，所以可再生能源发电制氢相比于传统能源制氢仍然具有非常大的节能环保优势，随着运行年限的增长，这种优势更加明显。

2.2.5 传统制氢与新能源制氢技术对比分析

氢能源是 21 世纪重点发展的清洁能源。2019 年 6 月，国际能源署（IEA）在相关的研究中指出，氢气未来将作为与天然气同等地位的能源物质进行国际贸易，并将取代天然气。因此，"绿氢"产业潜力巨大。

就目前中国的制氢工艺而言，从规模角度看，中国是世界第一产氢大国，每年产氢量约 2200 万吨，占世界氢产量的 1/3。但值得注意的是，国内工业氢气生产以化石能源为主要原料。化石资源制氢工艺成熟，成本相对低廉，具备较强的规模效应，是目前工业氢气的主要制取路径。其中煤制氢是当前最主要的氢气来源，规模大、投资高、成本低，而天然气制氢规模灵活、生产灵活、成本偏高。但是传统化石能源制氢方式存在两大缺点：一是化石燃料中的化学能必需先转变成热能再转变成机械能或者电能，受卡诺循环及材料的限制，在机端所获得大的能量效率相对较低；二是传统能源制氢方式造成了巨量的废水、废气、废渣、废热和噪声的污染。

从发展角度看，中国具备大规模生产"绿氢"的潜力。最近的研究表明，若利用风能、太阳能成本低的优势加快装机速度，在"十四五"期间，每年可增加 53GW 的风能装机容量和每年 58GW 的太阳能装机容量。在"十四五"末期，中国可实现非化石能源占整体能源结构的 19% 的目标。这就给中国未来生产绿氢提供了坚实的基础；而且，利用可再生能源生产绿氢，能让可再生能源不再单一依靠电网进行消纳，可再生能源除了从电网输出，还可以从氢网输出，形成"输电+输氢"的结构。这使得绿氢成为拯救可再生能源的方式，解决了"弃光、弃水、弃风"的问题。目前国内可再生能源制氢工艺以水电解（一次电力）制氢为主。水电解制氢（一次电力）的原料易得，具备工艺简单、无污染、氢气产品纯度高等优势，但是缺点在于成本高、耗电量大、暂不具备大规模推广应用的可能，若未来技术突破带动成本大幅下降，预计届时将成为制氢的主流工艺。

　　表 2-3 和表 2-4 分别从物质能耗、能效、碳排放和经济性四个方面对传统化石能源制氢工艺和可再生能源制氢工艺进行了综合比较。

表 2-3　不同制氢工艺在物质能耗、能效、碳排放方面的对比

制氢工艺	物质能耗（标态）	能源效率/%	碳排放（标态）/kg·m^{-3}
煤气制氢	0.6~0.8kg/m^3	58~66	1.4
天然气制氢	0.4~0.5kg/m^3	72~76	0.6
电解水制氢（一次电力）	4.5~5.5kW·h/m^3	70~75	0

表 2-4　不同制氢工艺在成本方面的对比

制氢工艺	成本/元·立方米$^{-1}$	成本/元·千克$^{-1}$	主要的原料价格
大规模煤制氢	0.65~1.1	7.28~12.32	300~1000 元/吨
中小规模煤制氢	1.0~1.5	11.2~16.8	300~1000 元/吨
天然气制氢	1.15~2.2	12.88~24.64	1~4 元/立方米
电解水制氢（一次电力）	0.4~5.0	4.48~56	0.08~1 元/千瓦时

　　另外，核能制氢虽然看起来比较遥远，但是随着超高温核反应堆的技术水平和安全性不断提高，有可能异军突起，得到迅速发展。只要核能制氢有足够的安全性，则是非常理想的制氢方法。中国在高温气冷堆技术领域已居世界领先地位，已建成并运行 10MW 高温气冷实验堆，20 万千瓦高温气冷堆商业示范电站已在山东建成投产。考虑到核能制氢的优势，中核集团与宝武钢铁集团、清华大学修订了有关合作框架协议，致力于打造世界领先的核冶金产业联盟，开启了产学研用一体化合作新局面。

2.3　高炉富氢冶炼研究现状

　　制氢技术与氢能冶金是两个不同的跨界技术。制氢技术提供了氢能来源，而氢能冶金是将氢能应用在冶金工业中的技术。尽管国内外非高炉氢冶金技术正在蓬勃发展，但由于高炉炼铁仍是现今炼铁的最主要工艺，历来是钢铁产业节能降耗和 CO_2 减排的核心，短时间内无法被非高炉炼铁技术完全取代，而且高炉富氢冶炼技术的发展与完善也是氢冶金技术的基础。因此，主要针对高炉富氢冶炼技术的发展与原理进行了详细介绍。高炉富氢冶炼，也即富氢喷吹工艺是将净焦炉煤气、天然气等氢含量较高的介质利用类似于喷煤的喷吹设施，以一定的温度通过各个支管喷吹入高炉内，主要参与炉内的间接还原反应，以氢气高温快速还原的优势和产物为水蒸气来实现高炉的节能降耗，降低碳排放。

高炉富氢喷吹具有如下特点[43~45]：（1）温度低于810℃时，H_2 的还原能力弱于 CO（图2-15），相同温度条件下还原出铁需要的 H_2 浓度比 CO 高，但温度高于810℃时，H_2 还原能力强于 CO，相同温度条件下还原出铁需要的 H_2 浓度比 CO 低，富氢还原更具优势；（2）H_2 还原产物 H_2O 比 CO 还原产物 CO_2 稳定，而且 H_2O 是清洁资源，可有效减少高炉 CO_2 排放；（3）H_2 导热系数远大于 CO 的导热系数，采取富氢还原传热速度更快，加速气固间对流换热，使还原反应进行得更快；（4）H_2 和 H_2O 分子尺寸远小于 CO 和 CO_2 分子尺寸，反应物和反应产物更容易在铁矿石孔隙内扩散至反应界面或离开反应界面，H_2 还原铁氧化物比CO 还原具有更好的动力学优势。

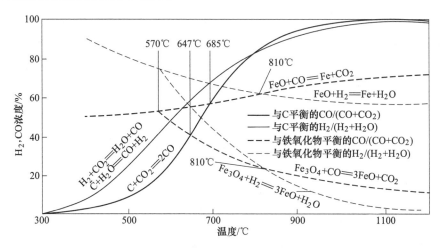

图2-15 CO 和 H_2 还原铁氧化物的优势区域图

2.3.1 高炉喷吹氢气

钢铁工业在很大程度上依赖于化石能源载体，是最大的 CO_2 排放源之一。因此，减少钢铁行业的碳排放强度是一个亟待解决的重要课题。高炉喷吹富氢气体实现富氢还原是减少碳排放的有效途径。

高炉风口喷吹物一般是煤粉、石油、天然气或它们的组合，其中以煤粉喷吹最为常见。但研究和实践表明，过高的喷煤量带来煤粉不完全燃烧，导致高炉透气性恶化、顺行差等问题，故高炉平均喷煤量一般维持在 130~150kg/t。为了解决更大喷吹量的问题，Babich 等[46]研究了由 H_2 和 CO 混合的热还原气体替代煤粉，进行风口喷吹。吕庆等[47]研究了高炉喷吹 H_2 和 CO 混合气技术和 H_2 辅助还原的热力学和动力学。结果表明，综合考虑加氢对高炉还原率、煤气利用率和能量合理分配等因素，宜将加氢量控制在 5%～10% 之间。李佳欣等[48]研究表明，低富氧、高煤比条件下混合气体还原能力有限，在 1000℃、90min，方铁矿还原度仅为 53.6%；在高富氧（40%）和高天然气喷吹量（约 15% H_2）条件下，64.81min 还原度达到 100%。在用纯氧冶炼和更高氢还原比例的条件下，还原速度进一步提高。从方铁矿还原来看，纯氧高炉的 H_2 含量最佳值为 15%～30%。

Tacke 和 Steffen[49]提出高炉炼铁使用纯 H_2 是可行的。美国 Barnes[50]提出风温 1000℃ 条件下，喷吹 42kg/t 的氢可替代 140kg/t 的焦炭。法国 Astier 等[51]提出在风温 1000℃ 条件下，喷吹 9kg/t 氢气可置换 27kg/t 焦炭。日本 Nogami 等[52]对高炉喷氢的模拟结果表明，尽管其他操作参数也在改变，在风温 1200℃ 条件下当氢气喷吹量为 44kg/t 时，焦比降至 324kg/t。德国 Schmöle[53]对喷吹 40kg/t 氢气进行了实验验证，表明 CO_2 排放显著降低。

钢铁行业使用氢能而非化石燃料作为能源载体，是减少碳排放的很好选择。高炉使用 H_2 作为辅助还原剂，替代部分煤粉、焦炭和其他物质（见图 2-16），为减少温室气体排放提供了巨大的潜力。氢气可以通过可再生能源发电和电解水生产，整个过程碳排放量极低。Can Yilmaz 等[54]探讨了以水电解制氢和喷吹 H_2，降低高炉 CO_2 排放的可能性。结果表明，在最佳操作条件下，喷氢 27.5kg/t，相比于传统喷煤 120kg/t，高炉 CO_2 排放可减少 21.4%。

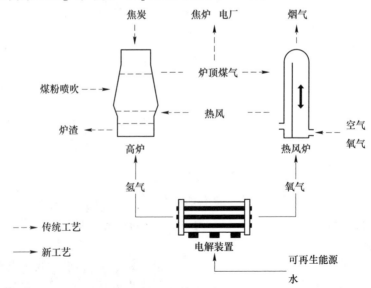

图 2-16　水电解制氢作为高炉辅助还原剂的新工艺

2.3.2 高炉喷吹焦炉煤气

高炉喷吹焦炉煤气是指将净化和加压处理后的焦炉煤气经过管路系统送到各风口,通过喷枪喷入高炉,目的是部分替代焦炭或煤粉,降低 CO_2 排放。

焦炉煤气是高氢优质资源,主要成分是氢气,其次是甲烷,同时含有 CO、CO_2、N_2 以及少量烷烃类气体。某厂的焦炉煤气成分见表 2-5[55,56]。焦炉煤气也是高热值气体,高达 $19.9MJ/m^3$。焦炉煤气广泛应用于发电、加热、制氢、制取甲醇、直接还原铁、高炉喷吹等领域[57~59]。研究表明[60~62],焦炉煤气高附加值利用的最佳途径是高炉喷吹,然后是生产直接还原铁,其余依次为生产甲醇、PSA 制氢、发电、加热燃烧。

表 2-5 　某钢铁企业焦炉煤气的组成 　　　　　　（体积分数,%）

H_2	CH_4	CO	CO_2	N_2	C_2H_4	C_2H_6	C_3H_6	H_2S
55~60	23~27	5~8	1~2	3~6	1~1.5	0.5~0.8	≤0.07	≤3.2×10⁻⁵

鉴于高炉喷吹焦炉煤气能够给钢铁企业带来经济和环保的双重效益,国内外很多科研机构对此开展了大量的研究。

早在 20 世纪 60 年代,本钢就进行了高炉喷吹焦炉煤气试验。在当时的喷吹条件下,高炉产量提高了 10.8%,焦比降了 3%~10%,炉温稳定,崩悬料大幅降低,炉况顺行程度好转[63]。1964 年 12 月,鞍钢炼铁厂结合本钢喷吹经验,在 9 号高炉进行了焦炉煤气喷吹试验,每喷吹 $1m^3$ 焦炉煤气,节约焦炭 0.6~0.7kg,高炉冶炼改善,炉况顺行[64]。高建军等[65]通过建立数学模型研究了高炉富氧喷吹焦炉煤气对 CO_2 减排和理论燃烧温度的影响。结果表明,焦炉煤气喷吹量每增加 $1m^3/t$,高炉 CO_2 排放减少 0.1%,理论燃烧温度降低 0.7℃;若保持风口理论燃烧温度和现有高炉相同,则随着焦炉煤气喷吹量的增加,富氧率提高,当氧含量为 30% 时 CO_2 排放量降低约 12%。饶昌润等[66]基于高温区物料平衡和热量平衡理论,对武钢 7 号高炉喷吹焦炉煤气的降焦效果、极限喷吹量以及对焦炭的置换比进行了数值计算。结果表明,高炉喷吹焦炉煤气能够显著降低焦比;当焦炉煤气喷吹温度为 25℃ 时,焦炉煤气的极限喷吹量为 $506.42m^3/t$,对焦炭的置换比为 $0.32kg/m^3$;当焦炉煤气的喷吹温度为 950℃ 时,焦炉煤气的极限喷吹量为 $585.40m^3/t$,对焦炭的置换比为 $0.42kg/m^3$。李昊堃等[67]对高炉喷吹焦炉煤气的热平衡规律进行了模拟计算,计算过程中同时考虑了焦炉煤气替代燃料的种类和焦炉煤气的置换比两个方面。结果表明,当焦炉煤气替换焦炭时,每喷吹 $1m^3$ 焦炉煤气,理论燃烧温度下降 2.4~2.6℃,炉腹煤气量增加 0.46~0.97m³,炉腹煤气中还原气含量增加 0.045%;当焦炉煤气替换煤粉时,每喷吹 $1m^3$ 焦炉煤气,理论燃烧温度下降 1.3~1.5℃,炉腹煤气量增加 0.41~0.87m³,炉腹煤气中还原气含量增加 0.034%。陈永星等[68]对高炉富氧喷吹焦炉煤气后炉料的还原情况以及碳排放规律进行了研究。结果表明，喷吹焦炉煤气改善了高炉内部铁氧化物的还原，促进了间接还原，直接还原度和焦比均降低，炉顶煤气热值升高，CO_2 净排放减少。

国外对风口喷吹焦炉煤气已经进行了大量研究工作，而且有些企业已经将该工艺成熟应用于高炉生产实践，并获得了良好效果和宝贵经验。20 世纪 80 年代初期，苏联在多座高炉进行了焦炉煤气取代天然气的试验研究，掌握了 1.8~2.2m^3 焦炉煤气替代 1m^3 天然气的冶炼技术，喷吹量达到了 227m^3/t。通过对比分析发现，焦炉煤气喷吹后高炉料柱的透气性得到了改善，节焦增产效果显著，当用 2~3m^3 焦炉煤气替换 1m^3 天然气时，焦比降低幅度为 4%~7%，高炉产量增幅 2%~6%；喷吹焦炉煤气也提高了经济效益，每年可节约 104 万卢布；焦炉煤气燃烧放散的问题也得到了解决，当地环境得到了改善[69]。20 世纪 80 年代中期，法国索尔梅厂 2 号高炉采取了喷吹焦炉煤气操作，用螺旋压缩机将净化后的焦炉煤气加压使其压力高于热风压力，然后通过风口喷入高炉。焦炉煤气喷吹量为 5.83m^3/s，喷吹压力为 0.58MPa，喷吹温度为 42℃，喷吹后焦炉煤气对焦炭的置换比为 0.9，高炉冶炼条件得到了改善，炉况稳定，喷管使用寿命低的问题也得到了缓解，该厂继 2 号高炉喷吹焦炉煤气后，又在 1 号高炉上安装了同样的设备[70]。20 世纪 80 年代末期，由于天然气涨价和焦炉煤气过剩，苏联马凯耶沃钢铁公司在该公司两座高炉上安装了喷吹焦炉煤气装置，喷吹量达 160m^3/t。喷吹后，焦比降低了 6%~8%，产量增加了 5%~8%，获得了良好的经济效益，同时有害物质排放量也大大降低，每年减排 5767t。在焦炉煤气喷吹过程中，以 3m^3 的焦炉煤气代替 1m^3 天然气技术证实是可行的。当风温为 1100~1150℃，含氧量为 25%~28%，置换比为 0.4kg/m^3 时，焦炉煤气喷吹量增加到了 250~300m^3/t，确定了有效利用这种冶炼制度的条件[71]。20 世纪 90 年代中期，美国的埃德加-汤姆森钢铁厂[72]在 3 号高炉上喷吹焦炉煤气，喷吹后高炉炉况稳定顺行、下料正常、产量提高，随后该厂对 1 号高炉也实施焦炉煤气喷吹，喷吹效果显著，喷吹量达 700000m^3/d，为鼓风量的 19%，同时富氧量也提高，为鼓风量的 3.5%，达到当时喷吹的最高水平。2005 年该厂喷吹焦炉煤气总量为 141600t，吨铁喷吹量约 65kg。喷吹焦炉煤气降低了天然气喷吹量，消除了焦炉煤气放空燃烧现象，降低能源成本，年节省开支超过 610 万美元。

与 20 世纪常规的试验研究相比，随着电脑的普及和数值模拟技术的发展，21 世纪高炉喷吹焦炉煤气的研究更多采用复杂的数值模拟和物理试验相结合的方法。大阪大学 Usui[73]等对炉身下部喷吹氢气技术进行了基础实验研究。结果表明，在 900~1100℃的研究温度范围内，用 H_2 作还原剂能显著提高 FeO 转化成铁的还原度，而且随着 H_2 浓度升高，还原速度加快，900℃的还原速度高于

1100℃。新日铁 Higuchi[74] 等利用软熔测试装置对高炉炉身喷吹改质焦炉煤气进行了还原实验，以论证炉身喷吹的条件。研究结果表明，炉身喷吹改质焦炉煤气能有效改善炉墙区域的透气性，间接还原度增加；改质焦炉煤气喷吹的理想条件是喷吹量控制在 200m³/t 以上，喷吹比例在 20% 以上；通过建立高炉炉身喷吹改质焦炉煤气的气固两相流冷态模型，得出从炉墙向内可穿透的最大距离为炉身半径的 15%~20%。瑞典 Per Hellberg[75] 等采取建立风口理论模型（见图 2-17）的方式对高炉喷吹焦炉煤气操作进行了数值模拟研究，包括焦炉煤气喷吹量、喷枪数量以及喷枪角度的影响。结果表明，回旋区还原气的含量随焦炉煤气喷吹量的增加而增加，当喷枪角度在 10°~20° 时，角度对喷吹效果的影响可忽略不计。风口采用单枪喷吹和双枪喷吹焦炉煤气的效果是不同的。相同条件下，单枪在回旋区形成的 H_2、CO 和 O_2 浓度更高、温度较低；但双枪喷吹焦炉煤气所形成的气体离开回旋区时，温度、速度和成分分布更均匀。另外，单枪喷吹所形成的气体还原能力较高。Sabine Slaby[76] 等在对单、双枪喷吹焦炉煤气研究的基础上，对煤气还原能力进行了模拟研究。结果表明，双枪喷吹焦炉煤气形成的软熔带厚度比单枪喷吹要薄，双枪喷吹更有利于改善高炉操作性能。

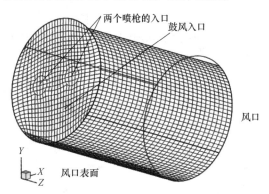

图 2-17　喷吹焦炉煤气条件下的风口管道和喷枪位置

　　由此可以看出，很多国家对高炉喷吹焦炉煤气进行了深入研究，有些钢厂成功进行了生产实践。我国只有少数高炉进行了短期探索，尚未开展系统的技术研发。

2.3.3　高炉喷吹天然气

　　天然气主要成分是 CH_4 等烷烃类物质，还含有少量 CO_2、N_2 和水，具体见表 2-6[77]。天然气是高热值气体，发热量达 40.6MJ/m³[78]。

表 2-6　天然气的成分　　　　　　　　（体积分数，%）

CH_4	C_2H_6	C_3H_8	C_4H_{10}	C_5H_{12}	C_6H_{14}	CO_2	N_2	H_2O
92.29	3.60	0.80	0.29	0.13	0.08	1.00	1.80	0.01

天然气作为高热值富氢气体,我国重钢早在 20 世纪 60 年代就进行了高炉喷吹试验,并取得了良好的技术经济指标。当天然气喷吹量为 $96m^3/t$ 时,置换比达 $1.4kg/m^3$,焦比降低了 20%,高炉利用系数提高了 14.2%,生铁成本降低了 2.08 元/t,之后重钢 2 座 $620m^3$ 高炉也开始喷吹天然气,直到 1971 年第 4 季度因天然气供应紧张才停止[79]。20 世纪 80 年代鞍钢炼铁厂徐同晏以鞍钢当时工作条件为基础,从理论计算、天然气喷吹装置改进、喷吹天然气成本分析等方面对鞍钢高炉喷吹天然气进行了可行性分析。结果表明,基于鞍钢当时条件,喷吹天然气是可行的,天然气用于高炉喷吹比用于其他加热装置更为合理。若从高炉燃料成本角度分析,喷吹天然气高炉成本有所增加,但从冶金企业能量利用角度考虑,高炉喷吹天然气还是有利的[80]。当前,由于储量、气源分布以及成本的影响,我国天然气主要用于化工工业、城市燃气以及压缩天然气汽车等,很少见到用于高炉喷吹的报道。

国外一些天然气资源较丰富的国家对此进行了大量研究并广泛应用于生产实践。1957 年,苏联彼得洛夫斯基工厂首次在高炉上进行了天然气喷吹试验,取得了良好效果。据统计,仅 1959~1966 年期间,通过喷吹天然气就节省 3.92 亿卢布,同时焦比下降 7%~14%,产量增加 4%~7%。此后,该工艺开始在苏联广泛推广,特别是 20 世纪 80 年代末至 90 年代初,苏联 133 座高炉中有 112 座喷吹天然气,每年喷吹天然气量超过 110 亿立方米,吨铁平均消耗天然气 70~$100m^3$[81]。20 世纪 60 年代,北美意识到高炉喷吹天然气的优势,开始进行高炉喷吹天然气操作[82]。日本 JFE 京滨 2 号高炉(炉容 $5000m^3$)为了提高生产率和降低 CO_2 排放,首先通过理论计算研究了喷吹天然气高炉各项指标的变化;其次,在实验室条件下研究了还原气中氢含量对铁矿石还原、熔融滴落行为的影响。理论计算表明,高炉喷吹天然气的同时,应该加大富氧率;在炉身效率一定的前提下,喷吹天然气的焦炭置换比约为 1.0;喷吹天然气不仅可以增产,而且大幅减少 CO_2 排放。实验研究表明,喷吹天然气可减少未燃煤粉向死料柱和高炉下部聚积,进而改善高炉下部透气性。通过荷重软化实验,发现氢含量增加促进了铁矿石还原,铁矿石收缩率降低,料层透气性也得到改善。为了证实这些效果,京滨 2 号高炉于 2004 年 12 月开始喷吹天然气,喷吹量达 50kg/t,2006~2008 年高炉利用系数月平均达 $2.56t/(m^3 \cdot d)$,刷新了 $5000m^3$ 以上大型高炉的世界纪录[83]。

Castro[84,85]等利用多流体高炉数学模型对高炉全焦操作、喷吹煤粉操作、喷吹天然气操作、天然气和煤粉复合喷吹操作分别进行了数值模拟分析。研究结果表明,高炉喷吹天然气后产量大幅增加,铁水硅含量降低,碳排放大幅减少。表 2-7 给出了各喷吹方案的操作参数对比。由此可知,为了对回旋区进行热补偿,喷吹过程采取了富氧鼓风操作。不同喷吹方案下焦比均降低,而燃料比在仅喷吹天然气条件下有所增加。当天然气与煤粉复合喷吹时,焦比和燃料比降低最明显，分别为282.4kg/t和473.5kg/t。此外，Rocha[86]等也利用高炉数学模型对巴西高炉喷吹合成天然气进行了模拟分析，与大多数高炉不同的是，所研究的高炉采用的是木炭而不是焦炭。研究结果表明，当天然气喷吹量为25m³/t时，高炉产量增加了58%，木炭消耗降低了40kg/t。因此，高炉复合喷吹天然气和木炭颗粒也是实现木炭高炉增产节炭的有效措施。

表2-7　高炉天然气喷吹方案及其操作参数

参数	Coke	PC	NG	NG+PC
天然气/kg·t⁻¹			210.1	91.2
煤比/kg·t⁻¹		189.5		99.9
焦比/kg·t⁻¹	512.4	307.8	304.7	282.4
燃料比/kg·t⁻¹	512.4	497.3	514.8	473.5
富氧率/%	1.89	2.37	5.13	6.00

注：Coke为全焦操作；PC为煤粉喷吹；NG为天然气喷吹；NG+PC为天然气和煤粉复合喷吹。

Nogami[87]等基于数值模拟，分析了高炉喷吹120kg/t天然气后整个炼铁系统的物质平衡和能量平衡。研究结果表明，高炉喷吹天然气后，燃料比大幅下降，同时为了保证回旋区的燃烧条件采取了加大富氧的措施。从能量平衡角度看，高炉喷吹天然气后整个炼铁系统的能量输入与常规操作相比降低16.5%，CO_2排放量也大幅降低。

Abdel Halim[88~90]等利用PDK模型和开发理论燃烧温度模型，对埃及钢铁公司（EISC）已有的生产数据进行分析，研究了高炉风口喷吹天然气量对高炉理论燃烧温度、铁矿石直接还原度以及焦比的影响。研究表明，通过提高天然气的喷吹量可以满足高炉要求的最小理论燃烧温度以及最小铁矿石直接还原度，同时增加天然气喷吹量，可以大幅降低焦比和生铁成本。

总之，高炉喷吹天然气有利于加速含铁炉料还原、降低焦比、增加产量、减少CO_2排放，是实现高炉低碳高效冶炼的手段之一。由于天然气资源有限，价格昂贵，产地分布相对集中，目前只有北美、俄罗斯、乌克兰的部分高炉喷吹天然气，在其他地区很少有高炉喷吹。因此，对于邻近天然气产地或廉价天然气供应可得到保证的钢铁企业，可以考虑高炉喷吹天然气。

2.4　高炉喷吹焦炉煤气的数值模拟研究

围绕高炉喷吹焦炉煤气，主要研究了高炉风口回旋区数学模型开发及应用、基于多流体高炉数学模型的高炉喷吹焦炉煤气操作模拟和优化、高炉㶲评价模型开发及应用、喷吹焦炉煤气条件下炉料冶金性能研究及优化、高炉喷吹焦炉煤气-炉顶煤气循环复合新工艺开发、高炉喷吹焦炉煤气的经济效益分析。

2.4.1　高炉风口回旋区数学模型开发及应用

风口回旋区是高炉的重要反应区，堪称高炉的"心脏"，直接影响高炉下部的煤气流分布、上部炉料的均衡下降以及整个炉内的传热传质过程。为了对低碳冶炼条件下回旋区内的变化进行全面把握和制定科学合理的下部调剂制度，开发了高炉喷吹焦炉煤气风口回旋区数学模型。

2.4.1.1　模型的假设条件

（1）鼓风由 CO_2、O_2、N_2、H_2O 组成，富氢气体由 CH_4、CO、CO_2、H_2、H_2O、N_2 组成，富氢气体中的烷烃类物质折算到 CH_4 里。（2）鼓风中的水蒸气与焦炭在回旋区发生水煤气反应，并且焦炉煤气与鼓风充分混匀。（3）焦炉煤气中的 CH_4 在风口鼻子区分解为 CO 和 H_2，同时伴随煤粉的燃烧反应、焦炭的溶损反应和燃烧反应等。

2.4.1.2　模型考虑的主要反应

基于回旋区模型的假设，回旋区的主要反应见图 2-18。由图 2-18 可知，从风口回旋区上部流出的煤气最终成分是 CO、H_2 和 N_2。

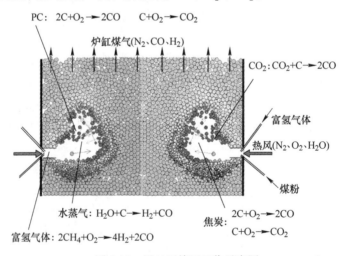

图 2-18　风口回旋区工作示意图

（1）煤粉的反应：

$$2C + O_2 === 2CO \tag{2-1}$$

$$C + O_2 === CO_2 \tag{2-2}$$

$$VM(PC) + \alpha_1 O_2 \longrightarrow \alpha_2 CO_2(g) + \alpha_3 H_2O(g) + \alpha_4 N_2(g) \tag{2-3}$$

$$VM(PC) + \alpha_5 CO_2(g) \longrightarrow \alpha_6 CO(g) + \alpha_7 H_2(g) + \alpha_8 N_2(g) \tag{2-4}$$

（2）富氢气体的反应：

$$2CH_4 + O_2 = 4H_2 + 2CO \tag{2-5}$$

（3）水煤气的反应：

$$H_2O + C = CO + H_2 \tag{2-6}$$

（4）CO_2 的反应：

$$CO_2 + C = 2CO \tag{2-7}$$

（5）焦炭的反应：

$$C + O_2 = CO_2 \tag{2-8}$$

$$2C + O_2 = 2CO \tag{2-9}$$

2.4.1.3 模型的主要计算公式

风口回旋区模型主要研究风口鼻子区的气相组成，回旋区的气相组成、理论燃烧温度以及形状。下面给出回旋区各项指标的计算公式，需要说明的是公式中的鼓风成分是富氧和鼓风湿度折算后的成分。

A 鼻子区计算公式

风口鼻子区气相组成包括 CO、CO_2、H_2、H_2O、N_2 和 O_2，计算公式如下：

$$V_{N-CH_4} = 0 \tag{2-10}$$

$$V_{N-CO} = V_{E-CH_4} + V_{E-CO} \tag{2-11}$$

$$V_{N-CO_2} = V_{B-CO_2} + V_{E-CO_2} \tag{2-12}$$

$$V_{N-H_2} = 2 \times V_{E-CH_4} + V_{E-H_2} \tag{2-13}$$

$$V_{N-H_2O} = V_{B-H_2O} + V_{E-H_2O} \tag{2-14}$$

$$V_{N-N_2} = V_{B-N_2} + V_{E-N_2} \tag{2-15}$$

$$V_{N-O_2} = -0.5 \times V_{E-CH_4} + V_{B-O_2} \tag{2-16}$$

式中，V_{N-CH_4}，V_{N-CO}，V_{N-CO_2}，V_{N-H_2}，V_{N-H_2O}，V_{N-N_2}，V_{N-O_2} 为风口鼻子区 CH_4，CO，CO_2，H_2，H_2O，N_2，O_2 的体积流量，m^3/min；V_{B-CO_2}，V_{B-O_2}，V_{B-N_2}，V_{B-H_2O} 为鼓风中 CO_2，O_2，N_2，H_2O 的体积流量，m^3/min；V_{E-CH_4}，V_{E-CO}，V_{E-CO_2}，V_{E-H_2}，V_{E-H_2O}，V_{E-N_2} 为富氢气体中 CH_4，CO，CO_2，H_2，H_2O，N_2 的体积流量，m^3/min。

B 回旋区计算公式

a 回旋区气相组成

风口回旋区气相组成包括 CO、H_2、N_2。CO 来源于喷吹煤粉及焦炭的燃烧反应、CO_2 与焦炭的气化溶损反应和 CH_4 的裂解反应；H_2 主要来源于 CH_4 的裂解反应和富氢气体；N_2 主要由鼓风带入，富氢气体带入的不多。各气相组分的计算公式如下：

$$V_{R-CO} = V_{N-CO} + 2 \times (V_{N-CO_2} + V_{N-O_2}) + V_{N-H_2O} + 22.4 \times P_{煤} \times (1 - A_{煤}) \times \frac{O_{煤}}{M_O}$$

$$(2-17)$$

$$V_{R-H_2} = V_{N-H_2} + V_{N-H_2O} + 11.2 \times P_{煤} \times (1 - A_{煤}) \times \frac{H_{煤}}{M_H} \qquad (2-18)$$

$$V_{R-N_2} = V_{N-N_2} + 11.2 \times P_{煤} \times (1 - A_{煤}) \times \frac{N_{煤}}{M_N} \qquad (2-19)$$

$$V_{Bosh} = V_{R-CO} + V_{R-H_2} + V_{R-N_2} \qquad (2-20)$$

式中　　V_{R-CO}，V_{R-H_2}，V_{R-N_2}，V_{Bosh}——炉腹煤气中 CO，H_2，N_2 的体积流量以及炉腹煤气量，m^3/min；

　　　　　　$P_{煤}$——煤粉喷吹量，kg/min；

　　　　　　$A_{煤}$——煤粉的灰分，%；

　　　　$H_{煤}$，$O_{煤}$，$N_{煤}$——煤粉中 H，O，N 的含量，%；

　　　　M_H，M_O，M_N——煤粉中 H，O，N 的摩尔质量，g/mol。

b　回旋区形状公式

模型中风口回旋区形状（见图 2-19）采用日本羽田野道春等研究的公式计算。根据鼓风穿透力、焦炭重力和回旋区壁（即死料堆焦炭层）的反力分析，得到回旋区深度、宽度、高度以及体积的公式。

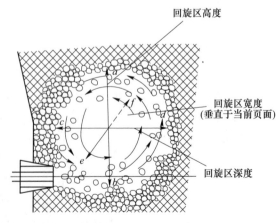

图 2-19　高炉风口回旋区形状模型

ab—回旋区高度；*cd*—回旋区宽度；*ef*—回旋区宽度（垂直于当前页面）

根据高炉实际生产条件，结合实验室和高炉实测数据，对原公式中的常数进行了修正，修正后的公式如下：

回旋区深度 D_r：

$$D_r = 0.409 \times PF^{0.693} \times D_t \tag{2-21}$$

回旋区宽度 W_r：

$$W_r = 2.631 \times \left(\frac{D_r}{D_t}\right)^{0.331} \times D_t \tag{2-22}$$

回旋区高度 H_r：

$$\frac{4H_r^2 + D_r^2}{H_r \times D_t} = 8.780 \times \left(\frac{D_r}{D_t}\right)^{0.721} \tag{2-23}$$

回旋区的体积 V_r：

$$V_r = 0.53 \times D_r \times W_r \times H_r \tag{2-24}$$

穿透因子 PF：

$$PF = \frac{\rho_0}{\rho_s \times D_p} \left(\frac{q_v}{S_t}\right)^2 \frac{T_r}{P_b \times 298} \tag{2-25}$$

式中　D_t——风口直径，m；

　　　PF——穿透因子；

　　　ρ_0——炉腹煤气密度，kg/m^3；

　　　ρ_s——焦炭真密度，kg/m^3；

　　　q_v——鼻子区体积流量，m^3/s；

　　　T_r——理论燃烧温度，K；

　　　P_b——鼓风压力，kPa；

　　　D_p——风口焦炭粒度，mm；

　　　S_t——风口总面积，m^2。

C　温度计算公式

回旋区温度的计算以拉姆定理为基础，计算得到富氢条件下的风口鼻子区温度和回旋区理论燃烧温度。

a　风口鼻子区温度

高炉风口喷吹富氢气体后，风口鼻子区气体温度的计算流程见图 2-20，其中 $h_{鼓风热}$ 是鼓风带来的热，$h_{富氢热}$ 是富氢气体带来的热，$V_N(i)$ 是风口鼻子区各气体的体积流量，$h_g(i)$ 是风口鼻子区各气体的标准摩尔生成焓，$a_g(j)$、$b_g(j)$、$c_g(j)$ 分别是风口鼻子区各气体摩尔定压热容 $c_{p,m}(j) = a_g(j)t^2 + b_g(j)t + c_g(j)$ 在对应温度下的系数，$t_{风口鼻}$ 是风口鼻子区温度。

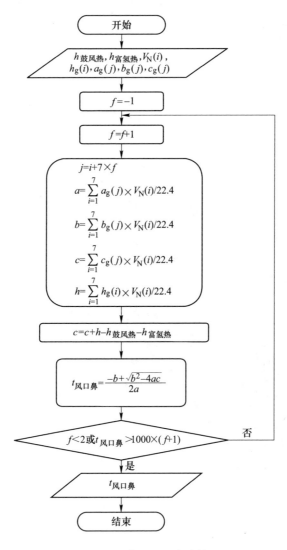

图 2-20 风口鼻子区温度计算流程

b 理论燃烧温度

高炉风口喷吹富氢气体后，理论燃烧温度的计算流程见图 2-21，其中 h_{PC} 是煤粉喷吹带来的热，$V_{rwy}(i)$ 是回旋区各气体的体积流量，$N_{rash}(i)$ 是回旋区焦炭和煤粉的灰分中各组分物质的量，$h_s(i)$ 是回旋区焦炭和煤粉的灰分中各组分的标准摩尔生成焓，$a_s(j)$、$b_s(j)$、$c_s(j)$ 分别是回旋区焦炭和煤粉的灰分中各组分的摩尔定压热容 $c_{p,m}(j) = a_s(j)t^2 + b_s(j)t + c_s(j)$ 在对应温度下的系数，$h_{焦炭}$ 是参与燃烧反应的焦炭带来的热，$t_{回旋区}$ 和 $t_{焦炭}$ 分别是理论燃烧温度和焦炭温度。

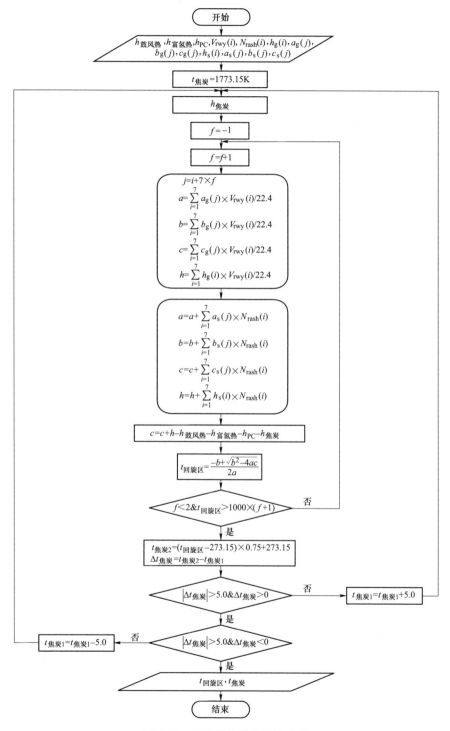

图 2-21 理论燃烧温度计算流程

2.4.1.4　模型的创建

基于高炉风口回旋区反应机制、质量平衡和热量平衡，创建高炉风口回旋区数学模型。模型的流程图见图 2-22，其中 $T^0_{回旋区}$、$V^0_{炉腹煤气}$ 分别是喷吹前的回旋区理论燃烧温度和炉腹煤气量；$T_{回旋区}$、$V_{炉腹煤气}$ 分别是喷吹富氢气体后的回旋区理论燃烧温度和炉腹煤气量；ε 为绝对误差，根据计算精度的要求选取不同误差值。

为了便于计算，利用 VB 程序编制了风口回旋区数学模型软件。在原来仅能计算喷吹单一富氢气体的基础上进行改进，可以计算多种富氢气体混合喷吹、富氢气体和固体颗粒介质混合喷吹后回旋区各项指标的变化。

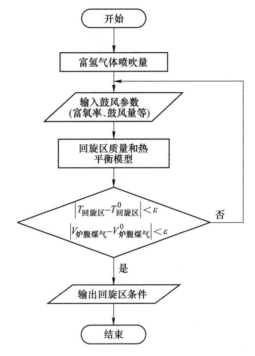

图 2-22　高炉喷吹富氢气体风口回旋区数学模型计算步骤

2.4.2　高炉喷吹焦炉煤气对回旋区特性指标的影响

利用研发的回旋区数学模型，定量阐述富氢气体喷吹对风口回旋区的影响机理和变化规律，得出维持回旋区稳定的热补偿措施和下部调剂手段；同时得到的风口鼻子区参数，再用作多流体高炉数学模型模拟时风口输入的边界条件。

2.4.2.1　数学模拟条件

某钢厂焦炉煤气的氢含量为 55.33%，低位发热值为 17.01MJ/m³，喷吹温度为25℃，化学组成列于表2-8。表2-9给出了风口及基准鼓风条件，风口平均直径为124.21mm，鼓风温度为1179.32℃。表2-10给出了焦炭的化学成分，固定碳含量为86.28%。表2-11给出了喷吹煤粉成分，为无烟煤，固定碳含量为81.18%，低位发热值为31.25~32.75MJ/kg，基准喷吹量4.735kg/s，喷吹温度25℃。

表2-8 某钢厂的焦炉煤气化学组成 （体积分数，%）

H_2	N_2	CO	CO_2	CH_4
55.33	9.00	7.29	2.39	23.51

表2-9 高炉风口及鼓风条件

风口直径 /mm	风口个数 /个	鼓风温度 /℃	鼓风压力 /kPa	鼓风流量 /$m^3 \cdot min^{-1}$	富氧率 /%	鼓风湿度 /$g \cdot m^{-3}$
124.21	19.00	1179.32	312.57	2581.86	4.625	19.29

表2-10 某钢厂的焦炭化学成分 （质量分数，%）

C	CaO	SiO_2	MgO	Al_2O_3
86.28	0.42	5.87	0.10	4.33

表2-11 某钢厂的煤粉化学成分 （质量分数，%）

C	H	N	O	CaO	SiO_2	MgO	Al_2O_3
81.18	4.15	1.36	4.08	1.12	4.27	0.11	2.89

2.4.2.2 模拟方案

在鼓风、喷煤以及焦炭条件与实际高炉生产保持一致的情况下，改进风口回旋区数学模型，分别计算焦炉煤气喷吹量 $0m^3/t$、$20m^3/t$、$40m^3/t$、$50m^3/t$、$60m^3/t$、$70m^3/t$、$80m^3/t$、$100m^3/t$（标记为 Base、COI20、COI40、COI50、COI60、COI70、COI80、COI100）八种操作下回旋区特性指标的变化，其中 $0m^3/t$ 表示现行高炉无焦炉煤气喷吹的常规基准操作。

2.4.2.3 热补偿前焦炉煤气喷吹对回旋区的影响

图2-23给出了热补偿前焦炉煤气喷吹对理论燃烧温度和炉腹煤气量的影响，其中未喷吹焦炉煤气时回旋区温度为2271.28℃，炉腹煤气量为3518.87m^3/min。

表2-12给出了热补偿前焦炉煤气喷吹对高炉风口回旋区的影响。随着焦炉煤气喷吹量的增加，风口回旋区理论燃烧温度逐渐下降，而炉腹煤气量逐渐增

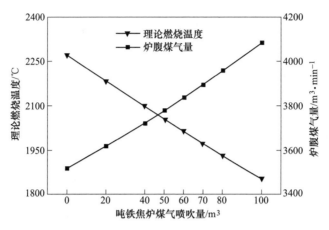

图 2-23   热补偿前焦炉煤气喷吹量对理论
燃烧温度和炉腹煤气流量的影响

加。每增加 1m³ 的吨铁焦炉煤气喷吹量，理论燃烧温度降低 4.17℃，炉腹煤气量增加 5.64m³/min。理论燃烧温度降低的原因主要有：（1）焦炉煤气以常温（假定为 25℃）喷入炉内，单位喷吹气体（鼓风加上喷入的焦炉煤气）带入的显热明显降低；（2）焦炉煤气中 CH_4 裂解消耗大量的热量造成理论燃烧温度降低。炉腹煤气量增加的主要原因是：由于热风喷吹条件不变，而焦炉煤气喷吹量逐渐增加，导致炉腹煤气量增加。由于炉腹煤气量及风口回旋区理论燃烧温度的变化将直接影响高炉下部的煤气流分布、上部炉料均衡下降以及整个高炉内的传热、传质过程，因此维持风口回旋区理论燃烧温度与高炉常规操作一致，即为保持良好的炉缸热状态和维持稳定的回旋区条件，需要采取适当热补偿措施。

表 2-12   热补偿前焦炉煤气喷吹对高炉风口回旋区的影响

条件	回旋区气相组成 (体积分数)/%			回旋区形状				理论燃烧温度/℃	炉腹煤气流量 /m³·min⁻¹
	CO	H_2	N_2	深度/m	宽度/m	高度/m	体积/m³		
Base	40.69	6.22	53.09	1.48	0.74	1.15	0.67	2271.28	3518.87
COI20	39.86	8.34	51.80	1.49	0.74	1.15	0.67	2181.16	3617.58
COI40	39.03	10.41	50.56	1.50	0.74	1.16	0.68	2098.32	3720.01
COI50	38.58	11.56	49.67	1.50	0.75	1.16	0.69	2052.53	3778.88
COI60	38.18	12.56	49.26	1.51	0.75	1.16	0.70	2014.92	3832.29
COI70	37.75	13.62	14.74	1.52	0.75	1.16	0.70	1975.01	3890.85
COI80	37.31	14.74	47.95	1.53	0.75	1.16	0.71	1932.46	3953.88
COI100	36.44	16.90	46.66	1.56	0.76	1.17	0.73	1853.85	4083.13

2.4.2.4 风口喷吹焦炉煤气的热补偿及其影响

在保持鼓风温度、鼓风湿度以及喷煤量与未喷吹焦炉煤气操作相同的条件下，通过提高富氧率对喷吹焦炉煤气后的风口回旋区进行热补偿，见表2-13。每增加$1m^3$的吨铁焦炉煤气喷吹量，富氧率增加0.11%。热补偿后，随着焦炉煤气喷吹量的增加，风口回旋区各项指标均发生变化，列于表2-14。

表 2-13 热补偿后的富氧率

条件	Base	COI20	COI40	COI50	COI60	COI70	COI80	COI100
富氧率/%	4.625	6.670	8.679	9.980	10.885	12.014	13.236	15.646

表 2-14 热补偿后焦炉煤气喷吹对高炉风口回旋区的影响

条件	回旋区气相组成（体积分数）/%			回旋区形状				理论燃烧温度/℃
	CO	H_2	N_2	深度/m	宽度/m	高度/m	体积/m^3	
Base	40.69	6.22	53.09	1.48	0.74	1.15	0.67	2271.28
COI20	42.15	8.22	49.63	1.52	0.75	1.16	0.70	2271.26
COI40	43.42	10.13	46.45	1.58	0.76	1.17	0.74	2271.28
COI50	44.13	11.16	44.71	1.61	0.76	1.18	0.77	2271.27
COI60	44.70	12.05	43.25	1.64	0.77	1.18	0.79	2271.27
COI70	45.30	12.9	41.71	1.67	0.77	1.18	0.81	2271.26
COI80	45.93	13.96	40.11	1.70	0.78	1.19	0.84	2271.27
COI100	47.05	15.81	37.14	1.78	0.79	1.20	0.89	2271.28

图2-24和图2-25给出了热补偿后回旋区气相组成随焦炉煤气喷吹量的变化和焦炉煤气喷吹量对回旋区形状的影响。可知，随着焦炉煤气喷吹量的增加，回旋区深度、宽度、高度以及体积均出现了不同程度增大，回旋区内CO和H_2浓度增加。这主要原因是焦炉煤气中含有大量的H_2、CH_4以及其他烃类物质可分解产生H_2，增加喷吹量会使H_2浓度增加。同时随着喷吹量的增加，富氧量也增加，回旋区的燃烧加强，大量的煤粉和焦炭参与燃烧反应，增加了回旋区的CO浓度。另外，焦炉煤气成分本身含有少量的CO和CO_2，CO_2的溶损反应和CH_4在风口处分解也相应增加了回旋区的CO浓度。回旋区N_2浓度减少的主要原因是富氧增加，鼓风中N_2所占比例相应减少，进而影响回旋区N_2浓度。

2.4.3 高炉喷吹焦炉煤气操作的数学模拟解析

利用二维、稳态的多流体高炉数学模型，模拟解析喷吹焦炉煤气后高炉工艺变量和操作指标的变化趋势。

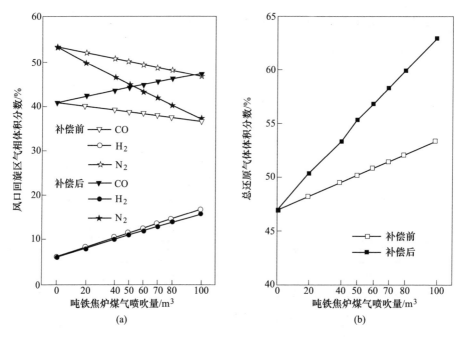

图 2-24 热补偿前后回旋区气相组成随焦炉煤气喷吹量的变化

（a）风口回旋区；（b）总还原气体

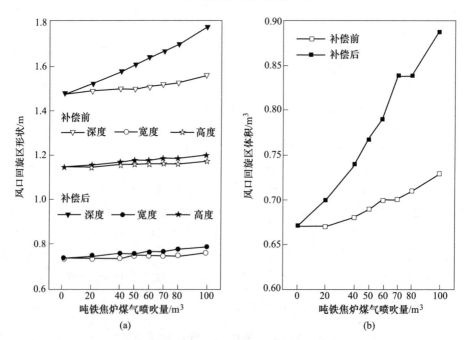

图 2-25 热补偿前后焦炉煤气喷吹对回旋区形状的影响

（a）风口回旋区形状；（b）风口回旋区体积

2.4.3.1　模拟条件

高炉有效炉容 $1335m^3$ ，炉缸直径（d）8.2m，炉腰直径（D）9.66m，炉喉直径（d_1）6.3m，炉缸高度（h_1）3.45m，炉腹高度（h_2）3.4m，炉腰高度（h_3）1.6m，炉身高度（h_4）15.1m，炉喉高度1.8m，有效高度25.35m，风口中心线距铁口中心线2.95m，风口中心线与渣面距离1.18m。

高炉使用的含铁炉料化学成分见表2-15。烧结矿、球团矿、块矿、海南尾矿入炉比例分别为78.95%、7.0%、12.47%和1.58%。

表2-15　高炉使用的含铁炉料化学成分　　　　（质量分数,%）

炉料	TFe	FeO	SiO_2	H_2O	Al_2O_3	CaO	MgO	S
烧结矿	57.85	9.14	5.03	0.00	1.76	9.27	1.59	0.013
球团矿	63.42	0.48	7.14	0.31	0.79	0.31	0.43	0.003
块矿	63.20	0.00	2.91	1.50	1.45	0.11	0.00	0.014
海南尾矿	52.31	2.35	15.89	0.00	0.94	1.11	0.38	0.765

八种高炉操作的模拟初始条件列于表2-16。

表2-16　高炉喷吹焦炉煤气模拟计算的初始条件

操作方案	Base	COI20	COI40	COI50
鼓风温度/℃	1179.32	1179.32	1179.32	1179.32
鼓风流量/$m^3 \cdot min^{-1}$	2600.47	2600.47	2600.47	2600.47
富氧率/%	4.625	6.670	8.679	9.980
理论燃烧温度/℃	2271.28	2271.26	2271.28	2271.27
吨铁煤粉喷吹量/kg	134.60	134.80	134.60	134.30
操作方案	COI60	COI70	COI80	COI100
鼓风温度/℃	1179.32	1179.32	1179.32	1179.32
鼓风流量/$m^3 \cdot min^{-1}$	2600.47	2600.47	2600.47	2600.47
富氧率/%	10.885	12.014	13.236	15.646
理论燃烧温度/℃	2271.27	2271.27	2271.27	2271.28
吨铁煤粉喷吹量/kg	134.10	134.30	134.60	134.10

2.4.3.2　模拟方案

首先，利用多流体高炉数学模型计算出高炉未喷吹焦炉煤气时的操作指标（铁水温度、焦比、煤比、燃料比、生铁产量等）和回旋区理论燃烧温度，作为其他模拟解析方案的参考标准；其次，以各喷吹方案的风口鼻子区条件作为风口回旋区模拟计算的边界条件，模拟过程保持高炉煤比不变。各喷吹方案的鼻子区条件列于表 2-17。

表 2-17　不同焦炉煤气喷吹量条件下的风口鼻子区条件　　　　　　（kg/s）

气体成分	Base	COI20	COI40	COI50	COI60	COI70	COI80	COI100
CO	0	0.38	0.84	1.08	1.33	1.46	1.89	2.52
CO_2	0	0.05	0.10	0.13	0.16	0.19	0.23	0.31
H_2	0	0.09	0.20	0.26	0.32	0.39	0.45	0.60
H_2O	0.81	0.80	0.80	0.80	0.80	0.80	0.80	0.80
N_2	39.06	37.88	36.93	36.37	35.89	35.23	34.80	33.69
O_2	16.18	17.18	18.21	18.83	19.35	19.96	20.54	21.74

对高炉进行 BFC 网格化处理，计算区域从渣面到料面。根据该高炉炉型，网格存在 6 个拐点（节点），相应坐标及处理见图 2-26。

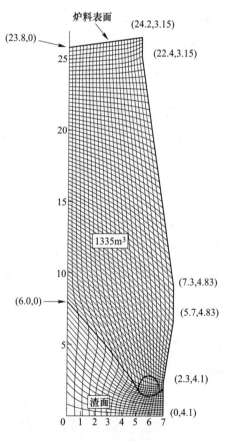

图 2-26　高炉炉型结构及其计算区域的 BFC 网格化处理

2.4.3.3 高炉数学模型的验证

表 2-18 给出了未喷吹焦炉煤气操作时高炉生产指标的预测结果与现场实际数据对比。可知，高炉的主要技术经济指标预测的误差均低于 2%，这说明多流体数学模型的预测精度相当高，可以利用该模型合理解析高炉冶炼过程。

表 2-18   高炉实际生产指标与多流体模型预测结果的对比

生产指标	现场值	模型计算值	误差/%
生铁产量/t·d^{-1}	3643	3642.8	0.005
利用系数/t·d^{-1}·m^{-3}	2.729	2.729	0.000
吨铁焦比（含焦丁）/kg	370	367.5	0.676
吨铁煤比/kg	134.8	134.6	0.148
吨铁燃料比/kg	504.8	502.2	0.515
铁水温度/℃	1476.69	1478.29	0.108
[Si]/%	0.365	0.358	1.918

2.4.3.4 物料平衡

图 2-27 给出了八个模拟方案的物料平衡（所用气体均为标态）。Base、COI20、COI40、COI50、COI60、COI70、COI80、COI100 八种操作条件下，喷煤比维持不变，鼓风温度均为 1179.32℃，吨铁鼓风流量分别为 1027.91m^3、904.71m^3、841.69m^3、798.15m^3、779.37m^3、756.38m^3、736.74m^3、688.42m^3；富氧率分别为 4.63%、6.67%、8.68%、9.98%、10.88%、12.01%、13.24%、15.65%；吨铁炉腹煤气量分别为 3518.87m^3、3670.14m^3、3824.23m^3、3913.56m^3、3993.20m^3、4080.78m^3、4175.22m^3、4366.42m^3；吨铁炉顶煤气量分别为 1538.24m^3、1416.94m^3、1368.15m^3、1329.62m^3、1321.47m^3、1321.04m^3、1299.22m^3、1280.42m^3。

2.4.3.5 高炉喷吹焦炉煤气对炉内工况的影响

图 2-28 和图 2-29 分别给出了喷吹焦炉煤气对高炉沿高度方向平均温度分布和炉内温度分布的影响，其中 1200~1400℃ 温度区间为软熔带。随着焦炉煤气喷吹量增加，高炉上部温度水平降低，靠近炉墙区域的温降最为明显。另外，软熔带位置下降，宽度呈一定程度的变窄趋势。这主要因为焦炉煤气喷吹时富氧量增加，单位时间内回旋区焦炭燃烧量增加，为固体炉料下降提供了更大空间，导致单位时间内固体炉料入炉量增加，固气热容比增大，造成高炉上部温度水平降低。

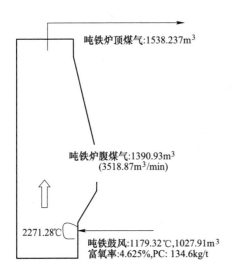

(a)

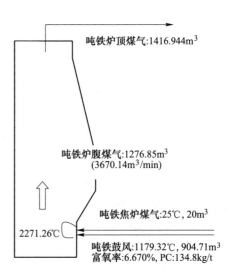

(b)

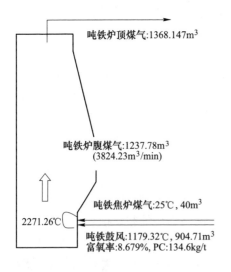

(c)

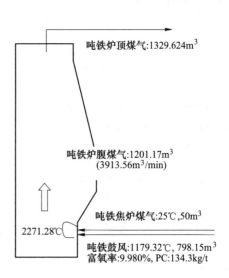

(d)

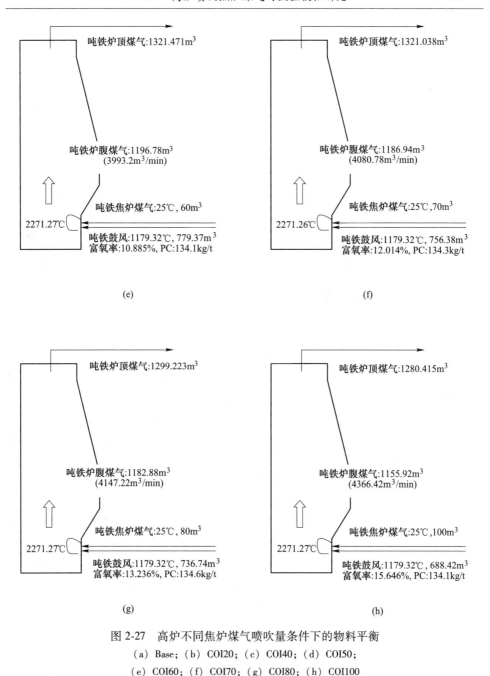

图 2-27　高炉不同焦炉煤气喷吹量条件下的物料平衡
(a) Base; (b) COI20; (c) COI40; (d) COI50;
(e) COI60; (f) COI70; (g) COI80; (h) COI100

图 2-30 给出了喷吹焦炉煤气对炉内 H_2 浓度分布的影响。随着焦炉煤气喷吹量增加，炉内 H_2 浓度显著增加，特别是炉中下部。不喷吹焦炉煤气时，最大 H_2 摩尔浓度为 6%；当焦炉煤气喷吹量为 50m^3/t 时，最大 H_2 摩尔浓度为 10%；继

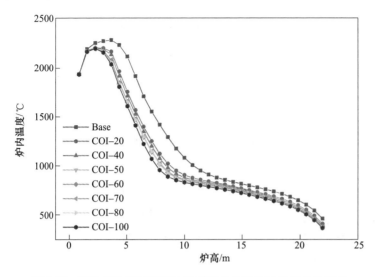

图 2-28　喷吹焦炉煤气对高炉沿高度方向平均温度分布的影响　　（扫二维码看彩图）

　　续逐渐增加焦炉煤气喷吹量至 $100m^3/t$ 时，最大 H_2 摩尔浓度大幅增至 14%。这是由于喷吹富氢的焦炉煤气带入了更多的 H_2。

　　图 2-31 给出了喷吹焦炉煤气对沿高度方向 H_2 浓度分布的影响。当焦炉煤气喷吹量达到一定程度后，高炉下部区域 H_2 浓度较高，当喷吹 $100m^3/t$ 焦炉煤气时，H_2 浓度高达 14.8%。在煤气向上运动的过程中，由于间接还原反应的消耗，H_2 浓度逐渐降低，但是到了炉身上部 H_2 浓度又有所增加。这主要是因为中上部水分与 CO 发生水煤气转换反应，部分 H_2O 又转变成 H_2；且随焦炉煤气喷吹量增大，水煤气转变反应加强，使得生成的 H_2 浓度增幅逐渐增大，表现在炉内 H_2 浓度分布曲线在炉身上部上升幅度变大。

　　图 2-32 和图 2-33 给出了喷吹焦炉煤气对炉内 CO 浓度分布的影响。与 H_2 浓度变化相比，炉内 CO 浓度随着焦炉煤气喷吹量增加变化不明显。

　　图 2-34 给出了喷吹焦炉煤气对 H_2 还原 FeO 反应速度的影响。随着焦炉煤气喷吹量的增加，H_2 还原 FeO 反应速度加快，这是因为富氢后，炉内 H_2 浓度增大，加速了 FeO 的还原。喷吹 $50m^3/t$ 焦炉煤气时，H_2 还原 FeO 反应最大速度由 Base 条件的 $0.0003mol/(m^3 \cdot s)$ 增至 $0.0005mol/(m^3 \cdot s)$；继续增大焦炉煤气喷吹量至 $50m^3/t$，H_2 还原 FeO 反应最大速度增大到 $0.0007mol/(m^3 \cdot s)$。

　　图 2-35 给出了喷吹焦炉煤气对含铁炉料还原过程的影响。可知，当焦炉煤气喷吹量增加时，更多的 H_2 参与了中上部含铁炉料的间接还原，还原速度随之加快，间接还原度明显提高，使得高炉下部直接还原减少，从而改善高炉的冶炼指标。喷吹 $100m^3/t$ 焦炉煤气时，进入软熔带前的含铁炉料还原度由未喷吹焦炉煤气时的 75% 提高至 85%。

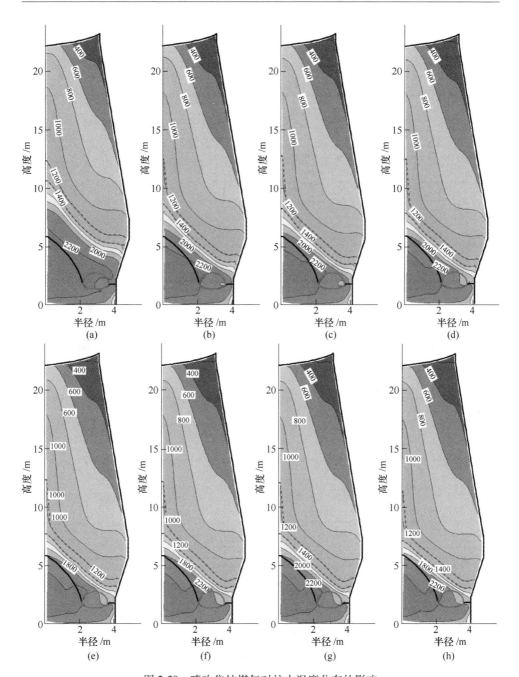

图 2-29 喷吹焦炉煤气对炉内温度分布的影响

（a）Base；（b）COI20；（c）COI40；（d）COI50；

（e）COI60；（f）COI70；（g）COI80；（h）COI100

（炉内分布单位为℃）

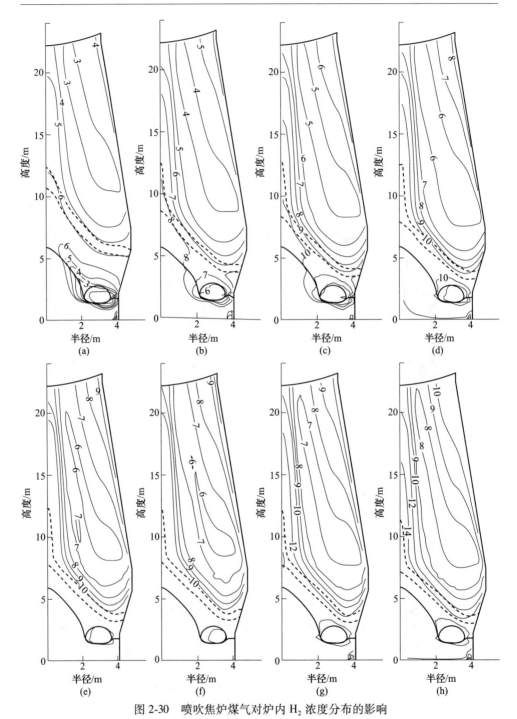

图 2-30　喷吹焦炉煤气对炉内 H₂ 浓度分布的影响

（a）Base；（b）COI20；（c）COI40；（d）COI50；（e）COI60；（f）COI70；（g）COI80；（h）COI100

（炉内 H₂ 浓度分布单位为 mol/%）

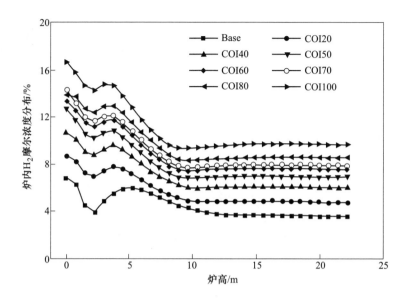

图 2-31　喷吹焦炉煤气对高炉沿高度方向 H_2 平均浓度分布的影响

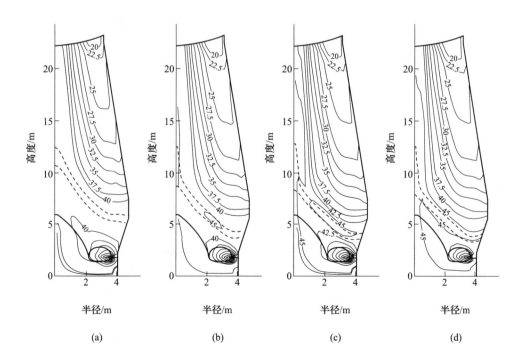

(a)　　　　　　　　　(b)　　　　　　　　　(c)　　　　　　　　　(d)

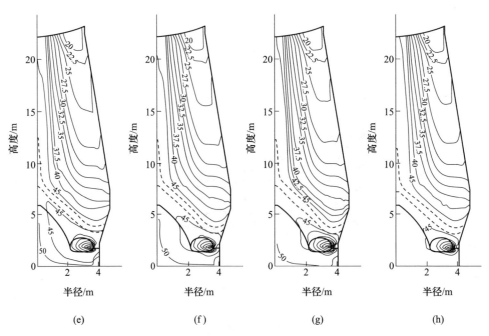

图 2-32　喷吹焦炉煤气对炉内 CO 浓度分布的影响

（a）Base；（b）COI20；（c）COI40；（d）COI50；

（e）COI60；（f）COI70；（g）COI80；（h）COI100

（炉内 CO 浓度分布单位为 mol/%）

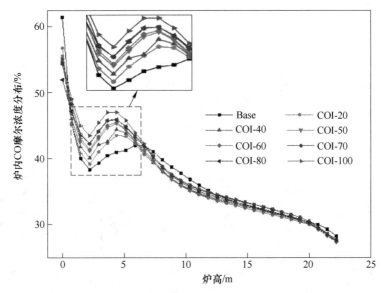

图 2-33　喷吹焦炉煤气对高炉沿高度方向

CO 平均摩尔浓度分布的影响

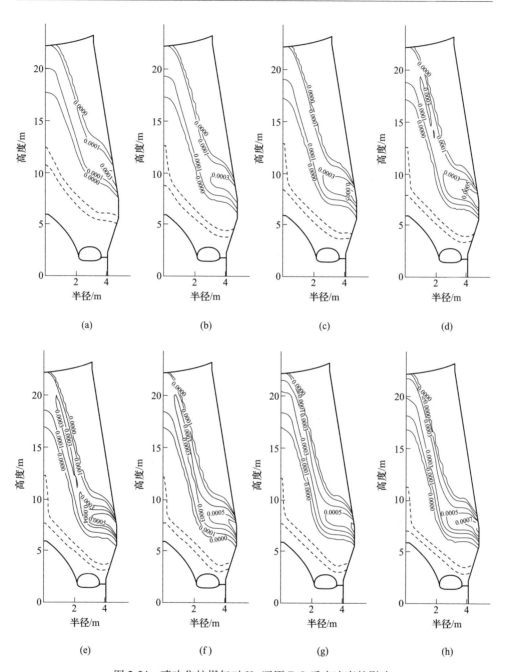

图 2-34 喷吹焦炉煤气对 H_2 还原 FeO 反应速度的影响

（a）Base；（b）COI20；（c）COI40；（d）COI50；

（e）COI60；（f）COI70；（g）COI80；（h）COI100

（H_2 还原 FeO 反应速度的单位为 mol/$(m^3 \cdot s)$）

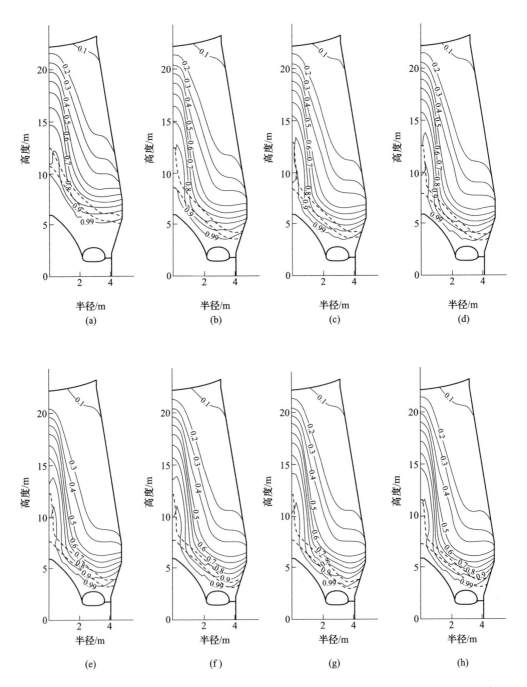

图 2-35　喷吹焦炉煤气对含铁炉料还原度（0~1）的影响

（a）Base；（b）COI20；（c）COI40；（d）COI50；

（e）COI60；（f）COI70；（g）COI80；（h）COI100

炉内含铁炉料的还原率随着焦炉煤气喷吹量增加而提高的原因可由表 2-19 和图 2-36 中数据解释。随着焦炉煤气喷吹量的增加，H_2 还原磁铁矿和浮氏体在整个间接还原中所占的比例明显增加。与基准操作相比，喷吹 $100m^3/tHM$ 焦炉煤气，使 H_2 还原磁铁矿和浮氏体在整个间接还原中所占的比例分别增至 51.41% 和 61.60%。由于 H_2 还原速度高于 CO，故含铁炉料的还原速度提高，在到达软熔带之前获得了更高的还原率，这就是喷吹焦炉煤气实现富氢还原的目的。

表 2-19　氢还原在整个间接还原中所占的比例

条　　件	氢还原比例/%		
	$Fe_2O_3 \rightarrow Fe_3O_4$	$Fe_3O_4 \rightarrow FeO$	$FeO \rightarrow Fe$
Base	1.06	27.88	48.34
COI20	1.69	33.72	51.96
COI40	2.18	39.30	55.94
COI50	2.54	42.50	57.29
COI60	2.81	44.90	58.66
COI70	2.96	45.23	59.26
COI80	3.125	47.77	59.93
COI100	3.53	51.41	61.60

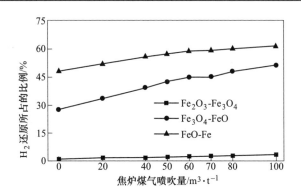

图 2-36　氢还原在整个间接还原中所占的比例

2.4.3.6　喷吹焦炉煤气对操作指标的影响

随着焦炉煤气喷吹量增加，高炉主要操作指标变化的预测结果见表 2-20。图 2-37 给出了喷吹焦炉煤气对入炉矿焦比的影响。与未喷吹焦炉煤气操作相比，随着焦炉煤气喷吹量增加，炉内还原气氛加强，含铁炉料还原速度加快，更多的 H_2 参与到含铁炉料的间接还原，减少了焦炭消耗，使得矿焦比增加。当焦炉煤

气喷吹量为 $100m^3/t$ 时，矿焦比增幅达 28.13%。

表 2-20 多流体高炉数学模型预测的主要操作指标

条　件	Base	COI20	COI40	COI50
矿焦比（质量比）	4.187	4.518	4.646	4.758
置换比/kg·m^{-3}	0	0.450	0.448	0.446
固体炉料流量/kg·s^{-1}	85.02	95.26	101.18	105.87
生铁产量/t·d^{-1}	3680.5	4181.70	4494.80	4740.00
焦比/kg·t^{-1}	367.5	340.60	323.80	321.80
煤比/kg·t^{-1}	134.6	134.8	134.6	134.3
焦炉煤气喷吹量/kg·t^{-1}	0.00	9.62	19.55	23.98
固体还原剂总消耗量/kg·t^{-1}	502.20	475.40	458.40	456.10
高炉碳排放量/kg·t^{-1}	387.07	367.48	361.82	355.93
CO 利用率/%	51.76	54.64	55.67	56.46
H$_2$ 利用率/%	33.99	31.16	30.17	29.44
炉顶煤气总利用率/%	49.87	51.56	51.71	51.84
条　件	COI60	COI70	COI80	COI100
矿焦比（质量比）	4.797	4.815	4.857	5.365
置换比/kg·m^{-3}	0.446	0.446	0.445	0.444
固体炉料流量/kg·s^{-1}	108.73	111.489	114.91	122.5
生铁产量/t·d^{-1}	4854.20	4950.8	5153.10	5495.52
焦比/kg·t^{-1}	318.60	316.40	315.00	303.40
煤比/kg·t^{-1}	134.1	134.3	134.6	134.1
焦炉煤气喷吹量/kg·t^{-1}	28.82	33.95	38.61	48.20
固体还原剂总消耗量/kg·t^{-1}	452.70	450.7	449.60	437.50
高炉碳排放量/kg·t^{-1}	350.80	345.231	341.02	330.96
CO 利用率/%	56.90	56.93	57.60	58.50
H$_2$ 利用率/%	29.01	28.71	28.45	27.87
炉顶煤气总利用率/%	51.81	51.82	51.85	51.93

图 2-38 给出了喷吹焦炉煤气对焦炉煤气置换比（$1m^3$ 焦炉煤气置换焦炭的质量，kg/m^3）的影响。随着焦炉煤气喷吹量的增加，炉内氢气的利用率减低，置换比呈现降低趋势。

图 2-39 给出了喷吹焦炉煤气对固体炉料流量的影响。与未喷吹焦炉煤气操作相比，随着焦炉煤气喷吹量增加，固体炉料流量逐渐提高。当喷吹量 $100m^3/t$ 时，固体炉料流量增幅达 44.08%。这是因为回旋区采取了加大富氧操作，C 燃烧加强，为固体炉料下降提供了更大空间，促使流量增加；此外，富氢后炉内还原气氛加强和含铁炉料还原速度加快也是加快固体炉料下降的原因。

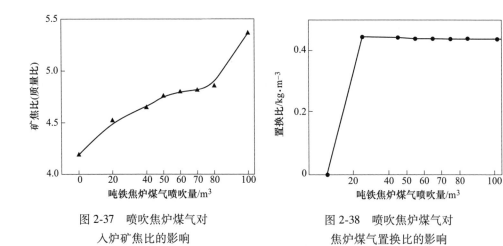

图 2-37 喷吹焦炉煤气对
入炉矿焦比的影响

图 2-38 喷吹焦炉煤气对
焦炉煤气置换比的影响

图 2-40 给出了喷吹焦炉煤气对生铁产量的影响。与高炉常规操作相比，焦炉煤气喷吹量增加后，高炉增产显著，主要归因于以下两点：（1）喷吹焦炉煤气后炉内还原气氛加强，H_2 浓度大幅度增加，而且 H_2 还原速度高于 CO，加速了炉料还原，减少了炉料在炉内的停留时间，促进产量增加；（2）喷吹焦炉煤气后富氧增加，回旋区燃烧加强，这为炉料下降提供了更大的空间，炉料下降速度加快，产量增加。当喷吹 $100m^3/t$ 焦炉煤气时，产量大幅增至 5495.52t/d；与未喷吹焦炉煤气相比，增产 50.86%。

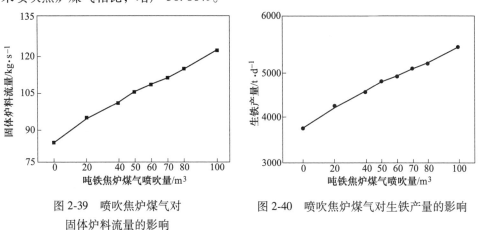

图 2-39 喷吹焦炉煤气对
固体炉料流量的影响

图 2-40 喷吹焦炉煤气对生铁产量的影响

图 2-41 给出了喷吹焦炉煤气对还原剂消耗量的影响。随焦炉煤气喷吹量增加，煤比、焦比、固体还原剂消耗量均呈现不同程度的下降。与未喷吹焦炉煤气相比，当吨铁焦炉煤气喷吹量为 $100m^3$ 时，焦比、固体还原剂消耗量降幅分别为 19.37%、14.34%。焦比降低归因于以下两个方面：（1）喷吹焦炉煤气作为还原剂参与还原，减少焦炭消耗；（2）直接还原、气化溶损、Si 迁移反应消耗的焦炭减少。

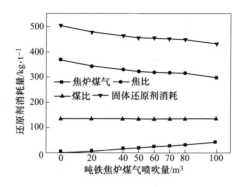

图 2-41　喷吹焦炉煤气对还原剂消耗量的影响

图 2-42 给出了喷吹焦炉煤气对高炉碳排放量的影响。当焦炉煤气喷吹量增加时，高炉碳排放量大幅降低。与未喷吹焦炉煤气相比，喷吹 $20m^3/t$、$40m^3/t$、$50m^3/t$、$60m^3/t$、$70m^3/t$、$80m^3/t$ 焦炉煤气，高炉碳排放量降幅分别为 5.06%、6.87%、8.61%、10.19%、13.13% 和 16.45%。高炉碳排放量降低的原因主要是：焦炉煤气中含有 H_2 和 CH_4 组分，喷入高炉后，更多的 H_2 参与间接还原，还原产物是 H_2O。

图 2-43 给出了喷吹焦炉煤气对炉顶煤气利用率的影响。随焦炉煤气喷吹量增加，炉内中上部水煤气转换反应将增强，导致炉顶煤气 CO 利用率升高，H_2 利用率降低，但炉顶煤气总利用率提高幅度不大。

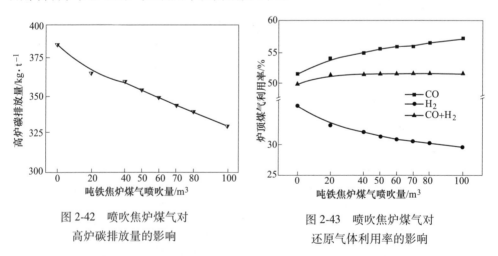

图 2-42　喷吹焦炉煤气对　　　　　　　图 2-43　喷吹焦炉煤气对
高炉碳排放量的影响　　　　　　　　还原气体利用率的影响

2.4.4　高炉喷吹焦炉煤气的㶲评价模型开发及应用

为了更合理地阐明喷吹焦炉煤气后高炉能量利用的变化，建立㶲分析数学模型，基于回旋区数学模型和多流体高炉数学模型的预测结果对高炉㶲利用进行分析，评价高炉能量利用情况。

2.4.4.1 高炉喷吹焦炉煤气的㶲评价模型开发

A 㶲分析方法

㶲的概念及其理论不是在于计算物质流或能量流在某个状态的㶲值，而是用来研究实际过程的㶲变。本研究采用《能量系统 Exergy 分析技术导则》（GB/T 14909—2005）来计算物质的㶲值，其中基准态温度为 25℃，基准态压力为标准大气压。

a 物理㶲计算

（1）热量㶲：系统传递的热量在给定环境条件下用可逆方式所能作出的最大有用功，即为热量㶲。

$$E_q = \int_{T_0}^{T} \left(1 - \frac{T_0}{T} \right) \delta Q \qquad (2-26)$$

式中　T_0——基准态温度，K；

　　　T——体系的温度，K；

　　　Q——过程中传输的热量，J。

（2）理想气体的温度㶲和压力㶲：当气体的温度不同于基准态温度时，由于温度的不平衡所具有的㶲即为温度㶲。1mol 气体的温度㶲为：

$$E_{x,T} = \int_{T_0}^{T} c_p dT - T_0 \int_{T_0}^{T} c_p \frac{dT}{T} \qquad (2-27)$$

式中　T——气体温度，K；

　　　T_0——基准态温度，K；

　　　c_p——气体摩尔定压热容，J/(mol·K)。

当气体的压力不同于环境压力时，由于压力的不平衡所具有的㶲即为压力㶲。1mol 气体的压力㶲为：

$$E_{x,p} = RT_0 \ln \frac{p}{p_0} \qquad (2-28)$$

式中　R——气体常数，8.314J/(mol·K)；

　　　T_0——基准态温度，K；

　　　p——气体的压力，Pa；

　　　p_0——环境压力，Pa。

（3）水蒸气和水的㶲：水蒸气和水是最常用的一种工质，其㶲焓图已详细地制成图表，只需按给定的压力和温度，采用内插法求得。

（4）高温固体的㶲：将固体定压热容近似为常数时，1kg 固体的物理㶲为：

$$E_x = c_p(T - T_0) - T_0 c_p \ln \frac{T}{T_0} \qquad (2-29)$$

式中　T——固体的温度，K；

　　　T_0——基准态温度，K；

　　　c_p——固体的质量定压热容，J/(kg·K)。

（5）潜热㶲：当物质在发生融化或汽化等相变时，会存在一定的相变潜热。潜热㶲即为该过程中物质㶲的变化。1kg 物质潜热㶲为：

$$E_x = R\left(1 - \frac{T_0}{T}\right) \tag{2-30}$$

式中　T——物质的温度，K；

　　　T_0——基准态温度，K；

　　　R——物质的质量相变潜热，J/kg。

b　化学㶲计算

（1）元素和化合物的㶲：一些元素和化合物的化学㶲，可由《能量系统㶲分析技术导则》中已知元素的数据，借助稳定单质生成化合物的㶲反应平衡方程式求得。例如：化合物 $A_aB_bC_c$ 由元素或稳定单质 A、B、C 所生成，单位摩尔化合物的化学㶲（标态）：

$$E_{A_aB_bC_c} = n_a (E_A)_n + n_b (E_B)_n + n_c (E_C)_n + (\Delta H_f^\ominus)_{A_aB_bC_c} \tag{2-31}$$

式中　　　　$(\Delta H_f^\ominus)_{A_aB_bC_c}$——化合物 $A_aB_bC_c$ 的标准生成自由焓，J/mol；

　　　　n_a, n_b, n_c——生成 1mol $A_aB_bC_c$ 时化学反应式的系数；

$(E_A)_n$, $(E_B)_n$, $(E_C)_n$——分别为 A、B、C 的化学㶲，J/mol。

（2）混合物的㶲：

$$E_{x,ch,m} = \sum \phi_i^m E_{x,ch,i} + RT_0 \sum \phi_i^m \ln\phi_i^m \tag{2-32}$$

式中　ϕ_i^m——混合物各组分的摩尔成分，%；

　　　$E_{x,ch,i}$——混合物各组分在 p_0，T_0 下的化学㶲，J/mol；

　　　T_0——基准态温度，K；

　　　R——气体常数，8.314J/(mol·K)。

c　燃料的㶲

气体燃料㶲：

$$E_{x,f} = 0.95 Q_H \tag{2-33}$$

液体燃料㶲：

$$E_{x,f} = 0.975 Q_H \tag{2-34}$$

固体燃料㶲：

$$E_{x,f} = Q_L + rW \tag{2-35}$$

式中　Q_H——燃料的标准高热值，J/kg；

　　　Q_L——燃料的标准低热值，J/kg；

　　　r——水的汽化潜热，2.438×10^6 J/kg；

W——燃料中水分的质量分数,%。

B 㶲损失

将系统内能量传递与转换过程中由不可逆性引起的㶲消耗称为内部㶲损失,以 $E_{xL,in}$ 表示。由于能量系统与环境之间的相互作用（如排气、排烟、排放废弃物等），致使一部分㶲散失到环境中，这部分㶲的散失称为外部㶲损失，以 $E_{xL,out}$ 表示。一般来说，在一个能量系统中都会存在多种内部㶲损失和外部㶲损失，总㶲损失 E_{xL} 为：

$$E_{xL} = \sum E_{xL,in} + \sum E_{xL,out} \qquad (2\text{-}36)$$

燃料通过氧化反应释放出化学能，是一种典型的不可逆过程，将产生熵损，使燃烧产物的㶲值低于燃烧前燃料和参与燃烧的空气的㶲值，从而引起㶲的损失，称为绝热燃烧过程㶲损失。在燃料及空气均未预热情况下，绝热燃烧㶲过程损失为：

$$E_{xL} = T_0 \Delta S + Q_L \frac{T_0}{T_{ad} - T_0} \ln \frac{T_{ad}}{T_0} \qquad (2\text{-}37)$$

式中 T_0——基准态温度，K；

ΔS——反应熵，J/K；

Q_L——燃料低发热量，J；

T_{ad}——绝热燃烧温度，K。

物质实际的加热或冷却过程，是在有限温差下进行的传热过程。有温差的传热是不可逆过程，即使没有热量损失，也必然会产生㶲损失。传热造成的㶲损失量的计算式为：

$$dE_{xL} = T_0 dQ \frac{T_H - T_L}{T_H T_L} \qquad (2\text{-}38)$$

式中 T_0——基准态温度，K；

T_H，T_L——高温、低温物体的温度，K；

Q——高低温物体间的传热量，J。

此外，还有化学反应的㶲损失和绝热混合过程㶲损失。由于化学反应的不可逆性引起的㶲损失是反应所固有的，称为化学反应过程㶲损失。当纯物质与其他物质混合成为均匀的混合物时，虽然不发生化学反应，无焓的增减，但会发生㶲的损失，称为绝热混合过程㶲损失。

C 㶲平衡计算

能量守恒是一个普遍的定律，能量的收支应保持平衡。但是，㶲只是能量中的可用能部分，它的收支一般是不平衡的。在实际转换过程中，一部分可用能将转变为无用能，㶲将减少。这并不违反能量守恒定律，㶲平衡是㶲与㶲损失之和保持平衡。

设穿过系统边界的输入㶲为 $E_{x,in}$，输出㶲为 $E_{x,out}$，内部㶲损失为 $E_{xL,in}$，㶲在系统内部的积存量为 ΔE_x，则它们之间的平衡关系为：

$$E_{x,in} = E_{x,out} + E_{xL,in} + \Delta E_x \tag{2-39}$$

输出㶲又分为两部分：一部分是排放到外界的无效㶲，即外部㶲损失 $E_{xL,out}$；另一部分是输出㶲中的有效部分，即有效输出㶲 $E_{x,ef}$。对稳定流动系统，内部㶲的积累量为零。此时，㶲平衡关系又可以写成：

$$E_{x,in} = E_{x,ef} + E_{xL,out} + E_{xL,in} \tag{2-40}$$

D   㶲评价计算

a   热力学完善度

用能过程的特性主要表现为过程的不可逆性。过程中输出的㶲与输入的㶲之比叫做过程的热力学完善度，也称为普遍㶲效率。过程的㶲损失越小，它的不可逆性也越小，表明该过程的普遍㶲效率越高。

$$\varepsilon = \frac{E_{x,out}}{E_{x,in}} = 1 - \frac{E_{xL,in}}{E_{x,in}} \tag{2-41}$$

b   㶲效率

系统中有效输出㶲与输入㶲之比称为该系统的㶲效率。

$$\eta_e = \frac{E_{x,ef}}{E_{x,in}} \tag{2-42}$$

c   㶲损系数

系统内某环节的㶲损失与输入㶲之比，称为此环节的㶲损系数 λ_i，它能揭示过程中㶲损失的部位和程度，与㶲效率相辅相成。由于㶲损有内部㶲损和外部㶲损之分，㶲损系数也相应的有内部㶲损系数 $\lambda_{in,i}$ 和外部㶲损系数 $\lambda_{out,i}$。

$$\lambda_i = \frac{E_{xL,i}}{E_{x,in}} = \frac{E_{xL,in,i}}{E_{x,in}} + \frac{E_{xL,out,i}}{E_{x,in}} \tag{2-43}$$

E   㶲分析模型

根据㶲计算准则、㶲计算和㶲平衡公式以及㶲评价指标，编制了高炉喷吹焦炉煤气㶲计算分析模型，需要考虑的高炉㶲项及高炉㶲平衡见图2-44。

该模型为黑箱模型，即只考虑了高炉的㶲输入和㶲输出项，没有考虑高炉内各个环节具体的㶲变化。模型的输入㶲项包括含铁炉料的化学㶲、焦炭的化学㶲、煤粉的化学㶲、热风物理㶲和化学㶲、焦炉煤气的物理㶲和化学㶲，输出㶲项包括铁水物理㶲和化学㶲、炉渣物理㶲和化学㶲、炉顶煤气物理㶲和化学

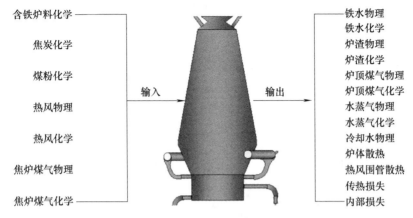

图 2-44 高炉㶲分析模型示意图

㶲、水蒸气物理㶲和化学㶲、冷却水物理㶲、炉体散热㶲、热风围管散热㶲、传热㶲损失以及内部㶲损失。

2.4.4.2 高炉喷吹焦炉煤气的㶲平衡

不同焦炉煤气喷吹量条件下的高炉㶲平衡计算结果列于表 2-21。图 2-45 给出了喷吹焦炉煤气对高炉㶲输入的影响。可知，常规高炉操作（Base）的㶲来源主要包括含铁炉料化学㶲、焦炭化学㶲、煤粉化学㶲以及热风物理㶲；喷吹焦炉煤气以后，焦炉煤气化学㶲也成为高炉主要㶲来源之一。与未喷吹焦炉煤气操作相比，喷吹焦炉煤气后，吨铁焦炭化学㶲和热风物理㶲均大幅度降低，焦炉煤气化学㶲大幅增加。这主要因为焦炉煤气喷吹量的增加使得焦比和鼓风流量降低，进而造成焦炭化学㶲和热风物理㶲大幅度降低。而模拟方案中保持煤比不变，因此煤粉的化学㶲基本保持不变。当喷吹 $100m^3/t$ 焦炉煤气时，焦炭化学㶲降至8624.48MJ/t，热风物理㶲降至830.44MJ/t，焦炭煤气化学㶲降至1731.70MJ/t。

表 2-21 高炉喷吹焦炉煤气的㶲平衡　　　　　　　　（MJ/t）

条　件		Base	COI20	COI40	COI50
输入	含铁炉料化学㶲	450.35	450.47	450.57	450.63
	焦炭化学㶲	10510.31	10087.82	9731.61	9544.73
	煤粉化学㶲	4447.92	4448.71	4447.44	4449.64
	热风物理㶲	1203.25	1063.95	990.85	944.42
	热风化学㶲	2.97	3.14	3.27	3.65
	焦炉煤气物理㶲	0	2.53	5.14	6.33
	焦炉煤气化学㶲	0	338.32	687.65	847.57
	总和	16614.80	16394.94	16316.53	16246.97

条　件		Base	COI20	COI40	COI50
输出	铁水物理㶲	888.19	888.3	888.19	888.05
	铁水化学㶲	7840.03	7782.31	7777.12	7771.52
	炉渣物理㶲	389.24	385.28	374.24	363.95
	炉渣化学㶲	348.09	346.17	335.05	331.34
	煤气物理㶲	173.32	148.48	137.41	130.33
	煤气化学㶲	4501.61	4599.48	4654.38	4688.88
	水蒸气物理㶲	3.65	3.52	3.92	3.76
	水蒸气化学㶲	11.17	12.37	14.34	14.19
	炉体散热㶲	208.77	157.20	142.34	142.77
	内部㶲损失	2250.73	2071.83	1999.54	1920.18
	总和	16614.80	16394.94	16326.53	16254.97

条　件		COI60	COI70	COI80	COI100
输入	含铁炉料化学㶲	450.71	450.75	450.79	450.73
	焦炭化学㶲	9390.9	9256.1	9119.78	8624.48
	煤粉化学㶲	4446.64	4448.62	4448.86	4447.46
	热风物理㶲	916.70	890.60	868.16	830.44
	热风化学㶲	4.06	4.86	5.07	6.25
	焦炉煤气物理㶲	7.56	8.92	9.53	12.94
	焦炉煤气化学㶲	1012.03	1139.86	1275.86	1731.70
	总和	16228.60	16199.71	16178.05	16104.00
输出	铁水物理㶲	887.99	887.85	887.95	888.21
	铁水化学㶲	7768.43	7765.23	7764.73	7732.75
	炉渣物理㶲	369.28	365.62	363.23	347.06
	炉渣化学㶲	329.61	326.52	324.37	316.62
	煤气物理㶲	126.29	122.96	120.58	117.31
	煤气化学㶲	4723.75	4793.28	4819.59	4911.29
	水蒸气物理㶲	4.32	4.42	4.54	5.01
	水蒸气化学㶲	16.53	17.21	17.79	19.84
	炉体散热㶲	128.19	125.52	124.17	119.67
	内部㶲损失	1874.21	1791.10	1751.10	1646.24
	总计	16228.60	16199.71	16178.05	16104.00

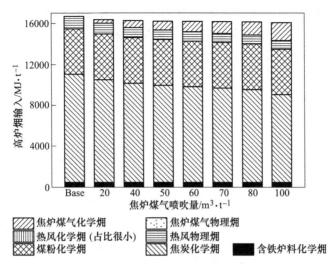

图 2-45 喷吹焦炉煤气对高炉㶲输入的影响

图 2-46 给出了喷吹焦炉煤气对高炉㶲输出的影响。高炉的㶲输出主要包括铁水㶲（物理㶲和化学㶲）、煤气化学㶲以及内部㶲损失。与未喷吹焦炉煤气操作相比，随着焦炉煤气喷吹量增加，㶲输出的变化主要体现在以下方面：（1）铁水物理㶲相对稳定，变化不大，而铁水中 Si 含量的降低，使得铁水化学㶲逐渐降低。（2）炉渣的化吨铁渣量略减少，炉渣物理㶲和化学㶲稍有降低，但变化不大。（3）炉顶煤气的物理㶲降低，这是由于吨铁炉顶煤气流量以及炉顶煤气温度的降低。（4）炉顶煤气的化学㶲增加，与未喷吹焦炉煤气操作相比，当焦炉煤气喷吹

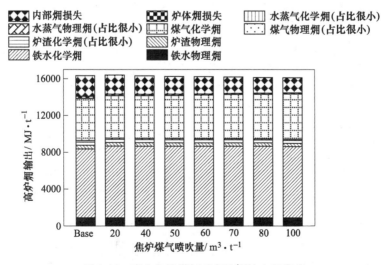

图 2-46 喷吹焦炉煤气对高炉㶲输出的影响

量为 $100m^3/t$ 时，化学㶲增加了 340.68MJ/t。这可由喷吹焦炉煤气后吨铁炉顶煤气成分的变化来加以解释（见图 2-47）。随焦炉煤气喷吹量增加，炉顶煤气中 H_2 含量增多且增幅高于 CO 含量降低幅度，故炉顶煤气化学㶲增加。（5）由于炉墙处温度降低，炉体散热㶲降低。

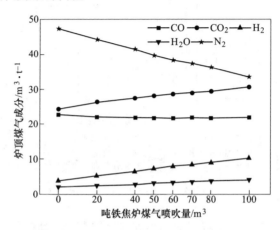

图 2-47　喷吹焦炉煤气对炉顶煤气成分的影响

2.4.4.3　高炉喷吹焦炉煤气的㶲评价

为了比较高炉喷吹不同量焦炉煤气时的㶲利用效率，利用高炉㶲分析数学模型，以铁水㶲为目的㶲进行计算，得到焦炉煤气喷吹对高炉㶲评价指标的影响，列于表 2-22。

表 2-22　高炉喷吹焦炉煤气的㶲评价指标

条　件	Base	COI20	COI40	COI50
内部㶲损失/$MJ \cdot t^{-1}$	2250. 730	2071. 830	1999. 540	1920. 180
外部㶲损失/$MJ \cdot t^{-1}$	5635. 850	5652. 500	5661. 680	5675. 220
总的㶲损失/$MJ \cdot t^{-1}$	7886. 580	7724. 330	7661. 220	7595. 400
吨铁支付㶲/$MJ \cdot t^{-1}$	16614. 800	16394. 940	16326. 530	16254. 970
吨铁收益㶲/$MJ \cdot t^{-1}$	8728. 220	8670. 610	8665. 310	8659. 570
热力学完善度/%	86. 453	87. 363	87. 753	88. 187
㶲效率/%	52. 533	52. 886	53. 075	53. 273
内部㶲损失率/%	28. 539	26. 822	26. 099	25. 281
外部㶲损失率/%	71. 461	73. 178	73. 901	74. 719
内部㶲损失系数/%	13. 547	12. 637	12. 247	11. 813
外部㶲损失系数/%	33. 921	34. 477	34. 678	34. 914

条　　件	COI60	COI70	COI80	COI100
内部㶲损失/MJ·t⁻¹	1874.210	1791.100	1751.100	1646.240
外部㶲损失/MJ·t⁻¹	5697.970	5755.530	5774.270	5836.800
总的㶲损失/MJ·t⁻¹	7572.180	7546.630	7525.370	7483.040
吨铁支付㶲/MJ·t⁻¹	16228.600	16199.710	16178.050	16104.000
吨铁收益㶲/MJ·t⁻¹	8656.420	8653.080	8652.680	8620.960
热力学完善度/%	88.451	88.944	89.176	89.777
㶲效率/%	53.341	53.415	53.484	53.533
内部㶲损失率/%	24.751	23.734	23.269	22.000
外部㶲损失率/%	75.249	76.266	76.731	78.000
内部㶲损失系数/%	11.549	11.056	10.824	10.223
外部㶲损失系数/%	35.111	35.529	35.692	36.244

图 2-48 给出了喷吹焦炉煤气对高炉㶲损失的影响。随着焦炉煤气喷吹量增

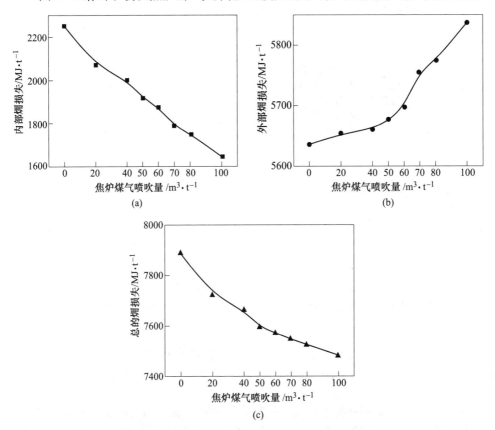

(a)　　　　　　　　　　　　　　(b)

(c)

图 2-48　喷吹焦炉煤气对高炉㶲损失的影响

(a) 内部㶲损失；(b) 外部㶲损失；(c) 总的㶲损失

加，降低了由不完全燃烧造成的不可逆过程㶲损失，炉内部㶲损失降低，而炉顶煤气化学㶲的大幅增加，使得外部㶲损失呈上升趋势；但由于高炉内部㶲损失减少的幅度远远高于外部㶲损失增加的幅度，高炉总㶲损失降低。当喷吹量为 $100m^3/t$ 时，与未喷吹焦炉煤气相比，内部㶲损失和总㶲损失分别降低 26.85% 和 5.12%，外部㶲损失升高 3.57%。

图 2-49 给出了喷吹焦炉煤气对高炉㶲损失分布的影响。当焦炉煤气喷吹量增加时，㶲损失中的内部㶲损失率逐渐降低，外部㶲损失率逐渐升高，因此喷吹焦炉煤气对减少高炉内部㶲损失效果更明显。而内部和外部的㶲损失系数也表现出类似的变化趋势。

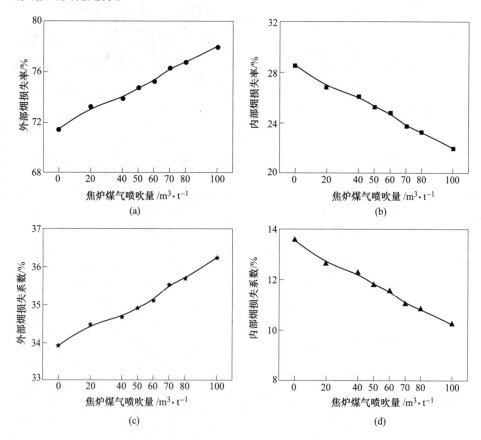

图 2-49　喷吹焦炉煤气对高炉㶲损失分布的影响
(a) 外部㶲损失率；(b) 内部㶲损失率；(c) 外部㶲损失系数；(d) 内部㶲损失系数

图 2-50 给出了喷吹焦炉煤气对高炉㶲利用的影响。随焦炉煤气喷吹量增加，高炉热力学完善度呈现上升的趋势，主要是因为高炉内部不可逆㶲损失减少，能量利用的质量得到了提高，使得高炉热力学完善度增加。而高炉内部不可逆㶲损

失的减少，使得㶲效率随焦炉煤气喷吹量增大而上升。与未喷吹焦炉煤气相比，当焦炉煤气喷吹量为 $100m^3/t$ 时，高炉热力学完善度由 86.45% 增至 89.78%，㶲效率由 52.53% 上升到 53.53%。

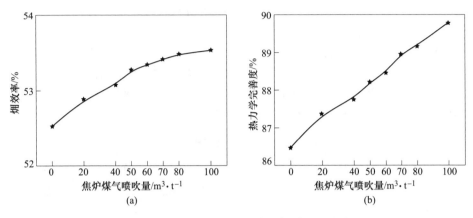

图 2-50　喷吹焦炉煤气对高炉㶲利用的影响

（a）㶲效率；（b）热力学完善度

2.4.5　高炉炉顶煤气循环优化焦炉煤气喷吹的数学模拟

为了进一步加强 C 和 H_2 的利用，将高炉喷吹焦炉煤气-炉顶煤气循环进行复合实施，以期强化焦炉煤气喷吹效果。因此，本节对复合新工艺进行数学模拟研究，分析改变冶炼条件下回旋区特性指标、高炉工艺变量、高炉生产指标、炉顶煤气循环利用率等的变化趋势，为低碳高炉炼铁提供更多的技术储备。

2.4.5.1　模拟方案

以某钢厂高炉（以下简称"某高炉"）为研究对象，利用回旋区数学模型和多流体高炉数学模型，按照表 2-23 的方案，计算炉顶煤气循环优化操作方案的高炉工艺变量和操作指标的变化情况。具体操作方案如下：

（1）高炉常规操作（Base），无焦炉煤气喷吹、炉料常温入炉以及无炉顶煤气循环的冶炼操作。

（2）高炉喷吹焦炉煤气操作（COI50），该操作下焦炉煤气喷吹量为 $50m^3/t$，喷吹温度 25℃。

（3）在 COI50 基础上，采取炉顶循环煤气的风口喷吹操作（COI50-TI）。该操作下焦炉煤气喷吹量为 $2.74m^3/t$，风口喷吹的循环煤气量为 $15.53m^3/s$，喷吹温度均为 25℃。

(4) 在 COI50 基础上,采取炉身和风口同时喷吹处理后的炉顶循环煤气操作 (COI50-TI-SI)。该操作对应的风口喷吹焦炉煤气量为 2.74m³/s,喷吹温度 25℃;风口喷吹的循环煤气量为 15.53m³/s,喷吹温度 25℃;炉身喷吹的循环煤气量为 7.00m³/s,喷吹温度为 900℃ (解决高富氧冶炼高炉上凉的技术措施之一)。

(5) 在 COI50 基础上,采取风口喷吹循环煤气和炉料热装操作 (COI50-TI-PC800)。该操作对应的风口喷吹焦炉煤气量为 2.74m³/s,喷吹温度 25℃;风口喷吹的炉顶循环煤气量为 15.53m³/s,喷吹温度 25℃;球团矿和焦炭入炉温度 800℃ (解决高富氧冶炼高炉上凉的技术措施之一)。

表 2-23　炉顶煤气循环优化操作模拟方案

操　作	COG		风口喷吹循环煤气 TI		炉身喷吹循环煤气 SI		炉料热装 (球团和焦炭) /℃
	喷吹量 /m³·s⁻¹	温度 /℃	喷吹量 /m³·s⁻¹	温度 /℃	喷吹量 /m³·s⁻¹	温度 /℃	
Base	0	—	0.00	—	0.00	—	25
COI50	2.74	25	0.00	—	0.00	—	25
COI50-TI	2.74	25	15.53	25	0.00	—	25
COI50-TI-SI	2.74	25	15.53	25	7.00	900	25
COI50-TI-PC800	2.74	25	15.53	25	0.00	—	800

在模拟解析过程中,通过调整鼓风流量、富氧率和入炉矿焦比,保证每个模拟方案的回旋区温度、炉腹煤气量、铁水温度与基准操作一致。

2.4.5.2　炉顶煤气循环平衡

图 2-51 给出了各操作方案下高炉煤气流的物质平衡 (所用气体均为标态)。图 2-51 (a) 基准操作时旋区温度为 2271.28℃,炉腹煤气流量 1390.93m³/t,鼓风温度为 1179.32℃,鼓风流量为 1027.91m³/t,富氧率 4.625%,煤比为 134.6kg/t,炉顶煤气量为 1538.237m³/t;由图 2-51 (b) 可知,COI50 操作对应的鼓风量为 798.15m³/t,富氧率为 9.98%;由图 2-51 (c) 可知,COI50-TI 操作对应的循环煤气喷吹量 272.75m³/t,鼓风流量 458.28m³/t,富氧率为 38.854%,炉顶煤气流量为 1200.02m³/t;由图 2-51 (d) 可知,COI50-TI-SI 对应的风口循环煤气喷入量为 265.32m³/t,炉身循环煤气喷入量为 119.56m³/t,鼓风流量为 445.80m³/t,富氧率为 38.854%,炉顶煤气流量 1247.62m³/t;由图 2-51 (e) 可知,COI50-TI-PC800 操作对应的风口循环煤气喷入量为 262.344m³/t,鼓风流量为 440.81m³/t,富氧率为 38.854%,炉顶煤气流量 1170.69m³/t。

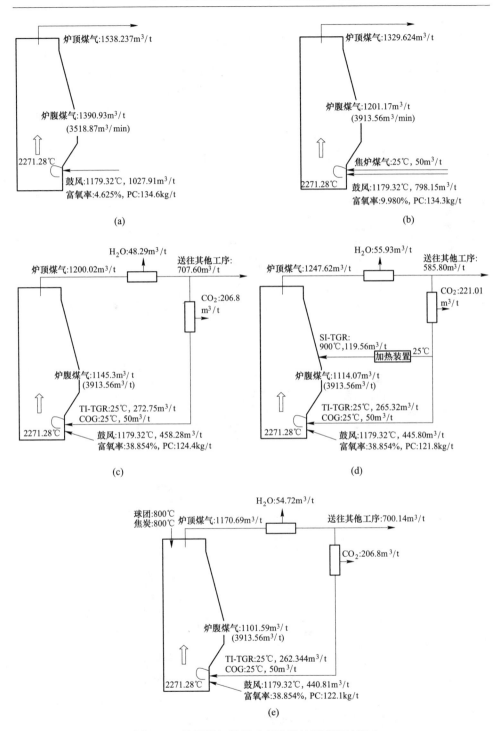

图 2-51 炉顶煤气循环对高炉煤气流平衡的影响

(a) Base；(b) COI50；(c) COI50-TI；(d) COI50-TI-SI；(e) COI50-TI-PC800

2.4.5.3　炉顶煤气循环对高炉炉况的影响

图 2-52 给出了炉顶煤气循环对炉内温度分布的影响。与基准和 COI50 操作相比，COI50-TI、COI50-TI-SI 以及 COI50-TI-PC800 操作的软熔带位置均下移，炉身区域温度稍降低，其中 COI50-TI-PC800 操作炉顶区域温度升高，这主要由于焦炉煤气喷吹和炉顶煤气循环喷吹操作使得富氧率大幅度提高，加剧了回旋区 C 的燃烧，为固体炉料下降提供了更大的空间，炉料下降速度加快，炉料预热和还原需要更多的热量，造成炉身区域温度水平降低；此外，球团矿和焦炭同时 800℃ 热装为高炉顶部带来了大量的热量，促使 COI50-TI-PC800 操作炉顶温度增大。

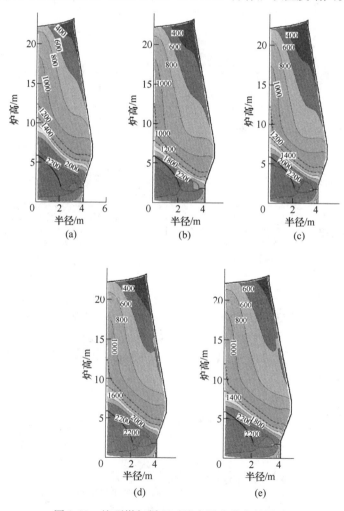

图 2-52　炉顶煤气循环对炉内温度分布的影响

（a）Base；（b）COI50；（c）COI50-TI；（d）COI50-TI-SI；（e）COI50-TI-PC800

（炉内温度分布单位为℃）

在 COI50-TI 操作中，高炉风口喷吹循环煤气后，富氧率大幅提高，同时风口喷吹的循环煤气在回旋区发生了如下放热反应：

$$2CO(g) + O_2(g) \longrightarrow 2CO_2(g) \tag{2-44}$$

$$2H_2(g) + O_2(g) \longrightarrow 2H_2O(g) \tag{2-45}$$

反应式（2-44）和式（2-45）生成的 CO_2 和 H_2O 在回旋区将立即发生如下吸热反应：

$$C + CO_2(g) \longrightarrow 2CO(g) \tag{2-46}$$

$$C + H_2O(g) \longrightarrow CO(g) + H_2(g) \tag{2-47}$$

由上述反应可以看出，高炉风口喷吹循环煤气带来的净热值基本为 0，但是 COI50-TI 操作在 COI50 操作的基础上进一步强化了含氢气体的喷吹，而且 H_2 的间接还原反应为吸热反应，降低了炉内的温度水平。

与 COI50-TI 操作相比，当炉身和风口同时喷吹炉顶循环煤气，炉身喷吹 900℃ 循环煤气带来的热量改善了炉身的温度水平，炉内温度水平有所回升。当风口喷吹炉顶煤气和炉顶热装高温炉料操作同时进行时，高炉顶部区域温度改善比较显著。由以上分析可知，炉身喷吹预热煤气和高温炉料热装操作在一定程度上能改善焦炉煤气喷吹条件下炉内温度水平降低的问题。

图 2-53 和图 2-54 分别给出了炉顶煤气循环对炉内 CO 和 H_2 摩尔浓度的影响。与基准操作和 COI50 操作相比，COI50-TI、COI50-TI-SI 以及 COI50-TI-PC800 操作炉内 CO 和 H_2 浓度均增加。

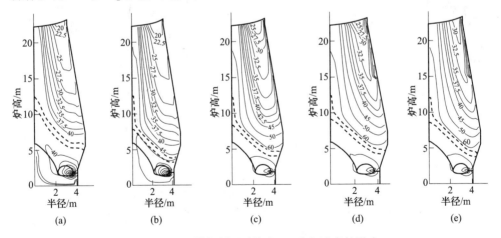

图 2-53 炉顶煤气循环对炉内 CO 摩尔浓度的影响

(a) Base；(b) COI50；(c) COI50-TI；(d) COI50-TI-SI；(e) COI50-TI-PC800
（炉内 CO 摩尔浓度单位为 mol/%）

图 2-55 给出了炉顶煤气循环对含铁炉料还原度的影响。与基准操作和 COI50 操作相比，由于炉顶煤气喷吹和炉料热装强化了炉内的还原气氛和温度，促使含

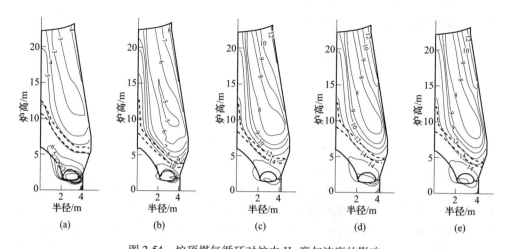

图 2-54　炉顶煤气循环对炉内 H_2 摩尔浓度的影响

（a）Base；（b）COI50；（c）COI50-TI；（d）COI50-TI-SI；（e）COI50-TI-PC800

（炉内 H_2 摩尔浓度的单位为 mol/%）

铁炉料还原速度加快，COI50-TI、COI50-TI-SI 以及 COI50-TI-PC800 操作使含铁炉料在到达软熔带之前还原程度均提高，达到 90% 以上，局部区域达到 99%。

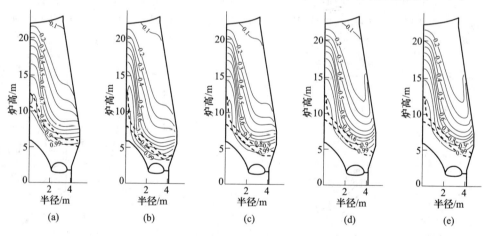

图 2-55　炉顶煤气循环对含铁炉料还原度的影响

（a）Base；（b）COI50；（c）COI50-TI；（d）COI50-TI-SI；（e）COI50-TI-PC800

2.4.5.4　炉顶煤气循环对高炉操作指标的影响

图 2-56 给出了炉顶煤气循环对入炉矿焦比的影响。与基准和 COI50 操作相比，COI50-TI、COI50-TI-SI 以及 COI50-TI-PC800 操作的矿焦比均增加，主要原因有：（1）风口喷吹炉顶煤气后，富氧率大幅增加，回旋区 C 燃烧加强，为固

体炉料下降提供了更大空间，炉料下降速度加快；（2）炉顶煤气喷吹后有更多的还原气参与含铁炉料的间接还原，还原速度加快，同时焦炭消耗减少；（3）炉身喷吹预热煤气和高温炉料热装带来了一定热量，焦炭燃烧热的需求相应减少。

图 2-57 给出了炉顶煤气循环对生铁产量的影响，分数中的分子是与基准操作相比生铁产量增幅，分母是与 COI50 操作相比生铁产量增幅。与基准操作相比，COI50-TI、COI50-TI-SI 以及 COI50-TI-PC800 操作生铁产量分别增加 35.08%、38.86%以及40.44%，这主要是因为：（1）焦炉煤气喷吹和炉顶煤气循环后，炉内还原气氛加强，含铁炉料还原速度加快；（2）高炉风口喷吹焦炉煤气和炉顶煤气后，富氧率大幅度提高，回旋区 C 燃烧加剧，为固体炉料下降提供了空间；（3）炉身喷吹预热煤气和高温炉料热装带来的热量进一步加速了含铁炉料的还原。与 COI50 操作相比，COI50-TI、COI50-TI-SI 以及 COI50-TI-PC800 操作生铁产量分别增加 3.81%、6.72%以及7.91%，这归因于炉顶煤气循环喷吹和高温炉料热装加速了炉料的还原，固体炉料流速加快。

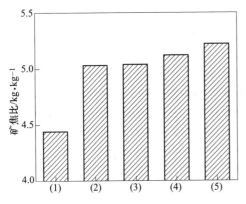

图 2-56　炉顶煤气循环对矿焦比的影响
（1）Base；（2）COI50；（3）COI50-TI；
（4）COI50-TI-SI；（5）COI50-TI-PC800

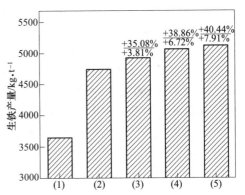

图 2-57　炉顶煤气循环对生铁产量的影响
（1）Base；（2）COI50；（3）COI50-TI；
（4）COI50-TI-SI；（5）COI50-TI-PC800

图 2-58 给出了炉顶煤气循环对还原剂消耗量的影响，分数中分子是与基准操作相比还原剂消耗量增加的幅度，分母是与 COI50 操作相比还原剂消耗量增加的幅度。与基准操作相比，COI50-TI、COI50-TI-SI、COI50-TI-PC800 操作焦比分别降低 13.61%、14.23%、13.88%，煤比分别降低 7.58%、9.51%、9.29%，燃料比分别降低 12.02%、13.00%、12.68%，其中焦比降低主要是由于焦炉煤气和炉顶煤气喷吹带来大量还原气，间接还原增加，直接还原消耗的焦炭减少，且预热煤气喷吹和高温炉料热装为炉身上部带来大量热量，高炉热收入增加，减少了吨铁焦炭燃烧提供的热量。与 COI50 操作相比，COI50-TI、COI50-TI-SI 以及

COI50-TI-PC800 操作焦比分别降低 1.34%、2.05% 和 1.65%，煤比分别降低 7.37%、9.31% 和 9.08%，燃料比分别降低 3.11%、4.19% 和 3.84%，其中焦比降低归因于循环煤气喷吹和高温炉料热装。

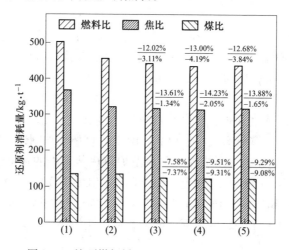

图 2-58 炉顶煤气循环对还原剂消耗量的影响
(1) Base；(2) COI50；(3) COI50-TI；(4) COI50-TI-SI；(5) COI50-TI-PC800

　　图 2-59 给出了炉顶煤气循环操作对炉顶煤气 CO 和 H_2 利用率的影响。由于富氢气体大幅喷吹后炉内发生的水煤气置换反应，使得 H_2 促进了 CO 的间接还原，从而提高了 CO 利用率，同时 H_2 利用率降低。与基准操作相比，COI50-TI、COI50-TI-SI 以及 COI50-TI-PC800 操作炉顶煤气 CO 利用率增加分别为 12.73%、7.72% 和 8.08%，H_2 利用率降低分别为 31.58%、26.65% 和 33.15%。与 COI50

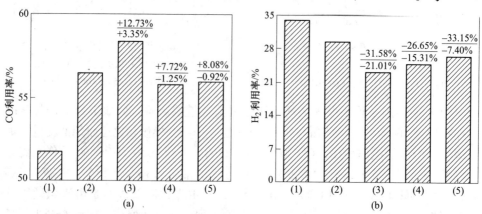

图 2-59 炉顶煤气循环对炉顶煤气利用率的影响
(a) CO 利用率；(b) H_2 利用率
(1) Base；(2) COI50；(3) COI50-TI；(4) COI50-TI-SI；(5) COI50-TI-PC800

操作相比，COI50-TI 操作炉顶煤气 CO 利用率增加 3.35%，H_2 利用率降低 21.01%；COI50-TI-SI 操作炉顶煤气 CO 利用率降低 1.25%，H_2 利用率降低 15.13%。与 COI50-TI 操作相比，COI50-TI-SI 操作炉顶煤气 CO 利用率下降，而 H_2 利用率有所增加，这是因为炉身喷吹 900℃ 还原气改善了炉内温度水平，而且当温度高于 810℃ 时，H_2 夺氧能力强于 CO，促使 H_2 利用率增加；COI50-TI-PC800 操作炉顶煤气 CO 利用率降低 0.92%，H_2 利用率降低 7.40%，这说明炉料热装提高了高炉上部的温度水平，增加 H_2 还原，并减少水煤气转换反应的发生。

图 2-60 给出了炉顶煤气循环对高炉碳排放量的影响。与基准操作相比，COI50-TI、COI50-TI-SI、COI50-TI-PC800 操作高炉碳排放量降低幅度分别为 35.23%、46.96%、35.34%。与 COI50 操作相比，COI50-TI、COI50-TI-SI、COI50-TI-PC800 操作高炉碳排放量降低幅度分别为 29.57%、42.31%、29.68%。高炉碳排放量降低的原因主要有两点：（1）高炉喷吹焦炉煤气和炉顶煤气后，焦比降低，同时有更多 H_2 参与含铁炉料间接还原，而 H_2 还原产物是 H_2O；（2）炉顶煤气循环后，CO 循环喷吹和 CO_2 回收也降低了碳排放量。

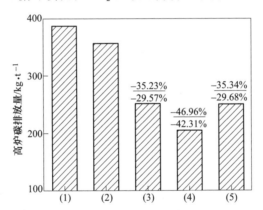

图 2-60　炉顶煤气循环对高炉碳排放量的影响
（1）Base；（2）COI50；（3）COI50-TI；（4）COI50-TI-SI；（5）COI50-TI-PC800

2.4.6　喷吹焦炉煤气对高炉炉料冶金性能的影响

以某高炉的原燃料条件为基础，并结合数值模拟研究结果，开展喷吹焦炉煤气条件下炉料冶金性能变化规律的实验研究。首先基于多流体高炉数学模型的模拟结果，得到不同冶金性能研究的试验条件（反应温度、反应气氛、升温制度），而后进行喷吹焦炉煤气条件下炉料冶金性能测试，包括烧结矿、球团矿、块矿的还原性和熔滴性能，烧结矿、块矿的低温还原粉化性能，球团矿的还原膨胀性能，烧结矿、球团矿、块矿、综合炉料的软熔滴落行为，焦炭的反应性和反应后强度，从而阐明喷吹焦炉煤气富氢还原对炉料冶金性能的影响规律。

2.4.6.1　喷吹焦炉煤气对球团还原膨胀率的影响

还原膨胀实验所用原料为实际高炉使用的氧化球团。参照 GB/T 13242—91，测量不同焦炉煤气喷吹量条件下球团的还原膨胀率，实验气氛为各喷吹焦炉煤气方案数值模拟结果中炉内 900℃ 等温线上 CO、CO_2、H_2、N_2 组成的平均值，见图 2-61 和表 2-24。可见，随着焦炉煤气喷吹量的增加，还原气氛中的 H_2 含量不断增加，而 $p_{CO}/(p_{CO}+p_{CO_2})$ 基本不变，为 75% 左右。

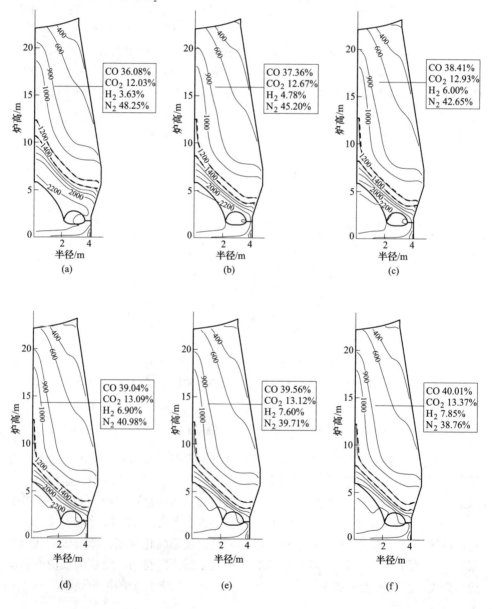

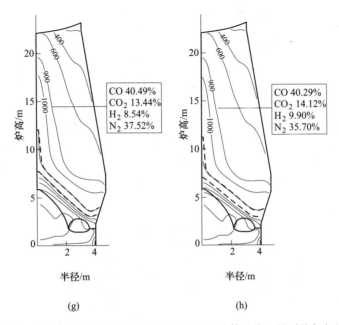

图 2-61 不同焦炉煤气喷吹量条件下炉内 900℃等温线上的平均气相组成

(a) Base；(b) COI20；(c) COI40；(d) COI50；

(e) COI60；(f) COI70；(g) COI80；(h) COI100

(图中气体为体积分数,%)

表 2-24 不同焦炉煤气喷吹条件下球团还原膨胀实验的气相组成

操 作	气相组成（体积分数）/%				$p_{CO}/(p_{CO}+p_{CO_2})$
	CO	CO_2	H_2	N_2	
Base	36.08	12.03	3.63	48.25	75.00
COI20	37.36	12.67	4.78	45.20	74.67
COI40	38.41	12.93	6.00	42.65	74.81
COI50	39.04	13.09	6.90	40.98	74.89
COI60	39.56	13.12	7.60	39.71	75.09
COI70	40.01	13.37	7.85	38.76	74.96
COI80	40.49	13.44	8.54	37.52	75.08
COI100	41.38	13.86	9.71	35.04	74.91

表 2-25 和图 2-62 给出了喷吹焦炉煤气对球团还原膨胀的影响。可见，当焦炉煤气喷吹量由 0 增加到 100m³/t 时，球团的还原膨胀率由基准的 19.51%逐渐降至 14.54%。当焦炉煤气喷吹量为 50m³/t 时，球团的还原膨胀率为 17.98%，低于 20%，满足高炉生产要求。

表 2-25　喷吹焦炉煤气对球团还原膨胀率的影响

操作	还原前/mm³	还原后/mm³	体积差/mm³	RSI/%
Base	4676.90	5589.41	912.50	19.51
COI20	5089.40	6055.26	965.86	18.98
COI40	5230.17	6200.75	970.58	18.56
COI50	4748.94	5602.77	853.83	17.98
COI60	4811.36	5623.19	811.83	16.87
COI70	4676.23	5424.04	747.81	15.99
COI80	4656.65	5366.15	709.50	15.24
COI100	4470.42	5120.56	650.13	14.54

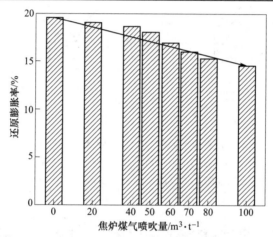

图 2-62　喷吹焦炉煤气对球团还原膨胀率的影响

在球团还原过程中铁晶粒的微观析出形态是影响球团膨胀率的重要因素。随着焦炉煤气喷吹量由 0 增至 100m³/t，还原气氛中的 $p_{CO}/(p_{CO}+p_{CO_2})$ 基本不变。因此，球团还原过程 CO 所起的还原作用基本一致。而还原气氛中 H_2 含量从3.63%逐渐增加到 9.71%，氢气还原作用逐渐增强，球团中心的还原程度增加，内部结构将由板状结构向散状和絮状结构转变，且球团中心 Fe_2O_3 逐渐减少，金属铁逐渐增多，还原膨胀率呈降低趋势。同时，高温时 H_2 分子扩散系数和还原动力学条件优越，球团还原过程中铁晶粒析出速率较快，大量过饱和的铁离子出现在早先形成的晶核之间，产生更多的晶核。铁晶粒间相互作用力较强，局部聚合紧密，球团在宏观上不易发生体积膨胀，总体上呈现球团体积略有收缩。因此，喷吹焦炉煤气有助于改善球团膨胀性能指标。

2.4.6.2　喷吹焦炉煤气对烧结矿和块矿低温还原粉化的影响

低温还原粉化实验所用原料为某高炉使用的烧结矿和块矿。参照 GB/T 13241—1991 检测方法测量了不同焦炉煤气喷吹量条件下烧结矿和块矿的低温还原指数，实验气氛为各喷吹焦炉煤气方案下数值模拟结果中高炉内 500℃ 等温线上 CO、CO_2、H_2、N_2 所占比例的平均值，具体见图 2-63 和表 2-26。可见，随着焦炉煤气喷吹量的增加，500℃ 条件下还原气氛中的 CO 和 H_2 含量逐渐增加，同时 CO_2 含量也不断增多。

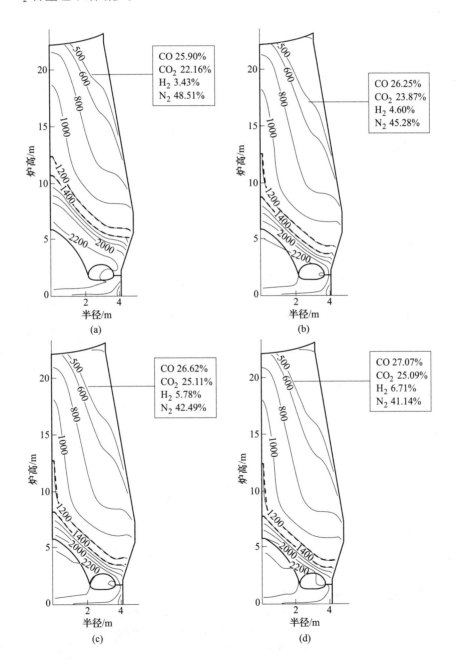

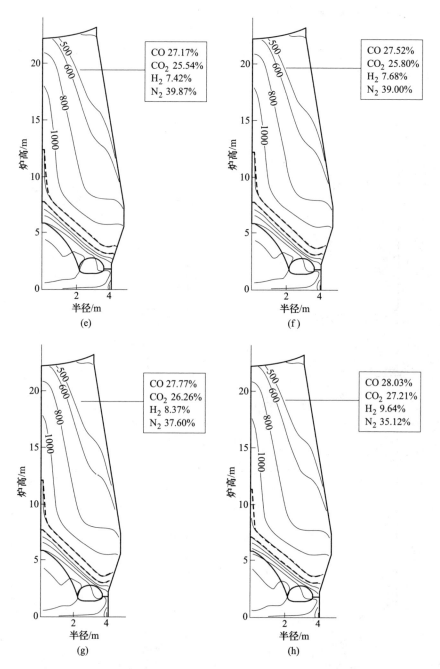

图 2-63　不同焦炉煤气喷吹条件下 500℃等温线上的平均气相组成

（a）Base；（b）COI20；（c）COI40；（d）COI50；

（e）COI60；（f）COI70；（g）COI80；（h）COI100

（图中气体为体积分数,%）

表 2-26 不同焦炉煤气喷吹条件下烧结矿和块矿低温还原粉化实验的气相组成

（体积分数，%）

操作方案	CO	CO_2	H_2	N_2
Base	25.90	22.16	3.43	48.51
COI20	26.25	23.87	4.60	45.28
COI40	26.62	25.11	5.78	42.49
COI50	27.07	25.09	6.71	41.14
COI60	27.17	25.54	7.42	39.87
COI70	27.52	25.80	7.68	39.00
COI80	27.77	26.26	8.37	37.60
COI100	28.03	27.21	9.64	35.12

表 2-27、表 2-28、图 2-64 和图 2-65 给出了喷吹焦炉煤气对烧结矿和块矿低温还原粉化性能的影响。可见，当焦炉煤气喷吹量由 0 增加到 $100m^3/t$ 时，烧结矿和块矿的低温还原指数 $RDI_{+3.15}$ 均呈现先增大后降低的趋势，且均在焦炉煤气喷吹量为 $70m^3/t$ 时，$RDI_{+3.15}$ 达到最大值。另外，在实验考察的喷吹量范围内，喷吹焦炉煤气对烧结矿的低温还原粉化的影响大于块矿。但总体喷吹焦炉煤气对二者低温还原粉化性能的影响并非十分显著，具体表现为 $RDI_{+3.15}$ 虽然有所变化，但变化不大。当焦炉煤气喷吹量为 $50m^3/t$ 时，烧结矿和块矿的 $RDI_{+3.15}$ 分别为 57.70% 和 80.95%，均高于国标条件下的检测值（52.33% 和 80.29%）。

表 2-27 喷吹焦炉煤气对烧结矿低温还原粉化性能的影响

操作方案	$m_{+6.3}/g$	$m_{3.15\sim6.3}/g$	$m_{0.5\sim3.15}/g$	$RDI_{+6.3}/\%$	$RDI_{+3.15}/\%$	$RDI_{-0.5}/\%$
Base	75.94	183.40	173.31	15.38	52.53	12.37
COI20	80.91	193.33	162.25	16.36	55.46	11.73
COI40	81.74	201.82	157.38	16.55	57.41	10.72
COI50	82.81	202.19	154.66	16.77	57.70	10.99
COI60	83.49	205.52	152.62	16.91	58.53	10.55
COI70	90.23	205.60	147.76	18.25	59.84	10.27
COI80	80.73	202.11	157.40	16.36	57.33	10.77
COI100	77.91	199.01	159.78	15.77	56.04	11.62

随着 CO 浓度的升高，气氛的还原势也提高，促进了矿石和空隙表面赤铁矿的初始还原，产生内应力，形成了更多的初始裂纹；并经过裂纹的扩展，进一步促进了新生裂纹表面赤铁矿的还原，从而使烧结矿的低温还原粉化程度加深。

表 2-28　喷吹焦炉煤气对块矿低温还原粉化性能的影响

操作方案	$m_{+6.3}/g$	$m_{3.15\sim6.3}/g$	$m_{0.5\sim3.15}/g$	$RDI_{+6.3}/\%$	$RDI_{+3.15}/\%$	$RDI_{-0.5}/\%$
Base	256.46	99.14	54.73	56.32	78.09	9.89
COI20	258.08	107.14	49.21	56.36	79.76	9.49
COI40	258.41	110.25	45.56	56.50	80.60	9.44
COI50	259.7	110.72	44.85	56.76	80.95	9.25
COI60	260.24	111.54	43.95	56.83	81.19	9.21
COI70	261.81	111.93	42.08	57.18	81.63	9.18
COI80	260.27	110.49	43.53	56.95	81.13	9.34
COI100	259.86	109.87	43.67	56.89	80.95	9.49

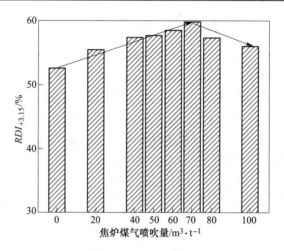

图 2-64　喷吹焦炉煤气对烧结矿低温还原粉化指数的影响

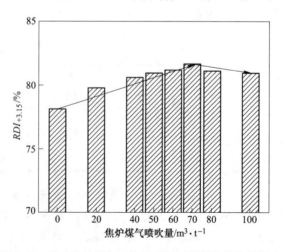

图 2-65　喷吹焦炉煤气对块矿低温还原粉化指数的影响

H_2对烧结矿低温还原粉化的影响是多方面的：首先，H_2可以提高还原气氛的还原势，促进赤铁矿的初始还原，形成更多的细小裂纹；其次，H_2分子小，具有很好的扩散性和穿透性，这不仅可以促进矿石表面、原始裂纹表面和次生裂纹表面区域赤铁矿的初始还原，还可以通过扩散与矿石内部的赤铁矿反应，促进其还原，并产生内部裂纹，使得矿石的低温还原粉化加剧。另外，赤铁矿还原成磁铁矿将形成很大应力，但是否会产生裂纹进而粉化还与周围物质的强度和断裂韧性有关，如果周围物质的断裂韧性和强度都很好，可以承受所产生的应力则矿石不会产生裂纹。高碱度烧结矿中的主要成分是铁酸钙（SFCA）、原生赤铁矿和磁铁矿，而SFCA可以看作是一种黏结相，在低温下不容易被还原且具有很好的强度和断裂韧性，可以降低烧结矿的低温还原粉化率。但是，当还原气氛中有H_2存在时，则SFCA很容易被H_2还原并造成其断裂性能值下降，导致烧结矿的低温还原粉化率上升。

基于以上两方面作用，喷吹焦炉煤气后CO和H_2浓度的增加将会导致烧结矿和块矿粉化加剧。但是从实验结果看，烧结矿和块矿的低温还原粉化指数并非一直恶化，这主要是由于随着焦炉煤气喷吹量的增加，500℃时还原气氛中CO_2含量也逐渐增大，将会抑制500℃左右时发生的反应$2CO \!=\! CO_2 + C$向右进行，从而减少烟黑（这种烟黑非常细，表面能很高，很容易聚集成较大的晶粒，在晶粒长大过程中，使烧结矿的裂纹扩展）的析出。因此，多方面消极和积极作用相互关联导致烧结矿和块矿的低温还原粉化性能在喷吹焦炉煤气条件下变化不明显。当喷吹量小于$70m^3/t$时，CO_2增多的抑制作用稍大于还原气浓度增大的恶化作用，$RDI_{+3.15}$表现为稍有增大；当喷吹量大于$70m^3/t$时，CO_2增多的抑制作用不足以抵抗还原气浓度增大的恶化作用，$RDI_{+3.15}$略微下降。

2.4.6.3 喷吹焦炉煤气对综合炉料熔滴性能的影响

基于某高炉的实际炉料和炉料结构（87%烧结矿和13%块矿），进行综合炉料熔滴实验。

熔滴实验使用RDL-02型铁矿石高温荷重软熔滴落试验装置。实验过程中，升温速度、气量及荷重等实验条件均模拟高炉实际生产情况制定，具体条件列于表2-29。各温度段的气体成分分别模拟不同焦炉煤气喷吹条件下的气相组成见图2-66，各喷吹条件下的气体成分分别为数学模拟结果得出的400℃、900℃、1020℃等温线上CO、CO_2、H_2、N_2组成的平均值。

喷吹焦炉煤气对综合炉料软熔性能影响见表2-30。图2-67给出了喷吹焦炉煤气对综合炉料软化区间的影响。随着焦炉煤气喷吹量由0增加到$100m^3/t$时，软化开始温度T_4呈现下降的趋势，从1130.23℃降低到1120.11℃；软化终了温度T_{40}呈现上升的趋势，从1227.26℃上升到1235.19℃；软化区间呈现变宽的趋

表 2-29　高炉综合炉料熔滴实验条件

料温/℃	<400	400~900	900~1020	>1020
气体组成	N_2	CO、CO_2、H_2、N_2	CO、CO_2、H_2、N_2	CO、CO_2、H_2、N_2
流量/L·min^{-1}	3	15	15	15
升温速度/℃·min^{-1}	10（至900℃）		3（至1020℃）	5（至熔滴）
负荷/MPa	1.75		3.50	

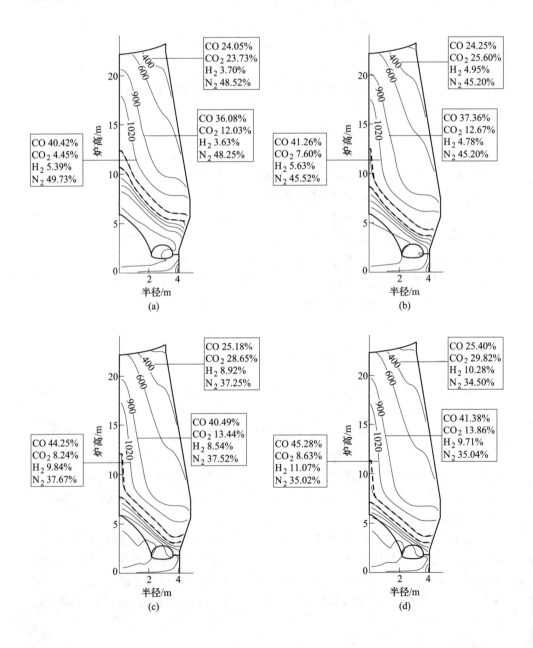

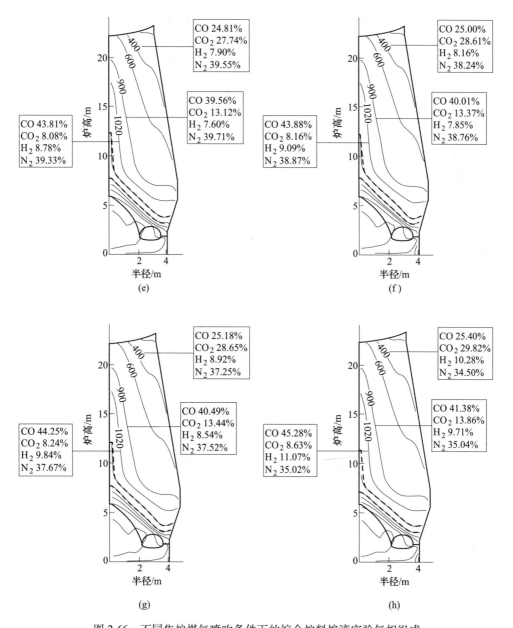

图 2-66 不同焦炉煤气喷吹条件下的综合炉料熔滴实验气相组成

(a) Base; (b) COI20; (c) COI40; (d) COI50;

(e) COI60; (f) COI70; (g) COI80; (h) COI100

(图中气体为体积分数,%)

势,从 97.03℃加宽至 115.09℃。每增加 1m³/t 焦炉煤气喷吹量,软化区间约升高 0.18℃。当焦炉煤气喷吹量为 50m³/t 时,软化开始温度 T_4 为 1124.46℃,软

化终了温度 T_{40} 为 1229.23℃，软化区间 $T_{40}-T_4$ 为 104.77℃。

表 2-30　综合炉料软化熔滴实验结果

操作方案	T_4/℃	T_{40}/℃	$T_{40}-T_4$/℃	T_S/℃	T_D/℃	T_D-T_S/℃
Base	1130.23	1227.26	97.03	1291.22	1412.74	121.52
COI20	1128.32	1228.22	99.9	1301.74	1421.56	119.83
COI40	1126.86	1229.12	102.26	1309.67	1427.28	117.61
COI50	1124.46	1229.23	104.77	1317.09	1432.92	115.83
COI60	1123.06	1231.56	108.5	1320.58	1434.81	114.23
COI70	1122.71	1233.45	110.74	1325.42	1436.75	111.33
COI80	1120.84	1233.79	112.95	1331.19	1439.11	107.92
COI100	1120.11	1235.19	115.09	1347.47	1443.17	95.7

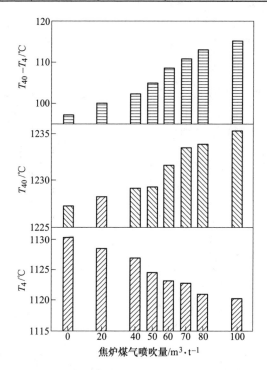

图 2-67　焦炉煤气喷吹量对综合炉料软化区间的影响

　　一般认为，炉料软化温度主要取决于进入软熔带前炉料的 FeO 含量。在其含量一定的情况下，与炉料的还原程度有关。随着焦炉煤气喷吹量的增加，煤气的还原能力加强，综合炉料的还原速率加快，当炉料的收缩率为 4% 时，炉料中还原出的 FeO 质量也增加，低熔点物质逐渐增多，促使软化开始温度 T_4 逐渐下降；而当炉料的收缩率达到 40% 时，煤气中还原气氛加强，含铁炉料还原速度加快，高温时还原出的 FeO 逐渐转化为金属铁。金属铁质量的增加，渣中低熔点物质减少，从而提高了炉料的软化终了温度 T_{40}。因此，软化区间 $T_{40}-T_4$ 呈变宽的趋势。

　　图 2-68 给出了焦炉煤气喷吹量对综合炉料熔化区间的影响。随着焦炉煤气喷吹量由 0 增加到 $100m^3/t$ 时，综合炉料熔化开始温度（压差陡升温度）T_S 逐渐升高，从 1291.22℃升高到 1347.47℃；熔化终了温度（滴落温度）T_D 略微升高，从 1412.74℃略微上升至 1443.17℃；熔化区间（软熔带）T_D-T_S 明显变窄，从 121.52℃窄至 95.70℃，每增加 $1m^3/s$ 焦炉煤气喷吹量，软熔带约窄 0.26℃。当焦炉煤气喷吹量为 $50m^3/t$ 时，熔化开始温度 T_S 为 1317.09℃，熔化终了温度 T_D 为 1432.92℃，熔化区间 T_D-T_S 为 115.83℃。

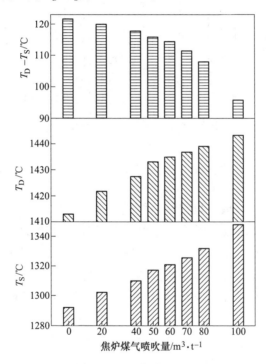

图 2-68　焦炉煤气喷吹量对综合炉料熔化区间的影响

　　通常认为，综合炉料的压差陡升温度 T_S 主要是指综合炉料中开始出现液相，致使炉料的压差急剧上升的温度。炉料的压差陡升温度取决于综合炉料的炉渣熔点，当炉料配比一致的情况下，炉渣中 FeO 含量对炉渣的熔点起决定性作用。而滴落温度取决于软熔滴落过程中形成的初铁和初渣，哪种相容易滴落，则综合炉料的滴落温度取决于哪种相。随着焦炉煤气喷吹量的增加，还原速度加快，炉渣中的 FeO 含量逐渐因转化为金属铁而减少，因此熔点升高，进而压差陡升温度 T_S 逐步升高；而炉料中 H_2 还原的比例逐渐上升，初铁的渗碳量会略微下降，初铁熔点将略微升高；同时，还原气氛和还原速率的增加，初渣中的 FeO 含量逐渐减少，初渣熔点升高，综合炉料的滴落温度逐渐小幅上升。压差陡升温度 T_S 明显升高和滴落温度 T_D 略微上升使得综合炉料熔化区间 T_D-T_S 逐渐变窄。

图 2-69 给出了喷吹焦炉煤气对软熔带位置的影响。随着焦炉煤气喷吹量的增加，压差陡升温度 T_S 明显升高，滴落温度 T_D 略微上升，所以综合炉料软熔带 T_D-T_S 逐渐收窄，且位置下移。

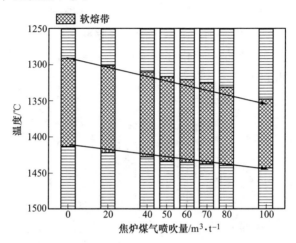

图 2-69　焦炉煤气喷吹量对综合炉料软熔带位置的影响

图 2-70 给出了喷吹焦炉煤气对料柱最大压差和最大压差温度的影响。随着焦炉煤气喷吹量增加，最大压差呈显著降低趋势，同时最大压差温度呈升高趋势。当焦炉煤气喷吹量由 0 增加到 100m³/t 时，最大压差迅速从 24.19kPa 降低到 13.97kPa，最大压差对应温度由 1327.78℃ 增加到 1410.41℃。当焦炉煤气喷吹量为 50m³/t 时，最大压差及其对应的温度分别为 20.51kPa 和 1346.01℃。

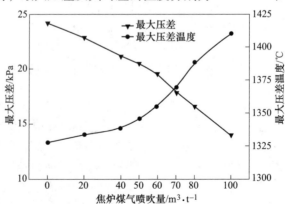

图 2-70　喷吹焦炉煤气对料柱最大压差
和最大压差温度的影响

为了更好地衡量综合炉料的透气性，引入炉料特征值 S，S 值的大小是表征炉料整体透气性的重要指标，S 值越小，煤气通过料柱时受到的阻力越小，软熔带透气性也越好。喷吹焦炉煤气对炉料特征值 S 的影响见图 2-71。随着焦炉煤气喷吹量的增加，炉料特征值大幅度降低，由未喷吹时的 1796.98kPa·℃ 降低到 100m³/t 时的 798.39kPa·℃，料柱的透气性得到明显改善。这主要归因于：（1）喷吹焦炉煤气后，煤气中氢气体积分数大幅增加，同时氮气的体积分数相应减少，由于氢气的黏度系数要明显低于氮气的黏度系数，使得煤气的穿透力增强，进而改善了料柱的透气性；（2）随着煤气中还原性气体体积分数的增加，煤气的还原能力得到加强，铁氧化物还原速度加快，在较低温度时就被还原成金属铁，避免了低熔点化合物的过早形成，从而改善了料柱的透气性，降低了特征值；（3）随着焦炉煤气喷吹量的增加，综合炉料的软熔带区间明显变窄，最高压差明显降低，软熔带区间的明显窄化，有利于提高综合炉料的透气性。当焦炉煤气喷吹量为 50m³/t 时，S 值是 1554.73kPa·℃。

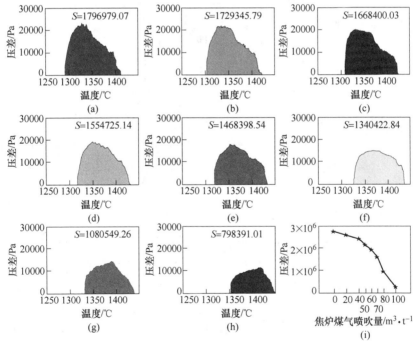

图 2-71 焦炉煤气喷吹对炉料透气性的影响

（a）Base；（b）COI20；（c）COI40；（d）COI50；（e）COI60；（f）COI70；
（g）COI80；（h）COI100；（i）S 值

2.4.6.4 喷吹焦炉煤气对焦炭冶金性能的影响

不同焦炉煤气喷吹量条件下，焦炭反应性和反应后强度见图 2-72。随着焦炉煤气喷吹量的增加，焦炭反应后强度稍有降低。高温条件下（1100℃），焦炭与

CO_2 发生气化溶损反应，与水蒸气发生水煤气转化反应。据有关文献表明，后者焦炭气化率是前者的 2~7 倍。喷吹焦炉煤气后，气相中 CO_2 和水蒸气浓度逐渐增加，且 CO_2 分压和 H_2O 分压也增加，表明此条件下焦炭易发生气化溶损反应和水煤气转化反应。因此，焦炉煤气喷吹量增加后，焦炭反应性增加，反应后强度降低。另外，在实验室条件下，由于水蒸气在常温下难以通过管道送入反应器，因此实验过程中反应器未考虑水蒸气，所以图中给出的焦炭反应性很低，而反应后强度很高。事实上，喷吹焦炉煤气后，由于气化溶损反应和水煤气转化反应的共同作用，焦炭反应性应高于图 2-72 给出的值。根据文献，水蒸气与焦炭反应的溶损率比 CO_2 高出 19%。

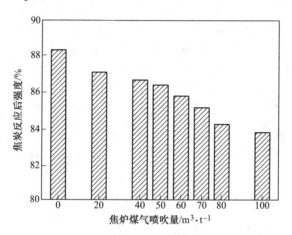

图 2-72　喷吹焦炉煤气对焦炭冶金性能的影响

2.4.7　高炉喷吹焦炉煤气的经济效益分析

结合上述高炉喷吹焦炉煤气的研究结果，综合考虑喷吹焦炉煤气后原燃料消耗量变化以及市场焦炭价格波动，从降本和增产两个方面评估高炉喷吹焦炉煤气经济效益。经济效益的估算方法见图 2-73。其中，由吨铁成本变化产生的经济效益计为成本效益；由生铁产量增加产生的经济效益计为增产效益；碳减排带来的效益计为碳税效益；由成本、产量、碳税三者共同作用产生的经济效益计为综合效益。

2.4.7.1　高炉喷吹焦炉煤气的原燃料消耗变化

根据多流体高炉数学模型模拟计算结果，高炉喷吹不同焦炉煤气量的条件下，主要原燃料消耗量的变化列于表 2-31。由于模拟计算过程中维持现场生产目前的煤比，故煤比基本不变（134.6kg/t）。而富氧量逐渐增大，焦比明显降低，节焦能力随着焦炉煤气喷吹量增大而不断提高。当焦炉煤气喷吹 $100m^3/t$ 时，富氧量增加 $106m^3/t$，焦比降低 64.10kg/t。

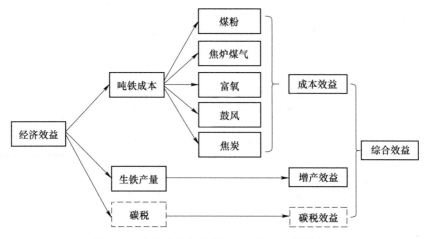

图 2-73　高炉喷吹焦炉煤气经济效益的估算方法

表 2-31　高炉喷吹不同焦炉煤气量条件下主要原燃料消耗的变化

指　　标	Base	COI20	COI40	COI50	COI60	COI70	COI80	COI100
焦炉煤气消耗/$m^3 \cdot t^{-1}$	0.00	20.00	40.00	50.00	60.00	70.00	80.00	100.00
富氧量/$m^3 \cdot t^{-1}$	0.00	19.61	40.18	51.78	60.98	73.58	84.90	106.85
鼓风消耗/$m^3 \cdot t^{-1}$	0.00	-121.95	-184.32	-227.42	-246.01	-261.06	-288.21	-336.03
焦炭消耗/$kg \cdot t^{-1}$	0.00	-26.90	-38.70	-45.70	-48.90	-51.10	-52.50	-64.10

2.4.7.2　高炉喷吹焦炉煤气的成本效益

针对焦炭价格 2100 元（项目研究开展期间当地市场价格），核算吨铁成本。计算过程将含铁炉料成本、人工成本、维修费用、公共设施费等支出保持不变。

当原燃料价格为焦炭 2100 元/t、焦炉煤气 0.77 元/m^3、加压成本 0.2 元/m^3 时，高炉喷吹焦炉煤气后，吨铁成本的核算见表 2-32、图 2-74 和图 2-75。当喷吹焦炉煤气 20m^3/t、40m^3/t、50m^3/t、60m^3/t、70m^3/t、80m^3/t 时，吨铁成本依次降低 33.792 元、31.489 元、32.669 元、25.645 元、14.376 元、2.928 元（见表2-32），每年因喷吹焦炉煤气节约的焦炭量分别为 4.05 万吨、6.26 万吨、7.79 万吨、8.55 万吨、9.11 万吨、9.71 万吨，贡献的新增经济效益分别为 5689 万元、6390 万元、7281 万元、6579 万元、5058 万元、3499 万元、3782 万元（见图 2-76）。当焦炭价格上涨，使得喷吹焦炉煤气降低高炉冶炼成本的效果更为显著，且当焦炉煤气喷吹量由 20m^3/t 增至 60m^3/t 时，吨铁成本降幅高于 25元；喷吹量继续增加至 80m^3/t 以上时，仍有盈利空间。可知，当焦炭价格上浮时，喷吹焦炉煤气产生的成本效益更大。

表 2-32　高炉不同焦炉煤气喷吹量条件下吨铁成本的变化　　（元/吨）

成本变化	Base	COI20	COI40	COI50	COI60	COI70	COI80	COI100
鼓风	0.000	-7.865	-11.889	-14.669	-15.867	-16.838	-18.589	-21.674
焦炉煤气	0.000	19.499	38.997	48.747	58.496	68.245	77.994	97.493
焦炭	0.000	-56.490	-81.270	-95.970	-102.690	-107.310	-110.250	-134.610
富氧	0.000	11.065	22.673	29.223	34.416	41.527	47.916	60.301
吨铁	0.000	-33.792	-31.489	-32.669	-25.645	-14.376	-2.928	1.51

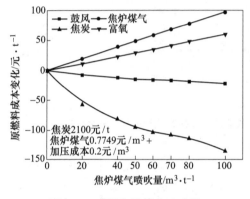

图 2-74　不同焦炉煤气喷吹量
条件下高炉原燃料成本变化

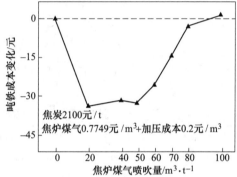

图 2-75　不同焦炉煤气喷吹量
条件下高炉吨铁成本变化

2.4.7.3　高炉喷吹焦炉煤气的增产效益

风口喷吹焦炉煤气时，一方面炉内还原气氛加强，H_2 浓度增加，加速炉料还原，促进产量增加；另一方面富氧增加，回旋区燃烧加强，炉料快速下降，有利于产量增加。按照某高炉的生产数据，吨铁增产的经济效益为 44 元。高炉喷吹不同量焦炉煤气条件下的增产效益见表 2-33 和图 2-77。当喷吹焦炉煤气 $20m^3/t$、$40m^3/t$、$50m^3/t$、$60m^3/t$、$70m^3/t$、$80m^3/t$、$100m^3/t$ 时，生铁产量依次增加 501.2t/d、814.3t/d、1059.5t/d、1173.7t/d、1270.3t/d、1454.6t/d、1815.0t/d，每年因生铁增产而新增的经济效益分别为 794 万元、1290 万元、1687 万元、1897 万元、2012 万元、2304 万元、2875 万元。

表 2-33　高炉不同焦炉煤气喷吹量条件下生铁产量和增产效益变化

项　目	Base	COI20	COI40	COI50	COI60	COI70	COI80	COI100
生铁产量增加量/t·d^{-1}	0	501.2	814.3	1059.5	1173.7	1270.3	1454.6	1815.0
增产效益/万元·a^{-1}	0	794	1290	1687	1897	2012	2304	2875

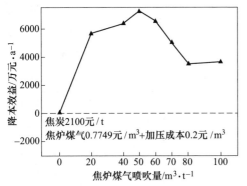

图 2-76　高炉喷吹不同量焦炉煤气条件下
因节约成本产生的经济效益

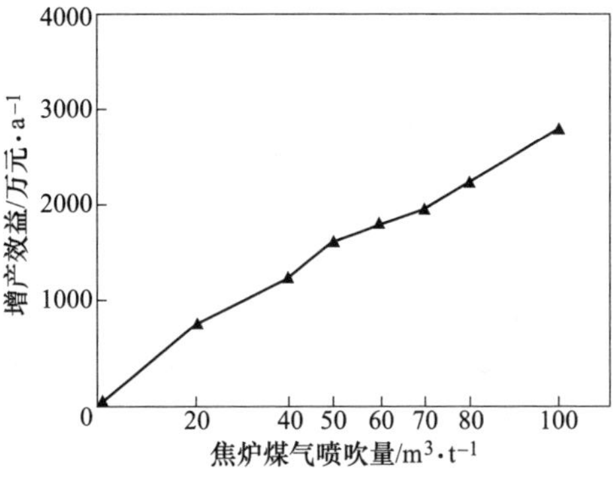

图 2-77　高炉喷吹不同焦炉煤气量条件下
因生铁产量增加产生的经济效益

2.4.7.4　高炉喷吹焦炉煤气的碳税效益

自 2013 年正式启动以来，我国碳排放交易在上海、北京、深圳、广东、天津、重庆、湖北七个地方开展试点，以平均价格 39 元/t CO_2 计，高炉喷吹焦炉煤气后产生的碳税效益见图 2-78。当喷吹焦炉煤气 20m³/t、40m³/t、50m³/t、60m³/t、70m³/t、80m³/t、100m³/t 时，每年因碳减排贡献的经济效益分别为 14 万元、29 万元、46 万元、60 万元、75 万元、94 万元、143 万元。随着环保压力逐渐增大，我国对碳排放要求日趋严格，碳税也将随即增长，故喷吹焦炉煤气将带来更大的碳税效益。

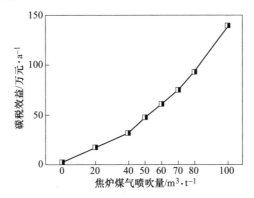

图 2-78　高炉喷吹不同焦炉煤气量条件下因碳减排产生的经济效益

2.4.7.5　高炉喷吹焦炉煤气的综合效益

当吨铁经济效益 44 元、焦炭价格 2100 元/t 时，某高炉喷吹焦炉煤气后，降本、增产和碳减排贡献的综合经济效益见表 2-34、图 2-79 和图 2-80。当焦炉煤气喷吹量分别为 20m³/t、40m³/t、50m³/t、60m³/t、70m³/t、80m³/t、100m³/t

时，年创不含碳税的综合效益分别为 5881 万元、6385 万元、7253 万元、6341 万元、4574 万元、2845 万元、2576 万元，年创含碳税的综合效益分别为 5895 万元、6414 万元、7299 万元、6401 万元、4649 万元、2939 万元、2719 万元。

表 2-34   高炉喷吹不同量焦炉煤气的条件下经济效益的变化   （万元/a）

项　目	Base	COI20	COI40	COI50	COI60	COI70	COI80	COI100
增产效益	0	794	1290	1687	1897	2012	2304	2875
降本效益	0	5087	5095	5575	4482	2562	541	−299
碳税效益	0	14	29	46	60	75	94	143
综合效益（不含碳税）	0	5881	6385	7253	6341	4574	2845	2576
综合效益（含碳税）	0	5895	6414	7299	6401	4649	2939	2719

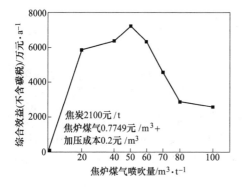

图 2-79   高炉喷吹不同焦炉煤气量条件下降本、增产共同作用下的综合经济效益

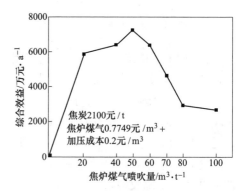

图 2-80   高炉喷吹焦炉煤气降本、增产、碳减排共同贡献的综合经济效益

2.4.8 高炉喷吹焦炉煤气研究小结

（1）在保持某高炉现有操作条件不变的情况下，从风口喷吹焦炉煤气，回旋区温度降低，炉腹煤气流量增加；为了保持良好的炉缸热状态和维持稳定的风口回旋区条件，需增大富氧率对回旋区进行热补偿。热补偿后，当焦炉煤气喷吹量由 0 增至 50m³/t 时，富氧率由 4.625% 增至 9.864%，每增加 1m³/t 焦炉煤气喷吹量，富氧率增加 0.105%。

（2）若维持煤比不变，高炉喷吹焦炉煤气后，高炉上部温度水平降低，还原气浓度增加，CO 利用率升高，H_2 利用率降低，H_2 在间接还原中所占的比例增大，炉料还原速度加快。与未喷吹焦炉煤气相比，喷吹 50m³/t 焦炉煤气，炉内 H_2 浓度最大值增至 10%，H_2 还原磁铁矿和浮氏体占间接还原的比例分别增至 42.50% 和 57.29%。

（3）高炉喷吹焦炉煤气后，产量增加显著，焦比降低，还原剂消耗降低，高炉碳排放减少。当焦炉煤气喷吹量为 $50m^3/t$ 时，产量由常规操作的 3680t/d 增至 4740t/d，增加 30.12%；焦比降至 321.80kg/t，降低 14.53%；碳排放减少至 355.93kg/t，减少 8.05%。

（4）高炉喷吹焦炉煤气后，高炉内部㶲损失呈降低趋势，外部㶲损失呈增加趋势，总的㶲损失呈降低趋势。与未喷吹焦炉煤气相比，当焦炉煤气喷吹量为 $50m^3/t$ 时，高炉热力学完善度上升 1.73%，㶲效率提升了 0.74%。

（5）基于目前原燃料条件和供应状况，综合考虑经济效益、节焦潜力、铁前富氧能力和焦炉煤气富余量，建议合作钢厂某高炉在喷煤比不变的条件下适宜的焦炉煤气喷吹量在 $50m^3/t$ 左右。当原燃料价格为焦炭 2100 元/t、焦炉煤气 0.77 元/m^3、煤气加压成本 0.2 元/m^3 时，高炉喷吹焦炉煤气量为 $50m^3/t$，每年因喷吹焦炉煤气节约的焦炭量为 7.79 万吨，直接经济效益 5575 万元。

2.5 基于富氢还原的低碳高炉集成技术展望

高炉是钢铁制造流程中的关键工序，是钢铁制造过程物质流和能量流转换的核心单元，在钢铁产业中占据至关重要的地位。为满足钢铁工业低碳绿色可持续发展的要求，未来高炉炼铁工艺必将在高效低耗、节能减排、清洁环保等方面取得显著突破。以低碳绿色发展为主导，进一步优化高炉炼铁工艺流程，提高高炉炼铁生命力和竞争力，将富氢介质喷吹（焦炉煤气、天然气、氢气等）、炉顶煤气循环、高富氧冶炼等操作高效匹配和集成，形成新一代低碳高炉，见图 2-81（所有气体均为标态）。新工艺预期效果为：焦炉煤气喷吹（标态）$50m^3/t$，炉顶煤气循环率 49%，对应的吨铁能耗降低 22%，焦比降低 15%，碳排放降低 47%，生铁产量提高 38%。

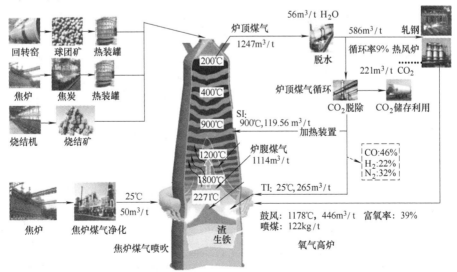

图 2-81 富氢煤气喷吹-炉顶煤气循环-高富氧冶炼优化匹配的新一代低碳高炉集成技术

参 考 文 献

［1］ Tonomura S. Outline of course 50 ［J］. Energy Procedia, 2013 (37): 7160~7167.

［2］ Watakabe S, Miyagawa K, Matsuzaki S, et al. Operation trial of hydrogenous gas injection of COURSE50 project at an experimental blast furnace ［J］. ISIJ International, 2013, 53 (12): 2065~2070.

［3］ 魏侦凯, 郭瑞, 谢全安. 日本环保炼铁工艺 COURSE50 新技术 ［J］. 华北理工大学学报 (自然科学版), 2018, 40 (3): 26~30.

［4］ 日韩钢铁界推进氢还原炼铁工艺技术开发 ［N］. 世界金属导报, 2020-02-04 (F01).

［5］ Abdul Q M, Ahmed S, Dawal S Z, et al. Present needs, recent progress and future trends of energy-efficient Ultra-Low Carbon Dioxide (CO_2) Steelmaking (ULCOS) program ［J］. Renewable Sustainable Energy Review, 2016 (55): 537~549.

［6］ Fu J X, Tang G H, Zhao R J, et al. Carbon reduction programs and key technologies in global steel industry ［J］. J. Iron Steel Research International, 2014, 21 (3): 275~281.

［7］ Meijer K, Denys M, Lasar J, et al. ULCOS: Ultra-low CO_2 steelmaking ［J］. Ironmaking and Steelmaking, 2013, 36 (4): 249~251.

［8］ 严珺洁. 超低二氧化碳排放炼钢项目的进展与未来 ［J］. 中国冶金, 2017, 27 (2): 6~11.

［9］ 王东彦. 超低碳炼钢项目中的突破型炼铁技术 ［J］. 世界钢铁, 2011 (2): 7~12.

［10］ Ranzani da Costa A, Wagner D, Patisson F. Modelling a new, low CO_2 emissions, hydrogen steelmaking process ［J］. Journal of Cleaner Production, 2013 (46): 27~35.

［11］ 康斌. "氢能炼钢" 哪家强? ［N］. 中国冶金报, 2019-07-19 (2).

［12］ H2future. H2future technology ［EB/OL］. https://www.h2future-project.eu/technology/ ［2020-03-18］.

［13］ Stagge M. Unsere Klimastrategie zur nachhaltigen Stahlproduktion ［EB/OL］. https://www.thyssenkrupp-steel.com/de/unternehmen/nachhaltigkeit/klimastrategie/ ［2020-04-12］.

［14］ Paul Wurth. Paul Wurth to Design and Supply Coke Oven Gas Injection Systems for ROGESA Blast Furnaces ［EB/OL］. http://www.paulwurth.com/en/News-Media/News-and-Archives/Paul-Wurth-to-design-and-supply-Coke-Oven-Gas-Injection-Systems-for-ROGESA-Blast-Furnaces/ ［2020-05-22］.

［15］ HYBRIT Brochure ［EB/OL］. http://www.hybritdevelopment.com/ ［2020-05-22］.

［16］ Vogl V, Åhman M, Nilsson L J. Assessment of hydrogen direct reduction for fossil-free steelmaking ［J］. J. Cleaner Prod., 2018 (203): 736~745.

［17］ Duarte P. Trends in H_2-based steelmaking ［J］. Steel Times International, 2019, 43 (1): 27.

［18］ Kushnir D, Hansen T, Vogl V, et al. Adopting hydrogen direct reduction for the Swedish steel industry: A technological innovation system (TIS) study ［J］. Journal of Cleaner Production, 2019, 242 (118185).

［19］ Wang Q, Li G Q, Zhang W, et al. An investigation of carburization behavior of molten iron for the flash ironmaking process ［J］. Metallurgy and Materials Transaction B, 2019, 50 (4):

2006~2016.

[20] Sohn H Y. Suspension ironmaking technology with greatly reduced energy requirement and CO_2 emissions [J]. Steel Times International, 2007, 31 (4): 68.

[21] Sohn H Y, Mohassab Y. Development of a novel flash ironmaking technology with greatly reduced energy consumption and CO_2 emissions [J]. Journal of Sustainable Metallurgy, 2016, 3 (2): 216~227.

[22] MIDREX, 2018 World Direct Reduction Statistics [EB/OL]. https: //www. MIDREX. com/ wp-content/uploads/MIDREX_STATSbookprint_2018Final-1. pdf/ [2020-05-22].

[23] 应自伟, 储满生, 唐珏, 等. 非高炉炼铁工艺现状及未来适应性分析 [J]. 河北冶金, 2019 (6): 1~7.

[24] Cavaliere P. Clean Ironmaking and Steelmaking Process [M]. Switzerland: Springer, 2019.

[25] MIDREX. ArcelorMittal Commissions MIDREX to Design Demonstration Plant for Hydrogen Steel Production in Hamburg [EB/OL]. https: //www. MIDREX. com/press-release/arcelormittal-commissions-MIDREX-to-design-demonstration-plant-for-hydrogensteel-production-in-hamburg/ [2020-05-22].

[26] 唐志东, 李文博, 李艳军, 等. 山东某普通铁精矿制备超级铁精矿的试验研究 [J]. 矿产保护与利用, 2017 (2): 56~61.

[27] Li Y, Guo L, Zhang X, et al. Hydrogen production from coal gasification in supercritical water with a continuous flowing system [J]. International Journal of Hydrogen Energy, 2010, 35 (7): 3036~3045.

[28] Burmistrz P, Chmielniak T, Czepirski L, et al. Carbon footprint of the hydrogen production process utilizing subbituminous coal and lignite gasification [J]. Journal of Cleaner Production, 2016 (139): 858~865.

[29] 朱宇. 天然气制氢工艺现状及发展 [J]. 化学工程与装备, 2016 (7): 213~214.

[30] Wei W S, Du W, Xu J, et al. Study on a coupling reactor for catalytic partial oxidation of natural gas to syngas [J]. International Journal of Chemical Reactor Engineering, 2011, 9 (1).

[31] Dufour J, Moreno J, Gálvez J L, et al. Life cycle assessment of hydrogen production by methane decomposition using carbonaceous catalysts [J]. International Journal of Hydrogen Energy, 2010, 35 (3): 1205~1212.

[32] International Atomic Energy Agency. Hydrogen Production Using Nuclear Energy [M]. Vienna: IAEA, 2013.

[33] Yan X L, Hino R. Nuclear Hydrogen Production Handbook [C]. Boca Raton: CRC Press, 2018.

[34] 清华大学核能与新能源技术研究院. 高温气冷堆制氢关键技术研究达到预期技术目标 [EB/OL]. http: //tsinghua. cuepa. cn/show_more. php?doc_id=1097496 [2014-10-15].

[35] Fang Z, Smith R L, Qi X H. Production of Hydrogen from Renewable Resources [C]. Berlin: Springer Netherlands, 2015.

[36] Naterer G F, Dincer I, Zamfirescu C. Hydrogen Production from Nuclear Energy [C]. London: Springer-Verlag, 2013.

[37] Maskalick N J. High temperature electrolysis cell performance characterization [J]. International

Journal of Hydrogen Energy, 1986, 11 (9): 563~570.

[38] Herring J S, Brien J E, Stoots C M, et al. Progress in high-temperature electrolysis for hydrogen production using planar SOFC technology [J]. International Journal of Hydrogen Energy, 2007, 32 (4): 440~450.

[39] Stoots C, O'Brien J, Hartvigsen J. Results of recent high temperature coelectrolysis studies at the Idaho National Laboratory [J]. International Journal of Hydrogen Energy, 2009, 34 (9): 4208~4215.

[40] Su H N, Vladimir L, Bemard J B. Membrane electrode assem-blies with low noble metal loadings for hydrogen production from solid polymer electrolyte water electrolysis [J]. Internal Journal of Hydrogen Energy, 2013 (38): 9601~9608.

[41] Ozbilen A, Dincer I, Rosen M A. Environmental evaluation of hydrogen production via thermo-chemical water splitting using the Cu-Cl cycle: A parametric study [J]. International Journal of Hydrogen Energy, 2011, 36 (16): 9514~9528.

[42] Kothari R, Buddhi D, Sawhney R L. Studies on the effect of temperature of the electrolytes on the rate of production of hydrogen [J]. International Journal of Hydrogen Energy, 2005, 30 (3): 261~263.

[43] Chu M S, Nogami H, Yagi J. Numerical analysis on injection of hydrogen bearing materials into blast furnace [J]. ISIJ International, 2004, 44 (3): 801~808.

[44] 沈峰满, 姜鑫, 魏国, 等. 富氢还原对烧结矿还原性及还原粉化的影响 [J]. 中国冶金, 2014, 24 (1): 2~10.

[45] 方觉. 非高炉炼铁工艺与理论 [M]. 北京: 冶金工业出版社, 2002.

[46] Babich A, Gudenau H W, Mavrommatis K T, et al. Choice of technological regimes of a blast furnace operation with injection of hot reducing gases [J]. Rev. Metal. Madr, 2002 (38): 288~305.

[47] Lyu Q, Qie Y, Liu X, et al. Effect of hydrogen addition on reduction behavior of iron oxides in gas-injection blast furnace [J]. Thermochimica Acta, 2017 (648): 79~90.

[48] Li J X, Wang P, Zhou L Y, et al. The Reduction of wustite with high oxygen enrichment and high injection of hydrogenous fuel [J]. ISIJ International, 2007, 47 (8): 1097~1101.

[49] Tacke K H, Steffen R. Hydrogen for the reduction of iron ores-state of the art and future aspects [J]. Stahl Eisen, 2004, 124 (4): 45~52.

[50] Barnes R S. The use of hydrogen in steelmaking [J]. Iron Steel, 1975 (6): 227~230.

[51] Astier J, Krug J C, Pressigny Y D L D. Technico-economic potentialities of hydrogen utilization for steel production [J]. International Journal of Hydrogen Energy, 1982, 7 (8): 671~679.

[52] Nogami H, Kashiwaya Y, Yamada D. Simulation of blast furnace operation with intensive hydrogen injection [J]. ISIJ International, 2012, 52 (8): 1523~1527.

[53] Schmöle P. The Blast Furnace-Fit for the Future?, Presentation held at STAHL2015, November 12th, 2015, Düsseldorf, Germany.

[54] Yilmaz C, Wendelstorf J, Turek T. Modeling and simulation of hydrogen injection into a blast furnace to reduce carbon dioxide emissions [J]. Journal of Cleaner Production, 2017 (154):

488~501.

[55] Bermúdez J M, Arenillas A, Menéndez J A. Equilibrium prediction of CO_2 reforming of coke oven gas: Suitability for methanol production [J]. Chemical Engineering Science, 2012 (82): 95~103.

[56] Razzaq R, Li C S, Zhang S J. Coke oven gas: Availability, properties, purification, and utilization in China [J]. Fuel, 2013 (113): 287~299.

[57] 张凤辰. 焦炉煤气的综合利用 [J]. 中国资源综合利用, 2004 (5): 26~38.

[58] 王海风, 张春霞, 胡长庆, 等. 钢铁企业焦炉煤气利用的一个重要发展方向 [J]. 钢铁研究学报, 2008, 20 (3): 1~4.

[59] 代书华, 姜鑫. HYL 工艺采用焦炉煤气或合成气生产直接还原铁. 见: 2006 年中国非高炉炼铁会议论文集 [C]. 沈阳: 中国金属学会非高炉炼铁分会, 2006: 154~169.

[60] 李殿君, 王柱勇. 独立焦化厂焦炉煤气综合利用途径及经济分析 [J]. 洁净煤技术, 2007, 13 (6): 40~44.

[61] 张学镭, 王松岭, 陈海平, 等. 焦炉煤气利用项目的经济性评价 [J]. 现代化工, 2006, 26 (1): 47~52.

[62] 王太炎. 焦炉煤气发电制氢生产甲醇生产直接还原铁等不同利用方式技术经济比较. 见: 2005 年中国煤炭加工与综合利用技术市场产业文化发展战略研讨会论文集 [C]. 西安: 中国化工学会煤化工利用专业委员会, 2005: 241~243.

[63] 《中国炼铁三十年》编辑组. 中国炼铁三十年 (1949—1979) [M]. 北京: 冶金工业出版社, 1981.

[64] 佚名. 鞍钢九高炉喷吹焦炉煤气 [J]. 钢铁, 1966 (3): 64~65.

[65] 高建军, 郭培民. 高炉富氧喷吹焦炉煤气对 CO_2 减排规律研究 [J]. 钢铁钒钛, 2010, 31 (3): 1~5.

[66] 饶昌润, 毕学工, 田志兵, 等. 高炉喷吹焦炉煤气降焦效果的数值分析 [J]. 炼铁, 2011, 30 (4): 52~55.

[67] 李昊堃, 刘克明, 沙永志. 高炉喷吹焦炉煤气热平衡规律研究 [J]. 钢铁钒钛, 2011, 32 (1): 1~5.

[68] 陈永星, 王广伟, 张建良, 等. 高炉富氧喷吹焦炉煤气理论研究 [J]. 钢铁, 2012, 47 (2): 12~16.

[69] Kovalenko P E, Chebotarev A P, Pashinskii V F, et al. Improving the use of coke-oven gas in blast furnace smelting [J]. Metallurgist, 1989, 33 (9): 22~23.

[70] Jusseu N, 鲁洪大 (译). 法国索尔梅厂 2 号高炉喷吹焦炉煤气 [J]. 冶金能源, 1988, 7 (2): 61~62.

[71] 张子铠 (译), 崔时 (校). 马凯耶沃钢铁公司高炉喷吹焦炉煤气 (摘译) [J]. 太钢译文, 1991 (2): 7~11.

[72] 崔艳 (译), 欧治学 (校). 高炉喷吹焦炉煤气 [J]. 重钢技术, 1997, 40 (2): 15~18.

[73] Usui T, Kawabata H, Ono-nakazato H, et al. Fundamental experiments on the H_2 gas injection into the lower part of a blast furnace shaft [J]. ISIJ International, 2002 (42): S14~S18.

[74] Higuchi K, Matsuzaki S, Shinotake A, et al. 高炉喷吹改质焦炉煤气减少 CO_2 排放的技术

进展 [J]. 世界钢铁, 2013, 13 (4): 5~9.

[75] Hellberg P, Jonsson T I, Jonsson P G. Mathematical modeling of the injection of coke oven gas into a blast furnace tuyere [J]. Scandinavian Journal of Metallurgy, 2005, 34 (5): 269~275.

[76] Slaby S, Andahazy D, Winter F, et al. Reducing ability of CO and H_2 of gases formed in the lower part of the blast furnace by gas and oil injection [J]. ISIJ International, 2006, 146 (7): 1006~1013.

[77] Chan S H, Wang H M. Effect of natural gas composition on autothermal fuel reforming products [J]. Fuel Processing Technology, 2000 (64): 221~239.

[78] 佚名. 俄罗斯高炉钢厂纷纷改变喷吹介质 [N]. 世界金属导报, 2013-11-05: A01.

[79] 文光远. 高炉喷吹天然气的探讨 [J]. 炼铁, 1987 (2): 12~16.

[80] 徐同晏. 高炉喷吹天然气的初步分析 [J]. 鞍钢技术, 1986 (6): 13~17.

[81] Babich A, Yaroshevskll S, Formoso A, et al. Co-injection of noncoking coal and natural gas in blast furnace [J]. ISIJ International, 1999, 39 (3): 229~238.

[82] Agarwal J C, Brown F C, Chin D L, et al. Production increase with high rates of natural gas injection at Acme Steel and National Steel's Granite City Division [J]. Iron Steelmaker, 1996, 23 (8): 23~35.

[83] 全荣. JFE 京滨 2 号高炉喷吹天然气效果 [N]. 世界金属导报, 2009-04-21: A006.

[84] Akiyama T, Sato H, Muramatsu A, et al. Feasibility study on blast furnace ironmaking system integrated with methanol synthesis for reduction of carbon dioxide emission and effective use of exergy [J]. ISIJ International, 1993, 33 (11): 1136~1143.

[85] Castro J A, Nogami H, Yagi J. Numerical investigation of simultaneous injection of pulverized coal and natural gas with oxygen enrichment to the blast furnace [J]. ISIJ International, 2002, 42 (11): 1203~1211.

[86] Rocha E P, Guilherme V S, Castro J A. Analysis of synthetic natural gas injection into charcoal blast furnace [J]. J MATER RES TECHNOL, 2013, 2 (3): 255~262.

[87] Nogami H, Yagi J, Kitamura S Y, et al. Analysis on material and energy balances of ironmaking systems on blast furnace operations with metallic charging, top gas recycling and natural gas injection [J]. ISIJ International, 2006, 46 (12): 1759~1766.

[88] Abdel Halim K S. Effective utilization of using natural gas injection in the production of pig iron [J]. Materials Letters, 2007, 61 (14): 3281~3286.

[89] Abdel Halim K S, Andronov V N, Nasr M I. Blast furnace operation with natural gas injection and minimum theoretical flame temperature [J]. Ironmaking and Steelmaking, 2009, 36 (1): 12~18.

[90] Abdel Halim K S. Theoretical approach to change blast furnace regime with natural gas injection [J]. Journal of Iron and Steel Research International, 2013, 20 (9): 40~46.

③ 高炉使用复合铁焦低碳冶炼技术

3.1 复合铁焦研究进展与发展动态

3.1.1 高炉使用复合铁焦低碳冶炼的原理

传统高炉炼铁原料主要包括铁矿石（烧结矿、球团矿和块矿）、焦炭、金属化炉料等，分别位于图 3-1 中三角形的顶点[1]。高炉低碳冶炼所用碳铁复合新炉料主要包括含碳球团和复合铁焦，位于三角形中灰色区域。复合铁焦由铁矿粉和煤压块后炭化而成，炭化过程中铁氧化物被还原成金属铁，弥散分布于复合铁焦基质上，在高炉气氛条件下对碳气化反应起到良好的正催化作用，因而复合铁焦具有高反应性。

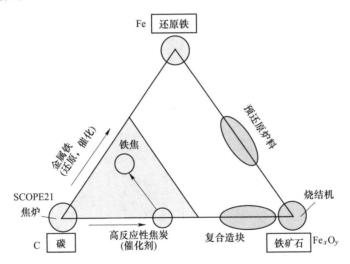

图 3-1　低碳高炉炉料结构构成

现代高炉的热空区温度主要由焦炭气化反应开始温度决定，并与操作线上浮氏体还原平衡 W 点有关。焦炭反应性提高，热空区温度降低，W 点向右移动，从而增大了煤气中 CO 实际浓度与平衡浓度的差值，提高了铁氧化物还原反应驱动力，降低燃料比，减少 CO_2 排放。由高炉热平衡计算可知，热空区温度每降低 10℃，高温区煤气带走的热量（热损失）减少约 23036.8kJ/t，风口碳燃烧量减少 2.35kg/t。复合铁焦具有高反应性，高炉使用复合铁焦后，由于强吸热的碳气化反应大量发生，热空区温度可明显降低，从而降低 CO 还原浮氏体的平衡浓度，进而减少高炉碳消耗，其原理见图 3-2[2]。图中 A_0E_0 表示高炉使用焦炭条件下的 RIST 操作线，C_0 是焦炭气化反应与浮氏体间接还原反应的交点；A_1E_1 表示高炉使用复合铁焦条件下的 RIST 操作线，C_1 是复合铁焦气化反应与浮氏体间接还原反应的交点。W 点横坐标 X_W 是在特定冶炼条件下，由碳素气化反应和浮氏体间接还原反应共同决定的。假设高炉冶炼条件不变，高炉使用含有金属铁的高反应性复合铁焦后，受化学反应平衡条件限制的 W 点由 W_0 向右下方移至 W_1，即 X_W 将向右移动，从而使高炉冶炼操作线由 A_0E_0 绕 P 点按顺时针旋转至 A_1E_1，斜率降低，焦比降低，直接还原度降低，间接还原增强；而且 E 点向上移动，单位生铁所需风量减少，因此在相同风量下高炉冶炼得到强化。Ujisawa 等通过计算表明，高炉使用高反应性焦炭将降低热空区温度。当热空区温度降低 100℃ 时，高炉碳消耗量减少 5%；若热空区温度降低 300℃，碳消耗量可减少 14%。

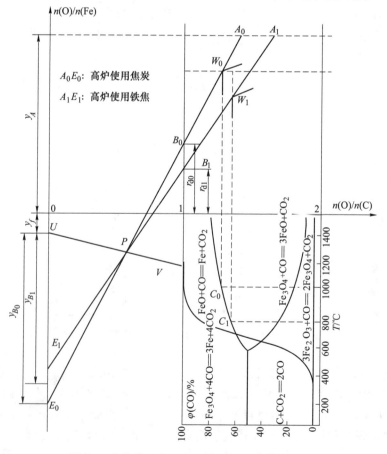

图 3-2　高炉使用高反应性铁焦低碳冶炼的原理

3.1.2 催化剂种类及添加方式

由理论分析可知，提高焦炭反应性可以降低高炉热空区温度，从而提高冶炼效率。从保证焦炭骨架作用和强化能量利用两个角度出发，应在保证焦炭高强度尤其是热强度的同时，尽量提高其反应性[3]。常规焦炉生产通过调整炼焦煤组成和工艺制度可适当提高焦炭反应性，但幅度有限，且影响焦炭强度。研究表明，使用催化剂，如碱金属、碱土金属和过渡金属，可以大幅提高焦炭的反应性。催化剂添加方式有预先加入法和后加入法，见图3-3。后加入法是在出焦过程中向焦炭表面喷洒催化剂或催化剂溶液。Nomura 等研究表明，采用后加入法制备的焦炭，当其失重率达到10%时，仍具有较高反应性，且焦炭在下降过程中破裂后仅有70%催化剂附着于焦炭表面。预先加入法是将催化剂加入到配煤中，经炼焦得到催化剂弥散分布于基质的焦炭。采用预先加入法，催化剂在碳基质中需均匀分布，否则易造成局部反应过快而破坏焦炭骨架；而后加入法易造成催化剂脱落，且催化剂全部位于焦炭表面，影响催化效果。

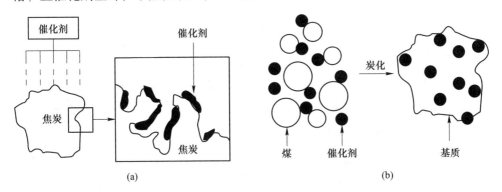

图 3-3 催化剂添加方式
（a）后加入法；（b）预先加入法

Nomura 等研究了催化剂添加方式对复合铁焦反应后强度的影响，实验过程复合铁焦失重率保持在20%左右，并通过调整反应温度保证相同的反应时间。结果表明，复合铁焦气化反应温度低于普通焦炭。反应温度降低后，复合铁焦反应模式更加均匀，反应后复合铁焦内部孔隙分布曲线变化更加平和，这种变化可提高后加入法焦炭的反应后强度，而使预先加入法焦炭的反应后强度有所降低。

Lundgren 等[4]使用含25%石灰和磁铁矿粉的混合液作为催化剂，采用后加入法生产高反应性焦炭，应用于试验高炉，使用量达150kg/t，高炉操作稳定，煤气利用率提高，碳素消耗降低6~8kg/t。但由于采用该方法生产的高反应性焦炭产品在入炉前需干燥，未实现工业化推广应用。

加入碱金属（以钾和钠为主）虽可提高焦炭反应性，但大幅降低焦炭强度，同时给高炉冶炼系统带入有害元素，造成高炉结瘤和增加渣量，一般不采用钾和钠等碱金属作为催化剂。

加入碱土金属（主要是钙）主要通过向炼焦配合煤中加入富钙煤。新日铁将高钙煤添加至炼焦煤中，通过调整高钙煤配比和炼焦煤组成，利用传统室式焦炉制备富钙高反应性焦炭，分别在君津厂和室兰厂实际运行的焦炉进行了富钙焦炭工业化生产试验。富钙高反应性焦炭冶金性能见表3-1。君津厂在配合煤中加入5%~7%高钙煤，焦炭冷强度和反应性均有所提高。高炉模拟结果表明，富钙焦炭降低了热空区温度，并促进烧结矿还原。室兰厂在配煤中添加8%富钙煤，焦炭反应性明显提高，而反应后强度降低幅度很小。2002年6~9月，室兰厂生产的富钙焦炭全部用于2号高炉（2902m³），试验期间高炉利用系数为1.89~2.08t/(d·m³)，喷煤比为146~154kg/t，燃料比降低10kg/t，透气性未受显著影响。添加高钙煤可一定程度提高焦炭的反应性，但储量有限且价格昂贵的高钙煤会增加炼铁成本，同时焦炭灰分中的钙矿物在风口会发生相变，生成棱角尖锐的矿物而破坏焦炭内部结构，从而导致焦炭粉化，影响下部料柱透气性。因此，碱土金属也不是首选的催化剂。

表3-1　新日铁焦炉生产的富钙高反应性焦炭的冶金性能

名　　称		君津厂		室兰厂	
		基准	富钙焦炭	基准	富钙焦炭
配合煤	富钙煤/%	0	5~7	0	8
	弱黏结性煤加入量/%	44	19~29	42	45
配合煤性质	挥发分/%	28.5	26.1~27.3	27.6	28.7
	灰分/%	9.0	8.6~8.7	9.2	8.9
	总膨胀率/%	56	69~76	49	81
	最大流动度 MF 值/lg(ddpm)	2.18	2.12~2.15	1.74	2.30
焦炭质量	DI_{15}^{150}/%	85.5	85.6~86.2	85.0	84.9
	CSR/%	55.0	54.7~63.0	61.7	60.6
	Rel/%	15.8	33.3~39.4	15.1	45.9

加入过渡金属（以铁为主）不仅可以提高焦炭反应性，而且不存在带入有害元素、增加生产成本等问题。与钙基催化剂相比，铁基催化剂来源丰富，有利于含铁资源高效利用，是一种更为合适的催化剂。Ueda 等[5]利用后加入法将$Fe(NO_3)_3$水溶液和亚微米氧化铁粉（SIP）喷涂于焦炭表面，研究其对碳气化反应的影响。在 Fe-FeO 达到平衡时，Fe 对气化反应具有正催化作用；$FeO-SiO_2$-Al_2O_3 三元渣系氧化物也加强气化反应；加入 SIP 时，只有在 Fe-FeO 平衡存在条件下才可以提高焦炭的反应性。Sharma 等[6]研究了采用预先加入法加入 Fe_2O_3 和

$CaCO_3$ 对焦炭质量的影响。将 0、2%、5% 和 10% 的催化剂分别混合于非焦煤中，在 1000℃（升温速度 5℃/min）条件下干馏 1h 得到高反应性产物。结果表明，在煤干馏的过程中，Fe_2O_3 还原为金属 Fe，$CaCO_3$ 分解为 CaO，Fe 的存在使干馏产物呈现为非晶态结构，而 CaO 则没有此效果。非焦煤中加入 Fe_2O_3 和 $CaCO_3$，都可提高干馏产物的反应性。因此，上述研究结果表明，采取含铁矿物类铁基催化剂预先加入方式是生产高反应性焦炭的首选。

3.1.3 碳气化反应催化机理

碳气化溶损反应是高炉冶炼过程极其重要的反应之一，催化剂对碳气化反应的影响机理一直备受关注。目前，碳气化反应催化理论主要包括氧迁移理论、电子迁移理论、层间化合物为催化中间产物理论[7]。

3.1.3.1 氧迁移理论

金属和金属化合物通过其氧化物或过氧化物传递活性氧原子，并与碳发生反应。元素周期表中第Ⅰ族元素催化作用最显著，而比较稳定的氧化物（如 SiO_2 和 Al_2O_3 等）则没有催化作用。该过程可表示为：

$$M + CO_2 = MO(ad) + CO(g) \tag{3-1}$$
$$MO(ad) + C = M + CO(g) \tag{3-2}$$

式中，MO(ad) 为金属与化学吸附氧的复合物，以上两式相加即为 $CO_2 + C = 2CO$。

3.1.3.2 电子迁移理论

金属催化剂分子中含有未成对的电子，可接受外来电子，或者不稳定电子可迁移到碳基质中，电子的迁移在碳的表面形成了正离子，因而降低了氧的化学吸附位能，促进碳气化反应，表示如下：

$$M_2CO_3(s) = 2M^+ + CO_3^{2-} \tag{3-3}$$
$$2C + CO_3^{2-} = 3CO(g) + 2e^- \tag{3-4}$$
$$2M^+ + CO_2(g) + 2e^- = M_2O(s) + CO(g) \tag{3-5}$$
$$M_2O(s) + CO_2(s) = M_2CO_3(s) \tag{3-6}$$

式中，M 表示金属，以上 4 式相加便是 $CO_2 + C = 2CO$。

3.1.3.3 层间化合物为催化中间产物理论

该理论的依据是在以钾、钠或其碳酸盐为催化剂进行碳的气化反应时，反应物焦炭的 X 射线衍射分析中可以观察到有碳酸盐的峰和石墨层间化合物 C_nK 的峰，包括 C_8K 和 $C_{24}K$ 等，这一过程可表示为：

$$K_2CO_3 + 2C = 2K + 3CO \tag{3-7}$$

$$2K + 2nC = 2C_nK \tag{3-8}$$

$$2C_nK + CO_2 = (2C_nK) \cdot O \cdot CO = (2nC)K_2O + CO \tag{3-9}$$

$$(2nC)K_2O + CO_2 = (2nC)K_2CO_3 = 2nC + K_2CO_3 \tag{3-10}$$

以上 4 个反应式相加，得到 $CO_2 + C = 2CO$。

由于氧迁移理论可以较好地解释许多实验事实，认为催化剂具有使氧集中的能力，且催化反应仅发生在催化剂接触的活性点上，所以目前氧迁移理论更易被人们接受。已有研究者应用量子力学理论进行计算分析，并且该理论有可能与电子迁移理论相结合[7]，以形成更完善的焦炭气化反应催化机理。此外，Amoros 等[8]基于钙基催化碳的气化反应过程提出了 CaO-CaCO$_3$ 模型，其过程用式（3-11）和式（3-12）描述。Yamamoto[9] 等基于铁基催化碳气化反应过程，提出了氧化还原反应模型，用式（3-13）~式（3-15）描述。

$$CaCO_3 + C = CaO + 2CO \tag{3-11}$$

$$CaO + CO_2 = CaCO_3 \tag{3-12}$$

$$FeO_{melt} + C = Fe + CO \tag{3-13}$$

$$FeO_{melt} + CO = Fe + CO_2 \tag{3-14}$$

$$Fe + CO_2 = FeO_{melt} + CO \tag{3-15}$$

3.1.4　复合铁焦新炉料技术研究进展

3.1.4.1　复合铁焦制备工艺概述

目前，复合铁焦制备工艺大多采用催化剂预先加入法。复合铁焦制备工艺主要包括传统室式焦炉工艺和新型炭化竖炉工艺，见图 3-4[10]。

根据进入焦炉的物料性状不同，传统室式焦炉工艺又分为散料体顶装焦炉工艺（工艺一）、冷压块顶装焦炉工艺（工艺二）和捣固焦炉工艺（工艺三）。散料体顶装焦炉工艺是将铁矿粉和炼焦煤混合后直接由室式焦炉炉顶装入，而冷压块顶装焦炉工艺是先将矿煤混合物在常温下压制成型，再由炉顶装入焦炉进行炼焦。对顶装焦炉而言，冷压块在装料时面临挤压破碎、内部结构破坏等严重问题，且冷压块不能保证焦炭强度要求。与工艺一相比，捣固室式焦炉工艺是将矿煤混合物在装入焦炉之前进行捣固制成煤饼，由焦炉侧面装入炭化室。然而，我国钢铁企业自有炼焦厂采用捣固炼焦工艺的仅涟钢一家，其他捣固炼焦炉都在独立焦化厂，且运行的捣固焦炉较少。为了降低生产成本，捣固焦生产时加入较多的低阶煤甚至焦粉，如果再添加铁矿石，得到的铁焦产品的强度估计很难满足高炉生产要求。

矿煤压块竖炉炭化工艺（工艺四）是将矿煤混合物加热至一定温度，然后将热态的矿煤混合物进行压制成型，再将成型物装入竖炉进行炭化，最终获得复

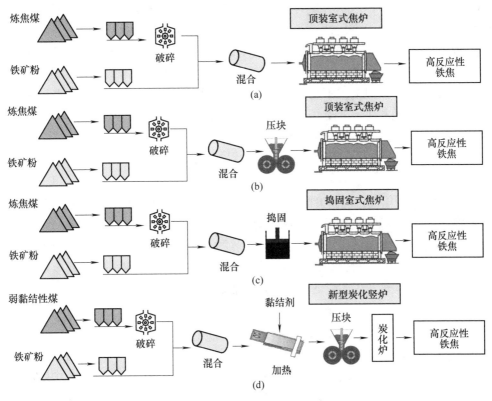

图 3-4 复合铁焦制备工艺

（a）工艺一；（b）工艺二；（c）工艺三；（d）工艺四

合铁焦产品。为保证成型物的冷态强度，可提高矿煤混合物加热温度或在低温下加入少量的黏结剂进行成型。相比于焦炉法，竖炉炭化工艺可增加使用弱黏结性煤，从而扩大了原料来源范围，有效缓解目前主焦煤资源匮乏问题。

3.1.4.2 20 世纪复合铁焦的研究

A 德国对复合铁焦的研究

1865 年，德国 H. Wending 首次提出在炼焦配合煤中添加含铁物料制备复合铁焦的设想。20 世纪初，在德国鲁尔工业区利用传统焦炉通过在肥煤中添加 7% ~10% 黄铁矿进行了复合铁焦生产试验。第二次世界大战后，德国在沃尔萨姆的一家工厂进行了工业化复合铁焦生产，将磁铁矿粉与高挥发分煤以 30∶70 的比例混合，生产的复合铁焦比重大，强度高，其中有 60% 的铁矿被还原为金属铁，并认为该工艺能改善高挥发分煤生产复合铁焦的强度，有效处理粉矿和炉尘灰。

B 苏联对复合铁焦的研究

1905 年，苏联率先进行炼制复合铁焦的工业试验。苏联 Chizhevsky 院士将

30%~40%铁矿添加至炼焦煤中，采用工业条件生产复合铁焦。加入的铁矿石在结焦过程中被还原成金属铁，形成一个连续网状的海绵体，这有利于形成大块焦和提高复合铁焦强度，同时复合铁焦具有较强的抗碎强度。随后生产了 200t 复合铁焦，并在 Frunze 工厂的一座小高炉上进行应用试验，试验期间高炉的产量明显增加，但由于鼓风能力不足使得复合铁焦的增产能力没有得到充分发挥，并且没有得到国家机构的认同，复合铁焦的相关试验随后被停止。1939~1940 年在 Stalinsk 冶金厂进行最后一次复合铁焦冶炼试验，1957 年以后，苏联又恢复对复合铁焦的研究。

C 美国对复合铁焦的研究

20 世纪 50 年代，美国发明了一种复合铁焦生产技术。将含铁物料与煤粉分阶段混合，使两种不同性质的材料能均匀混合，从而有利于提高复合铁焦强度，且可以有效避免复合铁焦中还原出的金属铁被再次氧化。试验中，含铁材料可以是铁燧岩、赤铁矿、磁铁矿或高炉炉尘。在 1955~1956 年，美国总共生产数万吨复合铁焦，并进行了大量的高炉冶炼工业试验。

D 朝鲜对复合铁焦的研究

20 世纪 50 年代初，朝鲜进行了复合铁焦的生产研究。1951 年 9 月，在 Ким -Чаr 工厂利用室式焦炉进行复合铁焦试验，使用的原料为幕山精矿和不同种类的煤。试验中发现，使用焦煤制备的铁焦强度最好，而且铁焦强度取决于铁矿粉的含量，当炼焦配煤中铁矿粉加入量超过 30% 时，铁焦强度低于普通焦炭。1955 年，研究人员将由 50% 铁矿粉和 50% 焦煤制备的复合铁焦用于 73m³ 小高炉进行试验，结果显示高炉焦比下降 30% 以上，产量提高 40%~50%，炉料透气性也得到改善，但受当时炼焦技术水平的限制，复合铁焦机械强度差，特别是耐磨强度很低。1956 年又在一座 57 孔现代化焦炉上进行铁焦生产试验，共生产 14585t 复合铁焦。试验结果表明，在维持必要操作条件下，可以得到添加 60% 铁矿粉的优质复合铁焦，焦炉炉墙没有损坏，而且推焦机可正常推焦。1958 年，在黄河钢铁厂一座高炉上陆续使用铁矿石添加量为 10%、20% 和 30% 的复合铁焦，试验期间高炉指标见表 3-2。高炉使用铁矿石含量较高的复合铁焦有利于提高产量，降低炼焦煤用量，但铁水中 Si 和 S 的含量有所上升。

表 3-2 朝鲜高炉使用复合铁焦工业化试验冶炼指标

高 炉 指 标	复合铁焦使用量		
	10%（18 天）	20%（15 天）	30%（20 天）
平均日产量/t	488	587	640
复合铁焦用量/t·t⁻¹	1.10	1.20	1.30
块矿用量/t·t⁻¹	1.46	1.28	1.12

续表 3-2

高 炉 指 标	复合铁焦使用量		
	10%（18 天）	20%（15 天）	30%（20 天）
石灰石用量/t·t^{-1}	0.124	0.146	0.22
炼焦煤用量/t·t^{-1}	1.366	1.250	1.187
风量/m^3·min^{-1}	1350	1300	1330
风温/℃	600	650	700
风压/Pa	0.89（0.88atm）	0.86（0.85atm）	0.88（0.87atm）
炉顶煤气温度/℃	260	250	230
炉顶煤气中 CO$_2$ 含量/%	8.2	7.0	6.7
铁水中 Si 含量/%	1.20	1.27	1.29
铁水中 S 含量/%	0.043	0.048	0.052
炉渣碱度	1.05	1.12	1.20

E 中国对复合铁焦的研究

1957 年，本溪钢铁公司以 5 种不同种类的煤与磁铁矿贫选粉为原料利用小焦炉和铁箱试验对复合铁焦制备进行了研究。试验煤的工业分析见表 3-3，煤粉粒度小于 3mm。铁矿粉的化学成分见表 3-4。利用小焦炉试验研究了单种煤加入铁矿粉后复合铁焦机械性能的演变。结果表明，在 5 种煤中加入不同比例的铁矿粉，随铁矿粉的增加，复合铁焦抗碎强度先增加后降低，耐磨强度逐渐降低，试验条件下铁矿粉适宜的加入量为 15%~25%，随煤种不同而相应的变化。

表 3-3 本钢复合铁焦试验用煤的工业分析 （质量分数）

煤种	工业分析/%				胶质体/mm		灰分化学成分/%				
	V_d	A_d	M	S_t	X	Y	CaO	SiO$_2$	MgO	Al$_2$O$_3$	Fe$_2$O$_3$
龙凤	38.51	5.95	6.0	0.86	39	14	1.31	51.82	0.72	37.19	8.10
三宝	26.86	9.55	4.0	0.41	29	24	10.11	48.24	1.68	26.56	7.12
唐家庄	31.51	9.43	3.0	1.32	9	41	4.94	44.52	1.01	37.65	9.33
峰一	22.92	11.30	2.0	0.61	18	24	3.28	45.92	0.80	44.38	3.86
本斜	17.51	11.83	2.5	1.41	24	16	4.78	42.94	0.77	43.94	7.70

表 3-4 铁矿粉化学成分 （质量分数,%）

TFe	FeO	CaO	SiO$_2$	MgO	Al$_2$O$_3$	Mn	P	S
62.96	23.78	0.02	11.68	0.14	0.26	0.07	0.01	0.01

在小焦炉试验的基础上，采用铁箱炼焦试验研究了在单种煤和配煤条件下，

铁矿粉的加入对复合铁焦性能的影响，并采用小转鼓试验获得了复合铁焦的抗碎强度（200转后大于40mm所占的比例）和耐磨强度（200转后小于10mm所占的比例）。铁箱试验结果表明，双鸭煤单独制备复合铁焦时，与普通冶金焦炭相比，其抗碎强度和耐磨强度均变差。除4号试验外，5号和6号试验所得复合铁焦质量最好。黏结性较好的高挥发分煤（双鸭煤）单独炼制复合铁焦时可以得到强度满足要求的铁焦产品，而弱黏结性高挥发分煤（龙凤煤）单独制备复合铁焦时并不能炼制质量较好的铁焦产品，但加入一定比例的强黏结性峰一煤后可以得到质量很好的铁焦产品，其抗碎强度高于普通冶金焦，说明弱黏结性高挥发分煤可以作为一种配煤用于复合铁焦的生产，见表3-5。小焦炉和铁箱炼焦试验均表明，峰一煤最适合于炼制复合铁焦，双鸭煤和龙凤煤可作为炼制复合铁焦配料中的主要组成。基于这些结果，该研究给出了大焦炉生产复合铁焦配料方案：（1）50%龙凤煤+30%峰一煤+20%铁矿粉；（2）50%双鸭煤+30%峰一煤+20%铁矿粉；（3）80%双鸭煤+20%铁矿粉。另外，该研究还表明，结焦时间与铁矿粉的加入量有关，当铁矿粉加入量不超过5%时，结焦时间没有延长或稍微减少，但当铁矿粉加入量超过5%时，结焦时间明显增加。此外，为防止由于铁矿粉和煤粉比重不同在混合时造成的偏析，可向矿煤混合物中加入少量的重柴油，其添加量为0.3%左右。

表 3-5　铁箱试验炼制复合铁焦的机械强度

编号	配　煤　方　案	抗碎强度/%	耐磨强度/%
1 号	生产配煤（18%龙凤煤+12%台吉煤+40%本斜煤+10%本竖井煤+20%三宝煤）	59.8	16.8
2 号	75%龙凤煤+25%铁矿粉	26.4	48.0
3 号	75%双鸭煤+25%铁矿粉	55.0	22.4
4 号	75%峰一煤+25%铁矿粉	72.4	16.8
5 号	40%龙凤煤+30%峰一煤+30%铁矿粉	63.2	30.4
6 号	45%双鸭煤+30%峰一煤+25%铁矿粉	64.1	18.4
7 号	45%双鸭煤+30%唐家庄煤+25%铁矿粉	56.0	21.2

　　1970年前后，由原冶金部牵头组织，在鞍钢以平面式球团焙烧机为生产设备，在马钢以竖炉为炭化设备，开展了复合铁焦生产的工业性试验。1979年在四川绵阳地区进行了生产复合铁焦的工业试验，工业实施方案为42%铁矿粉、38%精煤、5%生石灰、6%白云石和6%沥青均匀混料，然后采用蒸汽混捏机压球，最后采用炭化炉生产复合铁焦，复合铁焦强度达到1368.5kN/cm^2。

3.1.4.3　21世纪复合铁焦的研究

　　20世纪50年代开始多国着手研发和应用复合铁焦技术，工业化试验也取得了有益结果，但未应用推广，主要原因是当时铁矿直接还原技术逐渐发展，同时铁矿粉烧结和球团工艺成熟且有效应用。用传统焦炉生产复合铁焦，除因炭化室炉墙硅砖与铁矿粉反应生成铁橄榄石而受损外，还存在焦炉温度难以准确控制、结焦时间延长、湿法熄焦后复合铁焦碎裂和二次氧化、含硫高等弊端，使得复合铁焦研发工作停滞。近年来，由于世界范围内优质炼焦煤资源短缺、高炉冶炼技术进步以及节能减排的迫切需求，复合铁焦技术又重新得到重视和发展。

A 日本新日铁钢铁公司对复合铁焦的研究

新日铁采用焦炉法制备复合铁焦，并对其进行了实验室研究和工业化生产试验[11]。新日铁 Nomura 等[12]将具有一定粒度的铁矿粉以及铁化合物试剂（Fe_2O_3 和 Fe_3O_4）与煤粉按一定比例预先混合，铁矿粉加入量为 0%~20%，矿煤混合物水分保持在 4%~6%。然后将混合物置于镀锌钢质箱中，再将钢质箱置于电加热炉中在 1250℃条件下炭化 18.5h，以此来模拟实际焦炉生产，最后利用干熄焦的方式制得复合铁焦。试验所用铁矿粉的化学成分见表 3-6，煤粉的工业分析及黏结性能见表 3-7，其中 A 煤为单种煤，B1~B4 煤为配合煤。研究表明，加入铁矿粉后，由于煤的结焦性质变差，复合铁焦转鼓指数降低，而反应性明显提高，但反应后强度显著降低。因此，要生产满足使用要求的高反应性高强度复合铁焦，需进一步调整配合煤的结焦性质。此外，在焦炉生产条件下，铁矿石与硅砖会在1200℃时发生反应生成铁橄榄石（$2FeO \cdot SiO_2$），从而导致炉墙破坏，但在1100℃时不会发生这个反应。

表 3-6 试验所用铁矿粉化学成分 （质量分数，%）

TFe	FeO	CaO	SiO_2	MgO	Al_2O_3	Mn	TiO_2
66.76	17.35	0.18	4.52	0.07	0.37	0.06	0.06

表 3-7 试验用煤的工业分析及黏结性能

煤 种	工业分析/%		总膨胀度/%	最大流动度/lg(ddpm)
	V_d	A_d		
A	23.6	9.0	103	2.98
B1	28.8	8.8	25	1.93
B2	26.2	8.9	39	2.56
B3	26.5	9.2	74	2.70
B4	26.8	9.0	80	

基于这些研究结果，新日铁采用散料体顶装室式焦炉工艺进行了工业焦炉生产复合铁焦的试验[12]。工业化生产试验中，采用表 3-6 中的铁矿粉，其添加量为6.5%，煤粉采用 B3 配合煤，且水分控制在 8%左右。铁矿粉和煤粉从不同料槽

中布到皮带上，同时采用 8 条皮带进行铁矿粉和煤粉的混合。为避免焦炉炉墙受到破坏，实际焦炉烟道底部温度为 1230℃，此时炭化室炉墙温度低于 1100℃，炭化时间为 24h，炭化结束后采用湿法熄焦。利用实际焦炉生产的复合铁焦，其冶金性能见表 3-8，工业分析和灰分化学成分见表 3-9，灰分中金属铁及铁离子含量见表 3-10。由表可知，复合铁焦转鼓强度 DI_{15}^{150} 为 80.9%，金属化率为 66.16%（对应还原率为 70% 左右），考虑采用湿法熄焦方式，复合铁焦中的部分金属铁可能被氧化；复合铁焦的反应性达到 48.8%，但反应后强度仅为 16.3%。然而，关于新日铁高炉应用复合铁焦工业化试验的情况至今未见报道，原因可能是工业焦炉生产的复合铁焦反应后强度过低，进入高炉后可能会对透气性产生严重影响。由新日铁焦炉法复合铁焦生产试验可看出，利用传统室式焦炉工艺生产复合铁焦存在如下问题：（1）配合煤中一般要使用主焦煤以保证其结焦性，弱黏结性煤无法增量使用，这无法有效缓解目前主焦煤资源匮乏问题；（2）为防止焦炉炉墙侵蚀，要求准确控制焦炉炭化室温度，同时铁矿的加入会延长结焦时间，使得工艺过程变得复杂；（3）复合铁焦热强度低，难以满足高炉使用要求。

表 3-8　工业焦炉生产的复合铁焦的冶金性能

DI_{15}^{150}/%	DI_{6}^{150}/%	平均粒度 /mm	表观密度 /g·cm⁻³	真密度 /g·cm⁻³	气孔率 /%	CRI /%	CSR /%	JIS-Rel /%
80.9	82.7	47.3	1.07	2.06	47.9	48.8	16.3	40.5

表 3-9　工业焦炉生产的复合铁焦工业分析和灰分化学组成　（质量分数，%）

工业分析			灰分化学组成								
V_d	A_d	S_t	Fe_2O_3	CaO	SiO_2	MgO	Al_2O_3	MnO	TiO_2	Na_2O	K_2O
0.31	18.92	0.49	48.34	0.93	30.22	0.64	16.27	0.06	1.03	0.25	0.47

表 3-10　复合铁焦灰分中铁相的化学组成　（质量分数，%）

TFe	MFe	Fe^{2+}	Fe^{3+}
7.92	5.24	1.67	1.01

另外，Nomura 等[11]将铁矿粉、弱黏结性煤（95% 的粒度小于 3mm）和沥青（SOP）充分混合后，利用压块机获得冷压块（38.2mm×35.3mm×7mm，体积 14.6cm³），最后将冷压块在焦炉中炭化 18.5h 获得成型铁焦。铁矿粉化学成分和煤粉性能分别见表 3-11 和表 3-12。成型铁焦冶金性能见表 3-13，外部形貌和微观结构见图 3-5。随着铁矿粉配比的增加，铁焦反应性逐渐提高。Nomura 等[11]利用 BIS 高炉模拟器，研究成型铁焦与传统焦炭混合物的反应行为。结果表明，

铁焦可以降低高炉热空区温度，提高炉身效率。混合物中的铁焦在 900℃ 时优先发生反应，而焦炭几乎无变化。

表 3-11　铁矿粉化学成分　　　　　（质量分数，%）

TFe	FeO	CaO	SiO₂	MgO	Al₂O₃	Mn	TiO₂
67.93	0.13	0.06	1.08	0.04	0.50	0.44	0.07

表中：SiO_2、Al_2O_3、TiO_2

表 3-12　试验用弱黏结性煤性能

工业分析/%		元素分析（质量分数）/%			总膨胀度/%	最大流动度 lg(ddpm)	岩相分析/%	
V_d	A_d	C	H	N			平均 R_o（镜质组反射率）	TI
36.4	9.7	76.57	5.23	1.81	43	2.22	0.73	18.1

表 3-13　铁焦产品冶金性能　　　　　　　　（%）

	项目	铁焦 1	铁焦 2	铁焦 3	铁焦 4
原料配比	弱黏结性煤	100.0	90.0	70.0	50.0
	铁矿粉	0.0	10.0	30.0	50.0
	沥青	8.0	8.0	8.0	8.0
铁焦性能	转鼓指数 I^{600}	90.2	90.0	81.4	61.6
	气孔率	52.8	47.6	47.3	45.3
	CRI	52.6	58.3	43.1	27.5
	修正 CRI	61.5	77.2	83.9	95.6
	$JIS\text{-}Rel$	27.3	67.9	60.7	72.1
	TFe	1.5	9.1	27.0	43.2
	MFe	0.6	6.6	19.7	28.8
	FeO	0.4	0.9	4.3	7.8
	金属化率	—	73.2	73.0	66.7

此外，新日铁 Higuchi 等利用 BIS 研究了金属铁含量对成型复合铁焦反应行为的影响及炉料中添加复合铁焦对高炉冶炼的影响。结果表明，随着铁矿粉配比的增加，成型复合铁焦中金属铁含量逐渐增多（见表 3-13），复合铁焦冷强度逐渐降低，但全铁含量 27% 的成型复合铁焦，其强度仍能满足高炉冶炼对焦炭强度的要求。同时，随着复合铁焦中全铁含量的增加，复合铁焦的 CRI 和 JIS 反应性指数逐渐提高，气化反应开始温度逐渐降低。与常规焦炭相比，全铁含量 43% 的复合铁焦气化反应开始温度降低了 150℃，热储备区温度降低了 186℃，炉身工

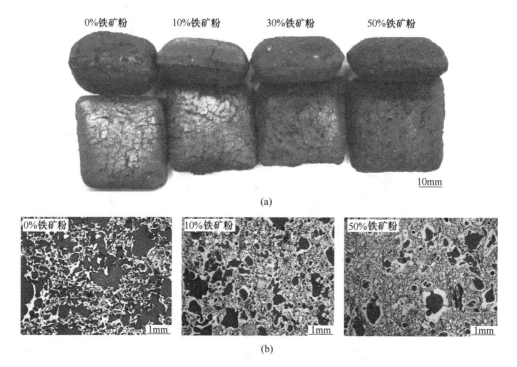

图 3-5　成型铁焦产品外部形貌（a）和微观形貌（b）

作效率提高了 6.8%，碳消耗量减少。

B　日本 JFE 钢铁公司对复合铁焦的研究

JFE 采用矿煤压块竖炉炭化工艺制备铁焦（CIC）[13~17]。Anyashiki 等将 40%铁矿粉（81%粒度小于 74μm）与 60%弱黏结性煤（小于 3mm）混合并加热至 110~130℃，然后采用对辊成型设备将矿煤混合物压制成型，再将成型物与焦粉（防黏结）的混合物装入电加热竖炉中，在 850℃（炉墙温度 1100℃）下炭化 6h，炭化结束后将炭化产物在 N_2 气氛冷却，获得铁焦产品（规格：39mm×39mm×19mm，体积 18cm³；60mm×46mm×14mm，体积 50cm³）。铁矿粉化学成分见表 3-14。煤粉性能见表 3-15。结果表明，压块机成型率在 70%以上，且随着体积的增加，CIC 成型率和抗压强度均降低。体积为 18cm³ 的 CIC 炭化后抗压强度达到 4000N 以上，还原率为 69%，但未见 CIC 炭化前强度。1100℃下基于碳含量的 CIC 反应性指数为53%，且 CIC 反应后抗压强度在 2000N 以上，但未见 CIC 反应后强度。

表 3-14　铁矿粉化学成分　　　　　　　　（质量分数，%）

TFe	FeO	CaO	SiO$_2$	MgO	Al$_2$O$_3$	Mn	TiO$_2$
67.50	0.21	0.01	1.31	0.01	0.73	0.11	0.07

表 3-15 弱黏结性煤粉性能

$V_{ad}/\%$	$A_{ad}/\%$	$R_0/\%$	最大流动度 ddpm
35.3	8.8	0.70	31.62

另外，Yamamoto 等[13]将不同铁矿加入到多种煤中，并加入 5%~7% 的黏结剂，利用对辊成型设备（成型压力为 4~5t/cm）将矿煤混合物在常温下压制成 $6cm^3$ 的卵形块，然后将卵形块装入竖炉中，在 1000℃（炉壁温度）下炭化 6h 后获得 CIC。铁矿粉化学成分和煤粉性质分别见表 3-16 和表 3-17。

表 3-16 铁矿粉化学成分 （质量分数，%）

铁矿	TFe	FeO	CaO	SiO_2	MgO	Al_2O_3	P	S
A	67.50	0.21	0.01	1.31	0.01	0.73	0.03	<0.01
B	57.3	0.08	0.61	5.19	0.18	2.59	0.06	<0.01
C	62.0	0.21	0.03	2.57	0.05	2.02	0.06	0.02
D	65.9	0.36	0.11	3.92	0.02	1.01	0.03	<0.01

表 3-17 弱黏结性煤和非黏结性煤性能

煤种	$V_{ad}/\%$	$A_{ad}/\%$	$R_0/\%$	最大流动度 ddpm
A	36.1	8.4	0.72	307
B	11.2	8.6	1.80	0
C	21.5	9.4	1.24	33
D	15.4	10.7	1.57	0

不同条件下 CIC 的成分见表 3-18。结果表明，随着铁矿配比的增加，CIC 的反应性逐渐提高，但转鼓强度 I_{10}^{600} 逐渐降低，当铁矿配比为 47.5% 时（CIC4），CIC 转鼓强度低于 20%。当铁矿石配比为 30% 左右时，CIC 转鼓强度仍能维持在 70% 左右，此时反应性也较好。在模拟高炉条件下，配加 28.5% 铁矿石的 CIC，其气化反应开始温度比传统焦炭低约 150℃。此外，Yamamoto 等[14]利用高炉数学模型研究了配加含 27.9% 铁矿的 CIC 对高炉冶炼的影响，其中 CIC 加入量为 101kg/t，热空区温度设置为 900℃。结果表明，高炉使用 CIC 后，产量明显提高，整个炼铁系统碳消耗量降低 6.1%，见图 3-6。

Anyashiki 等[15]研究了常规黏结剂煤焦油沥青 SOP（软化点 40℃）和石油化工沥青（ASP，软化温度 250℃）对 CIC 炭化前后强度的影响，以及炭化过程中 CIC 的黏结行为。研究表明，SOP 有利于提高 CIC 炭化前强度，其主要作用是在成型过程中固结粉末状原料；而 ASP 能有效提高铁焦炭化后强度，见图 3-7。两种黏结剂具有协同效应，同时提高 CIC 炭化前后强度，主要是由于低相对分子质

表 3-18　不同 CIC 的配料条件和化学成分　　　　　　　　　（%）

铁焦	煤粉配比				铁矿配比				C	TFe
	煤粉 A	煤粉 B	煤粉 C	煤粉 D	铁矿 A	铁矿 B	铁矿 C	铁矿 D		
CIC1	66.5	28.5							86.5	0.6
CIC2	59.8	25.7			9.5				78.3	9.0
CIC3	46.5	20.0			28.5				59.0	26.6
CIC4	33.2	14.3			47.5				45.4	40.5
CIC5	45.6	19.5			27.9				59.5	26.5
CIC6	45.6	19.5				27.9			61.9	24.4
CIC7	45.6	19.5					27.9		61.3	25.8
CIC8	45.6	19.5						27.9	60.3	27.2
CIC9			33.4	33.4	28.2				63.4	23.0
CIC10			23.6	39.5	28.2				65.2	22.5

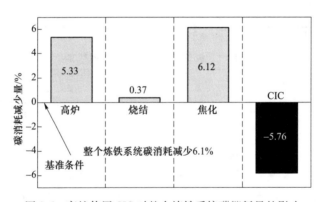

图 3-6　高炉使用 CIC 对整个炼铁系统碳消耗量的影响

量的 ASP 中特定组分向 SOP 中发生了迁移作用。炭化过程中 CIC 的黏结行为在很大程度上取决于配煤条件，通过弱黏结性煤和非黏结性煤的搭配使用可以有效抑制 CIC 的黏结问题。基于实验室研究结果，Anyashiki 等[1,15]设计并制造了生产能力为 0.5t/d 的 CIC（体积 6cm³）试验装置，见图 3-8。在该装置上连续生产试验超过 48h，设备运行稳定，CIC 质量较好，从而证实了铁焦生产工艺和装备的可靠性。

　　另外，当铁矿粉加入炼焦煤后，煤的膨胀性和黏结性降低，从而影响铁焦强度。为提高 CIC 强度，神户制钢 Uchida 等[16,17]开发一种新型黏结剂 HPC，并研究 HPC 对 CIC 强度的影响。HPC 是通过溶剂热萃取方法从弱黏结性煤或非黏结性煤中提取的几乎不含灰分的高性能黏结剂。结果表明，随着 HPC 添加量的增加，铁焦强度逐渐提高，且压块过程中弱黏结性煤或非黏结性煤的配比由 20% 提

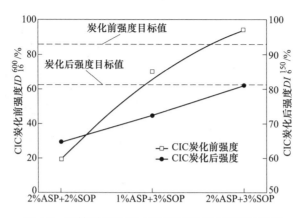

图 3-7 黏结剂 SOP 和 ASP 配比对 CIC 强度的影响

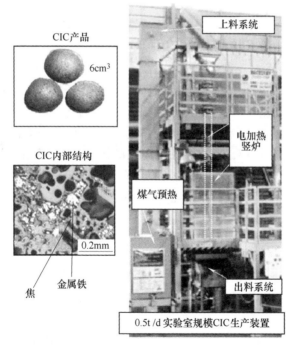

图 3-8 JFE 钢铁公司 CIC 产量 0.5t/d 的实验室规模生产装置

高到 50%。在铁矿粉配比为 30% 条件下，添加 15% HPC 后，煤颗粒附近的孔洞减少且颗粒间的黏结更加紧密，铁焦强度得到提高，见图 3-9。因此，将 HPC 作为黏结剂可生产出具有高强度高反应性铁焦。但由于 HPC 制造工艺复杂，并未大规模使用。

基于上述研究结果，JFE 于 2009 年 12 月至 2011 年 9 月在京滨地区东日本炼

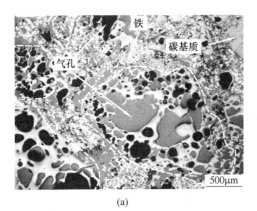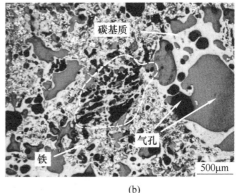

(a)　　　　　　　　　　　　　　　　　(b)

图 3-9　不同 HPC 加入量条件下 CIC 的微观结构

(a) 未加 HPC；(b) 加入 15%HPC

铁厂投资 35 亿日元建设了产量为 30t/d 的铁焦生产试验线[18]（见图 3-10），2011 年 11 月投入试验生产，2011~2012 年共生产 2000t 铁焦，并于 2013 年 3 月在千叶厂 6 号高炉（5153m³）进行工业化试验，铁焦使用量为 43kg/t，结果表明，燃料比降低 13~15kg/t，高炉操作稳定[19]。从 2016 年开始铁焦项目将正式进入实证研究阶段，JFE、新日铁住金、神户制钢等在福山地区西日本厂建设一座产能为 300t/d 的实证设备，于 2020 年 7 月开始进入新阶段实证试验[20]。本次投资建设的目的是扩大生产规模，确立可长期应用的操作技术，计划到 2030 年左右将铁焦生产能力扩大到 1500t/d，并投入实际应用[20]。JFE 开发的铁焦技术具有明显的优势和良好的应用前景，使用独立的竖炉生产，生产和产量可灵活控制，产品的反应性相对较高，强度比传统焦炭高 1 倍。但是，由于在矿煤成型过程中使用新型黏结剂，且黏结剂生产工艺复杂，将增加铁焦制造成本和高炉生产成本。

图 3-10　京滨厂 CIC 产量 30t/d 的中试线

C 中国关于复合铁焦的研究

近年来，太钢、北京科技大学、武汉科技大学等在实验室条件下采用室式焦炉工艺制备复合铁焦进行研究。太钢蔡湄夏和北京科技大学张建良等[21]利用添加法和吸附法在实验室条件下制备含 Fe_2O_3 的复合铁焦，并对复合铁焦反应性、气化反应开始温度等进行了研究。结果表明，两种方法下加入 Fe_2O_3 均会提高复合铁焦的反应性，降低气化反应开始温度。北京科技大学张建良等[22]将铁矿粉添加至气煤中，在实验室条件下采用散料体顶装焦炉工艺制备复合铁焦，并研究铁矿粉配比对复合铁焦性能的影响。结果表明，在气煤中添加铁矿粉可以提高复合铁焦的转鼓强度及反应性，且复合铁焦石墨化程度降低。鞍钢任伟等[23]在实验室条件下将铁矿和煤冷压块在 40kg 焦炉内制备复合铁焦，研究了铁矿粉配比和煤种对复合铁焦性能的影响。当铁矿粉配比为 10% 时，复合铁焦 M_{40} 为 54.3%，M_{10} 为 8.8%，金属化率在 60% 左右，反应性为 42.5%。另外，将焦油渣作为黏结剂提高复合铁焦强度，结果显示，加入焦油渣可提高复合铁焦抗压强度，但复合铁焦炭化前强度不足 200N[24]，采用顶装焦炉装料时面临挤压破碎、内部结构破坏等严重问题。

武汉科技大学毕学工等[25]将铁矿粉添加至炼焦配煤并捣固，利用捣固焦炉工艺制得复合铁焦，研究了铁矿粉种类和煤种对复合铁焦冶金性能的影响、复合铁焦对人造矿还原行为的影响和对高炉综合炉料初渣形成的影响。结果表明，随着铁矿粉配比的增加，复合铁焦抗碎强度和耐磨强度均降低，反应性提高，反应后强度降低，气化反应开始温度降低。复合铁焦能促进烧结矿和球团矿的还原。综合炉料加入铁焦后，变形开始温度降低，软化结束温度升高，滴落温度下降，软熔区间大幅度收窄。高炉数学模拟结果显示，使用复合铁焦后高炉生产率提高，燃料比降低 7.74%。但该工艺采用的配合煤中含有 42% 主焦煤和 14% 肥煤[26]，不能有效缓解主焦煤等优质炼焦煤匮乏的现状，且复合铁焦反应后强度相对较低。

太原理工大学王社斌、张龙龙、原春阳等[26,27]将铁矿粉和沥青添加至弱黏结性煤中，然后将矿煤混合物加热至 150℃，利用液压机将其压制成圆柱状团块，然后在管式炉中进行炭化，获得复合铁焦，研究铁矿粉配比对复合铁焦抗压强度、微观组织结构和气化反应起始温度的影响。由于沥青黏结剂的使用，复合铁焦炭化前具有较高的强度，但炭化后强度较低。随着铁矿粉含量的增加，复合铁焦的气化反应起始温度逐步降低，但并未给出复合铁焦的反应性和反应后强度等冶金性能。该工艺使用沥青作为黏结剂，对环境存在不利影响，且复合铁焦产品强度较低。

3.1.5 复合铁焦新炉料制备及应用技术研究

目前，复合铁焦制备主要包括传统室式焦炉和压块-竖炉炭化工艺，竖炉炭化工艺有炭化速度快、生产效率高、产品强度高等优势，具有更好的发展前景。至于矿煤压块成型工艺，有冷压块（压块物料温度低于100℃）、热压块（压块温度高）两种，各有利弊。冷压块系统相对简单，但需使用黏结剂，不仅会增加生产成本，而且会影响产品质量；热压块需要将压块的物料加热至更高的温度，降低物料弹性模量，从而保证压块产品的抗压强度，但不需要黏结剂。围绕高炉低碳冶炼和节能减排，研发热压块-竖炉炭化的复合铁焦制备工艺技术（见图3-11），工艺流程为：将煤粉和铁矿粉破碎筛分至一定粒度范围，按比例混合，再将混合物加热到一定温度，利用成型系统压制成型获得矿煤热压块，最后将矿煤热压块在模拟竖炉法炭化条件进行炭化，炭化产物冷却后得到复合铁焦。该工艺不使用黏结剂和主焦煤等优质炼焦煤资源，可以使用铁矿粉、含铁粉尘、钢渣等二次资源，扩大造块原料来源，强化资源利用率，降低炼铁生产成本，对缓解我国优质炼焦煤资源匮乏和发展循环经济具有重要意义。

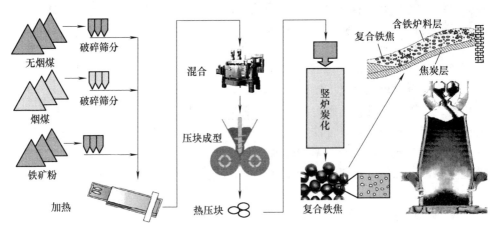

图3-11　基于热压块-竖炉炭化的复合铁焦炼铁新炉料制备与应用

　　本研究围绕热压型复合铁焦制备及高炉应用技术，重点研究热压复合铁焦制备工艺、冶金性能优化机制、高温冶金性能评价、气化反应行为及动力学、对高炉炉料反应过程和综合炉料熔滴性能的影响机制等，形成高炉使用复合铁焦新炉料技术，完善铁焦等碳铁复合新炉料理论和技术体系。

　　热压型复合铁焦新炉料技术的研发方案见图3-12，主要研究内容包括：

　　（1）热压型复合铁焦新炉料制备工艺。通过单因素实验研究铁矿粉配比、煤粉配比、热压温度、炭化温度、炭化时间等工艺参数对复合铁焦抗压强度的影响，阐明不同条件下复合铁焦抗压强度的演变机制。在此基础上，采用正交法对复合铁焦制备工艺进行优化，考察各因素对复合铁焦抗压强度影响的大小和主次关系，获得各因子水平的最佳组合，确定复合铁焦制备优化工艺参数。

　　（2）配煤配矿对热压型复合铁焦冶金性能的影响及优化。研究基于抗压强

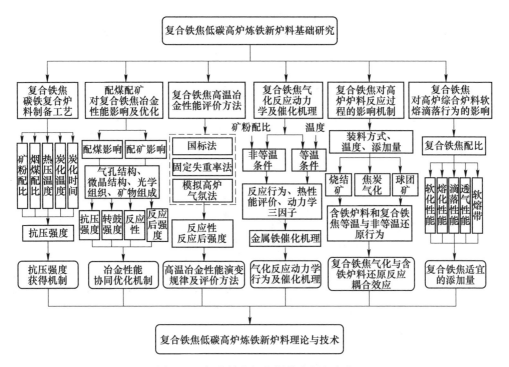

图 3-12 复合铁焦新炉料技术研发方案

度优化后复合铁焦的反应性和反应后强度。在此基础上，采用配煤配矿对复合铁焦抗压强度、转鼓强度、反应性和反应后强度等冶金性能进行优化，揭示复合铁焦冶金性能协同优化机制，获得复合铁焦冶金性能优化工艺参数。

（3）热压型复合铁焦高温冶金性能评价。作为高反应性新型碳铁复合炉料，复合铁焦的高温冶金性能对高炉冶炼至关重要。采用国标法、固定失重率法和模拟高炉气氛法研究复合铁焦的反应性和反应后强度，阐明复合铁焦高温冶金性能演变规律，建立评价复合铁焦高温冶金性能的方法。

（4）热压型复合铁焦气化反应动力学及催化机理。在非等温条件下研究不同铁矿粉配比条件下复合铁焦气化反应开始温度，阐明不同温度条件下复合铁焦微观结构和物相组成的演变规律，建立动力学模型，获得不同铁矿粉配比条件下复合铁焦气化溶损反应活化能、指前因子和最概然机理函数；在等温条件下研究不同温度条件下复合铁焦气化溶损反应行为，并对气化反应过程进行动力学分析；揭示金属铁对复合铁焦气化反应的催化机理。

（5）复合铁焦对高炉炉料反应过程的影响机制。研究复合铁焦对焦炭气化反应过程的影响，阐明焦炭高温冶金性能的演变规律；在等温与非等温条件下研究复合铁焦对含铁炉料还原过程的影响，揭示复合铁焦气化反应和含铁炉料还原反应耦合作用机制。

（6）复合铁焦对高炉综合炉料软熔滴落行为的影响。在实验室条件下，研究复合铁焦添加量对高炉综合炉料软熔滴落行为的影响，阐明综合炉料熔滴性能的演变规律，获得复合铁焦适宜的添加量，优化高炉炉料结构。

3.2　热压型复合铁焦制备工艺及冶金性能优化

复合铁焦作为新型高炉炉料，其冶金性能应满足高炉冶炼要求。在实验室条件下，开发热压块-竖炉法复合铁焦制备工艺（见图3-11），并进行冶金性能的优化。首先，基于抗压强度对热压型复合铁焦制备进行研究，确定热压块-竖炉法复合铁焦制备的工艺参数；其次，采用配煤配矿优化复合铁焦的抗压强度、转鼓强度、反应性和反应后强度等冶金性能，揭示复合铁焦冶金性能协同优化机制，获得复合铁焦冶金性能优化途径；最后，由于《焦炭反应性及反应后强度试验方法》（GB/T 4000—2017）没有综合考虑高炉煤气成分从炉缸至炉喉的变化、高炉内焦炭的气化溶损量具有一定范围以及高炉冶炼的非等温过程，检测结果不能真实反映高炉内焦炭的实际情况。所以，分别采用国标法、固定失重率法和模拟高炉条件法研究复合铁焦高温冶金性能，揭示其高温冶金性能演变机理，提出评价复合铁焦高温冶金性能的新方法。

3.2.1　热压型复合铁焦制备工艺

3.2.1.1　实验原料

实验原料主要有铁矿粉和煤粉。煤粉包括烟煤A和无烟煤，工业分析见表3-19。烟煤A的挥发分质量分数为28.25%，固定碳质量分数为61.52%；无烟煤挥发分质量分数为8.81%，固定碳质量分数为80.63%。两种煤灰分中均含有少量的氧化铁。烟煤A的特性分析见表3-20。烟煤A黏结指数为83，胶质层最大厚度为15mm，最终收缩度为25mm，最大流动度温度为453℃。铁矿粉的化学成分列于表3-21，全铁品位达66.69%，磷和硫含量较低。铁矿粉物相组成见图3-13，主要物相为Fe_3O_4。

表 3-19　煤粉的工业分析

煤种	FC_{ad}/%	A_{ad}/%	V_{ad}/%	M_{ad}/%	灰分化学成分（质量分数）/%				
					CaO	SiO_2	MgO	Al_2O_3	Fe_2O_3
烟煤A	61.52	8.75	28.25	1.48	8.13	40.03	2.46	27.85	9.94
无烟煤	80.63	9.25	8.81	1.31	4.02	58.96	0.80	21.36	5.20

实验过程铁矿粉保持来料粒度，而对烟煤A和无烟煤进行破碎处理。铁矿粉和煤粉的粒度分布见图3-14。可知，铁矿粉和破碎后煤粉的粒度较细，主要集中在0.010~0.045mm范围内，且小于0.074mm粒级均占90%以上。

表 3-20　烟煤 A 特性分析

黏结指数	胶质层指数		基式流动特性	
	x/mm	y/mm	最大流动度温度/℃	最大流动度 ddpm
83	25	15	453	300

表 3-21　铁矿粉化学成分　　　　　（质量分数,%）

TFe	FeO	SiO_2	CaO	Al_2O_3	MgO	S	P
66.69	26.40	5.31	0.18	0.31	1.80	0.02	0.05

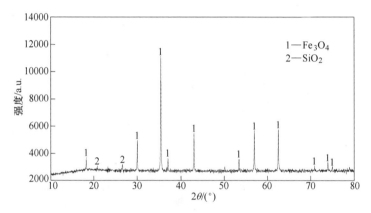

图 3-13　实验用铁矿粉物相组成

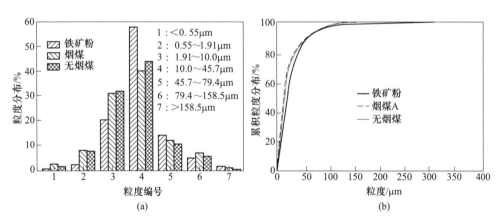

图 3-14　实验用铁矿粉和煤粉的粒度分布

（a）粒度分布；（b）累积粒度分布

图 3-15 给出了实验用烟煤 A 的热解曲线，温度范围为 150~1000℃，升温速率为 10℃/min。热解过程大致分为三个阶段：第Ⅰ阶段为室温到 300℃，主要发

生吸附水的脱除，DTG 曲线显示煤在这一阶段热解缓慢。第 Ⅱ 阶段为 300 ~ 600℃，在这个阶段烟煤 A 通过解聚和分解反应形成半焦。煤粉强烈分解析出煤气和焦油，煤粉颗粒经历软化、熔融、流动和膨胀到再固化，并在一定的温度范围内转变成气、液、固三相共存的胶质体。DTG 曲线表明煤在这一阶段热解速率先加快后减慢，当温度达到 464℃ 时热解速率达到最大值。第 Ⅲ 阶段是 600 ~ 1000℃，此阶段主要发生缩聚反应，半焦逐渐转变成焦炭。700℃ 后产生的煤气主要成分是氢气。烟煤 A 在此阶段热解速率逐渐变慢，当温度为 1000℃ 时，热解速率接近于零，说明热解过程基本结束。

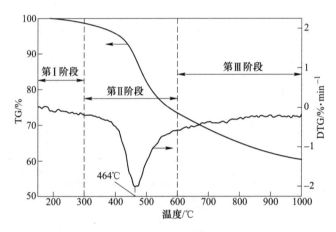

图 3-15　氩气气氛条件下烟煤 A 的热重曲线

3.2.1.2　实验方法及方案

A　实验方法

在实验室条件下，热压型复合铁焦制备工艺流程见图 3-16。首先将铁矿粉和煤粉干燥处理，并将烟煤和无烟煤分别破碎筛分至合适粒度。然后将铁矿粉、烟煤 A 和无烟煤按照一定质量比例充分混合，得到矿煤混合物。随后，称取一定质量的矿煤混合物，装至压块模具中，并将装有物料的模具放入加热炉中加热。当物料温度达到预设温度时，取出模具，并置于自制压块装置中压制成型，获得矿煤热压块（简称为热压块）。最后，将热压块在模拟竖炉炭化条件的炭化炉中进行炭化处理。试样炭化结束并冷却，获得复合铁焦。

矿煤混合物在加热过程中，煤粉颗粒将软化熔融产生胶质体，然后在一定压力下热压，铁矿颗粒进入胶质体，与煤粉颗粒充分接触，保证热压块具有良好的微观结构和强度。成型压力保持在 50MPa 不变。炭化过程中，试样升温速率为 3℃/min，铁矿粉被还原成金属铁，弥散分布于碳基质中，从而增加复合铁焦强度。热压块和复合铁焦均为椭球体，尺寸分别为 21mm×19mm×16mm（体积

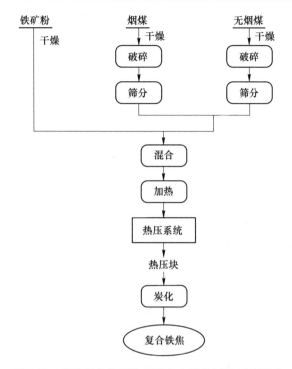

图 3-16 实验室条件下热压型复合铁焦制备工艺流程

3.6cm^3）和 18mm×16mm×14mm（体积 2.5cm^3）。参照国标《铁矿球团抗压强度测定方法》（GB/T 14201—2018）检测复合铁焦抗压强度。

B 实验方案

首先进行单因素实验，考察铁矿粉配比、烟煤 A 配比、热压温度、炭化温度和炭化时间（恒温时间）对复合铁焦抗压强度的影响，获得不同工艺条件下热压型复合铁焦抗压强度的演变规律，实验方案见表 3-22。铁矿粉、烟煤 A 和无烟煤三者含量总和为 100%，铁矿粉配比由 0 增加至 20%，烟煤 A 配比由 50% 增加至 70%，热压温度由 150℃ 增加至 350℃，炭化温度由 700℃ 增加至 1100℃，炭化时间由 1h 增加至 9h。

表 3-22 热压型复合铁焦制备单因素实验方案

编号	铁矿粉配比/%	烟煤 A 配比/%	热压温度/℃	炭化温度/℃	炭化时间/h
1 号	0	60	200	1000	5
2 号	5	60	200	1000	5
3 号	10	60	200	1000	5
4 号	15	60	200	1000	5
5 号	20	60	200	1000	5

续表 3-22

编号	铁矿粉配比/%	烟煤 A 配比/%	热压温度/℃	炭化温度/℃	炭化时间/h
6 号	20	50	200	1000	5
7 号	20	55	200	1000	5
8 号	20	60	200	1000	5
9 号	20	65	200	1000	5
10 号	20	70	200	1000	5
11 号	20	60	150	1000	5
12 号	20	60	200	1000	5
13 号	20	60	250	1000	5
14 号	20	60	300	1000	5
15 号	20	60	350	1000	5
16 号	20	60	200	700	5
17 号	20	60	200	800	5
18 号	20	60	200	900	5
19 号	20	60	200	1000	5
20 号	20	60	200	1100	5
21 号	20	60	200	1000	1
22 号	20	60	200	1000	2
23 号	20	60	200	1000	3
24 号	20	60	200	1000	4
25 号	20	60	200	1000	5
26 号	20	60	200	1000	7
27 号	20	60	200	1000	9

　　其次在单因素实验基础上，采用正交实验对复合铁焦制备工艺进行优化。正交实验选用 L_{25}（5^5）表头，考察铁矿粉配比、烟煤 A 配比、热压温度、炭化温度和炭化时间对复合铁焦抗压强度的影响主次关系，获得各因子水平的最佳组合，确定热压型复合铁焦制备优化工艺参数，实验方案列于表 3-23。

表 3-23　热压型复合铁焦制备正交实验方案

编号	铁矿粉配比/%	烟煤 A 配比/%	热压温度/℃	炭化温度/℃	炭化时间/h
28 号	0	50	150	700	1
29 号	0	55	200	800	2
30 号	0	60	250	900	3

编号	铁矿粉配比/%	烟煤 A 配比/%	热压温度/℃	炭化温度/℃	炭化时间/h
31 号	0	65	300	1000	4
32 号	0	70	350	1100	5
33 号	5	50	200	900	4
34 号	5	55	250	1000	5
35 号	5	60	300	1100	1
36 号	5	65	350	700	2
37 号	5	70	150	800	3
38 号	10	50	250	1100	2
39 号	10	55	300	700	3
40 号	10	60	350	800	4
41 号	10	65	150	900	5
42 号	10	70	200	1000	1
43 号	15	50	300	800	5
44 号	15	55	350	900	1
45 号	15	60	150	1000	2
46 号	15	65	200	1100	3
47 号	15	70	250	700	4
48 号	20	50	350	1000	3
49 号	20	55	150	1100	4
50 号	20	60	200	700	5
51 号	20	65	250	800	1
52 号	20	70	300	900	2

3.2.1.3 工艺条件对复合铁焦抗压强度的影响

A 铁矿粉配比的影响

在烟煤 A 配比 60%、热压温度 200℃、炭化温度 1000℃、炭化时间 5h 的条件下，考察了铁矿粉配比对复合铁焦抗压强度的影响，结果见图 3-17。当铁矿粉配比由 0 增加至 15% 时，复合铁焦抗压强度由 2686N 增加到 3491N；当铁矿粉配比超过 15% 时，随着铁矿粉配比的增加，复合铁焦抗压强度由 3491N 降低至 2998N。因此，在上述实验条件下，当铁矿粉配比为 15% 左右时，复合铁焦获得较高的抗压强度，适宜的铁矿粉配比在 15% 左右。

在炭化过程中，铁矿粉逐渐被还原成金属铁。根据塑性成焦理论，还原出来

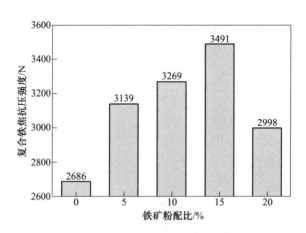

图 3-17　铁矿粉配比对复合铁焦抗压强度的影响

的金属铁参与复合铁焦气孔壁的形成，共同构成复合铁焦的骨架。因此，理论上当铁矿粉配比为 0~15% 时，随着铁矿粉配比的增加，复合铁焦的抗压强度不断提高。铁矿粉为无机矿物，铁矿粉的加入将使煤粉的膨胀性降低[28]，因此当铁矿粉过多时，胶质体不足以包覆过多的金属铁，颗粒间的结合力减弱，导致抗压强度的降低。铁矿粉的加入使复合铁焦微观结构发生变化，见图 3-18。随着铁矿粉配比的增加，复合铁焦内部气孔逐渐增多，但气孔壁致密度逐渐提高。气孔的增多主要是由煤粉挥发分析出和铁氧化物还原共同作用的结果，见图 3-19。当铁矿粉配比在 0~15% 变化时，尽管气孔逐渐增多，但金属铁也逐渐增多，金属铁可强化复合铁焦碳基质，且内部结构越来越致密，从而抗压强度逐渐提高。然而，当铁矿粉配比为 20% 时，气孔增加程度超过金属铁增加程度，复合铁焦气孔壁变薄，导致抗压强度降低。

　　B　烟煤 A 配比的影响

　　在铁矿粉配比 20%、热压温度 200℃、炭化温度 1000℃、炭化时间 5h 的条件下，考察了烟煤 A 配比对复合铁焦抗压强度的影响，结果见图 3-20。当烟煤 A 配比由 50% 增加到 70% 时，复合铁焦抗压强度由 1899N 增加到 3985N。高炉冶炼对炼铁炉料抗压强度要求[10,29]是高于 2500N，至少应达到 2000N，故从这个角度考虑，烟煤 A 配比应保持在 60% 以上。

　　随着烟煤 A 配比的增加，无烟煤的加入量逐渐减少，所以矿煤混合物的黏结性逐渐改善，从而提高复合铁焦抗压强度。另外，由于无烟煤的挥发分含量低于烟煤的挥发分含量，所以随着烟煤配比的增加，混合物中挥发分含量逐渐增加，见图 3-21。炭化过程中，热压块内部析出更多的挥发性物质，最终炭化产品失重率逐渐增加，从而导致复合铁焦气孔增多，见图 3-22。气孔的增多有利于复合铁

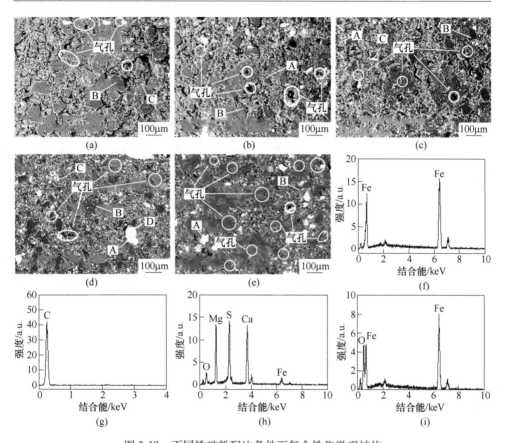

图 3-18 不同铁矿粉配比条件下复合铁焦微观结构

（a）未加铁矿粉；（b）5%铁矿粉；（c）10%铁矿粉；（d）15%矿粉；（e）20%矿粉；

（f）A 点 EDS；（g）B 点 EDS；（h）C 点 EDS；（i）D 点 EDS

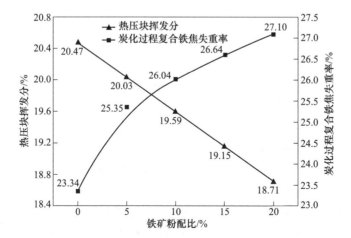

图 3-19 不同铁矿粉配比条件下热压块挥发分和炭化过程复合铁焦失重率

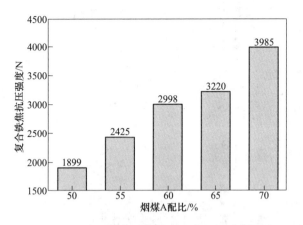

图 3-20　烟煤 A 配比对复合铁焦抗压强度的影响

焦内部气体的扩散，为铁氧化物还原创造了良好的动力学条件。因此，随着烟煤A 配比的增加，炭化过程中还原出的金属铁逐渐增多，见图 3-22 中的 A 点，金属铁强化了碳基质，提高了抗压强度。

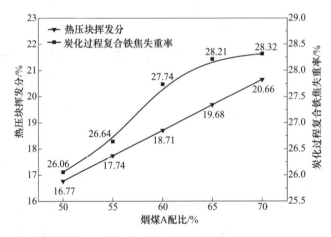

图 3-21　不同烟煤 A 配比条件下热压块挥发分和炭化过程复合铁焦失重率

C　热压温度的影响

在铁矿粉配比 20%、烟煤 A 配比 60%、炭化温度 1000℃、炭化时间 5h 的条件下，考察了热压温度对复合铁焦抗压强度的影响规律，结果见图 3-23。随着热压温度的提高，复合铁焦强度逐渐增加。当热压温度由 150℃ 增加至 350℃ 时，复合铁焦抗压强度由 2777N 增至 4305N。因此，适宜的热压温度为 300～350℃。另外，不同热压温度条件下获得的热压块，在炭化过程中其失重率随着热压温度的提高略微降低，见图 3-24。

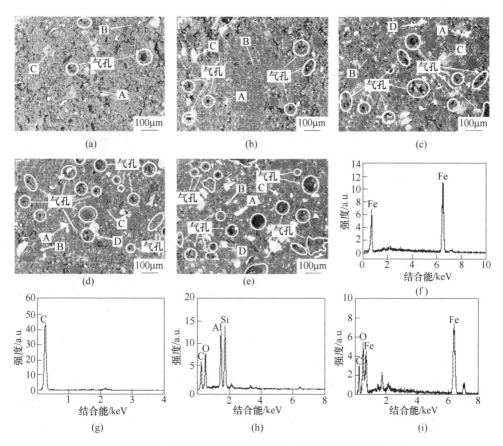

图 3-22 不同烟煤 A 配比条件下复合铁焦微观结构

(a) 50%烟煤；(b) 55%烟煤；(c) 60%烟煤；(d) 65%烟煤；(e) 70%烟煤；

(f) A 点 EDS；(g) B 点 EDS；(h) C 点 EDS；(i) D 点 EDS

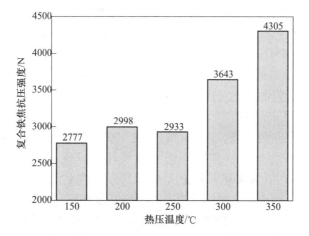

图 3-23 热压温度对复合铁焦抗压强度的影响

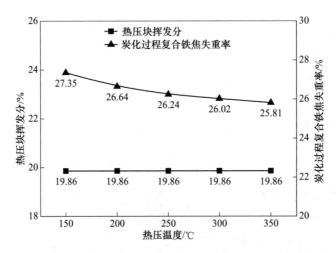

图 3-24 不同热压温度条件下热压块挥发分和炭化过程复合铁焦失重率

烟煤 A 的最大流动度温度在 453℃左右。在低于烟煤 A 最大流动度温度范围内，随着热压温度的升高，矿煤混合物生成的胶质体数量逐渐增多，流动性和黏结性相对较好。因此，复合铁焦抗压强度随着热压温度的升高而逐渐增加。不同热压温度条件下复合铁焦微观结构见图 3-25。随着热压温度的升高，复合铁焦内部气孔逐渐减少，气孔壁致密程度提高。在高温下（300~350℃），金属铁与碳基质结合得相对较好，见图 3-26（b）。当热压温度低于 300℃时，碳基质和金属铁颗粒的结合相对较差，尤其是在金属铁大颗粒周围，见图 3-26（a）。因此，热压温度的升高有利于改善复合铁焦的抗压强度。

D 炭化温度的影响

在铁矿粉配比 20%、烟煤 A 配比 60%、热压温度 200℃、炭化时间 5h 的条件下，研究了炭化温度对复合铁焦抗压强度的影响，结果见图 3-27。复合铁焦的抗压强度随着炭化温度的升高先降低后增加。当炭化温度由 700℃升高到 800℃时，抗压强度由 3551N 降低到 2516N。当炭化温度由 800℃升高到 1100℃时，抗压强度由 2516N 提高到 3424N。因此，当炭化温度为 800℃时，复合铁焦抗压强度取得较小值，适宜的炭化温度为 1000~1100℃。

图 3-28 给出了烟煤和半焦在加热过程中的收缩特性。可知，在加热过程中，烟煤的收缩系数存在两个峰，第一收缩峰在 500℃之前，第二收缩峰在 750℃左右。在炭化过程中，复合铁焦在不同温度条件下呈现出不同的收缩规律。在 500℃之前，热压块中的煤颗粒析出大量挥发分，产生大量胶质体，收缩较快。在 600~700℃时，热压块收缩趋于缓慢，而当温度升高到 700~800℃时，热压块收缩又加剧，此时热压块炭化失重率也较高，见图 3-29。当温度超过 800℃时，热压块收缩逐渐变缓，900℃以后，收缩现象停止，这时半焦逐渐固化，并转化为

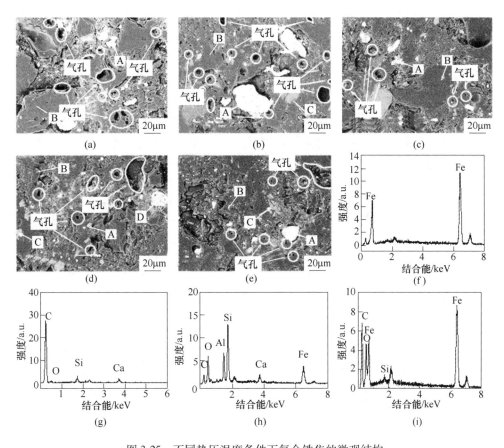

图 3-25　不同热压温度条件下复合铁焦的微观结构

（a）热压温度 150℃；（b）热压温度 200℃；（c）热压温度 250℃；（d）热压温度 300℃；

（e）热压温度 350℃；（f）A 点 EDS；（g）B 点 EDS；（h）C 点 EDS；（i）D 点 EDS

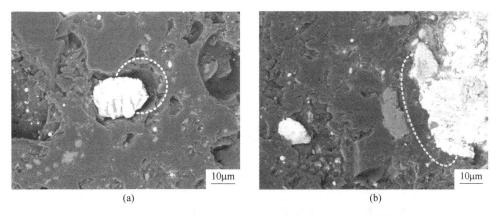

图 3-26　热压温度为 200℃和 300℃时复合铁焦的微观结构

（a）热压温度 200℃；（b）热压温度 300℃

铁焦，同时热压块炭化失重率逐渐变缓。因此，当炭化温度在700~800℃时，由于烟煤第二收缩峰的出现，复合铁焦内部出现收缩裂纹，抗压强度呈现降低趋势；当炭化温度超过800℃时，复合铁焦内部无明显收缩，同时半焦逐渐固化，使得复合铁焦内部结构得到强化，抗压强度逐渐提高。图3-30给出了不同炭化温度条件下复合铁焦的微观结构。可知，当炭化温度由700℃增加至800℃时，复合铁焦内部产生较多的收缩裂纹，气孔增多，导致抗压强度的降低。而当炭化温度继续升高后，复合铁焦内部气孔减少，结构逐渐致密化，从而使铁焦的抗压强度得到提高。

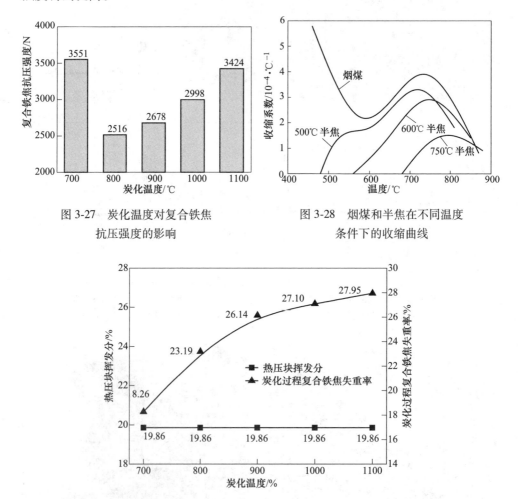

图3-27　炭化温度对复合铁焦
抗压强度的影响

图3-28　烟煤和半焦在不同温度
条件下的收缩曲线

图3-29　不同炭化温度条件下热压块挥发分和炭化过程复合铁焦失重率

不同炭化温度条件下复合铁焦的物相组成见图3-31。当炭化温度为700℃时，复合铁焦中铁氧化物主要以Fe_3O_4和FeO形式存在，未出现金属铁。随着炭

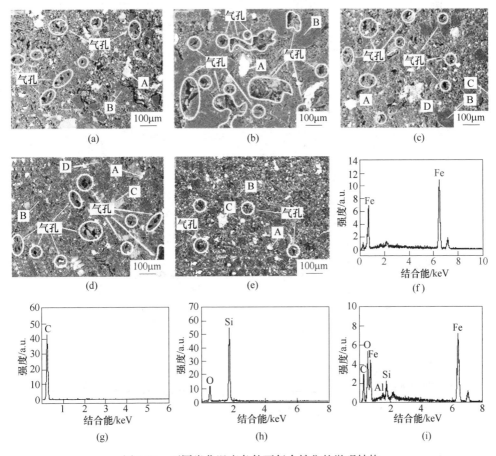

图 3-30 不同炭化温度条件下复合铁焦的微观结构

（a）炭化温度 700℃；（b）炭化温度 800℃；（c）炭化温度 900℃；（d）炭化温度 1000℃；

（e）炭化温度 1100℃；（f）A 点 EDS；（g）B 点 EDS；（h）C 点 EDS；（i）D 点 EDS

化温度的升高，复合铁焦中铁氧化物逐渐被还原成金属铁，FeO 逐渐减少。当炭化温度达到 1100℃时，铁氧化物基本全部转化为金属铁。

E 炭化时间的影响

在铁矿粉配比 20%、烟煤 A 配比 60%、热压温度 200℃、炭化温度 1000℃的条件下，考察了炭化时间对复合铁焦抗压强度的影响，结果见图 3-32。当炭化时间由 1h 延长至 4h 时，复合铁焦抗压强度由 3172N 提高到 3519N。当炭化时间由 4h 延长至 9h 时，复合铁焦抗压强度由 3519N 降低至 2473N。因此，适宜的炭化时间为 4h 左右。

不同炭化时间下复合铁焦微观结构见图 3-33。随着炭化时间延长，复合铁焦的焦化程度逐渐提高，且金属铁增多，强化碳基质。因此，在炭化时间 1～4h

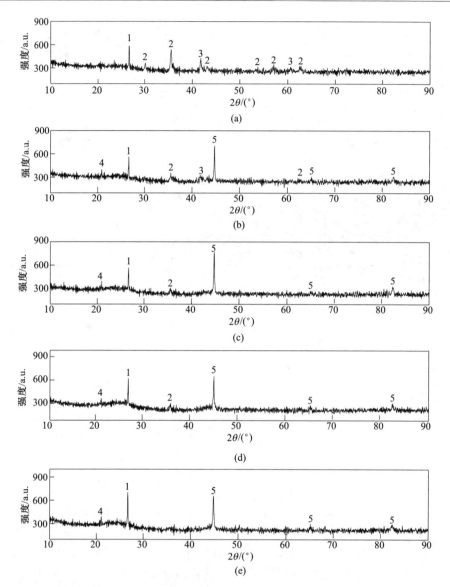

图 3-31 不同炭化温度条件下复合铁焦的物相组成
(a) 炭化温度 700℃；(b) 炭化温度 800℃；(c) 炭化温度 900℃；
(d) 炭化温度 1000℃；(e) 炭化温度 1100℃
1—C；2—Fe_3O_3；3—FeO；4—SiO_2；5—Fe

内，复合铁焦抗压强度不断提高，此时炭化失重率也逐渐增加，见图 3-34。但当炭化时间过长时，铁氧化物的还原将消耗较多的碳，产生较多的气孔，且时间越长，气孔越多，见图 3-33（e）。因此，当炭化时间超过 5h 后，抗压强度逐渐降低。

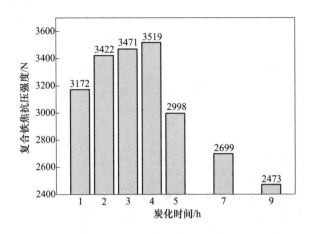

图 3-32　炭化时间对复合铁焦抗压强度的影响

另外，炭化时间 3h 和 9h 时，复合铁焦物相组成见图 3-35。当炭化时间为 3h 时，复合铁焦主要由 C、Fe、SiO_2 和少量的 Fe_3O_4 等物相组成。当炭化时间延长至 9h 时，碳和金属铁的衍射峰强度相对增强，SiO_2 衍射峰强度降低，这主要是由于延长炭化时间后，铁氧化物的还原进一步增多。

通过以上结果和分析可知，热压型复合铁焦制备工艺中，适宜的铁矿粉配比为 15% 左右，烟煤 A 配比在 60% 以上，热压温度为 300~350℃，炭化温度为 1000~1100℃，炭化时间为 4h。

3.2.1.4　热压型复合铁焦制备工艺优化

A　极差分析

在单因素实验基础上，采用正交法优化复合铁焦制备工艺。以铁矿粉配比、烟煤 A 配比、热压温度、炭化温度和炭化时间为自变量，分别用 A、B、C、D、E 表示，以复合铁焦抗压强度（用 Y 表示）为因变量。复合铁焦制备工艺优化实验结果与极差分析见表 3-24。极差 R 表示各因素对复合铁焦抗压强度的影响程度，R 值越大，因素主次级别越高。由表可知，各影响因素极差大小顺序为 $R_C > R_B > R_D > R_E > R_A$。因此，在本实验中，热压温度是影响复合铁焦抗压强度的主要因素，而铁矿粉配比是影响复合铁焦抗压强度的次要因素。另外，各因素水平对复合铁焦抗压强度影响大小见图 3-36。各因素水平对复合铁焦抗压强度呈现不同的影响规律。为使复合铁焦抗压强度取得最大值，铁矿粉配比应选取 A_4 水平，同理，其他因素水平分别为 B_4、C_5、D_5 和 E_4。因此，由极差分析确定的复合铁焦抗压强度优化工艺条件为 $A_4B_4C_5D_5E_4$，即铁矿粉配比为 15%、烟煤 A 配比为 65%、热压温度为 350℃、炭化温度为 1100℃、炭化时间为 4h。

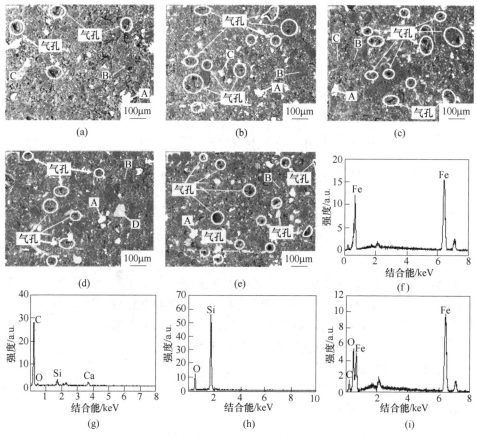

图 3-33　不同炭化时间条件下复合铁焦的微观结构

（a）炭化时间 1h；（b）炭化时间 2h；（c）炭化时间 3h；（d）炭化时间 4h；（e）炭化时间 5h；
（f）A 点 EDS；（g）B 点 EDS；（h）C 点 EDS；（i）D 点 EDS

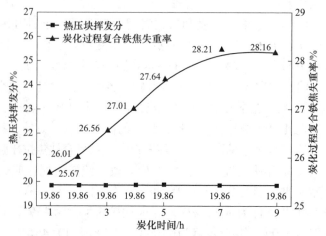

图 3-34　不同炭化时间条件下热压块挥发分和炭化过程复合铁焦失重率

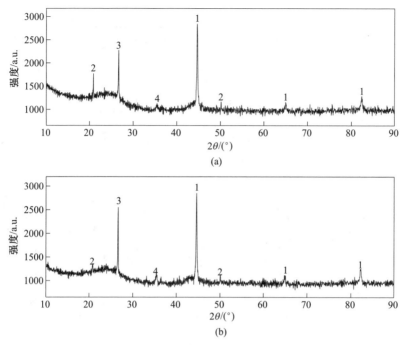

图 3-35 不同炭化时间条件下复合铁焦物相组成

（a）炭化时间 3h；（b）炭化时间 9h

1—Fe；2—SiO$_2$；3—C；4—FeO

表 3-24 正交实验结果与极差分析

编号	铁矿粉配比/%	烟煤 A 配比/%	热压温度/℃	炭化温度/℃	炭化时间/h	抗压强度/N
28 号	0	50	150	700	1	1582
29 号	0	55	200	800	2	1919
30 号	0	60	250	900	3	3179
31 号	0	65	300	1000	4	4876
32 号	0	70	350	1100	5	4564
33 号	5	50	200	900	4	1739
34 号	5	55	250	1000	5	3035
35 号	5	60	300	1100	1	4577
36 号	5	65	350	700	2	3711
37 号	5	70	150	800	3	2824
38 号	10	50	250	1100	2	2793
39 号	10	55	300	700	3	3094
40 号	10	60	350	800	4	4258

编号	铁矿粉配比/%	烟煤 A 配比/%	热压温度/℃	炭化温度/℃	炭化时间/h	抗压强度/N
41 号	10	65	150	900	5	2740
42 号	10	70	200	1000	1	3503
43 号	15	50	300	800	5	3139
44 号	15	55	350	900	1	4248
45 号	15	60	150	1000	2	2422
46 号	15	65	200	1100	3	4006
47 号	15	70	250	700	4	3742
48 号	20	50	350	1000	3	3951
49 号	20	55	150	1100	4	2458
50 号	20	60	200	700	5	3551
51 号	20	65	250	800	1	3126
52 号	20	70	300	900	2	2246
K_1	16120	13204	12026	15680	17036	
K_2	15886	14754	14718	15266	13091	
K_3	16388	17987	15875	14152	17054	
K_4	17557	18459	17932	17787	17073	
K_5	15332	16879	20732	18398	17029	
$K_1/5$	3224	2641	2405	3136	3407	$T = 81283℃$
$K_2/5$	3177	2951	2944	3053	2618	
$K_3/5$	3278	3597	3175	2830	3411	
$K_4/5$	3511	3692	3586	3557	3415	
$K_5/5$	3066	3376	4146	3680	3406	
R	445	1051	1741	849	796	

B　优化工艺条件的确定与验证

由极差分析和方差分析获得的优化条件为 $A_4B_4C_5D_5E_4$。而此优化条件并不在表 3-24 中展示的 25 组实验中，因此需要进行验证。在实验室条件下，按照优化组合 $A_4B_4C_5D_5E_4$ 制备复合铁焦，抗压强度达到 5548N，明显高于表 3-24 的最高指标，从而证实了极差分析和方差分析的正确性。

由单因素实验和正交实验确定的热压型复合铁焦制备工艺优化条件为：将15%铁矿粉、65%烟煤 A 和 20%无烟煤混合后，在 350℃进行压块成型获得热压块，再将热压块在 1100℃下炭化 4h。此外，由单因素实验和正交实验结果可知，将矿煤混合物在 300℃热压成型，并将热压块在 1000℃进行炭化处理，获得的复

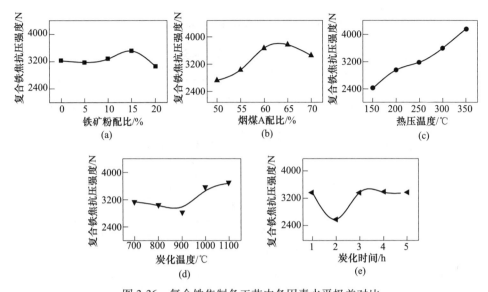

图 3-36 复合铁焦制备工艺中各因素水平极差对比

(a) 铁矿粉配比; (b) 烟煤 A 配比; (c) 热压温度; (d) 炭化温度; (e) 炭化时间

合铁焦抗压强度也可达到 4000N 以上, 满足高炉冶炼要求[33]。从生产实际考虑, 降低热压温度和炭化温度能够降低能耗和生产成本、延长设备使用寿命和改善工作环境。选取优化组合条件 $A_4B_4C_4D_4E_4$, 在此条件下, 制备的复合铁焦炭化前抗压强度为 736N, 炭化后抗压强度达到 5049N。其外部形貌见图 3-37, 工业分析见表 3-25。由表可知, 复合铁焦固定碳质量分数为 74.87%, 金属铁质量分数为 11.10%, 金属化率达到 75.72%。因此, 从实验结果和生产实际出发, 最终确定复合铁焦制备工艺优化条件为铁矿粉配比 15%、烟煤 A 配比 65%、热压温度 300℃、炭化温度 1000℃、炭化时间 4h。

图 3-37 实验室优化条件下制备的复合铁焦

C 优化条件下热压型复合铁焦的冶金性能

参照国标《焦炭反应性及反应后强度试验方法》(GB/T 4000—2017)[30], 测定优化条件下复合铁焦的反应性和反应后强度, 并与传统焦炭进行对比。反应性指数 (Reactivity, R_1) 是气化反应损失的复合铁焦或焦炭质量占反应前复合铁

表 3-25　优化条件下制备的热压型复合铁焦的工业分析　　（质量分数,%）

固定碳	灰分	TFe	MFe	CaO	SiO₂	MgO	Al₂O₃	P	Sₜ
74. 87	9. 52	14. 66	11. 10	0. 74	5. 53	0. 57	2. 68	0. 02	0. 24

焦或焦炭总质量的百分数，即表观失重率，按式（3-16）计算；反应后强度（Post-reaction strength，PRS）是 I 型转鼓后大于 10mm 的复合铁焦或焦炭占气化反应后剩余复合铁焦或焦炭的质量分数，其大小按式（3-17）计算：

$$R_1 = \frac{m_0 - m_1}{m_0} \times 100\% \tag{3-16}$$

$$PRS = \frac{m_2}{m_1} \times 100\% \tag{3-17}$$

式中　m_0——复合铁焦或焦炭反应前质量，g；

　　　m_1——反应后剩余复合铁焦或焦炭质量，g；

　　　m_2——转鼓后大于 10mm 的复合铁焦或焦炭质量，g。

图 3-38 给出了热压型复合铁焦和焦炭的反应性和反应后强度。可知，复合铁焦的反应性指数达 62.41%，反应后强度为 10.65%。与传统焦炭相比，在金属铁的催化作用下[9]，复合铁焦的反应性明显提高。但是，反应后强度呈现较低水平。综合之前优化条件下复合铁焦的抗压强度和金属化率，得到优化条件下复合铁焦的冶金性能，见表 3-26。

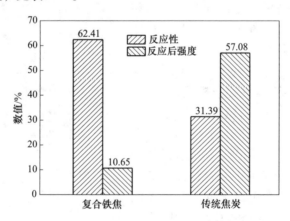

图 3-38　热压型复合铁焦和焦炭反应性 R_1 和反应后强度 PRS

表 3-26　优化条件下热压型复合铁焦的冶金性能

炭化前抗压强度/N	炭化后抗压强度/N	反应性/%	反应后强度/%	金属化率/%
736	5049	62. 41	10. 65	75. 72

高炉料层透气性对高炉冶炼稳定顺行至关重要。复合铁焦作为一种新型碳铁复合炉料，不仅需保证其冷态强度，还需具有高反应性和反应后强度。经抗压强度优化，复合铁焦冷态抗压强度处于较高水平，反应性较高，而反应后强度较低，这种复合铁焦进入高炉后可能会对透气透液性产生不良影响。因此，需对复合铁焦冶金性能协同优化。

3.2.2 热压型复合铁焦冶金性能优化技术

3.2.2.1 实验原料

实验原料包括铁矿粉和煤粉。铁矿粉包括铁矿 A 和 B，其化学成分见表3-27。铁矿 A 和 B 全铁品位分别为 66.69% 和 64.28%，氧化亚铁质量分数分别为26.40% 和 7.86%。铁矿 A 和 B 的物相组成见图3-39。可知，铁矿 A 主要物相为 Fe_3O_4，铁矿 B 主要物相是 Fe_2O_3，并含有少量的 Fe_3O_4。

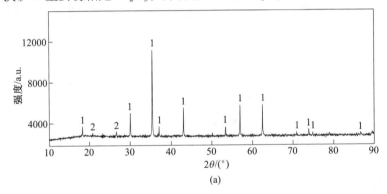

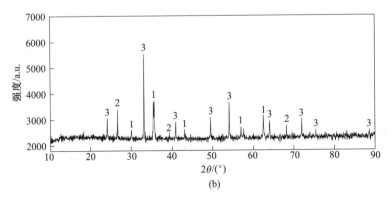

图 3-39　实验用铁矿 A 和铁矿 B 物相组成

（a）铁矿 A；（b）铁矿 B

1—Fe_3O_4；2—SiO_2；3—Fe_2O_3

表 3-27　铁矿粉化学成分　　　　　（质量分数，%）

铁矿粉	TFe	FeO	SiO₂	CaO	Al₂O₃	MgO
铁矿 A	66.69	26.40	5.31	0.18	0.31	1.80
铁矿 B	64.28	7.86	2.85	0.07	0.06	0.35

　　煤粉包括烟煤 A、B、C 和无烟煤，工业分析见表 3-28。四种煤的灰分中均含有少量氧化铁。三种烟煤特性见表 3-29。铁矿 A 和 B 保持原始粒度，而煤进行粉碎处理。铁矿粉和煤粉的粒度分布见表 3-30，粒度小于 0.074mm 的粒级均占 80% 以上。

表 3-28　实验用煤的工业分析　　　　　（%）

煤种	FC_{ad}	A_{ad}	V_{ad}	M_{ad}	$S_{t,ad}$	灰分化学成分（质量分数）				
						CaO	SiO₂	MgO	Al₂O₃	Fe₂O₃
烟煤 A	61.52	8.75	28.25	1.48	0.12	8.13	40.03	2.46	27.85	9.94
烟煤 B	72.77	9.45	16.26	1.52	1.54	1.59	49.68	0.49	39.31	3.93
烟煤 C	77.91	9.48	11.38	1.23	1.23	3.77	45.96	0.93	33.51	8.40
无烟煤	80.63	9.25	8.81	1.31	0.56	4.02	58.96	0.80	21.36	5.20

表 3-29　实验用烟煤的特性分析

烟煤	黏结指数	基式流动特性			
		开始软化温度/℃	最大流动度温度/℃	固化温度/℃	最大流动度/ddpm
A	83	416	453	485	300
B	75	430	472	495	30
C	12				

表 3-30　实验原料的粒度分布

粒度范围 /μm	粒度分布/%					
	<1.91	1.91~10.0	10.0~45.7	45.7~79.4	79.4~158.5	>158.5
铁矿 A	2.21	20.24	57.79	13.94	4.62	1.20
铁矿 B	1.73	12.56	49.11	19.29	15.52	1.79
烟煤 A	9.9	30.93	40.01	11.78	6.68	0.70
烟煤 B	2.65	31.58	65.77	0.00	0.00	0.00
烟煤 C	3.74	28.17	65.80	0.49	1.8	0.00
无烟煤	8.66	31.70	43.88	10.32	5.35	0.09

3.2.2.2　实验方案与方法

A　实验方案

配煤优化复合铁焦冶金性能的实验方案见表 3-31。实验 1 号~5 号是采用烟煤 B 优化复合铁焦冶金性能，考察不同烟煤 B 配比条件下复合铁焦冶金性能的演变规律。实验 6 号~10 号是采用烟煤 C 优化复合铁焦冶金性能，考察不同烟煤 C 配比条件下复合铁焦冶金性能的演变规律。为消除铁矿粉对复合铁焦冶金性能的影响，实验过程中铁矿 A 配比保持不变。另外，其他实验条件保持不变，即热压温度为 300℃，炭化温度为 1000℃，炭化时间为 4h，炭化过程升温速率为 3℃/min。

表 3-31 配煤优化复合铁焦冶金性能实验方案 （质量分数，%）

编号	铁矿 A 配比	煤粉配比			
		烟煤 A	烟煤 B	烟煤 C	无烟煤
1 号	15	65	0	0	20
2 号	15	60	5	0	20
3 号	15	55	10	0	20
4 号	15	50	15	0	20
5 号	15	45	20	0	20
6 号	15	65	0	0	20
7 号	15	60	0	5	20
8 号	15	55	0	10	20
9 号	15	50	0	15	20
10 号	15	45	0	20	20

在配煤优化的基础上，采用配矿优化复合铁焦冶金性能，实验方案见表 3-32。实验 11 号~15 号是研究铁矿 A 对复合铁焦冶金性能的影响规律，实验 16 号~20 号是考察铁矿 B 对复合铁焦冶金性能的影响规律，通过配矿优化研究最终确定复合铁焦制备工艺参数。实验过程中，当铁矿粉配比增加时，混合煤中各组分质量分数同比例降低。

表 3-32 配矿优化复合铁焦冶金性能实验方案 （质量分数，%）

编号	铁矿 A 配比	铁矿 B 配比	煤粉配比		
			烟煤 A	烟煤 C	无烟煤
11 号	0.00	0.00	64.71	11.76	23.53
12 号	5.00	0.00	61.47	11.18	22.35
13 号	10.00	0.00	58.24	10.59	21.18
14 号	15.00	0.00	55.00	10.00	20.00
15 号	20.00	0.00	51.76	9.41	18.82
16 号	0.00	0.00	64.71	11.76	23.53
17 号	0.00	5.00	61.47	11.18	22.35
18 号	0.00	10.00	58.24	10.59	21.18
19 号	0.00	15.00	55.00	10.00	20.00
20 号	0.00	20.00	51.76	9.41	18.82

B　实验方法

复合铁焦转鼓强度采用 I 型转鼓（$\phi130mm \times L700mm$）进行检测。将 150g 左右的复合铁焦装入 I 型转鼓，以 20r/min 转速旋转 600r，然后用 10mm 圆孔筛筛分试样，取筛上物进行称量。用转鼓后大于 10mm 的复合铁焦占转鼓前复合铁焦的质量分数表征转鼓强度（I_{10}^{600}），按式（3-18）计算。

$$I_{10}^{600} = \frac{m_2}{m_1} \times 100\% \tag{3-18}$$

式中　m_1——转鼓前复合铁焦质量，g；

　　　　m_2——转鼓后大于 10mm 复合铁焦质量，g。

传统焦炭反应性指数由焦炭试样气化反应前后失重率来表征，见式（3-16）。对复合铁焦而言，铁矿粉的加入增加了其灰分含量，同时在气化反应过程中，金属铁会被 CO_2 气流氧化，导致试样增重（后文中将具体分析），而气化反应是失重过程，因此不宜采用失重率表征复合铁焦的反应性。为消除金属铁、铁氧化物和灰分对复合铁焦反应性指数的影响，采用式（3-19）计算复合铁焦的反应性指数，即修正反应性 R_2。复合铁焦反应后强度采用式（3-17）进行计算。

$$R_2 = \frac{m_1 \times [1 - w_1(A_{ad}) - w_1(Fe) - w_1(FeO_x)] - m_2 \times [1 - w_2(A_{ad}) - w_2(Fe) - w_2(FeO_x)]}{m_1 \times [1 - w_1(A_{ad}) - w_1(Fe) - w_1(FeO_x)]} \times 100\%$$

$$\tag{3-19}$$

式中　　　　m_1，m_2——复合铁焦反应前后的质量，g；

　　$w_1(A_{ad})$，$w_2(A_{ad})$——复合铁焦反应前后的灰分质量分数，%；

　　$w_1(Fe)$，$w_2(Fe)$——复合铁焦反应前后的金属铁质量分数，%；

　$w_1(FeO_x)$，$w_2(FeO_x)$——复合铁焦反应前后的铁氧化物质量分数，%。

复合铁焦气孔壁的光学组织对其冶金性能影响较大，尤其对高温冶金性能有直接影响。根据《焦炭光学组织的测定方法》（YB/T 077—2017）[31]，光学组织主要包括各向同性、细粒镶嵌状、中粒镶嵌状、粗粒镶嵌状、不完全纤维状、完全纤维状、片状、丝质及破片状、基础各向异性和热解炭。研究结果表明，各光学组织对焦炭反应性影响程度顺序为：各向同性 > 丝质及破片状 > 细粒镶嵌状 > 中粒镶嵌状 > 粗粒镶嵌状 > 纤维状 > 片状[32]。光学组织的各向异性程度可用光学组织指数（Optical texture index，OTI）表征，由式（3-20）计算。当光学组织指数较高时，焦炭石墨化程度较高，反应性较低[33]。

$$OTI = \sum OTI_i \times f_i \tag{3-20}$$

式中　f_i——各组织的质量分数，%；

　　OTI_i——各组织对应的赋值，见表 3-33[34]。

表 3-33　各光学组织的 *OTI* 值

组 织 类 别	符 号	*OTI* 值
各向同性组织	ISO	0
细粒镶嵌状组织	FM	1
中粒镶嵌状组织	MM	2
粗粒镶嵌状组织	CM	2
不完全纤维状组织	IF	3
完全纤维状组织	CF	3
片状组织	L	4
丝质及破片状组织	F	0
基础各向异性组织	B	0

矿煤压块在炭化过程中，随着温度的升高，煤颗粒芳香环上的侧链不断脱落分解，并进行缩合，最终形成气孔壁最基本的结构单元[35]，即碳的微晶结构。微晶结构可用 X 射线衍射峰进行表征。碳 002 峰代表芳香碳层片在空间的平行定向和方位定向的程度，此峰越陡，说明层片的定向程度越高。L_c 为芳香碳层片的堆积高度，可由 Scherrer 方程计算，见式（3-21），L_c 值越大，表明石墨化程度越高，反应性越低[36]。

$$L_c = \frac{0.89\lambda}{B \cdot \cos\theta} \tag{3-21}$$

式中　λ——X 射线的波长，取 0.154nm；

　　　B——X 射线 002 衍射峰的半高宽，mm；

　　　θ——002 衍射峰对应的布拉格衍射角，(°)。

3.2.2.3　配煤优化复合铁焦冶金性能

A　烟煤 B 对复合铁焦抗压强度的影响

在 15%铁矿 A 和 20%无烟煤条件下，考察了烟煤 B 配比对复合铁焦抗压强度的影响，结果见图 3-40。当烟煤 B 配比由 0 增加 20%时，复合铁焦的抗压强度由 5048N 增加到 5334N。

烟煤 B 的结焦性强于烟煤 A，加入烟煤 B 后混合煤的结焦性逐渐改善，炭化过程中颗粒间的结合力增强，从而提高复合铁焦的抗压强

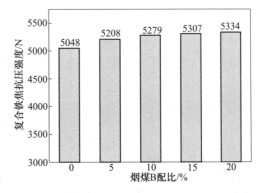

图 3-40　烟煤 B 配比对复合铁焦
抗压强度的影响

度。另外，由于烟煤 B 的挥发分含量低于烟煤 A，混合煤的挥发分含量随烟煤 B 配比的增加而降低，因而引起炭化过程中复合铁焦失重率的降低，见图 3-41。同时，因混合煤挥发分的降低还将导致热压块在炭化过程中析出的气体量减少，从而降低气孔率，减少裂纹，有利于提高复合铁焦的抗压强度，见图 3-42。

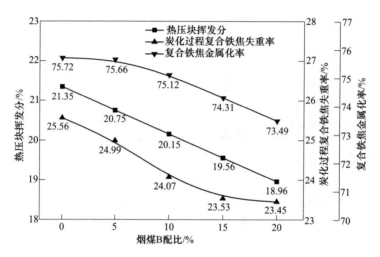

图 3-41　烟煤 B 配比对热压块挥发分和炭化过程
复合铁焦失重率及其金属化率的影响

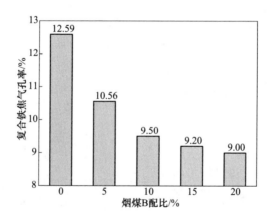

图 3-42　烟煤 B 配比对复合铁焦气孔率的影响

图 3-43 给出了不同烟煤 B 配比条件下复合铁焦微观结构。可知，随着烟煤 B 配比的增加，复合铁焦气孔和裂纹明显减少，结构逐渐致密。因此，加入烟煤 B 有利于提高复合铁焦的抗压强度。

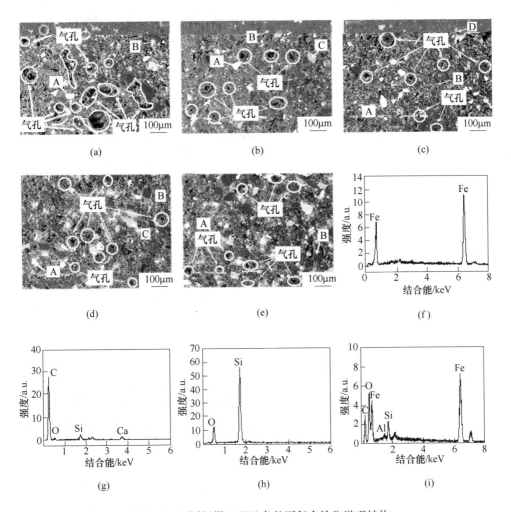

图 3-43 不同烟煤 B 配比条件下复合铁焦微观结构

（a）未添加烟煤 B；（b）烟煤 B 配比 5%；（c）烟煤 B 配比 10%；（d）烟煤 B 配比 15%；
（e）烟煤 B 配比 20%；（f）A 点 EDS；（g）B 点 EDS；（h）C 点 EDS；（i）D 点 EDS

B 烟煤 B 对复合铁焦反应性和反应后强度的影响

图 3-44 给出了不同烟煤 B 配比对复合铁焦反应性和反应后强度的影响。随着烟煤 B 配比的增加，复合铁焦反应性 R_1 和修正反应性 R_2 均先明显降低后缓慢降低，而反应后强度 PRS 先明显增加后缓慢增加。当烟煤 B 配比由 0 增加到 20% 时，复合铁焦反应性 R_1 由 62.41% 降低到 51.86%，修正反应性 R_2 由 77.05% 降低至 61.04%，反应后强度由 10.65% 提高到 44.28%。当烟煤 B 配比在 5% 左右时，修正反应性 R_2 为 63.64%，反应后强度为 39.11%，均处于相对较高水平。因此，加入烟煤 B 可优化复合铁焦反应性和反应后强度，适宜的烟煤 B 配

比为5%左右。复合铁焦在微观上由气孔、微裂纹和气孔壁组成。复合铁焦的反应性主要由气孔结构、微晶结构、光学组织和内部矿物组分共同决定。

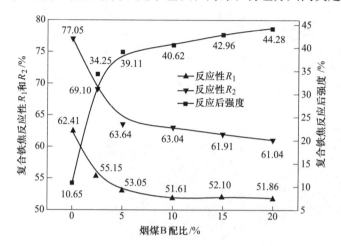

图3-44　不同烟煤B配比对复合铁焦反应性和反应后强度的影响

由图3-42可知，随着烟煤B配比的增加，复合铁焦气孔率逐渐降低，从而阻碍了气化反应时气体的扩散，进而影响复合铁焦的反应性，这是加入烟煤B后复合铁焦反应性降低的原因之一。

图3-45给出了不同烟煤B配比条件下复合铁焦的物相组成。可知，不同烟煤B配比条件下，复合铁焦物相主要由C、SiO_2、Fe和少量铁氧化物组成。混合煤中加入烟煤B后，复合铁焦物相组成变化不大，但复合铁焦的碳002峰呈现出一定的演变规律，见图3-46（图3-45虚线部分）。根据复合铁焦的碳微晶结构计算公式，获得不同烟煤B配比条件下复合铁焦的碳微晶尺寸，结果见图3-47。当烟煤B配比由0增加5%时，复合铁焦的碳微晶尺寸L_c由0.876nm明显增加至1.14nm；当烟煤B配比由5%增加至20%时，复合铁焦的碳微晶尺寸基本保持不变。碳微晶结构是复合铁焦气孔壁本质结构单元，碳微晶尺寸L_c越大，复合铁焦的反应性越低。混合煤中加入烟煤B后，碳微晶尺寸和反应性呈现相反的变化趋势，因此，加入烟煤B后碳微晶尺寸的演变规律是复合铁焦反应性和反应后强度变化的主要原因之一。

另外，不同烟煤B配比条件下复合铁焦光学组织指数的演变规律见图3-48。可知，随着烟煤B配比的增加，复合铁焦光学组织指数先明显增加后缓慢增加。当烟煤B配比由0增加至5%时，复合铁焦光学组织指数由21.4明显增加至29.2；当烟煤B配比由5%增加至20%时，复合铁焦光学组织指数由29.2缓慢增加至32.3。光学组织指数的增加表明加入烟煤B后复合铁焦石墨化程度提高，碳结构变大且致密程度提高，从而导致复合铁焦反应性的降低。

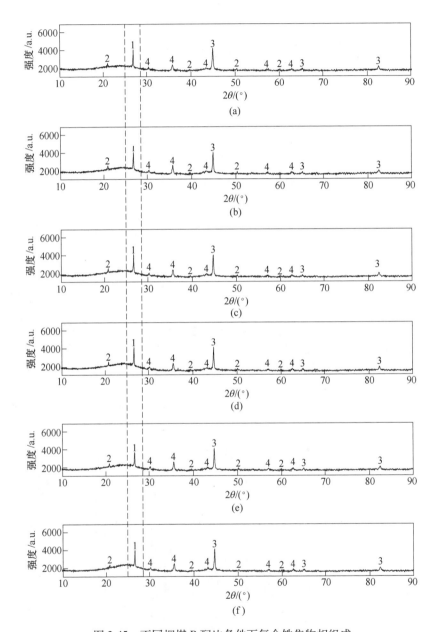

图 3-45 不同烟煤 B 配比条件下复合铁焦物相组成

(a) 未添加烟煤 B；(b) 2.5%；(c) 5%；(d) 10%；(e) 15%；(f) 20%

1—C；2—SiO$_2$；3—Fe；4—Fe$_3$O$_4$

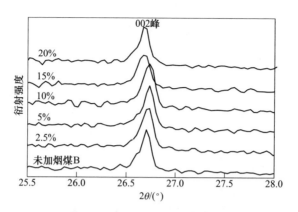

图 3-46   不同烟煤 B 配比条件下复合铁焦的碳 002 峰

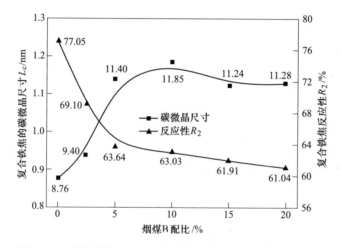

图 3-47   不同烟煤 B 配比条件下复合铁焦的碳微晶尺寸和 R_2

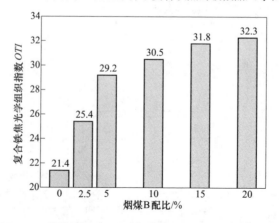

图 3-48   不同烟煤 B 配比对复合铁焦光学组织指数的影响

由以上分析可知，在添加烟煤B的情况下，复合铁焦反应性和反应后强度主要影响因素包括气孔结构、碳微晶结构和光学组织指数的影响，其中碳微晶结构是最本质影响。复合铁焦修正反应性R_2和反应后强度的关系见图3-49。可知，添加烟煤B条件下，随着复合铁焦反应性的增加，反应后强度呈现降低趋势，两者呈现良好的线性关系，相关系数约为0.944。

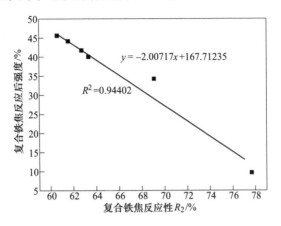

图3-49 不同烟煤B配比条件下复合铁焦的修正
反应性R_2和反应后强度的关系

C 烟煤C对复合铁焦抗压强度的影响

在铁矿A配比15%和无烟煤配比20%的条件下，考察了烟煤C配比对复合铁焦抗压强度和气孔率的影响，结果见图3-50。可知，随着烟煤C配比的增加，复合铁焦抗压强度呈现先增加后降低的趋势，但变化不大。当烟煤C配比由0增加至15%时，复合铁焦抗压强度由5048N略微提高至5123N；当烟煤C配比继续增加至20%时，复合铁焦抗压强度又略微降低至5102N。

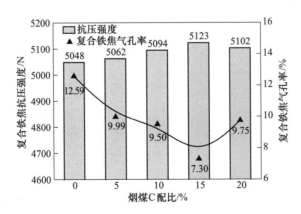

图3-50 不同烟煤C配比对复合铁焦抗压强度和气孔率的影响

　　复合铁焦抗压强度与其气孔率相关。随着烟煤 C 配比由 0 增加至 15%，复合铁焦气孔率由 12.59%降低至 7.30%，这主要是由于烟煤 C 的挥发分含量低于烟煤 A 的挥发分含量，混合煤中加入烟煤 C 后降低了热压块的挥发分，炭化过程析出的煤气量减少，复合铁焦炭化失重率逐渐降低，见图 3-51。气孔率的降低改善了复合铁焦内部结构，从而提高其抗压强度。但当烟煤 C 配比由 15%增加至 20%时，复合铁焦气孔率出现略微增加的趋势，这主要是由于此时铁氧化物的还原增多。气孔率的增加将导致复合铁焦抗压强度降低。此外，烟煤 C 的侧链短而少，在炭化过程中只表现收缩现象，可作为瘦化剂使用，起到骨架及缓和收缩应力的作用[37]，有利于改善抗压强度。

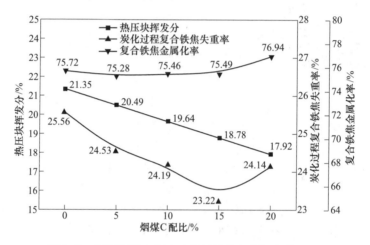

图 3-51　不同烟煤 C 配比对热压块挥发分和炭化过程
复合铁焦失重率及其金属化率的影响

　　图 3-52 给出了不同烟煤配比条件 C 下复合铁焦微观结构。当烟煤 C 配比不超过 15%时，随着烟煤 C 配比的增加，复合铁焦内部气孔逐渐减少，结构更加致密，这主要是由于热压块中挥发分含量逐渐降低；当烟煤 C 配比增加至 20%时，复合铁焦内部气孔稍有增多，这主要是由于铁矿还原增多，碳消耗增多，生成的气体也增多。

　　D　不同烟煤 C 配比对复合铁焦反应性和反应后强度的影响

　　不同烟煤 C 配比对复合铁焦反应性和反应后强度的影响见图 3-53。随着烟煤 C 配比的增加，复合铁焦反应性先降低后增加，而反应后强度先增加后降低。当烟煤 C 配比由 0 增加至 10%时，复合铁焦反应性 R_1 由 62.41%降低至 50.44%，修正反应性 R_2 由 77.05%降低至 63.00%，而反应后强度由 10.65%增加至 46.45%；当烟煤 C 配比由 10%增加至 20%时，复合铁焦反应性 R_1 由 50.44%增加至 55.46%，修正反应性 R_2 由 63.00%增加至 69.63%，而反应后强度由

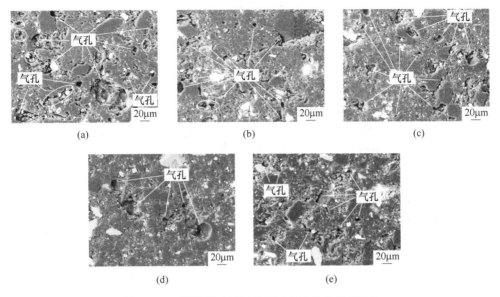

图 3-52　不同烟煤 C 配比条件下复合铁焦微观结构

（a）未加烟煤 C；（b）5%烟煤 C；（c）10%烟煤 C；（d）15%烟煤 C；（e）20%烟煤 C

46.45%降低至 38.87%。当烟煤 C 配比在 10%左右时，复合铁焦修正反应性 R_2 为 63.00%，反应后强度为 46.45%，处于相对较高水平。因此，混合煤中加入烟煤 C 显著优化复合铁焦反应性和反应后强度，适宜的烟煤 C 配比为 10%左右。由图 3-50 可知，复合铁焦气孔率随着烟煤 C 配比的增加先降低后增加。气孔率的降低阻碍了反应过程中气体的扩散，从而影响复合铁焦的反应性。但复合铁焦气孔率在烟煤 C 配比为 15%时取得较低值，而复合铁焦反应性在烟煤 C 配比

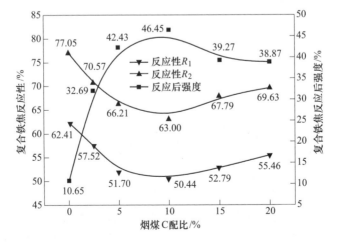

图 3-53　不同烟煤 C 配比对复合铁焦反应性和反应后强度的影响

10%左右获得较低值，这表明气孔率不是影响反应性的唯一因素。不同烟煤 C 配比条件下复合铁焦物相组成见图 3-54。随着烟煤 C 配比的增加，复合铁焦物相组成变化不大，主要包括 C、SiO_2、Fe 和少量铁氧化物。

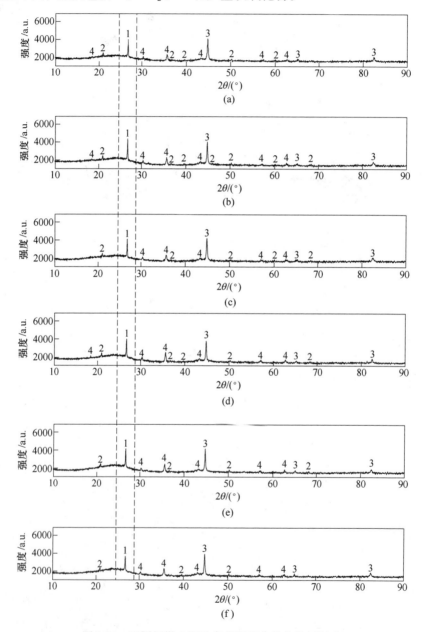

图 3-54　不同烟煤 C 配比条件下复合铁焦物相组成

(a) 未添加烟煤 C；(b) 2.5%；(c) 5%；(d) 10%；(e) 15%；(f) 20%

1—C；2—SiO_2；3—Fe；4—Fe_3O_4

将不同烟煤 C 配比条件下复合铁焦的碳 002 峰放大，见图 3-55。由式（3-21）计算不同烟煤 C 配比条件下复合铁焦的碳微晶尺寸，结果见图 3-56。当烟煤 C 配比由 0 增加 10% 时，复合铁焦的碳微晶尺寸 L_c 由 0.876nm 明显增加至 1.315nm；当烟煤 C 配比由 10% 继续增加至 20% 时，复合铁焦的碳微晶尺寸呈现降低趋势，由 1.315nm 降低至 1.054nm。混合煤中加入烟煤 C 后，复合铁焦的碳微晶尺寸的演变是其反应性和反应后强度变化的主要原因之一。

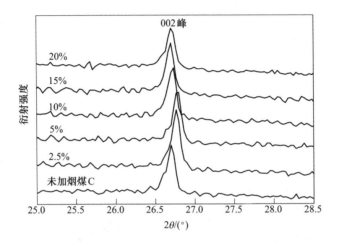

图 3-55 不同烟煤 C 配比条件下复合铁焦的碳 002 峰

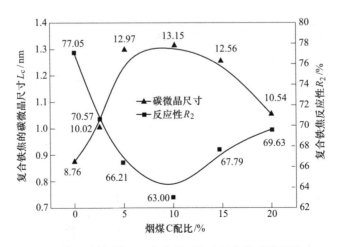

图 3-56 不同烟煤 C 配比条件下复合铁焦的碳微晶尺寸

另外，图 3-57 给出了不同烟煤 C 配比条件下复合铁焦光学组织指数的演变规律。可知，随着烟煤 C 配比的增加，复合铁焦光学组织指数先增加后降低。当烟煤 C 配比由 0 增加至 10%时，复合铁焦光学组织指数由 21.4 明显增加至 31.7；当烟煤 C 配比由 10%增加至 20%时，复合铁焦光学组织指数由 31.7 降低至 25.9。在烟煤 C 配比为 0~10%时，光学组织指数的增加表明复合铁焦石墨化程度提高，碳结构变大且致密程度提高，从而导致复合铁焦反应性降低；而烟煤 C 配比为 10%~20%时，光学组织指数的降低表明复合铁焦石墨化程度降低，结构疏松，从而导致复合铁焦反应性提高。

添加烟煤 C 的条件下，复合铁焦修正反应性 R_2 和反应后强度的关系见图 3-58。可知，添加烟煤 C 条件下，随着复合铁焦反应性的增加，反应后强度呈现降低趋势，两者呈现良好的线性关系，相关系数约为 0.905。

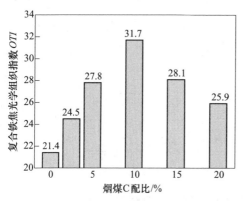
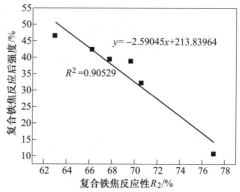

图 3-57　不同烟煤 C 配比对复合　　　　　　图 3-58　不同烟煤 C 配比条件下复合
铁焦光学组织指数的影响　　　　　　　　　　　铁焦 R_2 和 PRS 的关系

由上述配煤研究可以看出，烟煤 B 和烟煤 C 均可协同优化复合铁焦的抗压强度、反应性和反应后强度。混合煤中加入烟煤 B 和烟煤 C，通过影响复合铁焦的内部气孔结构、碳微晶结构和光学组织指数等优化复合铁焦的冶金性能。根据中国煤炭市场网数据，烟煤 B 的市场价高于烟煤 C 的市场价，因此最终采用烟煤 C 优化复合铁焦的冶金性能。从复合铁焦的抗压强度、反应性和反应后强度考虑，适宜的烟煤 C 配比为 10%左右，此时混合煤组成为 64.71%烟煤 A、11.76%烟煤 C 和 23.53%无烟煤。

3.2.2.4　配矿优化复合铁焦冶金性能

A　铁矿 A 对复合铁焦抗压强度的影响

不同铁矿 A 配比对复合铁焦抗压强度和气孔率的影响见图 3-59。当铁矿 A 配比由 0 增加 20%，复合铁焦的抗压强度由 5602N 降低到 4594N，气孔率逐渐增加。尽管热压块挥发分含量随铁矿 A 配比增加而降低，但炭化过程中铁矿的还原增多（见图 3-60），从而产生较多的气孔和裂纹，引起抗压强度降低。

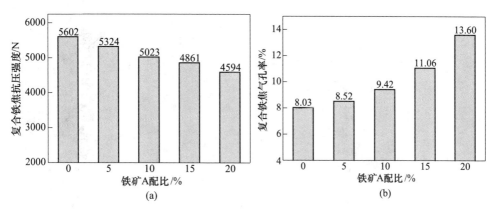

图 3-59 不同铁矿 A 配比对复合铁焦抗压强度和气孔率的影响

（a）抗压强度；（b）气孔率

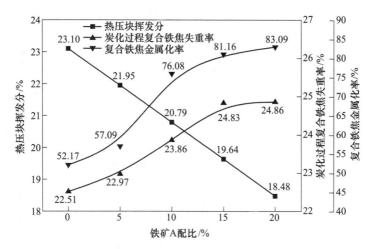

图 3-60 不同铁矿 A 配比对热压块挥发分和炭化过程
复合铁焦失重率及其金属化率的影响

不同铁矿 A 配比条件下复合铁焦微观结构见图 3-61。可知，当未加铁矿 A 时，炭化后复合铁焦内部产生少量气孔，结构致密。当添加 10% 铁矿 A 后，复合铁焦内部产生较多气孔，且气孔尺寸明显增大，气孔壁变薄，主要是由于铁氧化物的还原增多，这与不同铁矿粉配比条件下复合铁焦气孔率的演变规律一致。

B 铁矿 A 对复合铁焦反应性和反应后强度的影响

a 基于失重率的反应性和反应后强度

不同铁矿 A 配比对复合铁焦反应性 R_1 和反应后强度 PRS 的影响见图 3-62。

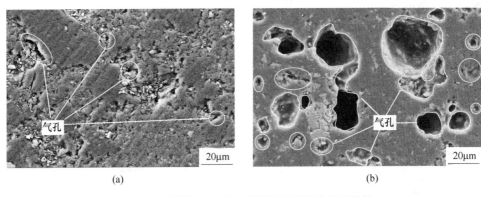

图 3-61　不同铁矿 A 配比条件下复合铁焦微观结构

(a) 未添加铁矿 A；(b) 10%铁矿 A

由图 3-62 (a) 可知，当铁矿 A 配比由 0 增加 20%时，复合铁焦反应性 R_1 由 46.74%增加至 51.99%，变化较小，尤其是当铁矿 A 配比为 5%~15%时。但是反应后强度明显降低，由 74.08%降低至 26.84%。从全范围看，铁矿 A 配比每增加 1%，复合铁焦反应性 R_1 平均提高 0.26%，而反应后强度 PRS 平均降低 2.36%。此外，由图 3-62 (b) 可知，反应性 R_1 与反应后强度 PRS 线性相关性很低，这表明采用表观失重率表征复合铁焦反应性不适合，以下将对这一现象进行分析。

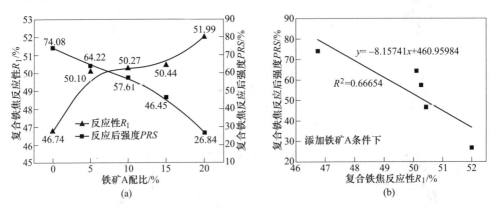

图 3-62　不同铁矿 A 配比条件下复合铁焦反应性 R_1 和反应后强度 PRS 及两者的关系

(a) 反应性 R_1 和反应后强度 PRS；(b) R_1 和 PRS 的关系

　　为阐明上述现象，对不同铁矿 A 配比条件下复合铁焦气化反应前后进行 X 射线衍射分析，结果见图 3-63。复合铁焦气化反应前主要物相包括 C、Fe、Fe_3O_4 和 SiO_2，且随着铁矿 A 配比的增加，金属铁的衍射峰逐渐增强，而碳的衍射峰逐渐减弱。气化反应后，复合铁焦的 Fe_3O_4 衍射峰消失，同时出现 FeO 和

Fe$_2$SiO$_4$ 物相，且随着铁矿 A 配比的增加，FeO 和 Fe$_2$SiO$_4$ 衍射峰逐渐增强，金属铁的衍射峰逐渐降低。在气化溶损反应过程中，FeO 相可能来源于 Fe$_3$O$_4$ 的还原反应或金属铁的氧化反应。由 XRD 分析可知，复合铁焦气化反应过程中发生了 Fe$_3$O$_4$ 的还原，但不能确定是否发生了金属铁的氧化反应。

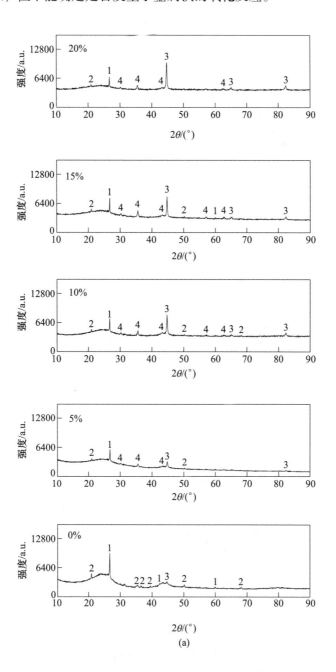

(a)

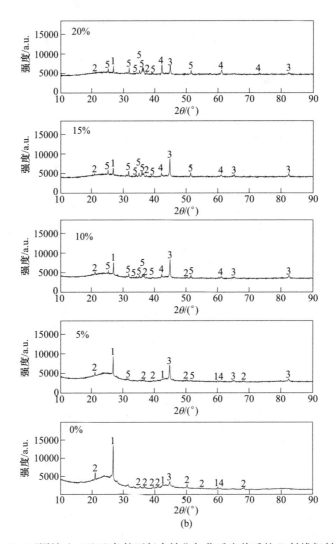

图 3-63　不同铁矿 A 配比条件下复合铁焦气化反应前后的 X 射线衍射分析

（a）气化反应前；（b）气化反应后

1—C；2—SiO_2；3—Fe；4—Fe_3O_4

　　为弄清复合铁焦气化过程是否发生金属铁的氧化反应，首先利用 Factsage 7.0 软件分析气化过程可能发生的反应，结果见图 3-64。可知，从热力学角度考虑，在复合铁焦气化反应过程中可能发生以下 4 个反应：

$$C + CO_2 \Longrightarrow 2CO \tag{3-22}$$

$$Fe + CO_2 \Longrightarrow FeO + CO \tag{3-23}$$

$$Fe_3O_4 + CO \Longrightarrow 3FeO + CO_2 \tag{3-24}$$

$$2FeO + SiO_2 \Longrightarrow 2FeO \cdot SiO_2 \tag{3-25}$$

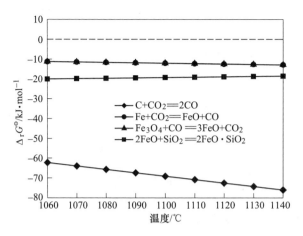

图 3-64　复合铁焦气化反应过程可能发生的反应

由 XRD 分析结果可确定，在复合铁焦气化过程中发生了反应式（3-22）、式（3-24）和式（3-25），其中反应式（3-22）和式（3-24）将导致复合铁焦失重。而反应式（3-23）将导致复合铁焦增重，这对采用表观失重率（R_1）来表征复合铁焦反应性产生严重影响。

为确认气化反应过程是否发生反应式（3-23），对气化反应前后复合铁焦进行化学分析，结果见图 3-65。与气化反应前相比，气化反应后复合铁焦金属化率明显降低，且随铁矿 A 配比的增加而降低更加明显。因此，可以确定在复合铁焦气化反应过程发生了金属铁的氧化反应，即反应式（3-23）。

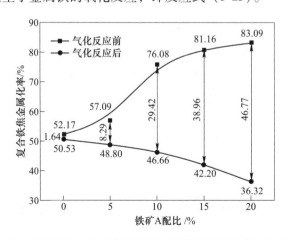

图 3-65　不同铁矿 A 配比条件下复合铁焦气化反应前后金属化率

图 3-66 给出了不同铁矿 A 配比条件下复合铁焦气化反应后的 SEM-EDS 分析结果。复合铁焦与 CO_2 反应后，复合铁焦外侧［见图 3-66（a）］产生了较多的小颗

粒、裂纹和气孔，而复合铁焦中心［见图3-66（b）］变化不大，这表明复合铁焦气化反应是由外向内逐层进行，反应界面位于复合铁焦的表面。同时，与添加10%铁矿A相比，添加20%铁矿A时复合铁焦被CO_2气流侵蚀得更为严重。由EDS分析可知，复合铁焦气化反应后产生了FeO，其主要来源于Fe_3O_4还原和Fe氧化。

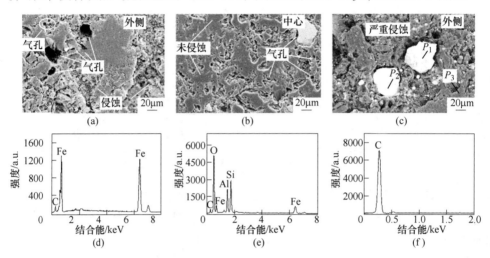

图3-66　不同铁矿A配比条件下复合铁焦气化反应后SEM-EDS分析结果

（a）添加10%铁矿A的复合铁焦外侧；（b）添加10%铁矿A的复合铁焦中心；

（c）添加20%铁矿A的复合铁焦外侧；（d）P_1点EDS；（e）P_2点EDS；（f）P_3点EDS

b　修正的反应性和反应后强度

为了消除金属铁、铁氧化物及灰分对复合铁焦气化反应的影响，需对复合铁焦反应性指数计算公式进行修正，提出修正公式R_2，见式（3-19）。由修正公式计算的不同铁矿A配比条件下复合铁焦修正反应性R_2和反应后强度PRS见图3-67。由图3-67（a）可知，随着铁矿A配比由0增加至20%，修正反应性R_2由48.22%增加至75.02%，反应后强度PRS由74.08%降低至26.84%，主要是由于金属铁的催化作用和气孔率的增加。因此，铁矿A配比每增加1%，R_2平均增加1.34%。另外，由图3-67（b）可以看出，随着修正反应性的增加，反应后强度逐渐降低，且两者存在良好的线性相关性，相关系数约为0.992，这表明对复合铁焦的反应性指数计算公式进行修正是合理的。

另外，不同铁矿A配比条件下复合铁焦光学组织指数的演变规律见图3-68。当铁矿A配比由0增加至20%时，复合铁焦光学组织指数由58.1降低至22.3，这表明加入铁矿A后复合铁焦石墨化程度降低，结构疏松，从而导致反应性提高。因此，添加铁矿A条件下，复合铁焦反应性的演变规律是金属铁含量、气孔率和光学组织指数共同作用的结果，从复合铁焦抗压强度、反应性和反应后强度角度考虑，适宜的铁矿A配比为15%左右。

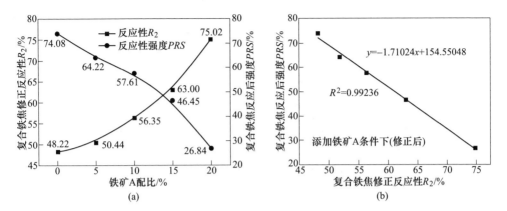

图 3-67 不同铁矿 A 配比条件下复合铁焦修正反应性 R_2 和反应后强度 PRS 及两者的关系

(a) 修正反应性 R_2 和反应后强度 PRS; (b) R_2 和 PRS 的关系

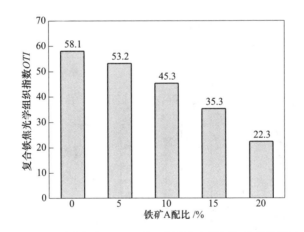

图 3-68 不同铁矿 A 配比对复合铁焦光学组织指数的影响

C 铁矿 B 对复合铁焦抗压强度和转鼓强度的影响

图 3-69 给出了不同铁矿 B 配比对热压块和复合铁焦抗压强度的影响。由图 3-69 可以看出，随着铁矿 B 配比由 0 增加至 20%，热压块抗压强度由 659N 增加至 849N，而复合铁焦抗压强度由 5602N 降低至 4689N，复合铁焦抗压强度远高于高炉冶炼对传统焦炭抗压强度的要求（2000N 以上）。热压过程中，煤粉颗粒经过软化熔融形成的胶质体包覆铁矿粉，且较细的铁矿粉颗粒和煤粉颗粒相互填充，从而强化热压块内部结构，提高其抗压强度。

图 3-70 给出了不同铁矿 B 配比条件下热压块和复合铁焦转鼓强度的演变规律。可以看出，随着铁矿 B 配比由 0 增加至 20%，热压块转鼓强度由 82.41% 降低至 79.73%，复合铁焦转鼓强度由 96.29% 降低至 95.87%，但两者变化很小，

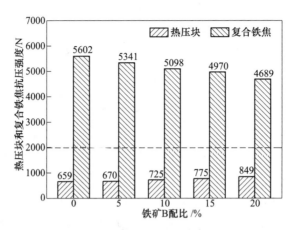

图 3-69　不同铁矿 B 配比对热压块和
复合铁焦抗压强度的影响

且均可保持在较高水平。铁矿粉属于惰性物质，混合煤中加入铁矿粉会降低膨胀
度，从而阻碍煤颗粒间的黏结，降低热压块和复合铁焦表面抵抗破损能力[27]，
转鼓强度降低。

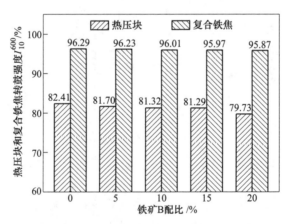

图 3-70　不同铁矿 B 配比对热压块和
复合铁焦转鼓强度的影响

　　此外，不同铁矿 B 配比对热压块和复合铁焦体积密度的影响见图 3-71。随着
铁矿 B 配比由 0 增加至 20%，热压块体积密度由 1270kg/m³ 提高至 1480kg/m³，
复合铁焦体积密度由 1410kg/m³ 增至 1640kg/m³。在矿煤成型过程中，热压块体
积保持不变。由于铁矿密度大于煤粉密度，因此随着铁矿 B 配比的增加，热压块
和复合铁焦密度逐渐增加。在炭化过程中，热压块的质量和体积均减小，但体积
减小速率快于质量减小速率，因此复合铁焦的密度大于热压块的密度。

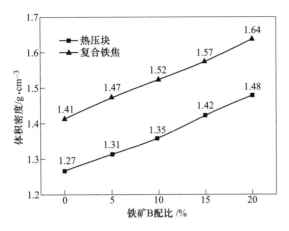

图 3-71 不同铁矿 B 配比对热压块和复合铁焦体积密度的影响

D 铁矿 B 对复合铁焦反应性和反应后强度的影响

不同铁矿 B 配比对复合铁焦反应性和反应后强度的影响见图 3-72。可知，当铁矿 B 配比由 0 增加至 20%时，复合铁焦反应性 R_1 呈现无规律变化，主要是由于复合铁焦气化反应过程存在金属铁的氧化反应。修正反应性 R_2 由 48.22%增加至 69.54%，而反应后强度 PRS 由 74.08%降低至 36.81%。因此，铁矿 B 配比每增加 1%，复合铁焦修正反应性 R_2 平均提高 1.07%，反应后强度 PRS 平均降低1.86%。适宜的铁矿 B 配比为 15%左右。另外，复合铁焦反应性 R_1 和修正反应性 R_2 与反应后强度的关系见图 3-73。由图 3-73（a）可知，R_1 与 PRS 无线性关系，这也表明采用表观失重率表征复合铁焦反应性指数不合理。由图 3-73（b）可知，R_2 与 PRS 表现出良好的线性关系，相关系数约为 0.953。

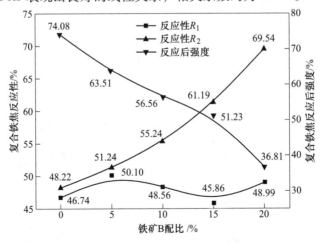

图 3-72 不同铁矿 B 配比对复合铁焦反应性和反应后强度的影响

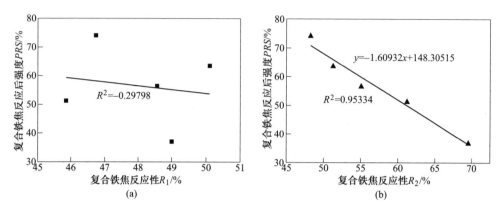

图 3-73　不同铁矿 B 配比条件下复合铁焦反应性和反应后强度 PRS 的关系

（a）反应性 R_1 与反应后强度的关系；（b）修正反应性 R_2 与反应后强度的关系

　　复合铁焦反应性与气孔结构、微观结构、光学组织和矿物组成等有关。不同铁矿 B 配比条件下复合铁焦气孔率的演变规律见图 3-74。随着铁矿 B 配比的增加，复合铁焦气孔率逐渐增加。混合煤中加入铁矿 B 后将导致热压块挥发分含量的降低，同时，炭化过程中铁氧化物可以被煤颗粒挥发出的还原性气体和碳还原，且复合铁焦金属化率随铁矿 B 配比的增加而提高，因此尽管热压块挥发分含量降低，但复合铁焦炭化失重率随铁矿 B 配比的增加而逐渐增加，见图 3-75，这将形成更多的气孔和裂纹，且复合铁焦逐渐由致密结构转变成疏松结构（见图 3-76）。气孔率的增加有利于气体的扩散，从而提高复合铁焦的反应性。

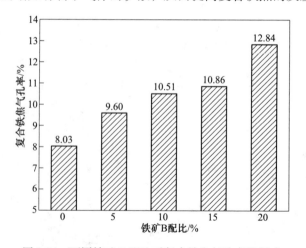

图 3-74　不同铁矿 B 配比对复合铁焦气孔率的影响

　　不同铁矿 B 配比对复合铁焦光学组织组成的影响列于表 3-34。随着铁矿 B 配比的增加，各向同性、细粒镶嵌和丝质及破片组织逐渐增多，而粗粒镶嵌、纤维

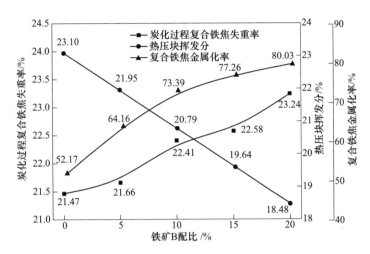

图 3-75　不同铁矿 B 配比对热压块挥发分和炭化过程
复合铁焦失重率及其金属化率的影响

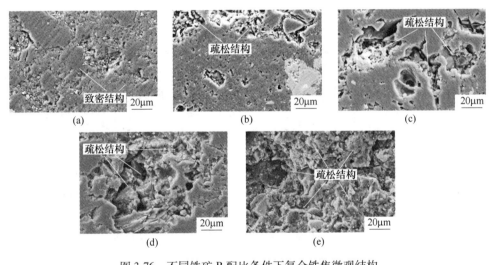

图 3-76　不同铁矿 B 配比条件下复合铁焦微观结构
（a）未加铁矿 B；（b）5%铁矿 B；（c）10%铁矿 B；（d）15%铁矿 B；（e）20%铁矿 B

状和片状组织逐渐减少，这表明铁矿 B 的加入促进了各向同性组织的形成。铁矿粉的加入会降低混合煤的膨胀性，不利于碳网结构的形成，因此粗粒镶嵌组织减少，从而导致复合铁焦强度的降低。另外，不同铁矿 B 配比条件下复合铁焦光学组织指数见图 3-77。随着铁矿 B 配比由 0 增加至 20%，光学组织指数由 58.1 降低至 25.3，表明复合铁焦各向异性程度和石墨化程度逐渐降低，从而使复合铁焦的反应性逐渐提高。

表 3-34　不同铁矿 B 配比条件下复合铁焦光学组织组成　　　（%）

铁矿 B 配比	各向同性组织	细粒镶嵌组织	粗粒镶嵌组织	纤维状组织	片状组织	丝质及破片组织
0	76.5	0.9	12.5	5.8	3.7	0.6
5	77.3	1.7	11.9	4.9	3.1	1.1
10	79.3	2.2	11.2	3.2	2.6	1.5
15	80.9	2.8	10.2	1.4	2.2	2.5
20	82.3	3.6	8.9	0.5	0.6	4.1

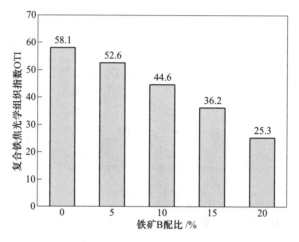

图 3-77　不同铁矿 B 配比对复合铁焦光学组织指数的影响

　　另外，金属铁和铁氧化物[9]对复合铁焦气化溶损反应有明显的催化作用。随着铁矿 B 配比的增加，复合铁焦中金属铁含量逐渐增多，对其气化反应的促进作用逐渐增强，从而提高复合铁焦的反应性。综合考虑复合铁焦冶金性能，适宜的铁矿 B 配比为 15% 左右。与铁矿 A 相比，添加铁矿 B 后复合铁焦的冶金性能更优，因此最终采用铁矿 B 制备复合铁焦。

　　E　优化条件下复合铁焦的微观结构及冶金性能

　　由以上实验结果可知，配煤配矿可有效优化复合铁焦的冶金性能。经配煤配矿优化后，复合铁焦制备优化工艺参数为：铁矿 B 配比 15%、烟煤 A 配比 55%、烟煤 C 配比 10%、无烟煤配比 20%、热压温度 300℃、炭化温度 1000℃、炭化时间 4h。优化条件下复合铁焦微观形貌及元素分布见图 3-78。可知，复合铁焦主要由碳、铁、氧、硅和硫等元素组成，其中碳以单质形式存在，铁以金属铁和铁氧化物形式弥散分布于复合铁焦碳基质中，硅以二氧化硅形式存在，硫含量较少。复合铁焦工业分析和冶金性能分别见表 3-35 和表 3-36。复合铁焦炭化前抗压强度为775N，炭化后抗压强度为4970N，转鼓强度为95.97%，反应性达到61.19%，反应后强度为51.23%，因此经配煤配矿优化后复合铁焦具有高强度和高反应性。

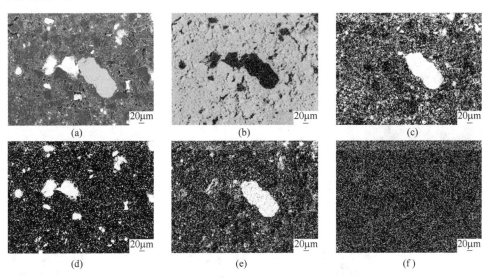

图3-78　配煤配矿优化后复合铁焦的微观结构及元素分布
（a）微观形貌；（b）C的分布；（c）Si的分布；（d）Fe的分布；（e）O的分布；（f）S的分布

表3-35　配煤配矿优化后复合铁焦的工业分析　　（质量分数,%）

工业分析			灰分的化学成分					
固定碳	挥发分	灰分	TFe	MFe	CaO	SiO$_2$	MgO	Al$_2$O$_3$
73.39	0.85	25.76	52.41	40.49	2.61	19.76	1.02	10.5

表3-36　配煤配矿优化后复合铁焦的冶金性能

抗压强度/N		转鼓强度/%	反应性/%	反应后强度/%	金属化率/%
炭化前	炭化后				
775	4970	95.97	61.19	51.23	77.26

3.2.2.5　复合铁焦冶金性能协同优化机制

　　复合铁焦的冶金性能主要包括冷态强度（抗压强度和转鼓强度）和高温冶金性能（反应性和反应后强度）。通过以上分析可知，在配煤配矿条件下，复合铁焦的冶金性能协同优化机制见图3-79。复合铁焦冶金性能主要影响因素包括气孔结构、微晶结构、光学组织和矿物组成等。复合铁焦冷态强度主要受气孔率、光学组织和矿物组成的影响。气孔率主要影响复合铁焦气孔壁的厚度，气孔率高导致气孔壁薄，从而降低复合铁焦的抗压强度。不同配煤和配矿条件下，炭化过程中复合铁焦表现出不同的膨胀性能和收缩性能，并产生不同的光学组织，主要影响复合铁焦的转鼓强度。铁矿粉的加入对混合煤的热解产生影响，形成不同的气孔结构，同时金属铁对碳基质有明显的强化作用。另外，较高的抗压强度可在一定程度上提高复合铁焦的转鼓强度。

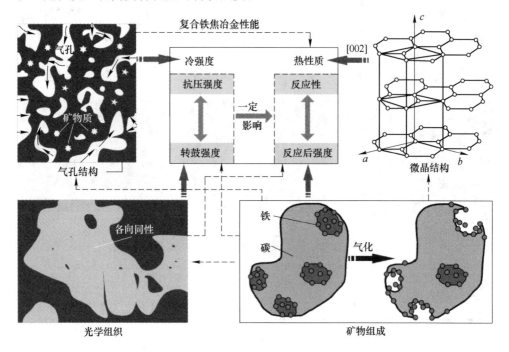

图 3-79　复合铁焦的冶金性能优化机制

　　复合铁焦高温冶金性能与气孔结构、微晶结构、光学组织和矿物组成均有关。气孔率的大小将影响气相在复合铁焦内部的扩散行为，进而影响反应性。微晶结构是复合铁焦气孔壁最本质的结构单元，较高的微晶尺寸说明复合铁焦石墨化程度高，且微晶单元大，表现出低反应性。光学组织对复合铁焦高温冶金性能有重要影响，较高的光学组织指数表明复合铁焦各向异性程度较高，反应性较低。另外，铁矿粉的加入改变了复合铁焦的矿物组成，金属铁或铁氧化物对复合铁焦气化反应有明显的催化作用。金属铁含量的增加可强化催化作用，从而提高复合铁焦的反应性。从复合铁焦高温冶金性能角度考虑，矿物组成是其主要影响因素。复合铁焦反应性和反应后强度表现出明显的负线性相关，较高的反应性对应着较低的反应后强度。此外，由实验结果和理论分析，复合铁焦冷态强度对其高温冶金性能有一定的影响，较高的冷强度在一定程度可表现出较高的反应后强度。

3.2.3 复合铁焦高温冶金性能评价

3.2.3.1 实验原料

实验原料主要有复合铁焦和焦炭。在不同铁矿 B 配比条件下制备复合铁焦，焦炭来自某钢铁厂。复合铁焦和焦炭的工业分析结果分别见表 3-37 和表 3-38。

表 3-37 不同铁矿 B 配比条件下制备的复合铁焦工业分析 （质量分数，%）

铁矿配比	固定碳	挥发分	灰分	TFe	MFe	金属化率	CaO	SiO$_2$	MgO	Al$_2$O$_3$
0	85.94	1.88	12.18	1.02	0.53	51.96	0.75	5.17	0.21	3.08
5	78.31	1.54	17.15	5.12	3.28	64.06	0.72	5.11	0.22	2.93
10	77.06	1.20	21.73	10.05	7.45	74.13	0.69	5.08	0.24	2.81
15	73.39	0.85	25.76	13.5	10.43	77.26	0.67	5.09	0.26	2.66
20	70.63	0.48	28.89	17.68	14.15	80.03	0.63	4.98	0.27	2.53

表 3-38 实验用焦炭的工业分析 （质量分数，%）

固定碳	灰分	挥发分	CaO	SiO$_2$	MgO	Al$_2$O$_3$	TFe
83.37	13.03	3.60	0.62	6.28	0.13	3.62	0.79

3.2.3.2 实验方法及方案

针对不同铁矿粉配比条件下制备的复合铁焦，参照国标 GB/T 4000—2017，测定铁焦的反应性和反应后强度。反应性用式（3-19）计算，并记为 R_{GB}。反应后强度用式（3-17）进行计算，并记为 PRS（CO_2，1100℃，120min）。

其次，将含不同铁矿的复合铁焦和焦炭与 CO_2 或 CO_2/CO 之比为 1/1（摩尔比，下同）两种气氛在 1100℃下反应，当试样失重率达到 20% 时停止反应，然后进行 I 型转鼓实验，获得复合铁焦和焦炭固定失重率反应后强度，分别记为 PRS（20%，CO_2，1100℃）和 PRS（20%，$CO_2/CO = 1/1$，1100℃）。此外，在以上两种气氛条件下研究不同失重率时复合铁焦和焦炭的反应后强度。

高炉冶炼是非等温过程，且炉内煤气成分不断变化。采用三种模拟条件[38]研究复合铁焦和焦炭的高温冶金性能，实验条件见表 3-39。采用碳转化率表征复合铁焦和焦炭的反应性，记为 R_{SBF}（Reactivity under simulating BF condition），并用式（3-26）计算，反应后强度用 PRS_{SBF}（Post-reaction strength under simulating BF condition）表示，用式（3-17）计算。

$$R_{SBF} = \frac{m_0 \times w_{C_0} - m_1 \times w_{C_1}}{m_0 \times w_{C_0}} \times 100\% \qquad (3-26)$$

式中　m_0，m_1——复合铁焦反应前后的质量，g；

　　　w_{C_0}，w_{C_1}——复合铁焦反应前后碳的质量分数，%。

表 3-39　三种模拟高炉冶炼的实验条件

模拟条件	温度 /℃	升温速率 /℃·min⁻¹	气体组成和流量			
			CO_2/%	CO/%	N_2/%	流量/L·min⁻¹
第Ⅰ种	室温~400	10	0	0	100	3
	400~900	10	20	20	60	5
	900~1020	3	0	30	70	5
	1020~1500	5	0	30	70	5
第Ⅱ种	室温~800	10	50	50	0	5
	800~900	10	40	60	0	5
	900~1000	3	30	70	0	5
	1000~1100	3	20	80	0	5
	1100~1200	3	10	90	0	5
第Ⅲ种	室温~800	10	0	0	100	3
	800~1150	2	12.5	0	87.5	4
	1150~1150	0（19min）	75	0	25	4
	1150~1200	2	12.5	0	87.5	4
	1200~1300	5	12.5	0	87.5	4
	1300~1350	5	75	0	25	4

3.2.3.3　国标法评价复合铁焦高温冶金性能

采用国标法测得的不同铁矿粉配比条件下复合铁焦的反应性和反应后强度见图 3-80。由图 3-80（a）可知，随着铁矿粉配比由 0 增加至 20%，复合铁焦反应性由 48.22% 增加至 69.54%，而反应后强度由 74.08% 降低至 36.81%。相同条件下，焦炭的反应性为 31.39%，反应后强度为 57.08%。如前所述，金属铁和铁氧化物对复合铁焦气化反应有催化作用，随着铁矿粉配比的增加，复合铁焦中金属铁含量逐渐增多（见图 3-81），因此反应性逐渐提高。另外，炭化过程中煤粉挥发分析出和铁氧化物的还原导致复合铁焦产生较多的气孔和裂纹，且数量随着铁矿配比的增加而增多，这有利于气化反应过程中气体的扩散，从而提高反应性。此外，由图 3-80（b）可知，随着复合铁焦反应性的增加，反应后强度逐渐降低，采用最小二乘法获得反应性和反应后强度的线性拟合方程，得式（3-27）。添加铁矿粉条件下，反应性每增加 1%，反应后强度降低 1.61%。

$$PRS(CO_2, 1100℃, 120min) = -1.60932R_{GB} + 148.30515 \qquad (3-27)$$

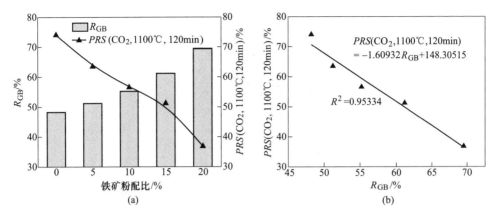

图 3-80 国标条件下复合铁焦的 R_{GB} 和 PRS（CO_2，1100℃，120min）及两者的关系

（a）反应性 R_{GB} 与反应后强度；（b）反应性 R_{GB} 与反应后强度的关系

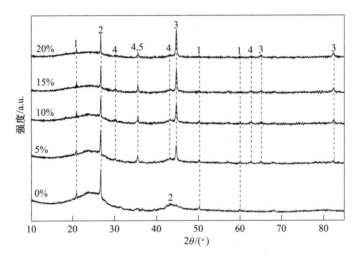

图 3-81 不同铁矿粉配比条件下复合铁焦反应前 X 射线衍射分析

1—SiO_2；2—C；3—Fe；4—Fe_3O_4；5—FeO

3.2.3.4 固定失重率法评价复合铁焦高温冶金性能

A CO_2 气氛条件下复合铁焦反应后强度

在 CO_2 气氛条件下，不同铁矿配比条件下制备的复合铁焦和焦炭气化反应过程失重率变化规律见图 3-82。在失重率小于 20% 的范围内，复合铁焦和焦炭失重率与反应时间近似呈线性关系，且复合铁焦失重率曲线位于焦炭失重率曲线上方，表明复合铁焦气化反应速率快于焦炭反应速率（见表 3-40）。随着铁矿粉配比的增加，复合铁焦反应速率逐渐加快，这主要是由于金属铁含量的增加提高了复合铁焦的反应性。

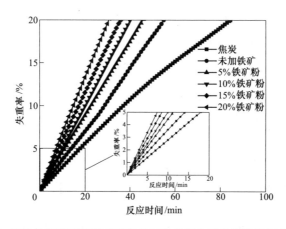

图 3-82　CO_2 气氛条件下不同铁矿粉配比制备的复合铁焦和焦炭气化反应失重率

表 3-40　CO_2 气氛条件下等失重率时复合铁焦和焦炭所需反应时间

失重率/%	焦炭/min	复合铁焦/min				
		未加铁矿粉	5%铁矿粉	10%铁矿粉	15%铁矿粉	20%铁矿粉
5	18.0	14.0	11.5	10.0	8.5	7.5
10	37.0	29.0	23.0	20.0	17.5	15.0
15	59.0	41.5	34.5	30.0	26.5	22.5
20	84.5	55.0	46.0	40.0	36.0	31.0

在 CO_2 气氛条件下复合铁焦和焦炭的固定 20% 失重率反应后强度 *PRS*（20%，CO_2，1100℃）演变规律见图 3-83。随着铁矿粉配比由 0 增加至 20%，复合铁焦的 *PRS*（20%，CO_2，1100℃）由 89.74% 逐渐降低至 75.93%；相同条件下，焦炭的固定失重率反应后强度为 73.41%，低于复合铁焦的反应后强度。由上面研究结果可知，铁矿 B 配比由 0 增加至 20% 时，复合铁焦的气孔率由 8.03% 增加至 12.84%，小于焦炭的气孔率。因此，复合铁焦具有高反应性和低气孔率的特征，气化反应首先发生在复合铁焦的表面，然后逐层向里推进。而对于焦炭而言，由于其低反应性和高气孔率，在外层和内部同时发生气化反应。添加 20% 铁矿粉的复合铁焦和焦炭气化反应后微观结构见图 3-84。由图 3-84（a）和（b）可知，焦炭气化反应后外层和内层差别不大，这表明焦炭内外层同时发生气化溶损反应，符合均匀反应模型。然而，由图 3-84（c）可以看出，复合铁焦气化反应后外层呈现明显的分层现象，而中心区域与反应前相比没有明显变化，见图 3-84（d）。EDS 分析结果显示，侵蚀层中区域 1 处碳的质量分数平均为 62.02%，而未侵蚀层中区域 2 处碳的质量分数平均为 83.87%，这也表明复合铁焦气化反应优先在其表面进行。因此，与焦炭相比，在相同失重率条件下，复合铁焦气化反应后内部仍能保持完整的核心，从而维持较高的反应后强度。

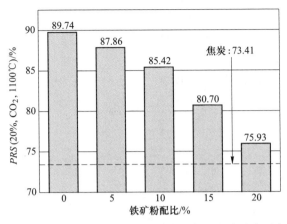

图 3-83 CO_2 气氛条件下复合铁焦和焦炭固定 20% 失重率反应后强度

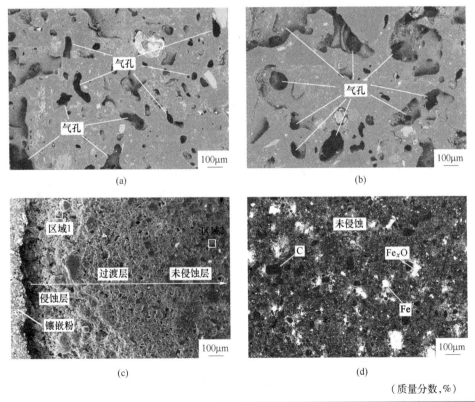

图 3-84 CO_2 气氛条件下复合铁焦和焦炭气化反应失重率为 20% 时的微观结构

（质量分数，%）

区域	C/%	O/%	Mg/%	Al/%	Si/%	S/%	Ca/%	Fe/%	∑/%
1	62.02	18.27	0.18	3.01	5.84	1.25	1.13	8.31	100.0
2	83.87	10.01	0.05	1.11	2.47	0.36	0.42	1.72	100.00

（a）焦炭外层；（b）焦炭中心；（c）复合铁焦外层；（d）复合铁焦中心

　　CO_2 气氛条件下气化反应失重率 20% 时复合铁焦的 XRD 分析结果见图 3-85。随着铁矿粉配比的增加，复合铁焦的碳衍射峰逐渐降低，金属铁衍射峰逐渐增强，且 FeO 含量逐渐增多。复合铁焦气化反应温度为 1100℃，在气化反应过程中，反应前复合铁焦中的少量 Fe_3O_4（见图 3-81）逐渐被还原成 FeO。

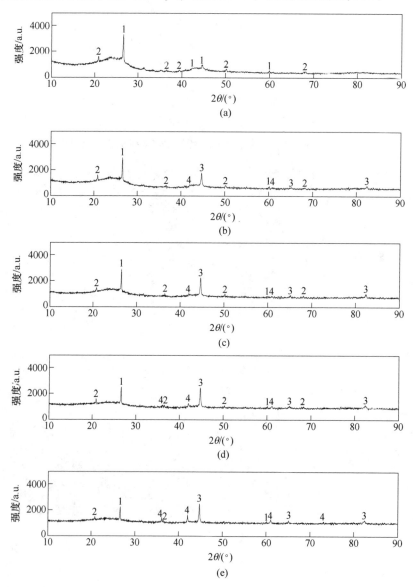

图 3-85　CO_2 气氛条件下气化反应失重率 20% 时
复合铁焦 X 射线衍射分析结果
（a）未添加铁矿粉；（b）5% 铁矿粉；（c）10% 铁矿粉；（d）15% 铁矿粉；（e）20% 铁矿粉
1—C；2—SiO_2；3—Fe；4—FeO

图 3-86 给出了复合铁焦 $PRS(20\%,\ CO_2,\ 1100℃)$ 与 R_{GB} 的关系。可以明显地看到，随着反应性的增加，复合铁焦固定失重率反应后强度逐渐降低，且两者具有良好的线性关系，见式（3-28）。因此，在 CO_2 气氛条件下，采用固定失重率反应后强度表征复合铁焦高温冶金性能时，反应性每增加 1%，固定失重率反应后强度降低 0.66%，低于国标法反应后强度降低的幅度。

$$PRS(20\%,\ CO_2,\ 1100℃) = -0.65955R_{GB} + 121.58149 \tag{3-28}$$

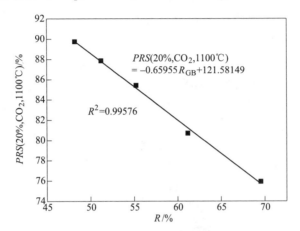

图 3-86　复合铁焦 $PRS(20\%,\ CO_2,\ 1100℃)$ 和 R_{GB} 的关系

复合铁焦 $PRS(20\%,\ CO_2,\ 1100℃)$ 和 $PRS(CO_2,\ 1100℃,\ 120min)$ 的关系见图 3-87。固定失重率反应后强度明显高于国标法反应后强度，这是由于复合铁焦和焦炭的反应性在 30%~70% 之间，高于 20%[39]。另外，随着铁矿粉配比由

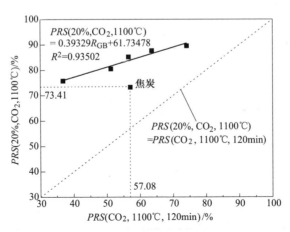

图 3-87　复合铁焦 $PRS(20\%,\ CO_2,\ 1100℃)$ 和
$PRS(CO_2,\ 1100℃,\ 120min)$ 的关系

0 增加至 20%，复合铁焦国标法反应后强度降低 37.27%，而固定失重率反应后强度降低 13.81%。此外，复合铁焦固定失重率反应后强度与国标法反应后强度线性关系见式（3-29）。

$$PRS(20\%, CO_2, 1100℃) = 0.39PRS(CO_2, 1100℃, 120min) + 61.73$$

$$(3-29)$$

B　$n(CO_2)/n(CO) = 1/1$ 气氛条件下复合铁焦反应后强度

图 3-88 给出了在 $n(CO_2)/n(CO) = 1/1$ 气氛条件下，复合铁焦和焦炭气化反应过程失重率。随着铁矿粉配比的增加，复合铁焦反应速率逐渐加快。另外，同一时间下复合铁焦失重率高于焦炭，表明复合铁焦气化反应速率高于焦炭。表 3-41 给出了复合铁焦和焦炭达到相同失重率时所需的时间。达到相同失重率时，复合铁焦所需时间少于焦炭，且铁矿粉配比越高，所需反应时间越少。

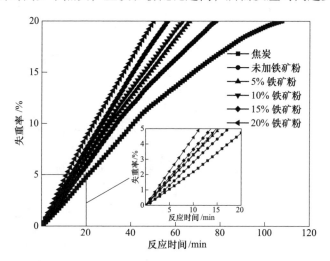

图 3-88　$n(CO_2)/n(CO) = 1/1$ 气氛条件下复合铁焦和焦炭气化反应失重率

表 3-41　$n(CO_2)/n(CO) = 1/1$ 气氛条件下
相同失重率时复合铁焦和焦炭所需反应时间

失重率/%	焦炭/min	复合铁焦/min				
		未加铁矿粉	5% 铁矿粉	10% 铁矿粉	15% 铁矿粉	20% 铁矿粉
5	21.5	17.5	16.0	15.0	14.0	11.5
10	41.5	33.5	31.5	29.5	27.0	23.5
15	68.0	54.0	48.5	46.0	41.0	36.5
20	107.6	78.0	66.0	63.0	56.0	50.0

复合铁焦和焦炭的固定失重率反应后强度 $PRS(20\%, n(CO_2)/n(CO) = 1/1$，1100℃）见图 3-89。在 $n(CO_2)/n(CO) = 1/1$ 气氛条件下，随着铁矿粉配比由 0

增加至 20%，$PRS(20\%,\ n(CO_2)/n(CO) = 1/1,\ 1100℃)$ 由 85.24% 降低至 73.65%，但高于相同条件下焦炭的固定失重率反应后强度（72.51%）。复合铁焦 $PRS(20\%,\ n(CO_2)/n(CO) = 1/1,\ 1100℃)$ 与国标法反应性 R_{GB} 的关系见图 3-90。随着反应性的增加，$PRS(20\%,\ n(CO_2)/n(CO) = 1/1,\ 1100℃)$ 线性降低，见式（3-30）。

$$PRS(20\%, n(CO_2)/n(CO) = 1/1, 1100℃) = -0.54224R_{GB} + 111.0165$$

$$(3-30)$$

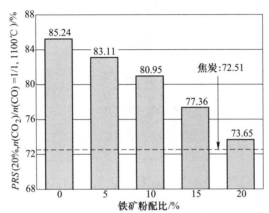

图 3-89 $n(CO_2)/n(CO) = 1/1$ 气氛条件下复合铁焦和
焦炭固定 20% 失重率反应后强度

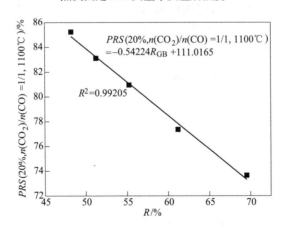

图 3-90 复合铁焦 $PRS(20\%,\ n(CO_2)/n(CO) = 1/1,\ 1100℃)$ 与 R_{GB} 的关系

在 $n(CO_2)/n(CO) = 1/1$ 气氛条件下复合铁焦的 $PRS(20\%,\ n(CO_2)/n(CO) = 1/1,\ 1100℃)$ 与 $PRS(CO_2,\ 1100℃,\ 120min)$ 的关系见图 3-91。复合铁焦和焦炭的固定失重率反应后强度高于国标法反应后强度。复合铁焦的固定失重率反应后强度与国标法反应后强度线性关系见式（3-31）。

$$PRS(20\%, n(CO_2)/n(CO) = 1/1, 1100℃)$$
$$= 0.32686PRS(CO_2, 1100℃, 120min) + 61.61527 \tag{3-31}$$

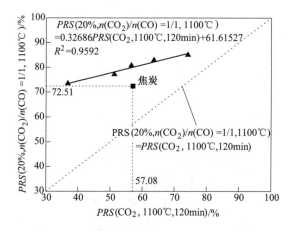

图3-91 复合铁焦 $PRS(20\%, n(CO_2)/n(CO) = 1/1, 1100℃)$
与 $PRS(CO_2, 1100℃, 120min)$ 的关系

复合铁焦的 $PRS(20\%, n(CO_2)/n(CO) = 1/1, 1100℃)$ 与 $PRS(20\%, CO_2, 1100℃)$ 的关系见图3-92。可知，复合铁焦和焦炭的固定失重率反应后强度 PRS $(20\%, n(CO_2)/n(CO) = 1/1, 1100℃)$ 低于 $PRS(20\%, CO_2, 1100℃)$，但两种气氛条件下反应后强度相差不大，这表明此种条件下，CO_2 分压对复合铁焦反应后强度影响不大。另外，复合铁焦两种气氛对应的固定失重率反应后强度呈现良好的线性关系，两者的关系见式（3-32），相关系数达 0.995。

$$PRS(20\%, n(CO_2)/n(CO) = 1/1, 1100℃)$$
$$= 0.82168PRS(20\%, CO_2, 1100℃) + 11.09829 \tag{3-32}$$

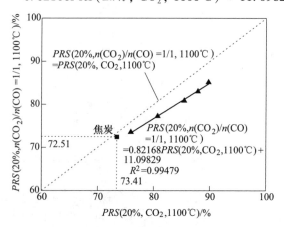

图3-92 复合铁焦 $PRS(20\%, n(CO_2)/n(CO) = 1/1, 1100℃)$ 与
$PRS(20\%, CO_2, 1100℃)$ 的关系

两种气氛条件下添加15%铁矿粉的复合铁焦和焦炭气化反应后微观结构见图 3-93。由图 3-93（a）和（b）可知，与纯 CO_2 气氛相比，焦炭在 $n(CO_2)/n(CO) = 1/1$ 气氛条件下反应后产生较多的气孔，且直径较大，而复合铁焦在 $n(CO_2)/n(CO) = 1/1$ 气氛中外层被 CO_2 气流侵蚀得更为严重，见图 3-93（c）和（d）。同时，由图 3-93（e）和（f）可以看出，与纯 CO_2 相比，在 $n(CO_2)/n(CO) = 1/1$ 气氛中，复合铁焦中心反应后形成多且大的孔洞和裂纹。两种气氛条件下，由于反应速率的不同，复合铁焦达到相同失重率所用的时间不同（见表 3-40和表 3-41）。达到相同失重率时，复合铁焦在 $n(CO_2)/n(CO) = 1/1$ 气氛中所需的时间长于在 CO_2 气氛中所需的时间，因此，在前者条件下，反应气氛可扩散至复合铁焦内部而发生少量的气化反应，从而导致反应后强度降低。

图 3-93 复合铁焦和焦炭在两种气氛条件下固定20%失重率时反应后微观结构
（a）CO_2 气氛焦炭；（b）$n(CO_2)/n(CO) = 1/1$ 气氛焦炭；（c）CO_2 气氛 ICHB 外层；
（d）$n(CO_2)/n(CO) = 1/1$ 气氛 ICHB 外层；（e）CO_2 气氛 ICHB 内层；
（f）$n(CO_2)/n(CO) = 1/1$ 气氛 ICHB 内层

C 不同失重率下复合铁焦的反应后强度

在 CO_2 和 $n(CO_2)/n(CO) = 1/1$ 两种气氛条件下，含15%铁矿粉复合铁焦不同失重率对应的反应后强度及两种气氛条件下反应后强度的关系见图 3-94。由图 3-94（a）可知，无论哪种气氛条件下，随着气化反应失重率的增加，复合铁焦反应后强度逐渐降低。复合铁焦在第二种气氛中的反应后强度均小于在第一种气氛中的反应后强度，主要原因是两种气氛条件下由于气化反应速率不同而引起反应时间的不同。另外，由图 3-94（b）可知，两种气氛条件下复合铁焦 $PRS(n(CO_2)/n(CO) = 1/1, 1100℃)$ 与 $PRS(CO_2, 1100℃)$ 线性相关。

通过以上分析，与国标法相比，两种气氛条件下复合铁焦固定20%失重率反

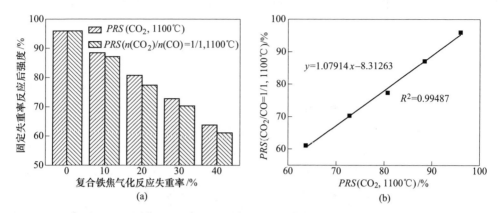

图 3-94　两种气氛条件下不同失重率时复合铁焦反应后强度及两者的关系
(a) 反应后强度；(b) 两种气氛条件下反应后强度的关系

应后强度均大于相同条件下焦炭的反应后强度，且 CO_2 气氛条件下复合铁焦固定失重率反应后强度高于 $n(CO_2)/n(O)=1/1$ 气氛条件下复合铁焦固定失重率反应后强度。实际高炉煤气中 CO_2 浓度不超过 50%，因此固定失重率法更能真实地反映高炉内部实际情况，且在这种方法下复合铁焦能够获得较高的反应后强度，这表明复合铁焦满足高炉冶炼要求。

3.2.3.5　模拟高炉气氛法评价复合铁焦高温冶金性能

A　反应性和反应后强度

图 3-95 给出了三种模拟高炉条件下含 15% 铁矿粉复合铁焦反应后和转鼓后形貌。第 I 种气氛和第 II 种气氛条件下，复合铁焦反应后仍能保持其原有的外形，且表面有少量侵蚀，转鼓后产生的粉末量较少。但是，复合铁焦在第 III 种气氛条件下反应后表面侵蚀较为严重，转鼓后产生的粉末较多。

图 3-96 给出了三种模拟高炉条件下复合铁焦反应性 R_{SBF} 和反应后强度 PRS_{SBF}。可知，第 I 种模拟气氛条件下，复合铁焦反应性为 23.52%，反应后强度为 86.44%；第 II 种模拟条件下，复合铁焦反应性达 26.78%，反应后强度为 84.17%；第 III 种模拟气氛条件下，复合铁焦反应性达到 68.35%，反应后强度为 77.42%。因此，在第 I 种和第 II 种气氛条件下，复合铁焦反应性和反应后强度相近，而复合铁焦在第 III 种条件下表现出较高的反应性，主要原因是三种气氛条件下气相中 CO_2 浓度随温度呈现不同的变化趋势，见图 3-97。

第 I 种气氛条件下，CO_2 总消耗量为 50L，但全部集中于 400~900℃，且其在气相中的浓度为 20%，复合铁焦气化反应较少，因而保持较高的反应后强度。第 II 种气氛中，CO_2 总消耗量达到 320L，但 60% 消耗于低于 800℃ 区间，且随着

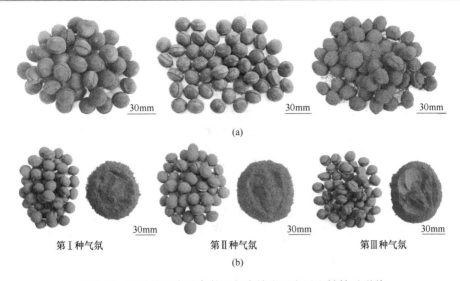

(a)

第Ⅰ种气氛　　　　　　　第Ⅱ种气氛　　　　　　　第Ⅲ种气氛

(b)

图 3-95　三种模拟高炉条件下复合铁焦反应后和转鼓后形貌

（a）反应后；（b）转鼓后

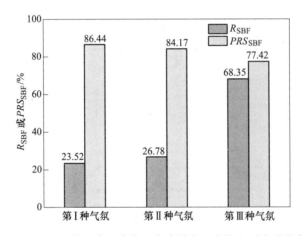

图 3-96　三种模拟高炉条件下复合铁焦反应性和反应后强度

温度的提高，CO_2 浓度逐渐降低，当温度达到 1100℃时，CO_2 浓度仅为 10%，因此，复合铁焦气化量与第Ⅰ种气氛条件下气化量相差不大。采用第Ⅲ种模拟条件时，CO_2 共消耗 197L，且主要集中于 1100℃以上的高温区，尤其在 1150℃恒温 19min，CO_2 浓度达到 75%，因此复合铁焦溶损量较高。结合国标法和固定失重率法计算结果，采用第Ⅲ种模拟条件评价复合铁焦反应性和反应后强度更合适。

B　物相演变

图 3-98 给出了三种模拟高炉条件下复合铁焦反应后 X 射线衍射分析结果。可知，第Ⅰ种气氛条件下，复合铁焦反应后主要物相包括 C、Fe_3Si 和 Fe_xC。由

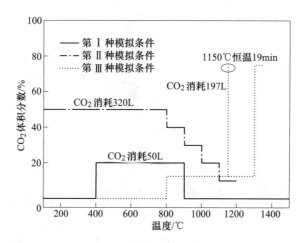

图 3-97　三种模拟高炉条件下 CO_2 体积分数随温度的变化

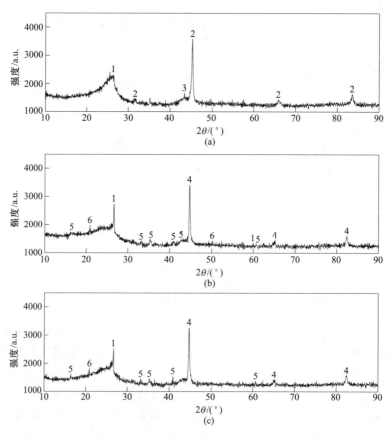

图 3-98　三种模拟高炉条件下复合铁焦反应后 X 射线衍射分析结果

（a）第Ⅰ种气氛；（b）第Ⅱ种气氛；（c）第Ⅲ种气氛

1—C；2—Fe_3Si；3—Fe_xC；4—Fe；5—Al_2SiO_5；6—SiO_2

于第 I 种条件终点温度达到 1500℃，在强还原性气氛条件下，铁氧化物可完全还原为金属铁，并发生渗碳反应。同时，SiO_2 也被周围的碳还原，并与金属铁结合生成 Fe_3Si。在第 II 种和第 III 种气氛条件下，复合铁焦反应后主要由 C、SiO_2、Fe 和 Al_2SiO_5（硅线石）等物相组成。这两种条件最高温度分别为 1200℃ 和 1350℃，此温度条件下 SiO_2 不能被碳还原，而其与 Al_2O_3 结合成硅线石。

三种模拟高炉条件下复合铁焦反应后金属化率见图 3-99。从理论上考虑，在第 I 中模拟条件下复合铁焦反应后金属化率可以接近 100%，但化验结果显示反应后金属化率仅为 31.43%，主要原因是采用化学分析法检测复合铁焦金属化率时与硅和碳结合的金属铁未包括在内。在第 II 种模拟条件下，复合铁焦反应后金属化率达到 83.33%，比反应前增加了 6.07%。复合铁焦在第 III 种气氛条件下反应后金属化率达到 86.68%，比反应前增加了 9.42%，这主要是由于在碳过剩的条件下，温度的升高有利于铁氧化物的还原。

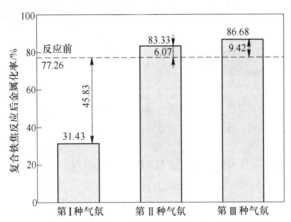

图 3-99　三种模拟高炉条件下复合铁焦反应后金属化率

C　金属铁微观形貌

图 3-100 给出了复合铁焦在三种模拟高炉条件下反应前后金属铁的形貌。复合铁焦反应前金属铁呈现不规则形状。在第 I 种气氛条件下，复合铁焦反应后金属铁主要与硅和碳结合生成 Fe_xC 和 Fe_3Si，这与 XRD 结果一致。同时，Fe_xC 和 Fe_3Si 颗粒边缘圆滑，呈现出圆形或类似圆形，这表明金属铁在此条件下已经熔化。而在第 II 种和第 III 种条件下，复合铁焦反应后金属铁仍呈现不规则形状，且金属铁未与碳和硅结合，表明金属铁在此两种条件下没有熔化。另外，在后两种模拟条件下，复合铁焦反应后二氧化硅和硅线石（Al_2SiO_5）形貌见图 3-101。可知，复合铁焦在第 II 种和第 III 种条件下反应后，硅主要以两种形态存在，即 SiO_2 和 Al_2SiO_5。

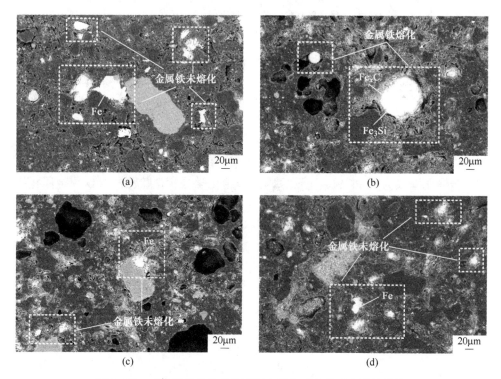

图 3-100　三种模拟高炉条件下复合铁焦反应前后金属铁形貌

（a）反应前；（b）第Ⅰ种气氛；（c）第Ⅱ种气氛；（d）第Ⅲ种气氛

　　通过以上分析，采用国标法或第Ⅲ种模拟高炉气氛法表征复合铁焦反应性，但由于金属铁和灰分的影响，其计算方法需采用式（3-26）或式（3-27）。采用固定失重率法或第Ⅲ种模拟高炉气氛法评价复合铁焦反应后强度，在新评价方法下，与传统焦炭相比，复合铁焦具有良好的高温冶金性能。

3.2.4　小结

　　通过对复合铁焦制备工艺、冶金性能优化技术和高温冶金性能评价的研究，揭示了复合铁焦冶金性能优化机制，获得了复合铁焦制备优化条件及复合铁焦高温冶金性能评价方法，得到以下结论：

　　（1）复合铁焦制备工艺优化参数为铁矿粉配比 15%、烟煤 A 配比 65%、无烟煤配比 20%、热压温度 300℃、炭化温度 1000℃、炭化时间 4h。优化条件下，复合铁焦炭化前抗压强度为 736N，炭化后抗压强度达到 5049N，金属化率为 75.72%，反应性 R_1 为 62.41%，反应后强度为 10.65%。

　　（2）在复合铁焦制备工艺优化基础上，经配煤配矿对复合铁焦冶金性能优化后，复合铁焦制备工艺参数为铁矿 B 配比 15%、烟煤 A 配比 55%、烟煤 C 配

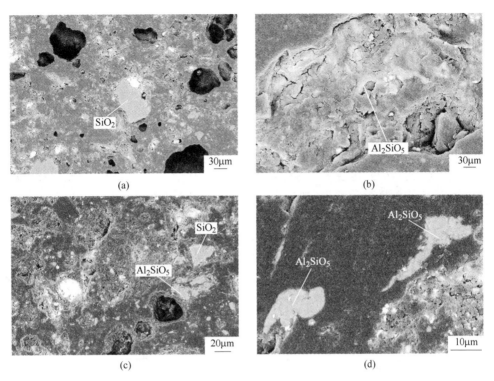

图 3-101　不同条件下复合铁焦反应后二氧化硅和硅线石形貌
(a)(b) 第Ⅱ种气氛；(c)(d) 第Ⅲ种气氛

比 10%、无烟煤配比 20%、热压温度 300℃、炭化温度 1000℃、炭化时间 4h。此条件下，复合铁焦炭化前抗压强度为 775N，炭化后抗压强度为 4970N，转鼓强度为 95.97%，反应性 R_2 达 61.19%，反应后强度为 51.23%。

（3）高炉冶炼是非等温过程，且炉内煤气成分不断变化。复合铁焦作为一种新型碳铁复合炉料，其反应性应采用国标法或模拟高炉气氛法进行评价，而反应后强度评价宜采用固定失重率法或模拟高炉气氛法。在新评价方法下，与传统焦炭相比，复合铁焦具有良好的高温冶金性能。

3.3　复合铁焦气化反应动力学及金属铁催化机理

复合铁焦的气化溶损反应行为对高炉冶炼具有重要影响。复合铁焦气化过程是典型的气-固相化学反应，主要环节包括气相的外扩散、内扩散和界面化学反应。首先阐明复合铁焦非等温气化过程微观结构和物相组成的演变规律，建立动力学模型，获得不同铁矿粉配比条件下复合铁焦气化溶损反应动力学活化能和指前因子；其次，对复合铁焦等温气化反应过程的气化反应行为和等温动力学进行分析，建立动力学模型；最后，揭示金属铁对复合铁焦气化反应的催化机理。

3.3.1 实验原料

实验原料主要采用不同铁矿粉 B 配比条件下制备的复合铁焦，工业分析见表 3-37。

3.3.2 复合铁焦非等温气化行为及动力学

3.3.2.1 实验方法及方案

针对不同铁矿配比条件下制备的复合铁焦，利用热重技术研究其气化反应过程。采用微机差热天平（北京恒久科学仪器厂，HCT-3 型）进行复合铁焦非等温气化反应实验，实验系统见图 3-102。将少量试样（5mg）装入 Al_2O_3 坩埚中，然后将试样从室温以 5℃/min 升温至 1100℃，并通入流量为 60mL/min 的 CO_2。

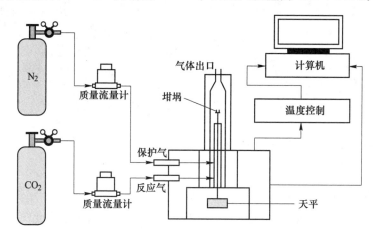

图 3-102   热重实验设备示意图

3.3.2.2 动力学分析

A   动力学模型

复合铁焦的质量变化主要来源于碳气化溶损反应，碳的转化率 x 表示在 t 时刻已反应的碳质量与原始碳质量的比值，见式（3-33）。

$$x = \frac{m_0 - m_t}{m_0 - m_a} \tag{3-33}$$

式中 x——转化率；

m_0——样品在初始时刻的质量，g；

m_t——试样在 t 时刻的质量，g；

m_a——复合铁焦初始时刻灰分质量，g。

对于固相非均质反应，反应速率常数 k 是温度、压力及机理函数的函数[40]，其中机理函数为一个基于温度的函数，见式（3-34）。

$$\frac{\mathrm{d}x}{\mathrm{d}t} = k(T, p_{CO_2})f(x) \tag{3-34}$$

式中 T——热力学温度，K；

$f(x)$——机理函数的微分形式。

本实验中，复合铁焦气化反应过程中 CO_2 分压保持不变，因此反应速率常数可表示为式（3-35）。

$$k = k(T) = A\exp\left(-\frac{E}{RT}\right) \tag{3-35}$$

式中 A——指前因子，min^{-1}；

E——活化能，kJ/mol；

R——气体常数，8.314J/(mol·K)。

在恒定的升温速率下（$\theta = \mathrm{d}T/\mathrm{d}t = $常数），将式（3-35）代入式（3-34）获得非等温气固反应速率方程，表示为式（3-36）[41]。

$$\frac{\mathrm{d}x}{\mathrm{d}T} = \frac{A}{\theta}\exp\left(-\frac{E}{RT}\right)f(x) \tag{3-36}$$

式中 θ——升温速率，K/min。

经分离变量，速率方程（3-36）可表示为式（3-37）。

$$\frac{\mathrm{d}x}{f(x)} = \frac{A}{\theta}\exp\left(-\frac{E}{RT}\right)\mathrm{d}T \tag{3-37}$$

复合铁焦气化过程属于非均质气固反应，气孔结构和固体颗粒的表面积不断变化，因此需找到合适的机理函数以描述复合铁焦气化反应过程。常见的用于描述气固耦合反应的机理函数的微分形式和积分形式[42]见表 3-42。

表 3-42 常见的用于描述气固反应的机理函数的微分形式和积分形式

符号	反应模型	微分形式 $f(x)$	积分形式 $G(x)$
A_1	一级反应（$n=1$）	$1-x$	$-\ln(1-x)$
A_2	随机核模型（$n=2$）	$2(1-x)[-\ln(1-x)]^{1/2}$	$[-\ln(1-x)]^{1/2}$
C_1	相界面反应（$n=2$）	$(1-x)^2$	$(1-x)^{-1}-1$
C_2	相界面反应（$n=3/2$）	$2(1-x)^{3/2}$	$(1-x)^{-1/2}$
D_1	一维扩散模型	$1/2x$	x^2
D_2	二维扩散模型	$[-\ln(1-x)]^{-1}$	$x+(1-x)\ln(1-x)$
D_3	三维扩散模型	$(3/2)(1-x)^{2/3}[1-(1-x)^{1/3}]^{-1}$	$[1-(1-x)^{1/3}]^2$
R_1	缩核模型	$2(1-x)^{1/2}$	$1-(1-x)^{1/2}$
R_2	缩核模型	$3(1-x)^{2/3}$	$1-(1-x)^{1/3}$
R_3	缩核模型（$n=2$）	$(1/2)(1-x)^{-1}$	$1-(1-x)^2$

B　模型求解

非等温动力学微分方程（3-37）的求解通常有微分法和积分法。微分法是先对方程两边取对数并进行线性拟合，然后通过求解 $\ln(\mathrm{d}x/\mathrm{d}t)$ 与 T^{-1} 线性方程的斜率获得 $(-E/R)$[43]，从而得到反应的活化能，最常用的微分法包括 Freeman-Carroll 法以及 Doyle 法。积分法主要采用（Coats-Redfern，CR）法和 Metzger 法。本研究采用 CR 法求解复合铁焦气化反应过程动力学方程。方程（3-37）两边积分，并定义为 $G(x)$，得到式（3-38）。

$$G(x) = \int_0^x \frac{\mathrm{d}x}{f(x)} = \frac{A}{\theta} \int_{T_0}^T \exp\left(-\frac{E}{RT}\right) \mathrm{d}T \tag{3-38}$$

式中　T_0——反应起始温度，K；

　　　T——转化率为 x 时对应的温度，K。

式（3-38）右边是玻尔兹曼因子的积分形式[44]，没有确定的数值解。但根据 CR 法，其表达式可以转化为可求解的形式，得到式（3-39）[45]。

$$G(x) = \frac{A}{\theta} \int_{T_0}^T \exp\left(-\frac{E}{RT}\right) \mathrm{d}T \cong \frac{ART^2}{\theta E}\left(1 - \frac{2RT}{E}\right) \exp\left(-\frac{E}{RT}\right) \tag{3-39}$$

式（3-39）两边同时除 T^2 并取对数后可以转化为式（3-40）。

$$\ln\left[\frac{G(x)}{T^2}\right] = \ln\left[\frac{AR}{\theta E}\left(1 - \frac{2RT}{E}\right)\right] - \frac{E}{RT} \tag{3-40}$$

在式（3-40）中，由于 $2RT/E$ 远小于 1，因此式（3-40）可简化为式（3-41）[46]。

$$\ln\left[\frac{G(x)}{T^2}\right] = \ln\left(\frac{AR}{\theta E}\right) - \frac{E}{RT} \tag{3-41}$$

由式（3-41）可知，$\ln[G(x)/T^2]$ 与 T^{-1} 在理论上呈线性关系。其中，直线的斜率为 $(-E/R)$，纵截距为 $\ln[(AR)/(\theta E)]$，从而可获得反应的活化能和指前因子。将表 3-42 中不同模型的机理函数的积分形式代入方程（3-41），并分析 $\ln[G(x)/T^2]$ 与 T^{-1} 线性相关性，从而确定最概然机理函数。线性相关系数 R^2 由式（3-42）进行计算。最大相关系数对应的模型即为最概然机理函数[44]。为判定线性回归分析的准确性，对每个模型进行偏差分析（root mean square deviation, RMSD），计算公式为式（3-43）。

$$R^2 = \frac{\displaystyle\sum_{i=1}^{i=n}(x_i - \bar{x})(y_i - \bar{y})}{\sqrt{\displaystyle\sum_{i=1}^{i=n}(x_i - \bar{x})^2(y_i - \bar{y})^2}} \tag{3-42}$$

式中 x_i，y_i——实验值；

$\bar{x}$，$\bar{y}$——x_i和y_i的平均值。

$$RMSD = \sqrt{\dfrac{\sum\limits_{i=1}^{n}\left(y_{exp.i} - y_{cal.i}\right)^2}{n}}\qquad(3\text{-}43)$$

式中 $y_{exp.i}$——实验值；

$y_{cal.i}$——模型计算值；

n——实验点数。

3.3.2.3 复合铁焦气化反应开始温度

图 3-103 给出了不同铁矿粉配比条件下复合铁焦气化反应 TG 曲线。随着铁矿粉配比的增加，复合铁焦气化溶损反应失重率逐渐提高。焦炭气化反应开始温度决定高炉内间接还原区和直接还原区的分界点，从而对煤气利用率产生直接影响。因此，复合铁焦气化反应开始温度是最重要的冶金性能之一。本研究定义失重率达到 2% 时对应的温度为复合铁焦气化反应开始温度[47]。由 TG 曲线获得不同铁矿粉配比条件下复合铁焦气化反应开始温度，见图 3-104。随着铁矿粉配比由 0 增加至 20%，复合铁焦气化反应开始温度由 919℃ 降低至 839℃，主要原因是复合铁焦中的金属铁促进了碳的气化反应。

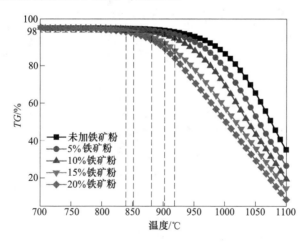

图 3-103 复合铁焦气化反应过程 TG 曲线

3.3.2.4 复合铁焦微观结构和物相组成

图 3-105 给出了添加 15% 铁矿粉的复合铁焦在非等温气化反应过程中的微观结构。当温度为 900℃ 时，复合铁焦反应较少。当温度为 950℃ 和 1000℃ 时，复

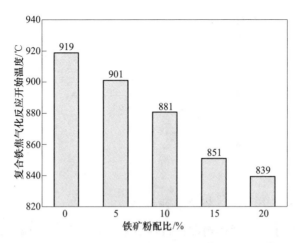

图 3-104　不同铁矿粉配比条件下复合铁焦气化反应开始温度

合铁焦内部出现侵蚀现象，同时产生一些气孔。另外，当温度达到 1050℃ 和 1100℃时，复合铁焦内部被 CO_2 气流明显侵蚀，由板状结构转变成颗粒状结构。

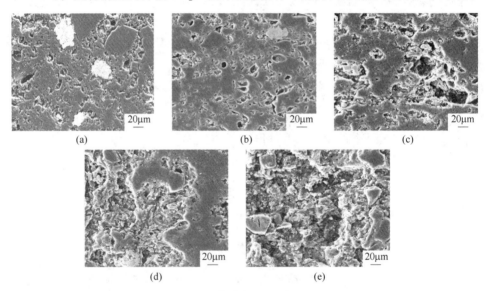

图 3-105　不同温度条件下添加 15% 铁矿粉的复合铁焦在非等温气化过程中的微观结构
(a) 900℃；(b) 950℃；(c) 1000℃；(d) 1050℃；(e) 1100℃

图 3-106 给出了不同温度条件下添加 15% 铁矿粉的复合铁焦非等温气化反应过程中的物相组成。可知，当反应温度达到 900℃时，复合铁焦主要物相包括 C、SiO_2、Fe 和 FeO。与反应前相比，900℃时金属铁含量有所降低，而 FeO 含量增加，从而导致了复合铁焦金属化率的降低（见图 3-107），主要是由于复合铁焦

中的金属铁被 CO_2 气流氧化。当温度升高至950℃、1000℃和1050℃时，复合铁焦中 FeO 含量明显减少，金属铁含量逐渐增加，从而复合铁焦的金属化率逐渐提高，主要是因为温度提高后铁氧化物被周围的碳还原成金属铁。温度提高后碳气化反应大量发生，导致碳含量明显降低。当温度升高至1100℃时，复合铁焦中出现了铁橄榄石相（$2FeO \cdot SiO_2$），较难还原，从而导致复合铁焦金属化率上升较慢。

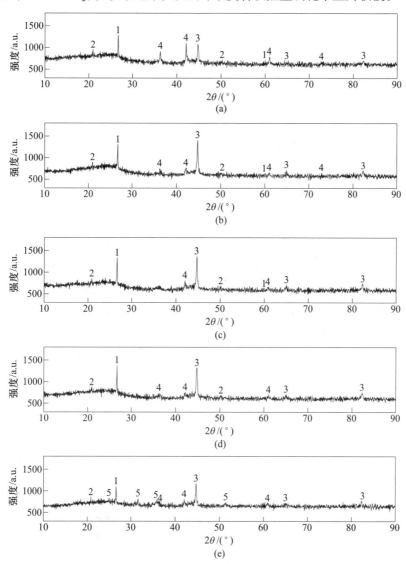

图 3-106　不同温度条件下添加 15% 铁矿粉的
复合铁焦非等温气化过程中物相组成

（a）900℃；（b）950℃；（c）1000℃；（d）1050℃；（e）1100℃

1—C；2—SiO_2；3—Fe；4—FeO；5—$2FeO \cdot SiO_2$

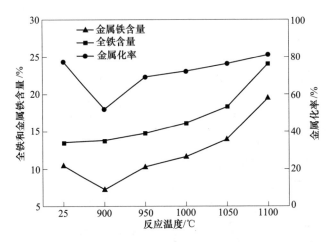

图 3-107   不同温度条件下反应过程中复合铁焦的金属化率

3.3.2.5 气化反应动力学模型

A 机理函数的确定

选择适宜的机理函数是确定动力学参数的关键。根据上文提到的方法，可以获得不同机理函数下 $\ln[G(x)/T^2]$ 与 T^{-1} 的相关系数和均方根偏差，结果列于表 3-43。可知，在不同铁矿粉配比条件下，C_1 模型可以保证相关系数 R^2 在 0.99 以上，同时均方根偏差 $RMSD$ 较小。因此，C_1 模型是描述不同铁矿粉配比条件下复合铁焦非等温气化反应过程最概然机理函数，属于 2 级相界面反应模型。另外，采用 C_1 模型时 $\ln[G(x)/T^2]$ 与 T^{-1} 的线性拟合见图 3-108，不同铁矿粉配比条件下两者呈现出较好的相关性。

表 3-43   不同机理函数下计算的相关系数和均方根偏差

模型	铁矿粉配比/%									
	0		5		10		15		20	
	R^2	$RMSD$	R^2	$RMSD$	R^2	$RMSD$	R^2	$RMSD$	R^2	$RMSD$
A_1	0.9987	0.0011	0.9962	0.0017	0.9932	0.0021	0.9831	0.0028	0.9784	0.0030
A_2	0.9984	0.0006	0.9953	0.0009	0.9915	0.0011	0.9785	0.0014	0.9724	0.0015
C_1	0.9993	0.0008	0.9999	0.0004	0.9998	0.0004	0.9970	0.0014	0.9933	0.0021
C_2	-0.0003	0.0013	0.2030	0.0016	0.4396	0.0017	0.6270	0.0017	0.6867	0.0021
D_1	0.9944	0.0043	0.9865	0.0062	0.9769	0.0072	0.9531	0.0081	0.9364	0.0086
D_2	0.9962	0.0036	0.9903	0.0054	0.9832	0.0064	0.9648	0.0074	0.9527	0.0079
D_3	0.9967	0.0070	0.9915	0.0105	0.9854	0.0124	0.9699	0.0144	0.9603	0.0155
R_1	0.9968	0.0016	0.9915	0.0025	0.9851	0.0029	0.9674	0.0035	0.9567	0.0037
R_2	0.9975	0.0014	0.9933	0.0022	0.9881	0.0027	0.9732	0.0033	0.9649	0.0035
R_3	0.9854	0.0032	0.9687	0.0042	0.9477	0.0046	0.8969	0.0048	0.8575	0.0050

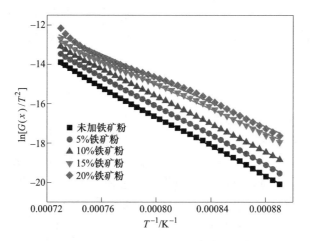

图 3-108 采用 C_1 模型时 $\ln[G(x)/T^2]$ 与 T^{-1} 线性拟合

B 动力学参数

通过上文介绍的动力学分析方法，同时采用确定的最概然机理函数，计算不同铁矿粉配比条件下复合铁焦非等温气化反应过程活化能和指前因子，结果见图 3-109。可以看出，当铁矿粉配比由 0 增加至 20%，复合铁焦气化反应活化能 E 由 312.78kJ/mol 逐渐降低至 249.83kJ/mol，指前因子的自然对数 $\ln A$ 由 26.29min^{-1} 逐渐降低至 21.81min^{-1}，这表明铁矿粉的加入有利于降低复合铁焦气化反应的活化能，从而促进气化溶损反应的进行。

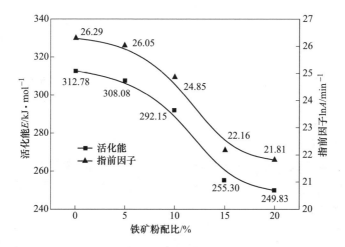

图 3-109 不同铁矿粉配比条件下采用 C_1 模型时
复合铁焦非等温气化反应动力学参数

在诸多领域，特别是催化反应中，活化能和指前因子之间存在线性关系[48]。在使用相同催化剂但不同用量条件下进行的催化反应中，指前因子的对数与活化能之间的关系表示为式（3-44）。

$$\ln A = mE + C \tag{3-44}$$

式中　m——比例常数；

　　　C——常数。

由图 3-109 可知，随着铁矿配比增加，活化能降低的同时指前因子也呈现降低的趋势，两者具体关系见图 3-110。可知，在不同铁矿粉配比条件下，活化能和指前因子呈现良好的线性关系，相关系数达到 0.999，这表明在金属铁和铁氧化物的影响下，指前因子和活化能存在动力学补偿效应。由线性拟合结果可知，比例常数 m 为 0.07221，常数 C 为 3.74972，因此复合铁焦与 CO_2 之间气化溶损反应的动力学补偿关系见式（3-45）。

$$\ln A = 0.07221E + 3.74972 \tag{3-45}$$

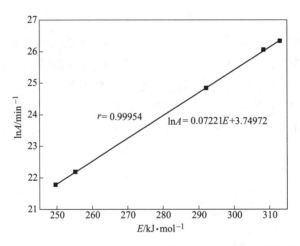

图 3-110　复合铁焦气化反应过程指前因子与活化能的补偿效应

C　动力学模型

根据以上获得的最概然机理函数、活化能和指前因子，可以确定不同铁矿粉配比条件下复合铁焦非等温气化反应动力学模型。未加铁矿粉时，复合铁焦气化反应过程可以用式（3-46）进行描述。当铁矿粉配比为 5%、10%、15% 和 20% 时，复合铁焦气化过程分别由式（3-47）~式（3-50）描述。

$$\frac{dx}{dt} = 2.6158 \times 10^{11} \exp\left(-\frac{312.78}{RT}\right)(1-x)^2 \tag{3-46}$$

$$\frac{dx}{dt} = 2.0577 \times 10^{11} \exp\left(-\frac{308.08}{RT}\right)(1-x)^2 \tag{3-47}$$

$$\frac{\mathrm{d}x}{\mathrm{d}t} = 6.1975 \times 10^{10} \exp\left(-\frac{292.15}{RT}\right)(1-x)^2 \tag{3-48}$$

$$\frac{\mathrm{d}x}{\mathrm{d}t} = 4.2069 \times 10^{9} \exp\left(-\frac{255.30}{RT}\right)(1-x)^2 \tag{3-49}$$

$$\frac{\mathrm{d}x}{\mathrm{d}t} = 2.9646 \times 10^{9} \exp\left(-\frac{249.83}{RT}\right)(1-x)^2 \tag{3-50}$$

3.3.3 等温条件下复合铁焦气化行为及动力学

3.3.3.1 实验方法及方案

针对添加 15% 铁矿粉的复合铁焦，在等温条件下研究其气化反应行为及动力学。采用焦炭反应性测定装置进行复合铁焦等温气化反应实验，实验设备见图3-111。实验流程见图 3-112，实验温度范围为 950~1100℃，反应时间为 265min，见表 3-44。实验结束后，对试样进行 I 型转鼓实验。

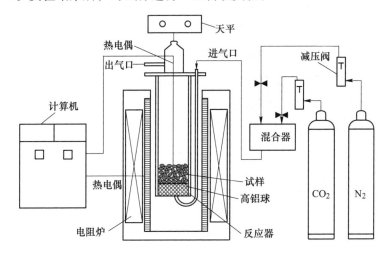

图 3-111 复合铁焦等温气化反应实验设备

表 3-44 复合铁焦等温气化反应实验方案

编号	复合铁焦质量/g	反应温度/℃	反应气氛	气体流量/L·min^{-1}	反应时间/min
1 号	200	950	CO_2	5	265
2 号	200	1000	CO_2	5	265
3 号	200	1050	CO_2	5	265
4 号	200	1100	CO_2	5	265

复合铁焦气化反应失重率（weight loss ratio，WLR）按式（3-51）计算，最终反应后强度 PRS 按式（3-52）计算。

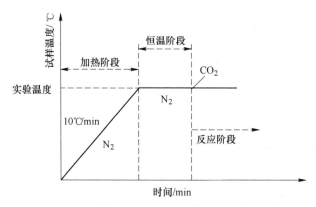

图 3-112　复合铁焦等温气化反应实验过程示意图

$$WLR = \frac{m_0 - m_t}{m_0} \times 100\% \qquad (3\text{-}51)$$

$$PRS = \frac{m_2}{m_1} \times 100\% \qquad (3\text{-}52)$$

式中　m_0——复合铁焦反应前质量，g；

　　　m_t——反应过程中试样的质量，g；

　　　m_1——复合铁焦反应后质量，g；

　　　m_2——转鼓后大于 10mm 复合铁焦质量，g。

3.3.3.2　气化反应失重率和反应后强度

图 3-113 给出了不同温度条件下复合铁焦气化反应过程失重率的演变规律。

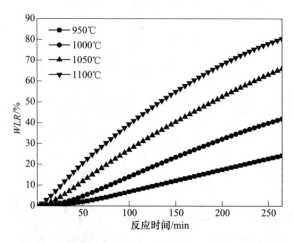

图 3-113　不同温度条件下复合铁焦气化反应过程失重率

可知，相同温度条件下，复合铁焦失重率随时间的延长逐渐增加。同一时间下，复合铁焦气化反应失重率随反应温度的升高而增加，这是因为复合铁焦气化溶损反应是强吸热反应，温度的升高可促进反应进行。另外，温度的升高也有利于加快气化反应速率，加快反应进行。

图 3-114 给出了不同反应温度条件下复合铁焦等温气化反应最终失重率、反应后强度和反应后抗压强度。当反应温度分别为 950℃、1000℃、1050℃ 和 1100℃ 时，复合铁焦等温气化反应最终失重率分别为 24.22%、41.84%、65.94% 和 80.37%，而反应后强度分别为 67.96%、50.31%、18.38% 和 0，抗压强度分别为 2390N、2224N、1057N 和 306N。

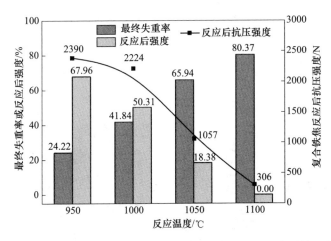

图 3-114　复合铁焦等温气化反应最终失重率和反应后强度及抗压强度

3.3.3.3　气化反应后宏观形貌和微观结构

复合铁焦等温气化反应后和转鼓后的外部宏观形貌见图 3-115。可以看出，随着反应温度的提高，复合铁焦等温气化反应后的粒度明显减小，且表面的侵蚀程度逐渐增加，产生的粉末量明显增多。气化反应后的复合铁焦经转鼓实验后，大于 10mm 的颗粒（图中第二排左边）明显减少，而小于 10mm 的颗粒明显增多（图中第二排右边）。当反应温度达到 1100℃ 时，转鼓后颗粒均小于 10mm，表明此时复合铁焦已没有反应后强度。

图 3-116 给出了不同温度条件下复合铁焦等温气化反应后的内部微观结构。可知，不同温度条件下复合铁焦反应过程中被 CO_2 侵蚀的程度不同。当反应温度为 950℃ 时，复合铁焦反应后侵蚀层的厚度为 1.29mm；当温度升高至 1000℃ 时，侵蚀层厚度为 1.94mm，且气孔明显增多；而反应温度为 1050℃ 时，侵蚀层厚度为 2.67mm，且呈现疏松结构，这表明反应温度的升高将导致侵蚀层增加，未反

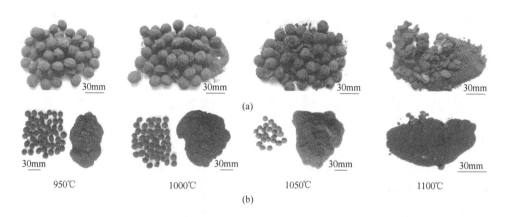

图 3-115　不同温度条件下复合铁焦气化反应后和转鼓后的宏观形貌

(a) 反应后；(b) 转鼓后

应部分减少；在 1100℃ 反应后，复合铁焦几乎全部粉化，只有部分残余物的颗粒。

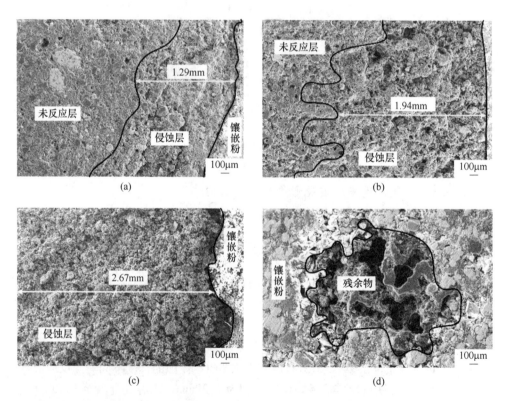

图 3-116　不同温度条件下复合铁焦等温气化反应后的内部形貌

(a) 950℃；(b) 1000℃；(c) 1050℃；(d) 1100℃

3.3.3.4 复合铁焦物相演变

图 3-117 给出了反应温度条件下复合铁焦等温气化反应后 X 射线衍射分析结果。可知，不同温度条件下等温气化反应后，复合铁焦物相组成发生了明显变化。当反应温度为 950℃和 1000℃时，复合铁焦气化反应后物相主要包括 C、Fe_3O_4、Fe 和 FeO。与 950℃相比，当温度升高至 1000℃时，C 和 Fe_3O_4 衍射峰强度明显减弱，Fe 和 FeO 衍射峰强度增强，这是因为温度升高促进了碳的气化和铁氧化物的还原。从 1050℃时开始，复合铁焦气化反应后物相中开始出现铁橄榄石（Fe_2SiO_4），且 Fe_3O_4 衍射峰强度明显降低，FeO 和 Fe 衍射峰强度提高，这是

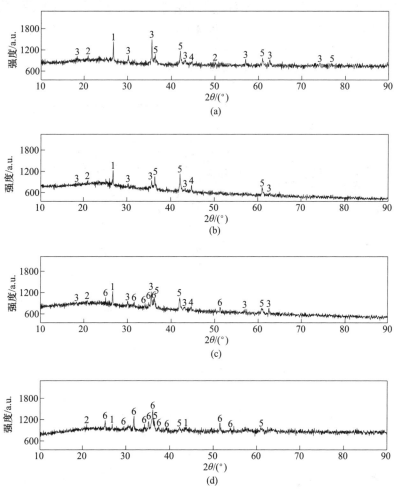

图 3-117　不同温度条件下复合铁焦等温气化反应后 X 射线衍射分析结果

(a) 950℃；(b) 1000℃；(c) 1050℃；(d) 1100℃

1—C；2—SiO_2；3—Fe_3O_4；4—Fe；5—FeO；6—Fe_2SiO_4

因为温度的升高导致 Fe_3O_4 和 FeO 被还原，同时部分 FeO 与 SiO_2 结合成铁橄榄石。当反应温度达到 1100℃ 时，Fe_3O_4 相和 Fe 相消失，C 明显减少，而铁橄榄石相明显增多，这是由于此时复合铁焦中碳基本反应完全，金属铁被 CO_2 氧化成 FeO，而又与 SiO_2 反应生成铁橄榄石。

根据不同温度条件下复合铁焦等温气化反应后物相组成分析结果可知，在复合铁焦等温气化反应过程中，可能发生的反应见式（3-53）~式（3-58）和图 3-118。结合气化反应后物相分析可知，当反应温度从 950℃ 升高到 1050℃ 时，复合铁焦气化过程主要发生反应式（3-54）、式（3-56）和式（3-58）；而当反应温度从 1050℃ 升高至 1100℃ 时，气化过程主要发生反应式（3-53）~式（3-56）和式（3-58）。虽然在复合铁焦气化过程中会发生金属铁的氧化反应（3-53）而引起的样品增重，但最大增重量仅为 2.98% 左右（由复合铁焦中金属铁的质量分数计算），因此本研究忽略不计。

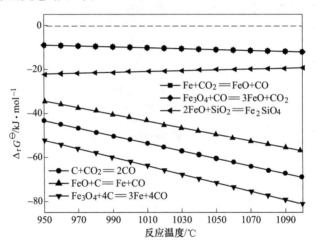

图 3-118　复合铁焦等温气化反应过程中可能发生的反应

$$Fe + CO_2 = FeO + CO \tag{3-53}$$

$$Fe_3O_4 + CO = 3FeO + CO_2 \tag{3-54}$$

$$2FeO + SiO_2 = Fe_2SiO_4 \tag{3-55}$$

$$C + CO_2 = 2CO \tag{3-56}$$

$$FeO + C = Fe + CO \tag{3-57}$$

$$Fe_3O_4 + 4C = 3Fe + 4CO \tag{3-58}$$

3.3.3.5　气化反应动力学分析

A　碳转化率和反应速率

复合铁焦气化反应过程中质量损失来源于碳与 CO_2 的反应。碳转化率 x 定义

为复合铁焦在 t 时刻与初始时刻所含碳的质量比，见式（3-33）。

复合铁焦气化反应速率 dx/dt 是将转化率 x 对相应的反应时间 t 求一阶导数。当实验点足够密时，相邻两点之间的气化速率可近似地认为与它们的差商 $\Delta x/\Delta t$ 相等，见式（3-59）。

$$\frac{dx}{dt} \approx \frac{\Delta x}{\Delta t} = \frac{x_{i+1} - x_i}{t_{i+1} - t_i} \tag{3-59}$$

式中　x_i，x_{i+1}——t_i，t_{i+1} 时刻的转化率。

由式（3-33）和式（3-59）获得不同温度条件下复合铁焦等温气化反应过程中碳转化率和反应速率，结果分别见图 3-119 和图 3-120。相同反应时间下，随着反应温度的升高，复合铁焦碳转化率显著提高。当温度从 950℃ 升高到 1100℃ 时，反应结束时复合铁焦碳转化率由 0.29 提高到 0.95。当温度在 950℃ 时，随着反应时间的延长，复合铁焦气化反应速率先加快后趋于稳定。当反应温度高于 1000℃ 时，随着反应时间的延长，复合铁焦气化反应速率呈先加快后减慢的趋势，这主要是因为反应速率的加快导致复合铁焦的产物层生成速率加快，产物层不断变厚，气体扩散阻力增大，从而引起后期反应速率减慢。另外，随着温度的升高，复合铁焦气化反应速率明显加快，且图 3-120 中反应速率峰值向左移动。

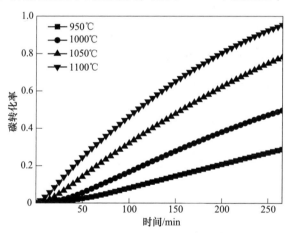

图 3-119　不同温度条件下复合铁焦等温气化反应过程中碳转化率

图 3-121 给出了复合铁焦等温气化反应过程中反应速率与碳转化率的关系。当碳转化率小于 0.2 时，随着转化率的增加，复合铁焦气化反应速率先逐渐加快后基本保持不变。因为碳转化率较小时，碳的消耗只增大了气孔的孔径，气孔壁逐渐变薄但未消失，因而复合铁焦的有效反应面积增大，且此时碳相对过量，所以反应速率基本不变。而当转化率大于 0.3 时，随着碳转化率的增加，复合铁焦气化反应速率逐渐减慢。由于碳转化率较高，复合铁焦的气化导致内部气孔壁变薄甚至消失，气孔出现相互重叠和坍塌的现象，从而引起复合铁焦有效反应面积

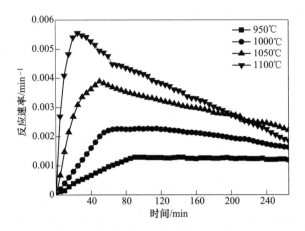

图 3-120　不同温度条件下复合铁焦等温气化反应过程中反应速率

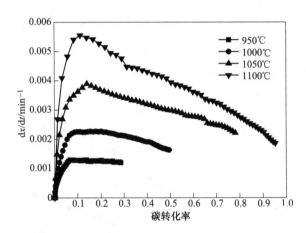

图 3-121　复合铁焦等温气化反应过程中反应速率与碳转化率的关系

相应减小，所以反应速率逐渐减慢。

　　B　动力学最概然机理函数

　　复合铁焦等温气化反应属于非均相气固反应。在反应过程中，CO_2 分压保持恒定不变。因此，气化反应速率 dx/dt 可表示为式（3-60）。

$$\frac{dx}{dt} = k(T)f(x) \tag{3-60}$$

式中　$k(T)$——由温度决定的反应速率常数，min^{-1}；

　　　　$f(x)$——动力学机理函数的微分形式。

　　对方程（3-60）分离变量，同时两边进行积分，并将方程左边定义为 $g(x)$，获得动力学机理函数的积分形式，见式（3-61）。

$$g(x) = \int_0^x \frac{dx}{f(x)} = \int_0^t k(T)\,dt = k(T)t \qquad (3\text{-}61)$$

动力学参数的确定首先要选择适宜的机理函数。为获得复合铁焦等温气化反应动力学最概然机理函数，本研究选取常见的气固耦合反应动力学模型用于分析复合铁焦气化反应过程，见表 3-45。

表 3-45 气固反应的机理函数的微分形式和积分形式

符号	反应模型	微分形式 $f(x)$	积分形式 $g(x)$
A_1	$m=1$	$1-x$	$-\ln(1-x)$
A_2	$m=2$	$2(1-x)\left[-\ln(1-x)\right]^{1/2}$	$\left[-\ln(1-x)\right]^{1/2}$
A_3	$m=3$	$3(1-x)\left[-\ln(1-x)\right]^{2/3}$	$\left[-\ln(1-x)\right]^{1/3}$
A_4	$m=4$	$4(1-x)\left[-\ln(1-x)\right]^{3/4}$	$\left[-\ln(1-x)\right]^{1/4}$
C_1	Reaction order: $n=3/2$	$2(1-x)^{3/2}$	$(1-x)^{-1/2}-1$
C_2	Reaction order: $n=2$	$(1-x)^2$	$(1-x)^{-1}-1$
D_1	一维扩散模型	$1/(2x)$	x^2
D_2	二维扩散模型	$\left[-\ln(1-x)\right]^{-1}$	$(1-x)\ln(1-x)+x$
D_3	三维扩散模型	$(3/2)\left[(1-x)^{-1/3}-1\right]^{-1}$	$1-2/3x-(1-x)^{2/3}$
D_4	three-dimensional diffusion (Jander)	$(3/2)(1-x)^{2/3}\left[1-(1-x)^{1/3}\right]^{-1}$	$\left[1-(1-x)^{1/3}\right]^2$
D_5	3-D (Anti-Jander)	$(3/2)(1+x)^{2/3}\left[(1+x)^{1/3}-1\right]^{-1}$	$\left[(1+x)^{1/3}-1\right]^2$
D_6	3-D (ZLT)	$(3/2)(1-x)^{4/3}\left[(1-x)^{-1/3}-1\right]^{-1}$	$\left[(1-x)^{-1/3}-1\right]^2$
D_7	3-D (Jander)	$6(1-x)^{2/3}\left[1-(1-x)^{1/3}\right]^{1/2}$	$\left[1-(1-x)^{1/3}\right]^{1/2}$
D_8	2-D (Jander)	$(1-x)^{1/2}\left[1-(1-x)^{1/2}\right]^{-1}$	$\left[1-(1-x)^{1/2}\right]^2$
$R_{1/2}$	$m=1/2$	$(1/2)(1-x)^{-1}$	$1-(1-x)^2$
$R_{1/3}$	$m=1/3$	$(1/3)(1-x)^{-2}$	$1-(1-x)^3$
$R_{1/4}$	$m=1/4$	$(1/4)(1-x)^{-3}$	$1-(1-x)^4$
R_2	$m=2$	$2(1-x)^{1/2}$	$1-(1-x)^{1/2}$
R_3	$m=3$	$3(1-x)^{2/3}$	$1-(1-x)^{1/3}$
RPM	Random pore model	$(1-x)\left[1-\psi\ln(1-x)\right]^{1/2}$	$(2/\psi)\left\{\left[1-\psi\ln(1-x)\right]^{1/2}-1\right\}$

在表 3-45 中，随机孔隙模型（RPM）存在一个结构参数 ψ，其可用式（3-62）进行计算。

$$\psi = \frac{2}{2\ln(1-x_{\max})+1} \qquad (3\text{-}62)$$

式中 $x_{\max}$——当反应速率达到最大值时对应的碳转化率。

根据碳转化率 x，计算不同机理函数对应的 $g(x)$，再将 $g(x)$ 与反应时间 t 进行线性回归，得到的线性关系最好的 $g(x)$ 即为复合铁焦等温气化反应的动力学最概然机理函数。线性回归方程的相关系数 R^2 由式（3-42）计算。

　　复合铁焦等温气化反应不同机理函数 $g(x)$ 与反应时间 t 线性回归结果见图 3-122，各模型线性拟合对应的相关系数见表 3-46。不同温度条件下不同模型具有不同的相关系数，最概然机理函数应具有较高的相关系数。由图和表可以看出，R_2 模型的整体拟合程度优于其他模型。因此，采用 R_2 模型作为描述复合铁焦等温气化反应过程的最概然机理函数。

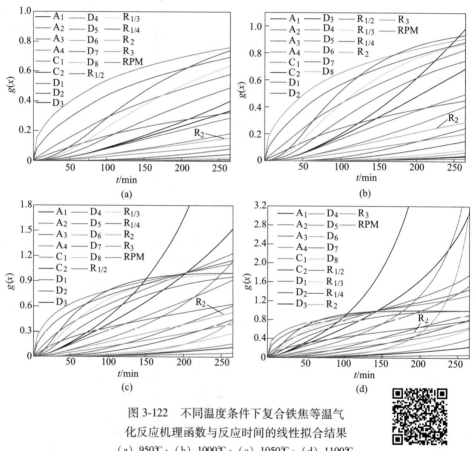

图 3-122　不同温度条件下复合铁焦等温气
化反应机理函数与反应时间的线性拟合结果
（a）950℃；（b）1000℃；（c）1050℃；（d）1100℃

（扫二维码看彩图）

　　根据图 3-122 中 R_2 模型线性回归，确定了不同温度条件下复合铁焦等温气化反应速率常数，结果见表 3-47。由表可知，随着反应温度的升高，气化反应速率常数显著提高，表明温度的升高可促进复合铁焦气化反应的进行。

　　为了检验 R_2 模型的有效性，采用反解法对模型进行验证。将 R_2 模型的积分形式 $g(x)$ 与式（3-61）联立可获得由模型计算的碳转化率与时间的关系，见式（3-63）。由式（3-63）计算出模型值，并与实验值进行对比，见图 3-123。可以

表 3-46 各模型线性拟合相关系数

温度/℃	950	1000	1050	1100	平均值
A_1	0.98598	0.98992	0.98131	0.94495	0.97554
A_2	0.98339	0.97802	0.98319	0.98865	0.983313
A_3	0.93839	0.92752	0.93101	0.94866	0.936395
A_4	0.89051	0.87636	0.87412	0.89323	0.883555
C_1	0.98136	0.98069	0.94394	0.81308	0.929768
C_2	0.97581	0.96761	0.88896	0.64247	0.868713
D_1	0.89147	0.92715	0.95757	0.9841	0.940073
D_2	0.88203	0.91135	0.92829	0.94951	0.917795
D_3	0.87866	0.90523	0.91426	0.92434	0.905623
D_4	0.87187	0.89263	0.88372	0.86043	0.877163
D_5	0.90504	0.94413	0.97576	0.99367	0.95465
D_6	0.85057	0.85081	0.77168	0.58947	0.765633
D_7	0.98027	0.97044	0.9679	0.97149	0.972525
D_8	0.87693	0.90199	0.90626	0.90756	0.898185
$R_{1/2}$	0.99518	0.98905	0.9478	0.86234	0.948593
$R_{1/3}$	0.99448	0.96975	0.8732	0.73541	0.89321
$R_{1/4}$	0.99062	0.94238	0.79652	0.6333	0.840705
R_2	0.99067	0.99524	0.99829	0.99848	0.99567
R_3	0.98854	0.9939	0.99491	0.9897	0.991763
RPM	0.99195	0.99716	0.99891	0.99003	0.994513

表 3-47 R_2 模型确定的不同温度条件下复合铁焦气化反应速率常数

温度/℃	950	1000	1050	1100
k/min^{-1}	0.000629027	0.00118	0.00207	0.00292

清楚地看到，模型计算值可以很好地描述实验值，因此 R_2 模型为复合铁焦等温气化反应的动力学模型。

$$x = 1 - \left[1 - k(T) \times t\right]^2 \tag{3-63}$$

动力学分析确定的最概然机理函数（R_2 模型）属于缩核模型（shrinking core model，SCM）的改进型，可以表示为式（3-64）。在缩核模型中，假设颗粒最初被反应气包围，且反应只发生于收缩核表面。随着反应的进行，颗粒的核心被不断产生的灰分层包围，这表明反应界面最初位于颗粒的外表面，并逐渐向颗粒内部移动。不同的研究表明，反应气体在灰分层内的扩散和界面处的化学反应是控制反应速率的主要环节。R_2 模型引入一个新参数 n 代替了缩核模型中的指数，且反应速率常数和新参数 n 相互独立[49]。

$$f(x) = (1 - x)^n \tag{3-64}$$

式中　*n*——反应级数或决定于颗粒几何形状的形状因子，对于球体、圆柱体和
　　　　　平板，*n* 分别为 2/3、1/2 和 0。

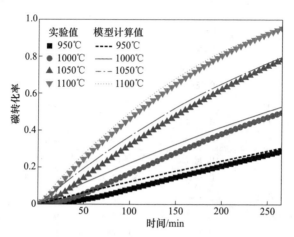

图 3-123　模型计算值和实验值的对比

C　等温气化反应动力学模型

　　为获得复合铁焦等温气化反应活化能和指前因子，对式（3-35）两边取对
数，得式（3-65）。将 ln*k* 与 T^{-1} 进行线性回归分析，由回归直线的斜率和纵截距
可以获得气化反应的活化能和指前因子。

$$\ln k = -\frac{E}{R} \times \frac{1}{T} + \ln A \qquad (3-65)$$

　　利用 R_2 模型时，反应速率常数的对数与热力学温度的倒数线性回归见图
3-124。拟合直线的斜率为 -17412.22668，纵截距为 6.90713，由此可计算出复合
铁焦等温气化反应活化能为 144.77kJ/mol，指前因子为 999.37$\min^{-1}$。

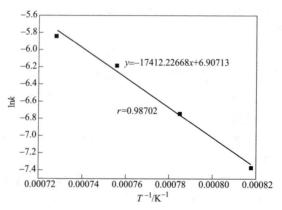

图 3-124　采用 R_2 模型计算的 ln*k* 与 T^{-1} 线性回归

将以上确定的最概然机理函数、活化能和指前因子代入式（3-60）中，可获得复合铁焦等温气化反应动力学模型，可用式（3-66）进行描述。

$$\frac{\mathrm{d}x}{\mathrm{d}t} = 1998.74\exp\left(-\frac{144.77}{RT}\right)(1-x)^{1/2} \tag{3-66}$$

3.3.4　金属铁的催化机理

由上述研究结果可以看出，金属铁对碳的气化溶损反应具有明显的催化作用。由氧迁移理论可知，在复合铁焦气化反应过程中，金属铁通过其氧化物传递活性氧原子，并与碳发生气化反应，从而降低反应所需的能量，见图3-125。铁碳界面的金属铁在一定温度条件下能够促使吸附态的CO_2离解成为化学吸附态的氧原子［图中用（O）表示］和CO，而（O）又与金属铁结合成FeO，并被周围的活性炭分子立即还原生成金属铁和CO。然后，生成的金属铁又与周围的CO_2再次结合，这个过程可用式（3-67）和式（3-68）表示。

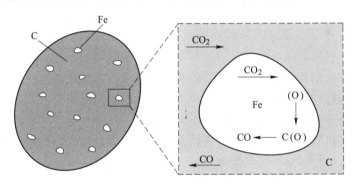

图 3-125　复合铁焦气化反应过程中金属铁的催化机理

$$CO_2 + Fe \Longrightarrow FeO + CO \tag{3-67}$$
$$FeO + C \Longrightarrow Fe + CO \tag{3-68}$$

上述两式相加可获得碳的气化反应$CO_2+C \Longrightarrow 2CO$。在这个过程中，金属铁通过氧化还原反应起到运输氧原子的作用。通过复合铁焦反应前后金属化率的变化也可确定，在复合铁焦气化反应过程中，存在样品增重的现象，由此说明存在金属铁的氧化过程。

3.3.5　小结

通过对复合铁焦非等温气化反应行为和气化反应动力学的分析研究，确定了动力学三因子。同时，研究了复合铁焦等温气化反应行为，建立了动力学模型，揭示了金属铁对复合铁焦中碳气化反应的催化机理，获得以下结论：

（1）金属铁的催化作用能够促进复合铁焦气化溶损反应，降低气化反应开始温度。复合铁焦非等温气化反应符合界面反应模型，可用 C_1 模型进行描述。在此模型下，随着铁矿粉配比由 0 增加至 20%，复合铁焦气化反应活化能和指前因子的自然对数均逐渐降低，且两者存在动力学补偿效应。

（2）当反应温度由 950℃ 升高至 1100℃ 时，复合铁焦等温气化反应最终碳转化率逐渐增加，而反应后强度逐渐降低。复合铁焦等温气化反应符合缩核模型，R_2 作为描述复合铁焦等温气化反应过程的最概然机理函数，活化能为 144.77kJ/mol，指前因子为 999.37min^{-1}。

（3）金属铁通过氧化还原反应起到氧载体的作用，进而促进复合铁焦气化溶损反应。铁碳界面的金属铁在一定温度条件下被 CO_2 气流氧化成铁氧化物，并立即被周围的碳分子还原又生成金属铁和 CO，生成的金属铁又与周围的 CO_2 再次结合，这一过程循环发生，从而不断促进碳的气化反应。

3.4　复合铁焦对高炉冶炼过程的影响

烧结矿和球团矿等含铁炉料还原反应及焦炭气化反应对高炉冶炼有重要影响，且综合炉料的软熔滴落性能直接影响高炉燃料消耗和冶炼效率。复合铁焦具有高反应性，使用复合铁焦将对含铁炉料的还原反应及焦炭的气化反应产生重要影响，从而引起综合炉料熔滴性能发生变化。本节首先阐述复合铁焦对含铁炉料的还原反应及焦炭气化溶损反应的影响，揭示复合铁焦气化反应和含铁炉料还原反应耦合作用机制；其次，阐述复合铁焦对高炉综合炉料软化熔融滴落行为的影响，揭示综合炉料熔滴性能的演变规律，获得复合铁焦适宜的添加量，优化高炉炉料结构，为复合铁焦的实际应用奠定基础。

3.4.1　实验原料

实验原料主要包括复合铁焦、焦炭、烧结矿和球团矿。采用添加 15% 铁矿 B 制备的复合铁焦，工业分析见表 3-37。焦炭工业分析见表 3-38。复合铁焦和焦炭的反应性分别为 61.19% 和 31.39%。烧结矿和球团矿化学成分和碱度见表 3-48。烧结矿和球团矿全铁含量分别为 58.09% 和 63.88%，FeO 含量分别为 7.74% 和 0.76%。

表 3-48　烧结矿和球团矿的化学成分和碱度　　　　　（%）

含铁炉料	TFe	FeO	CaO	SiO$_2$	MgO	Al$_2$O$_3$	R
烧结矿	58.09	7.74	9.69	5.12	2.33	1.93	1.89
球团矿	63.88	0.76	0.07	4.89	0.54	0.29	0.01

3.4.2　实验方法及方案

3.4.2.1　复合铁焦对焦炭气化反应的影响

参照国标 GB/T 4000—2017 进行实验,具体方案见表 3-49。实验过程中,将复合铁焦加入到焦炭中,并与之混合均匀,复合铁焦的加入比例从 0 增加到 40%,反应温度为 1100℃,反应时间为 120min。实验结束后,将焦炭和复合铁焦分离,并进行转鼓实验。复合铁焦和焦炭反应失重率和反应后强度 PRS 分别由式(3-69)和式(3-52)进行计算。

$$WLR = \frac{m_0 - m_1}{m_0} \times 100\% \qquad (3-69)$$

式中　m_0,m_1——复合铁焦或焦炭反应前后的质量,g。

表 3-49　复合铁焦和焦炭混合物气化反应实验方案

编号	复合铁焦加入量/%	焦炭加入量/%	试样总量/g	CO_2 流量/L·min^{-1}
1 号	0	100	200	5
2 号	5	95	200	5
3 号	10	90	200	5
4 号	20	80	200	5
5 号	30	70	200	5
6 号	40	60	200	5

3.4.2.2　复合铁焦对含铁炉料等温还原过程的影响

将复合铁焦添加至球团矿中,考察复合铁焦装料方式、复合铁焦添加比例(占球团矿的质量分数)、反应温度等对球团矿等温还原过程的影响,实验方案见表 3-50。另外,采用混装方式将复合铁焦添加至烧结矿中,考察复合铁焦添加比例(占烧结矿的质量分数)、反应温度等对烧结矿等温还原过程的影响,实验方案见表 3-51。此外,含铁炉料等温还原时间均为 60min。

表 3-50　添加复合铁焦的球团矿等温还原实验方案

编号	球团矿质量/g	复合铁焦添加比例/%	焦炭添加比例/%	装料方式	反应温度/℃
7 号	500	0	0	—	1000
8 号	500	0	10	层装	1000
9 号	500	10	0	层装	1000
10 号	500	0	10	混装	1000
11 号	500	10	0	混装	1000

续表 3-50

编号	球团矿质量/g	复合铁焦添加比例/%	焦炭添加比例/%	装料方式	反应温度/℃
12 号	500	0	0	混装	900
13 号	500	0	0	混装	950
14 号	500	0	0	混装	1050
15 号	500	0	0	混装	1100
16 号	500	10	0	混装	900
17 号	500	10	0	混装	950
18 号	500	10	0	混装	1050
19 号	500	10	0	混装	1100
20 号	500	20	0	混装	1000
21 号	500	30	0	混装	1000

表 3-51　添加复合铁焦的烧结矿等温还原实验方案

编号	烧结矿质量/g	复合铁焦添加比例/%	反应温度/℃	装料方式
22 号	500	0	900	—
23 号	500	0	950	—
24 号	500	0	1000	—
25 号	500	0	1050	—
26 号	500	0	1100	—
27 号	500	10	900	混装
28 号	500	10	950	混装
29 号	500	10	1000	混装
30 号	500	10	1050	混装
31 号	500	10	1100	混装
32 号	500	5	1000	混装
33 号	500	20	1000	混装
34 号	500	30	1000	混装

含铁炉料还原实验设备见图 3-126。球团矿和烧结矿的粒度为 10~12.5mm，复合铁焦和焦炭粒度为 14~18mm。复合铁焦或焦炭的装料方式包括层装和混装，见图 3-127。还原气流量为 15L/min，组成为 30% CO 和 70%N_2。

含铁炉料还原率（reduction degree，RD）为还原失氧量占铁氧化物理论含氧量的百分比，由式（3-70）计算。复合铁焦或焦炭反应过程中的碳转化率（carbon conversion ratio，CCR）用式（3-71）进行计算。

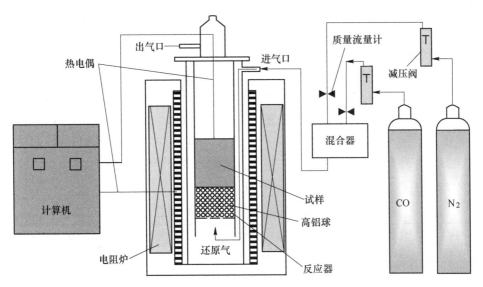

图 3-126 含铁炉料还原实验设备示意图

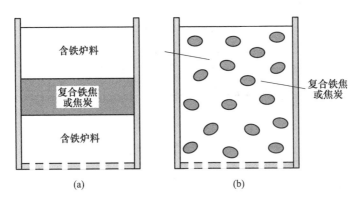

(a)　　　　　　　　(b)

图 3-127 含铁炉料等温还原过程中复合铁焦的装料方式

（a）层装；（b）混装

$$RD = \frac{m_1 - m_2}{m_0} \times 100\% \qquad (3\text{-}70)$$

$$CCR = \frac{m_3 - m_4}{m_3 \times w_{FC}} \times 100\% \qquad (3\text{-}71)$$

式中　m_1，m_2——含铁炉料还原前后的质量，g；

$\qquad$ m_0——含铁炉料中铁氧化物理论含氧量，g；

$\qquad$ m_3，m_4——复合铁焦或焦炭还原前后的质量，g；

$\qquad$ w_{FC}——复合铁焦或焦炭的固定炭质量分数，%。

3.4.2.3　复合铁焦对含铁炉料非等温还原过程的影响

将复合铁焦添加至含铁炉料中，考察复合铁焦加入量（占含铁炉料的质量分数）对含铁炉料非等温还原过程的影响，实验方案见表3-52。复合铁焦采用混装方式，其比例由0增加至30%。在装料过程中，将复合铁焦和含铁炉料的混合物平均分为上下两层，中间用铁铬铝丝网隔开，见图3-128。实验过程按程序升温并根据温度通入相应的还原气，当还原温度达到1100℃时停止实验，升温制度和通气制度见表3-53。实验结束后，将上下两层的含铁炉料和复合铁焦分离，并分析含铁炉料的还原率和复合铁焦的碳转化率。

表 3-52　添加复合铁焦含铁炉料的非等温还原实验方案

编号	球团矿质量/g	烧结矿质量/g	复合铁焦添加比例/%	还原终点温度/℃
35 号	500	0	0	1100
36 号	500	0	10	1100
37 号	500	0	20	1100
38 号	500	0	30	1100
39 号	0	500	0	1100
40 号	0	500	10	1100
41 号	0	500	20	1100
42 号	0	500	30	1100

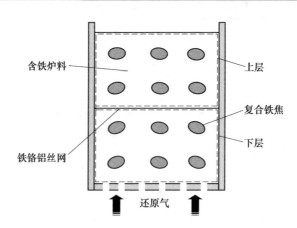

图 3-128　含铁炉料非等温还原过程复合铁焦的装料方式

3.4.3　复合铁焦对焦炭气化反应的影响

图 3-129 给出了不同复合铁焦添加比例条件下复合铁焦与焦炭混合物气化反

表 3-53 含铁炉料非等温还原的升温制度和通气制度

升温阶段/℃	升温速率 /℃·min⁻¹	气相组成及流量/L·min⁻¹		
		CO	CO₂	N₂
室温~400	10	0.0	0.0	5.0
400~900	10	3.9	2.1	9.0
900~1020	3	4.5	0.0	10.5
1020~1100	5	4.5	0.0	10.5

应失重率。随着复合铁焦添加比例增加，混合物的失重率逐渐增加。若复合铁焦和焦炭间没有交互作用，那么混合物的失重率应呈现直线，如图中的虚线（计算值）。但混合物失重率的实验值大于计算值，尤其当复合铁焦添加比例为20%~30%时，这说明混合物气化反应主要由高反应性的复合铁焦控制。

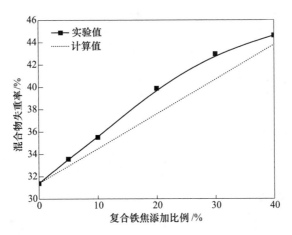

图 3-129 不同复合铁焦添加比例条件下
复合铁焦与焦炭混合物气化反应失重率

图 3-130 给出了不同复合铁焦添加比例条件下焦炭和复合铁焦的反应失重率和反应后强度。随着复合铁焦添加比例的增加，焦炭反应失重率逐渐降低，反应后强度逐渐增加；复合铁焦反应失重率先增加后降低，而反应后强度逐渐增加。由于复合铁焦具有高反应性，加入焦炭中后，更多的 CO_2 率先与复合铁焦发生气化反应，从而导致焦炭气化溶损量逐渐减少。但当复合铁焦添加比例达到30%后，焦炭失重率和反应后强度趋于不变，表明复合铁焦对焦炭具有保护作用，且保护作用有一定的限度。

图 3-131 给出了不同复合铁焦添加比例条件下焦炭气化反应后断面形貌。随着复合铁焦加入比例的增加，焦炭反应后断面气孔数量逐渐减少，且尺寸减小，表明焦炭气化反应发生量逐渐减少。

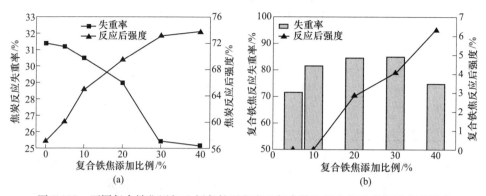

图 3-130　不同复合铁焦添加比例条件下焦炭和复合铁焦反应失重率和反应后强度

（a）焦炭；（b）复合铁焦

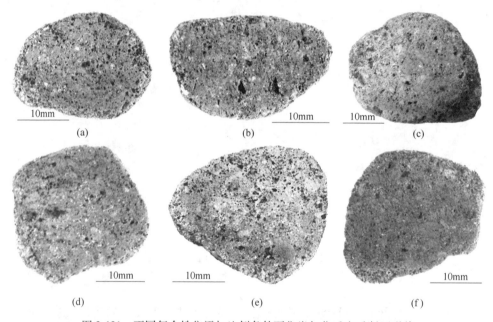

图 3-131　不同复合铁焦添加比例条件下焦炭气化反应后断面形貌

（a）未加复合铁焦；（b）5%复合铁焦；（c）10%复合铁焦；

（d）20%复合铁焦；（e）30%复合铁焦；（f）40%复合铁焦

3.4.4　复合铁焦对含铁炉料还原过程的影响

3.4.4.1　复合铁焦对球团矿等温还原过程的影响

A　复合铁焦装料方式的影响

图 3-132 给出了不同复合铁焦和焦炭装料方式对球团矿等温还原的影响。全

球团时（7 号实验），还原率为 23.69%。采用层装方式时，加入 10% 复合铁焦（9 号实验）和 10% 焦炭（8 号实验）后，球团矿还原率分别为 27.99% 和 25.28%，分别比全球团矿时提高 4.30% 和 1.59%，此时复合铁焦的碳转化率为 6.54%，焦炭的碳转化率为 4.05%。采用混装方式时，加入 10% 复合铁焦（11 号实验）和 10% 焦炭（10 号实验）后，球团矿还原率分别为 30.17% 和 28.84%，分别比全球团时提高 6.48% 和 5.15%，此时复合铁焦的碳转化率为 8.74%，焦炭的碳转化率为 7.84%。因此，无论采用层装还是混装，加入复合铁焦或焦炭均能促进球团矿的还原，且混装时促进效果更明显。球团矿中的铁氧化物与 CO 反应产生 CO_2，加入的复合铁焦或焦炭与 CO_2 反应又生成 CO，从而提高气相还原势。混装时球团矿与复合铁焦或焦炭的接触面积增大，从而加强碳气化反应与铁氧化物还原反应间的耦合效应。采用相同装料方式时，与焦炭相比，复合铁焦对球团矿还原的促进作用更显著，主要由于复合铁焦具有高反应性。从装料方式角度考虑，复合铁焦宜采用混装方式。

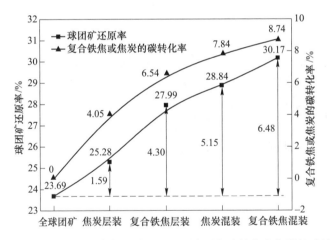

图 3-132　不同装料方式条件下球团矿还原率及复合铁焦和焦炭的碳转化率

　　图 3-133 给出了不同装料方式下球团矿还原后微观结构。可知，全球团矿、焦炭层装及复合铁焦层装时，球团矿还原后铁氧化物主要以 FeO 形式存在。焦炭混装和复合铁焦混装后，球团矿还原后内部出现金属铁，且复合铁焦混装时出现更多的金属铁。因此，复合铁焦对球团矿还原过程的促进效果更为显著。

　　图 3-134 给出了不同装料方式下球团矿和复合铁焦反应后抗压强度。可知，与全球团矿相比，焦炭层装、复合铁焦层装、焦炭混装和复合铁焦混装时，球团矿还原后抗压强度显著降低，由 835N 分别降低至 747N、725N、716N 和 710N。由图 3-132 可知，从 7 号实验到 11 号实验，球团矿的还原率逐渐提高，导致失氧量增多，产生较多气孔（见图 3-135），从而导致球团矿还原后抗压强度的降低。

图 3-133　不同复合铁焦和焦炭装料方式条件下球团矿还原后微观结构

(a) 全球团矿；(b) 10%焦炭层装；(c) 10%复合铁焦层装；

(d) 10%焦炭混装；(e) 10%复合铁焦混装

另外，层装时复合铁焦反应后抗压强度为 4265N，而混装时抗压强度降低至 4124N，主要由于混装时接触面积增大而加强复合铁焦气化的反应，颗粒内部产生更多的裂纹和气孔。

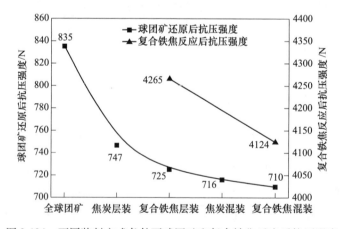

图 3-134　不同装料方式条件下球团矿和复合铁焦反应后抗压强度

B　不同温度条件下复合铁焦的影响

图 3-136 给出了不同温度条件下添加与不添加复合铁焦对球团矿等温还原过程的影响。随着还原温度由 900℃ 升高到 1100℃，混装 10%复合铁焦时球团矿还原率由 20.93% 提高到 40.14%，而全球团矿时其还原率由 20.20% 提高至

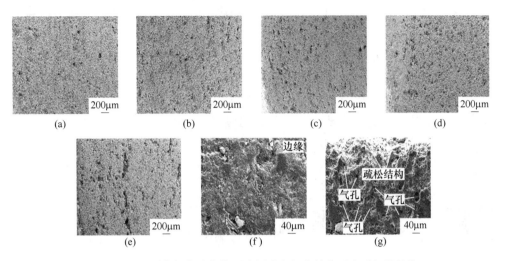

(a)　　　　　　(b)　　　　　　(c)　　　　　　(d)

(e)　　　　　　(f)　　　　　　(g)

图 3-135　不同装料方式条件下球团矿和复合铁焦反应后气孔结构

（a）7 号实验球团矿；（b）8 号实验球团矿；（c）9 号实验球团矿；（d）10 号实验球团矿；

（e）11 号实验球团矿；（f）9 号实验复合铁焦；（g）11 号实验复合铁焦

32.45%，因此，两者差值由 0.73% 增加到 7.69%。反应温度的升高不仅有利于加快铁氧化物的还原速率，而且有利于加速复合铁焦的气化反应。铁氧化物还原反应速率加快，单位时间内产生更多的 CO_2，与周围的碳发生气化反应，又生成 CO。这两个反应的耦合作用将促进球团矿中铁氧化物的还原，且温度越高，这种促进作用越明显。另外，随着温度由 900℃ 升高至 1100℃，复合铁焦的碳转化率由 1.76% 提高到 24.95%。

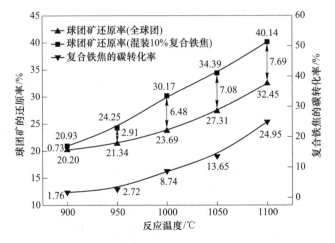

图 3-136　不同温度条件下添加与不添加复合铁焦时

球团矿还原率及复合铁焦的碳转化率

图 3-137 给出了不同还原温度条件下球团矿混装 10%复合铁焦还原后的微观形貌。在混装 10%复合铁焦条件下，900℃还原后，球团矿内部未出现金属铁，铁氧化物主要以氧化亚铁形式存在。当温度达到 950℃时，球团矿内部开始出现少量的金属铁（图中亮白色区域）。1000℃还原后球团矿内部金属铁量逐渐增多，但此时金属铁颗粒呈离散态分布。当温度达 1050℃和 1100℃时，球团矿内部出现大量的金属铁颗粒，并形成网状结构，且这些结构主要存在于球团外侧。

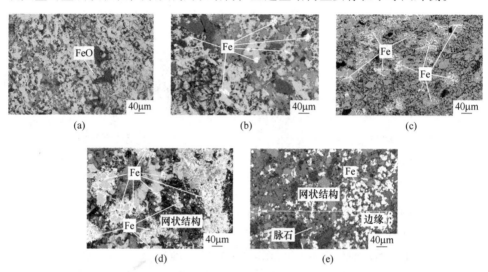

图 3-137　不同还原温度条件下混装 10%复合铁焦时球团矿还原后的微观结构
(a) 900℃；(b) 950℃；(c) 1000℃；(d) 1050℃；(e) 1100℃

图 3-138 给出了 1000℃和 1100℃下球团矿还原后内部元素分布。当还原温度为 1000℃时，球团矿还原后出现一定数量的金属铁，但铁颗粒分布较为分散，未形成网状结构。当还原温度达到 1100℃时，氧含量明显减少，金属铁明显增多，且尺寸明显增大，同时形成了金属网状结构。

混装 10%复合铁焦时不同温度条件下球团矿和复合铁焦反应后抗压强度见图 3-139。当温度由 900℃升高到 1000℃时，球团矿还原后抗压强度由 991N 降低到 710N，这主要是因为还原温度的升高加速铁氧化物的还原，从而导致球团矿内部产生较多的气孔和裂纹（见图 3-140），而此时虽有少量的金属铁生成，但金属铁颗粒离散分布，未形成结合力较强的网状结构，因此还原后抗压强度逐渐降低。当温度由 1000℃升高至 1100℃时，球团矿还原后抗压强度由 710N 增加至 941N。高温下铁氧化物还原后金属铁的数量逐渐增多，且形成网状结构（见图 3-137 和图 3-138），从而有利于提高球团还原后抗压强度。

另外，当反应温度由 900℃升高至 1100℃，复合铁焦反应后抗压强度由 4310N 降低至 3841N，主要是因为提高温度将加速球团矿中铁氧化物的还原，产

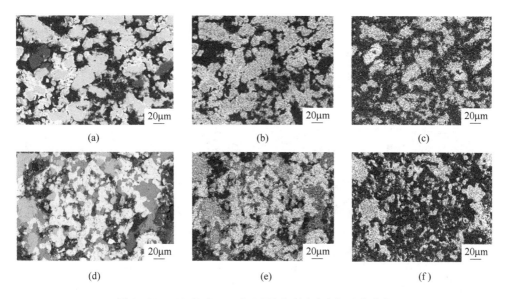

图 3-138　1000℃和1100℃还原后球团矿内部元素分布

（a）1000℃还原；（b）1000℃时铁的分布；（c）1000℃时氧的分布；

（d）1100℃还原；（e）1100℃时铁的分布；（f）1100℃时氧的分布

生更多的 CO_2，而且高温也有利于碳气化反应发生，这两方面因素加速复合铁焦的气化反应，导致其反应后强度降低。

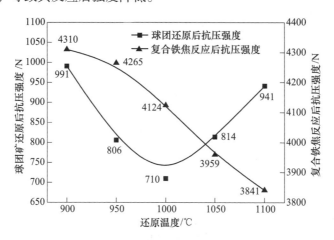

图 3-139　不同温度条件下球团矿和复合铁焦反应后抗压强度

C　复合铁焦添加比例的影响

图 3-141 给出了复合铁焦添加比例对球团矿等温还原的影响。随着复合铁焦添加比例由 0 增加到 30%，球团矿还原率由 23.69% 增加至 33.72%。与全球团矿

图 3-140　不同温度条件下球团矿和复合铁焦反应后气孔结构

（a）900℃球团矿；（b）950℃球团矿；（c）1000℃球团矿；（d）1050℃球团矿；

（e）1100℃球团矿；（f）900℃复合铁焦；（g）1000℃复合铁焦；（h）1100℃复合铁焦

相比，当复合铁焦添加比例为 10%、20% 和 30% 时，球团矿还原率分别提高 6.48%、8.66% 和 10.03%，这表明混装复合铁焦明显促进球团矿的还原，但当复合铁焦添加比例达到一定值后促进作用减弱，这与球团矿的还原性有关。另外，随着复合铁焦添加比例的增加，碳转化率由 0 增加至 11.04%。

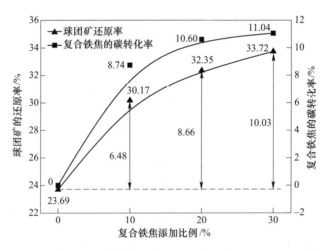

图 3-141　不同复合铁焦添加比例条件下球团矿还原率及复合铁焦的碳转化率

图 3-142 给出了复合铁焦不同添加比例下球团矿还原后微观结构。可知，在 1000℃下还原 60min，全球团矿还原时内部未出现金属铁。随着复合铁焦添加比例的增加，球团矿还原后金属铁量逐渐增多（图中白色区域），表明复合铁焦添

加比例的增加有利于促进球团矿的还原，见图 3-142（b）~（d）。另外，随着添加比例的增加，复合铁焦反应后内部气孔逐渐增多，且结构逐渐疏松，表明碳的气化反应逐渐加强，见图 3-142（e）~（g）。

图 3-142　不同复合铁焦添加比例条件下球团矿和复合铁焦反应后微观结构

（a）7 号实验球团矿；（b）11 号实验球团矿；（c）20 号实验球团矿；（d）21 号实验球团矿；

（e）11 号实验复合铁焦；（f）20 号实验复合铁焦；（g）21 号实验复合铁焦

从铁氧化物还原角度考虑，与不接触相比，球团矿与复合铁焦接触时可以加强铁氧化物的还原。混装 30%复合铁焦时球团矿还原后分离出接触与不接触两种球团，其微观结构见图 3-143。可知，未接触复合铁焦的球团矿，还原后内部出现弥散分布的金属铁，而接触复合铁焦的球团矿，还原后内部金属铁明显增多，主要原因是球团矿与复合铁焦接触时增大了反应面积。另外，图 3-144 给出了不同复合铁焦添加比例下球团矿和复合铁焦反应后抗压强度。随着复合铁焦添加比例由 0 增加至 30%，球团矿还原后抗压强度由 835N 降低至 639N，复合铁焦反应后抗压强度由 4970N 降低至 3943N。

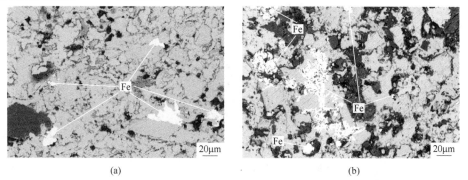

图 3-143　未与复合铁焦接触球团矿及与复合铁焦接触球团矿还原后微观结构

（a）未与复合铁焦接触；（b）与复合铁焦接触

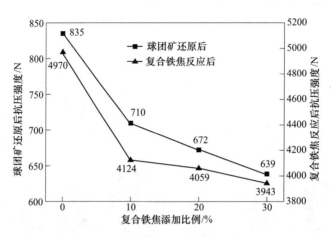

图 3-144　不同复合铁焦添加比例条件下球团矿和复合铁焦反应后抗压强度

通过以上分析，球团矿中加入复合铁焦或焦炭均可促进铁氧化物的还原，且复合铁焦的促进作用更为显著；但复合铁焦添加比例有一定限度，这与球团矿的还原性有关。复合铁焦宜采用混装方式。

3.4.4.2　复合铁焦对烧结矿等温还原过程的影响

A　不同温度条件下复合铁焦的影响

图 3-145 给出了不同温度条件下添加与不添加复合铁焦时烧结矿还原率及复合铁焦的碳转化率。未添加复合铁焦时，随着还原温度由 900℃ 升高至 1100℃，

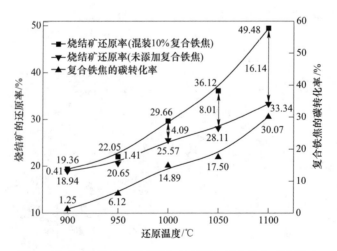

图 3-145　不同温度条件下添加与不添加复合铁焦时球团矿
还原率及复合铁焦的碳转化率

烧结矿还原率由 18.94%提高至 33.34%，而混装 10%复合铁焦时烧结矿还原率由 19.36%提高到 49.48%，因此两种条件下烧结矿还原率差值由 0.41%提高至 16.14%。另外，复合铁焦的碳转化率由 1.25%增加至 30.07%。升高还原温度有利于强化铁氧化物还原和复合铁焦气化反应，从而加强两者的耦合作用。

图 3-146 给出了不同温度条件下混装 10%复合铁焦时烧结矿还原后微观结构。当还原温度为 900℃时，烧结矿还原后内部未出现金属铁，铁氧化物主要以氧化亚铁形式存在。当还原温度达到 1000℃时，烧结矿还原后内部出现金属铁，且金属铁颗粒弥散分布。当还原温度达到 1100℃时，烧结矿内部出现大量的金属铁颗粒，且连成一片，形成网状结构。另外，图 3-147 给出了 1100℃下烧结矿还原后内部元素分布。当还原温度为 1100℃时，烧结矿还原后金属铁较多，且连成一片。

图 3-146　不同温度条件下混装 10%复合铁焦时烧结矿还原后微观结构
(a) 900℃；(b) 1000℃；(c) 1100℃

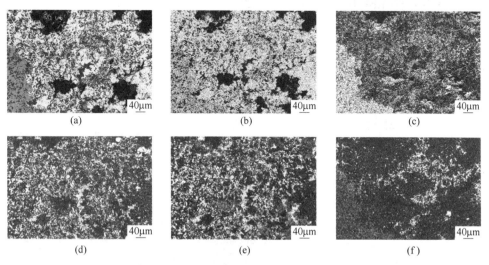

图 3-147　1100℃下混装 10%复合铁焦时烧结矿还原后内部元素分布
(a) 烧结矿；(b) Fe 的分布；(c) O 的分布；(d) Si 的分布；(e) Ca 的分布；(f) Mg 的分布

图 3-148 给出了不同温度条件下复合铁焦与烧结矿反应后抗压强度。还原温度由 900℃升高到 1100℃时，复合铁焦反应后抗压强度由 4663N 降低至 3845N。

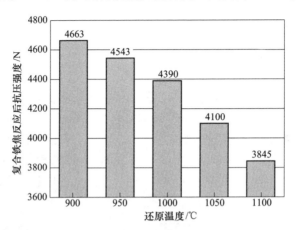

图 3-148　不同温度条件下复合铁焦反应后抗压强度

B　复合铁焦添加比例的影响

复合铁焦添加比例对烧结矿等温还原过程的影响见图 3-149。在 1000℃下还原 60min，当复合铁焦添加比例由 0 增加到 10%时，烧结矿还原率由 25.72%增加至 29.71%，复合铁焦的碳转化率由 0 增加到 14.70%；而当复合铁焦添加比例由 10%增加至 30%时，烧结矿还原率基本保持不变，同时复合铁焦的碳转化率也基本维持不变，这表明混装复合铁焦对烧结矿等温还原过程有明显的促进作用，但复合铁焦添加比例有一定限度，这与烧结矿的还原性有关。

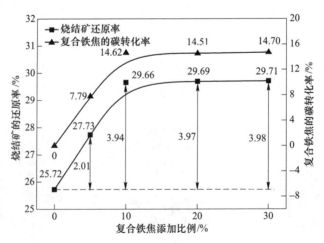

图 3-149　不同复合铁焦添加比例条件下烧结矿
还原率及复合铁焦的碳转化率

图 3-150 给出了不同复合铁焦添加比例下烧结矿还原后微观结构。未加复合铁焦时，烧结矿还原后未出现金属铁。当复合铁焦添加比例为 5% 时，烧结矿还原后内部出现金属铁，而当添加 10% 和 30% 复合铁焦时，烧结矿还原后内部出现较多的金属铁颗粒，表明复合铁焦添加量的增加有利于促进烧结矿中铁氧化物的还原。

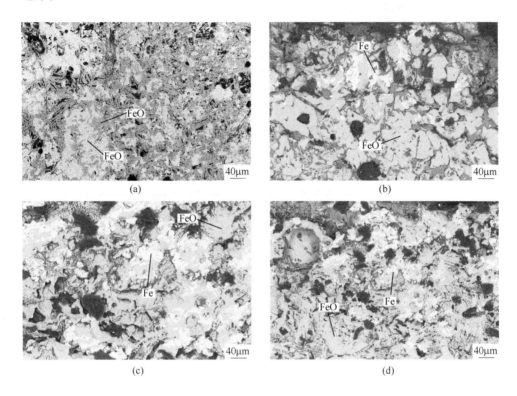

图 3-150　不同复合铁焦添加比例条件下烧结矿还原后微观形貌
（a）未加复合铁焦；（b）5% 复合铁焦；（c）10% 复合铁焦；（d）30% 复合铁焦

不同添加比例下复合铁焦反应后抗压强度见图 3-151。随着复合铁焦添加比例由 0 增加至 10%，复合铁焦反应后抗压强度由 4970N 降低至 4329N，主要由于复合铁焦气化反应得到加强，产生较多的气孔和裂纹，导致抗压强度明显降低；当复合铁焦添加比例由 20% 增加至 30% 时，复合铁焦反应后抗压强度由 4370N 降低至 4329N，变化不大，这是由于烧结矿还原性有限，还原反应产生的 CO_2 量达到稳定值，复合铁焦气化量也保持稳定，内部结构变化不大。

从以上分析和讨论可以看出，在等温还原中，烧结矿中加入复合铁焦可明显促进铁氧化物的还原，且促进作用随着温度的升高和复合铁焦添加比例的增加而逐渐增强，但复合铁焦的加入量有一定限度，这与烧结矿的还原性有关。

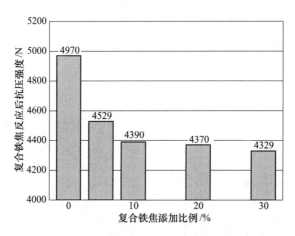

图 3-151　不同添加比例条件下复合铁焦反应后抗压强度

3.4.4.3　复合铁焦对球团矿非等温还原过程的影响

不同复合铁焦添加比例对球团矿非等温还原的影响见图 3-152。随着复合铁焦添加比例由 0 增加至 30%，上层球团矿的还原率由 14.15% 增加至 33.27%，而下层球团矿的还原率由 31.67% 逐渐增加到 40.01%，两者差值由 17.52% 降低到 6.74%，球团矿总还原率由 22.91% 增加至 36.62%，且总还原率增加幅度逐渐变缓，这与球团矿的还原性有关。下层球团矿首先与气相中的 CO 发生间接还原反应生成 CO_2，其又与混装在球团矿周围的复合铁焦发生气化反应，又生成 CO，这一耦合过程不断循环，因此下层气相还原势逐渐提高，促进铁氧化物的还原。从下层出来的还原气进入上层还原球团矿，在上层球团矿中同样存在上述耦合过程，这是上下两层球团矿还原率提高的原因。此外，随着复合铁焦添加比例的增加，从下层出来的还原气中 CO 浓度逐渐提高，从而使上层球团还原率提高得更明显，因此上下两层球团矿还原率的差值逐渐减小。另外，当复合铁焦添加比例由 0 增加至 20% 时，复合铁焦的碳转化率由 0 明显增加至 6.96%，而当复合铁焦添加比例继续增加至 30% 时，复合铁焦的碳转化率由 6.96% 缓慢增加至 7.29%。

图 3-153 给出了不同复合铁焦添加比例下球团矿非等温还原后微观形貌。当未加复合铁焦时，全球团矿还原后出现少量的金属铁，且均分布于球团矿边缘。当混装 10% 复合铁焦后，球团矿非等温还原后边缘金属铁明显增多，且形成金属铁带。随着复合铁焦添加比例继续增加，球团矿还原后金属铁带厚度明显增加，这表明球团矿中铁氧化物还原反应得到加强。

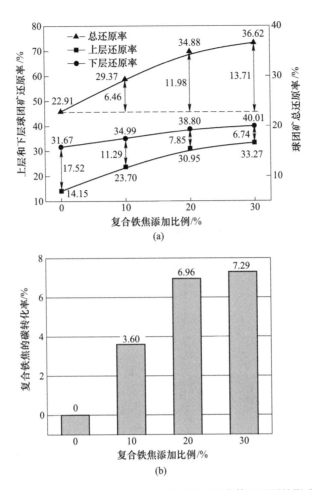

图 3-152 不同复合铁焦添加比例对球团矿非等温还原的影响

(a) 球团矿的还原率；(b) 复合铁焦的碳转化率

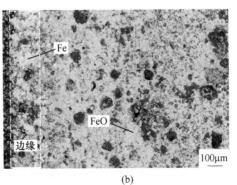

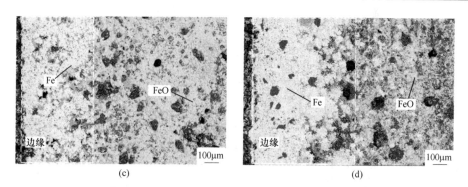

图 3-153　不同复合铁焦添加比例条件下球团矿非等温还原后微观结构
（a）未加复合铁焦；（b）10%复合铁焦；（c）20%复合铁焦；（d）30%复合铁焦

3.4.4.4　复合铁焦对烧结矿非等温还原过程的影响

图 3-154 给出了不同复合铁焦添加比例对烧结矿非等温还原的影响。当复合

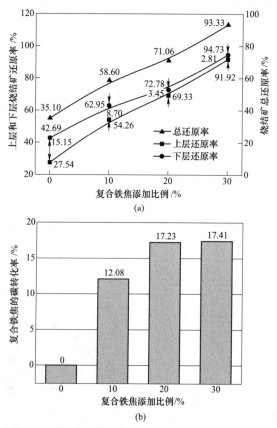

图 3-154　不同复合铁焦添加比例对烧结矿非等温还原的影响
（a）烧结矿的还原率；（b）复合铁焦的碳转化率

铁焦添加比例由 0 增加至 30%时，上层烧结矿的还原率由 27.54%增加至 91.92%，而下层烧结矿的还原率由 42.69%逐渐增加到 94.73%，两者差值由 15.15%降低到 2.81%，因此烧结矿总还原率由 35.10%增加至 93.33%。烧结矿 中加入复合铁焦，其还原过程与上述球团矿还原过程类似。与球团矿还原过程相 比，加入复合铁焦后烧结矿还原率增幅更为明显，其主要原因是实验用烧结矿的 还原性高于球团矿的还原性。另外，当复合铁焦添加比例由 0 增加至 30%时，复 合铁焦的碳转化率由 0 明显增加至 17.41%。

图 3-155 给出了不同复合铁焦添加比例下烧结矿非等温还原后微观结构。可 知，全烧结矿还原后内部出现部分带状金属铁。随着复合铁焦添加比例的增加， 烧结矿内部金属铁量明显增多。当复合铁焦添加比例为 20%时，烧结矿还原后内 部金属铁量充满整个视域，但此时金属铁颗粒尺寸较小；而当复合铁焦添加比例 达到 30%时，烧结矿还原出的金属铁颗粒明显变大，这主要是因为此时铁氧化物 的还原得到全面加强。

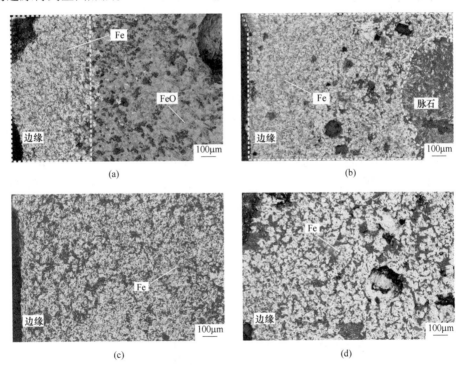

图 3-155　不同复合铁焦添加比例条件下烧结矿非等温还原后微观结构
（a）未加复合铁焦；（b）10%复合铁焦；（c）20%复合铁焦；（d）30%复合铁焦

3.4.4.5　复合铁焦对不同还原性含铁炉料非等温还原过程的影响

含铁炉料等温还原与非等温还原实验结果都表明，当复合铁焦添加比例达到一定值后，含铁炉料还原率增幅减缓，主要受到含铁炉料还原性的影响。为阐明这一问题，研究了复合铁焦对不同还原性含铁炉料还原过程的影响。实验采用两种球团矿（分别记为 P1 和 P2）和两种烧结矿（分别记为 S1 和 S2），其中球团矿 P1 和烧结矿 S1 化学成分见表 3-48，烧结矿 S2 和球团矿 P2 的化学成分见表 3-54。由表 3-54 可知，烧结矿 S2 的全铁质量分数为 55.08%，FeO 质量分数为 7.51%，二元碱度为 2.00，球团矿 P2 全铁质量分数为 61.63%，FeO 质量分数为 0.37%。

表 3-54　烧结矿和球团矿的化学成分和碱度

含铁炉料	TFe/%	FeO/%	CaO/%	SiO$_2$/%	MgO/%	Al$_2$O$_3$/%	R
烧结矿 S2	55.08	7.51	11.78	5.88	2.12	2.85	2.00
球团矿 P2	61.63	0.37	0.16	4.79	4.19	0.6	0.03

根据《铁矿石还原性的测定方法》（GB/T 13241—2017）测定球团矿和烧结矿还原性。含铁炉料还原度指数（reduction index，RI）用式（3-72）计算。

$$RI = \left(\frac{0.111W_{FeO}}{0.430W_{TFe}} + \frac{m_1 - m_2}{m_1 \times 0.430W_{TFe}} \times 100\% \right) \times 100\% \qquad (3-72)$$

式中　m_1，m_2——含铁炉料试样还原前后的质量，g；

W_{TFe}，W_{FeO}——还原前含铁炉料试样中全铁质量分数和 FeO 质量分数，%。

四种含铁炉料的还原性指数见图 3-156。球团矿 P1、球团矿 P2、烧结矿 S1、烧结矿 S2 的还原性指数分别为 49.69%、67.96%、82.11%、78.76%。可知，两种球团矿的还原性指数均低于两种烧结矿，相对而言球团矿 P2 和烧结矿 S1 的还原性较好。

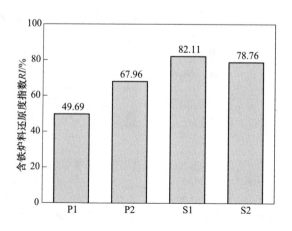

图 3-156　四种含铁炉料的还原度指数

在不同还原性的含铁炉料中混装10%复合铁焦并进行非等温还原实验，实验条件见表3-53，实验结果见图3-157。由图3-157（a）可以看出，对球团矿而言，P1上层还原率为23.70%，下层还原率为34.99%，总还原率为29.37%；P2上层还原率为36.47%，下层还原率达到45.09%，总还原率为40.77%。因此，与球团矿P1相比，球团矿P2上下层均具有较高的还原率，两者总还原率相差11.40%，这是因为球团矿P2具有更好的还原性能，在相同条件下铁氧化物具有较快的还原速率。对于烧结矿来说，S1上层还原率为54.26%，下层还原率为62.95%，总还原率为58.60%；S2上层还原率为47.56%，下层还原率为59.87%，总还原率为53.76%。因此，与烧结矿S2相比，烧结矿S1上下层均具有较高的还原率，两者总还原率相差4.84%，这是因为烧结矿S1的还原性较好。另外，由图3-157（b）可知，复合铁焦的碳转化率与还原率呈现相同的演变规律，其中，复合铁焦与球团矿P2和烧结矿S1反应后呈现出较高的碳转化率，主要原因是P2和S1均具有较高的还原性，在反应过程中较高的还原性可产生较多的 CO_2，从而加速复合铁焦的气化反应。因此，还原性较好的含铁炉料与复合铁焦间的耦合作用效应更为显著。从含铁炉料还原角度考虑，复合铁焦实际应用时应与还原性较好的含铁炉料搭配使用。

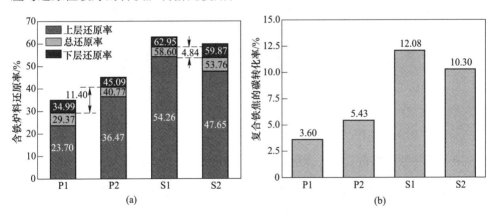

图3-157 复合铁焦对不同还原性含铁炉料非等温还原的影响
（a）含铁炉料的还原率；（b）复合铁焦的碳转化率

图3-158给出了混装10%复合铁焦时不同还原性含铁炉料非等温还原后微观结构。球团矿P1还原后在其边缘出现少量的带状金属铁。球团矿P2还原后内部出现大量的金属铁，仅有少量FeO存在。烧结矿S1还原后内部也出现大量的金属铁，而烧结矿S2还原后仍有部分FeO存在。

通过以上分析，复合铁焦对含铁炉料非等温还原过程具有明显的促进作用，但促进作用与含铁炉料的还原性能有关。对于还原性较低的含铁炉料，复合铁焦对其还原过程的促进作用有一定限度，如球团矿P1；而对于还原性能良好的含

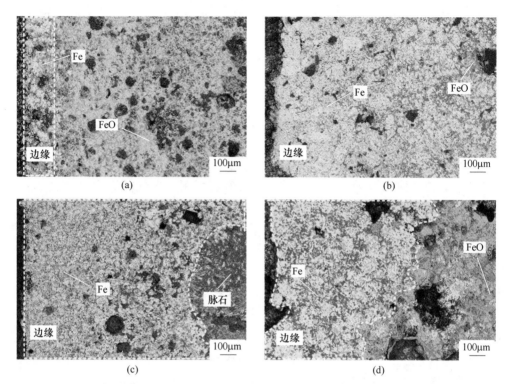

图 3-158　混装 10%复合铁焦时不同还原性含铁炉料非等温还原后微观结构

（a）球团矿 P1；（b）球团矿 P2；（c）烧结矿 S1；（d）烧结矿 S2

铁炉料，复合铁焦的促进作用更为显著，如烧结矿 S1。因此，复合铁焦应与还原性较好的含铁炉料搭配使用。

3.4.5　复合铁焦气化反应与含铁炉料还原反应耦合作用机制

复合铁焦对含铁炉料还原过程有明显的促进作用，影响机制见图 3-159。由图 3-159（a）可知，在未添加复合铁焦的情况下，随着还原反应的进行，含铁炉料表面形成一层致密金属铁层，从而阻碍气体由外向内的扩散，铁氧化物的进一步还原只能依靠氧原子通过扩散穿过铁层，而固体状态下的这种扩散速率很慢，因而还原反应速率较慢。由图 3-159（b）可知，复合铁焦与含铁炉料混装后，含铁炉料中的铁氧化物首先发生间接还原反应而产生 CO_2，而高反应性的复合铁焦与间接还原产物 CO_2 立即发生气化溶损反应，又生成 CO，使得含铁炉料周围局部区域的还原势显著增加，与复合铁焦紧密接触的含铁炉料的 CO 扩散通量增大，从而加快含铁炉料的还原。另外，由于复合铁焦与含铁炉料紧密接触，增加了反应面积，有利于促进铁氧化物的还原。因此，加入复合铁焦后，含铁炉料还原反应和复合铁焦气化反应之间存在相互耦合作用，促进含铁炉料的还原。在高炉内部,这种促进作用可明显加速铁氧化物在上部的还原,从而减少下部的还原任务。

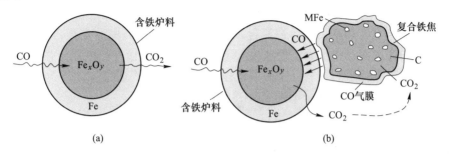

图 3-159 复合铁焦对含铁炉料还原过程的影响机制

(a) 未添加复合铁焦;(b) 添加复合铁焦

3.4.6 复合铁焦对高炉综合炉料熔滴性能的影响

3.4.6.1 实验原料

实验原料主要包括复合铁焦、焦炭、烧结矿和球团矿。采用添加 15% 铁矿 B 制备的复合铁焦,工业分析见表 3-37。焦炭工业分析见表 3-38。烧结矿和球团矿化学成分列于表 3-48。

3.4.6.2 实验方案与指标

A 实验方案

高炉综合炉料中添加复合铁焦的熔滴实验方案见表 3-55。实验过程中,烧结矿和球团矿配比保持不变,总量为 500g。复合铁焦配比表示代替焦炭的比例,并与烧结矿和球团矿混装。高炉焦比取 380kg/t,煤比 150kg/t。

表 3-55 添加复合铁焦的高炉综合炉料熔滴实验方案

编号	复合铁焦配比/%	烧结矿配比/%	球团矿配比/%	炉渣碱度
1 号	0	70	30	1.130
2 号	10	70	30	1.154
3 号	20	70	30	1.156
4 号	30	70	30	1.159
5 号	40	70	30	1.162

铁矿石荷重还原软化熔滴性能检测实验装置见图 3-160。烧结矿和球团矿的粒度为 10.0~12.5mm,复合铁焦粒度为 18mm×16mm×14mm。实验前将试样在 (105±5)℃ 的温度条件下干燥 4h,然后冷却至室温,并保存在干燥器中。实验

时，按表 3-55 称取烧结矿、球团矿和复合铁焦，并将三者混合均匀得到混合试样。在内径为 75mm 的石墨坩埚底部（设有 10mm 的滴落孔）铺上 30mm 厚的焦炭，粒度为 10~12.5mm，其目的是防止试样收缩时阻塞滴落孔。压平后再将干燥的混合试样装入坩埚，然后在混合试样上面装入 15mm 厚的焦炭，粒度为 6~8mm。装料完成后，将坩埚平稳地放入还原管内，同时接好热电偶，并将炉体下部密封，通电开始进行实验。实验中试样升温制度和通气制度见表 3-56。实验结束后，将还原气切换成 N₂，试样随炉冷却至室温。

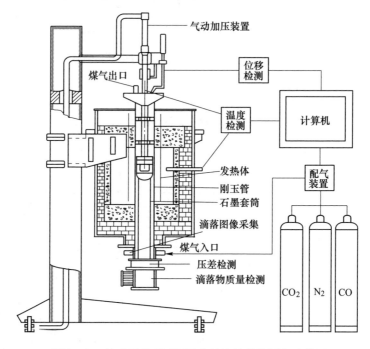

图 3-160　铁矿石荷重还原软化熔滴性能检测实验装置

表 3-56　熔滴实验条件

温度范围/℃	升温速率 /℃·min⁻¹	负荷/MPa	气体组成及流量/L·min⁻¹		
			CO	CO₂	N₂
室温~400	10	0.18	0.0	0.0	5.0
400~900	10	0.18	3.9	2.1	9.0
900~1020	3	0.35	4.5	0.0	10.5
1020~1550	5	0.35	4.5	0.0	10.5

B　实验指标

综合炉料典型熔滴特性曲线见图 3-161，主要包括试样温度、料层收缩率、料层气流阻力损失、滴落物质量等。由熔滴特征曲线可以获得表征综合炉料还原软化滴落过程的特征指标[50]，主要包括软化开始温度（T_4）、软化结束温度（T_{40}）、熔化开始温度（T_S）、滴落温度（T_D）等，见图3-161。

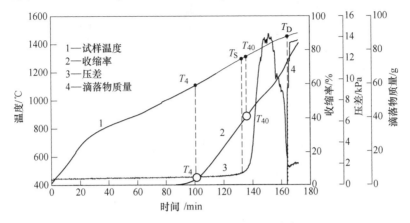

图 3-161　铁矿石熔滴实验特征曲线

当试样收缩率达4%时对应的温度定义为软化开始温度 T_4，而当试样收缩率为40%时对应的温度为软化结束温度 T_{40}，两者温度差为软化区间 $T_{40}-T_4$。T_S 为熔化开始温度，即料柱压差陡升时对应的试样温度，滴落温度 T_D 为开始出现滴落物时对应的温度，两者温度差 T_D-T_S 作为熔化区间（软熔带）。为了衡量综合炉料的透气性能，引入了熔滴性能总特征值（S 值），由式（3-73）进行计算。S 值越小，表示综合炉料透气性越好。

$$S = \int_{T_S}^{T_D} (\Delta p_T - \Delta p_S) \cdot \mathrm{d}T \tag{3-73}$$

式中　Δp_T——炉料温度为 T 时对应的料柱压差，kPa；

　　　Δp_S——炉料熔化开始时对应的料柱压差，kPa。

高炉综合炉料滴落产物包括滴落铁和滴落渣两部分。理论渣铁滴落量是综合炉料中理论上可以滴落的物质总量，包括全铁和脉石。实际渣铁滴落量是实验过程中滴落的渣铁总量。滴落率（Dripping ratio，DR）为实际渣铁滴落量占理论渣铁滴落量的质量分数，由式（3-74）计算。

$$DR = \frac{m_2}{m_1} \times 100\% \tag{3-74}$$

式中　m_1——理论渣铁滴落量，g；

　　　m_2——实际渣铁滴落量，g。

3.4.6.3　综合炉料软化性能

图 3-162 给出了复合铁焦配比对高炉综合炉料软化性能的影响。可以看出，

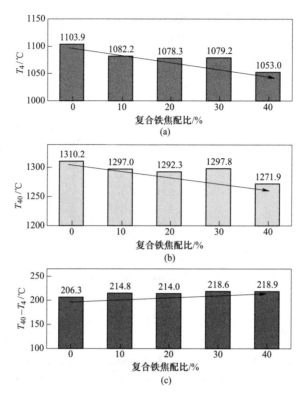

图 3-162 不同复合铁焦配比对综合炉料软化性能的影响

（a）T_4；（b）T_{40}；（c）$T_{40}-T_4$

当复合铁焦配比由 0 增加到 40% 时，综合炉料软化开始温度 T_4 呈下降趋势，由 1103.9℃降低至 1053.0℃；软化结束温度 T_{40} 呈下降趋势，从 1310.2℃降低到 1271.9℃；软化区间 $T_{40}-T_4$ 逐渐加宽，由 206.3℃升高到 218.9℃。

一般情况下，综合炉料的软化性能主要取决于进入软熔带前炉料中 FeO 质量分数。在烧结矿和球团矿配比不变的条件下，进入软熔带前炉料中 FeO 质量分数与炉料的还原程度有关。随着复合铁焦配比的增加，气相还原能力增强，综合炉料中铁氧化物的还原速率加快，从而导致综合炉料收缩速率加快，达到 4% 和 40% 收缩率时对应的温度提前，因此软化开始温度 T_4 和软化结束温度 T_{40} 均降低。另外，当炉料的收缩率达到 40% 时，一方面，由于气相还原能力随着复合铁焦配比的增加而逐渐加强，从而含铁炉料还原速率加快；另一方面，此时试样温度达到 1300℃左右，炉料中铁氧化物主要以 FeO 形式存在，且 FeO 部分被还原为金属铁，从而导致渣中低熔点物质减少，软化结束温度下降幅度变缓。与软化结束温度 T_{40} 相比，软化开始温度 T_4 下降幅度更为明显。因此，综合炉料软化区间 $T_{40}-T_4$ 逐渐变宽。

3.4.6.4 综合炉料熔化性能

图 3-163 给出了复合铁焦配比对综合炉料熔化性能的影响。可以看出,当复合铁焦配比由 0 增加到 40% 时,熔化开始温度 T_S 由 1281.0℃ 逐渐增加至 1299.0℃;滴落温度 T_D 逐渐下降,由 1452.1℃ 降低到 1427.4℃;软化区间 T_D-T_S 呈现收窄的趋势,从 171.1℃ 降低至 124.8℃。

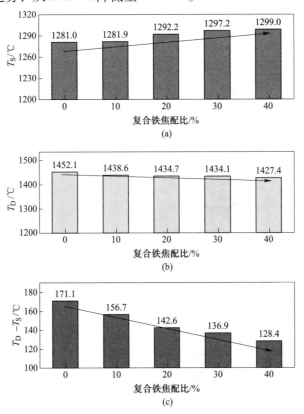

图 3-163 不同复合铁焦配比对综合炉料熔化性能的影响
(a) T_S;(b) T_D;(c) T_D-T_S

综合炉料压差急剧上升主要是由于综合炉料中液相的生成。因此,综合炉料的熔化开始温度 T_S 主要取决于炉渣熔点。当烧结矿和球团矿配比一定的情况下,炉渣中 FeO 含量对炉渣的熔点起决定性作用。随着复合铁焦配比的增加,还原速率加快,炉渣中的 FeO 逐渐被还原为金属铁,从而使 FeO 含量降低。图 3-164 是典型 CaO-SiO$_2$-FeO 三元相图,当炉渣碱度在 1.15 左右时,随着渣中 FeO 含量的降低,炉渣熔点升高,从而导致 T_S 逐渐升高。综合炉料的滴落温度 T_D 主要取决于滴落过程中形成的初铁和初渣,并且由更易滴落的相决定。图 3-165 给出了不

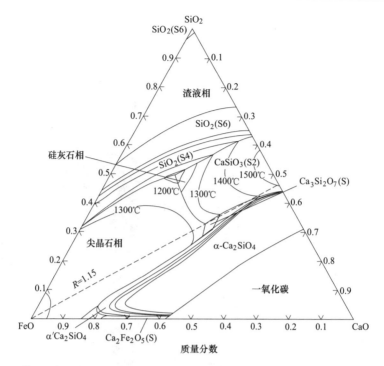

图 3-164　CaO-SiO$_2$-FeO 三元相图

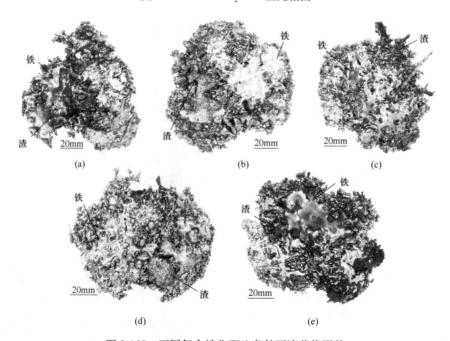

图 3-165　不同复合铁焦配比条件下滴落物形貌
（a）未加复合铁焦；（b）10%复合铁焦；（c）20%复合铁焦；（d）30%复合铁焦；（e）40%复合铁焦

同复合铁焦配比条件下滴落物形貌。可见，滴落物中初铁量远多于初渣量，因此本实验滴落温度 T_D 应取决于初铁相。随着复合铁焦配比的增加，初铁相的渗碳量逐渐增加，由铁碳相图可知，滴落温度 T_D 逐渐降低。由于熔化开始温度 T_S 增加，滴落温度 T_D 降低，所以综合炉料熔化区间 T_D-T_S 逐渐变窄。

3.4.6.5　综合炉料滴落性能

不同复合铁焦配比条件下综合炉料理论渣铁滴落量和实际渣铁滴落量见表 3-57。由表可知，随着复合铁焦配比的增加，综合炉料理论铁滴落量和理论渣滴落量都逐渐增多，实际渣铁滴落量先增加后减少。

表 3-57　不同复合铁焦配比条件下综合炉料理论渣铁滴落量和实际渣铁滴落量

复合铁焦配比/%	理论渣铁滴落量/g			实际渣铁滴落量/g
	理论铁滴落量	理论渣滴落量	总量	
0	299.14	75.43	374.57	109.52
10	300.96	76.52	377.47	136.95
20	302.78	77.60	380.38	140.89
30	304.60	78.69	383.29	155.54
40	306.42	79.77	386.19	140.65

根据式（3-74）计算不同复合铁焦配比条件下综合炉料的滴落率，结果见图 3-166。由图可以看出，随着复合铁焦配比由 0 增加至 40%，滴落压差（开始滴落时料柱的压差）由 1826Pa 逐渐降低至 1655Pa。综合炉料的滴落率先增加后降低，在复合铁焦配比为 30% 时达到最高值，为 40.58%，这表明复合铁焦的加入有助于改善综合炉料的滴落性能，但超过一定量后改善作用减弱，主要原因是复

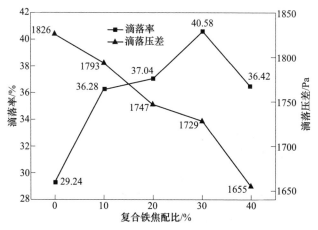

图 3-166　不同复合铁焦配比对综合炉料滴落性能的影响

合铁焦中过量的碳会阻碍液态渣铁的滴落。

　　熔滴实验过程中，含铁炉料经过还原、软化、熔化和滴落等过程，最终形成滴落物和未滴落物。未滴落物主要包括残留的铁相、渣相和复合铁焦。实验结束后，将装有试样的石墨坩埚从中间部位切开，未滴落物形貌见图 3-167。由图可以看出，随着复合铁焦配比由 0 增加至 30%时，未滴落铁量逐渐减少，而未滴落渣量逐渐增多，且残余的复合铁焦逐渐较少，表明综合炉料的滴落性能逐渐改善，主要原因是复合铁焦的加入促进了铁氧化物还原。但是，当复合铁焦配比达到 40%时，未滴落物中铁相又增多，这主要是由于过量的复合铁焦阻碍铁相和渣相的滴落，导致滴落率降低。因此，从综合炉料滴落性能考虑，复合铁焦的添加量不宜超过焦炭的 30%。

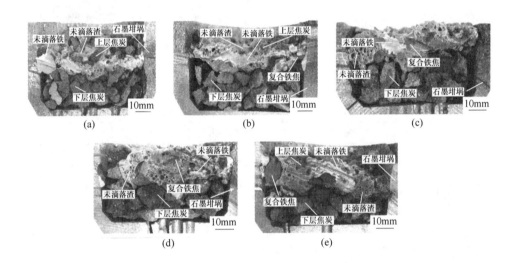

图 3-167　不同复合铁焦配比条件下未滴落渣铁形貌
（a）未加复合铁焦；（b）10%复合铁焦；（c）20%复合铁焦；（d）30%复合铁焦；（e）40%复合铁焦

3.4.6.6　综合炉料软熔带位置

　　由图 3-161 可以看出，熔滴实验过程中，当试样温度达到熔化开始温度 T_S 时，综合炉料压差迅速增加，之后达到最大值时逐渐降低，当试样温度达到滴落温度 T_D 时，压差降低至最小值，因此综合炉料压力损失主要集中于温度区间（$T_D - T_S$），故本节将 $T_D - T_S$ 定义为软熔带。图 3-168 给出了不同复合铁焦配比对综合炉料软熔带位置的影响。可知，随着复合铁焦配比的增加，综合炉料软熔带逐渐变窄。也就是说，在综合炉料中加入适量复合铁焦，有利于高炉冶炼。

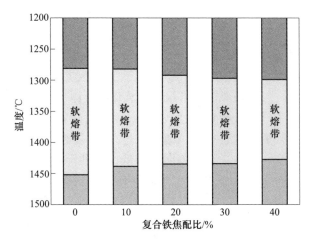

图 3-168　不同复合铁焦配比对综合炉料软熔带位置的影响

3.4.6.7　综合炉料透气性

图 3-169 给出了不同复合铁焦配比对综合炉料熔滴过程中料柱压差曲线的影响。可以看出，随着复合铁焦配比的增加，综合炉料压差曲线逐渐下移，且与横坐标轴围成的面积逐渐减小。

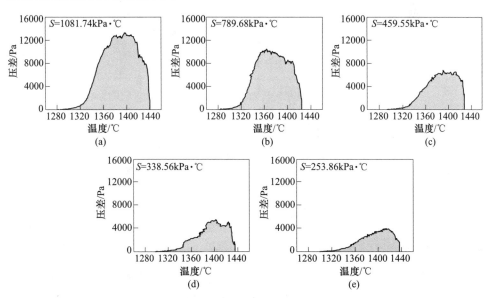

图 3-169　不同复合铁焦配比对综合炉料熔滴过程中压差曲线的影响

（a）未加复合铁焦；（b）10%复合铁焦；（c）20%复合铁焦；

（d）30%复合铁焦；（e）40%复合铁焦

　　图 3-170 给出了不同复合铁焦配比对综合炉料熔滴性能总特征值 S 和最高压差的影响。可知，当复合铁焦配比由 0 增加至 40% 时，料柱最高压差由 14.35kPa 降低至 5.03kPa，S 值由 1081.74kPa·℃ 降低到 253.86kPa·℃，表明加入复合铁焦后综合炉料透气性能得到明显改善。这主要是由于：（1）随着复合铁焦配比的增加，气相还原能力增强，铁氧化物还原加快，在较低温度下被还原成金属铁，避免了低熔点物质的过早形成，而综合炉料的压力损失主要集中于熔化区间，因此料柱的透气性得到改善；（2）随着复合铁焦配比的增加，综合炉料软熔带逐渐收窄，料柱最高压差明显降低，有利于改善综合炉料的透气性；（3）复合铁焦对焦炭具有保护作用，焦炭气化溶损反应量减少，从而改善料柱透气性。

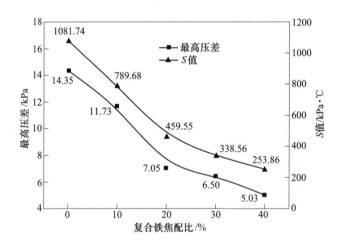

图 3-170　不同复合铁焦配比对综合炉料最高压差和 S 值的影响

　　通过以上实验结果的分析可知，加入复合铁焦可明显改善综合炉料的熔滴性能。随着复合铁焦配比的增加，综合炉料软化开始温度和软化结束温度均降低，软化区间逐渐加宽，熔化开始温度逐渐升高，滴落温度逐渐降低，熔化区间逐渐收窄，软熔带逐渐收窄；料层透气性得到改善，冶炼得到强化。因此，综合考虑综合炉料的熔滴性能，复合铁焦的使用量不宜超过焦炭的 30%。

3.4.7　小结

　　通过研究复合铁焦对含铁炉料的还原反应及焦炭气化溶损反应的影响，以及复合铁焦配比对高炉综合炉料软熔滴落行为的影响，得到以下结论：

　　（1）复合铁焦对焦炭具有保护作用，且保护作用有一定的限度。

　　（2）复合铁焦具有高反应性，宜采用混装方式。在等温还原过程中，还原温度的升高有利于强化铁氧化物的还原和复合铁焦的气化反应，从而加强两者间的交互耦合作用。复合铁焦添加比例的增加，有利于促进含铁炉料还原率的提高，但是复合铁焦的促进作用有一定限度，这与含铁炉料的还原性有关。

（3）在非等温还原过程中，高还原性的含铁炉料与复合铁焦间的耦合作用效应更为显著。从含铁炉料还原角度考虑，复合铁焦实际应用时应与还原性较好的含铁炉料搭配使用。

（4）随着复合铁焦配比由 0 增加到 40%，综合炉料软化区间 $T_{40}-T_4$ 逐渐加宽，熔化区间 T_D-T_S 逐渐收窄，综合炉料软熔带变窄，炉料透气性明显改善。滴落率先增加后降低，综合炉料的滴落性能得到促进，但复合铁焦配比超过 30% 后促进作用减弱。因此，综合炉料中复合铁焦的添加量不宜超过焦炭的 30%。

3.5 复合铁焦新炉料制备及应用技术研究总结

低碳炼铁是当前高炉炼铁研究热点，复合铁焦新炉料技术目前是低碳高炉炼铁前沿技术。基于我国原燃料条件，提出高炉使用复合铁焦的低碳冶炼技术，重点研究了热压块-竖炉法复合铁焦制备工艺、冶金性能优化技术、高温冶金性能评价方法、气化反应行为及动力学、对高炉炉料反应过程的影响及对高炉综合炉料软熔滴落行为的影响等，揭示了复合铁焦冶金性能协同优化机制、金属铁的催化机理、复合铁焦气化反应与含铁炉料还原反应的耦合作用机制，得到以下结论：

（1）经冶金性能优化后，热压型复合铁焦制备工艺参数为铁矿 B 配比 15%、烟煤 A 配比 55%、烟煤 C 配比 10%、无烟煤配比 20%、热压温度 300℃、炭化温度 1000℃、炭化时间 4h。此条件下，复合铁焦炭化前抗压强度为 775N，炭化后抗压强度为 4970N，转鼓强度为 95.97%，反应性 R_2 达 61.19%，反应后强度为 51.23%。

（2）复合铁焦作为一种新型碳铁复合炉料，其反应性应采用国标法或模拟高炉气氛法进行评价，而反应后强度评价宜采用固定失重率法或模拟高炉气氛法。在新评价方法下，与传统焦炭相比，复合铁焦具有良好的高温冶金性能。

（3）金属铁的催化机理是通过氧化还原反应起到氧载体的作用，从而促进复合铁焦气化反应，降低气化反应开始温度。复合铁焦非等温气化反应符合界面反应模型，其积分和微分方程分别为 $G(x)=(1-x)^{-1}-1$ 和 $f(x)=(1-x)^2$。在此模型下，随着铁矿粉配比由 0 增加至 20%，复合铁焦气化反应活化能和指前因子的自然对数均逐渐降低，且两者存在动力学补偿效应。复合铁焦等温气化反应过程最概然机理函数为缩核模型，其积分和微分方程分别为 $g(x)=1-(1-x)^{1/2}$ 和 $f(x)=2(1-x)^{1/2}$，活化能为 144.77kJ/mol，指前因子为 999.37min^{-1}。

（4）复合铁焦对焦炭具有保护作用，且保护作用有一定的限度。在等温还原过程中，复合铁焦具有高反应性，宜采用混装方式。还原温度的升高有利于强化铁氧化物的还原和复合铁焦的气化反应，从而加强两者间的交互耦合作用。复合铁焦添加比例的增加，有利于促进含铁炉料还原率的提高，但是复合铁焦的促进作用有一定限度，这与含铁炉料的还原性有关。

（5）在非等温还原过程中，高还原性的含铁炉料与复合铁焦间的耦合作用效应更为显著。从含铁炉料还原角度考虑，复合铁焦实际应用时应与还原性较好的含铁炉料搭配使用。

（6）随着复合铁焦配比由 0 增加到 40%，综合炉料软化区间 $T_{40}-T_4$ 逐渐加宽，熔化区间 T_D-T_S 逐渐收窄，综合炉料软熔带变窄，炉料透气性明显改善。滴落率先增加后降低，综合炉料的滴落性能得到促进，但复合铁焦配比超过30%后促进作用减弱。因此，综合炉料中复合铁焦的添加量不宜超过焦炭的30%。

综上所述，热压型复合铁焦新炉料制备及应用技术关键工艺参数见图 3-171。推荐的热压块-竖炉炭化法复合铁焦的关键工艺参数为：15%铁矿 B，55%烟煤 A，10%烟煤 C，20%无烟煤，热压温度300℃。采取两段式炭化工艺，第 I 段以 3℃/min 从室温至1000℃，第 II 段在1000℃恒温 4h，总炭化时间为 9.5h。此条件下，热压型复合铁焦炭化前抗压强度为 775N，炭化后抗压强度为 4970N，炭化后转鼓强度为 95.97%，金属化率为 77.26%，反应性达 61.19%，反应后强度为 51.23%。高炉冶炼过程中，复合铁焦宜采用混装方式，使用量不宜超过焦炭的30%。

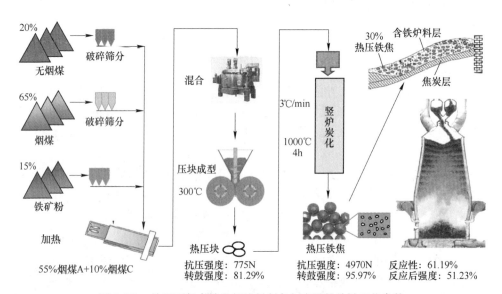

图 3-171　热压型复合铁焦新炉料制备与应用的关键工艺参数

参 考 文 献

[1] Takeda K, Anyashiki T, Sato T, et al. Recent developments and mid- and long-term CO_2 mitigation projects in ironmaking [J]. Steel Research International, 2011, 82 (5): 512~520.

[2] 王宏涛，储满生，鲍继伟，等. 碳铁复合低碳炼铁炉料制备与应用研究 [J]. 钢铁研究学报，2019, 31 (2): 103~111.

[3] 孙亮，汪琦，郭瑞. 浅析焦炭反应性与高炉冶炼 [J]. 燃料与化工，2012, 43 (6): 1~4.

[4] Lundgren M, Ökvist L S, Brandell C. Development of nut coke activation for energy efficient blast furnace operation. In: Proceedings of the 7th International Congress on the Science and Technology of Ironmaking [C]. Cleveland: Association for Iron and Steel Technology, 2015: 638~651.

[5] Ueda S, Watanabe K, Inoue R, et al. Catalytic effect of Fe, CaO and molten oxide on the gasification reaction of coke and biomass char [J]. ISIJ International, 2011, 51 (8): 1262~1268.

[6] Sharma A, Uebo K, Kubota Y. Role of Fe_2O_3 and $CaCO_3$ on the development of carbon structure of coke and their catalytic activity for gasification [J]. Tetsu-to-Hagané, 2010, 96 (5): 280~287.

[7] 王晓磊. 典型碱金属碱土金属对焦炭-CO_2 反应性影响的研究 [D]. 北京：煤炭科学研究总院，2008.

[8] Amoros D C, Solano A L, Lecea C S M, et al. Carbon gasification catalyzed by calcium: a high vaccum temperature programmed desorption study [J]. Carbon, 1992, 30 (7): 995~1000.

[9] Yamamoto Y, Kashiwaya Y, Miura S, et al. In situ observation and reaction mechanism of iron oxide catalyst added to coke [J]. Tetsu-to-Hagané, 2010, 96 (5): 297~690.

[10] Flores B D, Guerrero A, Flores I V, et al. On the reduction behavior, structural and mechanical featurers of iron ore-carbon briquette [J]. Fuel Processing Technology, 2017 (155): 238~245.

[11] Nomura S, Higuchi K, Kunitomo K, et al. Reaction behavior of formed coke and its effect on degreasing thermal reserve zone temperature in blast furnace [J]. ISIJ International, 2010, 50 (10): 1388~1395.

[12] Nomura S, Terashima H, Sato E, et al. Some fundamental aspects of highly reactive iron coke production [J]. ISIJ International, 2007, 47 (6): 823~830.

[13] Yamamoto T, Sato T, Fujimoto H, et al. Effect of raw materials on reaction behavior of carbon iron composite [J]. Tetsu-to-Hagané, 2010, 96 (12): 683~690.

[14] Yamamoto T, Sato T, Fujimoto H, et al. Reaction behavior of ferro coke and its evaluation in blast furnace [J]. Tetsu-to-Hagané, 2011, 97 (10): 501~509.

[15] Anyashiki T, Fujimoto H, Yamamoto T, et al. Basic examination of briquetting technology for ferro-coke process on 0.5t/d bench scale plant [J]. Tetsu-to-Hagané, 2015, 101 (10): 515~523.

[16] Uchida A, Kanai T, Yamazaki Y, et al. Quantitative evaluation of effect of hyper-coal on ferro-coke strength index [J]. ISIJ International, 2013, 53 (3): 403~410.

[17] Uchida A, Yamazaki Y, Hiraki K, et al. Evaluation of properties of hyper-coal with iron oxide addition in thermoplastic range [J]. ISIJ International, 2013, 53 (7): 1165~1171.

[18] Takeda K, Sato H, Anyashiki T, et al. Pilot plant scale development of an innovation ironmaking process for usage of low graded raw materials and CO_2 mitigation. In: Proceedings of the 6th International Congress on Science and Technology of Ironmaking [C]. Rio de Janeiro: Associacao Brasileira de Metalurgia Materiais e Mineracao, 2012: 710~721.

[19] Sato M, Matsuno H, Ishii K. Recent development of mid- and long-term CO_2 mitigation technology at JFE Steel. In: Proceedings of the Asia Steel International Conference 2015 [C]. Yokohama: The Iron and Steel Institute of Japan, 2015: 12~13.

[20] Wang H T, Zhao W, Chu M S, et al. Current status and development trends of innovative blast furnace ironmaking technologies amied to environmental harmony and operation intellectualization [J]. Journal of Iron and Steel Research International, 2017, 24 (8): 751~769.

[21] 蔡湄夏, 郭豪, 张建良, 等. 铁氧化物对焦炭溶损反应的影响 [J]. 钢铁研究学报, 2009, 21 (7): 8~12.

[22] Wang P, Zhang J L, Gao B. Gasification reaction characteristics of ferro-coke at elevated temperatures [J]. High Temperature Materials and Processes, 2017, 36 (1): 101~106.

[23] 任伟, 李金莲, 张立国, 等. 40kg焦炉制备型煤铁焦的实验研究 [J]. 中国冶金, 2015, 25 (4): 41~44.

[24] 任伟, 李金莲, 张立国, 等. 含焦油渣铁焦的制备实验研究. 见: 第十届中国钢铁年会暨第六届宝钢学术年会论文集 [C]. 上海: 中国金属学会, 2015: 1~6.

[25] 史世庄, 毕学工, 孙超祺, 等. 一种高炉用铁焦及其制备方法: ZL103468589A [P]. 2014-12-31.

[26] 张龙龙. 神府煤-Ⅲ制备的含铁型焦的物理化学基础研究 [D]. 太原: 太原理工大学, 2015.

[27] 原春阳. 含铁型焦的物理化学基础研究 [D]. 太原: 太原理工大学, 2015.

[28] 张慧轩, 毕学工, 史世庄, 等. 炼焦配煤中添加铁矿石对焦炭性能的影响 [J]. 武汉科技大学学报, 2014, 37 (2): 91~96.

[29] 王钢, 田军, 姚燕, 等. 球团矿抗压强度指标对含粉率及高炉生产的影响分析 [J]. 甘肃冶金, 2014, 36 (6): 35~37.

[30] GB/T 4000—2017: 焦炭反应性及反应后强度试验方法 [S].

[31] YB/T 077—2017: 焦炭光学组织测定方法 [S].

[32] 姚昭章, 郑明东. 炼焦学 [M]. 北京: 冶金工业出版社, 2012: 35~36.

[33] Flores B D, Borrego A G, Diez M A, et al. How coke optical texture became a relevant tool for understanding coal blending and coke quality [J]. Fuel Processing Technology, 2017 (164): 13~23.

[34] 吕庆, 王岩, 谢海深, 等. 灰成分及光学组织对焦炭热性能的影响 [J]. 中国冶金, 2016, 26 (8): 8~11.

[35] 王杰平, 谢安全, 闫立强, 等. 焦炭结构表征方法研究进展 [J]. 煤质技术, 2013 (5): 1~6.

[36] Hilding T, Gupta S, Sahaiwalla V, et al. Degradation behavior of a high CSR coke in an experimental blast furnace: effect of carbon structure and alkali reactions [J]. ISIJ International, 2005, 45 (7): 1041~1050.

[37] 张雪红，薛改凤，鲍俊芳. 不同炼焦煤与瘦煤的共碳化性研究 [J]. 安徽工业大学学报（自然科学版），2011, 28 (2): 141~143.

[38] 钱晖，张启锋，王炎文，等. 溶损反应前后焦炭反射率及光学组织的比较 [J]. 钢铁，2019, 54 (4): 24~30.

[39] An J Y, Seo J B, Choi J H, et al. Evaluation of characteristics of coke degradation after reaction in different conditions [J]. ISIJ International, 2016, 56 (2): 226~232.

[40] Li K J, Zhang J L, Liu Z J, et al. Gasification of graphite and coke in carbon-carbon dioxide-sodium or potassium carbonzte systems [J]. Industrial & Engineering Chemistry Research, 2014, 53 (14): 5737~5748.

[41] Oyeduna A O, Zhi T C, Hanson S, et al. Thermogravimetric analysis of the pyrolysis characteristics and kinetics of plastics and biomass blends [J]. Fuel Processing Technology, 2014 (128): 471~481.

[42] Kim Y T, Seo D K, Hwang J. Study of the effect of coal type and particle size on char-CO_2 gasification via gas analysis [J]. Energy & Fuels, 2011, 25 (11): 5044~5054.

[43] Zhang X J, Jong W D, Preto F. Estimating kinetic parameters in TGA using B-spline smoothing and the Friedman method [J]. Biomass and Bioenergy, 2009, 33 (10): 1435~1441.

[44] Duan W J, Yu Q B, Xie H Q, et al. Pyrolysis of coal by solid heat carrier-experimental study and kinetic modeling [J]. Energy, 2017 (135): 317~326.

[45] Kok M V. Characterization of medium and heavy crude oils using thermal analysis techniques [J]. Fuel Processing Technology, 2011, 92 (5): 1026~1031.

[46] Cortés A M, Bridgwater A V. Kinetic study of the pyrolysis of miscanthus and its acid hydrolysis residue by thermogravimetric analysis [J]. Fuel Processing Technology, 2015 (138): 184~193.

[47] 石浩，黄婕，宋俪蓉. 热重分析法研究铁含量对焦炭溶损反应的影响 [J]. 钢铁研究学报，2016, 28 (3): 35~39.

[48] Uzun B B, Yaman E. Pyrolysis kinetics of walnut shell and waste polyolefins using thermogravimetric analysis [J]. Journal of the Energy Institute, 2017, 90 (6): 825~837.

[49] Silbermann R, Gomez A, Gates I, et al. Kinetic studies of a novel CO_2 gasification method using coal from deep unmineable seams [J]. Industrial Engineering Chemistry Research, 2013, 52 (42): 14787~14797.

[50] Liu J X, Cheng G J, Liu Z G, et al. Reduction process of pellet containing high chromic vanadium-titanium magnetite in cohesive zone [J]. Steel Research International, 2015, 86 (7): 808~816.

4 钒钛磁铁矿含碳复合炉料制备及高炉冶炼技术

4.1 钒钛磁铁矿资源和高炉冶炼概况

4.1.1 钒钛磁铁矿资源储量及分布

钢铁材料具有资源丰富、成本低廉、性能多样且稳定、回收率高等特点，是国民经济建设和人们日常生活中使用的最重要的结构材料和产量最大的功能材料。当前，在大力倡导低碳社会的背景下，钢铁产业正按着"高性能、低成本、易加工、高精度、绿色化"的新需求不断蓬勃发展，而与之对应的铁矿石需求量也与日俱增[1,2]。世界铁矿资源储量非常丰富，截至2017年底，世界铁矿资源总量估计超过8000亿吨，含铁总量超过2300亿吨。铁矿资源较为丰富的国家主要包括澳大利亚、巴西、俄罗斯、中国、乌克兰、哈萨克斯坦等，按含铁总量计算，我国铁矿资源储量居世界第5位。然而，我国铁矿资源存在的普遍特点是富矿少、贫矿多、矿石结构复杂、大部分属于难选复合铁矿，主要有攀枝花地区钒钛磁铁矿、白云鄂博复合铁矿、鲕状赤铁矿、广西地区高铁铝土矿等，平均铁品位仅31%，铁品位50%以下的铁矿石储量约占总量的95%[3,4]。随着优质铁矿资源储量日益趋减，开发利用低品位、难处理复合铁矿资源是各国应对铁矿资源供应不足的必由之路。

作为钒、钛资源的主要载体，钒钛磁铁矿在全球储量丰富、分布广泛。表4-1列出了世界主要钒钛磁铁矿矿床储量情况[5,6]。资料显示，钒钛磁铁矿资源主要集中在俄罗斯、南非、中国、美国、加拿大、挪威、芬兰、印度和瑞典等少数国家和地区。其中，中国、南非、俄罗斯和美国的储量分别占全球储量的36%、31%、18%和10%。目前世界上钒钛磁铁矿资源主要分为两大类：一类为岩体型，主要产地为南非和我国攀枝花-西昌地区；另一类为海砂型，主要产于菲律宾和印尼等地[7]。

表 4-1 世界主要钒钛磁铁矿矿床储量情况

国家	矿区	储量/万吨	全铁/%	V_2O_5/%	TiO_2/%
中国	攀枝花	107892.0	16.70~43.00	0.16~0.44	7.76~16.70
	白马	120334.0	17.20~34.40	0.13~0.15	3.90~8.20

续表 4-1

国家	矿区	储量/万吨	全铁/%	V₂O₅/%	TiO₂/%
中国	红格	35451.0	16.20~38.40	0.14~0.56	7.60~14.00
	太和	75120.0	18.10~16.60	0.16~0.42	7.70~17.00
俄罗斯	卡奇卡纳尔	621900.0	16.00~20.00	0.13~0.14	1.24~1.28
	古谢沃尔	350000.0	16.60	0.13	1.23
	第一乌拉尔	233260.0	14.00~38.10	0.19	2.30
	普道日戈尔		28.80	0.36~0.45	8.00
南非	塞库库纳兰	41935.0		1.73	
	芝瓦考	44636.0		1.69	
	马波奇	54573.0	53.00~57.00	1.40~1.70	12.00~15.00
	斯托夫贝格	4219.0		1.52	
	吕斯滕堡	22327.0		2.05	
	诺瑟姆	19722.0		1.80	
美国	阿拉斯加州	100000.0		0.02~0.2	
	纽约州	20000.0	34.00	0.45	18.0~20.0
加拿大	马格皮	100000.0	46.30	0.40	12.00
	阿来德湖	15000.0	36.00~40.00	0.27~0.35	34.30
芬兰	奥坦梅德	35000.0	35.00~40.00	0.38	13.00
	木斯塔瓦拉	3800.0	17.00	1.60	4.00~8.00
澳大利亚	巴拉矿	1500.0	35.00~40.00	0.45	13.00
	巴拉姆比矿	40000.0	26.00	0.70	15.00
	科茨矿		25.40	0.54	5.40
挪威	罗德桑	1000.0	30.00	0.31	4.00
瑞典	塔贝尔格	15000.0		0.70	
新西兰	北岛西海岸	65400.0	18.00~20.00	0.14	4.33

南非钒钛磁铁矿储量巨大，达到 17 亿吨，且南非钒钛磁铁矿具有钒含量高的特点（V₂O₅ 含量大于 1.4%）。目前南非正开采的布什维尔德矿主要包括马波奇矿山、特伦斯瓦尔合金公司矿山以及瓦曼特科公司矿山，其中马波奇矿山的储量最大，达 5.5 亿吨，该矿山位于罗森那卡尔地区，所产钒钛磁铁矿主要成分为：全铁 53.0%~57.0%；V₂O₅ 1.4%~1.7%；TiO₂ 12.0%~15.0%；Cr₂O₃ 0.1%~0.6%；Al₂O₃ 3.0%~4.0%；SiO₂ 1.5%~2.0%[1]；特伦斯瓦尔合金公司矿山位于斯托夫贝格地区，其矿石中的 V₂O₅ 含量达 1.5%，该公司所产的钒钛磁铁矿多数供合金公司进行造球处理，然后通过回转窑氧化、钠化焙烧和水浸处理进行

提钒。

俄罗斯的钒钛磁铁矿资源储量巨大，主要分布在乌拉尔地区。目前俄罗斯正在开采的主要是第一乌拉尔矿以及古谢沃尔矿，以上两处矿山开采的钒钛磁铁矿主要供给塔吉尔钢厂和邱索夫钢厂用于冶炼含钒生铁；除此之外，俄罗斯的缅脱维杰夫矿、沃尔科夫矿、库班矿、普多日戈矿和齐列斯克矿出产一部分 $w(\text{Fe})/w(\text{TiO}_2)<10$ 的高 TiO_2 钒钛磁铁矿，由于 TiO_2 过高，目前这类矿的利用途径尚在研究。

在亚太地区，澳大利亚的钒钛磁铁矿资源相对较为丰富，主要集中在澳大利亚西部的巴拉矿、巴拉姆比矿和科茨矿。以巴拉矿为例，含铁 35%～40%、V_2O_5 0.45%、TiO_2 13%，总储量达 1500 万吨。此外，澳大利亚还是世界上最大的钒矿石生产国之一。新西兰和斯里兰卡也分别有一定储量的钛铁矿，其中新西兰钛铁矿砂的储量达到 6.5 亿吨；而斯里兰卡除了有 70%～80% 的钛铁矿之外，约有 10% 的金红石和 8% 的锆石。

我国钒钛磁铁矿主要分布在四川攀枝花-西昌、河北承德、陕西汉中、安徽马鞍山、湖北郧阳等地区，其中四川攀-西地区钒钛磁铁矿探明储量已达 600 亿吨（按全铁≥10%、TiO_2≥5% 或 V_2O_5≥0.1% 测算）。攀-西地区钒钛磁铁矿成矿带主要有四大矿床，以红格矿为中心，其北为白马矿和太和矿，其南为攀枝花矿，形成一个特大的成矿带，其中攀枝花矿区和白马矿区已被列入国家规划矿区。四大矿区中钒资源（以 V_2O_5 计）约为 1800 万吨，钛资源（以 TiO_2 计）约6 亿吨，此外还含有铬、镍、钴、铜、镓、锗以及钪、钇、稀土、硫、碲、铋、铂族等多种有价元素，是我国难得的稀、贵金属资源宝库。相关数据统计显示，攀-西地区钒钛磁铁矿中共（伴）生组分的价值约为铁的 13 倍，矿石总价值相当于普通富铁矿石的 5 倍多。从资源总量上来看，我国钒资源总量约占世界 11.6%，钛资源约占世界 48%，分列世界第 3 位和第 1 位[8]。除攀-西地区外，我国的河北承德和安徽马鞍山也有一定储量的钒钛磁铁矿。河北承德地区的钒钛磁铁矿资源主要集中在双滦区大庙、承德县黑山-头沟一带，储量达 2.6 亿吨，其中大庙铁矿早在 20 世纪 30 年代就以井下作业的方式进行开采，黑山矿自 1988年开采以来，一直作为承德钢铁公司的主要供应地；安徽马鞍山地区的钒钛磁铁矿资源主要集中在凹山一带，马钢曾就此种矿石进行冶炼，得到的高炉渣中 TiO_2 含量为 2%～5%。

4.1.2　高炉法是当前钒钛磁铁矿综合利用的主体流程

现阶段，钒钛磁铁矿的冶炼主要是以选矿产品的钒钛磁铁精矿为原料，实现铁、钒、钛、铬有价组元的分离、提取。钒钛磁铁矿冶炼工艺主要分为高炉法和以直接还原为代表的非高炉法。根据钒钛磁铁矿在冶炼过程各有价元素提取顺序的不同，通常将非高炉法分为先钒后铁流程和先铁后钒流程；根据还原主体设备及渣铁分离方式的不同，非高炉法又可分为回转窑还原-电炉流程、转底炉还原-电炉流程、还原-磨选流程、钠化提钒-预还原-电炉流程和钠化焙烧-磨选流程[6, 9~12]。

高炉-转炉流程是最早用于冶炼钒钛磁铁矿的工艺，也是目前国内外可唯一实现大规模冶炼钒钛磁铁矿的主流工艺，流程见图 4-1。该流程首先将钒钛磁铁精矿通过烧结或造球进行造块处理得到钒钛烧结矿和球团矿，然后和焦炭一起进入高炉冶炼，得到含钛炉渣和含钒铁水，含钒铁水经转炉吹炼得到钒渣和半钢，而钒渣可通过湿法提钒得到 V_2O_5，实现钒的富集和回收利用。从高炉法整个冶炼流程来看，其生产规模大、效率高，在大规模利用钒钛磁铁矿基础上，铁和钒的收得率较高，实现了铁、钒的富集利用。早在 20 世纪 30 年代，苏联先后在 $270m^3$ 以下小高炉上做过四次高钛型高炉渣的工业试验，终渣中 TiO_2 含量高达 38%~40%，得到了合格的生铁。但高炉操作极不稳定，经常发生悬料、崩料、渣铁变稠和炉缸堆积，且焦比高，最后仅掌握终渣 TiO_2 含量在 15% 以下的高炉冶炼技术。北欧、北美等国家高炉法研究也开展较早，但始终未能解决炉渣中 TiO_2 含量大于 10% 后炉渣黏稠的问题。从 20 世纪 60 年代开始，我国对攀西地区

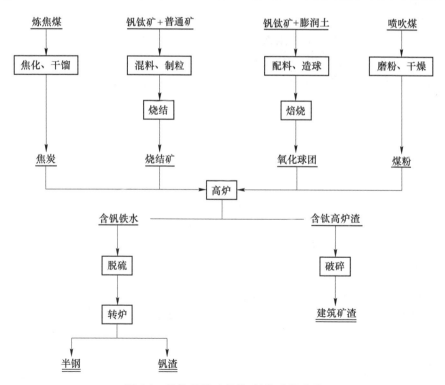

图 4-1 钒钛磁铁矿高炉-转炉冶炼流程

的钒钛磁铁矿利用工艺进行研究，成功开发了高炉冶炼钒钛磁铁矿技术，并在攀枝花建成了大型钢铁生产基地。攀钢钒钛矿高炉属于典型的高钛渣高炉冶炼，渣中 TiO_2 含量达 23%~25%。此外，由于原料中的钒含量降低、炉温控制和钒钛水平的提升，铁水中钒的回收率逐渐提高，已达到 72% 左右。我国承德地区的钒钛磁铁矿中 TiO_2 含量在 1%~8%，选矿后的钒钛磁铁精矿中 TiO_2 含量在 5%~7%，高炉冶炼后的钛渣中 TiO_2 含量在 8%~18%，属于典型的中钛渣冶炼。

南非、俄罗斯、加拿大和中国等国家针对非高炉法钒钛矿冶炼流程，开展了大量研究。结果表明，回转窑还原-电炉熔分流程存在生产效率低、成本高、铁水质量差的问题，另一方面该流程操作技术难度大，需要解决造球、回转窑结圈、冷却再氧化等诸多问题；还原-磨选法一般要求还原过程达到较高的金属化率，且要求铁晶粒长大到一定粒度，而实际过程由于钒钛磁铁矿还原难度大，虽采取了添加钠盐等强化还原的措施，但这也容易造成设备腐蚀及结瘤等问题；回转窑还原-磨选的缺陷在于回转窑易结圈，一般要求回转窑还原温度不超过 1100℃，这就难以获得满足磁选条件的高金属化率还原铁粉；钠化提钒-回转窑-电炉熔分流程的缺点在于钠盐消耗量大，经过水浸提钒处理后的球强度低，进入回转窑后粉化率高，且回转窑还原温度要求高；钠化焙烧-磨选工艺中一般采用的添加剂是 Na_2CO_3，而钒酸钠生成过程取决于还原温度、还原剂种类和用量、反应系统中 CO 的分压等多个因素，该工艺操作难度较大，不易掌握；转底炉直接还原-电炉熔分法虽取得一定技术突破，但由于使用含碳球团，煤中的灰分进入钛渣，导致钛渣品位低、钛渣活性差，无法利用，且转底炉辐射传热效率低、能耗高；钒钛磁铁矿通过隧道窑、回转窑、转底炉、流化床直接还原后进行磨选分离或熔化分离，其中有些工艺进行了工业性试验，但总体因能耗高、矿石处理量小、环境负荷大、钒钛回收率未达到预期目标等原因，均未实现大规模工业化应用或长期稳定生成。

因此，高炉-转炉法是目前钒钛磁铁矿冶炼的最主要流程，生产规模大、生产技术成熟，该工艺的长期稳定生产为我国经济发展，尤其是西南地区的经济建设发挥了不可替代的巨大作用。我国在高炉冶炼钒钛矿方面积累了大量丰富的研究和实际生产经验，但到目前为止，仍存在传统钒钛矿炉料冶金性能有待提高、料柱透气性差、高炉核心技术经济指标偏低等问题。此外，高炉炼铁必须使用焦炭，要消耗大量日趋匮乏而昂贵的焦煤资源，并且炼焦过程污染环境严重，随着国民经济和社会发展对钢铁产业提出节能减排的更高要求，开发低碳高效的钒钛磁铁矿高炉冶炼新技术迫在眉睫。

4.1.3　传统钒钛磁铁矿高炉炉料的冶金行为

钒钛磁铁矿高炉冶炼流程包括烧结、球团、焦化—高炉冶炼—含钒铁水—转炉提钒—半钢炼钢等主要工序,作为高炉法的源头,钒钛烧结矿和钒钛球团矿的冶金性能及其对应的炉料结构对高炉冶炼具有重要影响。

4.1.3.1 钒钛烧结矿

我国高炉炼铁的主要炉料结构是以高碱度烧结矿为主,并配加一定比例的酸性球团矿。钒钛矿高炉炉料结构也不例外,即采用高碱度钒钛烧结矿和酸性钒钛球团矿合理搭配的炉料结构,两者比例主要取决于高炉终渣的碱度。钒钛烧结矿具有成分稳定、粒度适宜且烧结工艺生产规模大等优点,是钒钛矿高炉冶炼的主要原料之一。

生产实践表明,钒钛烧结矿的转鼓强度较普通烧结矿明显偏低,还原粉化严重[13,14]。Clixby 等认为,由于钒钛矿的 TiO_2 含量较高、SiO_2 含量较低,使得钒钛烧结矿中钛赤铁矿含量高,粗大的菱形骸晶状赤铁矿比例大,黏结相较少,再加上大量脆性的钙钛矿($CaTiO_3$)弥散分布于钛赤铁矿和钛磁铁矿连晶及黏结相之间,使得粉化现象严重。韩秀丽研究了中、高钛型钒钛烧结矿的矿相结构及其对冶金性能的影响,结果见图 4-2。可以看出,中钛型烧结矿中钛磁铁矿大多被铁酸钙熔蚀成残余他形晶或半自形晶,且与针状或柱状的铁酸钙交叉紧密交织,易形成交织熔蚀结构;而高钛型烧结矿主要为半自形晶或他形晶与黏结相矿物晶粒相互组成粒状结构,且存在细小的晶键,颗粒间距小,局部呈骸晶状;微观结构的差异使两者的还原性和粉化性能差异明显,以交织熔蚀结构为主的中钛型烧结矿转鼓强度要高于以粒状结构为主的高钛型烧结矿,而由于中钛型烧结矿中钛赤铁矿的含量远高于高钛型烧结矿,其还原性明显较好;高钛型烧结矿中生成大量硬而脆的钙钛矿并取代部分黏结相,削弱了铁氧化物的连晶作用,导致高钛型烧结矿低温还原粉化严重。

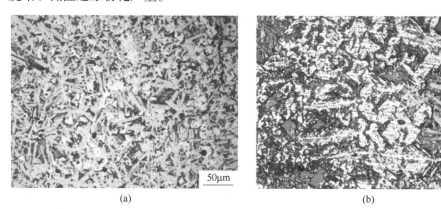

图 4-2 中、高钛型烧结矿显微结构

(a)中钛型烧结矿中交织熔蚀结构;(b)高钛型烧结矿中钛磁铁矿粒状结构

何木光等提出采用低硅高碱度烧结技术可降低钒钛烧结矿的粉化指数，认为提高烧结矿的碱度，可促进 CaO 与其他成分生成低熔点多元矿物，增加液相生成量，特别是铁酸钙作为黏结相大大增加，同时低硅烧结过程可降低硅酸盐和钙钛矿的含量，钛磁铁矿与钛赤铁矿仍是主要铁矿物，从而获得优质的黏结相矿物，提高烧结矿的质量。

钒钛烧结矿的还原性一般比普通烧结矿好。因为钒钛烧结矿的 FeO 含量低，氧化度高，Fe_2O_3 还原成 Fe_3O_4 过程的晶型转变引起微裂纹，改善了气体的扩散条件。汤卫东、李秀等[15,16]对高炉冶炼钒钛烧结矿的还原过程展开研究，结果表明，钒钛烧结矿在 975~1150℃ 之间的还原主要为钛磁铁矿还原成浮氏体，其中部分浮氏体还原成为金属铁，而另一部分浮氏体与钛铁矿结合形成钛铁晶石；钒钛烧结矿在 1150~1300℃ 时，钛磁铁矿完全消失，钛铁晶石及钛铁矿还原成为浮氏体及金属铁。当还原温度高于 1300℃ 时，钒钛烧结矿试样软熔并与焦炭颗粒接触，金属渗碳面积逐渐增加；与此同时，钛氧化物也发生还原，钛还原度逐渐增大，在渣焦界面上反应生成 $Ti(C,N)$。

杨广庆等将普通烧结矿和钒钛烧结矿的软熔行为进行对比发现，钒钛烧结矿的软化开始温度较高，软化终了温度偏低，软化区间较窄，滴落温度低，熔融区间相差不大，但液相黏度大，滴落困难。甘勤等通过提高 SiO_2/TiO_2 比值，烧结矿和滴落渣中的 TiO_2 含量逐渐降低，硅酸盐黏结相增加，减少了钛的还原和 $Ti(C,N)$ 的析出，滴落温度相应降低，滴落顺畅，并且坩埚内残留物及夹杂铁明显减少，软熔过程"渣上溢"现象有效缓解。

4.1.3.2　钒钛球团矿

钒钛球团矿在钒钛矿高炉冶炼中发挥重要的作用，一方面由于钒钛烧结矿碱度较高，酸性钒钛球团矿的加入可调整炉渣碱度；另一方面酸性球团矿的加入可改善高炉冶炼过程料柱的透气性。钒钛磁铁矿普遍存在粒度粗、造球难度相对较大的问题。俄罗斯卡切卡纳尔采选公司将 <0.074mm 粒级占 95% 的精矿用于造球，<0.074mm 粒级占 70%~75% 的精矿用于烧结；承钢用于生产球团的精矿要求比表面积大于 $1300cm^2/g$（<0.074mm 粒级占 80% 以上）。张义贤等针对攀钢钒钛矿开展了适宜的钒钛球团精矿粒度研究，结果表明 <0.074mm 粒级含量的提高有利于生球质量的提高。尽管细化钒钛矿粒度可改善钒钛球团的性能，但磨矿工艺增加的能耗、成本不可忽略。

杜鹤桂、陈许玲等针对钒钛精矿球团的固结机理及其还原性能进行了系统研究。结果表明，钛磁铁矿氧化成钛赤铁矿过程形成的连晶或粒状集合体是保证球团矿强度的主要因素，而对于钒钛球团矿的还原性能，则认为其具有较好的中温还原性能，高温还原性能相对较差。Paananen 研究了 TiO_2 含量对球团矿氧化和还原过程的影响，结果见图 4-3[16]。随 TiO_2 含量的提高，磁铁矿中钛铁固溶体的增多可加速磁铁矿的氧化过程，在 TiO_2 含量为 0 和 0.5% 时，氧化新生赤铁矿层厚度约为 5μm，而当 TiO_2 含量为 5% 时，新生赤铁矿层厚度急剧增加至 100～400μm，提升磁铁矿的氧化速率。而在还原过程中，随 TiO_2 含量的提高，赤铁矿-磁铁矿界面变化并不明显，但球团矿表层的磁铁矿层厚度明显变宽，并趋于多孔疏松结构，粉化加剧。

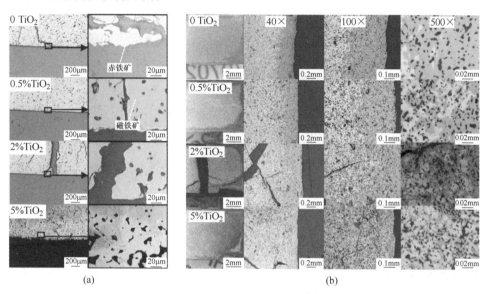

图 4-3 TiO_2 含量对球团氧化和还原过程微观结构的影响

(a) 950℃氧化 15min 后微观结构；(b) 还原 60min 后微观结构

普通球团矿的软熔现象主要是由于 FeO 和 SiO_2 发生反应生成低熔点液相引起，见图 4-4。在钒钛球团矿软熔过程中，随 TiO_2 含量提高，收缩率变化较小，抗变形能力逐渐提高，熔融温度区间变宽。

马兰等研究了钒钛球团矿的还原膨胀行为。结果表明，当温度为 1100～1200℃时，通过对添加量小于 1.5% 膨润土的攀枝花钒钛球团矿进行磁化焙烧，所得球团矿在还原过程的最大线膨胀率小于 5%，且球团矿不粉化，有利于高炉冶炼顺行。近年来，有人还提出了钒钛球团矿低温焙烧和预氧化处理工艺，在实现优化钒钛球团矿冶金性能的同时，减少生产能耗，降低环境负荷。

4.1.3.3 含铁炉料高温交互作用

高炉解剖表明，软熔带的形状和位置对高炉操作及其稳定顺行具有重要影响。现代高炉的入炉含铁原料主要为烧结矿、球团矿和天然块矿，随着高炉炼铁技术的不断成熟，单一含铁炉料的高温冶金性能得到了系统而深刻的理解。然

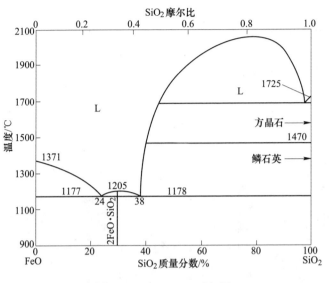

图 4-4　FeO-SiO₂ 二元相图

而，对于实际高炉冶炼，不同种类含铁原料在软熔过程的交互行为对初渣的影响及软熔带的形成具有重要影响。

吴胜利[17]对高炉内块矿和烧结矿的高温交互反应展开研究。结果表明，块矿和烧结矿在炉内的交互行为可明显改善块矿自身的软化性能，在选择不同块矿搭配炉料结构时，应考虑与烧结矿之间交互作用的差异，提出用"高温交互反应指数" IRI 进行评价与表征，计算公式如下：

$$IRI = \frac{\eta_{L-S} - (\eta_L + \eta_S)/2}{(\eta_L + \eta_S)/2} = \frac{2\eta_{L-S} - (\eta_L + \eta_S)}{\eta_L + \eta_S} \tag{4-1}$$

式中　η_{L-S}——混合炉料的高温体积收缩率，%；

　　　η_L——块矿的高温体积收缩率，%；

　　　η_S——烧结矿的高温体积收缩率，%。

此外，吴胜利等就烧结矿和块矿高温交互作用对初渣生成行为的影响展开研究，通过定义高温交互反应性指数 INI 来评价两者的交互作用强弱。结果表明，铁矿石间的高温交互反应指数受化学成分、还原性能和气孔率的影响，而高温交互反应可减小混合炉料的初渣生成温度区间、优化渣相组成、降低初渣黏度。其采用的 INI 计算公式为：

$$INI = \frac{a\mu_1 + b\mu_2 - \mu_0}{a\mu_1 + b\mu_2} \times 100\% \tag{4-2}$$

式中　μ_0——混合炉料初渣生成温度区间，℃；

　　　μ_1——烧结矿初渣生成温度区间，℃；

μ_2——块矿初渣生成温度区间，℃；

a——混合炉料中烧结矿质量分数，%；

b——混合炉料中块矿质量分数，%。

Chen[18]通过分析传统高炉（TBF）和富氧高炉（OBF）气氛条件下不同收缩率时综合炉料微观结构的演变探究块矿和烧结矿高温交互行为，结果见图4-5。在传统高炉气氛条件下，当料柱收缩率为10%时，块矿和烧结矿的界面清晰；而当收缩率达到60%时，块矿和烧结矿的界面已熔为一体，难以区分。在两者共同软化过程中，烧结矿和块状中液态渣的交互作用加速界面黏结和熔化。在富氧高炉气氛条件下，两者界面在收缩率达到60%时仍清晰可见，这是由于含铁炉料的强化还原使得烧结矿和块矿中金属铁致密，而液态渣相对减少，渣相交互作用降低，炉料熔化区间下移。

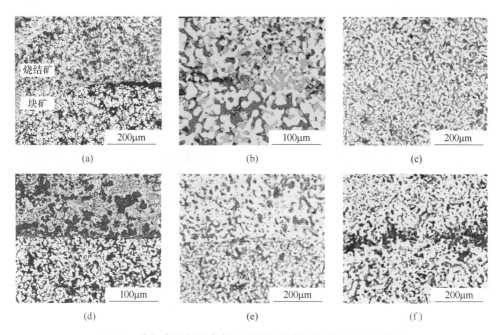

图4-5 模拟高炉气氛条件下不同收缩率的综合炉料微观结构

（a）TBF收缩率10%；（b）TBF收缩率40%；（c）TBF收缩率60%；
（d）OBF收缩率10%；（e）OBF收缩率40%；（f）OBF收缩率60%

4.1.4 高炉冶炼钒钛矿合理炉料结构研究现状

钒钛矿高炉冶炼的炉料结构主要为高碱度钒钛烧结矿、酸性钒钛球团矿及少量生矿的合理搭配。钒钛矿高炉炉料结构的合理优化主要考虑两方面因素：（1）由各种矿石组成的原料成本最低；（2）各种矿石互相搭配组成的综合炉料质量和冶金性能最优，特别是软熔带窄、料柱的透气性好、渣铁分离效果好。

在钒钛矿高炉冶炼过程中，炉渣中的 TiO_2 还原生成的 $Ti(C, N)$ 易使得炉渣黏度增大，同时渣中存在的 $Ti(C, N)$ 对珠铁的润湿角大，易吸附在珠铁表面，一方面阻碍了珠铁的聚集长大，另一方面被 $Ti(C, N)$ 包裹的珠铁与炉渣的表面张力增大，不利于珠铁向炉缸的沉积。炉渣黏度大、渣铁黏稠是导致料柱透气性能差、渣铁分离困难、冶炼指标偏低的主要原因之一。彭凤翔等提出了通过改善高炉炉料结构来解决这些难题，主要有以下手段：（1）控制炉料中 SiO_2/TiO_2 的比值，降低 TiO_2 活度；（2）配加难还原矿物，提高高温区渣中的氧位，抑制 TiO_2 的还原；（3）配加合适的助熔剂，调整初渣成分和造渣过程，创造良好的渣铁分离条件，使高炉下部透气性改善。饶家庭等针对攀钢炉料结构提出以下优化方向：降低烧结矿中的 TiO_2 含量，以降低烧结矿粉化率，提高其冶金性能；适当降低块矿比例，使烧结原料的钒钛精矿配比下降，而烧结矿中普通粉矿配比上升，有利于烧结矿中 TiO_2 含量降低，同时还可解决块矿短缺等问题。高炉配加全钒钛球团矿可在改善烧结矿产、质量的同时，提高钒钛矿比例，降低原料成本，这也是目前钒钛矿高炉炉料结构优化的主要方向之一。

4.1.5　铁矿含碳复合炉料制备及应用技术

4.1.5.1　铁矿含碳复合炉料概述

低碳高效冶炼是未来高炉炼铁的发展方向。当前，各国积极开发低碳高炉前沿技术，包括高炉使用碳铁复合炉料、喷吹富氢介质和炉顶煤气循环等[19,20]。高炉使用碳铁复合炉料是目前炼铁新技术研发的热点之一[21,22]。

传统的高炉炼铁炉料主要为焦炭、烧结矿和氧化球团矿，碳铁复合炉料属于新型炼铁炉料，包括复合铁焦、铁矿含碳复合炉料（俗称铁矿含碳球团）。而铁矿含碳复合炉料按物料压块成型温度高低，又分为冷压含碳球团和热压含碳球团两种。冷压含碳球团制备在常温或低温下成型，但需大量使用黏结剂，易产生高温强度失效、增加渣量等问题，无法满足高炉冶炼要求；热压含碳球团是将具有一定热塑性的煤粉和含铁粉料加热到一定温度，在热状态下进行压块成型的含碳复合炉料。热压含碳球团物料成型的温度高于冷压含碳球团，但根据大量研究，热压含碳球团由于煤、矿紧密接触，提供了良好的还原动力学条件，故具有优良的还原性能和更好的高温强度[23]。

4.1.5.2　高炉使用铁矿含碳复合炉料技术分析

在传统高炉冶炼过程，焦炭提供铁矿石还原所需的碳素。在还原过程中，铁氧化物与碳素的接触程度对还原反应速率具有重要影响。Kasai 等对比了传统高炉冶炼、添加铁矿含碳复合炉料时碳素和铁氧化物的接触程度，结果见图 4-6[24]。

在采用矿焦混装时，尽管焦丁的反应性较高，但由于焦丁粒度相对较大，碳素与铁氧化物仍为点接触，见图4-6（c）；当矿石层中添加一定的铁矿含碳复合炉料时，碳素与铁氧化物既存在点接触，同时在铁矿含碳复合炉料内部又存在面接触，反应速率得以提高，见图4-6（b）；当完全使用铁矿含碳复合炉料代替传统炉料时，由于煤、矿紧密接触，相互包裹，碳素和铁氧化物全部为面接触，反应速率有极大提升，见图4-6（a）。

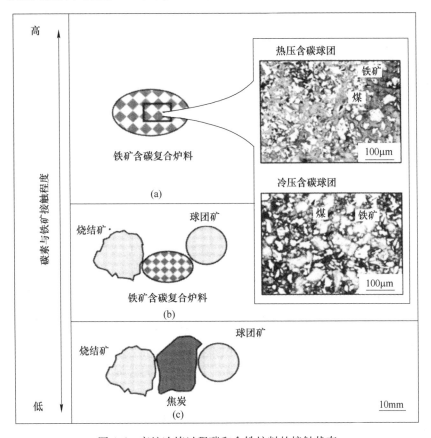

图4-6 高炉冶炼过程碳和含铁炉料的接触状态

Masaaki采用Rist操作线阐明了提高高炉效率的技术原理，见图4-7[25]。在维持热空区温度不变（A→B）的情况下，为提高炉内反应效率，操作线（图中AP线）需向W点移动。同时，降低热空区温度（B→C）同样可使得W点向右移动，从而提高CO的利用率。通常情况下，改善入炉原料的还原性如使用预还原炉料、优化布料制度可使煤气流分布更加合理均匀，加强间接还原反应，提高CO利用率和炉身工作效率，实现操作线AP绕P点向右转动（此时W点并未移动），即A→B移动；含碳复合炉料具备良好的还原性、反应性，且具备一定的预还原度，使用含碳复合炉料可降低入炉原料中 $w(O)/w(Fe)$，另一方面气化反应温度下降可降低热空区的温度，煤气中 CO 浓度显著提高，间接还原反应的平衡发生移动，操作线上 W 点向右移动，扩大了降低焦比、提高高炉炉身工作效率的理论空间。

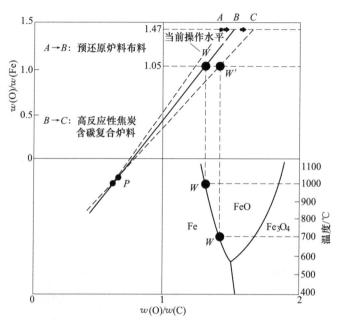

图 4-7　提高高炉效率的技术原理

储满生[26]利用多流体数学模型，对高炉使用碳氧比为 1.0、自然碱度、铁含量为 55%的含碳复合炉料进行了数学模拟。模拟设定高炉的炉缸直径为 11.2m，高度为 25.2m，有效容积为 2303m³。模拟得到的不同含碳复合炉料配比下高炉内部二维温度场分布见图 4-8。对比常规操作，随含碳复合炉料的加入，高炉炉身温度降低，等温区间向下移动，800~1200℃之间的区域变得更为狭窄。软熔带位置随含碳复合炉料配比的升高逐渐降低，且软熔带区间收窄。此外，从沿高度方向上炉料温度的变化可以看出，随含碳复合炉料配比的增加，高炉炉身温度水平明显降低。当含碳复合炉料配比增加到 30%时，与常规操作相比，热空区温度下降了约 200℃。此外，基于模拟结果分析了含碳复合炉料配比对高炉生铁产量、渣量和还原剂消耗量的影响，见图 4-9。随含碳复合炉料配比的增加，生铁产量增加而渣量减少，同时由于铁矿含碳球团还原性能好，大大降低了焦比，尽管含碳复合炉料自身带入一部分碳，但整体还原剂的消耗仍呈下降趋势。当含碳复合炉料配比由 0 增加到 30%时，焦比降低了 112.5kg/t（降幅 29.2%），总还原剂比降低了 20kg/t（降幅 3.8%），促进高炉低碳冶炼。

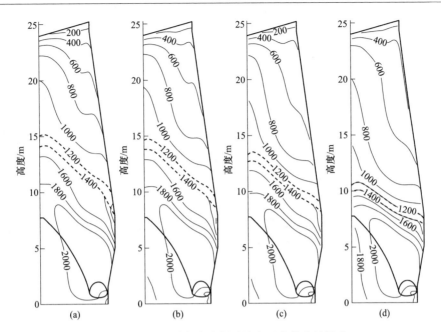

图 4-8　使用含碳复合炉料对炉内温度分布的影响

（a）0%CCB；（b）10%CCB；（c）30%CCB；（d）40%CCB

（炉内温度分布单位为℃）

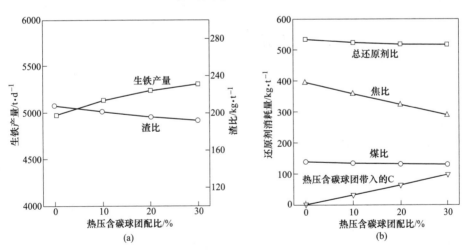

图 4-9　使用含碳复合炉料对高炉操作参数的影响

（a）生铁产量和渣比；（b）还原剂消耗量

4.1.5.3　钒钛磁铁矿含碳复合新炉料制备及高炉冶炼技术

钒钛磁铁矿是我国重要的战略矿产资源，充分且高效利用钒钛矿资源对我国钢铁工业乃至国民经济的健康发展具有战略意义。当前，我国钒钛矿高炉炉料结构主要为高碱度钒钛烧结矿配加酸性钒钛球团矿，基于该炉料结构的高炉冶炼存在以下共性问题：（1）钒钛矿造块难度大，传统烧结、球团工艺大量添加普通铁精矿粉，钒钛矿粉使用率偏低；（2）综合炉料还原性不足，使得软化温度低，软熔带宽，透气性有待改善，且高炉下部还原负荷大，焦比偏高。基于此，提出将铁矿含碳压块技术应用于钒钛矿造块及高炉冶炼，开发钒钛矿含碳复合新型炉料制备及高炉冶炼技术，具体流程见图4-10。

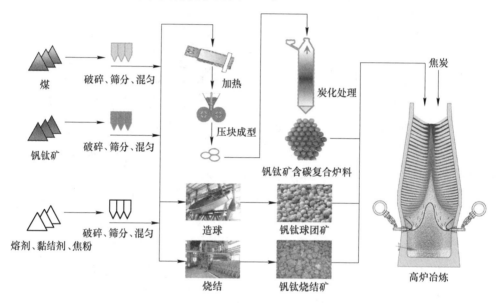

图 4-10　钒钛矿含碳复合新炉料制备及高炉冶炼

本研究首先在一定温度条件下将钒钛矿粉和煤粉压块成型，后续经炭化处理强化钒钛矿含碳复合炉料的机械强度，获得满足高炉冶炼要求的钒钛矿新炉料。相较于钒钛矿烧结、球团工艺，整个新炉料的制备流程简单、能耗较低。针对钒钛矿含碳复合炉料制备过程，充分结合粉体成型学及现代测试技术，重点研究包括原料配比、原料粒度、成型温度、炭化温度、炭化时间、升温速率等多参数下新炉料的强度获得机制，优化钒钛矿含碳复合炉料关键制备参数；进一步采用冶金热力学和动力学、冶金物理化学、冶金传输原理及现代测试表征技术，系统考察钒钛矿含碳复合炉料冶金特性，解析其还原过程热力学及动力学机理；进一步通过熔滴实验阐明新炉料对综合炉料的软熔行为及其对综合炉料熔滴性能的作用规律，揭示新炉料与传统炉料在还原、软化、熔化及滴落过程的交互作用机制，整体研究方案见图4-11。

钒钛矿含碳复合新炉料制备及高炉冶炼技术的开发将丰富钒钛矿高炉新型炼铁炉料造块方法和理论，为钒钛矿含碳复合新型炉料高炉实际应用提供重要

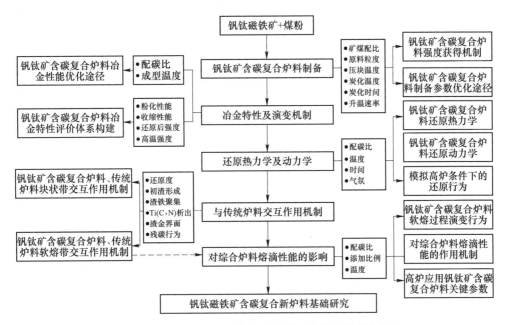

图 4-11　钒钛磁铁矿含碳复合新炉料及高炉冶炼研究方案

的理论依据，为进一步促进钒钛矿高炉强化冶炼和钒钛矿高效利用奠定坚实基础。

4.2　钒钛矿含碳复合炉料制备工艺及优化

抗压强度是入炉原料冶金性能的重要指标，是保证高炉稳定顺行的基本条件之一。在掌握钒钛磁铁矿及煤粉的基础特性后，重点考察压块成型参数和炭化处理参数对钒钛矿含碳复合炉料抗压强度的影响规律，优化新炉料制备工艺参数，阐明新炉料强度获得机制，丰富钒钛矿新型炼铁炉料造块方法和理论。

4.2.1　钒钛磁铁矿基础特性

实验用钒钛磁铁矿（Vanadium Titanium Magnetite，VTM）的化学成分列于表4-2。其中，TFe 为 62.12%，TiO$_2$、V$_2$O$_5$ 和 Cr$_2$O$_3$ 含量分别为 5.05%、0.95% 和 0.61%，属于典型的高钒、高铬、低钛型钒钛磁铁矿。

表 4-2　钒钛磁铁矿的主要化学成分　　　　　（质量分数，%）

TFe	CaO	SiO$_2$	MgO	Al$_2$O$_3$	TiO$_2$	V$_2$O$_5$	Cr$_2$O$_3$	S	P
62.12	0.22	2.12	0.92	3.18	5.05	0.95	0.61	0.04	<0.01

钒钛磁铁矿粉的粒度分析结果见图4-12。钒钛磁铁矿粒度小于 0.074mm 的

粒级仅占 29.98%，粒度较粗，比表面积小。该钒钛磁铁矿用于制备钒钛氧化球团矿和烧结矿时造块难度大。

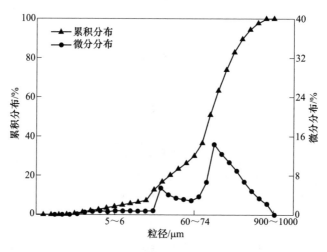

图 4-12　钒钛磁铁矿粉的粒度分布

图 4-13 给出了钒钛磁铁矿的 XRD 分析结果。钒钛磁铁矿中的钛以钛磁铁矿（$Fe_{2.75}Ti_{0.25}O_4$）和钛铁矿（$FeTiO_3$）形式存在，而钒和铬则分别赋存在钒磁铁矿（Fe_2VO_4）和铬铁矿（$FeCr_2O_4$）中。

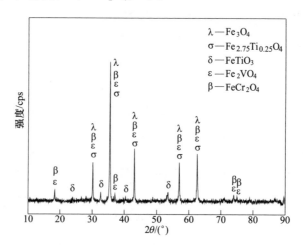

图 4-13　钒钛磁铁矿 XRD 分析结果

根据 SEM 分析结果，研究钒钛磁铁矿的矿物嵌布特征（见图 4-14）。钒钛磁铁矿的矿物粒度粗大，形状不规则，矿物组成较为复杂，铁氧化物、铁铝复合氧化物、钛铁复合氧化物以及脉石相互嵌布，分离难度大。

图 4-14　钒钛磁铁矿 SEM 照片

4.2.2　煤粉基础特性

在新炉料制备实验中，选用鹤岗地区的烟煤为原料，工业分析及灰分组成列于表 4-3。该煤的固定碳含量为 61.55%，挥发分为 28.05%，灰分为 8.79%。

表 4-3　实验用烟煤的工业分析及灰分组成　　　（质量分数,%）

固定碳	挥发分	化 学 成 分					水分
		TFe	CaO	SiO$_2$	MgO	Al$_2$O$_3$	
61.55	28.05	4.01	4.95	55.15	2.18	21.92	1.61

采用德国耐驰 STA 409 C/CD 热分析仪对煤粉进行差示热扫描量热法实验，实验用煤粉的粒度小于 0.074mm，气氛为氩气惰性气体，升温速度为 20℃/min，结果见图 4-15。该煤的热解过程分为三个阶段：温度低于 400℃时，煤粉热解速率缓慢，主要为水分及少量挥发分的析出；温度在 400~600℃时，挥发分大量析出且析出速度加剧，热解速率在 490℃附近达到峰值，此阶段煤转化成半焦；温度在 600~860℃时，热解速率降低，此阶段主要以缩聚反应为主，伴随着半焦向焦炭的转化，碳分子结构趋于有序化；当温度超过 860℃时，热解速率较低且基本保持不变。

4.2.3　基于田口法的钒钛矿含碳复合炉料压块工艺参数优化

钒钛矿含碳复合炉料（Vanadium Titanium Magnetite Carbon Composite Hot Brequitte，VTM-CCB）的制备流程主要包括钒钛矿含碳复合炉料的压块成型和炭化处理两部分。首先，将钒钛磁铁矿粉、煤粉干燥、混匀，随后将一定质量的混匀料置于压块模具中并进行加热，待达到指定温度后取出模具进行压块成型，最后

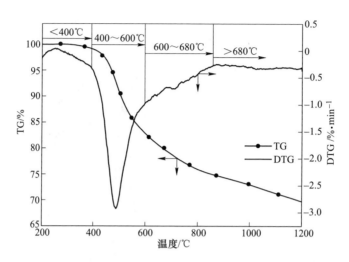

图 4-15　实验用煤的 TG-DTG 分析

将压块成型的样品进行炭化处理，得到钒钛矿含碳复合炉料。

压块温度和煤粉的添加量对热压块的抗压强度有重要影响。为系统考察压块温度对热压块抗压强度的作用规律，将压块温度区间分为低温区（100~300℃）和高温区（300~500℃）进行压块成型实验。配碳比（FC/O）是指配煤中固定碳与钒钛矿中铁氧化物携带的氧的摩尔比。煤粉粒度的大小对于胶质体的渗透以及和矿粉的接触程度起重要作用，而矿粉作为钒钛矿含碳复合炉料内部的骨架，其粒度大小对钒钛矿含碳复合炉料抗压强度影响不可忽视。首先采用田口法对压块成型过程的制备参数进行优化，方案见图 4-16。

表 4-4 和表 4-5 列出了低温区和高温区的正交实验因子水平表。基于表中 4 因素 5 水平设计 $L_{25}(5^4)$ 正交实验优化钒钛矿含碳复合炉料压块制备工艺参数。对不同条件下的钒钛矿热压块，根据国标《高炉和直接还原用铁球团矿　抗压强度的测定》（GB/T 14201—2018）测定其抗压强度。

表 4-4　低温区正交实验因子水平表

水平	压块温度/℃	配碳比	煤粉粒度/mm	矿粉粒度/mm
1	100	1.0	0.115~0.150	0.115~0.150
2	150	1.2	0.106~0.115	0.106~0.115
3	200	1.4	0.086~0.106	0.086~0.106
4	250	1.6	0.074~0.086	0.074~0.086
5	300	1.8	<0.074	<0.074

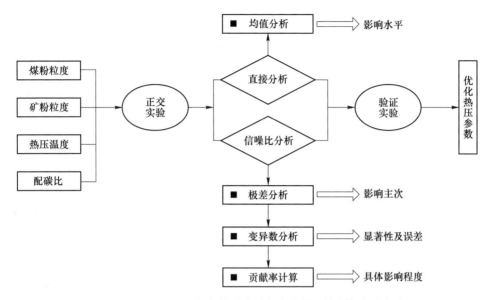

图 4-16 基于田口法的钒钛矿含碳复合炉料压块制备实验方案

表 4-5 高温区正交实验因子水平表

水平	压块温度/℃	配碳比	煤粉粒度/mm	矿粉粒度/mm
1	500	1.0	0.115~0.150	0.115~0.150
2	450	1.2	0.106~0.115	0.106~0.115
3	400	1.4	0.086~0.106	0.086~0.106
4	350	1.6	0.074~0.086	0.074~0.086
5	300	1.8	<0.074	<0.074

4.2.3.1 低温压块参数优化

在田口法中，一般将考察的品质特性转化为信噪比（S/N），以减少数据波动带来的实验误差，S/N 计算公式如下：

$$S/N = -10 \times \lg \frac{1}{n} \sum_{i=1}^{n} (1/y_i^2) \tag{4-3}$$

式中　y_i——品质特性；

　　　n——试验组数。

本实验中，y_i 为每组实验的钒钛矿热压块平均抗压强度，n 取 25。低温区正交实验设计及结果列于表 4-6。

表 4-6   低温区正交实验设计及实验结果

编号	压块温度/℃	碳氧比	煤粉粒度/mm	钒钛矿粒度/mm	抗压强度/N	信噪比/dB
1 号	1	1	1	1	150. 40	43. 54
2 号	1	2	2	2	243. 56	47. 73
3 号	1	3	3	3	325. 56	50. 25
4 号	1	4	4	4	365. 72	51. 26
5 号	1	5	5	5	408. 56	52. 23
6 号	2	1	2	3	577. 70	55. 23
7 号	2	2	3	4	780. 30	57. 85
8 号	2	3	4	5	880. 10	58. 89
9 号	2	4	5	1	1080. 25	60. 67
10 号	2	5	1	2	580. 20	53. 63
11 号	3	1	3	5	890. 58	58. 99
12 号	3	2	4	1	930. 80	59. 38
13 号	3	3	5	2	1180. 10	61. 44
14 号	3	4	1	3	568. 30	55. 09
15 号	3	5	2	4	696. 66	56. 86
16 号	4	1	4	2	920. 30	59. 28
17 号	4	2	5	3	980. 56	59. 83
18 号	4	3	1	4	715. 10	57. 09
19 号	4	4	2	5	882. 50	58. 91
20 号	4	5	3	1	979. 90	59. 82
21 号	5	1	5	4	1008. 56	60. 07
22 号	5	2	1	5	855. 40	58. 64
23 号	5	3	2	1	684. 00	56. 70
24 号	5	4	2	2	980. 56	59. 83
25 号	5	5	4	3	1280. 52	62. 15

表 4-7 列出了 S/N 极差分析结果，图 4-17 给出了低温区信噪比平均效应响应。结合两者可知，当压块温度为 300℃、碳氧比为 1.6、煤粉粒度<0.074mm、矿粉粒度<0.074mm 时，相应的 S/N 达到最大，分别为 59.59dB、57.01dB、59.46dB 和 57.42dB。从响应效应来看，压块温度和煤粉粒度变化引起的 S/N 变化幅度较大，而碳氧比和矿粉粒度变化对信噪比的波动较小。综合考虑，在低温区钒钛矿含碳复合炉料的压块成型参数为：压块温度 300℃、碳氧比 1.6、煤粉粒度<0.074mm、矿粉粒度<0.074mm。

表 4-7 低温区信噪比平均效应响应

水平	可 控 因 素			
	A—压块温度/℃	B—碳氧比	C—煤粉粒度/mm	D—矿粉粒度/mm
1	49.00	55.42	53.93	56.02
2	57.58	56.69	55.09	56.71
3	58.35	56.87	57.35	56.51
4	58.99	57.27	58.19	56.63
5	59.48	57.15	58.85	57.53
效应	10.48	1.85	4.92	1.51
排名	1	3	2	4
最优	5	4	5	5

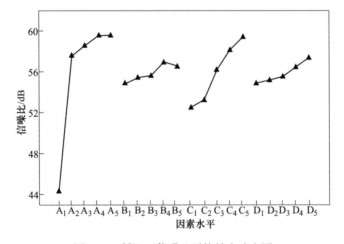

图 4-17 低温区信噪比平均效应响应图

表 4-8 列出了低温区正交实验信噪比变异数分析。压块温度、碳氧比、煤粉粒度和矿粉粒度的 F 值分别为 85.00、2.45、19.70 和 1.34，查阅 F 值分布表知，$F_{0.05}(3, 16) = 3.24$，$F_{0.01}(3, 16) = 5.29$。因此，可初步判断压块温度和煤粉粒度的影响较为显著；碳氧比和矿粉粒度的影响不明显；误差因子的均方差为1.11，远小于压块温度、碳氧比、煤粉粒度和矿粉粒度的均方差，误差较小，结果可信。

表 4-8 低温区信噪比变异数分析

变异数来源	偏差平方和	自由度	均方差	F 值	显著性
压块温度	378.52	4	94.63	85.00	显著
碳氧比	10.91	4	2.73	2.45	

变异数来源	偏差平方和	自由度	均方差	F 值	显著性
煤粉粒度/mm	87.73	4	21.93	19.70	显著
矿粉粒度/mm	5.97	4	1.49	1.34	
误差	8.91	8	1.11		
总和	492.03	24	121.89		

表 4-9 列出了低温区各因素对钒钛矿热压块抗压强度的贡献率。其中压块温度的贡献率最大，达 76.93%，其次为煤粉粒度，贡献率为 18.00%；而碳氧比和矿粉粒度的贡献率较低，分别为 2.24% 和 1.22%。

表 4-9　低温区压块工艺参数对抗压强度的贡献率

贡献因素	压块温度/℃	碳氧比	煤粉粒度/mm	矿粉粒度/mm	误差/%
偏差平方和	378.52	10.91	87.73	21.06	1.11
贡献率/%	76.93	2.24	18.00	1.22	1.81

为进一步验证优化参数的可靠性，进行优化参数下信噪比和抗压强度预测，并将预测结果与验证实验结果进行对比。预测信噪比 S/N_P 的计算公式如下：

$$S/N_P = S/N_m + \sum_{i=1}^{t} (S/N_i - S/N_m) \tag{4-4}$$

式中　S/N_m——总平均信噪比，dB；

　　　S/N_i——不同因素下最大信噪比，dB；

　　　t——考察的因素数量。

表 4-10 列出了信噪比和抗压强度的预测值及验证值。信噪比的预测值和验证值分别为 62.96dB 和 62.70dB，差值仅为 0.26dB；抗压强度的预测值和验证值分别为 1406.0N 和 1360.6N，两者之间的误差为 3.34%。综上所述，钒钛矿含碳复合炉料低温区压块参数优化结果可信，优化后压块成型参数为：压块温度 300℃、碳氧比 1.6、煤粉粒度<0.074mm、矿粉粒度<0.074mm，优化参数下的抗压强度达到 1360.6N。

表 4-10　低温区信噪比和抗压强度的预测值和验证值

项目	预测值	验证值
抗压强度/N	1406.0	1360.6
信噪比/dB	62.96	62.70

4.2.3.2　高温压块参数优化

表 4-11 给出了高温区信噪比平均效应响应的极差分析结果，其中信噪比由

表 4-12 中高温区正交实验结果计算得到。在各影响因素中，当压块温度 450℃、碳氧比 1.8、煤粉粒度 0.074~0.086mm、矿粉粒度 0.074~0.086mm 时，相应的信噪比达到最大值，分别为 60.00dB、60.53dB、60.23dB 和 60.65dB。

表 4-11 高温区信噪比平均效应响应

水平	可 控 因 素			
	A—压块温度/℃	B—碳氧比	C—煤粉粒度/mm	D—矿粉粒度/mm
1	57.69	58.64	58.21	57.45
2	60.00	58.91	58.92	58.80
3	59.70	58.83	60.23	60.65
4	59.75	59.82	59.69	60.38
5	59.59	60.53	59.68	59.45
效应	2.31	1.89	2.02	3.20
排名	2	4	3	1
最优	2	5	3	3

表 4-12 高温区正交实验设计及实验结果

编号	压块温度/℃	碳氧比	煤粉粒度/mm	钒钛矿粒度/mm	抗压强度/N	信噪比/dB
1 号	1	1	1	1	511.68	54.18
2 号	1	2	2	2	679.10	56.64
3 号	1	3	3	3	1027.90	60.24
4 号	1	4	4	4	942.50	58.94
5 号	1	5	5	5	785.17	57.90
6 号	2	1	2	3	980.90	59.83
7 号	2	2	3	4	1062.20	60.52
8 号	2	3	4	5	1088.30	59.41
9 号	2	4	5	1	903.95	59.12
10 号	2	5	1	2	974.52	57.67
11 号	3	1	3	5	956.25	59.19
12 号	3	2	4	1	768.54	57.08
13 号	3	3	5	2	899.33	59.86
14 号	3	4	1	3	995.54	59.38
15 号	3	5	2	4	1280.26	61.41
16 号	4	1	4	2	823.50	57.83
17 号	4	2	5	3	1125.15	61.02

编号	压块温度/℃	碳氧比	煤粉粒度/mm	钒钛矿粒度/mm	抗压强度/N	信噪比/dB
18 号	4	3	1	4	838.52	58.20
19 号	4	4	2	5	1041.50	59.93
20 号	4	5	3	1	1071.15	59.81
21 号	5	1	5	4	1155.90	61.26
22 号	5	2	1	5	855.40	58.64
23 号	5	3	2	1	604.00	55.62
24 号	5	4	3	2	1022.80	60.20
25 号	5	5	4	3	1290.00	62.21

高温区信噪比响应效应见图 4-18。压块温度和矿粉粒度变化引起的信噪比波动幅度较大，而碳氧比和煤粉粒度变化引起的波动相对较小。综合考虑，高温区钒钛矿含碳复合炉料压块成型参数为：压块温度 450℃、碳氧比 1.8、煤粉粒度 0.074~0.086mm、矿粉粒度 0.074~0.086mm。

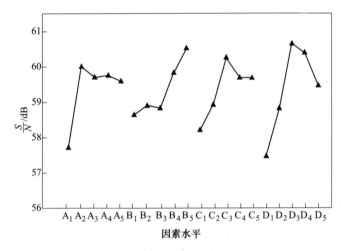

图 4-18　高温区信噪比平均效应响应

表 4-13 给出了高温区信噪比的变异数分析结果。压块温度、碳氧比、煤粉粒度和矿粉粒度的 F 值分别为 5.87、4.30、4.17 和 11.15，查阅 F 值分布表知，$F_{0.05}(3,16)=3.24$，$F_{0.01}(3,16)=5.29$。因此，可以判断压块温度和矿粉粒度的影响较为显著，而煤粉粒度和碳氧比的影响较小。此外，实验过程误差均方差为 0.75，远小于压块温度、碳氧比、煤粉粒度和矿粉粒度的均方差，说明误差较小，实验结果可信。

表 4-13 高温区信噪比变异数分析

变异数来源	偏差平方和	自由度	均方差	F 值	显著性
压块温度/℃	17.59	4	4.40	5.87	显著
碳氧比	12.89	4	3.22	4.30	
煤粉粒度/mm	12.50	4	3.12	4.17	
矿粉粒度/mm	33.43	4	8.36	11.15	显著
误差	6.0	8	0.75		
总和	82.41	24			

表 4-14 列出了高温区各因素对钒钛矿压块块抗压强度的贡献率。其中，矿粉粒度的贡献率最大，达 40.56%；其次为压块温度，贡献率 21.35%；而碳氧比和煤粉粒度的贡献率较低，分别为 15.64% 和 15.17%。

表 4-14 高温区压块工艺参数的贡献率

因素	压块温度/℃	碳氧比	煤粉粒度/mm	矿粉粒度/mm	误差/%
偏差平方和	17.59	12.89	12.50	33.43	6.00
贡献率/%	21.35	15.64	15.17	40.56	7.28

表 4-15 列出了高温区信噪比和抗压强度的预测值和验证值。信噪比的预测值和验证值分别为 63.37dB 和 62.75dB，差值仅为 0.62dB；抗压强度的预测值和验证值分别为 1474.3N 和 1372.5N，两者的误差为 7.42%。综上所述，钒钛矿含碳复合炉料高温区压块参数优化实验结果可信，优化后参数为：压块温度 450℃、碳氧比 1.8、煤粉粒度 0.074~0.086mm、矿粉粒度 0.074~0.086mm，优化参数下的抗压强度达 1372.5N。

表 4-15 高温区信噪比和抗压强度的预测值和验证值

项目	预测值	验证值
抗压强度/N	1474.3	1372.5
信噪比/dB	63.37	62.75

4.2.3.3 适宜的压块工艺参数

综合低温区和高温区的优化实验结果，考虑实际生产过程能耗、设备寿命、生产效率及成本等因素，提出进一步降低压块温度，优化钒钛矿含碳复合炉料压块成型参数。在保证钒钛矿热压块抗压强度的基础上，对压块温度 200℃、碳氧比 1.6、煤粉粒度 <0.074mm、矿粉粒度 <0.074mm 条件下制备的热压块进行强度测试，该参数下的热压块抗压强度达 1071.5N，满足后续转运及炭化处理过程的

强度要求。因此，选定的钒钛矿含碳复合炉料压块成型参数为：压块温度200℃、碳氧比1.6、煤粉粒度<0.074mm、矿粉粒度<0.074mm。

4.2.4　钒钛磁铁矿含碳复合炉料炭化工艺参数优化

尽管优化后压块参数下钒钛矿含碳复合炉料抗压强度达1071.5N，但仍未达到高炉冶炼对入炉原料抗压强度的要求（>2000N）。因此，提出对钒钛矿含碳复合炉料进行炭化处理，旨在进一步提高其抗压强度。

煤作为黏结剂对钒钛矿含碳复合炉料的抗压强度具有重要影响。由于炭化温度、炭化时间及升温速率对煤粉的热解具有重要影响，因此在优化钒钛矿含碳复合炉料炭化处理参数时主要考察因素包括碳氧比、炭化温度、炭化时间和升温速率，因子水平列于表4-16。根据国标（高炉和直接还原用铁球团矿抗压强度的测定）GB/T 14201—2018炭化后测定钒钛矿含碳复合炉料抗压强度，采用蜡封法测定炭化处理前后的体积密度。

表4-16　钒钛矿含碳复合炉料炭化处理实验方案

因素	水　平				
碳氧比	0.8	1.0	1.2	1.4	1.6
炭化温度/℃	450	500	550	600	650
炭化时间/h	1	2	3	4	5
升温速率/℃·min⁻¹	3	5	7	9	

在考察碳氧比的影响时，确定其他炭化处理参数为：炭化温度500℃、升温速率5℃/min、炭化时间3h。图4-19给出了碳氧比对钒钛矿含碳复合炉料炭化处理前后抗压强度和体积密度的影响。随碳氧比的增加，钒钛矿含碳复合炉料抗压强度呈上升趋势，这是由于煤粉质量分数的增加，可生成更多的胶质体和半焦强

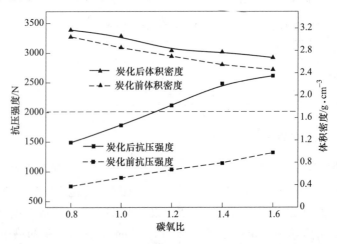

图4-19　碳氧比对钒钛矿含碳复合炉料炭化处理前后抗压强度和体积密度的影响

化煤、矿颗粒间的固结，当碳氧比由 0.8 提升至 1.6 时，炭化后的抗压强度由
1525N 增加至 2580N；炭化后的体积密度变化趋势与抗压强度相反，当碳氧比由
0.8 提升至 1.6 时，体积密度由 3.05g/cm³ 降低至 2.46g/cm³，这是由于煤粉的
密度远小于矿粉密度，相同体积下的钒钛矿含碳复合炉料质量随碳氧比的增加而
降低，因此体积密度降低。尽管体积密度随碳氧比的增加而逐渐降低，但相比于
炭化前，炭化后的钒钛矿含碳复合炉料体积密度提升幅度明显。

　　图 4-20 为碳氧比 1.6 条件下制备的钒钛矿含碳复合炉料炭化前后 SEM 照片。
炭化前其内部矿、煤颗粒轮廓清晰，局部接触部位可见少量孔隙；由于炭化过程
煤粉的软化—半熔融—固结作用，炭化后煤粉与矿粉颗粒紧密包裹、连成一片，
孔隙减少，抗压强度和体积密度明显增加。从炭化后钒钛矿含碳复合炉料抗压强
度的提升幅度来看，当碳氧比由 0.8 增加至 1.4 时，抗压强度增幅达 62%，继续
提高碳氧比至 1.6，抗压度增幅仅为 5%，即进一步提高碳氧比带来的强度提升
作用明显削弱。当碳氧比 1.4 时，炭化后钒钛矿含碳复合炉料抗压强度达
2456N，满足高炉冶炼需求。因此，适宜的碳氧比为 1.4。

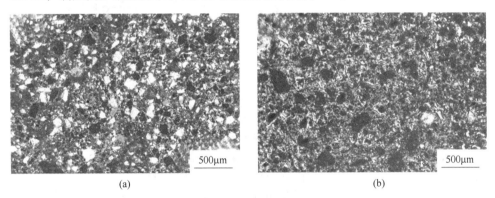

(a)　　　　　　　　　　　　　　　　　(b)

图 4-20　钒钛矿含碳复合炉料（FC/O 1.6）炭化前后微观结构对比
(a) 炭化前；(b) 炭化后

　　在考察炭化温度的影响时，确定其他炭化处理参数为：碳氧比 1.4、升温速
率 5℃/min、炭化时间 3h。炭化温度对钒钛矿含碳复合炉料炭化后抗压强度和体
积密度的影响见图 4-21。随炭化温度的增加，炭化后抗压强度呈先上升后趋于平
缓再下降的趋势。当炭化温度由 450℃提高到 500℃时，抗压强度由 1669N 升高
到 2456N，提升幅度达 47%；当炭化温度在 500~550℃时，抗压强度基本稳定在
2400~2450N；当炭化温度超过 550℃时，抗压强度明显降低，当炭化温度为
650℃时，抗压强度降低至 1912N。钒钛矿含碳复合炉料体积密度随炭化温度升
高而逐渐升高，当炭化温度由 450℃提升至 650℃时，体积密度由 2.72g/cm³ 上
升至 3.08g/cm³，这是由于提升炭化温度可强化内配煤粉的热解，使得体积收
缩，增加体积密度。钒钛矿含碳复合炉料炭化后抗压强度变化与煤粉热解及其内

部结构演变有关。实验用煤的基式流动度检测结果列于表4-17，其软化开始温度为425℃，最大流动度温度为455℃，固化开始温度为480℃。

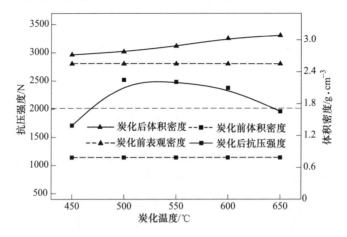

图 4-21   炭化温度对钒钛矿含碳复合炉料炭化前后抗压强度和体积密度的影响

表 4-17   实验用煤的基式流动度检测结果

特征温度	软化开始温度/℃	最大流动度温度/℃	固化开始温度/℃
	425	455	480

图 4-22 给出了炭化处理过程含碳复合炉料中煤粉结构变化示意图。炭化前，钒钛矿含碳复合炉料中的煤粉主要以颗粒状存在，当炭化温度上升至425℃时，煤粒表面出现含有气泡的液相膜，此时煤粒的液相膜开始软化、汇合，形成气、液、固三相为一体的黏稠混合物，即胶质体；随炭化温度进一步提高，胶质体流动性改善，煤颗粒相互黏结成片且紧密包裹矿粉颗粒，内部孔隙减少；继续提高温度至480℃时，胶质体开始固化且伴随着半焦形成。胶质体的固化及半焦的形成是钒钛矿含碳复合炉料炭化过程抗压强度提升的主要原因。因此，当炭化温度由450℃提高至500℃时，钒钛矿含碳复合炉料抗压强度明显提升。

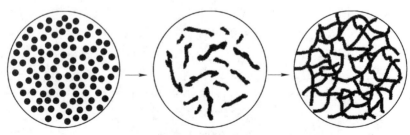

图 4-22   炭化过程钒钛矿含碳复合炉料中煤粉结构变化示意图

图 4-23 为钒钛矿含碳复合炉料炭化过程胶质体的生成及转化示意图。内配煤粉热解形成的胶质体包裹煤、矿颗粒加之固化半焦的骨架作用是钒钛矿含碳复合炉料的固结基础，而当炭化温度超过 550℃时，随着煤的二次热解，半焦开始破裂，内部生成大量孔隙。

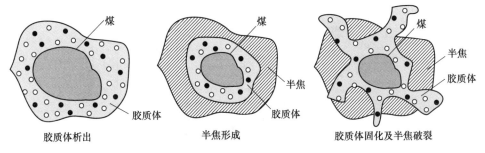

胶质体析出　　　　　　半焦形成　　　　　　胶质体固化及半焦破裂

图 4-23　钒钛矿含碳复合炉料炭化过程胶质体的生成及转化示意图

图 4-24 给出了不同温度条件下炭化后钒钛矿含碳复合炉料微观结构。500℃炭化后的钒钛矿含碳复合炉料内部可见流动状的固化半焦连接成片，矿物颗粒被紧密包裹，整体结构致密度高；而 650℃炭化后内部半焦明显破坏，局部裂纹生成并延伸，导致抗压强度明显降低。因此，综合考虑抗压强度以及生产能耗，适宜的炭化温度为 500℃。

图 4-24　不同温度炭化后钒钛矿含碳复合炉料微观结构
（a）炭化温度 500℃；（b）炭化温度 650℃

在考察炭化时间的影响时，确定其他炭化参数为：碳氧比 1.4、炭化温度 500℃、升温速率 5℃/min。炭化时间对钒钛矿含碳复合炉料抗压强度和体积密度的影响见图 4-25。当炭化时间由 1h 延长至 3h 时，炭化后的抗压强度由 1689N 提升至 2456N，而体积密度则由 1.63g/cm³ 提高到 2.78g/cm³；进一步延长炭化时间，抗压强度和体积密度基本不变。炭化时间的延长可促进胶质体固化及半焦形成，提升钒钛矿含碳复合炉料的致密度，从而提升其抗压强度。综合考虑生产效率、能耗及抗压强度的提升幅度，钒钛矿含碳复合炉料适宜炭化时间为3h。

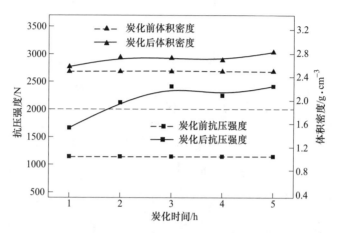

图4-25　炭化时间对钒钛矿含碳复合炉料炭化前后抗压强度和体积密度的影响

在考察升温速率的影响时，确定其他炭化处理参数为：炭化温度500℃、碳氧比1.4、炭化时间3h。图4-26给出了钒钛矿含碳复合炉料炭化过程升温速率对抗压强度的影响。炭化后的抗压强度和体积密度均随升温速率的增加而降低，当升温速率由3℃/min升高至9℃/min时，炭化后的抗压强度由2589N降低至2385N。升温速率的影响机理可归于两方面：（1）对烟煤的热解研究表明，随升温速度的提高，煤粉热解速率增大，最大热解速率温度相应提高，这使得相同炭化温度条件下胶质体的析出速度受到抑制；（2）当炭化温度为500℃不变时，升温速率较低意味着升温过程炭化时间的延长，而时间的延长有利于钒钛矿含碳复

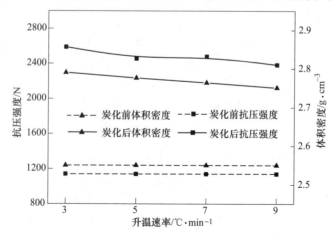

图4-26　升温速率对钒钛矿含碳复合炉料炭化前后抗压强度和体积密度的影响

合炉料中胶质体的析出和半焦的固化，从而提升抗压强度和体积密度。因此，确定适宜的升温速率为3℃/min。

4.2.5 优化条件下钒钛矿含碳复合炉料的成分

作为一种钒钛矿高炉新炉料，钒钛矿含碳复合炉料中挥发分的质量分数将直接影响高炉除尘系统的稳定运行。按入炉焦炭标准，挥发分含量应低于1.8%。钒钛矿含碳复合炉料炭化处理过程中，除挥发分析出引起的失重外，还包含矿物的结晶水分解、少量还原失氧引起的失重，因此仅通过整个炭化过程的失重无法计算钒钛矿含碳复合炉料中残留的挥发分质量分数。

通过制备 Al_2O_3 粉-煤粉压块确定炭化过程挥发分析出质量，其制备参数与钒钛矿含碳复合炉料一致，包括压块温度、煤粉配比、Al_2O_3 粉粒度、煤粉粒度、炭化温度、炭化时间、升温速率。通过对比 Al_2O_3 粉-煤粉热压块和钒钛矿含碳复合炉料炭化过程的失重，分析炭化后钒钛矿含碳复合炉料中残留的挥发分含量，结果列于表4-18。对比实验结果表明，炭化后钒钛矿含碳复合炉料中残留的挥发分含量为1.58%，满足入炉冶炼要求。综上所述，优化后钒钛矿含碳复合炉料制备参数为：压块温度200℃、碳氧比1.4、煤粉粒度<0.074mm、钒钛矿粉粒度<0.074mm、炭化温度500℃、炭化时间3h、升温速率3℃/min。优化参数下的钒钛矿含碳复合炉料化学成分列于表4-19。

表4-18 炭化处理后钒钛矿含碳复合炉料挥发分含量分析

项　目	Al_2O_3 粉-煤粉热压块	钒钛矿含碳复合炉料
压块参数	压块温度200℃、碳氧比1.4、煤粉粒度<0.074mm、VTM（Al_2O_3）粒度<0.074mm	
炭化参数	炭化温度500℃、炭化时间3h、升温速率3℃/min	
总失重率/%	6.40	6.62
挥发分析出量/%	6.40	6.40
挥发分总量/%	7.98	7.98
残留挥发分量/%	1.58	1.58（<1.80）

表4-19 优化后钒钛矿含碳复合炉料的化学成分 （质量分数,%）

TFe	FeO	CaO	SiO_2	MgO	Al_2O_3	TiO_2	C	挥发分
49.51	23.20	0.31	3.23	0.79	3.16	4.02	17.32	1.58

图4-27给出了优化参数下制备的钒钛矿含碳复合炉料形貌及 SEM-EDS 分析结果。优化后钒钛矿含碳复合炉料表面光滑、无裂纹，内部结构致密、孔隙度低；结合元素分布图可知，钒钛矿含碳复合炉料内部煤、矿颗粒包裹紧密，固结良好，具备良好的抗压强度及体积密度。

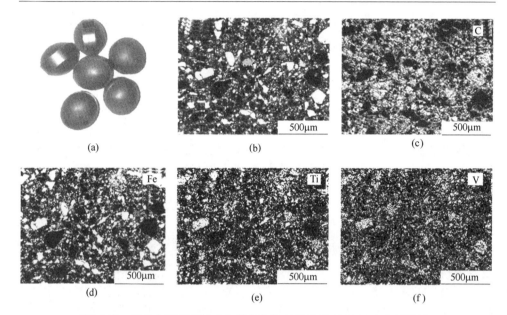

图 4-27　优化参数下钒钛矿含碳复合炉料形貌及 SEM-EDS 分析结果

（a）外观形貌；（b）微观结构；（c）C 的分布；（d）Fe 的分布；（e）Ti 的分布；（f）V 的分布

4.3　钒钛矿含碳复合炉料冶金特性及演变机制

作为高炉炼铁炉料，钒钛矿含碳复合炉料必须具备合格的冶金性能，以保证高炉稳定顺行。本节重点考察钒钛矿含碳复合炉料的还原粉化性能、还原收缩性能、还原后强度及高温强度，并阐明新炉料冶金特性的演变机制。

4.3.1　钒钛矿含碳复合炉料还原粉化行为及机理

还原粉化性能是炼铁原料重要的评价指标之一。传统炼铁原料的还原粉化现象主要发生在高炉中上部区域，以间接还原为主。炼铁原料在高炉内的粉化一方面恶化料柱透气性，另一方面粉化后颗粒物具有较高的表面反应活化能，易与周围物料黏结引起高炉结瘤。针对优化参数下制备的钒钛矿含碳复合炉料，重点考察其在 500~900℃时的还原粉化性能。

钒钛矿含碳复合炉料还原气成分模拟高炉制定，在 500~800℃时为 60%N_2 + 20%CO+20%CO_2，900℃时为 70%N_2+30%CO，还原气流量 15L/min，还原时间为 60min。对还原后的钒钛矿含碳复合炉料按 GB/T 13242—1991 进行转鼓实验，并计算其还原粉化指数 $RDI_{+3.15}$。

图 4-28 给出了不同温度条件下钒钛矿含碳复合炉料还原粉化指数 $RDI_{+3.15}$。随还原温度的升高，$RDI_{+3.15}$ 逐渐降低，但均在 95%以上，表明钒钛矿含碳复合炉料在还原过程中具备优异的抗粉化性能。

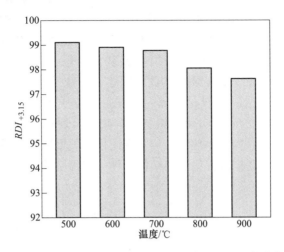

图 4-28　不同温度条件下钒钛矿含碳复合炉料还原粉化指数

图 4-29 给出了钒钛矿含碳复合炉料不同温度条件下还原-转鼓实验后的形貌。可以看出，不同温度条件下还原-转鼓后的钒钛矿含碳复合炉料整体结构完整。由于转鼓过程的搓磨，使其表面产生少量粉末，但未出现明显的破碎、裂化现象。

图 4-29　不同温度条件下钒钛矿含碳复合炉料还原-转鼓后的形貌

(a) 500℃；(b) 600℃；(c) 700℃；(d) 800℃；(e) 900℃

传统炼铁炉料（烧结矿、氧化球团矿）还原过程中，Fe_2O_3 由赤铁矿转变为磁铁矿时发生晶格转变，前者为三方晶系六方晶格，后者为等轴晶系立方晶格，如图 4-30（a）所示。晶格转变使得 Fe_2O_3 转变为 Fe_3O_4 过程体积膨胀约 25%，而 Fe_3O_4 到 FeO 转变过程体积进一步膨胀约 5.6%，这种因晶格转变引起的膨胀和内应力增加，在宏观上表现为结构的破裂、粉化。不同于烧结矿的液相固结（铁酸钙的生成）和氧化球团矿的固相固结（赤铁矿的再结晶），钒钛矿含碳复合炉料的固结主要取决于炭化过程内配煤粉的胶质体固化和半焦形成，如图 4-30（b）所示。因此，还原过程中钒钛矿含碳复合炉料的粉化行为除受铁氧化物还原膨胀影响之外，内部半焦的结构转变同样至关重要。由图 4-30（c）可知，钒钛矿含碳复合炉料还原过程中半焦结构遭到一定程度的破坏，但局部区域经二

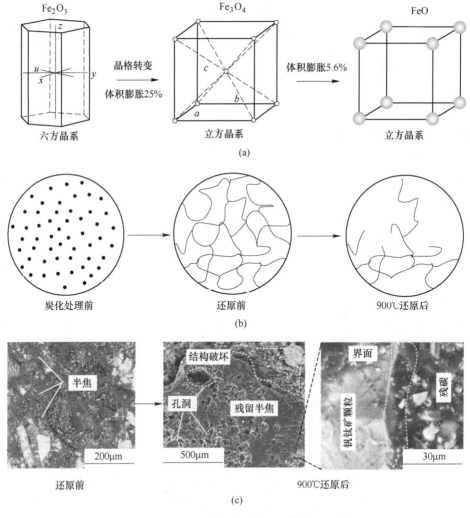

图 4-30　钒钛矿含碳复合炉料还原粉化机理分析

（a）铁氧化物晶格转变；（b）VTM-CCB 结构转变；（c）VTM-CCB 还原前后微观结构

次脱气-焦化形成类焦炭多孔连续网状结构。该结构孔隙较发达且具备一定强度，可有效缓冲、抵抗铁氧化物晶格转变产生的应力。由图4-30（c）可以看出，钒钛矿含碳复合炉料还原-转鼓测试后内部结构仍较致密，煤、矿颗粒相互包裹，过渡完整。

4.3.2　钒钛矿含碳复合炉料还原收缩机制及动力学

传统含铁炉料还原过程中因晶型转变引起的体积膨胀对炉料的性能及高炉冶炼产生不利影响。钒钛矿含碳复合炉料还原过程中未见膨胀现象的发生，相反，其特有的矿/煤（焦）结构使得还原过程出现明显收缩。本节系统考察不同碳氧比的钒钛矿含碳复合炉料还原收缩行为，结合热力学计算、XRD、SEM-EDS分析阐明其收缩机制，并建立钒钛矿含碳复合炉料的收缩模型。

不同碳氧比的钒钛矿含碳复合炉料化学成分列于表4-20。随碳氧比增加，钒钛矿含碳复合炉料的TFe由54.64%逐渐降低至49.51%，C含量则由12.35%提高到19.57%。还原收缩实验因素水平列于表4-21。

表4-20　不同碳氧比的钒钛矿含碳复合炉料化学成分

碳氧比	化学成分（质量分数）/%							
	TFe	FeO	CaO	SiO_2	MgO	Al_2O_3	TiO_2	C
0.8	54.64	25.60	0.28	2.84	0.85	3.20	4.44	12.35
1.0	52.82	24.75	0.29	2.98	0.83	3.19	4.29	14.92
1.2	51.11	23.95	0.30	3.11	0.81	3.17	4.16	17.32
1.4	49.51	23.20	0.31	3.23	0.79	3.16	4.02	19.57

表4-21　钒钛矿含碳复合炉料还原收缩实验方案

因素	水平					
碳氧比	0.8	1.0	1.2		1.4	
还原温度/℃	900	1000	1100		1200	1300
还原时间/min	5	10	15	20	25	30

4.3.2.1　还原条件对收缩率的影响

图4-31给出了还原温度、还原时间和碳氧比对钒钛矿含碳复合炉料收缩率的影响。当碳氧比为0.8~1.0、还原温度为900~1000℃时，钒钛矿含碳复合炉料的收缩率随时间延长变化不大，均不超过2%。而当还原温度超过1100℃时，收缩率急剧增加，碳氧比0.8、还原温度1300℃下还原30min时收缩率可达

17.4%；而碳氧比 1.0、还原温度 1300℃下还原 30min 时收缩率下降到 12.9%。当碳氧比为 1.2 时，还原温度为 900~1000℃时收缩率随时间的变化波动较小，而当温度超过 1100℃时，虽收缩率总体增幅较为明显，但随还原时间的延长收缩率的提升速率明显放缓，在 1300℃下还原 30min 时达到 12.5%；当碳氧比为 1.4 时，收缩率随时间延长提升速率进一步降低，需注意的是在 900~1000℃时收缩率的绝对值大于前述碳氧比为 0.8~1.2 时的收缩率，而在高温下（>1100℃）的收缩率则要低于前述碳氧比 0.8~1.2 时的收缩率。

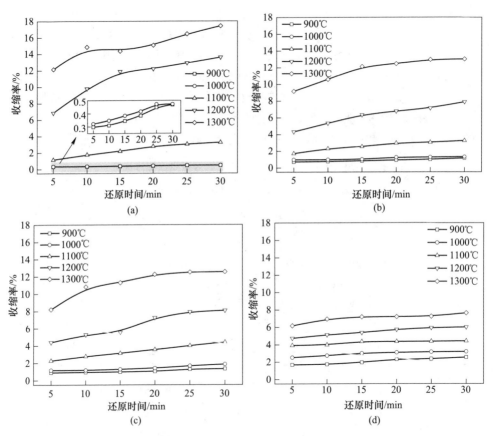

图 4-31　还原温度、时间和碳氧比对钒钛矿含碳复合炉料还原收缩率的影响
(a) FC/O=0.8；(b) FC/O=1.0；(c) FC/O=1.2；(d) FC/O=1.4

　　图 4-32 为不同温度和碳氧比条件下的钒钛矿含碳复合炉料还原 30min 后形貌。在碳氧比较低时，还原后试样结构完整，而随碳氧比的增加，还原后试样表明出现裂纹，尤其当碳氧比为 1.4、还原温度 1300℃时，还原后钒钛矿含碳复合炉料表面出现一定数量的铁颗粒。综上所述，降低碳氧比、提高还原温度、延长还原时间有助于钒钛矿含碳复合炉料收缩率的提高。

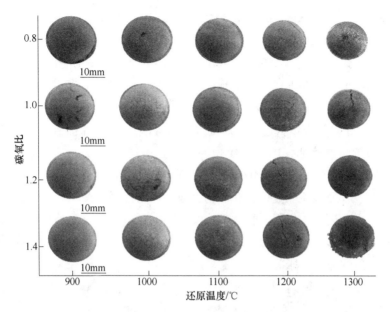

图 4-32　不同温度和碳氧比下还原 30min 后的钒钛矿含碳复合炉料形貌

4.3.2.2　钒钛矿含碳复合炉料还原收缩机制

A　矿物颗粒烧结

图 4-33 给出了还原温度和碳氧比对钒钛矿含碳复合炉料还原终点收缩率的影响。当还原温度在 900~1100℃ 时，收缩率随碳氧比增加而增加；当还原温度在 1200~1300℃ 时，收缩率随碳氧比增加而明显降低。收缩率截然相反的变化趋

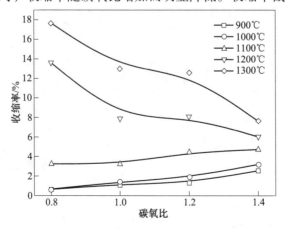

图 4-33　碳氧比对不同温度条件下钒钛矿含碳复合炉料还原终点收缩率的影响

势表明，在不同温度和碳氧比条件下，钒钛矿含碳复合炉料收缩机制不尽相同。

　　一般认为，铁矿球团在还原过程的体积膨胀是由于赤铁矿（Fe_2O_3）还原到磁铁矿（Fe_3O_4）过程的晶格转变而引起的，同时 FeO 还原成金属铁过程铁晶须生长也会加剧球团膨胀。在 900~1100℃ 时，钒钛矿含碳球团还原过程尽管同样存在铁氧化物的晶格转变以及铁晶须的生长，但其在宏观上表现的体积收缩主要是由于矿物颗粒烧结收缩、碳气化反应及铁晶须的抑制生长。图 4-34 为碳氧比1.4 时钒钛矿含碳复合炉料还原前后的 SEM 分析结果。还原前钒钛矿含碳复合炉料中矿物颗粒轮廓分明，内部裂纹短而窄，且裂纹数量较少；随还原温度的增加，在高温烧结作用下，局部颗粒的棱角逐渐钝化，颗粒形状渐趋于球状或类球状，矿物颗粒收缩现象明显，且在矿物颗粒与煤粉接触表面的裂纹逐渐生长，数量明显增多。此过程一方面矿物颗粒烧结引起的自身体积收缩抑制了钒钛矿含碳复合炉料的体积膨胀，另一方面矿物颗粒边缘裂纹数量的增加可有效缓冲因铁氧化物还原产生的体积膨胀。

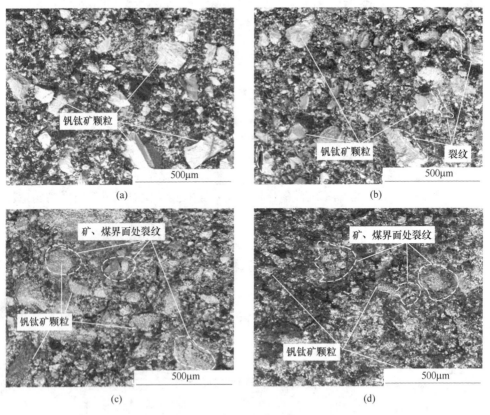

图 4-34　碳氧比 1.4 时钒钛矿含碳复合炉料还原前后 SEM 照片
（a）还原前；（b）900℃还原后；（c）1000℃还原后；（d）1100℃还原后

B　碳气化反应

作为一种内碳氧球团，钒钛矿含碳复合炉料还原过程中煤粉的消耗对其体积收缩具有重要影响。煤粉的消耗主要受制于碳的气化反应，即反应（4-6），而碳的气化反应与铁氧化物的还原反应，即反应（4-5），具备耦合效应，因此铁氧化物的还原速率对碳的消耗也具有重要影响。图4-35给出了还原温度对不同碳氧比的钒钛矿含碳复合炉料还原30min后残碳质量分数的影响。当还原温度为900℃时，还原后钒钛矿含碳复合炉料中残留碳质量分数变化较小，结合碳气化反应平衡曲线可知，尽管此温度条件下气化反应速率较高，但钒钛矿中的复合铁氧化物还原难度大，还原速率较低，限制了碳的消耗速率；当还原温度超过900℃时，气化反应和铁氧化物的还原反应剧烈发生，加剧了内配煤粉的消耗速率，使得钒钛矿含碳复合炉料中残碳质量分数急剧下降。

$$FeO_x + CO \Longrightarrow FeO_{x-1} + CO_2 \tag{4-5}$$
$$CO_2 + C \Longrightarrow 2CO \tag{4-6}$$

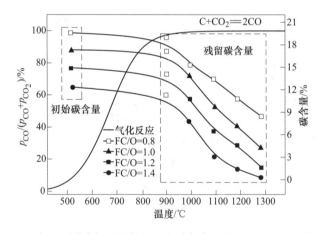

图4-35　还原温度对不同碳氧比的钒钛矿含碳复合炉料还原30min后残碳量的影响

图4-36给出了碳氧比1.4、还原温度1100℃、还原时间30min时钒钛矿含碳复合炉料SEM照片。由于此温度条件下碳气化反应剧烈发生，煤粉大量消耗使得钒钛矿含碳复合炉料内部出现大量孔隙和裂纹，这为钒钛矿含碳复合炉料的还原收缩提供了大量自由空间。同时，还原后的钒钛矿含碳复合炉料内部可见细而短的铁晶须，见图4-36（b）。结合前人关于铁晶须生成及长大的研究可知[27]，钒钛矿含碳复合炉料还原过程中铁晶须的生长明显受到抑制，原因有以下两方面：（1）作为内碳氧球团，钒钛矿含碳复合炉料内部残留的少量挥发分在高温下析出并裂解为具有小分子结构的碳氢化合物，此类物质参与浮氏体还原时，可有效抑制铁晶须生长；（2）铁氧化物还原过程中铁晶须生长的限制性环节主要

有化学反应控制、扩散控制及混合控制，而炭化过程中矿物颗粒表面性质的改变将削弱铁晶须生长的驱动力[27]。综上所述，当还原温度低于1100℃时，在铁氧化物的还原膨胀、矿物颗粒的烧结收缩、碳气化反应及铁晶须的抑制生长多因素共同作用下，钒钛矿含碳复合炉料在还原过程中表现为体积收缩，但收缩率相对较低。

(a)　　　　　　　　　　　(b)

图4-36　碳氧比1.4时1100℃下还原30min后钒钛矿含碳复合炉料SEM照片
(a) 整体；(b) 图 (a) 中的局部放大

C　液态渣、铁的生成及聚集长大

当还原温度超过1100℃时，还原收缩率随还原时间延长而提高，随碳氧比增加而逐渐降低，这一现象与钒钛矿含碳复合炉料还原过程液态渣、铁生成及聚集长大有关。为考察碳氧比对钒钛矿含碳复合炉料还原过程液态渣、铁生成的影响，采用Fact Sage 7.2软件的Equilibrium模块进行热力学计算。

图4-37为不同碳氧比条件下钒钛矿含碳复合炉料还原过程热力学平衡计算结果。当碳氧比0.8、还原温度1300℃时，平衡产物主要包括固态铁、液态渣及钛尖晶石；当碳氧比1.0、还原温度1300℃时，主要包括固态铁、液态渣、铁板钛矿及堇青石；当碳氧比1.2、还原温度1300℃时，平衡产物主要包括液态铁、

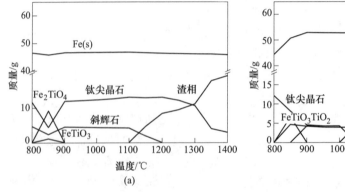
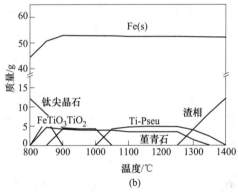

(a)　　　　　　　　　　　(b)

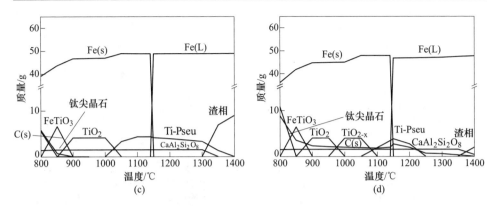

图 4-37 不同碳氧比条件下的钒钛矿含碳复合炉料还原过程热力学平衡计算结果

（a）FC/O=0.8；（b）FC/O=1.0；（c）FC/O=1.2；（d）FC/O=1.4

液态渣、铁板钛矿及 $CaAl_2Si_2O_8$；而当碳氧比为 1.4、还原温度为 1300℃时，平衡产物主要包括液态铁、$CaAl_2Si_2O_8$ 和残碳。当碳氧比为 0.8、1.0、1.2 和 1.4 时，液态渣开始生成温度分别为 1100℃、1250℃、1300℃ 和 1350℃；液态铁仅在碳氧比高于 1.0 时才开始生成，这是由于液态铁的生成需要过量的碳存在，确保铁相渗碳降低其熔点。基于不同碳氧比的钒钛矿含碳复合炉料 1300℃ 还原后化学成分，采用 Fact Sage 7.2 软件绘制 1300℃ 时 $MgO-Al_2O_3-TiO_2-SiO_2-FeO$ 的等温截面图，见图 4-38。图中黑色、灰色及白色区域分别表示纯液态渣相区、纯固态渣相区和固、液渣相共存区。可以看出，不同碳氧比条件下钒钛矿含碳复合炉料 1300℃ 时的渣系均处于固、液渣相共存区；区别在于：当碳氧比为 0.8 时，渣系中存在纯液态渣相区；随碳氧比的增加，纯液态渣相区消失，且纯固态渣相区域的面积逐渐增加；当碳氧比提高至 1.4，固、液态渣相共存区域急剧缩小。

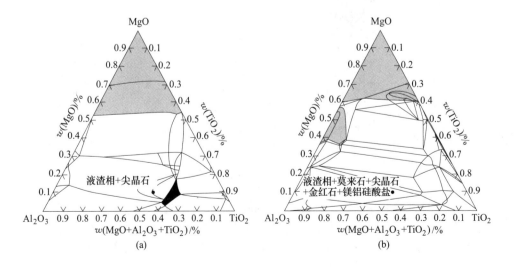

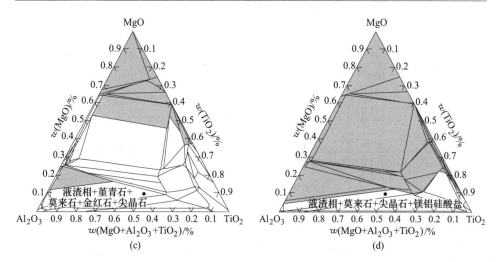

图 4-38　1300℃不同碳氧比钒钛矿含碳复合炉料中 MgO-Al₂O₃-TiO₂-SiO₂-FeO 等温截面图

（a）FC/O=0.8；（b）FC/O=1.0；（c）FC/O=1.2；（d）FC/O=1.4

　　液态渣相的生成可降低钒钛矿含碳复合炉料内部孔隙度、促进其体积收缩。图 4-39 为不同还原温度和碳氧比下钒钛矿含碳复合炉料还原过程液态渣的生成比例。液态渣的比例随还原温度的升高而增加，随碳氧比的增加而降低，当还原温度 1300℃、碳氧比 0.8 时，液态渣比例达到最大值。因此，降低碳氧比、升高还原温度可促进钒钛矿含碳复合炉料收缩。

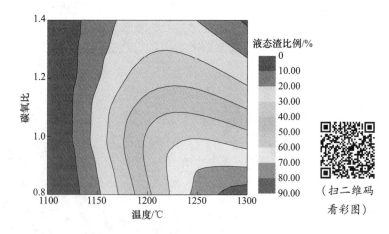

图 4-39　不同碳氧比和还原温度对钒钛矿含碳复合炉料还原过程液态渣比例的影响

　　图 4-40 给出了不同碳氧比条件下 1300℃还原后的钒钛矿含碳复合炉料 SEM-EDS 分析结果。当碳氧比为 0.8 时，钒钛矿含碳复合炉料内部液态渣（灰色相）大量生成，其主要成分为硅酸盐，聚集成片的液态渣紧密包裹固态铁（白色

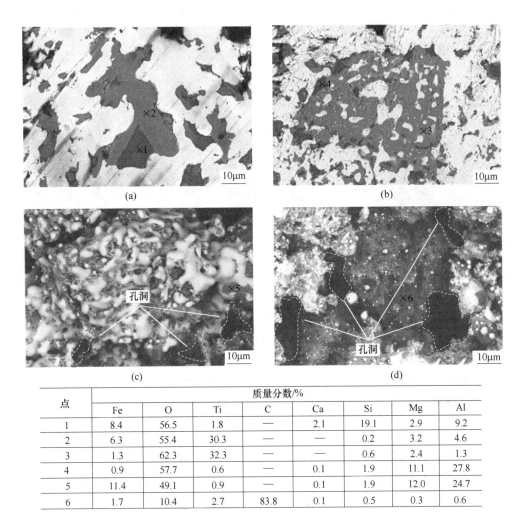

图 4-40 不同碳氧比的 1300℃下还原 30min 后钒钛矿含碳复合炉料的 SEM-EDS 分析结果

（a）碳氧比 0.8；（b）碳氧比 1.0；（c）碳氧比 1.2；（d）碳氧比 1.4

点	质量分数/%							
	Fe	O	Ti	C	Ca	Si	Mg	Al
1	8.4	56.5	1.8	—	2.1	19.1	2.9	9.2
2	6.3	55.4	30.3	—	—	0.2	3.2	4.6
3	1.3	62.3	32.3	—	—	0.6	2.4	1.3
4	0.9	57.7	0.6	—	0.1	1.9	11.1	27.8
5	11.4	49.1	0.9	—	0.1	1.9	12.0	24.7
6	1.7	10.4	2.7	83.8	0.1	0.5	0.3	0.6

相），整体结构致密、孔隙度低。当碳氧比为 1.0 时，液态渣（深灰色相，点 6）明显减少，固态渣相（浅灰色相，点 5）增多，液态渣主要为硅酸盐相，而固态渣主要为含钛尖晶石相，固态铁（白色相）和固态渣弥散分布于液态渣中，阻碍了液态渣的聚集；当碳氧比为 1.2 时，由于渗碳充分，大量液态铁（白色相）生成，此时液态渣相（灰色相）进一步减少，结合图 4-41 中的元素分布可发现，固态渣弥散分布于液态铁之间，恶化液态铁的聚集长大，使得整体结构疏松，存在较多的孔洞和裂纹；进一步提升碳氧比至 1.4 时，尽管碳源充足、渗碳充分，

然而大量过剩碳（黑色相）的存在严重阻碍液态铁颗粒的流动、聚集和长大，无法聚集长大的铁颗粒（白色相）弥散镶嵌于残留的碳中，见图 4-41（d），加之残留碳的骨架作用，还原后钒钛矿含碳复合炉料结构上多孔疏松，收缩率明显降低。

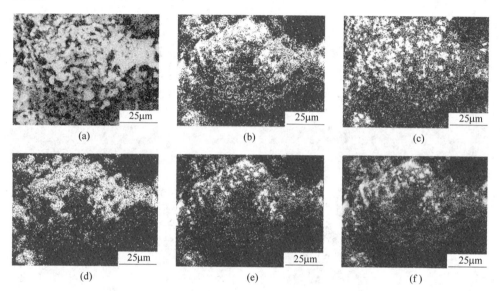

图 4-41　碳氧比 1.2 时 1300℃下还原 30min 后钒钛矿含碳复合炉料面扫描分析结果
(a) Fe；(b) O；(c) Ti；(d) Si；(e) Mg；(f) Al

图 4-42 为钒钛矿含碳复合炉料 1300℃还原收缩机制示意图。当碳氧比在 0.8~1.0 时，由于还原不充分，渣中存在较多 FeO，渣相熔点降低，液态渣流动性较好，与固态铁相相互包裹，结构紧密，收缩率增加；当碳氧比提高至 1.2 时，FeO 含量降低，固态渣及少量残碳颗粒嵌布于液态铁中，阻碍液态铁聚集成片，收缩率相较碳氧比 0.8~1.0 时有所降低；当碳氧比为 1.4 时，大量残碳颗粒包裹在液态铁周围，严重阻碍其聚集长大，加之固态渣大量存在，使得整体结构多孔疏松，收缩率大大降低。

综合以上分析，对钒钛矿含碳复合炉料还原过程的收缩机理概括如下：当还原温度为 900~1100℃时，钒钛矿含碳复合炉料的还原收缩率较小，主要是铁氧化物的还原膨胀、矿物颗粒的烧结收缩、煤粉的消耗（碳气化反应）及铁晶须的抑制生长综合作用的结果；当还原温度超过 1100℃时，钒钛矿含碳复合炉料的收缩率明显增加，此阶段的收缩机理随碳氧比的不同而有所差异，总体可归于液态渣的聚集长大、铁相连晶及孔隙度降低、铁相渗碳与液态铁的聚集长大、FeO 含量降低与固态渣相的增加、残碳的骨架作用和铁颗粒的聚集抑制。

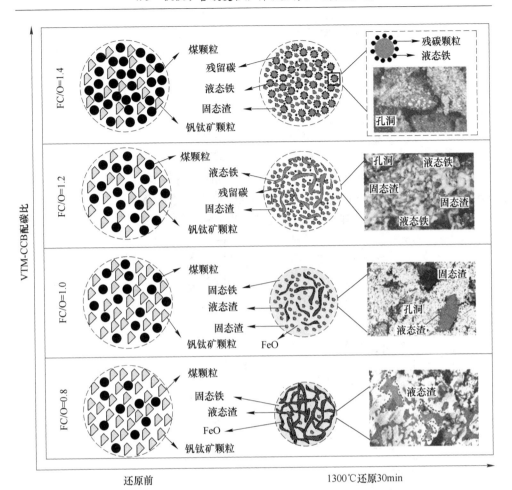

图 4-42 钒钛矿含碳复合炉料 1300℃还原收缩机制示意图

4.3.2.3 钒钛矿含碳复合炉料还原收缩模型建立

钒钛矿含碳复合炉料还原收缩过程遵循铁矿含碳复合球团矿局部线性收缩模型[29]，模型表达式如下：

$$Sh = \frac{D_i - D_r}{D_i} = k_0 t^{2/5} \exp\left(\frac{-E}{RT}\right) = kt^{2/5} \tag{4-7}$$

式中　D_i——还原前含碳复合球团剖面直径；

D_r——还原后含碳复合球团剖面直径；

k_0——频率因子，min^{-1}；

t——还原时间，min；

E——收缩活化能，kJ/mol；

R——理想气体常数，8.314J/(mol·K)；

T——还原温度，K；

k——速率常数，min^{-1}。

基于式（4-7）和阿伦尼乌斯公式，可推导出式（4-8）和式（4-9），对 $lnSh$ 和 lnt 作线性拟合，可得出 lnk 值，进而可计算出钒钛矿含碳复合炉料还原过程的收缩活化能。

$$lnSh = lnk + 2/5lnt \qquad (4-8)$$

$$lnk = lnk_0 - E/(RT) \qquad (4-9)$$

图 4-43 给出了不同温度及碳氧比条件下钒钛矿含碳复合炉料还原收缩过程 $lnSh$ 和 lnt 的关系。可以看出，不同碳氧比条件下 lnk 值均随还原温度的升高而增加，且在 900~1300℃ 范围内两者的线性拟合相关系数超过 0.95，拟合结果可信。

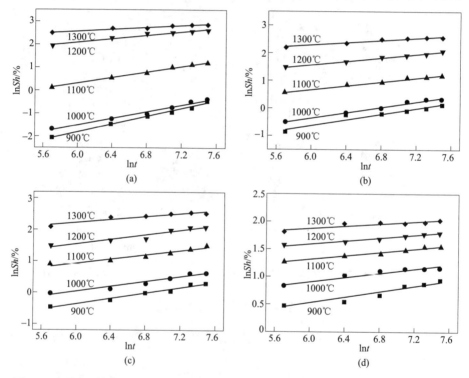

图 4-43　不同温度和碳氧比条件下钒钛矿含碳复合炉料还原收缩过程 $lnSh$ 和 lnt 的关系
(a) FC/O=0.8；(b) FC/O=1.0；(c) FC/O=1.2；(d) FC/O=1.4

图 4-44 给出了不同碳氧比条件下钒钛矿含碳复合炉料还原收缩过程 lnk 和 $1/T$ 的关系。结合公式（4-9），可得出不同碳氧比条件下钒钛矿含碳复合炉料的收缩活化能。随碳氧比由 0.8 增加至 1.4，收缩活化能由 337.86kJ/mol 降低至 84.85kJ/mol，这是由于当碳氧比较低时，钒钛矿含碳复合炉料还原收缩的主要限制性环节多、收缩过程复杂，包括铁氧化物还原、矿物颗粒烧结、碳气化反

应、铁晶须生长、成渣反应及液态渣的聚集长大、固态铁连晶等多项物理化学反应，而随碳氧比增加，限制性环节减少，收缩过程趋于简化。基于频率因子 k_0、收缩活化能以及式（4-7），可得出钒钛矿含碳复合炉料收缩模型，见式（4-10）。式中 a 和 b 取决于钒钛矿含碳复合炉料碳氧比，具体数值列于表4-22。

$$Sh = t^{2/5}\exp(a - b/T) \tag{4-10}$$

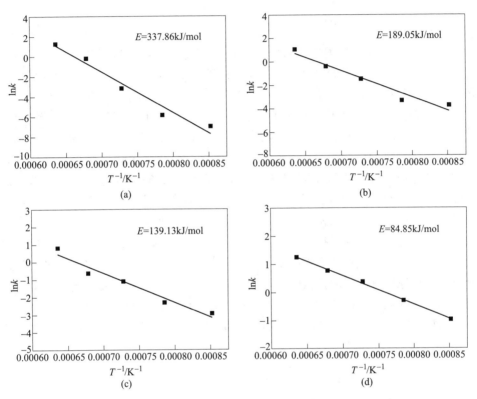

图4-44 不同 FC/O 条件下钒钛矿含碳复合炉料收缩过程 $\ln k$ 和 T^{-1} 的关系
（a）FC/O=0.8；（b）FC/O=1.0；（c）FC/O=1.2；（d）FC/O=1.4

表4-22 不同碳氧比条件下 a 和 b 的值

碳氧比	0.8	1.0	1.2	1.4
a	26.93	15.17	11.09	7.74
b	40637.48	22738.75	16734.42	10205.67

4.3.3 钒钛矿含碳复合炉料还原冷却后强度

还原冷却后强度是钒钛矿含钛复合炉料满足高炉冶炼要求的主要考察指标之一。本节重点考察钒钛矿含钛复合炉料还原冷却后强度的变化规律，并与钒钛球团矿进行合理对比。实验原料为碳氧比 1.4 的钒钛矿含碳复合炉料和钒钛氧化球团矿，钒钛球团矿化学成分见表 4-23。两者还原前冷态强度分别为复合炉料 2588.8N 和氧化球团 2538.0N。

表 4-23　钒钛球团矿化学成分　　　　（质量分数，%）

TFe	FeO	V_2O_5	TiO_2	Cr_2O_3
62.25	0.66	0.18	2.47	0.28

图 4-45 给出了不同温度条件下钒钛矿含碳复合炉料和钒钛球团矿还原冷却后抗压强度。钒钛矿含碳复合炉料还原后抗压强度随还原温度的升高而降低，总体的变化趋势可分为三个阶段。当温度低于 700℃时，还原后抗压强度随温度升高而急剧降低，由还原前的 2588.8N 降低至 700℃时的 1263.3N，降幅达 51.2%，这是由于此阶段钒钛矿含碳复合炉料内起主要固结作用的固化胶质体和半焦随还原反应发生和内配煤的二次热解而破坏；当温度为 700~1000℃时，钒钛矿含碳复合炉料还原后抗压强度下降趋缓，由 700℃时的 1263.3N 降低至 1000℃时的 1003.0N，这是由于此阶段尽管还原反应导致结构进一步破坏，但局部半焦进一步结焦，形成的类焦炭结构具有一定的强度，类焦炭的骨架结构有效缓解因半焦结构破坏而导致的还原后抗压强度大幅下降；当还原温度超过 1000℃时，碳气化反应剧烈发生，加速钒钛矿含碳复合炉料内碳消耗，半焦及类焦炭结构进一步遭到破坏，还原后抗压强度持续降低。钒钛球团矿还原后抗压强度则随还原温度升高呈先急剧降低后缓慢增加的趋势，总体变化趋势可分为两个阶段：当温度低于 700℃时，还原后抗压强度随温度升高而急剧下降，700℃还原后的钒钛球团矿抗

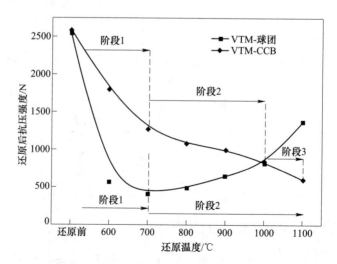

图 4-45　钒钛矿含碳复合炉料和钒钛球团矿不同温度还原冷却后抗压强度

压强度低至409.1N;当温度由700℃升高到1100℃时,钒钛球团矿还原后强度缓慢增加,1100℃还原后抗压强度增加至1367.2N。

图4-46为钒钛矿含碳复合炉料和钒钛球团矿还原前后的SEM照片。当温度为700℃时,由于固化胶质体和半焦的破坏,在钒钛矿含碳复合炉料内部矿、煤接触处出现一定数量的细小裂纹;当还原温度升高到900℃时,裂纹数量增加明显;进一步升高温度至1100℃时,碳气化反应剧烈发生,碳的大量消耗使得裂纹在各方向延伸、长大,整体结构朝疏松、多孔发展,抗压强度急剧降低。不同于钒钛矿含碳复合炉料,钒钛球团矿的固结机理主要为氧化焙烧过程赤铁矿的再结晶。当温度为700℃时,在赤铁矿向磁铁矿还原过程因晶型转变产生的内应力使得球团体积膨胀,起主要固结作用的片状赤铁矿连晶遭到破坏,逐渐趋于细粒化,抗压强度急剧下降;随温度继续升高,球团矿内部金属铁开始出现,新生金属铁表面活性高,易形成金属铁连晶,尤其在球团矿外层易形成金属铁壳,使球

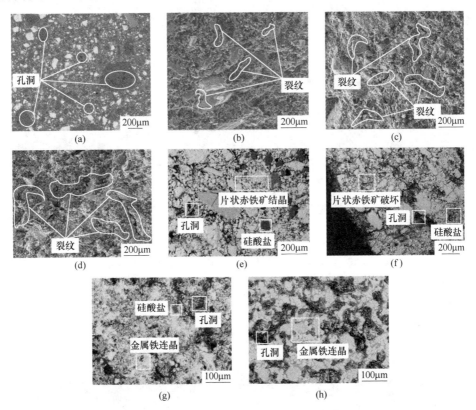

图4-46 钒钛矿含碳复合炉料和钒钛球团矿还原前后微观结构

(a) 还原前VTM-CCB;(b) 700℃还原后VTM-CCB;(c) 900℃还原后VTM-CCB;

(d) 1100℃还原后VTM-CCB;(e) 还原前球团矿;(f) 700℃还原后球团矿;

(g) 900℃还原后球团矿;(h) 1100℃还原后球团矿

团矿还原冷却后抗压强度提升。对比钒钛球团矿和钒钛矿含碳复合炉料还原冷却后抗压强度来看，两者在还原过程强度失效机制不尽相同，钒钛矿含碳复合炉料可有效避开铁氧化物晶格转变阶段强度的急剧下降，在高温阶段（>1000℃），其抗压强度略低于钒钛矿球团矿，但仍满足高炉冶炼要求。

4.3.4　钒钛矿含碳复合炉料高温强度

碳氧比和温度对钒钛矿含碳复合炉料高温强度的影响见图4-47。当温度一定时，高温强度随碳氧比的增加而提高，这是由于煤粉作为钒钛矿含碳复合炉料的黏结剂，提高碳氧比可提升内部煤粉的黏结作用；而当碳氧比一定时，高温强度随温度升高而降低，这是由于升高温度可促进还原和碳的气化，加速疏松多孔结构的形成。当温度为1100℃、碳氧比（FC/O）为1.4时，高温强度为348.0N。

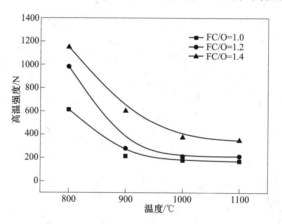

图4-47　不同还原温度条件下钒钛矿含碳复合炉料高温强度

图4-48给出了1100℃时碳氧比1.4时钒钛矿含碳复合炉料高温强度测定试验后的热态和冷态形貌。不同于烧结矿、球团矿还原过程因晶格转变引起的破

(a)　　　　　　　　　　　　　　　　(b)

图4-48　1100℃下钒钛矿含碳复合炉料（FC/O=1.4）高温强度测定后形貌
(a) 热态形貌；(b) 冷态形貌

碎、粉化，经历高温强度测试试验后的钒钛矿含碳复合炉料试样发生塑性变形，未产生严重粉化现象，这将有利于高炉冶炼过程透气性的改善。

4.4 钒钛矿含碳复合炉料还原热力学及动力学

钒钛磁铁矿中铁、钒、钛矿物嵌布关系复杂，磁铁矿内存在大量的钒、钛类质同象置换现象，还原过程物相的迁移、转变历程复杂。首先根据冶金热力学和物理化学基础，基于 $\Delta G^{\ominus}$ 最小稳定存在原则，分析以 CO 和固体碳为还原剂的铁、钒、钛氧化物还原热力学；其次，结合宏微观检测手段，阐明钒钛矿含碳复合炉料还原过程的物相转变历程；最后，基于多孔物料模型进行钒钛矿含碳复合炉料还原动力学解析，确定还原过程分阶段的活化能，探讨不同还原温度和还原阶段的限制性环节。

4.4.1 钒钛矿含碳复合炉料还原热力学解析

通过计算反应的标准吉布斯自由能，可判断反应的自发进行程度。当 $\Delta G^{\ominus} = 0$ 时，反应达到平衡；当 $\Delta G^{\ominus} < 0$ 时，反应自发正向进行；当 $\Delta G^{\ominus} > 0$ 时，反应逆向进行。通过回归分析法，可得出反应的标准吉布斯自由能与温度 T 的方程。

$$\Delta G_T^{\ominus} = - RT \ln K^{\ominus} \tag{4-11}$$

对式（4-11）进行转换，得到反应平衡常数与标准吉布斯自由能、温度的关系式。

$$K^{\ominus} = e^{-\Delta G_T^{\ominus}/(RT)} \tag{4-12}$$

$K^{\ominus}$ 是反应达到平衡时温度、压力、活度之间的数学关系，由此可计算出在一定条件下反应达到平衡时产物的浓度或反应的最大转化率。当反应一定时，$\Delta G^{\ominus}$ 是温度的函数，因此 $K^{\ominus}$ 也仅与温度有关。

采用 Fact Sage 7.2 软件的 Reaction 模块计算出不同温度条件下反应的标准吉布斯自由能，在获得 $\Delta G^{\ominus}$ 的基础上，由式（4-12）计算不同温度条件下反应平衡常数 $K^{\ominus}$，进一步可计算出该反应所需的 CO 最小平衡分压。

4.4.1.1 铁氧化物还原热力学

钒钛矿碳热还原过程中，铁氧化物发生的主要反应式如下：

$$3Fe_2O_3 + C \Longrightarrow 2Fe_3O_4 + CO \tag{4-13}$$

$$Fe_3O_4 + C \Longrightarrow 3FeO + CO \tag{4-14}$$

$$Fe_3O_4 + 4C \Longrightarrow 3Fe + 4CO \tag{4-15}$$

$$FeO + C \Longrightarrow Fe + CO \tag{4-16}$$

图 4-49 给出了铁氧化物碳热还原反应 $\Delta G^{\ominus}$-T 关系。当式（4-13）、式（4-14）、式（4-15）和式（4-16）的 $\Delta G^{\ominus} = 0$ 时，相应平衡温度由低到高的顺序为：

$T_{式(4-13)} < T_{式(4-14)} < T_{式(4-15)} < T_{式(4-16)}$。不同价态的铁氧化物还原难易程度由低到高的顺序为：$Fe_2O_3 < Fe_3O_4 < FeO$。

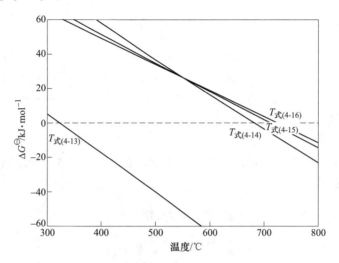

图 4-49　铁氧化物碳热还原反应 $\Delta G^{\ominus}$-T 关系

含碳球团的还原过程遵循气-固还原机理，即两步还原机理。两步还原机理认为，铁氧化物和固体碳之间的固-固还原为启动反应，产生的气体产物 CO 和 CO_2 对铁矿粉和碳粉之间的还原起媒介作用，而相比于 CO 的气-固还原和碳的气化反应，固-固还原反应速度是可忽略的。因此，在考察固-固碳热还原反应的同时，进一步考察气-固还原反应时 CO 平衡分压，主要反应式如下：

$$3Fe_2O_3 + CO \Longrightarrow 2Fe_3O_4 + CO_2 \tag{4-17}$$

$$Fe_3O_4 + 4CO \Longrightarrow 3Fe + 4CO_2 \tag{4-18}$$

$$Fe_3O_4 + CO \Longrightarrow 3FeO + CO_2 \tag{4-19}$$

$$FeO + CO \Longrightarrow Fe + CO_2 \tag{4-20}$$

$$C + CO_2 \Longrightarrow 2CO \tag{4-21}$$

图 4-50 为 CO 还原铁氧化物的气相平衡图。在不考虑 CO 分压条件下，当温度低于 570℃ 时，铁氧化物还原顺序为：$Fe_2O_3 \rightarrow Fe_3O_4 \rightarrow Fe$；当温度高于 570℃时，铁氧化物还原顺序为：$Fe_2O_3 \rightarrow Fe_3O_4 \rightarrow FeO \rightarrow Fe$。实际上，基于两步还原机理，钒钛矿含碳复合炉料内部碳的气化反应对整个还原过程具有重要影响。结合碳气化反应的 CO 平衡分压可知，当温度低于 570℃ 时，碳气化反应的 CO 分压远低于铁氧化物间接还原所需 CO 分压，仅当温度高于 656℃ 时，反应式（4-19）方可发生；同样，对于反应式（4-20），仅当温度高于 710℃ 时，碳气化反应 CO 平衡分压高于铁氧化物间接还原所需 CO 分压，反应方可发生。因此，钒钛矿含碳复合炉料中铁氧化物的还原顺序为：$Fe_2O_3 \rightarrow Fe_3O_4 \rightarrow FeO \rightarrow Fe$。

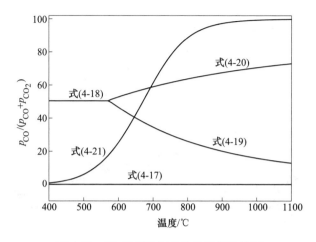

图 4-50 CO 还原铁氧化物的气相平衡图

4.1.1.2 钛铁氧化物还原热力学

所用钒钛矿中含钛物相为钛铁矿（$FeTiO_3$）和钛磁铁矿（Fe_2TiO_4）。碳热还原产物包括钛铁化合物、钛的不同价态氧化物及钛的碳化物，主要反应式如下：

$$FeTiO_3 + C \Longrightarrow TiO_2 + Fe + CO \tag{4-22}$$

$$FeTiO_3 + 2C \Longrightarrow TiO + Fe + 2CO \tag{4-23}$$

$$2FeTiO_3 + 3C \Longrightarrow Ti_2O_3 + 2Fe + 3CO \tag{4-24}$$

$$FeTiO_3 + 4C \Longrightarrow TiC + Fe + 3CO \tag{4-25}$$

$$2FeTiO_3 + C \Longrightarrow FeTi_2O_5 + Fe + CO \tag{4-26}$$

$$Fe_2TiO_4 + C \Longrightarrow FeTiO_3 + Fe + CO \tag{4-27}$$

图 4-51 给出了钛铁氧化物碳热还原反应 $\Delta G^{\ominus}$-T 关系。当上述反应 $\Delta G^{\ominus} = 0$ 时，相应平衡温度由低到高的顺序为：$T_{式(4-27)} < T_{式(4-22)} < T_{式(4-26)} < T_{式(4-24)} < T_{式(4-23)} < T_{式(4-25)}$。其中，$Fe_2TiO_4$ 还原生成 $FeTiO_3$ 的反应温度最低，而 $FeTiO_3$ 直接还原生成 TiC 的温度最高。钛铁氧化物还原难易程度由低至高的顺序为：$Fe_2TiO_4 < FeTiO_3 < FeTi_2O_5$。

图 4-52 为 CO 还原钛铁氧化物的气相平衡图，主要反应式如下：

$$FeTiO_3 + CO \Longrightarrow Fe + TiO_2 + CO_2 \tag{4-28}$$

$$2FeTiO_3 + CO \Longrightarrow Fe + FeTi_2O_5 + CO_2 \tag{4-29}$$

$$Fe_2TiO_4 + CO \Longrightarrow Fe + FeTiO_3 + CO_2 \tag{4-30}$$

$$FeTi_2O_5 + CO \Longrightarrow Fe + 2TiO_2 + CO_2 \tag{4-31}$$

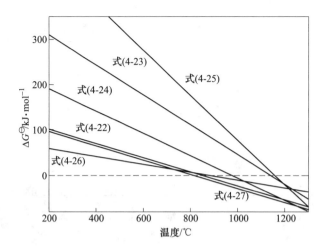

图 4-51   钛铁氧化物碳热还原反应 $\Delta G^{\ominus}$-T 关系

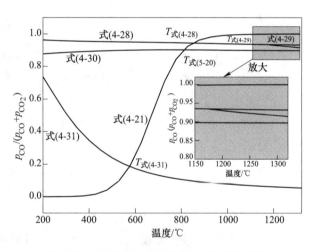

图 4-52   CO 还原钛铁氧化物的气相平衡图

当反应温度低于 $T_{式(4-31)}$ 时，上述反应所需 CO 分压均低于碳气化反应在相应温度条件下的平衡分压，反应无法发生；当反应温度在 $T_{式(4-31)}$~$T_{式(4-30)}$ 之间时，反应式（4-31）可发生；当反应温度在 $T_{式(4-30)}$~$T_{式(4-28)}$ 之间时，反应式（4-30）可发生；当反应温度在 $T_{式(4-28)}$~$T_{式(4-29)}$ 之间时，反应式（4-30）和式（4-28）可发生；当反应温度超过 $T_{式(4-29)}$ 时，上述反应均可发生。需说明的是，在温度高于 $T_{式(4-29)}$ 时，$FeTiO_3$ 与 CO 反应生成 $FeTi_2O_5$，而由于 $FeTi_2O_5$ 还原生成 TiO_2 所需 CO 分压远低于碳气化反应平衡分压，因此反应生成的中间产物 $FeTi_2O_5$ 可被迅速还原生成 TiO_2。因此，钒钛矿含碳复合炉料中钛铁氧化物的还原顺序可能为：

$Fe_2TiO_4 \rightarrow FeTiO_3 \rightarrow (FeTi_2O_5) \rightarrow TiO_2$。

4.1.1.3 钒铁氧化物还原热力学

所用钒钛矿中的含钒物相为钒磁铁矿（Fe_2VO_4）。在钒铁氧化物碳热还原过程中，主要考察的反应式如下：

$$2Fe_2VO_4 + 3C \Longrightarrow V_2O_5 + 4Fe + 3CO \qquad (4-32)$$

$$2Fe_2VO_4 + 5C \Longrightarrow V_2O_3 + 4Fe + 5CO \qquad (4-33)$$

$$Fe_2VO_4 + 3C \Longrightarrow VO + 2Fe + 3CO \qquad (4-34)$$

$$Fe_2VO_4 + 4C \Longrightarrow V + 2Fe + 4CO \qquad (4-35)$$

$$Fe_2VO_4 + 5C \Longrightarrow VC + 2Fe + 4CO \qquad (4-36)$$

图 4-53 给出了钒铁氧化物碳热还原反应 $\Delta G^{\ominus}$-T 关系。当上述反应 $\Delta G^{\ominus} = 0$ 时，平衡温度由低到高顺序为：$T_{式(4-33)} < T_{式(4-34)} < T_{式(4-36)} < T_{式(4-35)} < T_{式(4-32)}$。其中，$Fe_2VO_4$ 还原生成 V_2O_3 的反应温度最低，而还原生成 V_2O_5 的反应温度最高。

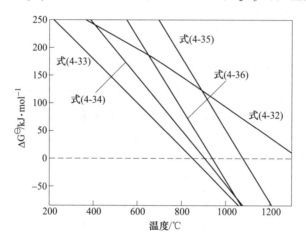

图 4-53 钒铁氧化物碳热还原反应 $\Delta G^{\ominus}$-T 关系

图 4-54 给出了 CO 还原钒铁氧化物的气相平衡图，主要考察的反应见式（4-37）。当反应温度高于 $T_{式(4-37)}$ 时，由于 Fe_2VO_4 还原生成 V_2O_3 所需 CO 分压高于碳气化反应的平衡分压，反应可以发生。

$$2Fe_2VO_4 + 5CO \Longrightarrow V_2O_3 + 4Fe + 5CO_2 \qquad (4-37)$$

4.4.2 钒钛矿含碳复合炉料等温还原行为及动力学

4.4.2.1 钒钛矿含碳复合炉料等温还原特性

钒钛矿含碳复合炉料的还原度定义为，还原过程中 t 时刻的脱氧量与铁氧化

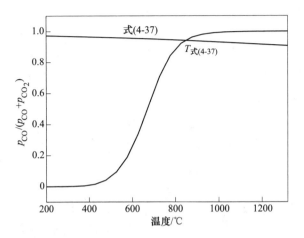

图 4-54 CO 还原钒铁氧化物的气相平衡图

物携带的总氧量之比，计算公式如下：

$$R = (\Delta M_O^t / \Delta M_O^T) \times 100\% \qquad (4\text{-}38)$$

式中 ΔM_O^t——t 时刻的失氧量，g；

ΔM_O^T——铁氧化物携带的总氧量，g。

由于钒钛矿含碳复合炉料还原过程天平测定的失重量主要包括挥发分析出、铁氧化物失氧及碳消耗，因此式（4-38）可转化成如下形式：

$$R = \left[(\Delta M_\Sigma^t - \Delta M_V^t - \Delta M_C^t) / \Delta M_O^T \right] \times 100\% \qquad (4\text{-}39)$$

式中 ΔM_Σ^t——t 时刻总的失重，g；

ΔM_V^t——t 时刻总的挥发分失重，g；

ΔM_C^t——t 时刻总的碳消耗引起的失重，g。

挥发分析出引起的失重可通过测定相同还原条件下 Al_2O_3-含碳压块的失重获得。在还原温度为 900~1100℃ 时，碳气化反应剧烈发生，且钒钛矿含碳复合炉料配碳过量（FC/O = 1.4）。因此，在铁氧化物间接还原和碳气化反应耦合作用下，还原反应可按下式表达：

$$Fe_xO_y + C \Longrightarrow Fe_xO_{y-1} + CO \qquad (4\text{-}40)$$

因此，根据反应式（4-40）可推导出 ΔM_C^t 和 ΔM_O^t 的关系如下：

$$\Delta M_C^t = 12/16 \times \Delta M_O^t \qquad (4\text{-}41)$$

将式（4-38）、式（4-39）和式（4-41）结合，推导出钒钛矿含碳复合炉料还原度公式如下：

$$R = 4/7 \times \left[\Delta M_\Sigma^t - \Delta M_V^t (Al_2O_3 - CCB) \right] / \Delta M_O^T \times 100\% \qquad (4\text{-}42)$$

式中 $\Delta M_V^t (Al_2O_3 - CCB)$——$t$ 时刻总的失重，g。

图 4-55 给出了还原时间对钒钛矿含碳复合炉料还原度的影响。不同温度条

件下的还原度曲线变化趋势大致相似。在还原初期还原速率较快，随反应进行，易还原的单一铁氧化物逐渐减少，反应物逐渐以钛铁、钒铁复合相为主，还原速率逐渐降低，并趋于稳定。在相同还原时间下，升高还原温度可明显增加还原度。当还原温度900℃时，钒钛矿含碳复合炉料终点还原度为68%，而当还原温度升高到1000℃和1100℃时，终点还原度分别提升至86%和93%。

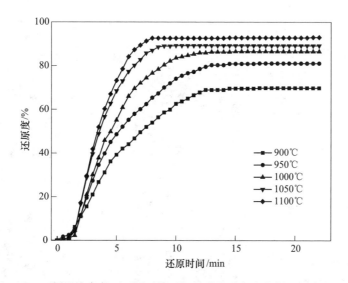

图 4-55 不同温度条件下还原时间对钒钛矿含碳复合炉料还原度的影响

图 4-56 为钒钛矿含碳复合炉料还原速率变化曲线。不同温度条件下还原速率变化趋势基本一致，均先增加后降低、最终趋近于零。当还原温度为1050℃和

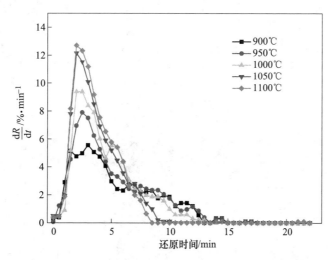

图 4-56 不同温度条件下还原时间对钒钛矿含碳复合炉料还原速率的影响

1100℃时，还原时间超过 8min 后还原速率趋近于零；而当还原温度在 900～1050℃之间时，还原时间需延长至 13min，还原速率趋近于零。此外，在不同还原温度条件下，还原速率均在 2～3min 时达到峰值，而最大还原速率随温度的升高而增加，当温度为 1100℃时，还原速率峰值为 0.127%/min；当温度为 900℃时，则降低至 0.056%/min。高温有利于加快还原速率，主要是由于反应速率常数和气体传质系数随温度升高而增加。

图 4-57 给出了不同温度条件下还原终点的钒钛矿含碳复合炉料 SEM-EDS 分

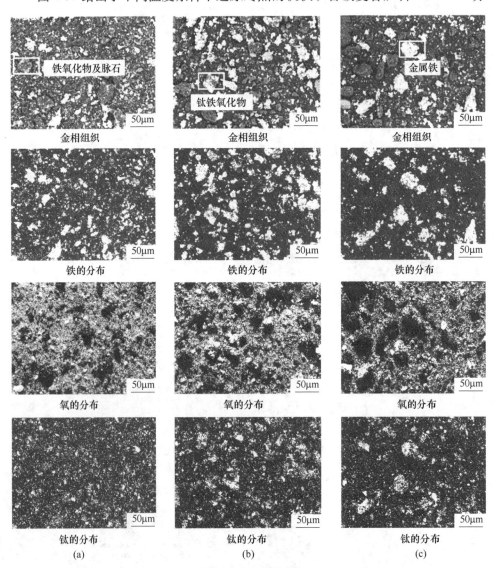

图 4-57　不同温度条件下还原后钒钛矿含碳复合炉料 SEM-EDS 分析结果

(a) 900℃；(b) 1000℃；(c) 1100℃

析结果。当还原温度为 900℃ 时，由于还原度较低，还原后钒钛矿含碳复合炉料内部仍存在较多钛铁氧化物和脉石的复合相（灰白色），新生的金属铁颗粒（亮白色相）弥散分布，且颗粒尺寸较小。

当还原温度升高到 1000℃ 时，还原后铁颗粒尺寸逐渐增加，但仍存在亮白色相和灰白色相包裹的颗粒，其中灰白色相主要为钛铁复合相。由此可知，此温度条件下终点还原度主要受制于钛铁复合相的还原；还原温度为 1100℃ 时，还原后钒钛矿含碳复合炉料内部金属铁颗粒数量减少，颗粒尺寸明显增加，这是由于 1100℃ 时终点还原度高达 93%，有利于新生金属铁的连晶和长大。

4.4.2.2 钒钛矿含碳复合炉料等温还原过程物相转变历程

图 4-58 给出了 900℃ 时还原时间分别为 4min、8min 和 25min（还原终点）的钒钛矿含碳复合炉料 XRD 分析结果。所用钒钛矿还原前主要物相包括 Fe_3O_4、$Fe_{2.75}Ti_{0.25}O_4$、$FeTiO_3$、Fe_2VO_4 和 $FeCr_2O_4$。当还原时间为 4min 时，$Fe_{2.75}Ti_{0.25}O_4$ 峰消失，FeO 和 $Fe_{2.5}Ti_{0.5}O_4$ 衍射峰出现，其他物相的衍射峰变化不明显，表明此阶段主要发生高价铁氧化物向低价铁氧化物的还原以及钛磁铁矿的转变；当还原时间延长至 8min 时，Fe_3O_4 和 FeO 衍射峰明显减弱，且金属铁的衍射峰开始出现，说明在此阶段铁氧化物开始向金属铁还原转变；当还原时间为 25min 时，金属铁的衍射峰进一步增强，但 FeO 的衍射峰仍然存在，而 $Fe_{2.5}Ti_{0.5}O_4$ 的衍射峰消失。在整个还原过程，$FeTiO_3$、Fe_2VO_4 和 $FeCr_2O_4$ 衍射峰无明显变化，由此说明在 900℃ 时 $FeTiO_3$、Fe_2VO_4 和 $FeCr_2O_4$ 复合铁氧化物难还原。

图 4-59 为 1000℃ 时不同还原时间下钒钛矿含碳复合炉料的 XRD 分析结果。当还原时间为 4min 时，Fe_3O_4 衍射峰急剧降低，FeO 衍射峰增强，金属铁出现；当还原时间为 8min 时，金属铁衍射峰进一步增强，铁氧化物及含铁复合相衍射峰明显减弱；在还原终点时，Fe_2VO_4 消失，V_2O_3 出现。此外，由于 TiO_2 的生成，$FeTiO_3$ 衍射峰减弱，说明此阶段钒铁氧化物开始还原，而钛磁铁矿则向 $FeTiO_3$ 和 TiO_2 转变。

图 4-60 为 1100℃ 时不同还原时间条件下钒钛矿含碳复合炉料的 XRD 分析结果。当还原时间为 4min 时，主要物相包括铁、FeO、Fe_3O_4、$FeTiO_3$、$Fe_{2.5}Ti_{0.5}O_4$、Fe_2VO_4 和 $FeCr_2O_4$，此时 $Fe_{2.75}Ti_{0.25}O_4$ 衍射峰消失；当还原时间为 8min 时，Fe_3O_4 消失，金属铁的衍射峰进一步增强，存在的含铁复合相主要有 $Fe_{2.75}Ti_{0.25}O_4$、$FeTiO_3$、Fe_2VO_4 和 $FeCr_2O_4$；在还原终点时，铁氧化物和含铁复合氧化物基本消失，主要物相包括铁、TiO_2、V_2O_3 和 Cr_2O_3。

相关研究表明：$Fe_{2.75}Ti_{0.25}O_4$ 和 $Fe_{2.5}Ti_{0.5}O_4$ 属于典型的钛尖晶石，钛尖晶石

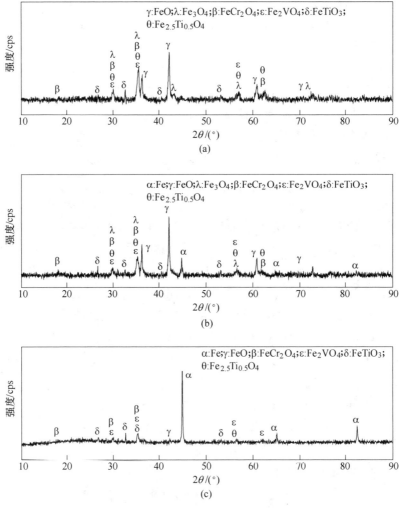

图 4-58　900℃时钒钛矿含碳复合炉料还原过程 XRD 分析结果

（a）4min；（b）8min；（c）终点

作为磁铁矿固溶体由通式 $Fe_{3-x}Ti_xO_4$ 表达，式中 x 的范围为 $0\sim1$[28]。钛铁复合相在还原过程的转变可通过 Fe-Ti-O 三元相图表征，见图 4-61。钛尖晶石主要位于相图的虚线上，随还原反应的发生，固溶体中的 x 取值逐渐增大，由还原前的 $Fe_{2.75}Ti_{0.25}O_4$ 经反应式（4-43）和式（4-44）逐渐转变为 Fe_2TiO_4，反应式如下：

$$2Fe_{2.75}Ti_{0.25}O_4 + CO \xrightarrow{\hspace{1cm}} Fe_{2.5}Ti_{0.5}O_4 + 3FeO + CO_2 \tag{4-43}$$

$$2Fe_{2.5}Ti_{0.5}O_4 + CO \xrightarrow{\hspace{1cm}} Fe_2TiO_4 + 3FeO + CO_2 \tag{4-44}$$

随还原继续进行，Fe_2TiO_4 沿相图中粗线先后经过 $FeTiO_3$ 和 $FeTi_2O_5$ 向 TiO_2 转变。

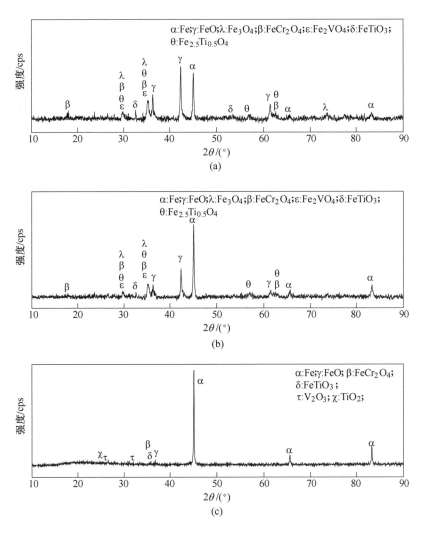

图 4-59 1000℃时钒钛矿含碳复合炉料还原过程 XRD 分析结果

（a）4min；（b）8min；（c）终点

基于上述分析可知，钛尖晶石的转变历程为：$Fe_{2.75}Ti_{0.25}O_4 \rightarrow (FeO) + Fe_{2.5}Ti_{0.5}O_4 \rightarrow (FeO) + Fe_2TiO_4 \rightarrow (Fe) + Fe_2TiO_4 \rightarrow (Fe) + FeTiO_3 \rightarrow (Fe) + FeTi_2O_5 \rightarrow (Fe) + TiO_2$。在 XRD 分析中并未发现 $FeTi_2O_5$ 衍射峰，这是由于作为 $FeTiO_3$ 向 TiO_2 还原转变过程生成的中间产物，$FeTi_2O_5$ 可快速被还原生成 TiO_2。综上所述，钒钛矿含碳复合炉料还原过程物相转变历程为：$Fe_3O_4 \rightarrow FeO \rightarrow Fe$，$Fe_{2.75}Ti_{0.25}O_4 \rightarrow Fe_{2.5}Ti_{0.5}O_4 \rightarrow Fe_2TiO_4 \rightarrow FeTiO_3 \rightarrow TiO_2$，$FeTiO_3 \rightarrow TiO_2$，$Fe_2VO_4 \rightarrow V_2O_3$，$FeCr_2O_4 \rightarrow Cr_2O_3$。

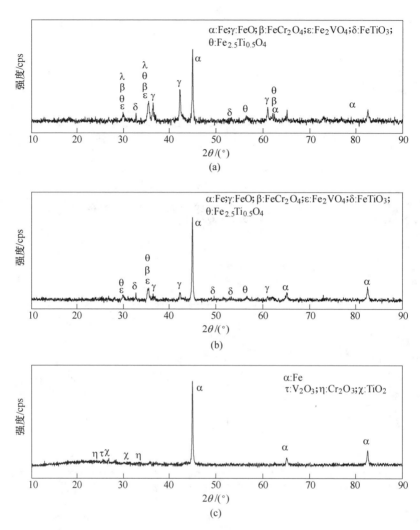

图 4-60　1100℃时钒钛矿含碳复合炉料还原过程 XRD 分析结果
（a）4min；（b）8min；（c）终点

4.4.3　钒钛矿含碳复合炉料等温还原动力学

4.4.3.1　钒钛矿含碳复合炉料还原的多孔物料模型

铁矿含碳球团的还原过程非常复杂。前人对含碳球团的还原动力学进行了大量研究，总体认为其还原过程宜采用多孔物料模型描述[29]。多孔物料模型认为：还原气体在孔隙中的扩散与界面反应同时进行，反应不仅发生在孔隙壁面上，且发生在整个多孔颗粒内部。

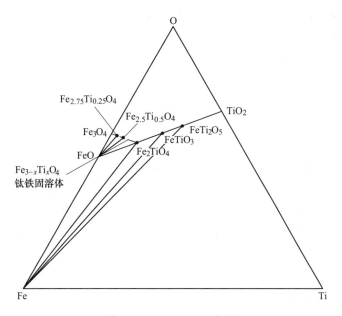

图 4-61 Fe-Ti-O 三元相图

多孔物料模型描述的含碳球团还原机理和主要步骤见图 4-62，主要包括：（1）外界气体通过含碳球团表面气相边界层的扩散，即外扩散；（2）气体在含碳球团内部的扩散，即内扩散；（3）碳的气化反应；（4）铁氧化物的界面还原反应；（5）气体通过铁氧化物颗粒还原产物层的扩散（内扩散）。采用多孔物料模型描述钒钛矿含碳复合炉料的还原过程并作出以下假设：碳气化反应和铁氧化物的还原均为一级反应；钒钛矿含碳复合炉料内部铁氧化物颗粒和碳颗粒均匀分布；忽略外部气体通过钒钛矿含碳复合炉料表面气相边界层向内部扩散的影响；钒钛矿含碳复合炉料内部的气相浓度梯度和温度梯度可忽略不计；钒钛矿含

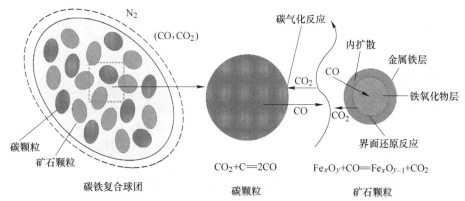

图 4-62 多孔物料模型描述下的还原机理及主要步骤

碳复合炉料还原过程由于外部气流速度相对较大，因此可忽略外扩散的影响。在以上分析和条件假设下，可认为钒钛矿含碳复合炉料还原过程限制性环节主要有碳气化反应、铁氧化物颗粒界面的还原反应和气体通过铁氧化物颗粒还原产物层的内扩散。

4.4.3.2　钒钛矿含碳复合炉料还原限制性环节

A　碳气化反应

钒钛矿含碳复合炉料内部固体碳颗粒表面与气相中 CO_2 发生的气化反应属典型固体消耗的气–固界面反应。在碳的气化反应过程中，碳颗粒不断消耗和缩小，直至反应结束。若碳气化为一级反应且为钒钛矿含碳复合炉料还原过程的限制环节，则可用还原剂碳的减少速度表示钒钛矿含碳复合炉料的还原速度，应满足：

$$\mathrm{d}W_C/\mathrm{d}t = -k_C W_C \tag{4-45}$$

式中　W_C——钒钛矿含碳复合炉料的含碳量，g；

　　　　t——还原时间，s；

　　　　k_C——碳气化反应速率常数，s^{-1}。

当 $t=0$ 时，$W_C=-W_{C,0}$，而 t 时刻时 $W_C=-W_{C,t}$，在 $0\sim t$ 时间内对式（4-45）积分，可得：

$$\ln(1 - W_{C,loss}/W_{C,0}) = -k_C t \tag{4-46}$$

式中　$W_{C,loss}$——$0\sim t$ 时间内还原过程碳减少量，g；

　　　　$W_{C,0}$——钒钛矿含碳复合炉料中含碳量，g。

可以看出，$W_{C,loss}/W_{C,0}$ 也与还原度 R 有关，所以式（4-46）可以表示如下：

$$\ln(1 - R) = -k_C t \tag{4-47}$$

基于钒钛矿含碳复合炉料在不同温度条件下等温还原过程的还原度，结合式（4-47）计算出气化反应控制模型关系式 $-\ln(1-R)$ 与时间 t 的关系，见图 4-63。

B　界面化学反应

钒钛矿含碳复合炉料内部铁氧化物颗粒表面与还原气体之间的还原反应是典型气–固界面反应。若认为界面还原反应是钒钛矿含碳复合炉料还原速率的限制性环节，则应满足 Mckwan 方程：

$$1 - (1 - R)^{1/3} = k_r t \tag{4-48}$$

式中　R——还原度，%；

　　　　k_r——界面还原反应速率常数，s^{-1}。

基于钒钛矿含碳复合炉料在不同温度条件下的还原度，结合式（4-48）计算出界面化学反应控制模型关系式 $1-(1-R)^{1/3}$ 与时间 t 的关系，见图 4-64。

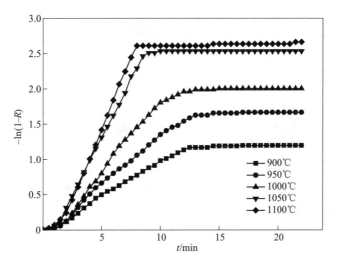

图 4-63　碳气化反应控制模型关系式 $-\ln(1-R)$ 与时间 t 的关系

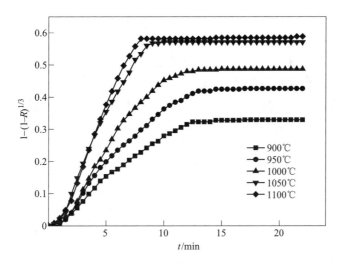

图 4-64　界面化学反应控制模型关系式 $1-(1-R)^{1/3}$ 与时间 t 的关系

C　内扩散

钒钛矿含碳复合炉料还原反应是典型气-固相反应，CO 通过还原产物层向铁氧化物颗粒核心扩散，CO_2 通过铁产物层向铁氧化物颗粒外部扩散。将反应气体通过铁氧化物颗粒还原产物的扩散称为内扩散。若气相内扩散为反应限制环节，则应满足 Ginstling-Brounshtein 方程。

$$1 - 2R/3(1-R)^{2/3} = kt \tag{4-49}$$

式中　k——内扩散反应速率常数，s^{-1}；

R——还原度,%。

基于钒钛矿含碳复合炉料在不同温度条件下的还原度,结合式(4-49)计算出内扩散控制模型关系式 $1-2R/3(1-R)^{2/3}$ 与时间 t 的关系,见图4-65。

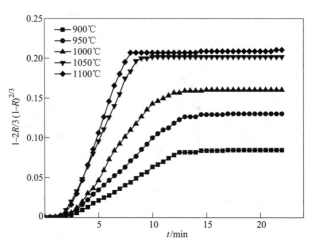

图4-65   内扩散控制模型关系式 $1-2R/3(1-R)^{\frac{2}{3}}$ 与时间 t 的关系

D   模型计算结果偏差度分析

为定量分析不同限制性环节控制模型的计算结果与实测还原度偏差程度,引入了平方根差 $RMSD$ 进行评价,计算公式如下:

$$RMSD = \sqrt{\frac{\sum (R_{calc} - R_{exp})^2}{n}}$$ (4-50)

式中 R_{calc}——模型计算的还原度,%;

　　　 R_{exp}——实测的还原度,%;

　　　 n——实验点数量。

表4-24列出了不同限制性环节控制模型计算的还原度与实测还原度的对比。当温度低于1000℃时,碳气化反应控制模型计算结果与实测数据偏差较小,此时钒钛矿含碳复合炉料还原过程受碳气化反应控制;当温度高于1000℃时,内扩散控制模型的计算偏差较小,此时还原过程受内扩散控制。

表4-24   不同限制性环节下还原度实测值和计算值的偏差度及相关系数

温度/℃	控制方程	k/s^{-1}	$RMSD$/%	相关系数 r
	$-\ln(1-R) = kt$	0.106	0.017	0.993
900	$1-2R/3-(1-R)^{2/3} = kt$	0.008	0.329	0.998
	$1-(1-R)^{1/3} = kt$	0.042	0.042	0.945

温度/℃	控制方程	k/s^{-1}	$RMSD/\%$	相关系数 r
950	$-\ln(1-R)=kt$	0.138	0.027	0.990
	$1-2R/3-(1-R)^{2/3}=kt$	0.012	0.309	0.997
	$1-(1-R)^{1/3}=kt$	0.061	0.055	0.906
1000	$-\ln(1-R)=kt$	0.1911	0.080	0.981
	$1-2R/3-(1-R)^{2/3}=kt$	0.0171	0.288	0.980
	$1-(1-R)^{1/3}=kt$	0.0731	0.073	0.953
1050	$-\ln(1-R)=kt$	0.331	0.035	0.999
	$1-2R/3-(1-R)^{2/3}=kt$	0.030	0.235	0.998
	$1-(1-R)^{1/3}=kt$	0.117	0.017	0.918
1100	$-\ln(1-R)=kt$	0.404	0.036	0.999
	$1-2R/3-(1-R)^{2/3}=kt$	0.036	0.259	0.996
	$1-(1-R)^{1/3}=kt$	0.128	0.024	0.928

4.4.3.3 钒钛矿含碳复合炉料还原过程分阶段活化能

图 4-66 给出了不同温度条件下还原速率与还原度的关系。不同温度条件下还原速率与还原度关系曲线变化趋势基本相同，整个还原过程可分为三个阶段：还原度<10%的初始阶段，该阶段还原速率急剧增加；还原度在 10%~40%的中间阶段，该阶段整体还原速率处在较高水平；还原度>40%的终点阶段，该阶段还原速率逐渐下降并最终趋近于零。

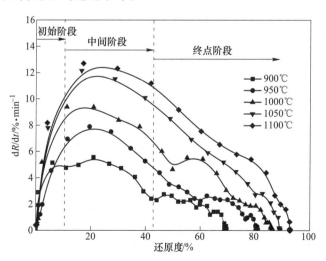

图 4-66 不同温度条件下还原速率与还原度的关系

采用 Arrhenius 方程计算钒钛矿含碳复合炉料还原过程不同阶段的活化能，见下式：

$$\ln k = \ln A - E / (RT) \qquad (4\text{-}51)$$

式中　A——指前因子，min^{-1}；

　　　E——活化能，J/mol；

　　　R——气体常数，为 8.314J/(mol·K)。

图 4-67 给出了钒钛矿含碳复合炉料不同还原阶段的活化能。还原初始阶段、中间阶段及终点阶段的活化能分别为 40.26kJ/mol、66.46kJ/mol 和 90.96kJ/mol。基于前人总结的铁矿含碳球团还原活化能和限制性环节的关系可推断[30]，在钒钛矿含碳复合炉料还原初始阶段主要受气体扩散和界面化学反应共同控制，这是由于初始阶段钒钛矿含碳复合炉料内部结构致密，气体扩散阻力较大，此外加之传热限制和碳气化反应的吸热效应，钒钛矿含碳复合炉料内部温度影响界面化学反应速率；随还原进行，钒钛矿含碳复合炉料内部碳的气化反应剧烈发生，碳颗粒逐渐减少，结构逐渐疏松，气体扩散阻力大幅降低，界面化学反应逐渐成为限制性环节；进入还原终点阶段，由于含钒、钛的复合铁氧化物还原难度大，此阶段还原过程受界面化学反应控制。

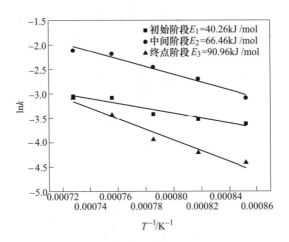

图 4-67　钒钛矿含碳复合炉料不同还原阶段活化能

4.4.4　模拟高炉条件下钒钛矿含碳复合炉料还原行为

实验用钒钛矿含碳复合炉料的碳氧比为 1.4。考察的还原温度范围为 400～1100℃，还原过程的升温制度、气氛组成及流量模拟高炉冶炼条件制定。

对于钒钛矿含碳复合炉料低温还原过程，无法根据失重推导还原度，故采用反应分数（Fraction of reaction，f）来表征其还原程度。此外，对不同还原终点温度条件下的钒钛矿含碳复合炉料进行成分分析，计算不同温度条件下的金属化率，并与反应分数进行比较。反应分数和金属化率的计算公式如下：

$$f = \frac{W_T}{W_M} \times 100\% \tag{4-52}$$

式中　W_T——还原过程 T 温度条件下的失重，g；
　　　W_M——钒钛矿含碳复合炉料的理论最大失重，主要包括水分、碳、残留的挥发分及铁氧化物中氧的质量，g。

$$金属化率 = \frac{M_{Fe}}{T_{Fe}} \times 100\% \tag{4-53}$$

式中　M_{Fe}——还原后钒钛矿含碳复合炉料中金属铁质量分数，%；
　　　T_{Fe}——还原后钒钛矿含碳复合炉料中全铁质量分数，%。

图 4-68 给出了高炉气氛条件下还原温度对钒钛矿含碳复合炉料的反应分数、反应分数导数及金属化率的影响。反应分数随温度的升高而逐渐提高，结合反应分数的导数 df/dT 曲线可将反应分数曲线分为四个阶段。当还原温度在 400~600℃时，反应分数的提升速率较为平缓，金属化率在此阶段基本不变，这是由于此阶段铁氧化物的还原速率较慢，还原过程的失重主要来自钒钛矿含碳复合炉料中残留挥发分的析出；当温度在 600~900℃时，反应分数提升明显，但金属化率仍波动较小，说明此阶段主要发生高价铁氧化物向低价铁氧化物的还原；当温度在 900~1050℃时，反应分数和金属化率均迅速提升，结合碳的气化反应 CO 平衡分压曲线可知，此阶段由于碳的气化反应剧烈发生，CO 浓度的提高促进铁氧化物向金属铁的还原；当温度高于 1050℃时，钒钛矿含碳复合炉料中单一铁氧化物含量逐渐减少，而残留的含钒、钛的复合铁氧化物还原难度较大，使得反应分数和金属化率提升速率趋缓。

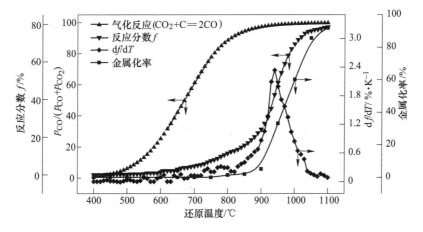

图 4-68　温度对钒钛矿含碳复合炉料反应分数、反应分数导数和金属化率的影响

对不同终点温度的钒钛矿含碳复合炉料进行 XRD 分析，结果见图 4-69。还原前钒钛矿含碳复合炉料中的含铁物相主要为 Fe_3O_4、$Fe_{2.75}Ti_{0.25}O_4$、$FeTiO_3$ 和 Fe_2VO_4。当还原温度为 600~750℃时，Fe_3O_4 的衍射峰逐渐削弱；当温度达到 750℃时，FeO 衍射峰出现，表明在此温度范围内发生了 Fe_3O_4 向 FeO 的还原反应；当温度达到 850℃时，Fe_3O_4 和 $Fe_{2.75}Ti_{0.25}O_4$ 衍射峰消失，$Fe_{2.5}Ti_{0.5}O_4$ 衍射峰出现，且 $FeTiO_3$ 衍射峰增强，由此说明钛磁铁矿和钛铁矿之间存在转化反应；当温度为 900℃时，出现金属铁；温度为 950℃时，$Fe_{2.5}Ti_{0.5}O_4$ 消失，而 $FeTiO_3$ 仍然存在；当温度为 1100℃时，主要物相为金属铁和 TiO_2。综上所述，可确定钛铁氧化物在模拟高炉条件下还原过程的物相转变历程为：$Fe_3O_4 \rightarrow FeO \rightarrow Fe$；$Fe_{2.75}Ti_{0.25}O_4 \rightarrow Fe_{2.5}Ti_{0.5}O_4 \rightarrow FeTiO_3 \rightarrow TiO_2$。

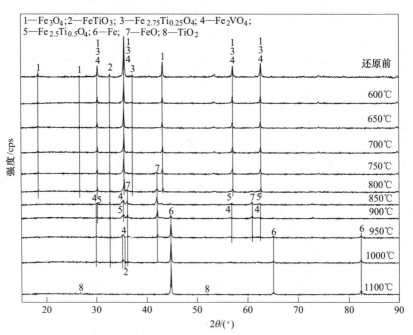

图 4-69　不同还原温度条件下钒钛矿含碳复合炉料 XRD 分析结果

4.5　钒钛矿含碳复合炉料对综合炉料熔滴性能的影响

4.5.1　钒钛矿含碳复合炉料熔滴过程演变行为

不同配碳比的钒钛矿含碳复合炉料化学成分列于表 4-25。熔滴实验用焦炭工业分析及灰成分列于表 4-26。焦炭的固定碳 FC 含量 85.88%，灰分 A_{ad} 含量 12.55%。

表 4-25 不同碳氧比的钒钛矿含碳复合炉料化学成分

碳氧比	化学成分（质量分数）/%							
	TFe	FeO	CaO	SiO$_2$	MgO	Al$_2$O$_3$	TiO$_2$	C
0.8	54.64	25.60	0.28	2.84	0.85	3.20	4.44	12.35
1.0	52.82	24.75	0.29	2.98	0.83	3.19	4.29	14.92
1.2	51.11	23.95	0.30	3.11	0.81	3.17	4.16	17.32
1.4	49.51	23.20	0.31	3.23	0.79	3.16	4.02	19.57

表 4-26 焦炭工业分析及灰成分　　　　　　　（质量分数，%）

工业分析				灰成分				
FC	V_{ad}	A_{ad}	M_{ad}	CaO	SiO$_2$	MgO	Al$_2$O$_3$	其他
85.88	1.05	12.55	0.07	1.99	50.84	2.58	24.22	20.37

　　熔滴实验方案列于表 4-27。其中，每组碳氧比的钒钛矿含碳复合炉料设计 3 组熔滴实验，分别当料温达 1300℃、1400℃ 和 1520℃ 时停止加热并通 N$_2$ 保护、冷却，对冷却后的钒钛矿含碳复合炉料进行化学成分和 SEM-EDS 分析。熔滴实验的升温速率、煤气成分及流量见图 4-70，熔滴过程分段荷重制度为：温度低于 900℃ 时，荷载压力为 0.175MPa；温度低于 1100℃ 时，荷载压力为 0.36MPa。

表 4-27 不同碳氧比的钒钛矿含碳复合炉料熔滴实验方案

碳氧比	试样质量/g	停炉温度（样温）/℃	气氛组成	升温制度
0.8	500	1300、1400、1520		
1.0	500	1300、1400、1520	参见熔滴	参见熔滴实验
1.2	500	1300、1400、1520	实验气氛	升温制度
1.4	500	1300、1400、1520		

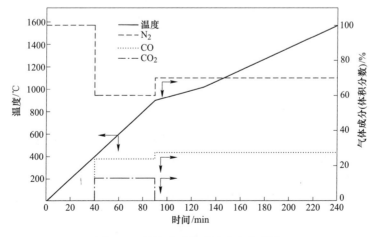

图 4-70 熔滴实验的温度和气氛制度

根据实验过程综合炉料的收缩率以及料层压差，定义不同的特征温度指标，以收缩率为4%时的温度为软化开始温度 T_4，收缩率为40%时的温度为软化终了温度 T_{40}，（$T_{40}-T_4$）为软化温度区间；压差陡升时的温度为熔化开始温度，记为 T_S，滴落温度为熔化终了温度 T_D，（T_D-T_S）为熔化温度区间；最大压差为 Δp_{max}，最大压差对应的温度记为 $T_{\Delta p_{max}}$；滴落率定义为，实际渣铁滴落质量占理论渣铁可滴落质量的百分比。

4.5.1.1　软熔行为

图4-71给出了碳氧比对钒钛矿含碳复合炉料软化行为的影响。软化开始温度 T_4 随碳氧比的提高由1014.6℃逐渐降低至945.7℃，这是由于提高碳氧比可促进钒钛矿含碳复合炉料的还原，同时由于气化反应消耗的碳质量分数增加，加速了钒钛矿含碳复合炉料的收缩过程，使得 T_4 逐渐降低；软化终了温度 T_{40} 随配碳比的提高由1268.8℃上升至1393.9℃，软化终了温度的升高与初渣的熔点和钒钛矿含碳复合炉料结构的演变有关，后文将重点阐明相关机理；软化温度区间（$T_{40}-T_4$）则随碳氧比的增加而逐渐变宽，由碳氧比0.8时的254.2℃提高至碳氧比1.4时的448.2℃。从提高炉内气-固还原反应、降低炉身下部的还原负荷来看，提高碳氧比可促进钒钛矿含碳复合炉料的还原，强化高炉冶炼。

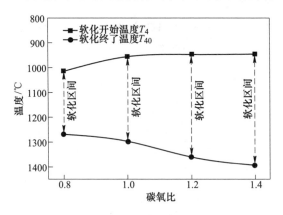

图4-71　碳氧比对钒钛矿含碳复合炉料软化行为的影响

图4-72给出了碳氧比对钒钛矿含碳复合炉料熔化行为的影响。熔化开始温度 T_S 随碳氧比的增加由1333.7℃逐渐升至1405.8℃；滴落温度 T_D 随碳氧比的增加而增加，当碳氧比达到1.2时，钒钛矿含碳复合炉料未出现滴落现象。在两组可测得滴落温度的条件下，软熔带位置随碳氧比增加而上移，而软熔带区间则随碳氧比增加而变宽。从控制软熔带区间来看，钒钛矿含碳复合炉料的碳氧比不宜过高。

软化终了温度 T_{40} 和熔化开始温度 T_S 的升高可归于两方面原因。其一，渣相

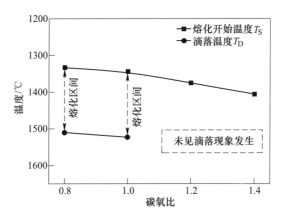

图 4-72　碳氧比对钒钛矿含碳复合炉料熔化行为的影响

熔点的升高，对 1400℃熔滴中断实验下不同碳氧比的钒钛矿含碳复合炉料进行成分分析，并基于此成分，采用 Fact Sage 7.2 软件的 Equilibrium 模块对渣相熔点及 1400℃条件下液态渣相比例进行计算，结果见图 4-73。可以看出，当碳氧比由 0.8 提高至 1.0 时，渣相熔点变化不大；当碳氧比超过 1.0 时，渣相熔点开始明显升高；当碳氧比为 1.4 时，渣相熔点高达 1475℃，这与软化终了温度 T_{40} 和熔化开始温度 T_S 变化规律基本一致。此外，液态渣相生成比例随碳氧比的增加先基本不变后明显减少，液态渣量的减少可有效抑制炉料软化、收缩，进而提升软化终了温度 T_{40} 和熔化开始温度 T_S。

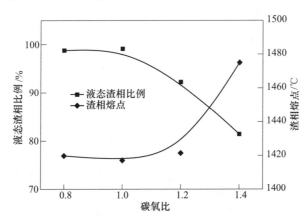

图 4-73　碳氧比对 1400℃下钒钛矿含碳复合炉料渣相熔点及液态渣比例的影响

　　除液态渣的生成影响炉料的软化、收缩之外，钒钛矿含碳复合炉料内残留碳是其结构及 T_{40} 和 T_S 变化的另一主要因素。图 4-74 给出了 1400℃钒钛矿含碳复合炉料的残留碳含量。随碳氧比的增加，还原后钒钛矿含碳复合炉料内部残留碳含量明显增加。当碳氧比为 1.4 时，残碳含量高达 5.35%。

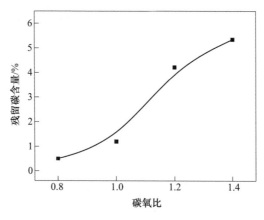

图 4-74　碳氧比对 1400℃下钒钛矿含碳复合炉料残碳含量的影响

图 4-75 给出了 1400℃熔滴实验中断温度条件下钒钛矿含碳复合炉料的 SEM
分析结果。当碳氧比为 0.8 和 1.0 时，大量的液态渣与铁相包裹，使得整体结构

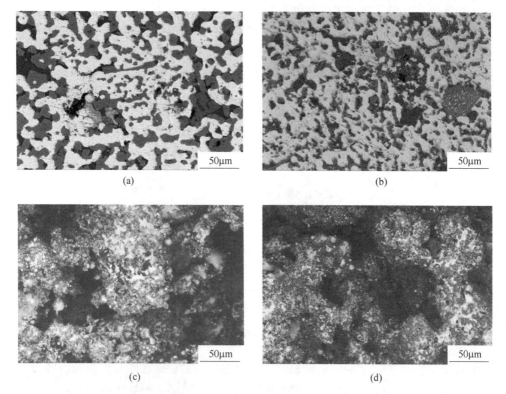

图 4-75　1400℃熔滴实验中断温度条件下钒钛矿含碳复合炉料 SEM 分析结果
(a) FC/O=0.8；(b) FC/O=1.0；(c) FC/O=1.2；(d) FC/O=1.4

致密,此时钒钛矿含碳复合炉料软熔充分、收缩率高,相应的软化终了温度 T_{40} 和熔化开始温度 T_S 较低;当碳氧比为 1.2 和 1.4 时,由于液态渣减少,过剩的碳颗粒包裹液态渣铁,严重阻碍其聚集长大,使得钒钛矿含碳复合炉料内部孔隙度大,限制其软熔及收缩。因此,T_{40} 和 T_S 明显升高。

4.5.1.2 滴落行为

滴落行为的表征参数主要包括滴落温度和滴落率。滴落率计算公式如下:

$$滴落率 = \frac{m_1}{m_0} \times 100\% \qquad (4-54)$$

式中 m_1——滴落物的总质量,g;

m_0——包括理论渣、铁滴落总质量,g。

图 4-76 给出了碳氧比对钒钛矿含碳复合炉料滴落质量和滴落率的影响。当碳氧比为 0.8 和 1.0 时,滴落质量和滴落率均随碳氧比的提高而明显降低;当碳氧比达到 1.2 时,未发生滴落现象,无滴落质量和滴落率。因此,对单一钒钛矿含碳复合炉料而言,提升碳氧比不利于滴落行为的改善。

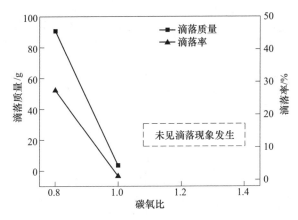

图 4-76 碳氧比对钒钛矿含碳复合炉料滴落行为的影响

钒钛矿含碳复合炉料滴落行为(滴落温度、滴落率)恶化的原因包括两个方面:一个原因是提高碳氧比可强化钛氧化物的还原,促进 Ti(C,N) 的析出,Ti(C,N) 的析出会严重恶化渣、铁流动性,使得渣铁黏稠、分离困难,滴落温度 T_D 升高,滴落率降低。图 4-77 给出了不同碳氧比的钒钛矿含碳复合炉料熔滴实验结束后未滴落物的 SEM-EDS 分析结果。当碳氧比为 0.8 时,未滴落渣铁中的渣-金界面处析出了大量 Ti(C,N) 颗粒,而在金属铁内部未发现明显的 Ti(C,N) 颗粒,且总体来看,渣-金界面处的 Ti(C,N) 粒径较小。当碳氧比为 1.0 时,除渣-金界面之外,金属铁内部也析出大量 Ti(C,N) 颗粒,且 Ti(C,N) 粒

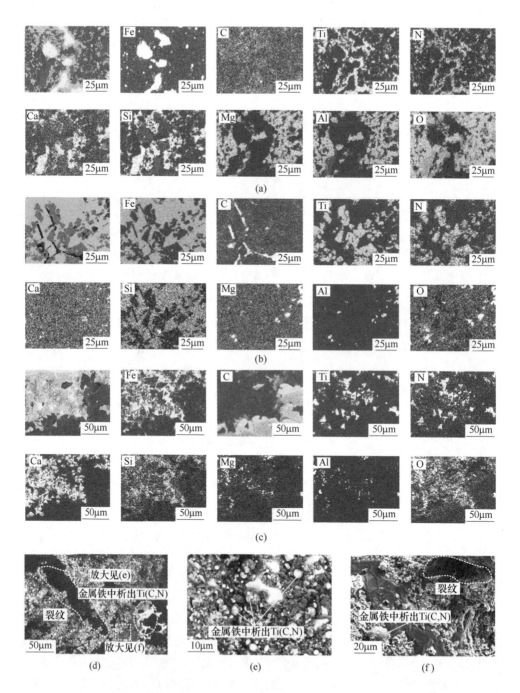

图 4-77　不同碳氧比的钒钛矿含碳复合炉料未滴落物的 SEM-EDS 分析结果
（a）FC/O＝0.8；（b）FC/O＝1.0；（c）FC/O＝1.2；（d）FC/O＝1.4；（e）（f）局部放大

径明显增加,局部高达 20~25μm;进一步提高碳氧比至 1.2,金属铁内部的 Ti(C,N) 颗粒进一步增多,粒径持续变大。此外在未滴落物中发现大量的残碳存在,严重阻碍了渣铁的聚集和长大,这是渣铁滴落行为恶化的另一个主要原因。当碳氧比为 1.4 时,由于碳过剩,钒钛矿含碳复合炉料内部铁以颗粒形态存在,弥散镶嵌在残留碳中,加之铁颗粒内析出的 Ti(C,N) 颗粒(灰色相)进一步恶化流动性,液态铁颗粒无法聚集长大,滴落行为严重恶化。

图 4-78 给出了不同碳氧比的钒钛矿含碳复合炉料熔滴过程压差曲线。随碳氧比由 0.8 提高到 1.2 时,软熔过程料柱的最大压差明显增加;在碳氧比 1.4 时,由于在熔滴实验终点温度时压差仍处于上升趋势,未能测得最大压差的数值。从压差变化趋势以及软熔带区间宽度和位置来看,碳氧比的增加将恶化钒钛矿含碳复合炉料的透气性。

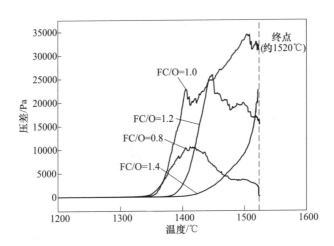

图 4-78 不同碳氧比的钒钛矿含碳复合炉料熔滴过程压差曲线

一般而言,透气性与软熔带渣铁的性质及料柱宏观结构有关。就软熔过程的渣铁性质而言,提高碳氧比可导致 Ti(C,N) 的析出,恶化渣铁流动性,使得软熔带渣铁黏稠,透气性变差。

料柱的宏观结构变化可通过软熔过程收缩率的变化体现,图 4-79 给出了不同碳氧比的钒钛矿含碳复合炉料熔滴过程收缩率曲线。在整个熔滴实验过程,料柱的收缩率大体可分为三个阶段:(1)室温~900℃。此阶段随碳氧比的增加,钒钛矿含碳复合炉料的还原得以强化,内部煤粉的消耗增多导致料柱收缩率相对较高。(2)900~1150℃。此阶段当碳氧比较低时,由于 FeO 大量存在,局部渣相开始软化,强化收缩,而在碳氧比较高时,液态渣的减少及过剩碳的阻碍作用抑制了钒钛矿含碳复合炉料的收缩;尽管以上两个阶段料柱收缩率区别明显,但由于含铁炉料整体处于块状带,料层的透气性变化并不明显。(3)温度高于

1150℃。此阶段，碳氧比较低时，钒钛矿含碳复合炉料内部渣铁聚集良好，软化、收缩加剧，而随碳氧比的增加，在液态渣减少和残留碳的阻碍作用下，收缩难度增大。从图中不同碳氧比的钒钛矿含碳复合炉料的形貌可以看出，当碳氧比为0.8时，由于软化、收缩良好，使得软熔层料柱厚度明显较窄，下部还原气行程较短，压力损失相对较小；当碳氧比逐渐增加时，软熔层料柱厚度明显变宽，下部还原气行程增加，且由于Ti(C，N)大量析出，渣铁难以分离、滴落，软熔层的滞留渣量增加，加之内部残留的大量碳颗粒与未滴落渣、铁相互包裹，料柱透气性严重恶化。

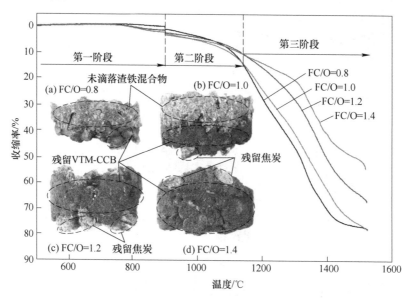

图 4-79　不同碳氧比的钒钛矿含碳复合炉料熔滴过程收缩率曲线

4.5.1.3　熔滴过程演变机制

通过控制熔滴实验停炉温度，获取不同熔滴实验后的钒钛矿含碳复合炉料试样。由于1520℃时钒钛矿含碳复合炉料已基本熔化、黏结、变形，无法取出单个钒钛矿含碳复合炉料观察，因此图4-80仅给出1300℃和1400℃停炉时钒钛矿含碳复合炉料的剖面形貌。在温度1300℃、碳氧比0.8时，钒钛矿含碳复合炉料剖面呈金属光泽，结构相对致密；当碳氧比大于0.8时，钒钛矿含碳复合炉料结构疏松，未见金属光泽。在温度1400℃、碳氧比为0.8和1.0时，钒钛矿含碳复合炉料剖面结构致密，可见金属光泽；而当碳氧比大于1.0时，钒钛矿含碳复合炉料呈双层同心圆结构，外层为致密的金属铁壳，且金属铁壳厚度随碳氧比提高而变薄，中心则结构疏松、无光泽。

钒钛矿含碳复合炉料软熔过程的内部结构与渣、铁生成及聚集长大密切相

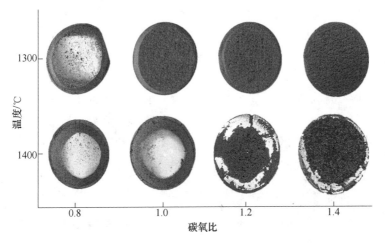

图 4-80　不同熔滴实验温度中断条件下钒钛矿含碳复合炉料形貌

关，而残留碳则是影响渣铁聚集的主要因素。对不同熔滴实验温度中断条件下钒钛矿含碳复合炉料碳含量进行化验，结果见图 4-81。在碳氧比 0.8 条件下，当温度达 1300℃ 和 1400℃ 时，内碳氧基本完全消耗，残留碳含量仅 1% 左右；而在碳氧比 1.0 条件下，温度达到 1400℃ 时，残留碳含量为 1.88%；当碳氧比超过 1.0 时，由于碳氧过量，还原过程碳素无法消耗，残留碳含量明显增加，使复合炉料试样宏观上呈结构疏松且无金属光泽。

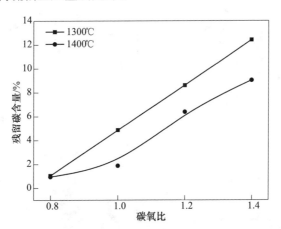

图 4-81　不同熔滴实验温度中断条件下钒钛矿含碳复合炉料的残留碳含量

图 4-82 为 1300℃ 熔滴实验中断时不同碳氧比的钒钛矿含碳复合炉料 SEM 分析结果。当碳氧比为 0.8 时，由于碳氧不足，钒钛矿含碳复合炉料内部存在大量浮氏体，浮氏体易与其他脉石成分结合形成低熔点渣相，低熔点液态渣的大量生成促进渣铁之间相互包裹，加之碳的消耗殆尽，使钒钛矿复合炉料整体结构致密。此外，

此条件下钛主要以钛氧化物及钛铁氧化物存在于硅酸盐渣相中，未发现 Ti(C,N) 颗粒析出。当碳氧比提高至 1.0 时，由于提高碳氧比可强化还原，浮氏体含量降低，液态渣生成量相应减少，加之此温度条件下碳无法消耗完全，残留的固体碳阻碍了铁的聚集长大，与固态渣、铁相互包裹，极易形成多孔疏松结构，见图 4-82（c）；进一步提高碳氧比至 1.2 和 1.4 时，由于大量的过剩碳存在，使得金属

图 4-82　1300℃熔滴实验中断时钒钛矿含碳复合炉料的 SEM-EDS 分析结果

（a）FC/O=0.8；（b）图（a）中的局部放大；（c）FC/O=1.0；（d）图（c）中的局部放大；
（e）FC/O=1.2；（f）图（e）中的局部放大；（g）FC/O=1.4；（h）图（g）中的局部放大

铁的聚集更困难。由图 4-82(e)~(h)可看出，此时金属铁颗粒尺寸明显减小，且弥散分布在残留碳中无法聚集长大，钒钛矿含碳复合炉料则呈多孔疏松结构。

图 4-83 为 1400℃熔滴实验中断时碳氧比 0.8 和 1.0 的钒钛矿含碳复合炉料 SEM-EDS 分析结果。当碳氧比为 0.8 时，液态渣相（深色相）进一步增多，钛氧化物及钛铁氧化物（灰色相，点 2）包裹在渣铁之间，未见 Ti(C,N) 析出，液态渣铁流动性较好，炉料软熔、收缩程度加剧，整体结构致密；当碳氧比 1.0 时，此时钛主要以钛氧化物、钛铁氧化物形式存在于硅酸盐渣中（深灰色相，点 4），渣铁界面处未发现 Ti(C,N) 颗粒析出，加之碳素基本完全消耗，渣铁聚集条件得以改善，整体结构趋于致密化。1400℃熔滴实验中断时碳氧比 1.2 的钒钛矿含碳复合炉料 SEM-EDS 分析结果见图 4-84。外层金属铁壳以金属铁为主、液态渣为辅的渣铁混合包裹结构，其中液态渣以硅酸盐相为主，而在液态渣中及金属铁表面有较多钛氧化物和钛铁氧化物颗粒（点 1、点 3）。结合图 4-85 中边缘和中心界面处元素分布可知，钒钛矿含碳复合炉料中心是以渣、铁、碳弥散分布的多孔疏松结构。

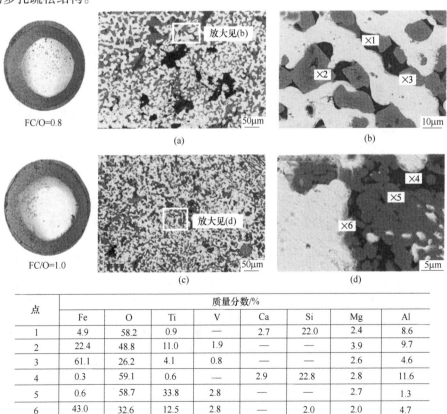

点	质量分数/%							
	Fe	O	Ti	V	Ca	Si	Mg	Al
1	4.9	58.2	0.9	—	2.7	22.0	2.4	8.6
2	22.4	48.8	11.0	1.9	—	—	3.9	9.7
3	61.1	26.2	4.1	0.8	—	—	2.6	4.6
4	0.3	59.1	0.6	—	2.9	22.8	2.8	11.6
5	0.6	58.7	33.8	2.8	—	—	2.7	1.3
6	43.0	32.6	12.5	2.8	—	2.0	2.0	4.7

图 4-83　1400℃熔滴实验中断时碳氧比 0.8 和 1.0 的钒钛矿含碳复合炉料 SEM-EDS 分析结果

(a) FC/O=0.8；(b) 图 (a) 中的局部放大；(c) FC/O=1.0；(d) 图 (c) 中的局部放大

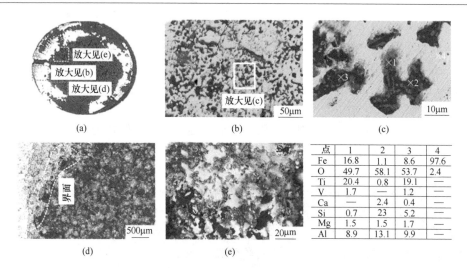

图 4-84　1400℃熔滴实验中断时碳氧比 1.2 的钒钛矿含碳复合炉料 SEM-EDS 分析结果

（a）形貌；（b）~（e）图（a）中的局部放大；（c）图（b）中放大图

（注：表中为质量分数）

点	1	2	3	4
Fe	16.8	1.1	8.6	97.6
O	49.7	58.1	53.7	2.4
Ti	20.4	0.8	19.1	—
V	1.7		1.2	—
Ca	—	2.4	0.4	—
Si	0.7	23	5.2	—
Mg	1.5	1.5	1.7	—
Al	8.9	13.1	9.9	—

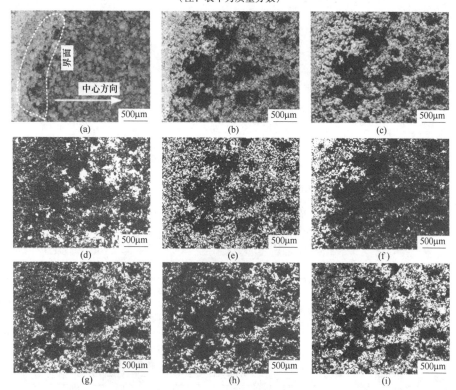

图 4-85　1400℃熔滴实验中断时碳氧比为 1.2 的钒钛矿含碳复合炉料边缘和中心界面处元素分布

（a）含碳复合炉料；（b）Fe 的分布；（c）O 的分布；（d）C 的分布；（e）Ca 的分布；

（f）Si 的分布；（g）Mg 的分布；（h）Al 的分布；（i）Ti 的分布

　　图 4-86 给出了 1400℃熔滴实验中断时碳氧比 1.4 的钒钛矿含碳复合炉料 SEM-EDS 分析结果。相较于碳氧比 1.2 的情况，含碳复合炉料外层金属铁壳厚度明显变薄。

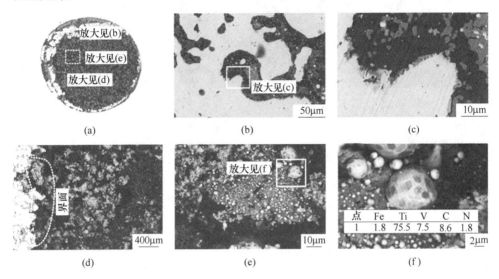

点	Fe	Ti	V	C	N
1	1.8	75.5	7.5	8.6	1.8

图 4-86　1400℃熔滴实验时碳氧比 1.4 的钒钛矿含碳复合炉料 SEM-EDS 分析结果
（a）形貌；（b）~（f）图（a）中的局部放大；（c）图（b）中的局部放大；（f）图（e）中的局部放大

　　此条件下外层的金属铁壳仍是以金属铁为主、液态渣为辅的渣铁包裹结构，但不同之处在于：此时金属铁壳中渣-金界面处开始析出 Ti（C, N），见图 4-86（c）。结合图 4-87 中钒钛矿含碳复合炉料边缘和中心界面处元素分布可知，

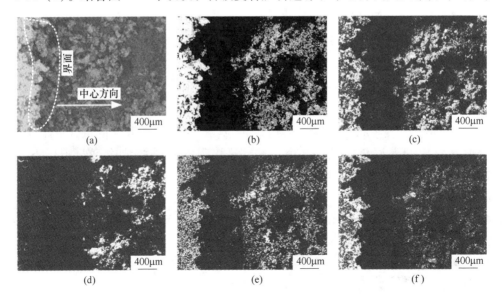

图 4-87　1400℃熔滴实验中断时碳氧比为 1.4 的钒钛矿含碳复合炉料边缘和中心界面处元素分布
（a）炉料形貌；（b）Fe 的分布；（c）O 的分布；（d）C 的分布；（e）Ca 的分布；（f）Si 的分布；
（g）Mg 的分布；（h）Al 的分布；（i）Ti 的分布

钒钛矿含碳复合炉料的中心存在大量过剩碳，金属铁颗粒无法聚集长大，形成以金属铁、过剩碳和渣相共存的多孔疏松结构，此外中心金属铁颗粒表面同样发现大量的 Ti(C,N) 颗粒析出，见图 4-87（f）。

图 4-88 给出了 1400℃熔滴实验中断时碳氧比 1.2 的钒钛矿含碳复合炉料金属铁壳中渣-金界面处元素分布。此条件下渣相主要为硅酸盐和镁铝尖晶石相，大量钛氧化物颗粒弥散分布在渣中；而从金属铁表层析出的 Ti(C,N) 颗粒形貌来看，Ti(C,N) 是以金属铁为附着层，自金属铁表面向渣中逐渐析出。可以推断，游离的（TiO_2）自渣中向金属铁表面迁移，最终由铁液中的碳和渣中的 TiO_2 发生还原反应，生成 Ti(C,N)。在金属铁壳层中生成的 Ti(C,N) 会使渣铁黏稠，流动性变差，加之钒钛矿含碳复合炉料内部形成的渣、铁、碳混合结构，使滴落行为严重恶化。从 Ti(C,N) 的析出行为来看，当温度低于 1400℃时，不同碳氧比的钒钛矿含碳复合炉料软熔过程均未发现 Ti(C,N) 析出；而当温度为 1400℃时，当且仅当碳氧比为 1.4 时，在渣-金界面处发现大量 Ti(C,N) 颗粒。因此，从抑制软熔带 Ti(C,N) 析出来看，钒钛矿含碳复合炉料碳氧比不宜超过 1.2。

综上所述，在 1400℃熔滴实验中断时，碳氧比为 1.2 和 1.4 的钒钛矿含碳复合炉料形成的外层金属铁壳、中心渣、铁、碳混合疏松结构可归于以下原因：（1）钒钛矿含碳复合炉料在还原过程中，由于碳氧过量，使钒钛矿含碳复合炉料内部 CO_2 很难存在，外部 CO_2 在自外向内扩散过程中和碳发生气化反应，使得边缘层的碳素率先消耗，从而有利于边缘层渣、铁的聚集长大，形成金属铁壳结构；（2）随碳氧比的提高，外部 CO_2 自外向内扩散过程可消耗的边缘碳素层厚度相应降低，加之过高的碳氧比促进渣-金界面处 Ti(C,N)的析出，使渣铁黏稠、难以聚集，金属铁壳层的厚度逐渐变窄。

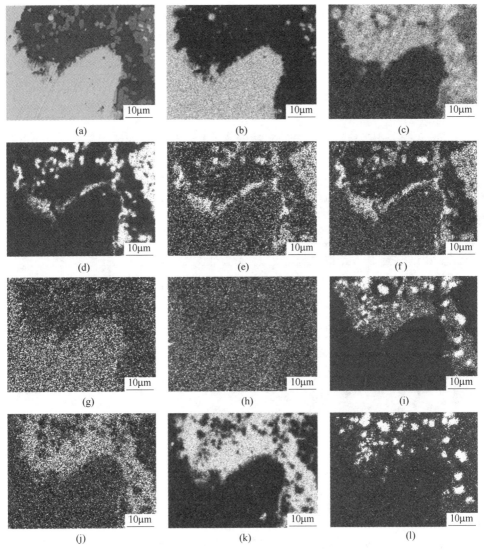

图 4-88　1400℃熔滴实验中断时碳氧比 1.2 的钒钛矿含碳复合炉料渣-金界面元素分布

(a) 含碳复合炉料渣-金界面图；(b) Fe 的分布；(c) O 的分布；

(d) Ti 的分布；(e) N 的分布；(f) V 的分布；(g) Cr 的分布；(h) C 的分布；

(i) Al 的分布；(j) Ca 的分布；(k) Si 的分布；(l) Mg 的分布

4.5.2　钒钛矿含碳复合炉料混装对综合炉料熔滴性能的影响

在考察钒钛矿含碳复合炉料添加比例对综合炉料熔滴性能的影响时，选定钒钛矿含碳复合炉料碳氧比为 1.2，所用烧结矿和球团矿均取自国内某钒钛矿高炉现场，三者化学成分列于表 4-28。

表 4-28　烧结矿、球团矿和钒钛矿含碳复合炉料的化学成分　　（质量分数，%）

原料	TFe	FeO	CaO	SiO₂	MgO	Al₂O₃	V₂O₅	TiO₂
烧结矿	51.93	7.45	13.25	5.95	3.2	1.17	0.26	1.17
球团矿	61.49	0.51	0.17	3.16	0.91	2.16	0.56	3.91
VTM-CCB	51.11	23.95	0.30	3.11	0.81	3.17	0.75	4.16

　　基准实验采用某钒钛矿高炉的实际炉料结构，烧结矿和球团矿之比为 6:4。采用钒钛矿含碳复合炉料代替部分球团矿，在保证烧结矿:（球团矿+钒钛矿含碳复合炉料）= 6:4 和终渣碱度不变的条件下，考察钒钛矿含碳复合炉料添加量对综合炉料熔滴性能的影响。具体实验方案列于表 4-29。

表 4-29　综合炉料熔滴试验方案　　（%）

编号	烧结矿配比	球团矿配比	VTM-CCB 配比
1 号	60	40	0
2 号	60	30	10
3 号	60	25	15
4 号	60	20	20
5 号	60	15	25
6 号	60	10	30
7 号	60	0	40

4.5.2.1　综合炉料软熔性能

　　钒钛矿含碳复合炉料添加比例对综合炉料软化性能的影响见图 4-89。软化开始温度 T_4 随钒钛矿含碳复合炉料比例的增加而逐渐下降，由 1122℃ 下降到 1075℃；软化终了温度 T_{40} 则逐渐上升，由 1268.1℃ 上升到 1341℃，软化区间（$T_{40}-T_4$）逐渐变宽，由 146.1℃ 增加到 266℃。软化开始温度 T_4 下降的主要原因是：钒钛矿含碳复合炉料还原性能优异，还原过程中内部煤粉的消耗使其出现了收缩现象，因此加剧综合炉料的收缩。T_{40} 增加的主要原因有：（1）作为一种含碳球团矿，钒钛矿含碳复合炉料的加入可强化综合炉料的还原，因此在相同还原条件下进入渣中的 FeO 减少，使渣相的熔点升高；（2）软熔过程碳氧比为 1.2 和 1.4 的钒钛矿含碳复合炉料形成外部金属铁壳，内部渣、铁、残混合结构起到一定骨架作用，使相同温度条件下综合炉料的收缩率降低，表现为软化终了温度 T_{40} 的提高。对于高炉冶炼钒钛矿而言，较宽的软化区间对于改善钒钛矿气-固还原、提高钒钛矿在高炉上部的还原、避免炉缸堆积、降低高炉下部的负荷有重要的意义。因此，添加一定比例的钒钛矿含碳复合炉料可有效改善综合炉料的软化性能。

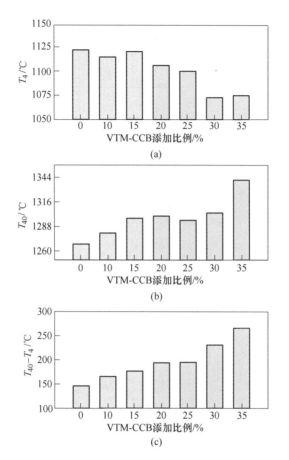

图 4-89 钒钛矿含碳复合炉料添加比例对综合炉料软化性能的影响
（a）钒钛矿含碳复合炉料添加比例对综合炉料开始软化温度的影响；
（b）钒钛矿含碳复合炉料添加比例对综合炉料软化终了温度的影响；
（c）钒钛矿含碳复合炉料添加比例对综合炉料软化区间的影响

钒钛矿含碳复合炉料添加比例对综合炉料熔化性能的影响见图 4-90。随钒钛矿含碳复合炉料添加比例的提高，综合炉料熔化开始温度 T_S 逐渐升高，由 1260.3℃ 上升到 1319.7℃。当添加比例由 0 增加到 20% 时，滴落温度 T_D 上升缓慢，由 1397.5℃ 增加到 1411.0℃；当添加比例达到 30% 时，T_D 迅速提高至 1432.0℃，进一步提高比例至 40%，实验过程未见渣铁滴落。熔化区间（$T_D - T_S$）在钒钛矿含碳复合炉料添加比例小于 20% 时，随添加比例的增加逐渐收窄，由 137.2℃ 收窄至 129.5℃；而当添加比例超过 20% 时，熔化区间开始逐渐变宽，由 129.5℃ 增加至 133.2℃。

综合炉料熔化开始温度 T_S 与渣相的熔点有关。根据原料成分可理论计算出添

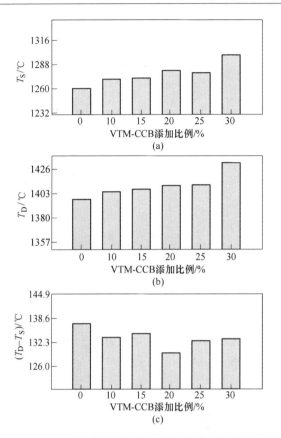

图 4-90　钒钛矿含碳复合炉料添加比例对综合炉料熔化性的影响

(a) 钒钛矿含碳复合炉料添加比例对综合炉料开始熔化温度的影响；

(b) 钒钛矿含碳复合炉料添加比例对综合炉料熔化终了温度的影响；

(c) 钒钛矿含碳复合炉料添加比例对综合炉料熔化区间的影响

加比例为 0、10%、20% 和 30% 时渣相成分。基于此，采用 Fact Sage 7.2 软件绘制 $CaO\text{-}SiO_2\text{-}TiO_2\text{-}MgO\text{-}Al_2O_3$ 相图，见图 4-91。

由图 4-91 可看出，综合炉料渣相初晶区为 $Ca_3MgSi_2O_4$，该区域紧邻 a-Ca_2SiO_4 区，且等温线致密。从等温线的梯度来看，随钒钛矿含碳复合炉料添加比例的增加，渣相熔点呈上升趋势，因此 T_S 逐渐升高。钒钛矿含碳复合炉料添加比例在 0～20% 时，滴落温度 T_D 的缓慢升高主要是由于渣相熔点的升高所致；而添加比例超过 20% 时，由于综合炉料还原势的增加，促进 TiO_2 的还原和 Ti(C,N) 的析出，进而使渣铁黏稠、流动性差、滴落难度大，表现为滴落温度 T_D 急剧升高。

图 4-92 给出了钒钛矿含碳复合炉料添加比例对综合炉料软熔带位置及区间的影响。随钒钛矿含碳复合炉料添加比例的增加，软熔带位置逐渐下移，软熔带区间呈先收窄后变宽的趋势。当钒钛矿含碳复合炉料添加比例为 20% 时，软熔带宽度最窄，为 129.5℃。对高炉生产操作而言，较窄的软熔带区间和较低的软熔

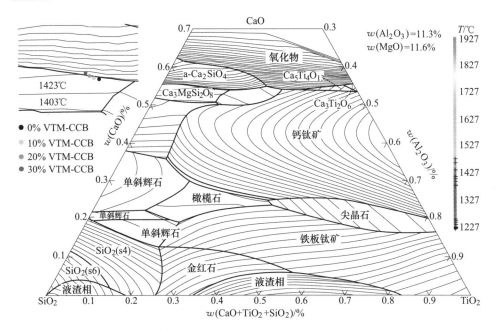

图 4-91 CaO-SiO$_2$-TiO$_2$-MgO-Al$_2$O$_3$ 相图

带位置有利于改善料柱的透气性能。因此，从优化综合炉料软熔带区间及位置来看，钒钛矿含碳复合炉料适宜的添加比例为 20%。

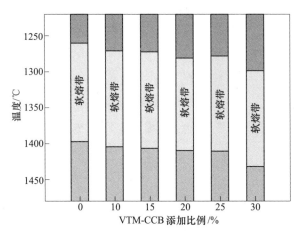

图 4-92 钒钛矿含碳复合炉料添加比例对软熔带区间及位置的影响

4.5.2.2 综合炉料滴落性能

综合炉料的滴落性能主要包括滴落率和滴落铁中有价组元钒的收得率，其中滴落率计算见式（4-54）。滴落铁中钒的收得率计算公式如下：

$$Y_V = \frac{m_1 \times w_{V'}}{w_V \times m_T} \times 100\% \tag{4-55}$$

式中　w_V——含铁炉料中钒含量,%;

　　　m_T——含铁炉料总质量,g;

　　　$w_{V'}$——滴落铁中钒含量,%;

　　　m_1——滴落铁总质量,g。

图 4-93 给出了钒钛矿含碳复合炉料添加比例对综合炉料滴落率和滴落铁中钒收得率的影响。随添加比例的提高,滴落率先上升后降低,在配比为 10% 时,滴落率达到最大值 72.40%。当钒钛矿含碳复合炉料配比低于 25% 时,滴落铁中钒收得率随添加比例的增加而明显上升,在 25% 时达最大值 76.55%,进一步提高综合炉料中钒钛矿含碳复合炉料比例,钒收得率急剧下降。这是由于合理添加钒钛矿含碳复合炉料可促进含钒物相还原,加之渣铁熔化性能改善,可强化钒在铁中富集;而当钒钛矿含碳复合炉料添加比例过高时,一方面部分钒还原成 VC,另一方面渣铁熔滴性能恶化不利于钒在渣、铁相间的迁移与富集。

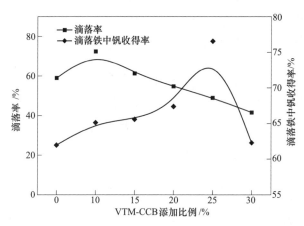

图 4-93　钒钛矿含碳复合炉料添加比例对综合炉料滴落率及滴落铁中钒收得率的影响

4.5.2.3　综合炉料透气性能

综合炉料软熔过程的最大压差及最大压差温度与料柱透气性密切相关。钒钛矿含碳复合炉料添加比例对软熔过程的最大压差以及最大压差温度的影响见图4-94。当配比由 0 增加至 20% 时,料柱最大压差由 11375Pa 急剧降低至 6602Pa,进一步提高配比,最大压差趋于平稳;综合炉料软熔过程的压差损失主要集中在软熔带,而最大压差温度则可显示软熔带位置的变化,最大压差温度随钒钛矿含碳复合炉料配比增加而逐渐上升,当配比由 0 增加到 30% 时,最大压差温度由 1325.9℃ 上升到 1377.6℃,表明软熔带位置随配比的增加而逐渐下移,这与图 4-92 分析结果一致。

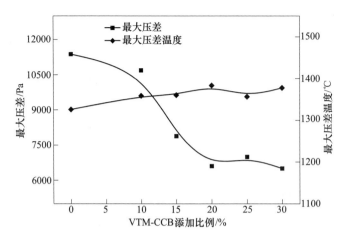

图 4-94 钒钛矿含碳复合炉料添加比例对软熔过程的最大压差以及最大压差温度的影响

为了定量评价钒钛矿含碳复合炉料对综合炉料透气性的影响，引入炉料软熔过程的特征值 S，计算公式如下：

$$S = \int_{T_S}^{T_D} (p_m - \Delta p_S) \cdot dT \qquad (4\text{-}56)$$

式中 p_m——T 温度条件下的压差，Pa；

Δp_S——熔化开始温度 T_S 对应的压差，Pa。

图 4-95 给出了钒钛矿含碳复合炉料配比对综合炉料特征值 S 的影响。当添

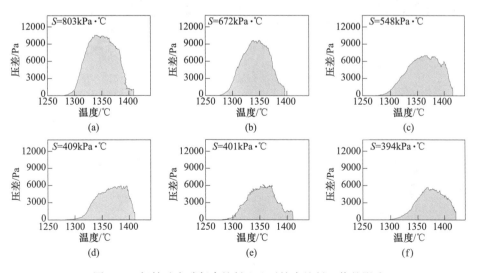

图 4-95 钒钛矿含碳复合炉料配比对综合炉料 S 值的影响

(a) 未添加；(b) 10%VTM-CCB；(c) 15%VTM-CCB；

(d) 20%VTM-CCB；(e) 25%VTM-CCB；(f) 30%VTM-CCB

加比例由 0 提高到 20% 时，S 值由 803kPa·℃ 降低到 409kPa·℃，这是由于添加钒钛矿含碳复合炉料使得软熔带区间收窄、位置下移，另一方面钒钛矿含碳复合炉料在料柱中起骨架作用，保证了气体通道的存在，改善了透气性；当配比超过 20% 时，尽管骨架作用进一步强化，但由于过高的钒钛矿含碳复合炉料比例促进了 Ti(C,N) 的析出，使渣铁黏稠、流动性变差，S 值变化不大，稳定在 400kPa·℃ 左右，料柱透气性改善不明显。

4.5.2.4　钒钛矿含碳复合炉料对综合炉料熔滴过程的作用机理

图 4-96 给出了不同钒钛矿含碳复合炉料配比下的滴落渣铁形貌，图中有金属光泽的为滴落铁，暗灰色物质为滴落渣。取不同钒钛矿含碳复合炉料添加比例下的滴落渣经破碎、磨样后进行 XRD 分析，结果见图 4-97。当钒钛矿含碳复合炉料添加比例在 0 ~ 10% 时，滴落渣主要物相包括钙钛矿 $CaTiO_3$（熔点约 1420℃）、黄长石类 $Ca_2(Mg_{0.5}Al_{0.5})(Si_{1.5}Al_{0.5}O_7)$（熔点 1300 ~ 1400℃），镁硅钙石 $Ca_3Mg(SiO_4)_2$（熔点 1575℃）；当配比超过 15% 后，滴落渣中出现了高熔点的方镁石相，这是综合炉料熔滴性能变差、滴落率下降的原因之一。

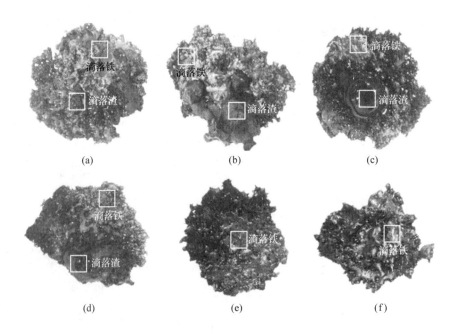

图 4-96　不同钒钛矿含碳复合炉料配比下滴落渣铁的形貌
(a) 未添加；(b) 10%VTM-CCB；(c) 15%VTM-CCB；
(d) 20%VTM-CCB；(e) 25%VTM-CCB；(f) 30%VTM-CCB

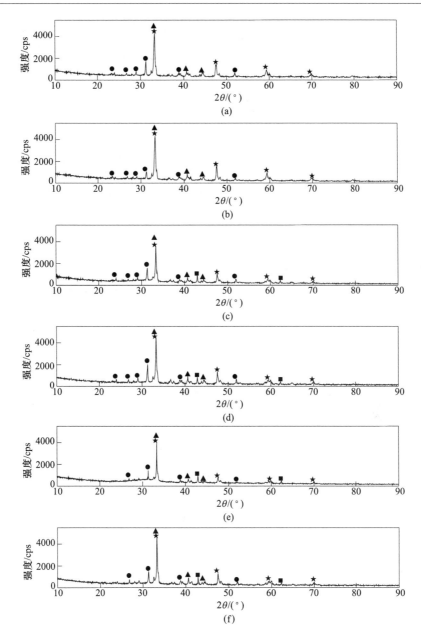

图 4-97 不同钒钛矿含碳复合炉料配比下滴落渣的 XRD 分析

（a）未添加；（b）10%VTM-CCB；（c）15%VTM-CCB；（d）20%VTM-CCB；

（e）25%VTM-CCB；（f）30%VTM-CCB

● $Ca(Al,Mg)[(Si,Al)SiO_7]$；▲ $Ca_3Mg(SiO_4)_2$；★ $CaTiO_3$；■ MgO

图 4-98 给出了不同钒钛矿含碳复合炉料添加比例下石墨坩埚内未滴落物的形貌，取其中未滴落渣经破碎、制样后进行 XRD 分析，结果见图 4-99。

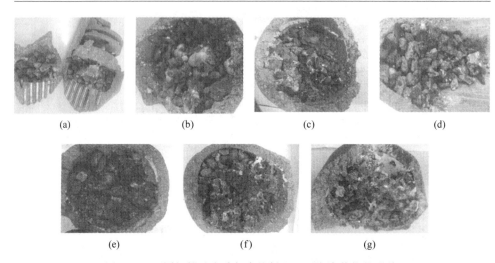

图 4-98　不同钒钛矿含碳复合炉料配比下未滴落物的形貌

（a）未添加；（b）10%VTM-CCB；（c）15%VTM-CCB；（d）20%VTM-CCB；
（e）25%VTM-CCB；（f）30%VTM-CCB；（g）40%VTM-CCB

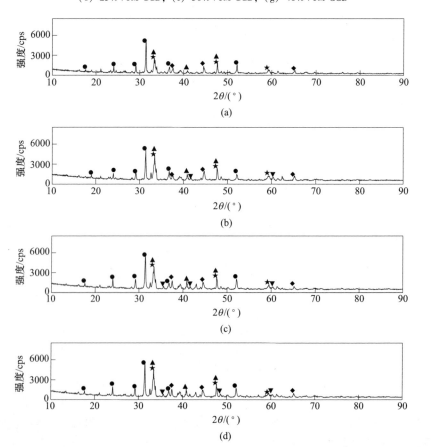

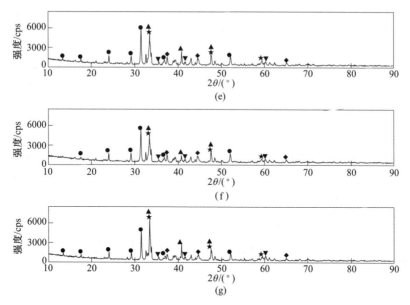

图 4-99 不同钒钛矿含碳复合炉料配比下未滴落渣的 XRD 分析

(a) 未添加；(b) 10%VTM-CCB；(c) 15%VTM-CCB；
(d) 20%VTM-CCB；(e) 25%VTM-CCB；(f) 35%VTM-CCB；(g) 40%VTM-CCB

● $Ca(Al,Mg)[(Si,Al)SiO_7]$；★ $CaTiO_3$；▲ $Ca_3Mg(SiO_4)_2$；▼ $Ti(C,N)$；◆ $MgAl_2O_4$

由图 4-99 可看出，实验过程未滴落渣中的主要物相包括：黄长石 $Ca_2(Mg_{0.5}Al_{0.5})$ $(Si_{1.5}Al_{0.5}O_7)$、钙钛矿 $CaTiO_3$、镁铝尖晶石 $MgAl_2O_4$、镁硅钙石 $Ca_3Mg(SiO_4)_2$ 和碳氮化钛 $Ti(C,N)$。从衍射峰强度来看，随钒钛矿含碳复合炉料添加比例的提高，$CaTiO_3$ 含量呈增加的趋势，这是由于钒钛矿含碳复合炉料中 TiO_2 含量高于球团矿，随其配比的增加，综合炉料渣中 TiO_2 含量相应提高。当钒钛矿含碳复合炉料的配比超过 25% 时，未滴落渣中 $Ti(C,N)$ 衍射峰增强，质量分数增加，恶化渣铁的熔滴性能。综合考虑综合炉料软熔、滴落和透气性能，适宜的钒钛矿含碳复合炉料添加比例为 20%。

4.5.3 钒钛矿含碳复合炉料与氧化球团矿交互作用

在考察钒钛矿含碳复合炉料和氧化球团矿交互作用时，将球团矿和钒钛矿含碳复合炉料经混装后还原，具体实验方案列于表 4-30。

表 4-30 钒钛矿含碳复合炉料和球团矿混装还原实验方案

方案	球团矿比例/%	VTM-CCB 比例/%	碳氧比	气氛	温度/℃	时间/min
1	100	0	—	30%CO+ 70%N_2	800~1100	40
2	80	20	0.8			

续表 4-30

方案	球团矿比例/%	VTM-CCB 比例/%	碳氧比	气氛	温度/℃	时间/min
3	80	20	1.0	30%CO+ 70%N$_2$	800~1100	40
4	80	20	1.2			
5	80	20	1.4			

此外，设计了 4 组钒钛矿含碳复合炉料和球团矿压片还原实验。压片还原实验方案列于表 4-31，压片还原实验用钒钛矿含碳复合炉料和球团矿压片试样尺寸见图 4-100（a）。将还原后试样进行固化并沿轴向对称剖开，对剖面中钒钛矿含碳复合炉料和球团矿的交界面进行 SEM-EDS 分析。

表 4-31　钒钛矿含碳复合炉料和球团矿压片还原实验方案

方　案	还原温度/℃	气氛	还原时间/min
球团矿+VTM-CCB（FC/O=0.8）	900	30%CO+ 70%N$_2$	40
球团矿+VTM-CCB（FC/O=1.4）	900		40
球团矿+VTM-CCB（FC/O=0.8）	1100		40
球团矿+VTM-CCB（FC/O=1.4）	1100		40

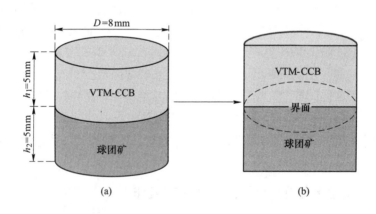

图 4-100　钒钛矿含碳复合炉料和球团压片示意图
（a）钒钛矿含碳复合炉料和球团矿压片形貌；（b）钒钛矿含碳复合炉料和球团矿压片剖面

为考察软熔带中钒钛矿含碳复合炉料和球团矿的交互作用，对钒钛矿含碳复合炉料和球团矿组成的综合炉料进行熔滴实验，并与单一球团矿的熔滴实验进行比较，实验方案见表 4-32。此外，设计了 4 组钒钛矿含碳复合炉料和球团矿压片软熔实验，具体方案列于表 4-33。

表 4-32　钒钛矿含碳复合炉料和球团矿混装熔滴实验方案

方案	球团矿比例/%	VTM-CCB 比例/%	碳氧比	气氛	升温制度
1	100	0	—	熔滴实验气氛	熔滴实验温度制度
2	80	20	0.8		
3	80	20	1.0		
4	80	20	1.2		
5	80	20	1.4		

表 4-33　钒钛矿含碳复合炉料与球团矿软熔过程交互行为实验方案

方　案	还原温度/℃	气氛（体积分数）	还原时间/min
球团矿+VTM-CCB（FC/O=0.8）	1200	30%CO+70%N₂	5
球团矿+VTM-CCB（FC/O=0.8）	1200		10
球团矿+VTM-CCB（FC/O=1.4）	1200		5
球团矿+VTM-CCB（FC/O=1.4）	1200		10

4.5.3.1　高炉块状带钒钛矿含碳复合炉料与氧化球团矿还原交互作用

A　钒钛矿含碳复合料对氧化球团矿还原度的影响

图 4-101 为不同碳氧比的钒钛矿含碳复合炉料和球团矿混装还原后形貌。不同还原条件下的钒钛矿含碳复合炉料还原后结构完整，而球团矿表面出现少量裂纹。

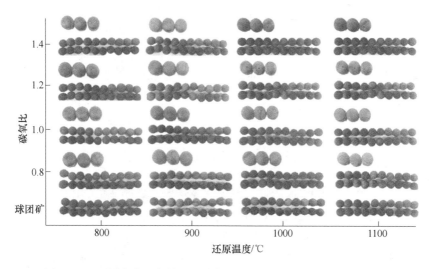

图 4-101　不同条件下钒钛矿含碳复合炉料和球团矿混装还原后形貌

　　定义球团矿的还原度为还原过程的损失量与还原前总的含氧量比值（质量百分比），计算公式如下：

$$R = \frac{m_0 - m_t}{m_0 \times w_{FeO} \times 16/72 + m_0 \times w_{Fe_2O_3} \times 48/160} \times 100\% \qquad (4\text{-}57)$$

式中　m_0——还原前球团矿的质量，g；

　　　　m_t——还原后球团矿的质量，g；

　　　　w_{FeO}——还原前球团矿中 FeO 含量，%；

　　　　$w_{Fe_2O_3}$——还原前球团矿中 Fe_2O_3 含量，%。

　　图 4-102 给出了不同方案下钒钛矿含碳复合炉料和球团矿混装还原后球团矿的还原度。当还原温度为 800℃ 和 900℃ 时，随钒钛矿含碳复合炉料碳氧比的增加，球团矿的还原度分别由 19.45% 和 22.49% 提高到 20.28% 和 23.68%，球团矿还原度的增幅分别为 0.83% 和 1.19%，提升幅度有限，这是由于当还原温度较低时，钒钛矿含碳复合炉料中碳的气化反应速率较低，钒钛矿含碳复合炉料与球团矿接触区域的 CO 浓度变化并不明显，对球团矿的还原促进作用较小。当还原温度为 1000℃ 和 1100℃ 时，随钒钛矿含碳复合碳氧比的增加，球团矿的还原度提高速率明显增加，1100℃ 时方案 1 条件的球团矿还原度为 34.84%，而在方案 5 条件下球团矿还原度提高至 36.87%，提升幅度为 2.03%。

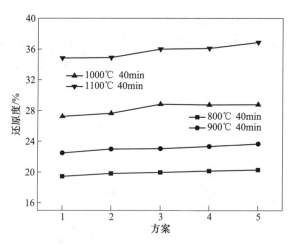

图 4-102　不同方案下钒钛矿含碳复合炉料和球团混装还原后球团矿的还原度

　　图 4-103 给出了 900℃ 时不同混装条件下还原后球团矿的 XRD 分析结果。在不同钒钛矿含碳复合炉料碳氧比条件下，还原后球团矿主要物相种类无差异，均包括 Fe_2O_3、FeO、$MgO \cdot Fe_2O_3$ 和 Fe_9TiO_{15}；从衍射峰强度来看，当钒钛矿含碳复合炉料碳氧比为 1.4 时，Fe_9TiO_{15} 稍有减弱。由此说明，添加钒钛矿含碳复合炉料对球团矿中钛铁氧化物的还原有一定促进作用。

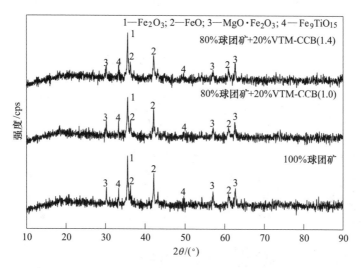

图 4-103　900℃时钒钛矿含碳复合炉料和球团矿混装还原后球团矿的 XRD 分析

　　1100℃时不同混装条件下还原后球团矿的 XRD 分析见图 4-104。还原后球团矿主要物相包括 Fe、Fe_2O_3、FeO（由于质量分数较低，未检测到含钒、钛物相）。从衍射峰强度来看，随钒钛矿含碳复合炉料的碳氧比提高，Fe_2O_3 和 FeO 衍射峰明显减弱，而金属铁衍射峰增加。结合前述球团矿还原度的变化可知，提高钒钛矿含碳复合炉料的碳氧比可促进球团矿的还原，且还原度的提升幅度随还原温度的升高而增加。

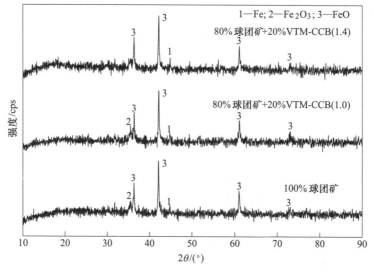

图 4-104　1100℃时钒钛矿含碳复合炉料和球团矿混装还原后球团矿的 XRD 分析

图 4-105 为不同温度条件下还原后钒钛矿含碳复合炉料和球团矿压片交界处的 SEM-EDS 分析结果。当还原温度为 900℃时，由于碳气化反应速率较低，还原

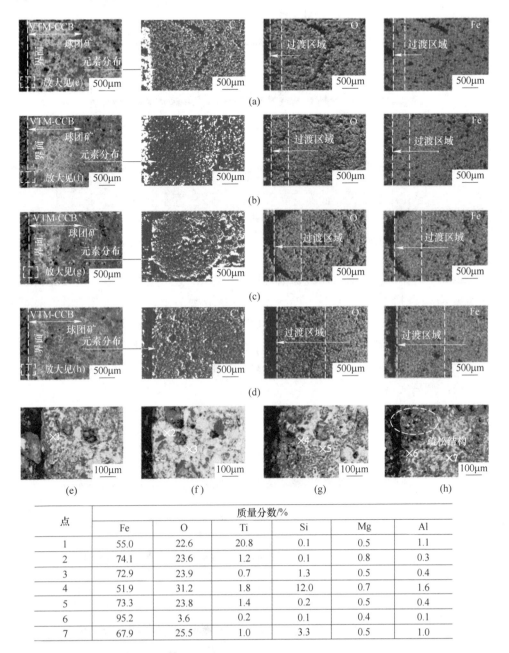

点	质量分数/%					
	Fe	O	Ti	Si	Mg	Al
1	55.0	22.6	20.8	0.1	0.5	1.1
2	74.1	23.6	1.2	0.1	0.8	0.3
3	72.9	23.9	0.7	1.3	0.5	0.4
4	51.9	31.2	1.8	12.0	0.7	1.6
5	73.3	23.8	1.4	0.2	0.5	0.4
6	95.2	3.6	0.2	0.1	0.4	0.1
7	67.9	25.5	1.0	3.3	0.5	1.0

图 4-105　钒钛矿含碳复合炉料和球团矿压片还原后交界处 SEM-EDS 分析结果

(a) 900℃，FC/O=0.8；(b) 900℃，FC/O=1.4；(c) 1100℃，FC/O=0.8；

(d) 1100℃，FC/O=1.4；(e)~(h) 图 (a)~(d) 中的局部区域放大

后钒钛矿含碳复合炉料界面处仍存在大量的碳。从氧元素的分布可知，在球团矿界面处氧元素存在明显的浓度梯度（过渡区），过渡区域的宽度随碳氧比的提高并不明显，由此说明此温度条件下提升钒钛矿含碳复合炉料碳氧比对球团矿界面处的还原促进作用有限。当还原温度提高到1100℃时，此时碳气化反应速率增加，钒钛矿含碳复合炉料界面处碳大量消耗，而碳气化反应生成的CO会促进球团矿界面处的还原。由图4-105(c)和(d)中的元素分布可知，此时球团矿交界面处氧元素浓度梯度区间增宽，且该过渡区域随碳氧比的提高明显增宽，表明此温度条件下钒钛矿含碳复合炉料对球团矿还原促进明显，且还原促进的作用随碳氧比的提高明显增强。结合图4-105(e)~(h)中的EDS分析可知，当温度为900℃时，还原后球团矿的界面处仍以铁氧化物（点1）为主；当温度为1100℃时，球团矿界面处出现金属铁（亮白色相，点6）。对比图4-105(g)和(h)可见，亮白色的金属铁随碳氧比提高而增多。综上所述，混装钒钛矿含碳复合炉料可有效促进球团矿还原，且对球团矿还原促进作用随温度和碳氧比增加而提升。

B　氧化球团矿还原后抗压强度

图4-106给出了不同方案下球团矿还原前后的抗压强度。球团矿还原后强度随温度的升高明显降低，由还原前的2538.0N降低至1100℃还原后的280.0N；从混装的钒钛矿含碳复合炉料的碳氧比影响来看，相同温度条件下球团矿还原后强度随钒钛矿含碳复合炉料碳氧比的增加而缓慢降低。

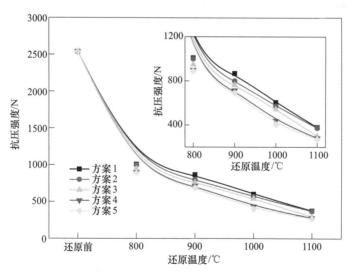

图4-106　不同温度条件下钒钛矿含碳复合炉料和球团矿混装还原前后球团矿的抗压强度

图4-107给出了不同条件下混装还原后球团矿的微观结构。相比于还原前，还原后球团矿内部孔隙明显增加。对比不同还原条件下球团矿的微观结构发现，

随混装钒钛矿含碳复合炉料碳氧比和还原温度的提高，还原后球团矿内部的孔洞数量及尺寸明显增加，这与球团矿还原后抗压强度变化规律一致。

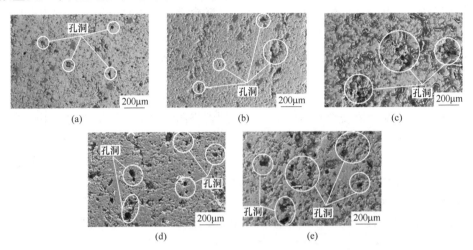

图 4-107　不同条件下还原前后球团矿的微观结构
（a）还原前；（b）方案 1 中 800℃还原后；（c）方案 1 中 1100℃还原后；
（d）方案 5 中 800℃还原后；（e）方案 5 中 1100℃还原后

C　钒钛矿含碳复合料还原后抗压强度

图 4-108 给出了不同条件下钒钛矿含碳复合炉料还原后抗压强度。钒钛矿含碳复合炉料还原后抗压强度不仅与温度有关，且与碳氧比密切相关。当碳氧比为 1.2 和 1.4 时，随温度升高还原后强度明显降低；当碳氧比为 1.0 时，还原后强度先逐渐降低，然后当温度高于 1000℃时逐渐趋于平缓；当碳氧比为 0.8 时，还原后强度随温度的升高呈先降低后增加的趋势，当还原温度为 1100℃时，还原后强度明显提升至 937N。

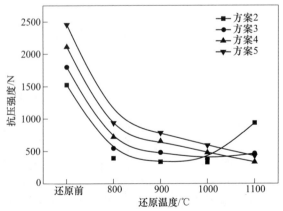

图 4-108　不同温度条件下还原前后钒钛矿含碳复合炉料抗压强度

图 4-109 为不同温度条件下还原前后的钒钛矿含碳复合炉料 SEM 分析结果。钒钛矿含碳复合炉料还原后强度主要与其内部碳消耗（固化半焦的破坏）产生的裂纹以及新生金属铁连晶有关。

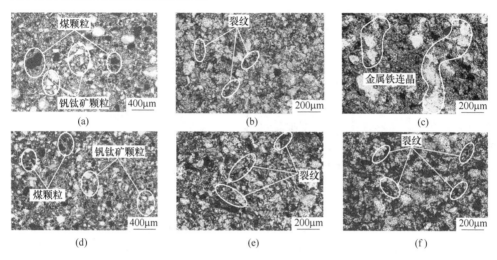

图 4-109 不同条件下混装还原前后钒钛矿含碳复合炉料的微观结构

（a）还原前 VTM-CCB（FC/O=0.8）；（b）方案 2 中 900℃还原后 VTM-CCB（FC/O=0.8）；
（c）方案 2 中 1100℃还原后 VTM-CCB（FC/O=0.8）；（d）还原前 VTM-CCB（FC/O=1.4）；
（e）方案 5 中 900℃还原后 VTM-CCB（FC/O=1.4）；（f）方案 5 中 1100℃还原后 VTM-CCB（FC/O=1.4）

由图 4-109（a）~（c）可看出，当碳氧比为 0.8 时，随温度的升高内碳氧逐渐消耗，内部产生明显的孔洞和裂纹；当还原温度提高到 1100℃，由于内部煤粉大量消耗，新生金属铁连晶大面积生长，还原后强度显著提高。由图 4-109（d）~（f）可看出，当碳氧比为 1.4 时，由于碳的过剩，残留碳颗粒阻碍金属铁连晶，同时碳的消耗产生大量裂纹和孔洞，因此还原后强度随温度升高呈明显下降的趋势。

4.5.3.2 高炉软熔带钒钛矿含碳复合炉料与氧化球团矿熔滴交互作用

A 钒钛矿含碳复合料和氧化球团矿软化过程交互作用

图 4-110 给出了钒钛矿含碳复合炉料的碳氧比对综合炉料软化性能的影响。未添加钒钛矿含碳复合炉料时，球团软化开始温度 T_4 为 1138.8℃，软化终了温度 T_{40} 为 1233.5℃，软化区间较窄，为 94.7℃；随钒钛矿含碳复合炉料碳氧比的提高，T_4 和 T_{40} 均呈先降低后升高的趋势，软化区间（$T_{40}-T_4$）则逐渐变宽，在方案 5 时软化区间增宽至 114.2℃。

当球团矿比例和性能保持一定时，软化开始温度和软化终了温度的变化与钒钛矿含碳复合炉料自身的收缩、软化特性及两者的交互作用有关，而钒钛矿含碳复合炉料自身的收缩、软化特性与其还原过程煤粉的消耗、液态渣铁的生成、聚

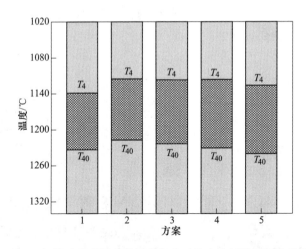

图 4-110　钒钛矿含碳复合炉料碳氧比对综合炉料软化性能的影响

集长大有关。基于 Fact Sage 7.2 软件的 Equilibrium 模块对不同碳氧比的钒钛矿含碳复合炉料进行热力学平衡计算，结果见图 4-111，计算过程输入的原料质量为 100g，体系压力 0.101325MPa，数据库为 Fact Ps、FToxide 和 FSstel。当碳氧比为 0.8 时，钒钛矿含碳复合炉料的液态渣相量生成温度较低、生成量较大，有利于综合炉料的收缩。此外，钒钛矿含碳复合炉料具备优异的还原性，内部碳素消耗会引起体积收缩。综合两方面因素，当钒钛矿含碳复合炉料碳氧比为 0.8 时，综合炉料的软化开始和终了温度明显降低。随碳氧比的提高，液态渣量减少和残碳

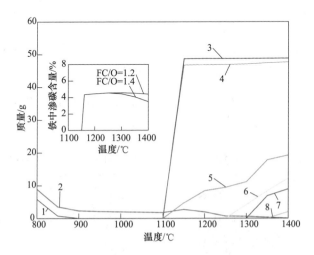

图 4-111　碳氧比对钒钛矿含碳复合炉料不同温度液态渣铁的生成及残碳量的影响

1—残留碳含量(FC/O=1.2)；2—残留碳含量(FC/O=1.4)；3—液态铁(FC/O=1.2)；4—液态铁(FC/O=1.4)；
5—液态渣（FC/O=0.8）；6—液态渣（FC/O=1.0）；7—液态渣（FC/O=1.2）；8—液态渣（FC/O=1.4）

量增加将抑制综合炉料的软化和收缩，表现为软化开始和终了温度的升高。

图 4-112 给出了钒钛矿含碳复合炉料（FC/O=0.8）和球团矿压片 1200℃还原 5min 时界面处的 SEM-EDS 分析结果。可以看出，在球团矿和钒钛矿含碳复合炉料界面处存在大量长条状孔隙，远离界面处的球团矿中存在较多圆形孔洞，而在钒钛矿含碳复合炉料中并未发现孔隙，两者的交界面处无明显软化、黏结现象；由于钒钛矿含碳复合炉料和球团矿还原性的差异，球团矿中以铁氧化物为主，而钒钛矿含碳复合炉料中则生成了大量金属铁，内碳氧已基本完全消耗。

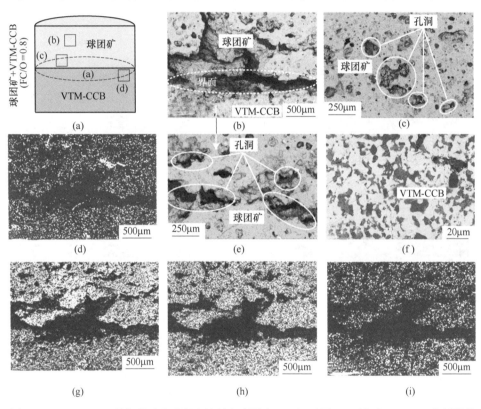

图 4-112　FC/O=0.8 的钒钛矿含碳复合炉料和球团矿 1200℃还原 5min 界面 SEM-EDS 分析结果
（a）压片；（b）界面；（c）远离界面球团矿侧；（d）靠近界面球团矿侧；（e）靠近界面 VTM-CCB 侧
（f）C 的分布；（g）O 的分布；（h）Fe 的分布；（i）Si 的分布

图 4-113 给出了钒钛矿含碳复合炉料（FC/O=0.8）和球团矿压片 1200℃还原 10min 时界面处的 SEM-EDS 分析结果。此时交界面处孔隙逐渐发展成圆形，且数量明显减少，结合元素的面扫描可见两者的界面处发生明显的黏结现象，黏结层主要包含亮色相（金属铁，点 1）、浅灰色相（铁氧化物，点 3）、灰色相（钛铁氧化物，点 2）和深色相（点 4 和点 5），深色相的 EDS 显示其硅、铁、氧的原子计量数比为 1.0 : 2.2 : 4.1，可推断该物相为铁橄榄石（Fe_2SiO_4）。由

于铁橄榄石熔点较低，熔化的铁橄榄石相包裹并填充在金属铁、铁氧化物和钛铁氧化物颗粒之间，使得黏结层整体结构致密，见图 4-113（d）。加速界面处的软熔和收缩，从而使综合炉料的软化开始和终了温度降低。

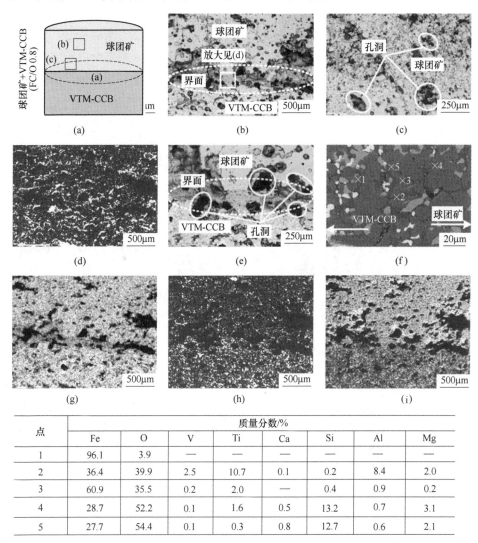

点	质量分数/%							
	Fe	O	V	Ti	Ca	Si	Al	Mg
1	96.1	3.9	—	—	—	—	—	—
2	36.4	39.9	2.5	10.7	0.1	0.2	8.4	2.0
3	60.9	35.5	0.2	2.0	—	0.4	0.9	0.2
4	28.7	52.2	0.1	1.6	0.5	13.2	0.7	3.1
5	27.7	54.4	0.1	0.3	0.8	12.7	0.6	2.1

图 4-113　FC/O＝0.8 的钒钛矿含碳复合炉料和球团矿 1200℃还原 10min 界面 SEM-EDS 分析结果
（a）压片；（b）交界面；（c）远离界面球团矿侧；（d）界面处放大；（e）黏结层放大
（f）C 的分布；（g）O 的分布；（h）Fe 的分布；（i）Si 的分布

图 4-114 给出了钒钛矿含碳复合炉料（FC/O＝1.4）和球团矿压片 1200℃还原 5min 时界面处的 SEM-EDS 分析结果。在球团矿和钒钛矿含碳复合炉料界面处存在大量孔隙，而远离界面处球团矿中的孔洞数量及尺寸明显减少，这是由于钒

钛矿含碳复合炉料对靠近界面的球团矿还原促进作用更加明显，同时由于碳氧过量，钒钛矿含碳复合炉料中存在大量残碳，阻碍了新生金属铁连晶，其自身内部同样存在较多孔洞和裂纹。在两者的交界处，可见宽度较窄的亮白色带状区域，结铁元素的分布图可知，该带状区域是以金属铁为主的金属铁壳层。

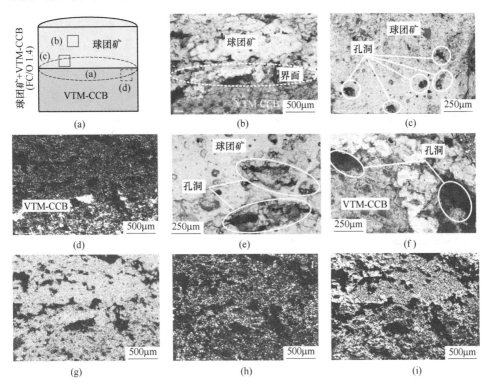

图 4-114　FC/O=1.4 的钒钛矿含碳复合炉料和球团矿 1200℃还原 5min 界面 SEM-EDS 分析结果

（a）压片；（b）交界面；（c）远离界面球团矿侧；（d）靠近界面球团矿侧；（e）界面放大；

（f）C 的分布；（g）O 的分布；（h）Fe 的分布；（i）Si 的分布

图 4-115 给出了钒钛矿含碳复合炉料（FC/O=1.4）和球团矿压片 1200℃还原 10min 时界面处 SEM-EDS 分析结果。此时，交界面处的黏结现象加剧，黏结层（亮白色带状区域）明显变宽。由于钒钛矿含碳复合炉料碳氧量充足，可强化界面处球团的还原。结合元素分布可知，黏结层是以金属铁为主，同时含有少量的铁氧化物和铁橄榄石的混合金属铁壳结构。

由图 4-115（g）可看出，在黏结层靠近球团矿一侧存在明显的软化现象，对此区域放大发现其主要包含铁橄榄石、铁氧化物、钛铁氧化物和少量的金属铁。至此可推断，当碳氧比为 1.4 时，在钒钛矿含碳复合炉料和球团矿界面处，自两者交界面向球团矿方向延伸主要存在两层带状区域，分别为以金属铁为主的混合金属铁壳层和以铁橄榄石为主的软熔层，尽管靠近球团矿内侧的软熔层会促进球团矿软化，但两者界面处形成的混合金属铁壳具备较高的强度，可有效缓解、抑制综合炉料在高温下的软化、坍塌现象，提高综合炉料软化开始和终了温度的同时，改善料柱的透气性。

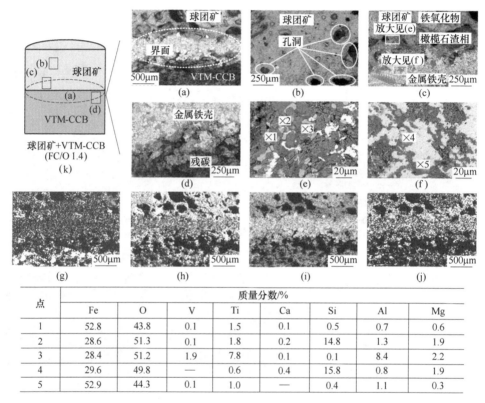

点	质量分数/%							
	Fe	O	V	Ti	Ca	Si	Al	Mg
1	52.8	43.8	0.1	1.5	0.1	0.5	0.7	0.6
2	28.6	51.3	0.1	1.8	0.2	14.8	1.3	1.9
3	28.4	51.2	1.9	7.8	0.1	0.1	8.4	2.2
4	29.6	49.8	—	0.6	0.4	15.8	0.8	1.9
5	52.9	44.3	0.1	1.0	—	0.4	1.1	0.3

图 4-115　FC/O=1.4 的钒钛矿含碳复合炉料和球团矿 1200℃ 还原 10min 界面 SEM-EDS 分析结果
(a) 交界面；(b) 远离界面球团矿侧；(c) 靠近界面球团矿侧；
(d) 靠近界面 VTM-CCB 侧；(e) 球团和黏结层过渡区域放大；(f) 黏结层放大；
(g) C 的分布；(h) O 的分布；(i) Fe 的分布；(j) Si 的分布；(k) 压片

B　钒钛矿含碳复合料与氧化球团矿熔化过程交互作用

图 4-116 给出了钒钛矿含碳复合炉料碳氧比对综合炉料熔化性能的影响。在未添加钒钛矿含碳复合炉料时，单一球团矿的熔化开始温度 T_S 为 1272.9℃，滴落温度 T_D 为 1460.3℃，熔化温度区间为 187.4℃；随钒钛矿含碳复合炉料加入，熔化开始温度 T_S 随碳氧比的提高而逐渐升高，在方案 5 时达 1294.0℃；滴落温度 T_D 随碳氧比的提高而先降低后升高；熔化温度区间则先收窄后变宽，在方案 3 时最窄，为 174.6℃。

对 1300℃ 时不同条件下的初渣进行成分分析，并采用 Fact Sage 7.2 软件的 Equilibrium 模块计算初渣熔点，结果见图 4-117。提高钒钛矿含碳复合炉料碳氧比可强化综合炉料的还原，初渣中 FeO 含量逐渐降低，由单一球团矿时的

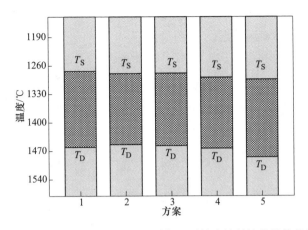

图4-116　钒钛矿含碳复合炉料的碳氧比对综合炉料熔化性能的影响

31.26%降低至方案5时的26.88%，相应初渣熔点由1233.6℃升高至1262.7℃，使综合炉料熔化开始温度T_S逐渐升高。

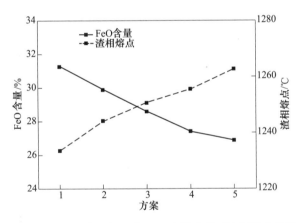

图4-117　不同方案下初渣中FeO含量及其对渣相熔点的影响

滴落温度T_D与铁相熔点及渣相黏度有关。作为一种内碳氧球团矿，钒钛矿含碳复合炉料的添加可促进铁相的渗碳，降低铁相熔点，使得滴落温度条件下降。图4-118为不同方案下未滴落渣铁的SEM-EDS分析结果。方案1条件下的未滴落渣主要包括硅酸盐和镁铝尖晶石，渣、铁相互包裹，铁相弥散分布在渣相之中；在方案3条件下，当碳氧比为1.0时，钒钛矿含碳复合炉料可强化渗碳，改善铁相的聚集和长大，提升渣铁的分离效果，从而降低滴落温度；添加碳氧比为1.4的钒钛矿含碳复合炉料（方案3），一方面残碳的存在（点8）增加了渣、铁穿透的阻力；另一方面，由于碳的过量，加速了钛氧化物的进一步还原，渣中析出了高熔点物质Ti（C，N）（点9）。大量的研究指出，在钒钛矿冶炼过程中，

Ti(C,N)的析出将严重恶化炉渣黏度及其流动性。综合以上因素分析，当碳氧比为1.4时，综合炉料滴落温度T_D明显上升。

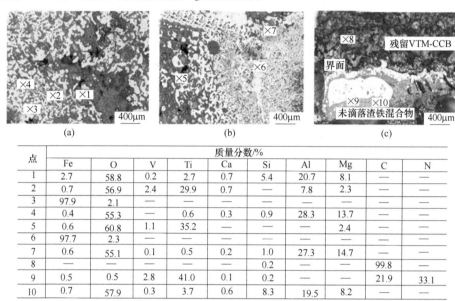

点	质量分数/%									
	Fe	O	V	Ti	Ca	Si	Al	Mg	C	N
1	2.7	58.8	0.2	2.7	0.7	5.4	20.7	8.1	—	—
2	0.7	56.9	2.4	29.9	0.7	—	7.8	2.3	—	—
3	97.9	2.1	—	—	—	—	—	—	—	—
4	0.4	55.3	—	0.6	0.3	0.9	28.3	13.7	—	—
5	0.6	60.8	1.1	35.2	—	—	—	2.4	—	—
6	97.7	2.3	—	—	—	—	—	—	—	—
7	0.6	55.1	0.1	0.5	0.2	1.0	27.3	14.7	—	—
8	—	—	—	—	—	0.2	—	—	99.8	—
9	0.5	0.5	2.8	41.0	0.1	0.2	—	—	21.9	33.1
10	0.7	57.9	0.3	3.7	0.6	8.3	19.5	8.2	—	—

图 4-118　不同方案下未滴落渣铁的 SEM-EDS 分析结果
(a) 方案 1；(b) 方案 3；(c) 方案 5

C　软熔过程交互作用对透气性的影响

图 4-119 给出了钒钛矿含碳复合炉料碳氧比对料柱透气性的影响。相比于单

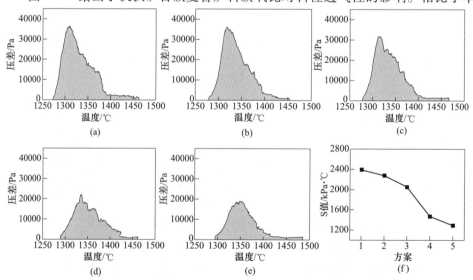

图 4-119　钒钛矿含碳复合炉料碳氧比对料柱透气性的影响
(a) 方案 1；(b) 方案 2；(c) 方案 3；(d) 方案 4；(e) 方案 5；(f) S 值

一球团矿，添加钒钛矿含碳复合炉料后料柱的最大压差明显降低，由方案1时的36484.2Pa降低至方案5时的19154.6Pa；对熔滴过程总特征值 S 的求解结果表明，随钒钛矿含碳复合炉料碳氧比的提高，S 值显著降低，由方案1时的2389.8kPa·℃降低至方案5时的1291.9kPa·℃，料柱透气性明显改善。

软熔过程的透气性与料柱的宏观结构及其孔隙度有关。相同温度条件下料柱的收缩率越高，致密度越高，孔隙率越小，透气性越差。图4-120为不同方案下料柱在软熔带的收缩率及未滴落物形貌。单一球团矿的料柱收缩率明显高于添加钒钛矿含碳复合炉料时料柱的收缩率，且收缩率随钒钛矿含碳复合炉料碳氧比的提高而降低。在方案1和方案2条件下，未滴落物中主要包括渣铁混合物和残留的焦炭，且渣铁混合层厚度大，结构致密；在方案3~5条件下，除渣铁混合物和焦炭之外，还存在残留的钒钛矿含碳复合炉料，且残留的钒钛矿含碳复合炉料数量随碳氧比提高而增加。残留的钒钛矿含碳复合炉料在熔融渣铁中起骨架作用，使料柱孔隙增加，降低还原气通过阻力，改善料柱透气性。

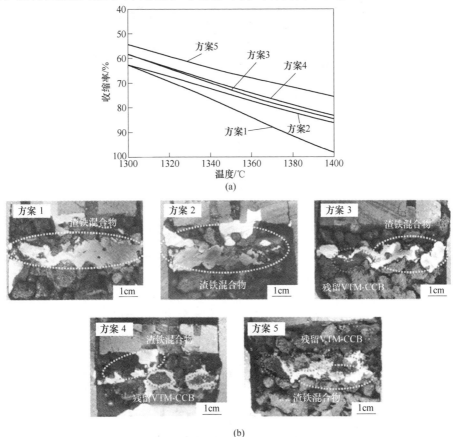

图4-120 不同方案下软熔带料柱收缩率及熔滴实验结束后料柱的剖面照片

(a) 不同方案下料柱在软熔带的收缩率；(b) 不同方案下料柱剖面宏观形貌

　　软熔过程料柱的孔隙度与液态渣相的生成量有关。液态渣在料柱孔隙中的填充分布将减少气流通道，恶化料柱透气性。图 4-121 为 1400℃时 CaO-SiO_2-TiO_2-

方案	CaO	SiO₂	MgO	Al₂O₃	TiO₂	FeO
1	1.22	28.73	6.74	17.22	27.90	18.19
2	1.23	28.00	6.61	18.9	28.77	16.49
3	1.25	28.38	6.63	18.96	28.71	16.07
4	1.28	28.74	6.64	19.00	28.68	15.67
5	1.30	29.09	6.65	19.05	28.64	15.28

(a)

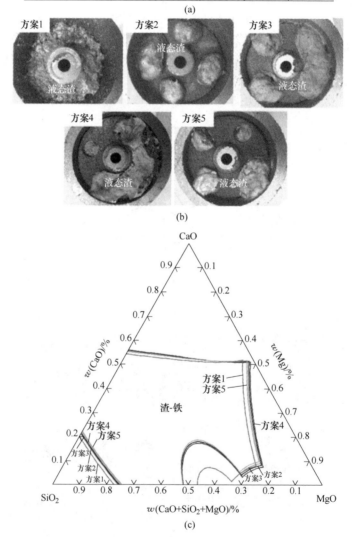

(b)

(c)

图 4-121　1400℃时 CaO-SiO_2-TiO_2-MgO-Al_2O_3-FeO 等温截面图及未滴落渣成分与形貌

（a）不同方案下渣相的化学成分（质量分数，%）；（b）熔滴实验后不同方案下溢出的液态渣形貌；

（c）CaO-SiO_2-TiO_2-MgO-Al_2O_3-FeO

MgO-Al$_2$O$_3$-FeO 等温截面图及未滴落渣成分与形貌。在方案1条件下可见大量液态渣生成并覆盖在石墨坩埚料压板上，而在方案2~5条件下，坩埚内的液态渣量明显减少。对不同方案下未滴落渣进行成分分析，结果见图4-121（a）。基于该成分，采用 Fact Sage 7.2 软件绘制不同方案 1400℃时 CaO-SiO$_2$-TiO$_2$-MgO-Al$_2$O$_3$-FeO 等温截面图。可以看出，方案1条件下的纯液相区面积明显大于其他方案条件下的液相区面积，而方案2~5条件下的液相区面积变化不明显，这与液态渣生成量变化趋势基本一致。综上所述，添加钒钛矿含碳复合炉料可减少软熔带核心区域的液态渣的生成与滞留，从而改善料柱透气性。

D 软熔带 Ti(C,N) 析出行为

前述研究结果表明，当钒钛矿含碳复合炉料碳氧比为 1.4 时，未滴落物中析出大量 Ti(C,N) 颗粒，滴落温度 T_D 上升，滴落性能恶化。图4-122 为碳氧比

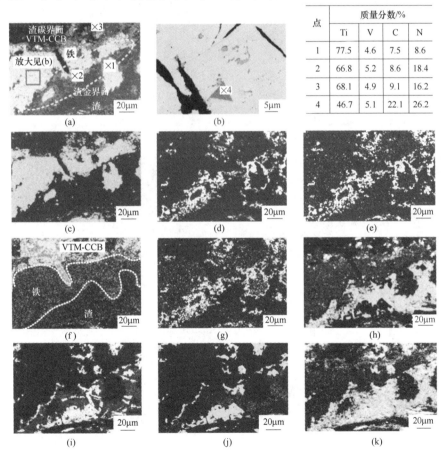

点	质量分数/%			
	Ti	V	C	N
1	77.5	4.6	7.5	8.6
2	66.8	5.2	8.6	18.4
3	68.1	4.9	9.1	16.2
4	46.7	5.1	22.1	26.2

图4-122 钒钛矿含碳复合炉料碳氧比1.4时未滴落渣铁的 SEM-EDS 分析结果

（a）渣-碳界面；（b）显微组织；（c）Fe 的分布；（d）Ti 的分布；（e）N 的分布；（f）C 的分布；

（g）V 的分布；（h）Si 的分布；（i）Mg 的分布；（j）Al 的分布；（k）O 的分布

1.4 时未滴物的 SEM-EDS 分析结果。未滴落物中主要有未滴落铁、未滴落渣及残留的钒钛矿含碳复合炉料。从碳元素分布可看出，自钒钛矿含碳复合炉料中的残碳层向金属铁层方向存在较为明显的碳浓度梯度，表明钒钛矿含碳复合炉料中的过剩碳可强化铁相渗碳。从 Ti(C,N) 的析出区域来看，其主要分布在渣-金界面和渣-碳界面，在金属铁内部和渣相内部，发现少量 Ti(C,N) 颗粒析出。大量研究表明，Ti(C,N) 颗粒进入熔融渣、铁时，急剧增加其黏度，使炉渣变稠，渣铁分离困难。因此，从控制 Ti(C,N) 的析出来看，需合理控制钒钛矿含碳复合炉料的碳氧比。

　　基于前述 Ti(C,N) 的析出行为，可推断渣-金界面及渣-碳界面 Ti(C,N) 的析出机理，见图 4-123。在渣-金界面处，由于钒钛矿含碳复合炉料的强化渗碳作用促进铁相中的 [C] 与渣中的 (TiO₂) 发生还原反应生成 [Ti] 和 TiC，当 [Ti] 的生成速度大于渣-金界面处 [Ti] 与 [C] 反应析出 TiC 的速度时，过量的 [Ti] 将向金属铁内部扩散，并在金属铁内部与 [C] 反应析出 TiC。在 N₂ 存在的条件下，TiC 极易与 N₂ 反应生成 Ti(C,N) 固溶体。渣-碳界面的 Ti(C,N) 析出可用经典的吸附模型进行描述，即渣中 (TiO₂) 先吸附于碳颗粒表面，后在碳颗粒表面被还原成 Ti(C,N)，见图 4-123 (b)。

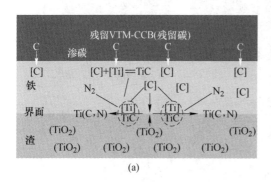
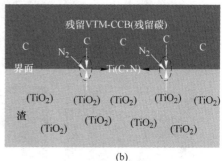

(a)　　　　　　　　　　　　　　(b)

图 4-123　Ti(C,N) 析出机理示意图
(a) 渣-金界面；(b) 渣-碳界面

4.5.4　钒钛矿含碳复合炉料与烧结矿交互作用

4.5.4.1　高炉块状带钒钛矿含碳复合炉料与烧结矿还原交互作用

在考察钒钛矿含碳复合炉料与烧结矿交互作用时，混合料中的钒钛矿含碳复合炉料比例为 20%，烧结矿比例为 80%，模拟高炉块状带的还原实验方案列于表 4-34。

表 4-34 钒钛矿含碳复合炉料和烧结矿块状带还原实验方案

方案	烧结矿比例/%	VTM-CCB 比例/%	碳氧比	气氛	还原温度/℃	还原时间/min
1	100	0	—			
2	80	20	0.8	30%CO+70%N$_2$	800~1100	40
3	80	20	1.0			
4	80	20	1.2			
5	80	20	1.4			

对钒钛矿含碳复合炉料和烧结矿组成的综合炉料进行熔滴实验，并与单一烧结矿的熔滴实验进行比较，方案列于表 4-35。此外，针对表 4-35 中 5 组方案分别设计了 3 组熔滴中断实验，即当料温达到 1200℃、1300℃和 1400℃时停止加热并通氮气保护、冷却，后对不同方案、不同中断温度条件下冷却后的综合炉料进行成分和 SEM-EDS 分析。

表 4-35 钒钛矿含碳复合炉料和烧结矿混装熔滴实验方案

方案	烧结矿比例/%	VTM-CCB 比例/%	碳氧比	气氛	升温制度
1	100	0	—		
2	80	20	0.8	熔滴实验气氛	熔滴实验温度制度
3	80	20	1.0		
4	80	20	1.2		
5	80	20	1.4		

A 钒钛矿含碳复合料对烧结矿还原的影响

图 4-124 为不同碳氧比的钒钛矿含碳复合炉料和烧结矿混装还原后形貌。还原后钒钛矿含碳复合炉料结构完整，表面未出现明显裂纹；而不同条件下还原后的烧结矿均有一定程度的粉化，产生了少量颗粒及粉末。

图 4-125 给出了不同还原温度下烧结矿的还原度。在钒钛矿含碳复合炉料碳氧比一定条件下，烧结矿还原度随温度的提高而增加；而当温度一定时，烧结矿的还原度随混装钒钛矿含碳复合炉料碳氧比的提高而增加。当还原温度为 800℃时，单一烧结矿的还原度为 22.23%，而与钒钛矿含碳复合炉料（FC/O = 1.4）混装还原后的烧结矿还原度提高到 26.47%，提升幅度为 4.24%；当还原温度为 1100℃时，单一烧结矿的还原度为 34.45%，而与钒钛矿含碳复合炉料（FC/O = 1.4）混装还原后的烧结矿还原度提高到 46.15%，提升幅度达到 11.70%。可以看出，混装钒钛矿含碳复合炉料对烧结矿还原促进作用随温度的升高而明显提升。

B 高炉块状带钒钛矿含碳复合料与含铁炉料还原交互作用机理

钒钛矿含碳复合炉料可促进烧结矿和球团矿的还原，且烧结矿和球团矿还原

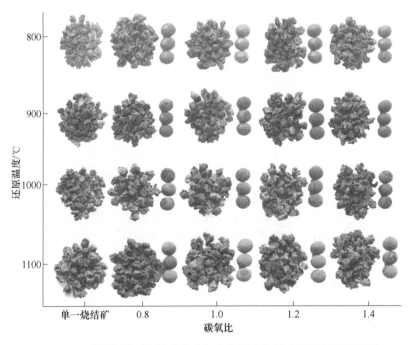

图 4-124　不同条件下钒钛矿含碳复合炉料和烧结矿混装还原后形貌

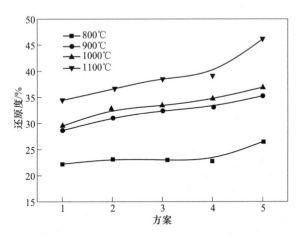

图 4-125　不同还原温度下烧结矿的还原度

度的提升幅度随钒钛矿含碳复合炉料碳氧比和还原温度的提高而增加，交互作用机理见图 4-126。作为一种内碳氧球团矿，钒钛矿含碳复合炉料和烧结矿/球团矿的接触面存在碳气化反应和铁氧化物还原反应的耦合效应，即烧结矿/球团矿中铁氧化物还原生成的 CO_2 经界面扩散至钒钛矿含碳复合炉料中，并与其中的碳发生气化反应，而气化反应生成的 CO 则反哺于烧结矿和球团矿中铁氧化物的还原。当不考虑铁氧化物性质时，耦合效应主要受碳气化反应和CO、CO_2扩散的影响。因此，从碳的气化反应来看，提高还原温度和钒钛矿含碳复合炉料的配碳比，可提高局部CO浓度，强化含铁炉料的还原；另一方面，从CO和CO_2气体的扩散来看，良好的扩散条件将有助于强化两者还原过程的交互作用。作为一种多孔的含铁炉料，烧结矿孔隙度远高于球团矿孔隙度。因此，钒钛矿含碳复合炉料中碳气化反应生成的CO在烧结矿中的扩散深度将明显大于在球团矿中的扩散深度，如图4-126所示，烧结矿中界面处的还原交互作用层深度d_S必将大于球团矿中界面处的还原交互作用层深度d_P，这也是相同条件下烧结矿还原度的提升幅度大于球团矿还原度提升幅度的主要原因。因此，从强化含铁炉料还原的角度来看，采用钒钛矿含碳复合炉料代替综合炉料中部分球团矿更为合理。

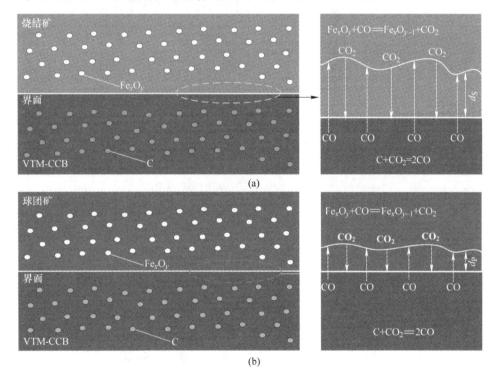

图4-126　钒钛矿含碳复合料与传统炉料还原交互作用机理示意图
（a）烧结矿与VTM-CCB界面；（b）球团矿与VTM-CCB界面

4.5.4.2　高炉软熔带钒钛矿含碳复合炉料与烧结矿熔滴交互作用

A　钒钛矿含碳复合料和烧结矿软化过程交互作用

图4-127给出了不同条件下综合炉料的软化性能。在未添加钒钛矿含碳复合炉料时，单一烧结矿的软化开始温度T_4为1133.8℃，软化终了温度T_{40}为

1270.5℃，软化区间相对较窄，为 136.7℃；随钒钛矿含碳复合炉料配碳比的提高，软化开始温度和软化终了温度均先降低后升高，软化温度区间（$T_{40} - T_4$）则逐渐变宽，在方案 5 条件下达到最大值，为 168.8℃。

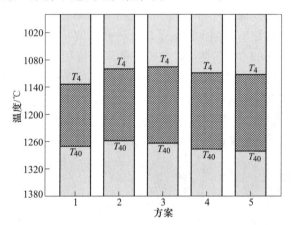

图 4-127　　钒钛矿含碳复合炉料碳氧比对综合炉料软化性能的影响

综合炉料的软化性能与钒钛矿含碳复合炉料的收缩、软化特性及烧结矿和钒钛矿含碳复合炉料的交互作用有关。图 4-128 给出了 1200℃时不同方案下的综合炉料形貌。随钒钛矿含碳复合炉料碳氧比的增加，料柱高度略有降低，这是由于随碳氧比提高，钒钛矿含碳复合炉料可强化烧结矿的还原，加之自身内碳氧消耗引起的收缩，使料柱整体收缩加剧。此温度条件下烧结矿颗粒之间及烧结矿颗粒和钒钛矿含碳复合炉料之间发生黏结现象，为阐明交互作用，对图 4-128 中的试样进行破碎并选取黏结层进行 SEM-EDS 分析。

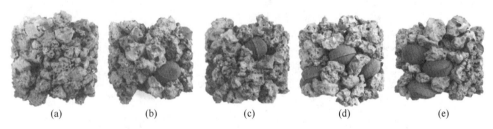

(a)　　　　　(b)　　　　　(c)　　　　　(d)　　　　　(e)

图 4-128　　1200℃时不同方案下综合炉料的形貌
（a）方案 1；（b）方案 2；（c）方案 3；（d）方案 4；（e）方案 5

图 4-129 为 1200℃时碳氧比为 0.8 的钒钛矿含碳复合炉料和烧结矿黏结层的 SEM-EDS 分析结果。由于钒钛矿含碳复合炉料为酸性原料，烧结矿为高碱度原料，因此由钙元素的浓度梯度可推断，黏结层左侧为烧结矿，右侧为钒钛矿含碳复合炉料，见图 4-129（a）。由图 4-129（b）可看出，黏结层主要包括以硅酸盐

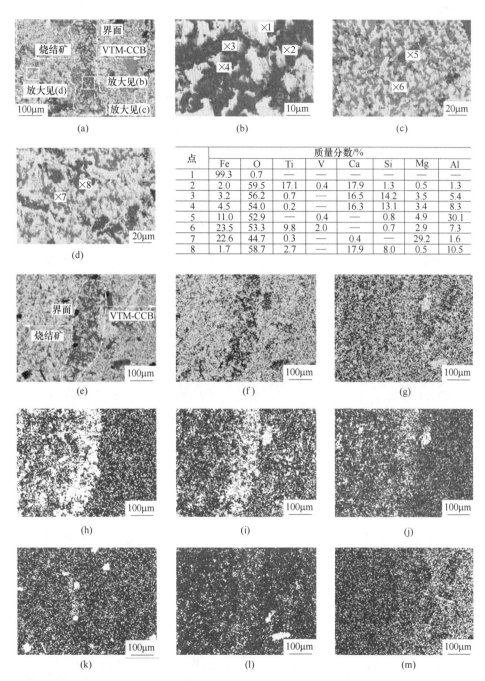

点	质量分数/%							
	Fe	O	Ti	V	Ca	Si	Mg	Al
1	99.3	0.7	—		—			
2	2.0	59.5	17.1	0.4	17.9	1.3	0.5	1.3
3	3.2	56.2	0.7	—	16.5	14.2	3.5	5.4
4	4.5	54.0	0.2	—	16.3	13.1	3.4	8.3
5	11.0	52.9	—	0.4	—	0.8	4.9	30.1
6	23.5	53.3	9.8	2.0	—	0.7	2.9	7.3
7	22.6	44.7	0.3	—	0.4	—	29.2	1.6
8	1.7	58.7	2.7	—	17.9	8.0	0.5	10.5

图 4-129   1200℃ 时碳氧比为 0.8 的钒钛矿含碳复合炉料和烧结矿黏结层 SEM-EDS 分析结果

（a）黏结层；（b）~（d）局部放大；（e）界面层；（f）Fe 的分布；（g）O 的分布；（h）Ca 的分布；
（i）Si 的分布；（j）Mg 的分布；（k）C 的分布；（l）Al 的分布；（m）Ti 的分布

为主的液态渣相（深色相，点 3~4）、金属铁（亮色相，点 1）和铁氧化物，且液态渣中存在大量的钙钛矿（灰色相，点 2）；在远离界面的烧结矿内部主要包括金属铁、铁氧化物（点 7）和硅酸盐相（点 8）；而在远离界面的钒钛矿含碳复合炉料内部主要包括金属铁和复合铁氧化物（点 5~6）。结合钙、硅、镁的元素分布可知，此时黏结层是以烧结矿边缘为基体的液态渣为主、金属铁为辅的渣铁混合结构，黏结层中大量的硅酸盐相液态渣促进两者界面的软化、收缩，从而降低综合炉料的 T_4 和 T_{40}。

图 4-130 为 1200℃时碳氧比为 1.0 的钒钛矿含碳复合炉料和烧结矿黏结层 SEM-EDS 分析结果。由元素的浓度梯度可推断，黏结层的左侧为钒钛矿含碳复合炉料，右侧为烧结矿。在远离界面的烧结矿内部，主要物相为金属铁、硅酸盐（点 5）和复合铁氧化物（点 4），钙、硅元素吻合较好，且呈片状分布，说明在烧结矿内部生成大面积的硅酸盐渣相，烧结矿自身的软熔行为加剧；而在钒钛矿含碳复合炉料内部主要有金属铁、钛氧化物和少量硅酸盐，铁、硅元素呈弥散点状分布，未见大面积液态渣相聚集，钒钛矿含碳复合炉料自身软熔受阻；而黏结层中主要有金属铁、复合铁氧化物（点 1）和硅酸盐渣相（点 3），黏结层

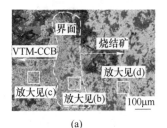

(a)

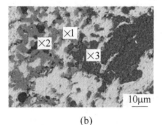

(b)

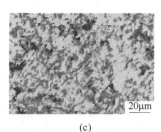

(c)

(d)

点	质量分数/%							
	Fe	O	Ti	V	Ca	Si	Mg	Al
1	29.3	46.7	13.5	1.2	0.1	—	2.6	5.4
2	4.7	53.2	0.5	—	5.4	24.3	1.7	10.3
3	2.1	55.4	—	—	28.3	13.8	0.3	—
4	21.6	43.7	0.2	—	0.5	—	30.2	2.6
5	1.6	56.7	2.8	—	18.1	7.8	0.5	12.5

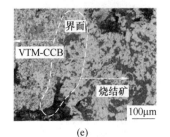

(e)

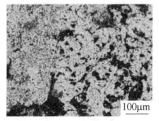

(f)

(g)

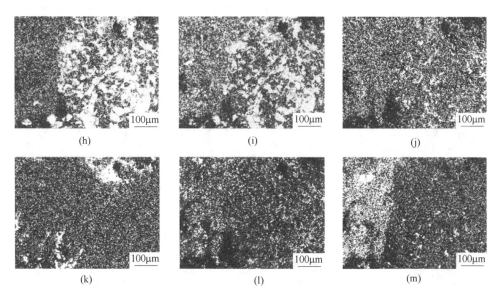

图 4-130 1200℃时碳氧比为 1.0 的钒钛矿含碳复合炉料和烧结矿黏结层 SEM-EDS 分析结果
（a）黏结层；（b）~（d）局部放大；（e）界面层；（f）Fe 的分布；（g）O 的分布；（h）Ca 的分布；
（i）Si 的分布；（j）Mg 的分布；（k）C 的分布；（l）Al 的分布；（m）Ti 的分布

内部的液态渣相对减少，金属铁明显增加，此条件下以的黏结层是以金属铁为主、液态渣为辅的渣铁混合结构。黏结层中液态渣的减少和金属铁的增多可有效抑制二者界面软化、收缩，使 T_4 和 T_{40} 逐渐提高。

图 4-131 给出了 1200℃时碳氧比为 1.2 的钒钛矿含碳复合炉料和烧结矿黏结层 SEM-EDS 分析结果。由元素的浓度梯度可推断，黏结层的左侧为钒钛矿含碳复合炉料，右侧为烧结矿。由于碳氧充分，钒钛矿含碳复合炉料内部主要为金属铁和大量的残碳，残碳的存在使其内部呈多孔疏松结构，不利于料柱的收缩；而远离界面的烧结矿内部则主要包括金属铁、硅酸盐渣相和复合铁氧化物；在界面处，由于钒钛矿含碳复合炉料极大促进了烧结矿的还原，此时烧结矿和钒钛矿含碳复合炉料界面处的液态渣继续减少，形成了较为致密的金属铁壳，此时两者的黏结实际是以金属铁连晶为主，液态渣为辅，以金属铁壳为主的黏结层具备一定的强度，可有效抑制两界面处的软化、收缩行为。因此，综合炉料的 T_4 和 T_{40} 进一步提高。

图 4-132 给出了 1200℃时碳氧比为 1.4 的钒钛矿含碳复合炉料和烧结矿界面处 SEM 分析结果。此时，由于钒钛矿含碳复合炉料的碳氧量严重过剩，界面处的残留碳阻碍了金属铁连晶以及液态渣的聚集，两者在界面处仍保持各自结构及形态，无法形成黏结。这种界面处的黏结失效使得料柱的软化、收缩受阻，即表现为 T_4 和 T_{40} 进一步升高。

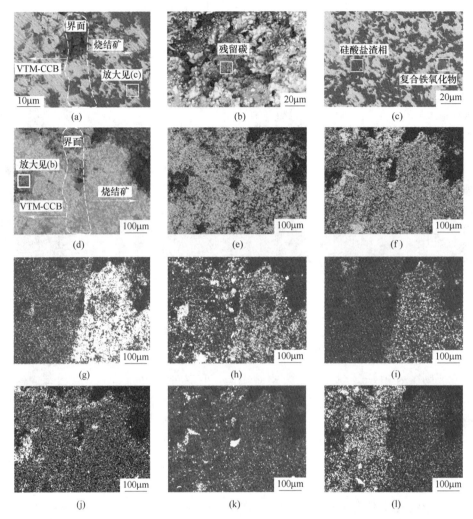

图 4-131　1200℃时碳氧比为 1.2 的钒钛矿含碳复合炉料和烧结矿黏结层 SEM-EDS 分析结果

（a）黏结层；（b）（c）局部放大；（d）界面层；（e）Fe 的分布；（f）O 的分布；（g）Ca 的分布；

（h）Si 的分布；（i）Mg 的分布；（j）C 的分布；（k）Al 的分布；（l）Ti 的分布

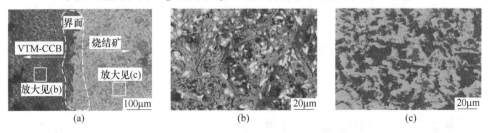

图 4-132　1200℃时碳氧比为 1.4 的钒钛矿含碳复合炉料和烧结矿黏结层 SEM 分析

（a）界面层；（b）（c）局部放大

B 钒钛矿含碳复合料与烧结矿熔化过程交互作用

图 4-133 为钒钛矿含碳复合炉料碳氧比对综合炉料熔化性能的影响。熔化开始温度 T_S 随碳氧比的提高呈先升高后趋于平缓的趋势，由单一烧结矿时的 1297.9℃ 提高至碳氧比为 1.0 时的 1321.2℃，然后基本稳定在 1325.0℃；滴落温度 T_D 则随钒钛矿含碳复合炉料碳氧比的提高先降低后逐渐上升，当碳氧比为 1.4 时，T_D 升高至 1499.8℃。

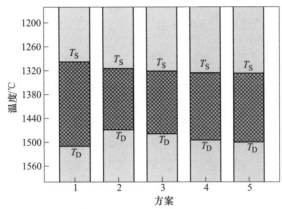

图 4-133 钒钛矿含碳复合炉料的碳氧比对综合炉料熔化性能的影响

熔化开始温度 T_S 与初渣熔点以及钒钛矿含碳复合炉料和烧结矿熔化过程的交互作用有关。图 4-134 为 1300℃ 时不同方案下综合炉料的形貌。此温度条件下，烧结矿和钒钛矿含碳复合炉料并未完全互熔，仅在表面处产生一定程度的黏结、熔化现象。因此，考虑到综合炉料中烧结矿占比 80%，在考察初渣熔点时，仍以烧结矿中的渣相成分变化为主。

图 4-134 1300℃ 时不同方案下综合炉料的形貌
(a) 方案 1；(b) 方案 2；(c) 方案 3；(d) 方案 4；(e) 方案 5

对 1300℃ 时不同方案条件下的初渣进行成分分析，并采用 Fact Sage 7.2 软件的 Equilibrium 模块计算初渣熔点，结果见图 4-135。随钒钛矿含碳复合炉料碳氧比的提高，烧结矿中 FeO 含量先明显下降后趋于平缓，由方案 1 时的 35.54% 降低至方案 5 时的 29.42%；而初渣的熔点则呈先升高后趋于平缓的趋势，由方案 1 时的 1345.6℃ 升高至方案 5 时的 1389.3℃，这与熔化开始温度 T_S 的变化趋势基本一致。

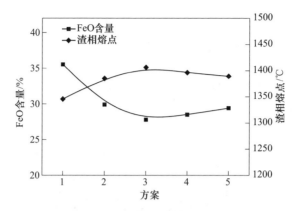

图 4-135   不同方案下烧结矿初渣中 FeO 含量及其对渣相熔点的影响

图 4-136 为 1300℃时单一烧结矿的 SEM-EDS 分析结果。此温度条件下烧结矿中主要包含金属铁（点 1）、铁氧化物（点 2）、液态硅酸盐渣相（点 3：Ca-Si-O，点 4：Ca-Si-Al-O）和钙钛矿（点 5）。其中，液态渣铁弥散均匀分布，钙钛矿主要分布在硅酸盐渣相（Ca-Si-Al-O）中，而在液态渣相和金属铁的界面处可见大量未还原的铁氧化物（浮氏体），这与初渣成分分析的 FeO 含量高达 35.54% 相一致。

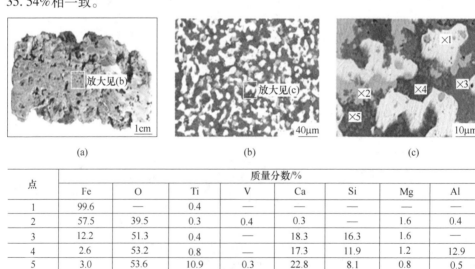

点	质量分数/%							
	Fe	O	Ti	V	Ca	Si	Mg	Al
1	99.6	—	0.4	—	—	—	—	—
2	57.5	39.5	0.3	0.4	0.3	—	1.6	0.4
3	12.2	51.3	0.4	—	18.3	16.3	1.6	—
4	2.6	53.2	0.8	—	17.3	11.9	1.2	12.9
5	3.0	53.6	10.9	0.3	22.8	8.1	0.8	0.5

图 4-136   1300℃时烧结矿的 SEM-EDS 分析结果

（a）方案 1：100% 烧结矿；（b）图（a）中的局部放大；（c）图（b）中的局部放大

图 4-137 为 1300℃时碳氧比为 0.8 的钒钛矿含碳复合炉料和烧结矿界面处 SEM-EDS 分析结果。由综合炉料剖面形貌可以看出，此条件下两者发生明显的熔化、黏结现象，黏结层中主要有金属铁（点 1）、铁氧化物（点 2）和硅酸盐

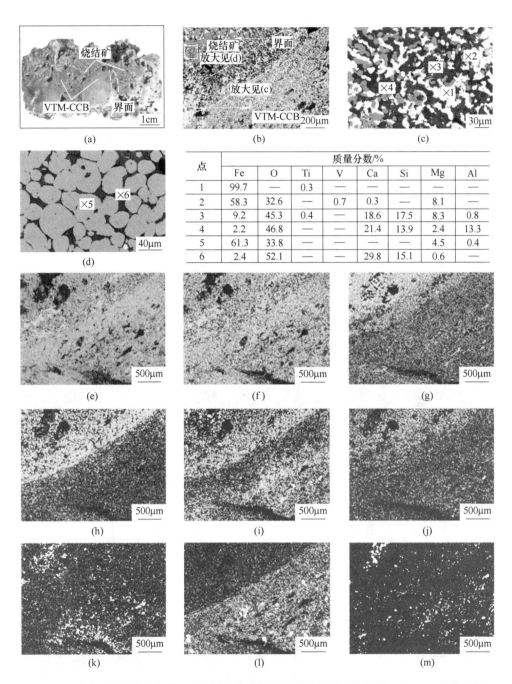

点	质量分数/%							
	Fe	O	Ti	V	Ca	Si	Mg	Al
1	99.7	—	0.3	—	—	—	—	—
2	58.3	32.6	—	0.7	0.3	—	8.1	—
3	9.2	45.3	0.4	—	18.6	17.5	8.3	0.8
4	2.2	46.8	—	—	21.4	13.9	2.4	13.3
5	61.3	33.8	—	—	—	—	4.5	0.4
6	2.4	52.1	—	—	29.8	15.1	0.6	—

图 4-137 1300℃时碳氧比为 0.8 钒钛矿含碳复合炉料和烧结矿黏结层 SEM-EDS 分析结果

(a) 方案 2;(b) 显微组织;(c)(d) 局部放大;(e) 显微形貌;(f) Fe 的分布;(g) O 的分布;
(h) Ca 的分布;(i) Si 的分布;(j) Mg 的分布;(k) C 的分布;(l) Ti 的分布;(m) Al 的分布

渣相（点 3：Ca-Si-Mg-O，点 4：Ca-Si-Al-O），金属铁和铁氧化物弥散分布在液态渣中；在远离黏结层的烧结矿中，仍存在大量铁氧化物（点 5），且液态渣填充在铁氧化物颗粒之间的孔隙中，烧结矿自身软熔程度较高；而在远离黏结层的钒钛矿含碳复合炉料中，则以金属铁为主，液态渣明显较少。结合元素分布图可知，黏结层是以烧结矿边缘界面为基体的液态渣、铁混合结构；由于烧结矿碱度较高，而钒钛矿含碳复合炉料为酸性料，两者黏结层处钙元素存在明显的浓度梯度，表明烧结矿边缘的液态渣在浓度梯度驱动力下向钒钛矿含碳复合炉料中扩散；而对钒钛矿含碳复合炉料边缘界面而言，其良好的还原性能可促进烧结矿接触面的还原，降低界面处渣中浮氏体含量，液态渣生成量减少，从而有效缓解综合炉料的熔化、坍塌，提高熔化开始温度 T_s。

　　图 4-138 为 1300℃时碳氧比为 1.0 的钒钛矿含碳复合炉料和烧结矿界面处 SEM-EDS 分析结果。由于碳氧比的提高，钒钛矿含碳复合炉料对烧结矿的还原促进作用进一步提升，界面处烧结矿中浮氏体明显减少，而金属铁相对增加，液态渣、铁混合物相应减少，见图 4-138（c）；而对钒钛矿含碳复合炉料而言，由于 1300℃时其内部碳无法完全消耗，钒钛矿含碳复合炉料形成铁、渣、残碳共存

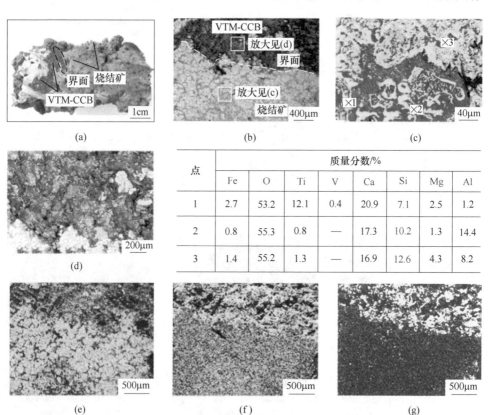

点	质量分数/%							
	Fe	O	Ti	V	Ca	Si	Mg	Al
1	2.7	53.2	12.1	0.4	20.9	7.1	2.5	1.2
2	0.8	55.3	0.8	—	17.3	10.2	1.3	14.4
3	1.4	55.2	1.3	—	16.9	12.6	4.3	8.2

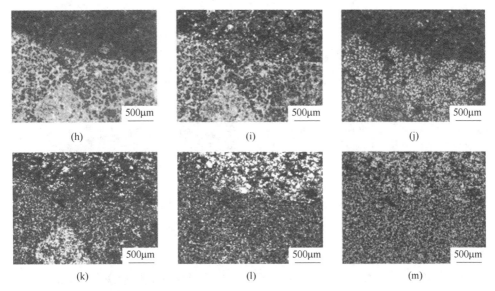

图 4-138　1300℃时碳氧比为 1.0 的钒钛矿含碳复合炉料和烧结矿界面 SEM-EDS 分析结果

（a）方案 3；（b）显微组织；（c）（d）局部放大；（e）Fe 的分布；（f）O 的分布；（g）C 的分布；（h）Ca 的分布；（i）Si 的分布；（j）Mg 的分布；（k）Al 的分布；（l）Ti 的分布；（m）V 的分布

的混合疏松结构，见图 4-138（d），使得烧结矿界面处液态渣向钒钛矿含碳复合炉料中扩散阻力增大，两者共熔化过程受阻，界面处黏结行为实质是以金属铁连晶为主。因此，在钒钛矿含碳复合炉料残碳的骨架作用和液态渣减少的共同作用下，综合炉料熔化、坍塌受抑制，熔化开始温度 T_S 进一步提高。

　　图 4-139 为 1300℃时碳氧比为 1.2 的钒钛矿含碳复合炉料和烧结矿界面 SEM 分析结果。此时由于碳氧过剩，钒钛矿含碳复合炉料对界面处烧结矿的还原促进作用更加显著，界面处的烧结矿形成了一层较为致密的金属铁壳，见图 4-139（b）。沿界面处向烧结矿内部延伸可见明显的金属铁过渡区域，即金属铁的

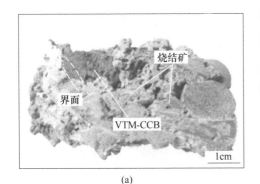

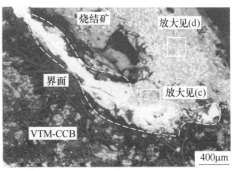

（a）　　　　　　　　　　　　　　　（b）

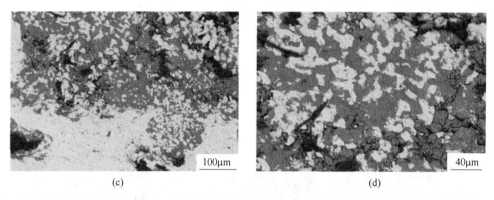

图 4-139　1300℃时碳氧比为 1.2 的钒钛矿含碳复合炉料和烧结矿界面 SEM-EDS 分析结果

(a) 方案 4；(b) 界面处；(c) (d) 局部放大

弥散程度增加，液态渣相量增多，见图 4-139（c）和（d）。而钒钛矿含碳复合炉料内部仍是铁、渣、碳共存的混合疏松结构，见图 4-139（b），致密的金属铁壳可有效抑制两者界面处的熔化、黏结行为。

图 4-140 为 1300℃时碳氧比为 1.4 的钒钛矿含碳复合炉料和烧结矿界面 SEM-EDS 分析结果。进一步提高钒钛矿含碳复合炉料的碳氧比至 1.4 时，由于碳氧严重过剩，大量残碳阻碍两者界面处的黏结。同碳氧比 1.2 时较为类似，此时界面处仍是以烧结矿边缘为基体的致密金属铁壳，见图 4-140（b），该结构具备一定的强度，可有效缓解因渣铁熔化引起的料柱急剧收缩、坍塌，在提高熔化开始温度 T_s 的同时，改善软熔带料柱透气性，强化烧结矿的还原。对比图 4-140（c）、（d）可看出，在界面处的烧结矿中金属铁大量生成且聚集长大连接成片，而在远离界面的烧结矿中可见明显的金属铁/铁氧化物过渡区域。结合元素分布可知，在靠近界面处的烧结矿中含有大量的金属铁（亮白色相），而在远离界面处的烧结矿中存在大量的铁氧化物（灰白色相）。此外，结合钙、硅、镁、铝的分布可知，界面处由于铁氧化物的强化还原、铁相的聚集成片，使得界面处的渣相量明显少于远离界面处的液态渣，这也是相较于单一烧结矿炉料时添加钒钛矿含碳复合炉料可改善综合炉料软熔性能的主要原因之一。

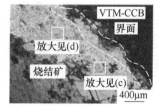

(a)　　　　　　　　　　(b)　　　　　　　　　　(c)

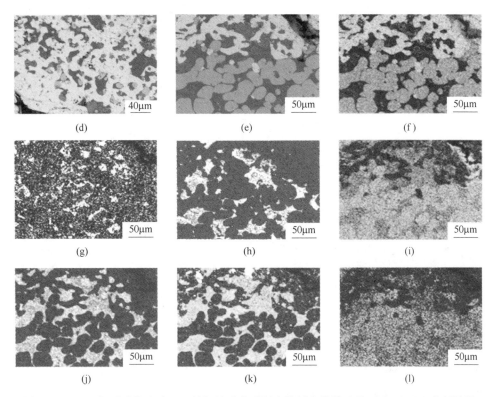

图 4-140 1300℃时碳氧比为 1.4 的钒钛矿含碳复合炉料和烧结矿界面 SEM-EDS 分析结果

(a) 方案 5；(b) 界面处；(c)，(d) 局部放大；(e) 图 (c) 中的局部放大；(f) Fe 的分布；
(g) Ti 的分布；(h) Al 的分布；(i) O 的分布；(j) Ca 的分布；(k) Si 的分布；(l) Mg 的分布

　　滴落温度 T_D 与渣相熔点、黏度及铁相的熔点有关。图 4-141 为 1400℃时不同方案条件下综合炉料的形貌，由于此时烧结矿和钒钛矿含碳复合炉料黏结、互熔程度高，因此考察的渣相成分以综合炉料的渣相成分为主。

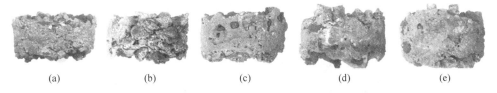

图 4-141 1400℃时不同方案下综合炉料的形貌
(a) 方案 1；(b) 方案 2；(c) 方案 3；(d) 方案 4；(e) 方案 5

　　对 1400℃时不同方案条件下的渣相进行成分分析，并采用 Fact Sage 7.2 软件的 Equilibrium 模块计算初渣熔点，结果见图 4-142。随钒钛矿含碳复合炉料碳氧比的增加，综合炉料中 FeO 含量明显降低，由方案 1 时的 19.27% 降低至方案 5

时的 9.13%；而渣相熔点则呈先略有降低后逐渐升高的趋势，由方案 1 时的 1512.2℃先降低至方案 2 时的 1492.4℃，然后逐渐升高至方案 5 时的 1647.7℃，这与滴落温度 T_D 变化基本一致。

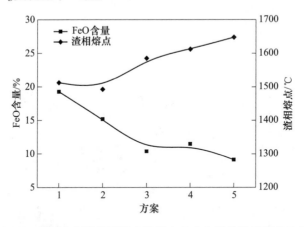

图 4-142　不同方案条件下综合炉料中 FeO 含量及渣相熔点的变化

　　除渣相的熔点之外，渣、铁的黏度及其聚集长大对滴落温度也有重要影响。图 4-143 为 1400℃时单一烧结矿的 SEM-EDS 分析结果，此时烧结矿内部存在大量金属铁、复合铁氧化物（Fe,Mg）O（点 1）和硅酸盐液态渣（点 2~3），且渣、铁弥散分布，聚集长大受抑制，滴落温度偏高。

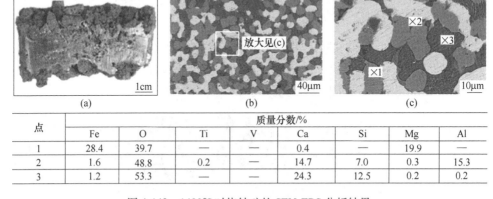

点	质量分数/%							
	Fe	O	Ti	V	Ca	Si	Mg	Al
1	28.4	39.7	—	—	0.4	—	19.9	—
2	1.6	48.8	0.2	—	14.7	7.0	0.3	15.3
3	1.2	53.3	—	—	24.3	12.5	0.2	0.2

图 4-143　1400℃时烧结矿的 SEM-EDS 分析结果

（a）方案 1：100%烧结矿；（b）显微组织；（c）局部放大

　　图 4-144 给出了 1400℃时碳氧比为 0.8 的钒钛矿含碳复合炉料和烧结矿界面处 SEM-EDS 分析结果。此时钒钛矿含碳复合炉料和烧结矿已基本熔为一体，基于线扫面中钙、镁、钛元素梯度可断定界面左侧为烧结矿，右侧为钒钛矿含碳复

合炉料，见图 4-144（b）。远离界面的烧结矿中主要有金属铁、MgO（点 1）和硅酸盐液态渣（点 2），而远离界面的钒钛矿含碳复合炉料中，由于内碳氧已完全消耗，主要物相为金属铁、钛氧化物（点 3）和镁铝尖晶石（点 4）；此条件下的钒钛矿含碳复合炉料内碳氧完全消耗，加之强化铁相渗碳，降低铁相熔点，可有效促进界面处液态铁相的聚集长大，降低滴落温度 T_D。

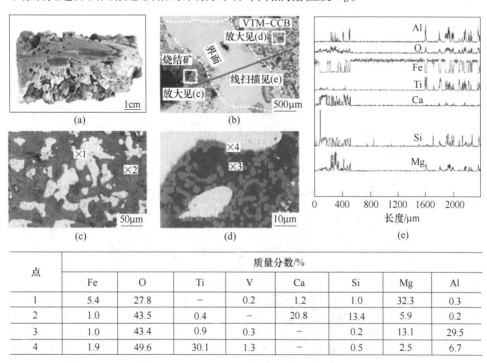

点	质量分数/%							
	Fe	O	Ti	V	Ca	Si	Mg	Al
1	5.4	27.8	–	0.2	1.2	1.0	32.3	0.3
2	1.0	43.5	0.4	–	20.8	13.4	5.9	0.2
3	1.0	43.4	0.9	0.3	–	0.2	13.1	29.5
4	1.9	49.6	30.1	1.3	–	0.5	2.5	6.7

图 4-144　1400℃时碳氧比为 0.8 的钒钛矿含碳复合炉料和烧结矿界面 SEM-EDS 分析结果
（a）方案 2；（b）界面处；（c）（d）局部放大；（e）SEM-EDS 分析结果

　　图 4-145 给出了 1400℃碳氧比为 1.0 的钒钛矿含碳复合炉料和烧结矿界面 SEM-EDS 分析结果。此条件下，钒钛矿含碳复合炉料中的碳完全消耗，钒钛矿含碳复合炉料和烧结矿的界面处铁相聚集和渣铁分离程度明显趋优。结合元素分布图可知，界面的上方为烧结矿，下方为钒钛矿含碳复合炉料，见图 4-145（b）。远离界面的烧结矿中主要有金属铁、硅酸盐液态渣和少量浮氏体，渣铁嵌布、分离难度大，见图 4-145（c）；在远离界面的钒钛矿含碳复合炉料中，尽管碳氧比的提高可强化渗碳，改善钒钛矿含碳复合炉料中的铁相聚集和渣铁分离，但由于还原势的增加，部分金属铁颗粒表面可见 Ti（C，N）的析出，见图 4-145（d），Ti（C，N）会使得渣铁黏稠，恶化滴落性能，升高滴落温度 T_D。

　　图 4-146 给出了 1400℃碳氧比为 1.2 的钒钛矿含碳复合炉料和烧结矿界面 SEM-EDS 分析结果。由于钒钛矿含碳复合炉料中碳过量，残碳的存在使两者界

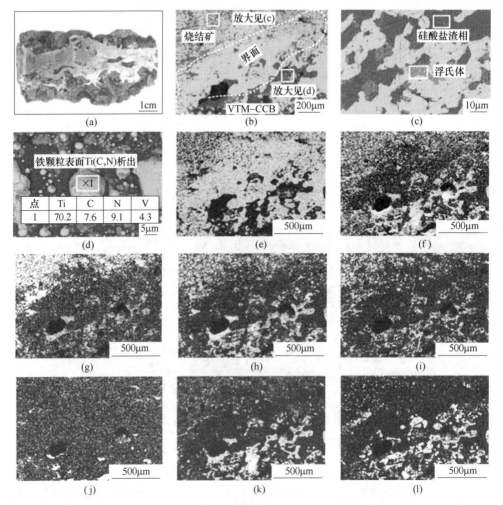

图 4-145　1400℃时碳氧比为 1.0 的钒钛矿含碳复合炉料和烧结矿界面 SEM-EDS 分析结果

（a）方案 3；（b）界面处；（c）（d）局部放大；（e）Fe 的分布；（f）O 的分布；（g）Ca 的分布；

（h）Si 的分布；（i）Mg 的分布；（j）C 的分布；（k）Al 的分布；（l）Ti 的分布

面处熔化、黏结行为受到抑制，综合炉料剖面中两者的界面清晰可见，见图 4-146（a）。由碳元素的分布可推断，界面的右上方为钒钛矿含碳复合炉料，左下方为烧结矿，见图 4-146（b）；尽管钒钛矿含碳复合炉料中的过量碳可强化铁相渗碳，促进铁相熔点降低和聚集长大，但由于对钛氧化物的还原促进作用，靠近界面处烧结矿中渣-金界面开始析出 Ti（C，N）颗粒，见图 4-146（c），恶化渣铁流动性，使两者界面处形成以烧结矿为基体的渣铁混合结构，加之钒钛矿含碳复合炉料内部形成的铁、碳、渣混合疏松结构，使得 T_D 进一步升高。

图 4-147 为 1400℃ 碳氧比为 1.4 的钒钛矿含碳复合炉料和烧结矿界面

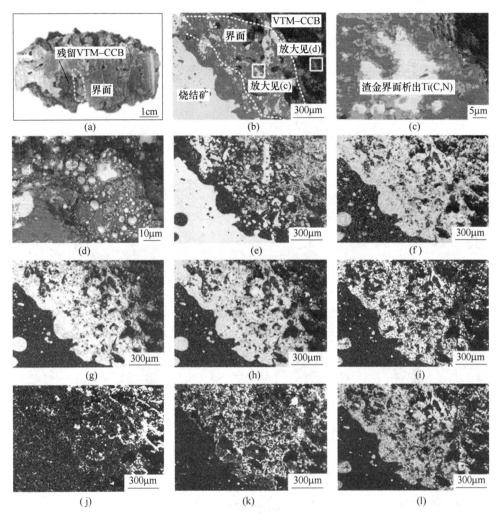

图 4-146　1400℃时碳氧比为 1.2 的钒钛矿含碳复合炉料和烧结矿界面 SEM-EDS 分析结果

（a）方案 4；（b）界面处；（c）（d）局部放大；（e）Fe 的分布；（f）O 的分布；（g）Ca 的分布；

（h）Si 的分布；（i）Mg 的分布；（j）C 的分布；（k）Ti 的分布；（l）Al 的分布

SEM-EDS 分析结果。由于碳氧严重过剩，钒钛矿含碳复合炉料和烧结矿界面处无法黏结，见图 4-147（b）。由于钒钛矿含碳复合炉料对界面处的烧结矿还原及渗碳强化明显，靠近界面处的烧结矿是以金属铁为主、液态渣为辅的渣铁混合结构，对此区域放大观察发现在渣-金界面处析出了大量的 Ti（C，N）颗粒，见图 4-147（c）~（e）。结合元素分布图可知，渣-金界面析出的 Ti（C，N）颗粒主要包裹在铁颗粒表面，一方面阻碍了铁相的聚集与长大，另一方面使得渣铁黏稠、滴落困难。钒钛矿含碳复合炉料内部的过剩碳同样阻碍铁相的聚集长大，大量细小铁颗粒嵌布在残碳中，形成渣、铁、碳混合疏松结构，且在铁颗粒表面同样发现 Ti(C, N) 析出，见图 4-147（d）。综合以上因素，使滴落温度 T_D 进一步提高。

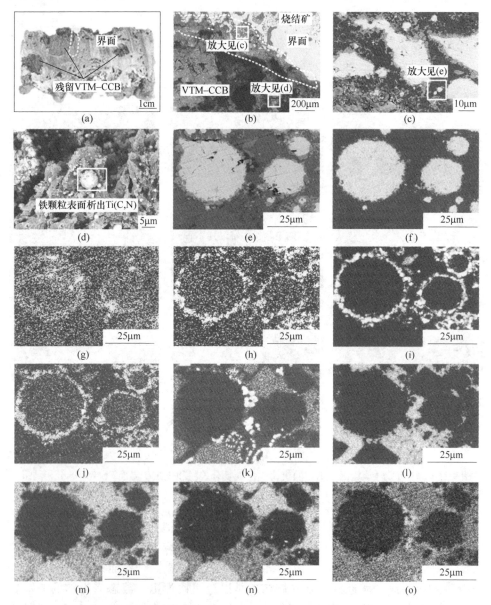

图 4-147　1400℃时碳氧比为 1.4 的钒钛矿含碳复合炉料和烧结矿界面 SEM-EDS 分析结果

（a）方案 5；（b）界面处；（c）（d）局部放大；（e）图（c）中的局部放大；（f）Fe 的分布；

（g）C 的分布；（h）N 的分布；（i）钛的分布；（j）V 的分布；（k）Mg 的分布；

（l）Al 的分布；（m）Ca 的分布；（n）Si 的分布；（o）O 的分布

C 软熔过程交互作用对透气性的影响

图 4-148 给出了不同方案条件下软熔过程料柱压差及 S 值的变化。相比于单一烧结矿，添加钒钛矿含碳复合炉料可明显降低料柱最大压差，由方案 1 时的 34.9kPa 降低至方案 3 时的 23.1kPa，当碳氧比超过 1.0 时，料柱的最大压差趋于平缓，基本稳定在 22kPa 左右。从 S 值的变化来看，随钒钛矿含碳复合炉料碳氧比的增加，S 值呈先明显降低后缓慢提高的趋势，当碳氧比为 1.0~1.2 时，S 值稳定在最低水平，此时料柱透气性最优。因此，从改善料柱透气性来看，钒钛矿含碳复合炉料的碳氧比不宜超过 1.2。

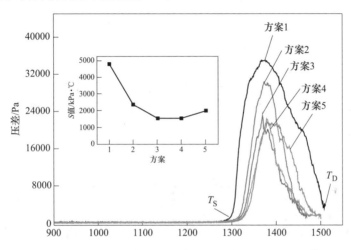

图 4-148 不同方案条件下综合炉料软熔过程压差及 S 值

软熔过程的透气性与料柱宏、微观结构有关。图 4-149 给出了不同方案条件下综合炉料软熔过程的收缩率，料柱收缩率曲线大致可分为三个阶段，包括：（1）第一阶段，温度低于 1200℃，由于钒钛矿含碳复合炉料良好的还原性能及其对烧结矿还原的促进作用，此阶段料柱的收缩率随钒钛矿含碳复合炉料碳氧比的提高而增加；（2）第二阶段，温度在 1200~1300℃，随炉料开始软化，单一烧结矿和混装碳氧比较低的钒钛矿含碳复合炉料时综合炉料由于液态渣大量生成，收缩率提升幅度加快；（3）第三阶段，温度高于 1300℃，此阶段为软熔带的核心区域，料柱的收缩率随混装钒钛矿含碳复合炉料碳氧比的提高而明显降低，即料柱的整体收缩、堆积随碳氧比的提高得以有效缓解。由于料柱的压差主要集中在软熔带，因此适宜地提高碳氧比可抑制料柱的软化、坍塌和收缩，降低其堆积密度，增加气流通道，改善透气性。

图 4-150 给出了不同碳氧比和温度条件下综合炉料宏观形貌。1200℃时，尽管料柱高度随钒钛矿含碳复合炉料碳氧比的提高而降低，然而此时炉料软熔不充分，炉料之间孔隙较多，料柱的透气性变化不大；当温度为 1300℃和 1400℃时，

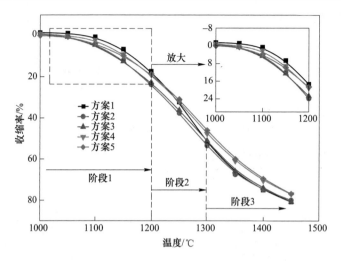

图 4-149　不同方案条件下料柱软熔过程的收缩率

随炉料软熔加剧，钒钛矿含碳复合炉料的骨架作用随碳氧比的提高而得以提升，有效缓解软熔层料柱的堆积现象，改善料柱透气性。

图 4-150　不同碳氧比和熔滴实验中断温度条件下综合炉料形貌

从微观角度来看，当钒钛矿含碳复合炉料的碳氧比为 0.8 和 1.0 时，两者软熔过程界面处的铁相渗碳条件改善，强化渣铁的聚集与分离，可改善料柱透气性；当碳氧比超过 1.2 时，料柱内还原势的进一步提高促进了渣-金界面处 Ti(C,N) 的析出，使渣铁黏稠、难以滴落，料柱透气性逐渐恶化。综合考虑，适宜的钒钛矿含碳复合炉料碳氧比为 1.2。

4.6　钒钛矿含碳复合炉料制备及高炉冶炼技术研究总结

围绕钒钛矿含碳复合新炉料制备及高炉冶炼关键环节，重点进行了新炉料的制备及优化、冶金特性优化及演变机制、还原热力学及动力学、新炉料软熔过程演变行为及对综合炉料熔滴性能的作用机制、与传统炉料间的高温交互行为及作用机制等研究，获取了钒钛磁铁矿含碳复合新炉料制备及高炉冶炼新技术的关键参数，见图4-151。

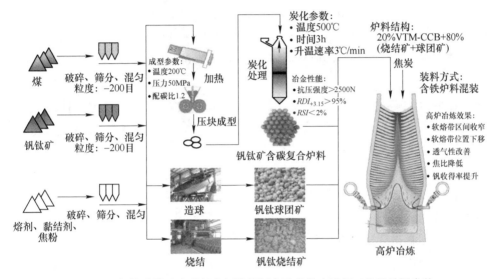

图4-151　钒钛磁铁矿含碳复合新炉料制备及高炉冶炼新工艺及关键参数

（1）钒钛矿含碳复合炉料的强度获得机制为压块成型过程内配煤粉的软化和局部胶质体析出以及炭化过程胶质体固化和半焦形成。优化后新炉料的制备工艺参数为：压块温度200℃、煤粉粒度<0.074mm、矿粉粒度<0.074mm、碳氧比1.4、炭化温度500℃、炭化时间3h、升温速率3℃/min。此条件下新炉料抗压强度达2588.8N，挥发分含量1.58%。

（2）钒钛矿含碳复合炉料具备良好的还原粉化性能、收缩性能、还原后强度和高温强度。在500~900℃时，局部煤粉经二次脱气形成的多孔类焦炭结构具备一定强度，可缓冲铁氧化物还原膨胀应力，$RDI_{+3.15}$均在95%以上；在900~1100℃时，还原收缩取决于铁氧化物还原膨胀、矿物颗粒烧结收缩、煤粉消耗及铁晶须抑制生长；温度高于1100℃时，收缩率取决于液态渣铁聚集长大及残碳行为；新炉料遵循铁矿含碳复合球团矿线性收缩模型，收缩方程为$Sh = t^{2/5}\exp(a-b/T)$，收缩活化能随碳氧比提高而降低；模拟高炉条件下的还原后强度和高温强度均随温度升高而降低，当温度 1100℃、碳氧比 1.4 时，还原后强度和高温强度分别为 603.4N 和 348.0N。

（3）钒钛矿含碳复合炉料中含铁物相的还原性由高到低依次为：Fe_2O_3、Fe_3O_4、FeO、Fe_2TiO_4、Fe_2VO_4、$FeTiO_3$、$FeTi_2O_5$；还原过程转变历程为：$Fe_3O_4 \rightarrow FeO \rightarrow Fe$，$Fe_{2.75}Ti_{0.25}O_4 \rightarrow Fe_{2.5}Ti_{0.5}O_4 \rightarrow Fe_2TiO_4 \rightarrow FeTiO_3 \rightarrow TiO_2$；$FeTiO_3 \rightarrow TiO_2$；$Fe_2VO_4 \rightarrow V_2O_3$；$FeCr_2O_4 \rightarrow Cr_2O_3$；可采用多孔物料模型描述新炉料还原过程，当温度低于 1000℃ 时，受碳气化反应控制；当温度高于 1000℃ 时，受内扩散控制。还原初始阶段活化能为 40.26kJ/mol，受气体扩散和界面化学反应共同控制；中间阶段和终点阶段活化能分别为 66.46kJ/mol 和 90.96kJ/mol，受界面化学反应控制。新炉料具备良好的还原性，当还原温度 1100℃、碳氧比 1.4 时，金属化率达 91.95%。

（4）在软熔过程中，随碳氧比提高，钒钛矿含碳复合炉料软化性能改善；而当碳氧比高于 1.2 时，渣-金界面析出大量 Ti(C,N)，熔化、滴落性能恶化，新炉料由致密渣铁混合结构转变为外层金属铁壳、内层渣、铁、碳疏松共存的双层结构；混装 20% 新炉料（FC/O = 1.2）时，综合炉料软熔、透气性能改善，$(T_D - T_S)$ 最窄，为 129.5℃；当混装比例高于 25% 时，Ti(C,N) 的析出恶化熔滴性能。

（5）钒钛矿含碳复合炉料和烧结矿/球团矿界面碳气化反应和铁氧化物还原反应的耦合效应促进烧结矿和球团矿还原，且对烧结矿还原促进作用显著优于球团矿，当温度 1100℃、碳氧比 1.4 时，烧结矿和球团矿还原度提升幅度分别为 11.70% 和 2.03%。从强化炉料还原来看，采用钒钛矿含碳复合炉料代替综合炉料中部分球团矿更为合理。在新炉料和氧化球团矿共软熔过程中，随碳氧比提高，两者界面由以铁橄榄石为主的黏结层转变为致密金属铁壳，黏结抑制，T_4 和 T_{40} 先降低后升高，T_S 逐渐上升。在与烧结矿共软化过程中，当碳氧比为 0.8 时，界面形成以烧结矿边缘为基体的液态渣为主、金属铁为辅的渣铁混合结构，T_4 和 T_{40} 降低；当碳氧比为 1.4 时，残碳阻碍金属铁连晶及液态渣铁聚集，界面黏结失效，料柱软化、收缩受阻，T_4 和 T_{40} 上升；在共熔化过程中，随碳氧比提高，界面黏结层逐渐由以烧结矿边缘为基体的液态渣、铁混合结构转变为致密金属铁壳，有效抑制料柱熔化坍塌，改善透气性，强化还原，T_S 则逐渐升高；提高新炉料碳氧比可强化渗碳，降低 T_D，而当碳氧比为 1.4 时，渣-金、渣-碳界面析出大量 Ti(C,N)，恶化渣铁滴落性能，透气性变差，T_D 急剧升高。综合考虑新炉料与传统炉料在还原、软熔、滴落过程的交互行为及 Ti(C,N) 的析出，适宜碳氧比不应高于 1.2。

参 考 文 献

[1] 马建明, 刘树臣, 催荣国. 国内外铁矿资源供需形势 [J]. 国土资源情报, 2008 (3): 33~36.

[2] Naito M, Takeda K, Matsumoto Y. Ironmaking Technology for the last 100 years: deployment to advanced technologies from introduction of technological know-how, and evolution to next-generation process [J]. ISIJ International, 2015, 55 (12): 7~35.

[3] Zhou D D, Cheng S S, Wang Y S, et al. Production and development of large blast furnace from 2011 to 2014 in China [J]. ISIJ International, 2015, 55 (12): 2519~2524.

[4] 储满生. 钢铁冶金原燃料及辅助材料 [M]. 北京: 冶金工业出版社, 2010: 56~59.

[5] 杜鹤桂. 高炉冶炼钒钛磁铁矿原理 [M]. 北京: 冶金工业出版社, 1996: 1~13.

[6] 黄丹. 钒钛磁铁矿综合利用新流程及其比较研究 [D]. 长沙: 中南大学, 2011.

[7] Sun Y, Zheng H Y, Dong Y, et al. Melting and separation behavior of slag and metal phases in metallized pellets obtained from the direct-reduction process of vanadium-bearing titanomagnetite [J]. International Journal of Mineral Process, 2015, 142 (10): 119~124.

[8] 邓国平, 刘宛康, 沙南生, 等. 攀钢发展资源综合利用及相关产业调研报告 [J]. 中国国土资源经济, 2006 (1): 4~7.

[9] 吴世超, 孙体昌, 李小辉, 等. 钒钛磁铁矿直接还原技术研究进展 [J]. 中国有色冶金, 2018, 47 (4): 26~30.

[10] 储满生, 唐珏, 柳政根, 等. 高铬型钒钛磁铁矿综合利用现状及进展 [J]. 钢铁研究学报, 2017, 29 (5): 335~344.

[11] 张以敏. 高铬型钒钛磁铁矿还原钠化熔分耦合新技术研究 [D]. 北京: 中国科学院大学 (中国科学院过程工程研究所), 2018.

[12] 洪陆阔. 钒钛磁铁矿钠碱低温冶炼基础研究 [D]. 北京: 钢铁研究总院, 2018.

[13] 王强. 钒钛磁铁精矿烧结特性及其强化技术的研究 [D]. 长沙: 中南大学, 2012.

[14] 杨文康, 杨广庆, 李小松, 等. 钒钛烧结矿与普通烧结矿低温还原粉化性的对比研究 [J]. 钢铁钒钛, 2017, 38 (6): 104~107.

[15] Tang W D, Yang S T, Zhang L H, et al. Effects of basicity and temperature on mineralogy and reduction behaviors of high-chromium vanadium-titanium magnetite sinters [J]. Journal of Central South University, 2019, 26 (1): 132~145.

[16] 李秀, 李杰, 张玉柱, 等. 不同碱度对钒钛烧结矿质量的影响 [J]. 矿产综合利用, 2017 (5): 115~118.

[17] 吴胜利, 王来信, 王玉珏, 等. 含铁炉料间高温交互作用对初渣生成行为的影响 [J]. 工程科学学报, 2016, 38 (11): 1546~1552.

[18] Chen L, Xue Q G, Guo W T, et al. Study on the interaction behaviour between lump and sinter under the condition of oxygen blast furnace [J]. Ironmaking and Steelmaking, 2016, 43 (6): 1~7.

[19] 王国栋. 钢铁行业技术创新和发展方向 [J]. 钢铁, 2015, 50 (9): 1~10.

[20] Kowitwarangkul P, Babich A, Senk D. Reduction behavior of self-reducing pellet (SRP) for

low height blast furnace [J]. Steel Research International, 2014, 85 (11): 1501~1509.

[21] 储满生, 赵伟, 柳政根, 等. 高炉使用含碳复合炉料的原理 [J]. 钢铁, 2015, 50 (3): 9~18.

[22] Matsui Y, Sewayama M, Kasai A. Reduction behavior of carbon composite iron ore hot briquette in shaft furnace and scope in blast furnace performance reinforcement [J]. ISIJ International, 2003, 43 (12): 1904~1912.

[23] Chu M S, Liu Z G, Wang Z C, et al. Fundamental study on carbon composite iron ore hot briquette using as blast furnace burden [J]. Steel Research International 2011, 82 (5): 521~528.

[24] Kasai A, Matsui Y. Lowering of thermal reserve zone temperature in blast furnace by adjoining carbonaceous material and iron ore [J]. ISIJ International, 2004, 44 (12): 2073~2078.

[25] Masaaki N, Akira O, Kazuyoshi Y, et al. Improvement of blast furnace reaction efficiency by temperature control of thermal reserve zone [J]. Nippon steel technical report, 2006, 94 (7): 103~108.

[26] Chu M S. Study on super high efficiency operations of blast furnace based on multi-fluid model [D]. Sendai: Tohoku University, 2004.

[27] Iljana M, Mattila O, Alatarvas T, et al. Dynamic and isothermal reduction swelling behaviour of olivine and acid iron ore pellets under simulated blast furnace shaft conditions [J]. ISIJ International, 2012, 52 (7): 1257~1265.

[28] Wang G, Xue Q G, Wang J S. Volume shrinkage of ludwigite/coal composite pellet during isothermal and non-isothermal reduction [J]. Thermochim Acta, 2015 (621): 90~98.

[29] Tang J, Chu M S, Li F, et al. Reduction mechanism of high-chromium vanadium-titanium magnetite pellets by H_2-CO-CO_2 gas mixtures [J]. International Journal of Mineral Metallurgy and Materials, 2015, 22 (6): 562~572.

[30] Wang G, Wang J S, Ding Y G et al. New separation method of boron and iron from ludwigite based on carbon bearing pellet reduction and melting technology [J]. ISIJ International, 2012, 52 (1): 45~51.

5 气基竖炉直接还原短流程及其应用于特色冶金资源高效清洁利用

5.1 气基直接还原-电炉短流程概述

5.1.1 我国钢铁行业节能减排现状

2014 年全球 CO_2 排放量达 32.38 亿吨，我国 CO_2 排放量占全球总排放量的 28.21%，美国为 15.99%，印度为 6.24%，俄罗斯为 4.53%，日本为 3.67%，德国为 2.23%，韩国为 1.75%，加拿大为 1.71%。按产业划分，我国钢铁工业的 CO_2 排放量占全国 CO_2 排放总量的 16.02%。2015 年巴黎气候大会上，中国政府承诺将于 2030 年左右 CO_2 排放达到峰值并实现单位 GDP 的 CO_2 排放量比 2005 年下降 60%~65%，这使得我国钢铁企业将长期承受巨大的碳减排压力[1]。

为了快速、有效地实现我国钢铁行业的节能减排及产业结构优化调整，中国政府积极出台了中国制造 2025 政策，全面推进钢铁、有色、化工等传统制造业绿色改造，促进钢铁、工程机械等产业向价值链高端发展，推广应用新技术、新工艺、新装备、新材料等。《国家创新驱动发展战略纲要》规定："推广节能新技术和节能新产品，加快钢铁、石化、建材、有色金属等高耗能行业的节能技术改造和产业升级"。《国家中长期科学和技术发展规划纲要（2006~2020 年)》强调，重点研究开发冶金、化工等主要高耗能领域的节能技术与装备、开发高效率、低成本洁净钢生产技术、重点研究开发绿色流程制造技术，高效清洁并充分利用资源的工艺、流程和设备等。《钢铁工业调整升级规划（2016~2020 年)》明确指出，围绕低能耗冶炼技术，高端装备用钢等升级需求，支持现有科技资源充分整合，实施产学研用相结合的创新模式，开展行业基础和关键共性技术产业化创新；支持企业重点推进重大技术装备所需高端钢材品种的研发和产业化。通过实施上述政策，积极推动钢铁产业向中高端迈进，逐步化解过剩产能，促进企业协调发展，进一步优化钢铁产业布局。

5.1.2 主要钢铁生产流程能耗对比

现代钢铁生产主要有四种工艺流程：高炉-转炉、废钢-电炉、直接还原-电炉和熔融还原-转炉。其中，高炉-转炉流程又称为传统长流程，已获得长足发展，是现代钢铁生产的主流工艺；而直接还原-电炉和熔融-转炉还原属于新一代钢铁生产技术，也是现代钢铁生产的重要组成部分[2,3]。

表5-1给出了气基竖炉直接还原-电炉和高炉-转炉流程产量、能耗及环境负荷等指标的对比。可知，虽然高炉-转炉流程仍为钢铁生产主导工艺，但与气基竖炉直接还原-电炉短流程相比，吨钢能耗、投资及污染物排放量大。

表5-1　气基竖炉直接还原-电炉流程与高炉-转炉流程指标比较

工艺流程	占粗钢总量 /%	能耗（标煤）/kgce·t⁻¹	CO_2排放 /t·t⁻¹	SO_2排放 /kg·t⁻¹	NO_x排放 /kg·t⁻¹	投资 /美元·t⁻¹
高炉-转炉	71	466	1.846	1.93	1.254	1100
气基竖炉（废钢）直接还原-电炉	29	440	1.256	0.51	0.479	300

随着碳减排压力增大，中国碳排放权交易系统即将运行，CO_2排放也将逐步纳入缴费范围，传统长流程将给钢企带来比短流程更高的成本负担。因此，气基竖炉直接还原-电炉短流程将成为钢铁产业绿色低碳高效发展的方向，世界钢铁产业的发展趋势正逐步由"高炉-转炉"长流程向"气基竖炉直接还原-电炉"短流程过渡。

5.1.3　我国钢铁产业的发展需求及方向

5.1.3.1　我国钢铁产业流程优化需求

国内外钢铁产业的铁钢比及电炉钢比的比较见表5-2和表5-3。我国主要采用高炉-转炉长流程生产，生铁产量占粗钢产量的比例高于90%，电炉短流程产量比例偏低，近年呈降低趋势（约6%），这是我国吨钢能耗高于世界平均能耗的主要原因之一。因此，我国钢铁产业正面临产品结构调整和升级换代的重大需求。

表5-2　中国与国外钢铁产业的生铁产量占粗钢产量比　　　（%）

年份	2006	2007	2008	2009	2010	2011	2012	2013	2014	2015
中国	0.98	0.97	0.94	0.99	0.93	0.92	0.92	0.91	0.87	0.86
国外	0.56	0.56	0.56	0.55	0.55	0.55	0.55	0.55	0.56	0.57

表5-3　中国与国外钢铁产业的电炉钢产量占粗钢产量比　　　（%）

年份	2006	2007	2008	2009	2010	2011	2012	2013	2014	2015
中国	10.50	11.93	12.38	9.66	10.38	10.11	8.86	6.97	6.07	6.07
国外	42.52	43.46	44.02	45.46	44.73	45.84	46.26	44.84	44.87	44.07

直接还原-电炉流程短、节能、CO_2减排效果显著，是钢铁工业摆脱焦煤资源羁绊，提高废钢比、进一步降低能耗，减少 CO_2 排放 1/3～1/2 的主要途径。"十三五"期间，我国钢铁产业废钢蓄积量将超 80 亿吨，年供应量将达 1.5 亿～2.5 亿吨。废钢蓄积量和产出量的迅速增长为我国发展直接还原铁（DRI）生产及短流程炼钢创造了有利条件。

5.1.3.2 我国钢铁产品结构优化需求

我国虽然是世界产钢第一大国，但优质钢、洁净钢的生产无论是数量，还是品种、质量方面与世界先进国家有很大的差距，成为我国钢铁产业的短板，无法满足国民经济发展的需要，多数优质钢仍依赖进口（见表 5-4 和表 5-5），严重影响我国重大装备制造、国防等工业发展。从冶金技术和装备层面看，我国具备生产优质钢、洁净钢甚至超洁净钢的能力，但当前我国优质钢材生产的主要问题之一是高纯净铁源材料问题。我国缺乏优质废钢，且难以从国际市场进口。以高炉铁水、普通废钢为原料生产钢材时，钢中残留元素难以控制，不仅生产难度大、消耗高、碳排放量大，而且钢水化学成分及质量稳定性难以控制，付出了更大的环境和成本代价。优质钢、洁净钢、超洁净钢生产需要低碳、低硫、低磷、有害元素及残留元素低的铁源材料，而优质 DRI 正是冶炼洁净钢、超洁净钢的优质原料和废钢残留元素的有效稀释剂。

表 5-4　中国进口钢材的种类、数量及价格统计

年份	进口量 /万吨	棒线材			角型材			板材			管材		
		进口量 /万吨	进口均价 /美元·t^{-1}	比例 /%	进口量 /万吨	进口均价 /美元·t^{-1}	比例 /%	进口量 /万吨	进口均价 /美元·t^{-1}	比例 /%	进口量 /万吨	进口均价 /美元·t^{-1}	比例 /%
2015	1278	107	1178	8.4	32.2	831	2.5	1077	803	84.3	37.6	4969	2.9
2014	1451	120	1403	8.3	38	988	2.6	1208	1010	83.3	47.6	3861	3.3
2013	1408	101	1553.9	7.2	38.8	1000.7	2.8	1192	1007	84.7	43	4119.8	3.1
2012	1366	89.5	1698.3	6.6	37	1114.2	2.7	1166	1102	85.4	42.61	4071	3.1
2011	1558	114	1678.1	7.4	38.6	1078.2	2.5	1319	1189	84.7	52.4	3777.5	3.4
2010	1643	113	1447.7	6.9	46	908.8	2.8	1392	1066	84.7	48	3590.7	2.9
2009	1763	86.4	1295.8	4.9	40.5	809.2	2.3	1527	913	86.6	62.8	4505.3	3.6

表 5-5　中国进口优质钢具体型号及价格

钢种	模具钢				轴承钢	超高强度钢
型号	DAC（SKD61）	P4M	S136	1.2083	DAC（SKD61）	P4M
吨钢价格/万元	7.3	2.1	11.9	6.5	7.3	2.1
产地	日本大同	韩国浦项	瑞典胜百	德国葛利兹	日本大同	韩国浦项

5.1.3.3 我国钢铁产业低碳发展的若干重点方向

注重精料技术。我国铁矿资源品位低，但可选性较好，许多地区可基于精选技术用国产铁矿石生产 TFe 70%左右的直接还原用铁精矿粉。应从提升国产铁矿选矿产品质量、降低选矿成本入手，将精料的投入产出效果扩展到选矿-炼铁-产品全流程效益来考虑，用选冶流程产业链的整体效益来确定合理的铁精矿标准，从源头上实现低碳冶炼的成本最低、效率最高。

降低铁钢比。世界电炉钢产量占粗钢总产量的 35%，而我国约占 6%，这是我国钢铁产品能耗高于世界平均能耗 20%的主要原因。因此，迫切需要充分利用国内资源，加快提高电炉钢的比例，降低钢铁产品综合能耗和碳排放，促进钢铁工业可持续发展。

发展短流程。逐步采用直接还原（废钢）-电炉短流程替代高炉-转炉流程，是实现节能减排的主要发展方向[4]。

5.1.4 气基直接还原-电炉短流程发展现状及展望

直接还原是将铁氧化物在不熔化、不造渣条件下，进行固态还原，生产金属铁产品，即直接还原铁（DRI）。按使用还原剂的不同，DRI 生产工艺分为煤基（回转窑、转底炉、隧道窑等）和气基（气基竖炉、流化床等）两大类，见图 5-1。

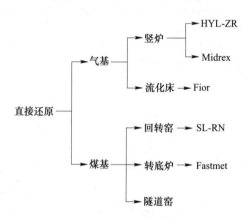

图 5-1 直接还原工艺分类

发展直接还原工艺主要有以下目的[5]：（1）缩短钢铁生产工艺流程，摆脱对焦煤资源的依赖，改善能源结构。（2）降低吨钢能耗、节能减排，促使钢铁产业的可持续发展。（3）改善钢铁产品结构，生产优质钢、纯净钢的重要原料。（4）生产优质纯净钢铸锻件坯料，有效促进我国装备制造业的发展。（5）

解决优质废钢资源短缺问题。（6）实现冶金资源的综合利用，特别是难处理特色冶金资源。

5.1.4.1 气基竖炉直接还原工艺的优势

综合考虑工艺流程、产品特性、生产成本、能耗和环境友好性（见表5-6~表5-8、图5-2、图5-3）等多方面因素，气基竖炉直接还原工艺的优势相当明显。同时由于气基竖炉直接还原工艺自动化程度高、产品质量稳定、环境友好，被专家明确指出是后高炉时代的首选工艺。

表 5-6　气基竖炉 DRI、高炉铁水及废钢的典型成分　（质量分数,%）

产品质量	DRI	高炉铁水	废钢
TFe	90~94	≥94	≥95
MFe	83~90	—	—
C	0.5~3.0	4.0~4.7	≤2
S	0.001~0.003	0.01~0.04	≤0.05
P	0.005~0.09	0.1~0.2	≤0.05
Cu	≤0.002	≤0.08	0.07~0.55
Sn	痕量	≤0.01	0.008~0.1
Ni	≤0.009	≤0.06	0.03~0.2
Cr	≤0.003	≤0.05	0.04~0.18
Mo	痕量	—	0.008~0.04
Mn	0.06~0.10	0.1~0.5	0.03~0.4

表 5-7　采用煤制气-气基竖炉直接还原生产的 DRI 成本估算

序号	项目	成本/元·t^{-1}
1	氧化球团	973.76
2	恩德煤制气（精煤气）	702.78
3	水、电、N$_2$等	55.05
4	工资福利	30.00
5	设备折旧、维修	100
气基竖炉 DRI 产品生产成本		1861.59[①]
同地区高炉铁水成本（2017 年 4 月）		1980

①基于当时辽阳 TFe 65%铁精矿价格 450 元/t，精选加工成本 80 元/t，氧化球团加工成本 100 元/t，煤制气用煤价格 500 元/t，煤制气成本（标态）0.53m^3/h 估算。

表 5-8 常见炼铁工艺的能耗比较

工艺方法	能源实物消耗		折合能耗（标煤）/kg·t^{-1}
高炉	冶金焦 300~420kg/t	煤粉 200~135kg/t	481.0~588.5
天然气竖炉（HYL-ZR）	天然气（标态）300~350m³/t	能耗 10.4~11.5GJ/t	375.8~427.1
天然气竖炉（MIDREX）	天然气（标态）350~400m³/t	能耗 11.0~12.5GJ/t	355.3~392.9
煤制气-竖炉	动力煤 600~750kg/t	能耗 11.0~12.5GJ·t	445(HDRI)~460(HBI)
煤基回转窑	褐煤 850~950kg/t	能耗 17.8~21.3GJ/t	650.0~750.0
煤基隧道窑	燃烧用煤 250~400kg/t	还原用煤 460~600kg/t	700.0~800.0

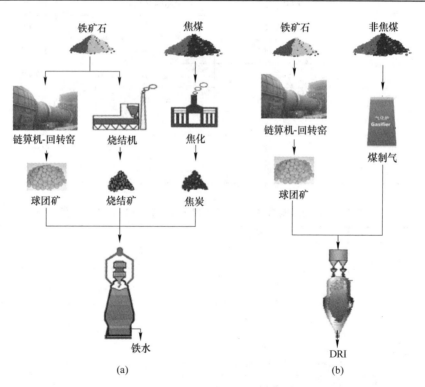

图 5-2 煤制气-气基竖炉与烧结/球团/焦化-高炉系统构成的对比

（a）高炉；（b）气基竖炉

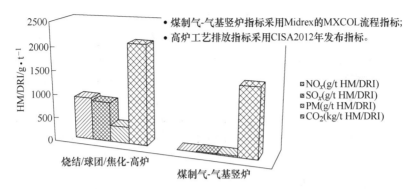

图 5-3　煤制气-气基竖炉与烧结/球团/焦化-高炉的污染物排放比较

煤制气-气基竖炉直接还原工艺省去烧结和焦化工序，工艺系统简化，产品质量高，品质纯净，能耗大幅降低，污染物排放显著减少。国内某些地区煤制气-气基竖炉生产成本低于高炉铁水，可为高纯净钢生产、高端装备制造业提供高品质铁源材料。

5.1.4.2　世界气基竖炉直接还原发展现状及展望

A　世界 DRI 产量持续增加，气基竖炉直接还原占主导地位

2015 年全世界 DRI 产量 7257 万吨，保持较为平稳的发展态势。以 MIDREX 和 HYL 为代表的气基竖炉工艺 DRI 产量占世界 DRI 总产量的 79.1%，在直接还原生产中占主导地位。

B　气基竖炉直接还原实现大型化

目前，国外直接还原气基竖炉已实现大型化，正在运行的 MIDREX 气基竖炉单元 78 座，HYL 气基竖炉 29 座，每年每个单元模块产能多在 80 万~150 万吨 DRI，新建竖炉产能均在 200 万吨 DRI 以上，每年最大产能 250 万吨 DRI。

C　煤制气-气基竖炉直接还原实现工业化生产

随着煤制气技术的逐渐成熟，以非焦煤为能源的煤制气-气基竖炉直接还原技术备受关注，成为直接还原工艺发展的热点。Tenova HYL、Techint（德兴）和 Danieli（达涅利）联合推出了适用煤制气的 HYL/Energiron 气基竖炉直接还原技术。MIDREX 公司推出了基于煤制气的 MXCOL 气基竖炉直接还原工艺，并于 2014 年在印度 Jindal 公司（JSPL-Angul）采用鲁奇粒煤固定床加压工艺制成的煤气为竖炉还原气，建成了年产 180 万吨 DRI 的大型工业化生产线，投产顺利，运行正常。煤制气用作竖炉还原气的工业化生产装置多年运行生产实践证实，煤制气-竖炉 DRI 生产工艺技术是可行的。因此，煤制气-气基竖炉工艺为天然气匮乏的我国发展直接还原提供了新途径和契机。

D　DRI 热送热装电炉冶炼技术成熟

为了提高后续电炉工序生产效率和能量利用率，气基竖炉直接还原-电炉短流程可采用热装热送 DRI 的方法。采用热送热装，可有效利用 DRI 产品显热，提高电炉生产率，并降低电耗，从而转换为直接的经济效益。国外新建的气基直接还原竖炉多采用热送热装技术。生产实践表明，约 700℃ 的 DRI 热送到电炉高位料仓，采用连续加料方式加入电炉炼钢，吨钢电耗降低 110~130kW·h，冶炼时间减少 10%~15%，电炉生产率提高约 20%。因此，新建气基竖炉短流程生产线建议采用 DRI 热送热装技术。

E　回转窑法不是炼钢用 DRI 生产的主导方法

煤基回转窑法仅在印度曾得到快速发展，共有 300 多条小型回转窑（每条年产能为 1 万~3 万吨 DRI，年总产能为 1950 万吨）运行，但 2016 年产量回落。总体而言，回转窑 DRI 产量占 DRI 总产量的 20% 左右，而且回转窑操作控制难度大，难以实施自动化，生产稳定性差，单机生产能力难以扩大（每年生产小于 15 万吨），故不是炼钢用 DRI 生产的主导方法。

F　转底炉法不是炼钢用 DRI 生产的方法

转底炉法成功应用于含锌、高价铬镍的冶金尘泥处理，并实现工业化生产。但若应用于 DRI 生产，产品含铁品位低、含 S 高（>0.10%），无法满足炼钢生产要求，再加上生产维护困难、产品二次氧化、金属化率低等问题，故也不是炼钢用 DRI 生产的有效方法。

G　流化床法未能成为直接还原的主导工艺

流化床直接还原工艺具有直接使用粉矿和还原动力学条件佳的优点，但其存在黏结失流、还原气一次利用率低（低于 20%）、尾气回收利用能耗高、运行稳定性差等弊端。目前，仅特立尼达多巴哥一家工厂实现了工业化生产，但未达到设计指标，产量仅占全球 DRI 总产量的 0.7%，而且近十多年来没有新建流化床生产线的报道。因此，气基流化床工艺未能成为直接还原的主导工艺。

H　隧道窑法不可能成为 DRI 发展方向

印度、越南、柬埔寨等国已建成或规划建设多条隧道窑生产线，但隧道窑直接还原热效率低，能耗高（吨 DRI 需消耗 1.2t 煤），生产周期长（48~76h），污染严重，产品质量不稳定，单机生产能力小，不可能成为 DRI 发展方向[5]。

5.1.4.3　我国直接还原发展现状及展望

A　我国 DRI 应实现规模化生产

自 20 世纪 50 年代开始，中国对直接还原技术进行了广泛研究，但由于受资源条件限制，发展极为缓慢。截止目前，我国 DRI 几乎全是煤基隧道窑产品，产能低于 60 万吨/年 DRI，占世界 DRI 总产量不足 1.0%，约 40% 产品质量达不到国家标准 H90（TFe<90%、体密度<2.0kg/cm³），而且质量不稳定。

汲取我国直接还原数十年的发展经验教训,在资源条件和运输条件适宜的地区实现 DRI 大型化和规模化生产,满足合理销售半径内精品钢生产以及装备制造业的需求,是我国今后直接还原发展的重要内容。

B 回转窑直接还原发展受阻

我国于 20 世纪末实现了回转窑 DRI 的工业化生产,建成包括天津钢管、富蕴金山矿业、密云、鲁中、喀左在内的若干个回转窑直接还原厂。其中,天津钢管公司曾取得了相对较佳的技术经济指标,单机产能每年 15 万吨 DRI,使用 TFe 68%的氧化球团矿时,产品 TFe > 94.0%,金属化率 > 93.0%,S、P 含量 < 0.015%,煤耗(褐煤)900~950kg/t,尾气余热发电。由于天津钢管公司主要使用国外进口球团矿,价格的高昂和供应渠道的频繁变化,严重影响了生产的稳定性和产品价格的竞争力,这为国内发展直接还原提供了深刻的教训。因此,我国发展直接还原必须依靠国产资源,保证供应的稳定性。

由于直接还原回转窑操作难度大,成本高,技术经济指标差,目前国内早期建设的直接还原回转窑均处于停产或拆除状态。

C 隧道窑法停产

隧道窑法本是粉末冶金的工艺方法,但自 2008 年以后我国 DRI 基本来自隧道窑生产。由于能耗高(标煤 1200kg/t DRI)、污染严重、产品难以满足炼钢生产对 DRI 质量的最低要求,近年来多数隧道窑处于停产状态或被拆除。

D 转底炉法不适合生产炼钢用 DRI

我国已建成转底炉多座,并投产运行。根据处理原料不同,其产品分为三类:复合矿综合利用(攀钢、四川龙蟒等);含锌粉尘利用(马钢、沙钢、日钢、宝钢湛江);生产预还原炉料(莱钢、天津荣程等)。由于转底炉产品质量差(二次氧化、TFe 低、P 和 S 含量高、金属化率低)、热利用效率差、设备维护难度大、开工率难以保证,以铁精矿生产粒铁的转底炉失败,仅处理含锌粉尘的转底炉正常生产,但工艺和装备仍需进一步优化。

E 气基竖炉直接还原是备受关注的发展方向

20 世纪 70 年代,成都钢铁厂自行设计建设了处理钒钛磁铁球团矿的 5m³ 气基竖炉,成功进行了半工业化试验。结果表明,钒钛球团矿在气基竖炉内未产生过度膨胀和粉化,产品金属化率可达 90%,但因天然气资源供应的限制,被迫终止。70 年代后期,在韶钢建成以水煤气为还原气的气基竖炉工业化试验生产线,进行了长达 3 年的试生产;因缺乏高品位铁矿石、水煤气制气单机产能过小等原因未实现工业化生产。20 世纪 80 年代,宝钢开展了 BL 法煤制气-竖炉直接还原半工业化试验研究,试验是成功的,但受限于当时煤制气成本高而停止。自 2005 年以来,辽宁、吉林、内蒙古、安徽、山西等地,均有建设煤制气-气基竖炉直接还原生产线的规划或项目,但均由于高品位铁原料来源较少、制气系统造价过高等原因未能实施。2012 年山西中晋冶金科技有限公司在左权县筹备建设 100 万吨/年焦化和以焦炉煤气为还原气的年产 30 万吨 DRI 气基竖炉生产线，2015 年工程建设接近完成，但因焦炭价格急剧下降，丧失维持经济运行的条件而被迫停工；2017 年恢复建设，并于 2020 年 12 月正式投入生产，为全国实现气基竖炉 DRI 生产提供基础。

通过多年的生产实践、技术研发和经验教训总结，我国直接还原工作者已深刻认识到隧道窑、回转窑等煤基工艺成为我国发展直接还原的主导技术可能性较小，我国发展直接还原必须吸收和借鉴国外经验，在合理解决高品位铁矿和还原气供应的同时，首选自动化程度高、单机生产能力大、能耗低、环境负荷小的气基竖炉直接还原工艺。

5.1.4.4　DRI 的市场需求预测

根据中国直接还原网的统计分析（见表 5-9），世界电炉钢需求量每年增长 5%，DRI 需求将额外增加 15%，至 2030 年需求量将增至 1.4 亿吨。

表 5-9　世界范围 DRI 需求预测

年　份	2005	2015	2020	2025	2030
粗钢产量/亿吨	11.5	17.1	18.7	21.3	24.6
电炉钢产量/亿吨	3.7	5.0	6.0	7.3	8.9
转炉钢产量/亿吨	7.8	12.1	12.7	14.0	15.7
DRI/HBI 需求量/万吨	5700	7500	9500	11500	14000

我国电炉钢产量虽是世界第一，但目前电炉钢产量仅占粗钢总产量的 6% 左右。随着中国钢铁产品结构的调整，限制发展小高炉炼铁政策的实施，钢材质量优化和强化环保的需求强烈，以及电力供应的改善，以 DRI 和废钢为原料的电炉短流程有望得到迅速发展。但由于我国优质废钢短缺，故对优质 DRI 的需求将不断增加。

对于 DRI 需求市场大小的计算，主要有两种方法：第一种是按全球 DRI 产量与粗钢总量的比值；第二种是按全球 DRI 产量和电炉钢总量的比值。根据第一种方法，2015 年世界 DRI 产量为 7257 万吨，粗钢产量为 16.28 亿吨，两者的比例为 4.46%。按照该比例，2016 年我国粗钢产量为 8.08 亿吨，则中国对 DRI 的需求量应为 3603 万吨。另外，根据中国废钢应用协会权威估计，每年中国 DRI 市场需求量至少为 1500 万~2000 万吨。

因此，利用国内资源发展适合我国国情的 DRI 生产，促进电炉钢生产是中国钢铁工业节能降耗的迫切需要。目前，中国 DRI 产能仅为几十万吨，而年需求量在千万吨级别，供求严重不平衡。由此可见，优质 DRI 在中国将具有广阔的发展前景和旺盛的市场需求[6]。

5.2 煤制气-气基竖炉-电炉短流程主要关键技术

煤制气-气基竖炉-电炉短流程主要涉及煤制气工艺合理选择、气基竖炉专用氧化球团矿制备、气基竖炉直接还原及能量利用分析、短流程环境影响评价等关键技术，对这些关键技术的把握是发展煤制气-气基竖炉-电炉短流程发展的基础。

5.2.1 煤制气工艺合理评价及选择

依托储量丰富的廉价煤资源，确定合适的煤气化工艺是发展煤制气-气基竖炉直接还原技术的关键。根据第三次全国煤田预测资料，除台湾地区外，我国垂深 2000m 以内的煤炭资源总量为 55697.49 亿吨，其中已探明保有资源量达 10176.45 亿吨。从地域分布来看，我国煤炭资源呈现北多南少、西多东少的特点。从煤种分布来看，我国煤炭资源种类齐全，包括了从褐煤到无烟煤各种不同煤化阶段的煤，但是其数量和分布极不均衡。其中，中高变质烟煤相对较少，分别占总量的 27.59%、17.26%，且存在硫分高、灰分高、可选性差等缺点，导致优质炼焦用煤资源缺乏，严重制约了钢铁行业的大力发展；而作为动力燃料和生产煤气的褐煤和低变质烟煤资源量较为丰富，共占总量的 55% 以上，且大多低变质烟煤的煤质优良，灰分低于 15%，硫含量小于 1%，可选性也较好。因此，发展以褐煤和低变质烟煤为主要原料的煤气化工艺，为竖炉直接还原提供还原煤气，在煤资源供应方面是可行的[7]。

在全面把握现有煤气化工艺特征的基础上，结合竖炉还原工艺的需求，通过单指标横向对比和多指标综合加权评分法，综合投资成本、氧耗、煤耗、冷煤气转化效率、煤气中 CO 和 H_2 体积比、煤气氧化度、煤气中有效还原气含量、净热效率、碳转化率、单炉产能等指标，对 Lurgi、Ende、Texaco 和 Shell 四种主要煤气化技术进行定量化评价。

5.2.1.1 竖炉直接还原对煤气化系统的基本要求

为了保证竖炉产品 DRI 的金属化率和含硫量符合电炉炼钢生产要求，要求竖炉煤气中还原性气体成分（$H_2+CO+C_nH_m$）高，通常（H_2+CO/H_2O+CO_2）应大于 10，惰性成分 N_2 含量低于 5%，还原气含 S 低。

竖炉工艺不同，要求的还原气压力也不同，MIDREX 工艺入炉还原气压力为 0.2~0.3MPa，HYL 工艺入炉压力为 0.5~0.8MPa。直接还原竖炉吨产品的一次能源消耗是 18~20GJ，折算煤气的消耗量为 1350~1600m^3。对应于 50 万~200 万吨/年产能竖炉，单位时间煤气的需求量为 8 万~36 万立方米/时。

以煤为原料制备还原性气体的技术是成熟的，在化肥、化工、发电等多种行业得到广泛应用。目前，世界上工业化应用的煤气化工艺主要有：固定床法（UGI、Lurgi）、流化床法（U-gas、Ende）、气流床法（Texaco、Shell）。

5.2.1.2　固定床气化技术

A　UGI 固定床间歇性气化法

固定床间歇性气化技术采用无烟块煤或焦炭为原料，煤种要求严格，而且碳转化率低，环境污染较大，但工程投资是其他气化技术无可比拟的。目前多应用于合成氨及甲醇生产，不宜作为生产竖炉用还原气的技术。

B　Lurgi 加压气化法

Lurgi 炉采用碎煤入炉，炉内煤层高度在 4m 左右，操作压力 3MPa，气化温度 900~1100℃，工艺流程见图 5-4。入炉煤的处理费用较低，可以使用高水分、高灰熔点和高灰含量的非强黏结性煤，尤其是对劣质的贫煤能稳定可靠和高效的气化，但要求原料煤热稳定性高、化学活性好、机械强度高。净煤气中 H_2/CO（摩尔比）为 1.6~1.7，不用改质即可合成各种液体燃料，并含有 10% 以上的甲烷，煤气化的氧耗率也相应较低，标态下仅为 16%~27%。加上气化副产物，冷煤气效率可达 80%，国产化的实现和投资费用的大幅下降，使其多联产系统的经济性大大提高。该工艺缺点是气化温度、蒸汽分解率、热效率及气化强度均较

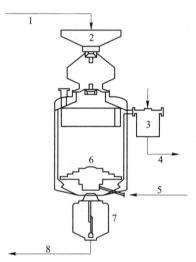

图 5-4　Lurgi 气化炉工艺流程
1—煤；2—料仓；3—洗涤冷却器；
4—合成气；5—气化剂；6—旋转炉箅；
7—排灰锁斗；8—灰渣

低，能耗高，而且污水排放中含有较多的焦油、酚类和氨，需配备较复杂的污水处理装置，环保处理费用高。

5.2.1.3　流化床气化技术

A　灰熔聚流化床气化法

该技术由中科院山西煤炭化学研究所于 20 世纪 80 年代初开发，其特点是煤种适应性宽，可气化褐煤、低化学活性的烟煤、无烟煤和石油焦，床层温度 1100℃，中心射流形成床内局部高温区温度达 1200~1300℃，煤灰不发生熔融，灰渣熔聚成球状或块状排除，且投资成本较低；缺点是气化压力为常压，单炉气化能力低，环境污染严重。此技术适宜用于中小型氮肥厂生产，目前尚缺乏长期

运转的经验，加压气化和大型化的炉型更有待进一步开发。

B Ende 粉煤气化法

Ende 炉将 10mm 以下粉煤送入发生炉底部，根据流化床气化原理，按照煤气组分要求，将浓度不同的富氧空气或氧气和过热蒸汽混合气作为气化剂，工艺流程见图 5-5。

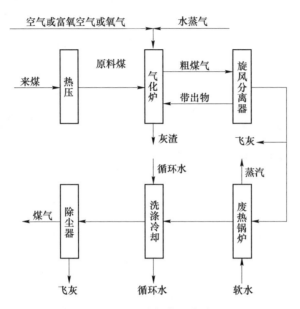

图 5-5 Ende 炉气化工艺流程

Ende 炉可以使用灰分低于 30% 的劣质褐煤、不黏煤、弱黏煤和长焰煤，使煤源得以很大拓展，同时由于褐煤价格比较低，煤气制造成本显著下降。由于流化床的气、固相接触好，加强了热传导和热交换，强化了传热过程，使气化强度变大，一台直径 5m 的炉子煤气产量可达 4 万立方米/时以上。煤气产品中不含焦油及油渣，净化系统简单、污染少。Ende 炉操作弹性大，运转稳定可靠，连续运转率高，开停炉方便，设备已完全实现了国产化，投资仅为引进国外气化炉的30%~50%，而且国内已有大型化生产的经验可以借鉴。但 Ende 炉气化工艺要求用煤具有较好的活性，活性越大则气化反应越能尽快地向反应生成方向进行，对操作有利；而且要求煤的水分必须低于 8%，否则会导致通道堵塞，煤气中 CO_2含量增加。原料煤的灰熔点是流化床操作温度受限的主要因素，当操作温度过高时会引起严重结渣，故 Ende 炉用煤的灰熔点要求高于 1250℃。此外，煤的粒度也应尽可能均匀，若粒度过细，将增加气体带走物，造成原料损失。由于 Ende 炉是常压操作，气化温度、碳转化率和冷煤气效率均较低，而且飞灰量大，环境污染问题有待解决。

5.2.1.4　气流床气化技术

A　Texaco 水煤浆气化法

Texaco 炉属于气流床气化技术，是将粗煤磨碎，加入水、添加剂、助溶剂制成水煤浆，煤浆浓度一般为 65%~70%，经煤浆加压泵喷入气化炉，与纯氧进行燃烧和部分氧化反应生成水煤气，气化压力为 2~8MPa，气化温度为 1400℃，有效还原气体积分数高于 80%。工艺流程见图 5-6。

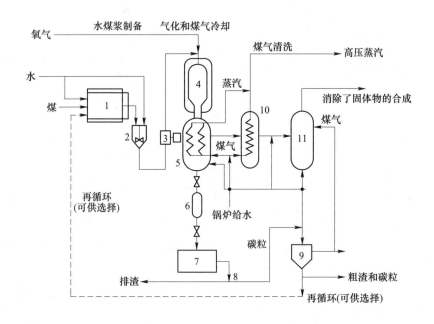

图 5-6　Texaco 法煤气化工艺流程

1—湿式磨煤机；2—水煤浆贮箱；3—水煤浆泵；4—气化炉；5—辐射冷却器；6—锁气式排渣斗；
7—炉渣储槽；8—炉渣分离器；9—沉降分离器；10—对流冷却器；11—洗涤器

Texaco 法可气化褐煤、烟煤、次烟煤、无烟煤、高硫煤以及低灰熔点的劣质煤、石油焦等，但要求煤灰量低于 20%，灰熔点低于 1400℃，且具有较好的黏结性和流动性。气化系统无需外供蒸汽、高压 N_2。煤气除尘比较简单，无需昂贵的高温高压飞灰过滤器。国内关于该气化工艺积累了大量的经验，因此设备制造、安装和工程实施周期短，开车运行经验丰富，达标达产时间相对较短；主要问题是由于该技术是水煤浆进料，大量水分要汽化，因而煤耗和氧耗均较高，冷煤气效率较低，碳的转化率为 95%~97%。气化炉耐火砖及烧嘴使用寿命较短，需定期检查、维修或更换。

B 多喷嘴水煤浆加压气化法

在"九五"期间,华东理工大学、兖矿鲁南化肥厂、中国天辰化学工程公司承担了国家重点科技攻关课题——新型多喷嘴对置水煤浆气化炉的开发。该技术属气流床多烧嘴下行制气,与单烧嘴气化炉相比,比煤耗可降低 2.2%,比氧耗可降低 8%,调节负荷更为灵活,适宜于气化低灰熔点的煤。目前存在的主要问题为:控制较为复杂,气化炉顶部耐火砖磨蚀较快且炉顶超温,投煤量为 1000t/d 气化炉的投资比单烧嘴气化炉系统增加了 2000 万元,且每年还要增加维护检修费用,单位产品的固定成本大幅提高,该技术有待在生产实践中进一步改进。

C Shell 干粉煤加压气化法

Shell 煤气化工艺的流程见图 5-7,采用干煤粉作为气化原料,煤种适应性广,烟煤、褐煤和石油焦均可气化。对煤的灰熔性适应范围宽,即使高灰分、高含硫量的煤种也能适应。Shell 煤气化已投入运行的单台炉气化压力为 3MPa,日处理煤量达 2000t。气化温度约 1500℃,碳转化率可达 99% 左右,产品气体洁净,不含重烃,甲烷含量低,煤气中有效气体(CO+H_2)可达 90%。每 1000m^3 煤气的氧耗量(标态)为 330~360m^3,冷煤气效率约 83%,总的热效率为 98% 左右,煤耗

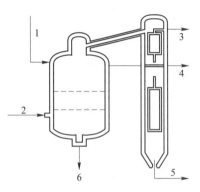

图 5-7 Shell 气化炉工艺流程
1—激冷气;2—煤;3—高压蒸汽;
4—中压蒸汽;5—合成气;6—炉渣

为 600kg,环境负荷较小。但 Shell 煤气化技术投资成本明显高于其他气化技术,系统较为复杂,对原料、操作控制的要求较高,而且单台炉无备用的特点也极大限制了气源的连续供应。

D 其他干煤粉加压气化法

国内其他正在工业化应用的气流床技术包括 GSP 法、两段式法、多喷嘴对置法等。这些技术是在 Shell 气化炉基础上改进的,均采用干粉煤加压气化,水冷壁结构,激冷或废锅进行热回收。这些技术在单炉能力和生产长期运行考验方面还存在不足,仍需进一步改进和完善。

Lurgi、Ende、Texaco 和 Shell 四种主要煤气化工艺的各项技术指标见表 5-10。其中,"与 50 万吨/年竖炉配套制气系统的固定投资"由"配套的气化炉套数"与"气化炉单炉系统固定投资"的乘积来估算。"配套的气化炉套数"等于"50 万吨/年竖炉单位时间煤气需求量"(约 8 万立方米/时)与"气化炉单位时间产能"之比。"气化炉单炉系统固定投资"由文献资料所得[8]。

表 5-10　四种主要煤气化工艺的技术指标

指标		Lurgi	Ende	Texaco	Shell
气化工艺		固定床	流化床	气流床	气流床
煤种		从褐煤到无烟煤各种弱黏结性煤	从褐煤到无烟煤各种弱黏结性煤	黏结性和流动性好的可制浆煤	全部煤种均可
进煤系统		锁斗间断加入	螺旋加入	煤浆进料	氮气输送
入炉粒度		5~50mm	<10mm	<75μm（75%）	<150μm（90%）
灰分/%		无限制	<30	<20	无限制
含水/%		<20	<8	>60	<2
灰熔点/℃		>1500	>1250	<1400	<1500
气化压力/MPa		2~3	常压	2.6~8.4	2~4
排渣方式		固态	固态	熔渣	液态
气化剂		氧气+水蒸气	氧气+水蒸气	氧气	氧气
氧耗(标态)/m³·(1000m³)$^{-1}$		160~270	270	400	330~360
煤耗(标态)/kg·(1000m³)$^{-1}$		720	678	640	600
气化温度/℃		900~1100	950	1300~1400	1400~1600
碳转化率/%		90	92	97	99
冷煤气效率/%		>80	>75	>73	>83
净热效率/%		65	62	69	95
单炉产能/t·d^{-1}		500	400	2000	2000
与50万吨/年竖炉配套制气系统投资估算/亿元		3.3	2.2	9.0	11.0
干煤气成分（体积分数）/%	CO	20~28	30~34	42~47	60~65
	H$_2$	38~40	32~37	30~35	22~25
	CO$_2$	21	17~20	18	3
	CH$_4$	7~12	1.2~1.5	<0.1	<0.1
	N$_2$+Ar	1.2	8.5	0.8	7.5
	H$_2$S+COS	0.7	0.9	1.1	1.3

5.2.1.5　主要煤气化工艺评价

从煤资源限制出发，Lurgi 炉和 Ende 炉主要用于气化具有良好热稳定性和化学活性的高灰熔点和高灰含量的劣质褐煤、不黏煤、弱黏煤和长焰煤，Texaco 炉以煤灰量低于 20%，灰熔点低于 1400℃，具有较好黏结性和流动性的水煤浆为原料，而 Shell 炉对煤种无硬性限制，只需水分低于 2%便可。

从煤气品质角度出发，Ende 流化床粉煤气化技术和 Lurgi 固定床加压气化技

术净煤气中 H_2/CO（体积比）高于 1.0，只要对煤气进行脱碳处理后就可满足两大气基竖炉直接还原技术 MIDREX 法和 HYL 法对煤气成分的要求，是最适合直接还原气源选择的方案。而 Texaco 气流床水煤浆气化技术与 Shell 气流床干粉煤气化技术除了要对煤气进行脱碳处理外，还需对煤气中的 CO 进行变换以增加还原气中的 H_2 含量。

从生产能力、能耗及成本等方面来看，Lurgi 炉气化温度、热效率、气化强度均较低，能耗较高，且焦油的分离以及含酚污水的处理程序较为复杂。Ende 炉是常压操作，运转稳定可靠，气化温度、碳转化率和冷煤气效率均较低，能耗较高，且飞灰量对环境污染的困扰仍有待解决。但 Lurgi 和 Ende 气化技术设备已基本实现国产化，投资费用大幅下降，若就地取材，依赖当地煤资源，牺牲部分气化效率，仍可取得较好的综合经济效益。Texaco 炉气化温度和碳转化率高，无需外供蒸汽，煤气除尘系统简单，但冷煤气效率较低，氧耗和投资成本较高。Shell 煤气化技术相对先进，但系统较为复杂，过高的投资成本极大限制了其广泛应用。

评价针对 Lurgi、Ende、Texaco 和 Shell 四种主要的煤气化工艺进行，记为 $I = \{1,2,3,4\}$。评价的主要指标包括投资成本、氧耗、煤耗、冷煤气转化效率、煤气中 CO/H_2（体积比）、煤气氧化度、煤气中有效还原气含量、净热效率、碳转化率、单炉产能等，记为 $J = \{1,2,\cdots,10\}$。研究对象 i 在指标 j 下所对应的值记为 x_{ij}（$i=1$，2，3，4；$j=1$，2，3，…，10），称矩阵 $\boldsymbol{X} = (x_{ij})_{4\times10}$ 为研究对象集对指标集的评价矩阵，由表 5-10 中所列结果可得：

$$\boldsymbol{X} = (x_{ij})_{4\times10} = \begin{bmatrix} 3.3 & 230 & 720 & 0.80 & 0.625 & 0.323 & 65 & 0.65 & 0.90 & 5 \\ 2.2 & 270 & 678 & 0.75 & 0.917 & 0.290 & 67 & 0.62 & 0.92 & 4 \\ 9.0 & 400 & 640 & 0.73 & 1.353 & 0.225 & 78 & 0.69 & 0.97 & 20 \\ 11.0 & 345 & 580 & 0.83 & 2.667 & 0.040 & 85 & 0.95 & 0.99 & 20 \end{bmatrix}$$

$$(5-1)$$

在多指标试验中，有的指标要求越小越好，有的指标要求越大越好，还有的指标则要求稳定在某一理想值。另外，还存在数量级和量纲不同的问题。为了统一各指标的趋势要求，消除各指标间的不可公度性，需将评价矩阵 X 进行标准化处理。

当综合加权评分法以评分值越小越好为准则时，令：

$$y_{ij} = \begin{cases} x_{ij} & \text{当} j \in I_1 \\ x_{j\max} - x_{ij} & \text{当} j \in I_2 \\ |x_{ij} - x_j^*| & \text{当} j \in I_3 \end{cases} \tag{5-2}$$

其中，$I_1 = \{$越小越好的指标$\}$；$I_2 = \{$越大越好的指标$\}$；$I_3 = \{$稳定在某一理想值的指标$\}$。

评价涉及的众多指标中，要求投资成本、氧耗、能耗、煤气中 CO/H_2（体积比）、煤气氧化度等越小越好，故 $y_{ij} = x_{ij}$；要求冷煤气转化效率、煤气中有效还原气、净热效率、碳转化率、单炉产能等越大越好，故 $y_{ij} = x_{jmax} - x_{ij}$。即：

$$
\boldsymbol{Y} = (y_{ij})_{4,10} = \begin{bmatrix} 3.3 & 230 & 720 & 0.03 & 0.625 & 0.323 & 20 & 0.30 & 0.09 & 15 \\ 2.2 & 270 & 678 & 0.08 & 0.917 & 0.290 & 18 & 0.33 & 0.07 & 16 \\ 9.0 & 400 & 640 & 0.10 & 1.353 & 0.225 & 7 & 0.26 & 0.02 & 0 \\ 11.0 & 345 & 580 & 0 & 2.667 & 0.040 & 0 & 0 & 0 & 0 \end{bmatrix}
$$
$$(5-3)$$

然后统一指标的数量级并消除量纲，令：

$$z_{ij} = 100 \times (y_{ij} - y_{jmin})/(y_{jmax} - y_{jmin}), \quad i = 1,2,3,4; j = 1,2,\cdots,10 \quad (5-4)$$

其中，$y_{jmin} = \min\{y_{ij} | i = 1, 2, 3, 4\}$；$y_{jmax} = \max\{y_{ij} | i = 1, 2, 3, 4\}$。

记标准化后的评价矩阵为 $z = (z_{ij})_{4,10}$，即：

$$
\boldsymbol{Z} = (z_{ij})_{4,10} = \begin{bmatrix} 12.50 & 0 & 100.00 & 30.00 & 0 & 100.00 & 100.00 & 90.91 & 100.00 & 93.75 \\ 0 & 23.53 & 70.00 & 80.00 & 14.30 & 88.34 & 90.00 & 100.00 & 77.78 & 100.00 \\ 77.27 & 100.00 & 42.86 & 100.00 & 35.65 & 65.37 & 35.00 & 78.79 & 22.22 & 0 \\ 100.00 & 67.65 & 0 & 0 & 100.00 & 0 & 0 & 0.00 & 0 & 0 \end{bmatrix}
$$
$$(5-5)$$

确定各项指标的综合权重。

A　主观权重

设各项指标的主观权重为：

$$\boldsymbol{\alpha} = (\alpha_1, \alpha_2, \cdots, \alpha_{10})^{\mathrm{T}} \quad (5-6)$$

其中，$\sum_{j=1}^{10} \alpha_j = 1$，$\alpha_j \geq 0$（$j = 1, 2, \cdots, 10$）。

综合考虑煤气化技术的各影响因素，采用层次分析法（AHP），研究中构建了投资成本、能源消耗、煤气品质、转化效率 4 个一级指标和 10 个二级指标组成的煤气化技术多指标综合评价体系。

a　投资成本

煤气化工序数十亿元的高额投资成本是企业进行风险投资的首要考虑因素，也是国内至今没有煤制气-竖炉直接还原工艺实质性运作的主要障碍，在所有指标中占有绝对的权重。经行业内专家咨询后，初步给定权重系数为 0.4。

b　煤气品质

煤气化工艺的目的是为了满足气基竖炉直接还原工艺用气的需要，良好的煤气品质是确保竖炉稳定生产，获得高质量 DRI 产品的先决条件，初步给定权重系数为 0.3。前期研究表明，若还原煤气中有效还原气（H_2+CO）体积分数低于 85%、氧化性气体（H_2O+CO_2）体积分数高于 10%，便难以获得金属化率达 92% 的 DRI。而且，还原煤气中 CO/H_2（体积比）越低越有助于加速铁氧化物还原反应的进行，降低配氢副线的负荷，减少碳排放量。"有效还原气""煤气氧化度"和"煤气 CO/H$_2$（体积比）"三个二级指标并重，初步给定权重系数均为 0.1。

c 能源消耗

能源消耗是决定煤制气-气基竖炉直接还原工艺能否可持续发展的重要因素，主要包括煤耗和氧耗两部分。煤气化工艺氧耗的高低取决于气化方式，其中 Texaco 和 Shell 单纯以氧气为气化剂，氧耗相比 Lurgi 和 Ende 的要高。煤是气化工艺的主要消耗原料，煤耗的高低相比氧耗对工艺能耗的影响更大，各占 60% 和 40%，初步给定权重系数分别为煤耗 0.09 和氧耗 0.06。

d 转换效率

煤气化工艺转化效率由冷煤气转化效率、净热效率、碳转化率、单炉产能等因素决定，煤气化是为了获得更多的合成气；而煤炭燃烧时将碳转化为热量，可见气化过程主要追求的是冷煤气产率，而非热效率和碳转换率。冷煤气产率、热效率、碳转换率和单炉产能分别占一级指标转换效率权重的 50%、10%、10% 和 30%，初步给定权重系数分别为 0.075、0.015、0.015 和 0.045。

综上所述，初步给定煤气化技术评价体系指标主观权重见表 5-11，即：

$$\boldsymbol{\alpha} = (0.400, 0.060, 0.090, 0.075, 0.100, 0.100, 0.100, 0.015, 0.015, 0.045)^{\mathrm{T}}$$

$$(5-7)$$

表 5-11 煤气化技术评价体系指标主观权重

一级指标	一级指标权重/%	二级指标	二级指标权重/%	二级指标最终权重/%
投资成本	40	投资成本	100	40
煤气品质	30	有效还原气	33.4	10
		煤气氧化度	33.3	10
		煤气 CO/H$_2$	33.3	10
能源消耗	15	氧耗	40	6
		煤耗	60	9
转换效率	15	冷煤气效率	50	7.5
		碳转化率	10	1.5
		净热效率	10	1.5
		单炉产能	30	4.5

B 客观权重

设所得各项试验指标的客观权重为：

$$\boldsymbol{\beta} = (\beta_1, \beta_2, \cdots, \beta_{10})^{\mathrm{T}}$$

$$(5-8)$$

其中，$\sum\limits_{j=1}^{10} \beta_j = 1$，$\beta_j \geq 0 (j = 1, 2, \cdots, 10)$。

由熵值法式（5-9）和式（5-10）得到各项指标的客观权重。

$$h_j = - (\ln 4)^{-1} \sum_{i=1}^{4} p_{ij} \ln p_{ij} \quad (5\text{-}9)$$

$$\beta_j = (1 - h_j) \Big/ \sum_{j=1}^{10} (1 - h_j) \quad (j = 1, 2, \cdots, 10) \quad (5\text{-}10)$$

其中，$p_{ij} = z_{ij} \Big/ \sum_{i=1}^{4} z_{ij}$，且当 $p_{ij} = 0$ 时，规定 $p_{ij} \ln p_{ij} = 0$ $(i = 1, 2, 3, 4; j = 1, 2, \cdots, 10)$。

$$P = (p_{ij})_{4,10} = \begin{bmatrix} 0.07 & 0 & 0.47 & 0.14 & 0 & 0.39 & 0.44 & 0.34 & 0.50 & 0.48 \\ 0.00 & 0.12 & 0.33 & 0.38 & 0.10 & 0.35 & 0.40 & 0.37 & 0.39 & 0.52 \\ 0.41 & 0.52 & 0.20 & 0.48 & 0.24 & 0.26 & 0.16 & 0.29 & 0.11 & 0 \\ 0.53 & 0.35 & 0 & 0 & 0.67 & 0 & 0 & 0 & 0 & 0 \end{bmatrix}$$

$$(5\text{-}11)$$

$$h = (0.637, 0.695, 0.753, 0.721, 0.603, 0.782, 0.733, 0.789, 0.691, 0.500)^{\mathrm{T}}$$

$$(5\text{-}12)$$

$$\beta = (0.117, 0.098, 0.080, 0.090, 0.128, 0.070, 0.086, 0.068, 0.100, 0.162)^{\mathrm{T}}$$

$$(5\text{-}13)$$

C 综合权重

设所得各项指标的综合权重为：

$$W = w = (w_1, w_2, \cdots, w_{10})^{\mathrm{T}} \quad (5\text{-}14)$$

其中，$\sum_{j=1}^{10} w_j = 1$，$w_j \geq 0 (j = 1, 2, \cdots, 10)$。

为了兼顾主观偏好（对主观赋权法和客观赋权法的偏好），又充分利用主观赋权法和客观赋权法各自带来的信息，达到主客观统一，建立如下评价决策模型：

$$\min F(w) = \sum_{i=1}^{4} \sum_{j=1}^{10} \{\mu [(w_j - \alpha_j) z_{ij}]^2 + (1 - \mu) [(w_j - \beta_j) z_{ij}]^2\} \quad (5\text{-}15)$$

其中，$0 < \mu < 1$ 为偏好系数，反映分析者对主观权重和客观权重的偏好程度。

若 $\sum_{i=1}^{4} z_{ij}^2 > 0$ $(j = 1, 2, \cdots, 10)$，则优化模型式（5-15）有唯一解，其解为：

$$W = [\mu\alpha_1 + (1 - \mu)\beta_1, \mu\alpha_2 + (1 - \mu)\beta_2, \cdots, \mu\alpha_4 + (1 - \mu)\beta_4]^{\mathrm{T}} \quad (5\text{-}16)$$

取偏好系数 $\mu = 0.5$，由式（5-16）最终得到各项指标的综合权重，可见对煤气化工艺选择贡献度最大的仍是投资成本，其次为煤气中 CO/H_2（体积比）和煤气中有效还原气含量，这与实际情况相符。

$$w = (0.259, 0.079, 0.085, 0.083, 0.114, 0.085, 0.093, 0.042, 0.057, 0.103)^{T}$$
$$(5\text{-}17)$$

D　计算综合加权评分值

设综合加权评分值为：

$$F = f = (f_1, f_2, f_3, f_4)^{T} \tag{5-18}$$

其中，$f_i \geq 0 (i = 1, 2, 3, 4)$。

由综合加权评分式（5-19）：

$$f_i = \sum_{j=1}^{10} w_j z_{ij} \qquad i = 1, 2, 3, 4; j = 1, 2, \cdots, 10 \tag{5-19}$$

$$F = ZW \tag{5-20}$$

得：

$$f = (51.24, 50.90, 57.25, 42.63)^{T} \tag{5-21}$$

由于本综合加权评分法以评分值越小越好为准则，综合考虑投资成本、氧耗、煤耗、冷煤气转化效率、煤气 CO/H_2（体积比）、煤气氧化度、煤气中有效还原气、净热效率、碳转化率、单炉产能等指标，Shell 气流床干粉煤加压气化法更适于作为气基竖炉直接还原用煤气的生产技术，Ende 流化床粉煤常压气化法次之。

若在主观权重不变的前提下，改变偏好系数 μ 值，即主观权重和客观权重的比例，所获得的综合加权评分值见表 5-12。可见，在偏好系数小于等于 0.5 时，客观上 Shell 气流床干粉煤加压气化法最优；在偏好系数大于 0.5 时，主观上 Ende 流化床粉煤常压气化法最优。

表 5-12　不同偏好系数所对应的综合加权评分值

μ	Lurgi	Ende	Texaco	Shell
0	59.14	61.66	51.12	31.20
0.3	54.40	55.21	54.80	38.06
0.5	51.24	50.90	57.25	42.36
0.7	48.07	46.60	59.70	47.20
1.0	43.33	40.14	63.38	54.06

若偏好系数 μ 保持 0.5 不变，分别改变各项指标所对应的主观权重，所获得的综合加权评分值见表 5-13。可见，在投资成本权重系数低于 0.4 时，Shell 气流床干粉煤加压气化法最优；在着重考虑投资成本的情况下，Ende 流化床粉煤常压气化法最优。

表 5-13 不同主观权重所对应的综合加权评分值

投资成本	煤气品质	能源消耗	转换率	Lugi	Ende	Texaco	Shell
0.2	0.4	0.2	0.2	53.64	53.55	58.74	38.71
0.25	0.25	0.25	0.25	50.38	50.88	62.10	40.06
0.3	0.3	0.2	0.2	48.19	47.10	61.95	45.41
0.4	0.3	0.15	0.15	51.24	50.90	57.25	42.36
0.4	0.2	0.2	0.2	42.77	40.68	65.14	52.08
0.5	0.2	0.15	0.15	38.47	33.18	64.82	62.71
0.5	0.3	0.1	0.1	37.91	33.72	66.57	60.73

5.2.2　气基竖炉专用氧化球团矿制备及综合冶金性能

直接还原工艺是在原燃料加热到熔化温度以下，将铁矿还原成金属铁的方法。直接还原产品中几乎包含着含铁原料中全部的脉石和杂质。为了保证 DRI 产品的品质，减少炼钢渣量，控制炼钢电能以及造渣材料消耗，MIDREX 和 HYL工艺均对所用铁矿原料性能提出了严格要求，不仅要求有足够高的含铁品位，尽可能低的有害杂质含量，还必须具有良好的冶金性能。鉴于竖炉直接还原对原料性能要求苛刻，国际市场直接还原用原料供应紧张，我国发展气基竖炉直接还原生产必须依靠自有铁矿资源，探求合理的生产工艺和冶金性能改进措施，生产满足竖炉工艺要求的优质氧化球团矿。

首先以国产某铁精矿为原料制备氧化球团矿，研究膨润土种类和添加量对球团矿强度的影响，在合理确定球团矿生产工艺的基础上，又选择国内另外两种铁精矿继续进行氧化球团矿制备和综合冶金性能的实验研究。

5.2.2.1　氧化球团矿制备

A　铁精矿粉

本实验用含铁原料有三种，分别为山西铁精矿粉、吉林铁精矿粉、辽宁铁精矿粉。三种铁精矿都是经过细磨、精选获得的生产优质氧化球团矿的专用铁精矿，化学成分见表 5-14。三种精矿粉品位较高，TFe 含量均高达 70%，SiO_2 含量少，脉石总量较低，其中山西铁精矿粉含量 SiO_2 最低，仅 0.94%。

表 5-14　三种铁精矿粉化学成分　　　　　　（质量分数，%）

精矿产地	TFe	FeO	SiO_2	CaO	MgO	P	S
山　西	70.449	24.635	0.940	0.123	1.012	0.003	0.057
吉　林	70.600	30.540	2.570	0.090	0.150	0.002	0.020
辽　宁	70.310	29.010	1.960	0.170	0.050	0.002	0.035

球团矿制备要求铁矿粉小于 0.045mm 粒级的比例在 60%~85% 之间。实验采用 MASTERSIZER-2000 激光粒度分析仪对铁精矿粉进行了粒度分析，结果见表5-15。三种铁矿粉粒度均较细，<0.074mm 粒级达 75% 以上，<0.045mm 粒级达 60% 左右，满足球团矿制备的要求。

表 5-15　三种铁精矿粉粒度组成 （%）

精矿产地	<0.15mm	<0.074mm	<0.045mm
山　西	97.50	77.26	60.83
吉　林	98.11	80.79	70.08
辽　宁	96.36	77.47	59.54

B　膨润土

实验选用鞍山、建平生产的两种膨润土为球团矿黏结剂，两种膨润土的粒度均较细，<0.074mm 粒级的占 98% 以上，物理性能见表5-16。

表 5-16　膨润土主要物理性能

膨润土	每100g膨润土吸蓝量 /g	膨胀容 /mL/g	胶质价 /mL·(15g)$^{-1}$	吸水率 (2h) /%	<0.074mm 粒度占比 /%
1号	33	50	600	354	98
2号	34	15	75	170	98

5.2.2.2　膨润土对球团矿性能的影响

表5-17 为两种膨润土下生球的强度及成品球的抗压强度。在相同添加量的情况下，添加1号膨润土的生球强度及成品球团矿的抗压强度均明显高于添加2号膨润土的。对比两种膨润土的性能，1号膨润土的膨胀容为 50mL/g、胶质价 600mL/15g、吸水率为 354%（2h），各项指标明显满足钠基膨润土性能的一般要求。2号膨润土的各项指标则居于钠基和钙基膨润土性能指标之间。在生球成球过程中，与2号膨润土相比，1号膨润土的理化性质和工艺性能更为优越，具有较高的分散性、亲水性和膨润性，在成球过程中使得原料易于黏结，制备的生球具有良好的性能，焙烧后的成品球团矿具有较高的抗压强度。

表 5-17　两种膨润土下生球的强度及成品球的抗压强度

黏结剂	生球抗压强度/N	生球落下强度/次	成品球抗压强度/N
1号膨润土	16.7	4.8	3276
2号膨润土	13.1	2.9	2787

5.2.2.3 膨润土添加量对球团矿性能的影响

表 5-18 给出了分别加入 0.5%、0.7%、1.0% 1 号膨润土时生球性能及成品球的抗压强度。三种配加量下生球的抗压强度均高于 12N，满足球团矿生产的要求（带式焙烧机和链箅机-回转窑要求生球抗压强度不小于 9.8N）。在 0.5% 添加量下，生球的落下强度仅为 2.6 次，不满足球团矿生产的要求；而 0.7% 添加量下生球落下强度满足与否，取决于球团矿生产过程中运转的次数（当运转次数少于 3 次时，落下强度最少应为 3 次；运转超过 3 次，则要求落下强度最少为 4 次）；1.0% 添加量下生球落下强度达 4.8 次，完全满足球团矿生产要求。三种膨润土配量下，成品球团矿的抗压强度均高于 2700N，满足竖炉生产的基本要求（HYL 工艺要求 ≥2000N；MIDREX 工艺要求 ≥2500N）。

表 5-18　不同 1 号膨润土添加量下生球的强度及成品球的抗压强度

1 号膨润土添加量/%	生球抗压强度/N	生球落下强度/次	成品球抗压强度/N
0.5	12.7	2.6	2748
0.7	13.7	3.6	2958
1.0	16.7	4.8	3276

随着 1 号膨润土添加量的增大，生球的强度及成品球的抗压强度都明显增加。这是由于随着膨润土添加量的增大，成球原料的吸水、缚水能力也相应得到提高，球核长大的速度变慢，球核强度提高，减少了球核的破碎，使提供球核长大的粉料减少。水分是铁精矿成球的先决条件，造球原料适宜湿度范围较窄，当水分过高或过低时都会造成操作困难，降低生球质量。随着膨润土添加量的增加，水分波动的范围得到扩大，成球的能力增加，生球的性能随之增加。但球团矿原料中每增加 1% 的膨润土，球团矿产品的含铁品位将降低 0.4%~0.6%。

综合各方面的因素，本研究选取添加 1% 的 1 号膨润土为后续工艺条件制备氧化球团矿进行后续研究。

5.2.2.4 三种国产球团矿的综合冶金性能

氧化球团矿的化学组成、抗压强度、还原性、低温还原粉化、还原膨胀性是评价球团矿质量的重要指标。

A 化学成分

对添加 1% 的 1 号膨润土的三种国产氧化球团矿进行化学成分分析，结果见表 5-19。三种球团矿的化学组分均满足 HYL 工艺的要求（TFe 尽可能高，SiO_2 含量不大于 3%，FeO 含量不大于 1.0%，S 含量不大于 0.05%）。从化学成分来看，这是竖炉直接还原用合格的氧化球团矿。

表 5-19　三种氧化球团矿的化学成分　　　　　（质量分数,%）

球团矿产地	TFe	FeO	SiO$_2$	CaO	MgO	P	S
山　西	67.902	0.193	1.720	0.204	1.089	0.002	0.014
吉　林	67.300	0.100	2.650	0.160	0.170	0.002	0.019
辽　宁	68.360	0.192	2.111	0.101	0.141	0.004	0.014

B　抗压强度

三种精矿制备的成品球团矿抗压强度对比见图 5-8。其中,吉林球团矿最高,山西球团矿次之,辽宁球团矿则最低,但均高于 2500N,满足气基竖炉的基本要求。

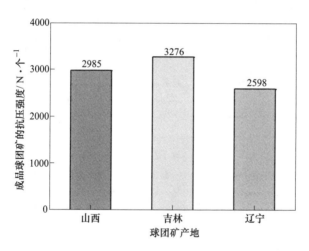

图 5-8　三种成品球团矿的抗压强度

C　冷态转鼓强度

经两次重复实验测定,三种氧化球团矿的转鼓指数及耐磨指数列于表 5-20,转鼓指数均高于 94%,耐磨指数低于 5%（HYL 工艺要求 $T \geqslant 93\%$, $A \leqslant 6\%$）。

表 5-20　三种氧化球团矿的转鼓强度指数　　　　　　（%）

球团矿产地	T	A
山　西	94.42	4.37
吉　林	94.50	4.50
辽　宁	94.65	4.73

D　球团矿的还原性

氧化球团矿的还原性能一般用还原度来表示,即以 Fe^{3+} 状态为基准（假定铁矿石中的铁全部以 Fe_2O_3 形式存在,并把这些 Fe_2O_3 中的氧算作 100%）,还原一定时间后所达到的脱氧程度，以质量分数表示。采用 RSZ-03 型矿石冶金性能综合测定仪测定球团矿的还原性能，设备结构见图 5-9。还原管由耐热不起皮的金属板制成，还原管内径为（75±1）mm。为了使煤气流更为均匀，在多孔板和试样之间两层粒度为 10.0mm 和 12.5mm 的高氧化铝球，在高氧化铝球上放一块多孔板，试样放在多孔板上。实验用于称量试样的天平可精确至 0.1g。

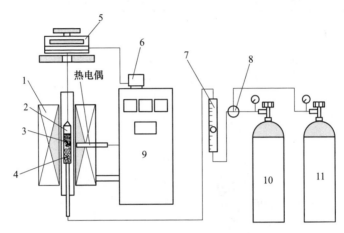

图 5-9　矿石冶金性能综合测定仪

1—电炉；2—吊管；3—试样；4—氧化铝球；5—电子天平；6—打印机；

7—流量计；8—换向阀；9—温度控制仪；10—CO 气；11—氮气

　　参照 GB/T 13241，将烘干后 500g 直径在 10~12.5mm 的球团试样放在还原管内，封闭还原管的顶部，以 5L/min 的流速在还原管内通入 N_2，接着将还原管放入还原炉中，并将其悬挂在称量装置的中心，保证反应管不与炉子或加热元件接触，然后以 10℃/min 的升温速度加热。放入还原管时，炉内温度不高于 200℃，当试样接近 900℃时，增大 N_2 流量到 15L/min。在 900℃恒温 30min，使试样的质量 m_1 达到恒量后通入流量 15L/min 的还原气体代替 N_2，连续还原 3h 后，停止通还原气体，并向还原管中通入 N_2，流量为 5L/min。然后将还原管提出炉外进行冷却，将试样冷却到 100℃以下。在开始的 15min 内，至少每 3min 记录一次试样的质量，以后每 10min 记录一次。还原气体成分为 CO 为（30±0.5）%，N_2 为（70±0.5）%。

　　以式（5-22）计算 3h 后的还原度：

$$RI = \left(\frac{0.111W_1}{0.430W_2} + \frac{m_1 - m_2}{m_0 \times 0.430W_2} \times 100 \right) \times 100\% \qquad (5-22)$$

式中　　m_0——试样的质量，g；

　　　　m_1——还原开始前试样的质量，g；

　　　　m_2——还原 3h 后试样的质量，g；

W_1——还原前试样中 FeO 的含量,%;

W_2——还原前试样的全铁含量,%。

经两次重复实验测定,三种球团矿还原性实验结果见表 5-21。吉林球团矿的还原性能最好,3h 后还原度达 75.7%;山西球团矿略低,为 72.8%;两者均优于我国一级品指标 (≥70%);辽宁球团矿最低,仅为 69.9%,满足我国二级品指标要求 (≥65%)。

表 5-21　三种氧化球团矿试样还原性指标

球团矿产地	m_0/g	m_2/g	W_1/%	W_2/%	RI/%
山　西	499.3	389.9	0.100	67.300	75.71
吉　林	500.1	393.9	0.193	67.902	72.83
辽　宁	500.2	399.0	0.192	68.360	69.90

E　低温还原粉化性

在竖炉直接还原工艺中,低温还原粉化性能是决定球团矿能否适应竖炉反应器以及还原气体组成的关键因素之一。球团矿粉化越严重,炉子的透气性就越差。球团矿低温还原粉化实验炉装置在还原性实验炉装置的基础上外加 CO_2 配气系统。转鼓为内径 130mm、内长 200mm 的钢质容器,器壁厚 5mm。鼓的内壁有两块沿轴向对称配制的钢质提料板,长 200mm、宽 20mm、厚 2mm。

依据 GB/T 13242 的规定,将烘干后 500g 直径在 10~12.5mm 的试样放到还原管中,封闭还原管顶部,以 5L/min 的流速在还原管内通入 N_2,然后把还原管放入还原炉中以 10℃/min 的升温速度加热。放入还原管时,炉内温度不高于 200℃,当试样接近 500℃时,增大 N_2 流量到 15L/min。在 500℃恒温 30min 后通入流量为 15L/min 的还原气体代替 N_2,连续还原 1h 后,停止通还原气体,并向还原管中通入 N_2,流量为 5L/min。然后将还原管提出炉外进行冷却,将试样冷却到 100℃ 以下。还原气体成分 (体积分数) 为:CO(20±0.5)%,CO_2(20±0.5)%,N_2(60±0.5)%。

测定还原后试样质量,然后放入转鼓内,固定密封盖,以 30r/min 的转速共转 300r。从转鼓中取出试样,测定其质量后用 6.30mm、3.15mm 和 0.5mm 的筛子进行筛分,记录留在各粒级筛上的试样质量,在转鼓实验和筛分中损失的粉末视为小于 0.5mm 粒级的部分记入其质量中。测定结果按式 (5-23)~式 (5-25) 计算:

$$RDI_{+6.3} = \frac{m_{D_1}}{m_{D_0}} \times 100\% \qquad (5-23)$$

$$RDI_{+3.15} = \frac{m_{D_1} + m_{D_2}}{m_{D_0}} \times 100\% \qquad (5-24)$$

$$RDI_{-0.5} = \frac{m_{D_0} - (m_{D_1} + m_{D_2} + m_{D_3})}{m_{D_0}} \times 100\% \qquad (5-25)$$

式中　m_{D_0}——还原后转鼓前试样的质量，g；

　　　m_{D_1}——留在 6.30mm 筛上的试样质量，g；

　　　m_{D_2}——留在 3.15mm 筛上的试样质量，g；

　　　m_{D_3}——留在 0.5mm 筛上的试样质量，g。

依据 GB/T 13242，经两次重复实验测定，三种球团矿的低温还原粉化性实验结果见表 5-22（试验极差范围<1.4%），$RDI_{+3.15}$ 指标分别为 97.03%、91.4% 和 84.23%，明显高于我国球团矿一级品的要求。大量的前期研究也表明，氧化球团矿的低温还原粉化性一般不会成为其应用的限制性条件，而且竖炉内气氛也与高炉的各异。因此，球团矿的低温还原粉化性实验结果仅作为一项与普通球团矿质量相对比的指标。

表 5-22　三种氧化球团矿低温还原粉化性指标

球团矿产地	m_{D_0}/g	$RDI_{-0.5}/\%$	$RDI_{+3.15}/\%$	$RDI_{+6.3}/\%$
山　西	485.53	2.43	97.03	95.68
吉　林	484.32	6.50	91.40	85.70
辽　宁	495.26	6.45	84.23	79.91

F　还原膨胀性

球团矿的还原膨胀是指在还原条件下，氧化球团矿内的 Fe_2O_3 还原成 Fe_3O_4 时由于晶格转变以及浮氏体还原成金属铁而引起的体积膨胀。气基竖炉直接还原生产要求炉料具有良好的稳定性和透气性，过高的还原膨胀会导致球团矿破裂粉化，降低球团矿的高温强度。

依据 GB/T 13240 的规定，将烘干后 18 个直径在 10~12.5mm 的球团矿试样分 3 层放置于膨胀支架上，然后将支架放入还原管内。升温速度、还原温度和还原气氛均同于还原性实验参数，而还原时间改为 1h。待试样冷却至 100℃ 以下后，通过球团矿试样反应前后体积变化计算其还原膨胀率。

$$RSI = \frac{V - V_0}{V_0} \times 100\% \qquad (5-26)$$

式中　V_0，V——还原前后试样体积，mm^3；

　　　RSI——还原膨胀指数，%。

经两次重复实验测定，三种球团矿的还原膨胀实验结果见表 5-23（试验极差范围<2.6%），还原膨胀率均小于 20%，其中山西球团矿的最低，为 16.78%，吉林球团矿的最高，为 18.7%，离我国一级品球团矿指标要求（15%）尚有一定

差距。在现场生产条件下，由于受原料和操作不稳定性的影响，球团矿的还原膨胀率可能会更高，还有待进一步改善。

表 5-23 三种球团矿试样还原膨胀性指标

球团矿产地	还原前/mm³	还原后/mm³	体积差/mm³	*RSI*/%
山　西	1191.07	1389.61	198.54	16.78
吉　林	1720.10	1938.92	218.82	18.70
辽　宁	1530.32	1732.68	202.36	17.73

5.2.2.5 球团矿还原性能测定

基于辽宁球团矿和山西球团矿，改变还原温度和气氛进行气基直接还原实验，考察不同还原工艺下球团矿的还原行为以及还原后品质。

A 还原实验设备

气基直接还原实验装置见图 5-10，其主要构造包括：计算机综合控制系统、温度控制柜、炉体部分、电子天平测重系统、反应气体供给系统、吊管还原系统。

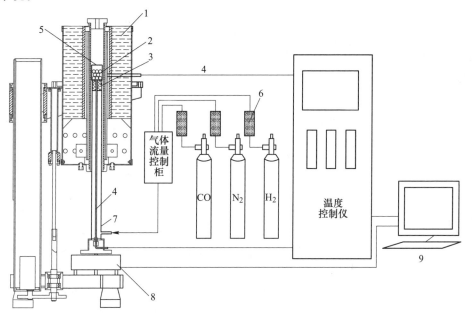

图 5-10　还原实验装置

1—电炉；2—球团矿；3—高铝球；4—热电偶；5—坩埚；6—脱水硅胶；
7—托举管；8—电子天平；9—计算机控制系统

B　还原实验条件

a　还原温度和气氛

直接还原反应的温度和气氛取决于原料的软化温度、能源消耗及生产稳定性。为全面考察还原温度和气氛对还原反应的影响，研究在参考 MIDREX 和 HYL 竖炉直接还原工艺的基础上，依次选取 850℃、900℃、950℃、1000℃ 和 1050℃ 五组温度，100%H_2、$H_2/CO = 5/2$（摩尔比，下同）、$H_2/CO = 3/2$、$H_2/CO = 1/1$、$H_2/CO = 2/5$ 和 100%CO 六种还原气氛进行气基直接还原实验。

b　还原气流量

为便于将实验结果用于后续气固还原反应动力学机理研究，实验必须满足以下两个还原条件：第一个是恒温条件，试样应位于反应器的恒温段，且实验过程中温度的变化不能超出允许的波动范围；第二个是气氛条件，还原气入口和出口成分应保持稳定且差别不允许过大，即 H_2 或 CO 出口浓度应与入口浓度近似相等。为此，实验中应保证足够大的气固比，尽可能避免气体外扩散成为还原过程的限制性环节，减少气流速度对反应进程的影响。实验用临界气流速度的具体值由预备实验所得。

C　还原过程

通过升降系统将炉体下降，直至托举立管的顶端露出炉管外，把装有试样的坩埚紧密嵌套于托举管的顶端，而后再将炉体上升，直至试样坩埚处于电热炉发热体的恒温段。通过温度控制柜，将实验炉以 10℃/min 的速度升温至实验所要求温度。在炉料升温过程中，由托举管底部通入 N_2，以保持惰性气氛。待炉料温度恒温至实验温度 30min 后，将 N_2 改换成还原气体，还原反应就此开始。

在还原过程中，通过测重系统，每 5s 自动记录一次试样的失重情况，得出球团矿的还原失重曲线。等试样不再失重或天平显示重量长期趋于稳定后，还原即告结束，而后将还原气改换为 N_2，以防还原后球团矿再次氧化。

D　球团矿还原结果

不同还原气氛条件下，球团矿还原率随还原温度和时间变化的影响见图 5-11。可见，还原气氛中含有 H_2 时，升高温度能明显提高还原反应的速率。100%H_2 气氛条件下还原温度高于 900℃ 时，在还原 20min 后还原率均达到 95% 以上。而 100%CO 气氛条件下，温度对还原反应速率的影响较弱，升高温度，相同还原率下所需还原时间几乎不变。这是由于温度高于 810℃ 时，H_2 的还原能力大于 CO 的还原能力。综合整个铁氧化物还原阶段，CO 还原反应为放热反应，H_2 还原反应为吸热反应，升高还原温度可同时改善 H_2 还原反应的动力学和热力学，而对 CO 还原反应的影响是矛盾的，温度升高在改善其动力学条件的同时恶化了热力学条件。

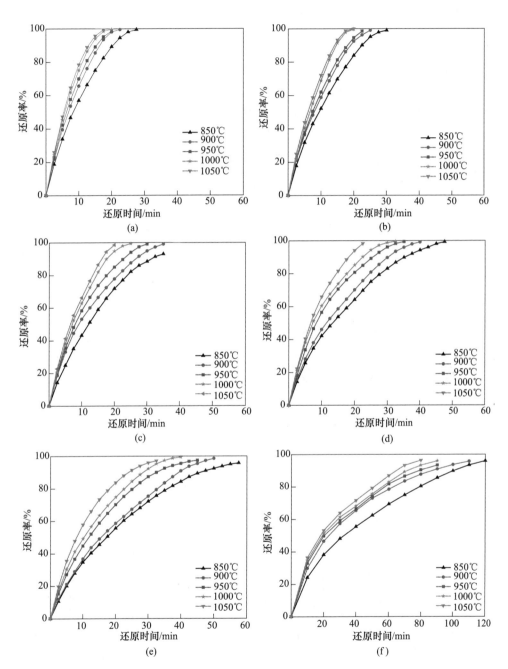

图 5-11 不同还原气氛条件下球团矿的还原率随还原温度和时间变化的影响

（a）100%H$_2$；（b）H$_2$/CO=5/2；（c）H$_2$/CO=3/2；（d）H$_2$/CO=1；

（e）H$_2$/CO=2/5；（f）100%CO

　　不同还原温度条件下，球团矿的还原率随还原气氛和时间变化的影响见图 5-12。五条曲线规律大体一致，即随还原气氛中 H_2 含量的增加还原反应速率越快。由图 5-12（d）（e）可知，1000℃ 和 1050℃ 条件下还原反应较为迅速，在还原 30min 后，除 100% CO 气氛外，其余还原气氛条件下的球团矿还原率均达到 90% 以上。这是由于在还原反应过程中存在水煤气转换反应（$H_2 + CO_2 \Longrightarrow H_2O + CO$），发生水煤气反应后，混合还原气中的 H_2 含量降低，而 H_2O 和 CO 的含量增加，CO 的还原能力弱于 H_2 还原能力，导致还原减慢。总之，实验用球团矿的还原性能良好，还原 2h 后球团矿的金属化率均可达 93% 以上，均能满足电炉炼钢用 DRI 一级品的要求（≥92%）。

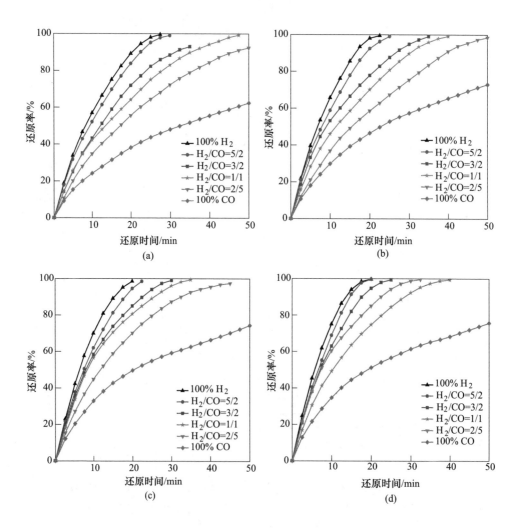

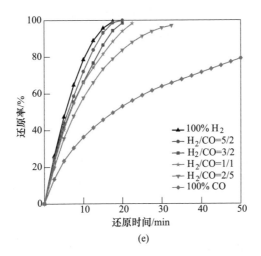

(e)

图 5-12 不同还原温度条件下球团矿的还原率随还原气氛和时间变化的影响
(a) 850℃；(b) 900℃；(c) 950℃；(d) 1000℃；(e) 1050℃

E 还原冷却后强度

图 5-13 为还原温度 950℃、不同气氛条件下球团矿试样的还原冷却后强度，随还原气氛中 H_2 含量的增加而增大，在 100% CO 气氛条件下最低，球团矿试样的还原冷却后强度为 250N，但仍高于图 5-13 中虚线对应的日本冶金行业对高炉用球团矿还原冷却后强度的要求（平均 141N）。与高炉相比，气基竖炉装置高度低，且球团矿在竖炉内停留时间相对短，故实验球团矿还原冷却后强度可满足气基竖炉生产要求。表 5-24 为球团矿性能与 HYL 工艺指标的对比。

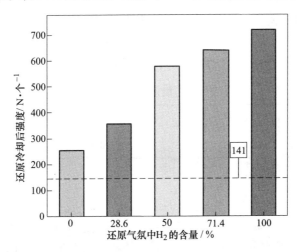

图 5-13 950℃不同还原气氛条件下球团矿的还原冷却后强度

表 5-24　球团矿性能与 HYL 工艺指标的对比

项　目		吉林球团矿	山西球团矿	辽宁球团矿	HYL 指标
化学成分	TFe/%	67.30	67.90	68.36	尽可能高
	FeO/%	0.10	0.19	0.19	≤1.0
	SiO$_2$/%	2.65	1.72	2.11	≤3.0
物理性能	抗压强度（GB/T 14201）/N	3276	2985	2598	≥2000
	转鼓强度（GB/T 8209）/%	$T=94.5$ $A=4.5$	$T=94.4$ $A=4.4$	$T=94.7$ $A=4.7$	$T≤93$ $A≥6$
冶金性能	低温还原粉化（GB/T 13242）/%	$RDI_{+6.3}=87.5$ $RDI_{+3.15}=91.4$ $RDI_{-0.5}=6.5$	$RDI_{+6.3}=95.7$ $RDI_{+3.15}=97.0$ $RDI_{-0.5}=2.4$	$RDI_{+6.3}=80.0$ $RDI_{+3.15}=84.2$ $RDI_{-0.5}=6.5$	—
	还原性（GB/T 13241）/%	72.83	75.71	69.90	—
	还原膨胀率（GB/T 13240）/%	18.70	16.78	17.73	≤20

5.2.3　气基竖炉直接还原过程及能量利用分析

基于物料平衡和能量平衡计算，分析气基竖炉直接还原过程中物质和能量流动情况，并创建气基竖炉㶲评价模型，解析气基竖炉直接还原过程的能量转换机制，并依此提出降低燃料消耗和能量高效利用的优化措施。

5.2.3.1　竖炉物料平衡计算

物料平衡是直接还原炼铁工艺计算中的重要组成部分，包括还原前后物料收支以及入炉和出炉煤气量等内容的计算。以生产 1t DRI 为基准进行计算。

A　竖炉用氧化球团矿原料

以国内某厂生产的球团矿为例，其化学成分列于表 5-25。

表 5-25　某厂氧化球团矿的化学成分　　　　　　（质量分数，%）

化学成分	TFe	FeO	SiO$_2$	Al$_2$O$_3$	MGO	CaO	S	P
含量	68.16	0.54	1.53	0.75	0.30	0.12	0.01	0.01

B　入炉还原煤气成分

以 Ende 流化床煤制气工序输出的净煤气，作为气基竖炉还原煤气。在进入竖炉之前，净煤气在加热炉内被加热至气基竖炉工艺要求，本研究以入炉煤气温度 900℃为例，分析竖炉内还原过程所涉及的物质及能量转换情况。典型 Ende 煤制净煤气的成分见表 5-26。

表 5-26 入炉煤气成分 （体积分数，%）

成分	CO	H_2	CO_2	CH_4	N_2
含量	38.0	57.0	2.5	2.0	0.5

C 吨铁还原气需求量

在计算还原气消耗量时，为了保持竖炉内反应的平衡，受控的第三阶段反应消耗的（$CO+H_2$）量为 $V_{(H_2)}+V_{(CO)}$。此外，在竖炉内还会发生渗碳反应、水煤气转换反应等一系列副反应，如式（5-27）~式（5-30）

$$CO + H_2O \Longrightarrow CO_2 + H_2 \tag{5-27}$$

$$2CO \Longrightarrow C + CO_2 \tag{5-28}$$

$$3Fe + 2CO \Longrightarrow Fe_3C + CO_2 \tag{5-29}$$

$$3Fe + CH_4 \Longrightarrow Fe_3C + 2H_2 \tag{5-30}$$

DRI 中金属铁含量为 $w(\mathrm{MFe})_{\mathrm{DRI}}$，生产 1t DRI 在还原第三阶段需消耗的 H_2 或 CO 量为：

$$V_{H_2/CO(FeO-Fe)} = \frac{1 \times 22.4 w(\mathrm{MFe})_{\mathrm{DRI}}}{56} \times 1000 = 400 w(\mathrm{MFe})_{\mathrm{DRI}} \tag{5-31}$$

由于入炉煤气中不含 CH_4，每渗碳 1mol 需消耗 2mol 的 CO，若 DRI 的渗碳量为 $w(\mathrm{C})$，则每吨 DRI 渗碳所消耗 CO 量为：

$$V_{CO(渗碳)} = \frac{2 \times 22.4 \, w(\mathrm{C})_{\mathrm{DRI}}}{12} \times 1000 = 3730 \, w(\mathrm{C})_{\mathrm{DRI}} \tag{5-32}$$

还原煤气同时包含 CO 和 H_2 时，混合煤气综合利用率 η 为：

$$\eta = \frac{x_{H_2(入炉)}}{x_{H_2(入炉)} + x_{CO(入炉)}} \eta_{H_2} + \frac{x_{CO(入炉)}}{x_{H_2(入炉)} + x_{CO(入炉)}} \eta_{CO} \tag{5-33}$$

式中 η_{H_2}——H_2 利用率，%；

         η_{CO}——CO 利用率，%；

$x_{H_2(入炉)}$——入炉煤气中 H_2 含量，%；

$x_{CO(入炉)}$——入炉煤气中 CO 含量，%。

综上所述，可以得到还原每吨 DRI 消耗的最低煤气需求量 $V_{理论}$ 为：

$$V_{理论} = \frac{V_{H_2/CO(FeO-Fe)} + V_{CO(渗碳)} + V_{H_2+CO(CH_4转换)}}{\eta_3} = 1337.236\mathrm{m}^3 \tag{5-34}$$

D 吨铁氧化球团矿需求量

由于 DRI 生产是在铁矿原料软熔温度以下进行的铁氧化物还原反应，冶炼过程中不存在造渣反应，因而入炉铁矿原料中脉石组分的物相构成在反应前后变化不大。根据 DRI 中"总量=金属铁量+氧化亚铁量+渣量+残硫量+渗碳量"，在考虑炉尘吹出量的前提下，入炉球团矿质量和出炉 DRI 质量应满足：

$$G_{DRI} = (G_{球团矿} - G_{炉尘}) \times \left[w(TFe)_{球团矿} \times M + w(TFe)_{球团矿} \times \frac{72 \times (1 - M)}{56} + \right.$$
$$\left. (1 - w(Fe_2O_3)_{球团矿} - w(FeO)_{球团矿}) - w(S)_{球团矿} \right] + (G_S)_{DRI} + (G_C)_{DRI}$$

$$(5-35)$$

作为冶炼优质钢的原料，要求 DRI 中 S 含量要低于 0.02%。天然铁矿原料中的 S 主要以 FeS_2 存在，在球团矿高温焙烧过程中受热分解，一半的硫转移到气相中，还有一半的 S 以 FeS 形式遗留在球团矿中。球团矿与还原气体带入的 S 元素，在竖炉内反应后分布于 DRI、炉顶煤气及炉尘中。若入炉还原煤气中含有 H_2 时，会发生如下脱硫反应：

$$H_2 + FeS \rightleftharpoons H_2S + Fe \quad \Delta G^\ominus = -63270 + 6.28T \ J/mol \quad (5-36)$$

可见 DRI 的 S 含量除了与入炉球团矿原料固有的 S 含量有关外，还与还原煤气中 H_2 和 H_2S 含量有关。本研究涉及的三种条件下，$\dfrac{w(H_2S)_{入炉}}{w(H_2)_{入炉}}$ 均远低于脱硫反应式的平衡常数 $K_{脱硫} = \exp \dfrac{-63270 + 6.28T}{8.314T}$，故脱硫反应正向进行，还原煤气使炉料脱硫。假设球团矿原料中 50% 的硫经脱硫反应脱除，则 DRI 中硫含量为：

$$(G_S)_{DRI} = 0.5 \times (G_{球团矿} - G_{炉尘}) \times w(S)_{球团矿} \quad (5-37)$$

根据我国炼钢用 DRI 的各项指标要求，以二级品为准，要求 DRI 的金属化率高于 92%。DRI 中的渗碳量主要与入炉煤气中 CH_4 含量、CO 含量和炉内操作压力等有关，CH_4 含量和 CO 含量越高，炉内压力越大，DRI 内渗碳量越高。资料显示，当入炉煤气中不含 CH_4 时，DRI 在离开还原段时碳含量为 0.6% ~ 1.1%，其余渗碳反应发生在竖炉的冷却段。本研究拟定还原段处 DRI 产品的金属化率为 92%，渗碳量为 1%。

以生产 1t DRI 为例，需要的球团矿质量为：

$$G_{球团矿} = \frac{G_{DRI} \times (1 - w(C))/99\%}{w(TFe)_{球团矿} \times M + w(TFe)_{球团矿} \times \frac{72 \times (1 - M)}{56} + [1 - w(Fe_2O_3)_{球团矿} - w(FeO)_{球团矿} - 0.5 \times w(S)_{球团矿}]}$$

$$= \frac{10^3}{67.628\% \times 0.92 + 67.628\% \times \frac{72 \times 0.08}{56} + (1 - 96.398\% - 0.192\% - 0.5 \times 0.014\%)}$$

$$= 1377.85 kg \quad (5-38)$$

E　炉尘

在不考虑还原气带入竖炉的粉尘量时，假定竖炉炉尘均来自于球团矿破碎和膨胀所产生的粉尘，约占入炉球团矿装料量的 1%，且炉尘成分与球团矿成分基本相同。

F　DRI 产品的化学组成

根据质量守恒定律，竖炉产品 DRI 中各物质的含量为：

a TFe 含量

$$w(\text{TFe})_{\text{DRI}} = \frac{(G_{\text{TFe}})_{\text{DRI}}}{10^3} \times 100\% = \frac{99\% \times G_{球团矿} \times w(\text{TFe})_{球团矿}}{10^3} \times 100\%$$

$$= 92.249\% \tag{5-39}$$

b Fe$_3$C 含量

$$w(\text{C})_{\text{DRI}} = 2.5\% \tag{5-40}$$

$$w(\text{Fe}_3\text{C})_{\text{DRI}} = \frac{(G_{\text{C}})_{\text{DRI}}}{12} \times \frac{180}{10^3} \times 100\% = 37.50\% \tag{5-41}$$

c Fe 含量

$$w(\text{Fe})_{\text{DRI}} = \left[w(\text{MFe})_{\text{DRI}} - w(\text{Fe}_3\text{C})_{\text{DRI}} \times \frac{168}{180} \right] \times 100\%$$

$$= \left[w(\text{TFe})_{\text{DRI}} \times M_{\text{DRI}} - w(\text{Fe}_3\text{C})_{\text{DRI}} \times \frac{168}{180} \right] \times 100\%$$

$$= 70.870\% \tag{5-42}$$

d FeO 含量

$$w(\text{FeO})_{\text{DRI}} = \left[w(\text{TFe})_{\text{DRI}} \times (1 - M_{\text{DRI}}) \times \frac{72}{56} \right] \times 100\% = 9.44\% \tag{5-43}$$

e SiO$_2$含量

$$w(\text{SiO}_2)_{\text{DRI}} = \frac{(G_{\text{SiO}_2})_{\text{DRI}}}{10^3} \times 100\% = \frac{99\% \times G_{球团矿} \times w(\text{SiO}_2)_{球团矿}}{10^3} \times 100\%$$

$$= 2.06\% \tag{5-44}$$

f Al$_2$O$_3$含量

$$w(\text{Al}_2\text{O}_3)_{\text{DRI}} = \frac{(G_{\text{Al}_2\text{O}_3})_{\text{DRI}}}{10^3} \times 100\% = \frac{99\% \times G_{球团矿} \times w(\text{Al}_2\text{O}_3)_{球团矿}}{10^3} \times 100\%$$

$$= 1.01\% \tag{5-45}$$

g MgO 含量

$$w(\text{MgO})_{\text{DRI}} = \frac{(G_{\text{MgO}})_{\text{DRI}}}{10^3} \times 100\% = \frac{99\% \times G_{球团矿} \times w(\text{MgO})_{球团矿}}{10^3} \times 100\%$$

$$= 0.40\% \tag{5-46}$$

h CaO 含量

$$w(\text{CaO})_{\text{DRI}} = \frac{(G_{\text{CaO}})_{\text{DRI}}}{10^3} \times 100\% = \frac{99\% \times G_{球团矿} \times w(\text{CaO})_{球团矿}}{10^3} \times 100\% = 0.16\% \tag{5-47}$$

i P 含量

$$w(\mathrm{P})_{\mathrm{DRI}} = \frac{(G_{\mathrm{P}})_{\mathrm{DRI}}}{10^3} \times 100\% = \frac{99\% \times G_{球矿} \times w(\mathrm{P})_{球矿}}{10^3} \times 100\% = 0.020\%$$

$$(5\text{-}48)$$

j　S 含量

$$w(\mathrm{S})_{\mathrm{DRI}} = \frac{(G_{\mathrm{S}})_{\mathrm{DRI}}}{10^3} \times 100\% = \frac{99\% \times 0.5 \times G_{球团矿} \times w(\mathrm{S})_{球团矿}}{10^3} \times 100\% = 0.020\%$$

$$(5\text{-}49)$$

k　其他

$$w(其他)_{\mathrm{DRI}} = \frac{(G_{其他})_{\mathrm{DRI}}}{10^3} \times 100\% = \frac{99\% \times G_{球团矿} \times w(其他)_{球矿}}{10^3} \times 100\% = 0.196\%$$

$$(5\text{-}50)$$

综上所述，DRI 中各项化学组分均满足我国炼钢用 DRI 一级指标的要求，研究用氧化球团矿可以作为竖炉生产 DRI 的优质含铁物料。

G　炉顶煤气成分

a　铁氧化物还原反应消耗及产生的气体

生产 1t DRI 消耗 H_2 和 CO 的量及其产生的 H_2O 和 CO_2 量分别满足式（5-51）和式（5-52），消耗量以及产生的气体量见表 5-27。

$$V_{\mathrm{H_2(还原)}} = V_{\mathrm{H_2O(还原)}} = \frac{x_{\mathrm{H_2(入炉)}} \eta_{\mathrm{H_2}}}{\eta} \times \left[\frac{1.5 \times w(\mathrm{MFe})_{\mathrm{DRI}} \times 10^3}{56} + \frac{0.5 \times w(\mathrm{FeO})_{\mathrm{DRI}} \times 10^3}{72} - \right.$$
$$\left. \frac{0.5 \times 0.99 \times w(\mathrm{FeO})_{球团矿} \times G_{球团矿}}{72} \right] \times 22.4 \qquad (5\text{-}51)$$

$$V_{\mathrm{CO(还原)}} = V_{\mathrm{CO_2(还原)}} = \frac{x_{\mathrm{CO(入炉)}} \eta_{\mathrm{CO}}}{\eta} \times \left[\frac{1.5 \times w(\mathrm{MFe})_{\mathrm{DRI}} \times 10^3}{56} + \right.$$
$$\left. \frac{0.5 \times w(\mathrm{FeO})_{\mathrm{DRI}} \times 10^3}{72} - \frac{0.5 \times 0.99 \times w(\mathrm{FeO})_{球团矿} \times G_{球团矿}}{72} \right] \times 22.4$$

$$(5\text{-}52)$$

表 5-27　生产 1t DRI 还原反应消耗及产生的气体量

铁氧化物还原	消耗 H_2	产生 H_2O	消耗 CO	产生 CO_2
气体量/m^3	349.71	349.71	170.22	170.22

b　渗碳反应消耗及产生气体量

本研究采用天然气冷却 DRI，渗碳反应发生在竖炉的冷却段，渗碳量为 2.5%。渗碳反应见式（5-53）及消耗的甲烷和产生氢气的量如下：

$$3\mathrm{Fe} + \mathrm{CH_4} =\!=\!= \mathrm{Fe_3C} + 2\mathrm{H_2} \qquad (5\text{-}53)$$

$$V_{CH_4(渗碳)} = \frac{2.5\% \times 1000 \times 22.4}{12} = 46.67 m^3 \tag{5-54}$$

$$V_{H_2(产生)} = 2V_{CH_4(消耗)} = 93.34 m^3 \tag{5-55}$$

c 水煤气转换反应消耗及产生气体量

当竖炉中有 H_2、CO、H_2O 和 CO_2 四种混合煤气时会发生水煤气转换反应。假设水煤气转换反应前后 H_2、CO、H_2O 和 CO_2 四个组分的转变量为 $\Delta x_{水煤气}$，反应平衡时气相组分满足：

$$CO + H_2O \Longrightarrow CO_2 + H_2 \tag{5-56}$$

$$\frac{(x_{H_2(入炉)} - \Delta x_{水煤气})(x_{CO_2(入炉)} - \Delta x_{水煤气})}{(x_{H_2O(入炉)} + \Delta x_{水煤气})(x_{CO(入炉)} + \Delta x_{水煤气})} = K_{水煤气} \tag{5-57}$$

水煤气转换反应消耗的 H_2、CO 及产生的 H_2O 和 CO_2 气体量满足式（5-58）和式（5-59），计算结果见表 5-28。

$$V_{H_2(水煤气)} = V_{H_2O(水煤气)} = \Delta x_{水煤气} V_{入炉} \tag{5-58}$$

$$V_{CO(水煤气)} = V_{CO_2(水煤气)} = - \Delta x_{水煤气} V_{入炉} \tag{5-59}$$

表 5-28 水煤气转换反应消耗及产生的气体量

水煤气转换	消耗 H_2	消耗 CO	产生 H_2O	产生 CO_2
气体量/m^3	15.93	-15.93	15.93	-15.93

d 甲烷的催化裂解反应

当采用天然气冷却时，下部通入的 CH_4 不可能完全裂解，到达竖炉中部 CH_4 与 H_2O 和 CO_2 发生反应，反应见式（5-60）和式（5-61），生成 H_2 和 CO 的量及消耗 CH_4、CO_2 和 H_2O 的量见表 5-29。

$$CH_4 + H_2O \Longrightarrow CO + 3H_2 \tag{5-60}$$

$$CH_4 + CO_2 \Longrightarrow 2CO + 2H_2 \tag{5-61}$$

表 5-29 甲烷的催化裂解反应消耗及产生的气体量

甲烷催化裂解	生成 H_2	生成 CO	消耗 H_2O	消耗 CO_2	消耗 CH_4
气体量/m^3	6.69	4.01	1.38	1.38	2.67

e 炉顶煤气组分

根据质量守恒定律，反应前后 C 和 H 的含量保持不变，炉顶煤气中 CO、CO_2、H_2 和 H_2O 的气体量分别为：

$$V_{CO(炉顶)} = V_{CO(入炉)} - V_{CO(水煤气)} - V_{CO(还原)} \tag{5-62}$$

$$V_{CO_2(炉顶)} = V_{CO_2(入炉)} + V_{CO_2(水煤气)} + V_{CO_2(还原)} \tag{5-63}$$

$$V_{H_2(炉顶)} = V_{H_2(入炉)} - V_{H_2(水煤气)} - V_{H_2(还原)} + V_{H_2(渗碳)} \tag{5-64}$$

$$V_{H_2O(炉顶)} = V_{H_2O(入炉)} + V_{H_2O(还原)} + V_{H_2O(水煤气)} \tag{5-65}$$

N_2 不参与化学反应，反应前后体积不变。

综合上述反应，炉顶煤气各成分含量见表 5-30。

表 5-30　炉顶煤气各组分的含量

项目	CO	H_2	CO_2	CH_4	N_2	H_2O	总量
体积量/m^3	357.87	496.60	186.38	24.07	6.69	364.31	1435.92
质量/kg	447.34	44.34	366.11	17.19	8.36	292.75	1176.09
含量/%	24.92	34.58	12.98	1.68	0.47	25.37	100.00

f　竖炉物料平衡表

竖炉物料收支情况见表 5-31。

表 5-31　竖炉物料平衡表

项　　目		质量/kg
收入	氧化球团矿	1359.98
	入炉煤气	796.37
	冷却天然气	33.33
	合计	2189.69
支出	DRI	1000.00
	炉顶煤气	1176.09
	炉尘	13.60
	合计	2198.69

5.2.3.2　竖炉热平衡计算

竖炉热平衡即对竖炉冶炼能量收支情况，热平衡计算建立在能量守恒定律原则上，即供应竖炉的各项热量总和，应该等于各项消耗热量的总和。热平衡的计算方法包括全炉热平衡和区域热平衡两种，第一种方法是按照热化学的盖斯定律，依据入炉物料的最初形态和出炉的最终形态，来计算产生和消耗的热量，而忽略了竖炉内实际的化学反应过程。采用第二种热平衡计算方法，能够将水煤气转换反应、渗碳反应等热效应一并考虑，更能反映竖炉内热交换的本质。

在物料平衡计算结果的基础上，以 25℃ 为基准温度，依据区域热平衡计算法对竖炉内能量收支进行计算。

A　热收入

a　入炉煤气带入的物理热

由表 5-30 中还原气成分，可求出入炉煤气带入的物理热：

$$Q_{入炉} = C_{入炉} \times \frac{V_{入炉}}{22.4} \times (T_{入炉} - 298) = \frac{V_{入炉}}{22.4} \times \sum C_{i(T_{入炉})} \times x_{i\ (入炉)} \times (T_{入炉} - 298)$$

$$(5\text{-}66)$$

式中，$Q_{入炉} = 1772479.42 kJ$。

b 球团矿带入的物理热

某些固体物质的摩尔定压热容与温度的关系见表 5-32。

表 5-32 某些固体物质的摩尔定压热容与温度的关系（$C_p = a + b \times 10^{-3} T + c \times 10^5 T^2$）

物质	$a/\text{J} \cdot \text{mol}^{-1} \cdot \text{K}^{-1}$	$b/\text{J} \cdot \text{mol}^{-1} \cdot \text{K}^{-2}$	$c/\text{J} \cdot \text{mol}^{-1} \cdot \text{K}$	温度范围/K
Fe	28.175	-7.318	-2.895	298~800
	-263.454	255.810	619.232	800~1000
	-641.905	696.339	0	1000~1042
	1946.255	-1787.500	0	1042~1060
	-561.932	334.143	2912.114	1060~1184
	23.991	8.360	0	1184~1665
FeO	50.794	8.619	-3.305	298~1650
SiO$_2$	43.890	38.786	-9.665	298~847
	58.911	10.042	0	847~1696
CaO	49.622	4.519	-6.945	298~2888
Al$_2$O$_3$	103.851	26.267	-29.091	298~800
	120.516	9.192	-48.367	800~2327
MgO	48.953	3.138	-11.422	298~3098
Fe$_3$C	82.174	83.680	0	298~463
	107.194	12.552	0	463~1500
Fe$_2$O$_3$	98.292	77.822	-14.853	298~953
	150.624	0	0	953~1053
	132.675	7.364	0	1053~1730

入炉球团矿温度为 25℃，则球团矿带入的物理热为：

$$Q_{球团矿} = \sum (C_i)_{球团矿} \times (n_i)_{球团矿} \times (T_{球团矿} - 298) = 0 kJ \qquad (5\text{-}67)$$

B 热支出

不同温度条件下某些物质的相对焓见表 5-33。

各化学反应的耗热为该反应消耗的物质的量与标准反应热效应的乘积，即：

$$Q_{反应} = n_{反应} \times \Delta H_T^{\ominus} = n_{反应} \times (\Delta H_{298}^{\ominus} + \sum \left[m_i (H_T^{\ominus} - H_{298}^{\ominus})_i \right]_{生成物} -$$

$$\sum \left[m_i (H_T^{\ominus} - H_{298}^{\ominus})_i \right]_{反应物}) \qquad (5\text{-}68)$$

表 5-33   不同温度条件下某些物质的相对焓（$H_T^\ominus - H_{298}^\ominus$）   （J）

物质	850℃	900℃	980℃
Fe	31465.75	33628.25	37373.32
FeO	46150.58	49173.58	54057.55
Fe$_2$O$_3$	118419.22	125476.22	136806.64
H$_2$O	31119.82	33236.82	36680.73
H$_2$	24545.61	26099.11	28602.20
CO$_2$	39618.47	42312.97	46677.17
CO	25731.07	27385.57	30054.50
Fe$_3$C	96894.26	102975.26	112772.17
H$_2$S	33270.84	35624.84	39472.86
FeS	54568.27	57692.77	62744.97

a   铁氧化物还原反应耗热

氧化球团矿经竖炉还原后，最终产品 DRI 的金属化率为 92%，仍残存 8% 的亚铁。因此，铁氧化物还原反应耗热又分为获得金属铁所消耗的热（$Q_{H_2(Fe_2O_3-Fe)}$ + $Q_{CO(Fe_2O_3-Fe)}$）和获得残余氧化亚铁所消耗的热（$Q_{H_2(Fe_2O_3-FeO)}$ + $Q_{CO(Fe_2O_3-FeO)}$）。

获得金属铁和获得残余氧化亚铁所消耗的 H$_2$ 和 CO 量分别由式（5-69）~ 式（5-72）计算，900℃ 条件下各反应过程的耗热分别见表 5-34~表 5-37。

$$V_{H_2(Fe_2O_3-Fe)} = \frac{x_{H_2(入炉)}\eta_{H_2}}{\eta} \times \left[\frac{1.5 \times w(MFe)_{DRI} \times 10^3}{56} \right] \times 22.4 \qquad (5-69)$$

$$V_{CO(Fe_2O_3-Fe)} = \frac{x_{CO(入炉)}\eta_{CO}}{\eta} \times \left[\frac{1.5 \times w(MFe)_{DRI} \times 10^3}{56} \right] \times 22.4 \qquad (5-70)$$

$$V_{H_2(Fe_2O_3-FeO)} = \frac{x_{H_2(入炉)}\eta_{H_2}}{\eta} \times \left[\frac{0.5 \times w(FeO)_{DRI} \times 10^3}{72} - \right.$$
$$\left. \frac{0.5 \times 0.99 \times w(FeO)_{球团矿} \times G_{球团矿}}{72} \right] \times 22.4 \qquad (5-71)$$

$$V_{CO(Fe_2O_3-FeO)} = \frac{x_{CO(入炉)}\eta_{CO}}{\eta} \times \left[\frac{0.5 \times w(FeO)_{DRI} \times 10^3}{72} - \right.$$
$$\left. \frac{0.5 \times 0.99 \times w(FeO)_{球团矿} \times G_{球团矿}}{72} \right] \times 22.4 \qquad (5-72)$$

表 5-34 反应 Fe₂O₃+3H₂ ═ 2Fe+3H₂O 的热耗

$$(\Delta H_{298}^{\ominus} = 3 \times (-241814) - (-825503) = 100061J)$$

$T/℃$	$(\Delta H_T^{\ominus})_{H_2(Fe_2O_3-Fe)}/J$	$V_{H_2(Fe_2O_3-Fe)}/m^3$	$Q_{H_2(Fe_2O_3-Fe)}/kJ$
900	63254.41	340.60	320603.29

表 5-35 反应 Fe₂O₃+3CO ═ 2Fe+3CO₂ 的热耗

$$(\Delta H_{298}^{\ominus} = 3 \times (-393505) - 3 \times (-110541) - (-825503) = -23389J)$$

$T/℃$	$(\Delta H_T^{\ominus})_{CO(Fe_2O_3-Fe)}/J$	$V_{CO(Fe_2O_3-Fe)}/m^3$	$Q_{CO(Fe_2O_3-Fe)}/kJ$
900	-36826.52	165.79	-90853.32

表 5-36 反应 Fe₂O₃+H₂ ═ 2FeO+H₂O 的热耗

$$(\Delta H_{298}^{\ominus} = 2 \times (-272044) - 241814 - (-825503) = 39601J)$$

$T/℃$	$(\Delta H_T^{\ominus})_{H_2(Fe_2O_3-FeO)}/J$	$V_{H_2(Fe_2O_3-FeO)}/m^3$	$Q_{H_2(Fe_2O_3-FeO)}/kJ$
900	19609.65	9.09	7955.79

表 5-37 反应 Fe₂O₃+CO ═ 2FeO+CO₂ 的热耗

$$(\Delta H_{298}^{\ominus} = 2 \times (-272044) - 393505 - (-110541) - (-825503) = -1549J)$$

$T/℃$	$(\Delta H_T^{\ominus})_{CO(Fe_2O_3-FeO)}/J$	$V_{CO(Fe_2O_3-FeO)}/m^3$	$Q_{CO(Fe_2O_3-FeO)}/kJ$
900	-13750.66	4.42	-2715.44

b 水煤气转换反应耗热

900℃ 条件下水煤气转换反应耗热结果见表 5-38。

表 5-38 反应 H₂O+CO ═ H₂+CO₂ 的热耗

$T/℃$	$(\Delta H_T^{\ominus})_{水煤气}/J$	$V_{CO(水煤气)}/m^3$	$Q_{水煤气}/kJ$
900	-33360.31	-15.93	41150.00

c 渗碳反应耗热

900℃ 条件下渗碳反应的耗热计算结果见表 5-39。

表 5-39 反应 3Fe+2CO ═ Fe₃C+CO₂ 的热耗

$$(\Delta H_{298}^{\ominus} = 22594 - 393505 - 2 \times (-110541) = -149829J)$$

$T/℃$	$(\Delta H_T^{\ominus})_{渗碳}/J$	$V_{CO(渗碳)}/m^3$	$Q_{渗碳}/kJ$
900	-162608.62	37.33	-135505.97

d 甲烷的催化裂解耗热

900℃ 条件下甲烷催化裂解反应耗热计算结果见表 5-40 和表 5-41。

表 5-40 反应 CH₄+H₂O ═ CO+3H₂ 的热耗

$T/℃$	$(\Delta H_T^{\ominus})_{裂解}/J$	$V_{CH_4(裂解)}/m^3$	$Q_{裂解}/kJ$
900	227429.19	1.34	13577.07

表 5-41　反应 $CH_4+CO_2 = 2CO+2H_2$ 的热耗

$T/℃$	$(\Delta H_T^{\ominus})_{裂解}/J$	$V_{CH_4(裂解)}/m^3$	$Q_{裂解}/kJ$
900	260789.50	1.34	15568.62

e　炉顶煤气带走的物理热

竖炉炉顶煤气温度约为 400℃，则炉顶煤气带走的物理热为：

$$Q_{炉顶} = C_{炉顶} \times \frac{V_{炉顶}}{22.4} \times (T_{炉顶} - 298) = \frac{V_{炉顶}}{22.4} \times \sum C_{i(T_{炉顶})} \times (T_{炉顶} - 298) \tag{5-73}$$

其中，$Q_{炉顶} = 839708.67kJ$。

f　DRI 带走的物理热

入炉还原煤气在还原段与以浮氏体为主的球团矿逆流接触，完成传热和还原反应。但假定得到的 DRI 温度一致为 800℃，由于 DRI 中 P、S 及其他组分含量较少，所以忽略这些物质带走的物理热，则 DRI 带走的物理热为：

$$Q_{DRI} = \sum (C_i)_{DRI} \times (n_i)_{DRI} \times (T_{DRI} - 298) \tag{5-74}$$

其中，$Q_{DRI} = 508369.36kJ$。

g　炉尘带走的物理热

炉尘的温度与炉顶煤气的温度相同，为 400℃。同样忽略炉尘中 P、S 及其他组分带走的物理热，则炉尘带走的物理热为：

$$Q_{炉尘} = \sum (C_i)_{炉尘} \times (n_i)_{炉尘} \times (T_{炉顶} - 298) \tag{5-75}$$

其中，$Q_{炉尘} = 3472.31kJ$。

C　竖炉热平衡表

气基竖炉的热量收入与支出情况见表 5-42，可见热量支出中近 40% 的热量被炉顶煤气带走，而铁氧化还原耗热仅占 11.12%。如果设计有炉顶煤气的预热回收装置，便可以提高竖炉的能量利用。DRI 显热带走总热量的近 30%，若电炉炼钢采用热装，将更好地利用此热量。

表 5-42　气基竖炉热平衡表

项　目		热量/kJ	比例/%
热收入	入炉煤气物理热	1772479.42	83.88
	氧化球团矿物理热	0	0
	冷却天然气带入的物理热	340580.83	16.12
	合　计	2215113.98	100.00

续表 5-42

项　目		热量/kJ	比例/%
热支出	炉顶煤气	839708.67	39.74
	铁氧化物还原	234990.33	11.12
	水煤气	23730.86	1.12
	渗碳	218813.23	10.36
	甲烷裂解	29145.69	1.38
	DRI 显热	598401.20	28.32
	炉尘物理热	3472.31	0.16
	热损失	164797.96	7.80
	合　计	2113060.26	100.00

5.2.3.3 气基竖炉直接还原㶲分析

根据㶲的计算方法，考虑气基竖炉直接还原输入和输入的㶲信息，剖析和测算竖炉内部的㶲情况。基于前两节的物料和热平衡结果，可计算得到入炉球团矿㶲，入炉煤气带入的㶲，出炉 DRI 带走的㶲、炉尘㶲、炉顶煤气带走的㶲等冶炼原料及产品的㶲值，最终结果列于表 5-43。

表 5-43　气基竖炉直接还原㶲平衡

项　目		E_x 值/MJ	比例/%
收入	球团矿化学㶲	29.19	0.15
	冷却气物理㶲	84.85	0.44
	冷却气化学㶲	1765.35	9.13
	还原煤气物理㶲	1107.83	5.73
	还原煤气化学㶲	16338.79	84.54
	合　计	19326.01	100.00
支出	DRI 物理㶲	187.71	0.97
	DRI 化学㶲	6621.23	34.26
	炉尘物理㶲	1.67	0.01
	炉尘化学㶲	0.21	0.00
	炉顶煤气物理㶲	470.58	2.43
	炉顶煤气化学㶲	11218.20	58.05
	热散失㶲	122.93	0.64
	内部㶲损失	703.48	3.64
	合　计	19326.01	100.00

可知，气基竖炉直接还原的㶲大部分来自于还原气带入的㶲，其中还原气带入的化学㶲占到约85%。输入的㶲主要是炉顶煤气化学㶲和DRI化学㶲，而其他部分相对较少。因此，提高炉顶煤气化学能的利用率是提升气基竖炉直接还原能量利用的关键[9,10]。

A　气基竖炉直接还原过程㶲评价

入炉煤气$H_2/CO=1.5$、900℃条件下，气基竖炉直接还原普通㶲效率和目的㶲效率分别为94.80%和33.96%，炉顶煤气循环后㶲效率为70.70%。

在实际生产中，随着工艺参数的变化，如入炉煤气成分、入炉煤气量、排料温度、渗碳量等，竖炉炉内的㶲效率也会随之改变。考察以上参数变化对气基竖炉直接还原㶲效率的影响，有助于优化实际生产操作条件，更好地实现物质和能量的高效利用。

由图5-14可知，入炉煤气量、排料温度、渗碳量不变的情况下，随还原煤

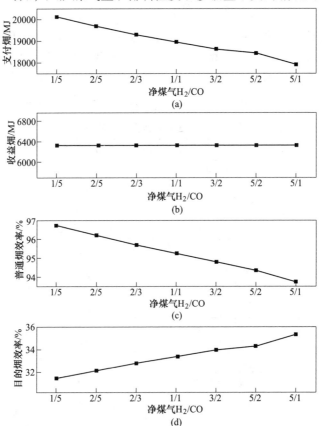

图5-14　入炉煤气H_2/CO对竖炉直接还原㶲效率的影响

(a) 支付㶲；(b) 收益㶲；(c) 普通㶲效率；(d) 目的㶲效率

气 H_2/CO 的升高，吨 DRI 支付㶲先逐渐降低，入炉煤气 H_2/CO 为 1/5 时，吨 DRI 支付㶲变化量最小，吨 DRI 收益㶲固定为 5487.164MJ，普遍㶲效率逐渐降低，目的㶲效率逐渐上升。基于气基竖炉直接还原吨 DRI 支付㶲最低、㶲效率最高以及总㶲损失最低的原则，入炉煤气 H_2/CO 应不低于 1/5。

由图 5-15 可知，在入炉煤气成分、排料温度和 DRI 渗碳量不变的情况下，随入炉煤气量的增加，吨铁支付㶲增大，吨 DRI 收益㶲固定为 5487.164MJ，普通㶲效率逐渐增大，目的㶲效率逐渐降低。因此，在满足反应平衡和热量供应的前提下，应尽可能减少入炉煤气量，避免物质及能量损失。

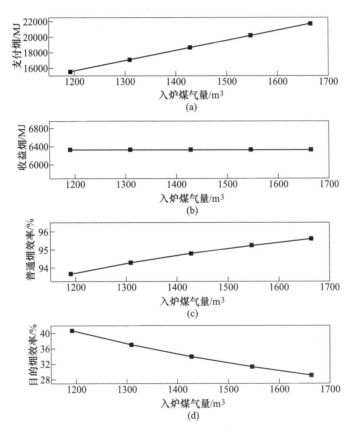

图 5-15　煤气量对竖炉直接还原㶲效率的影响
（a）支付㶲；（b）收益㶲；（c）普通㶲效率；（d）目的㶲效率

由图 5-16 可知，在入炉煤气成分、入炉煤气量和排料温度不变的情况下，随 DRI 渗碳量的增加，吨 DRI 支付㶲固定为 17402.523MJ，吨 DRI 收益㶲逐渐增大，普通㶲效率和目的㶲效率均呈上升趋势。因此，在满足 DRI 需求方对渗碳量要求的前提下，提高 DRI 渗碳量有利于提高能量利用效率。

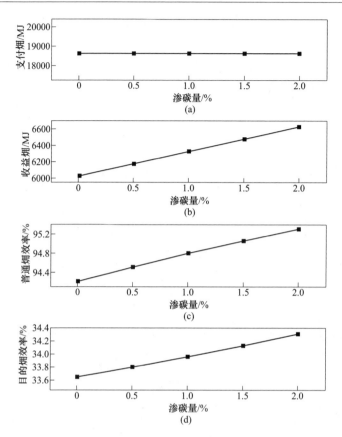

图 5-16　DRI 渗碳量对竖炉直接还原㶲效率的影响

(a) 支付㶲；(b) 收益㶲；(c) 普通㶲效率；(d) 目的㶲效率

B　气基竖炉直接还原与高炉的㶲效率比较

表 5-44 为国内某高炉冶炼 1t 生铁的㶲平衡表。与竖炉进行对比，高炉炼铁和气基竖炉生产 90% 的输入㶲均来源于燃料的化学㶲，冶炼 1t 生铁需要输入的㶲值高于 20000MJ，高于冶炼 1t DRI 所需要输入的㶲。在考虑炉顶煤气循环利用的情况下，气基竖炉 DRI 生产的㶲效率明显高于高炉炼铁的㶲效率。

表 5-44　高炉㶲平衡表

项　目		E_x 值/MJ	比例/%
收入	焦炭化学㶲	16574.60	78.96
	煤粉化学㶲	2425.63	11.56
	生矿化学㶲	33.46	0.16
	烧结矿化学㶲	579.80	2.76
	球团矿化学㶲	83.90	0.40

项　目		E_x 值/MJ	比例/%
收入	碎铁化学㶲	436.24	2.08
	热风物理㶲	856.17	4.08
	热风化学㶲	0.85	0.004
	喷煤风化学㶲	0.004	0.000
	物料水化学㶲	1.36	0.006
	合　计	20992.39	100.00
支出	铁水化学㶲	7813.04	37.22
	铁水物理㶲	863.37	4.11
	煤气化学㶲	7389.24	35.20
	煤气物理㶲	54.47	0.26
	炉渣化学㶲	438.78	2.09
	炉渣物理㶲	1247.71	5.94
	炉尘化学㶲	185.67	0.88
	炉尘物理㶲	0.7312	0.003
	水蒸气化学㶲	10.80	0.05
	水蒸气物理㶲	2.03	0.01
	冷却水物理㶲	7.33	0.035
	炉体散热㶲	2.29	0.01
	燃烧反应㶲损失	2096.41	9.99
	传热㶲损失	357.59	1.70
	其他㶲损失	522.93	2.49
	合　计	20992.39	100.00

5.2.4 煤制气-气基竖炉-电炉短流程的环境影响分析

在全球碳排放控制日益严格的大环境下，低碳绿色是钢铁行业发展的必经之路。大力推广应用低碳冶炼技术，是钢铁行业实现低碳绿色化可持续发展的有效途径，煤制气-气基竖炉-电炉短流程是我国钢铁行业的重点发展方向。除清晰掌握其资源能源消耗、能量利用情况外，基于短流程产品全生命周期开展整体工艺以及各个环节环境负荷的定量评价，对于短流程未来的发展也非常重要。

生命周期评价（LCA，Life cycle assessment）常被用来评估产品、生产工艺以及活动的环境负荷，将 LCA 应用于钢铁产品已成为钢铁行业最热门的研究之一。国外大的钢铁公司都已开展 LCA 模型的研究，如 JFE、新日铁等公司对工艺改进、产品设计、市场开发、碳减排等进行了生命周期评价。此外，从产品或工艺整个生命周期评估其环境影响，可以更加全面地获得各生产单元在某一影响类型的作用与贡献，从而为降低高污染环节的排放量提供理论依据；另一方面，从经济成本效益来看，随着国家政策对工业环保要求越来越高，钢铁企业生产的环境成本也越来越高。LCA 将各生产单元对环境影响进行量化，不仅能帮助分析出高污染高排放环节，还能分析出各生产单元资源消耗情况，综合直观地体现工艺流程中的可优化环节，为生产结构优化提出建议。因此，LCA 在钢铁行业的应用可以在优化产业结构、提高生产效率、降低成本、降低能耗和减少污染排放方面发挥重要作用。

5.2.4.1 LCA 方法学概述

A 定义与内容

国际环境毒理学和化学学会将 LCA 定义为：生命周期评价是一种评估产品、生产工艺以及活动对环境压力的客观过程，是通过量化其能量物质利用以及废物排放对环境的影响，寻求改善环境的机会以及如何利用这种机会。

生命周期评价的基本技术框架见图 5-17，包括四个关联的内容：（1）目标定义与范围界定；（2）生命周期清单分析（LCI，Life cycle inventory）；（3）生命周期影响评价（LCIA，Life cycle impact assessment）；（4）结果解释。

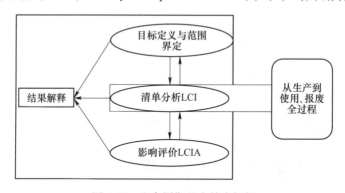

图 5-17 生命周期基本技术框架

B LCA 评价方法与步骤

根据 LCA 技术框架，LCA 分为以下步骤：目标定义及范围界定、LCI 编制、影响评价 LCIA 和结果解释。

a 目标定义及范围界定

在进行生命周期评价前，需确定系统边界和功能单位，建立工艺从"摇篮"到"坟墓"的生命周期模型。如图 5-18 所示，工艺或产品评价的系统边界应该从原材料的投入、运输开始，一直到最终产品的制造、使用和报废回收为止。但在本研究中，以钢水为最终产品，将从原料生产、运输到转炉或电炉生产出钢水的从"摇篮"到"坟墓"过程视为全生命周期。功能单位是生命周期评价中作为基准单位的量化的产品系统性能。对于钢铁工业生产的主要是钢铁产品，其余副产品应当按规定原则进行分配。因此，在钢铁行业中常常选取 1kg 或 1t 钢铁产品作为功能单位。

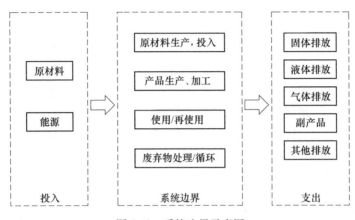

图 5-18　系统边界示意图

b　LCI 编制

编制生命周期清单 LCI 是 LCA 方法学的核心问题，也是开展 LCA 研究的基础。生命周期清单编制的数据主要是基本流的输入输出。因此在编制清单过程中，需要将收集到的实物流数据转化为基本流，并与功能单位产品相关联。

数据收集种类应该包括上游阶段数据、运输数据、副产品数据、单元投入产出数据等。数据收集的同时必须确认数据质量，可以从可靠性和相关性两点进行评估。可靠性是指数据在来源、时间等方面与研究目标的一致性，而相关性则是指数据在技术等条件下与目标的相关性，其具体指标如下：统计代表性、时间代表性、数据来源、地理代表性、技术代表性。数据收集完成后还应该进行确认和检验。

生命周期编制主要有六种方法：流程图、产品系统的矩阵表示、基于投入产出的清单编制、分层混合分析、基于投入产出的混合分析、集成混合分析。以上六种方法中，前两种方法都属于过程分析方法，需要特定的过程信息，因此数据质量要求高，数据不确定性较低，同样也就导致了其时间和劳动强度较大；但其分析过程简单，容易操作。相比之下，基于投入产出的编制方法对数据要求较小。后三种方法是将基于过程和基于投入产出的分析联系起来，结合两者的优势，通常被称为混合方法。混合方法集合了各自的优点，在准确性方面具有一定优势。

c　影响评价

生命周期影响评价（LCIA）是生命周期分析的核心内容，它是将清单数据进行处理并转化为对不同环境影响类型的程度的分析过程。其主要分以下三个步骤。

影响分类：将清单数据中各输入或输出分别归类到不同的影响类型中，是特征化和归一化的基础。

特征化：以各影响类型中特定参考物作为基准，根据确定的影响评价模型和特征化因子，将清单数据转化为各环境因子的影响潜力数值的过程。

量化：分为归一化和加权两个部分。归一化是将各影响类型的特征化结果与统一的基准值相比得到相对值，该步骤能让不同影响类型之间具有横向可比性。加权是在归一化的基础上，根据价值分配权重系数，最后获得总体影响结果。

以上三个步骤均应遵循一定的生命周期影响评价方法。目前世界上影响评价方法还没有统一的标准，因此评价方法众多，其中比较有代表性的有 CML、EDIP、Eco-indicator 等。将数据分类之后，对每一影响类型进行特征化和量化计算。每一个影响类型都有其特定的参考物，如全球变暖影响类型以 CO_2（kg）为基准，人体健康影响类型以氯乙烯（kg）为基准，酸化以 SO_2（kg）为基准等。将特征化结果经特定标准归一化后，分配权重系数，进行加权处理。权重分配的方法有目标距离法、层次分析法等。

d　结果解释

结果解释是对前两步内容的分析与总结，包括完整性、敏感性、一致性检查等，最后得出相应结论。

完整性检查是查漏补缺的过程，它是检查数据的完整性，看是否有遗漏数据，从而导致质量和能量的不守恒。敏感性检查是指检查结果在更换假设和方法后的波动情况，它反映了最终结果的可靠程度。一致性检查包括检查结果与目标要求是否一致，评价所用标准是否一致，以及其他一致性检查的内容。这三项检查可以提高最终结果的准确性和可靠性。

结果解释的目的是找出主要影响环境因素以及在此基础上给出优化建议。因此，在影响结果生成之后，还需要对所选不同影响类型中各工序贡献，各工艺单元输入输出之间的相互关系、能耗和排放情况等进行分析，找出其中关键环节，并提出合理建议。

5.2.4.2　煤制气-气基竖炉-电炉短流程 LCA 模型建立

以煤制气-气基竖炉-电炉短流程为评价对象，基于 GaBi7.3 软件和 CLM2001 方法，按照上述步骤建立新工艺的 LCA 模型。

A　短流程评价目标及范围确定

煤制气-气基竖炉-电炉短流程的具体研究目标：（1）建立短流程工艺生命周

期评价模型，编制生命周期清单，分析系统物质能量流动、资源能源消耗以及废弃物排放情况。（2）通过生命周期影响评价，量化分析各工序对不同影响类型的贡献，找出对环境影响最大的关键环节并依此提出合理建议。

如图 5-19 所示，根据工艺特点，将煤制气-气基竖炉-电炉工艺全生命周期分为三个阶段：原材料获取的上游阶段（煤炭、电、天然气等），运输阶段和产品生产阶段（煤制气、煤制净化、煤气加热、气基竖炉还原、电炉炼钢等）。

数据主要来源有：基本工艺参数、国家（国际）相关标准、Ga Bi 数据库、期刊和其他文献等。

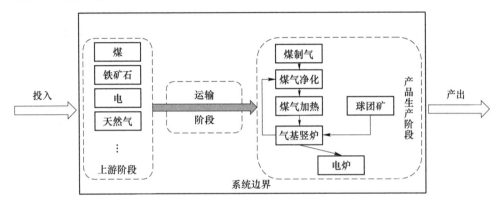

图 5-19 煤制气-气基竖炉-电炉短流程工艺系统边界示意图

B LCI 编制

基于煤制气-气基竖炉-电炉短流程的物料平衡计算，全生命周期各工序物质消耗及环境排放清单分别见表 5-45 和表 5-46。

表 5-45 煤制气-气基竖炉-电炉工艺吨钢物质消耗清单

输入	褐煤生产	球团矿生产	煤制气	脱硫	脱苯萘	脱碳	加热	气基竖炉	电炉
原煤/kg	2.35	13.40	0	0	0	0	0	0	0
褐煤/kg	0	0	289.70	0	0	0	0	0	0
天然气/m³	1.85	0	0	0	0	0	57.83	14.27	0
柴油/kg	0.31	0.62	0	0	0	0	0	0	0
汽油/kg	0	0.13	0	0	0	0	0	0	0
燃料油/kg	1.11	0.65	0	0	0	0	0	0	0
电/kW·h	0	10.72	14.61	2.72	1.04	13.67	2.85	5.89	470.6
蒸汽/kg	0	0	0	4.24	19.66	27.55	0	0	0
O₂/m³	0	0	91.82	0	0	0	0	0	22.06
脱盐水/kg	0	0	122.88	3.93	0	0	0	0	0
焦粉/kg	0	0	0	0	0	0	0	0	13.75

表 5-46   煤制气-气基竖炉-电炉工艺吨钢排放   （kg）

排放	褐煤生产	球团矿生产	煤制气	脱硫	脱苯萘	脱碳	加热	气基竖炉	电炉
CO_2	8.01	59.83	16.80	4.63	2.33	177.62	118.45	10.01	432.20
CO	0.0061	6.26	0.020	0.0054	0.67	81.24	0.0057	0.012	21.10
SO_2	0.015	0.22	0.047	0.013	0.0050	0.066	0.014	0.028	1.13
NO_x	0.028	0.20	0.038	0.010	0.0040	0.052	0.010	0.022	0.90
粉尘	0.019	0.29	0.367	0.012	0.0048	0.063	0.013	0.027	0.50
渣	0	0	14.45	0	0	0	0	0	70.68
废水	120.66	0	12.45	11.91	20.74	0	0	0	0

5.2.4.3   煤制气-气基竖炉-电炉短流程 LCIA

A   影响分类

影响分类是将生命周期清单中的所有环境因子分别归类到不同的影响类型的过程。CML2001 数据库中影响类型共有八种，分别是资源消耗、酸化、富营养化、全球变暖、人体健康毒害、光化学臭氧合成、淡水生态毒性和海洋生态毒性。参考 GaBi 软件中所列分类标准，在本研究中选取六种影响类型进行生命周期影响评价，列于表 5-47。

表 5-47   煤制气-气基竖炉-电炉短流程影响类型分类结果

影响类型	类型参数	环境因子
资源消耗	kg Sb eq	铁矿石、褐煤、天然气、电等
酸化	kg SO_2 eq	SO_2、NO_x
富营养化	kg PO_4^{3-} eq	NO_x
全球变暖	kg CO_2 eq	CO_2、CO、CH_4
人体健康毒害	kg DCB eq	SO_2、NO_x、粉尘、NMVOC
光化学臭氧合成	kg Ethene eq	SO_2、NO_x、CO、CH_4、NMVOC

B   特征化

特征化是选取某一特定的环境因子作为参考物，将该类型下其他环境因子以相对的特征化因子统一成同一单位数值的量化分析过程。量化分析的结果称为影响类型潜值：资源消耗潜值（ADP）、酸化潜值（AP）、富营养化潜值（EP）、全球变暖潜值（GWP_{100}）、人体健康毒害潜值（HTP）、光化学臭氧合成（POCP）。

因为世界上每个地区资源分布以及利用情况各不相同，为增加 ADP 计算结果的代表性，本研究在计算 ADP 时使用了中国本土标准，其余影响类型分类则参考 GaBi 数据库。特征化分析结果见表 5-48。

表 5-48 煤制气-气基竖炉-电炉工艺特征化结果

工序	ADP	AP	EP	GWP$_{100}$	HTP	POCP
煤炭生产	7.07×10^{-5}	0.0353	0.00411	12.8	0.575	0.00352
球团矿生产	0.00213	0.357	0.0264	60.9	7	0.189
煤制气	0.000401	0.0962	0.00862	31.7	6.73	0.00906
脱硫	3.43×10^{-5}	0.0203	0.00149	4.93	1.73	0.00209
脱苯	5.53×10^{-5}	0.00794	0.000607	3.12	0.662	0.019
脱碳	1.19×10^{-4}	0.102	0.00743	295	8.64	2.23
加热	0.000489	0.0938	0.0118	252	3.32	0.00693
竖炉	2.98×10^{-5}	0.0438	0.00319	10.6	3.73	0.00451
电炉	0.118	1.78	0.128	452	149	0.857
总	0.121	2.53	0.192	1.12×10^3	182	3.32

C 归一化和权重分析

归一化是将不同特征化结果与该影响类型基准值做对比得到相对值的过程。经归一化处理的环境影响潜值不能直接代表这种影响类型对环境影响的大小，因为不同的影响类型对环境影响的程度不同，所以还需要对归一化结果进行加权处理，以确定煤制气-气基竖炉-电炉短流程工艺中不同影响类型对环境影响的贡献大小。本研究使用 GaBi 数据库中的 CML2001 标准进行归一化计算。

本研究权重分配采用层次分析法，通过给六种影响类型的重要性排序，得到判断矩阵 A，再使用 MATLAB 对 A 求解特征向量，从而得到权重分配系数。当 GWP$_{100}$、EP、AP、POCP、HTP 和 ADP 六种影响类型重要性标度分别为 1、2、3、4、5 和 7 时，判断矩阵 A 见式（5-76）：

$$A = \begin{matrix} \text{GWP}_{100} \\ \text{EP} \\ \text{AP} \\ \text{POCP} \\ \text{HTP} \\ \text{ADP} \end{matrix} \begin{bmatrix} 1 & 2 & 3 & 4 & 5 & 7 \\ 1/2 & 1 & 2 & 3 & 4 & 5 \\ 1/3 & 1/2 & 1 & 2 & 3 & 4 \\ 1/4 & 1/3 & 1/2 & 1 & 2 & 3 \\ 1/5 & 1/4 & 1/3 & 1/2 & 1 & 2 \\ 1/7 & 1/5 & 1/4 & 1/3 & 1/2 & 1 \end{bmatrix} \tag{5-76}$$

可得 A 的特征向量为 [0.3878, 0.2491, 0.1585, 0.0999, 0.0636, 0.0411]，进而可得煤制气-气基竖炉-电炉短流程工艺的归一化标准和权重分配系数结果，见表 5-49。因此，通过计算得到图 5-20 的归一化和加权结果。由此可知，短流程的整体环境影响评价结果为 1.83×10^{-11}。

表 5-49　煤制气-气基竖炉-电炉短流程工艺的归一化标准和权重系数

影响类型	类型参数	归一化标准	权重系数
ADP	kg Sb eq	2.14×10^{10}	0.0411
AP	kg SO_2 eq	2.99×10^{11}	0.1585
EP	kg PO_4^{3-} eq	1.29×10^{11}	0.2491
GWP_{100}	kg CO_2 eq	4.55×10^{13}	0.3878
HTP	kg DCB eq	4.98×10^{13}	0.0636
POCP	kg Ethene eq	4.55×10^{10}	0.0999

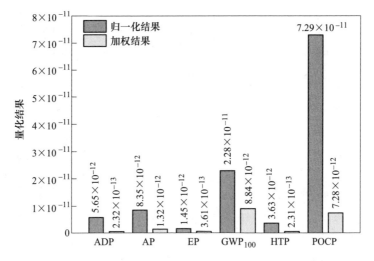

图 5-20　煤制气-气基竖炉-电炉工艺归一化和加权结果

5.2.4.4　煤制气-气基竖炉-电炉短流程生命周期评价结果解释

A　工序贡献

为更加直观地获得各工序对不同影响类型的贡献，将每个环境影响类型的总潜值定义为1，计算各工序对不同环境影响类型潜值的贡献百分数，见图 5-21。可知，电炉、脱碳、加热三个工序对环境影响最大。其中，电炉工序是整个生命周期中对环境贡献最大的工序，对六种环境影响潜值的贡献分别是 97%、70%、68%、45%、82%和 26%，主要原因是电能的消耗，而我国目前主要的发电方式依然是火力发电，电能的生产会带来较大的环境影响；其次，脱碳工序内需将煤制粗煤气中的 CO_2 脱除，并调整 H_2/CO 的值，使气体成分达到气基竖炉还原气的要求，该工序的尾气除含有大量 CO_2 外，还存在部分 CO，因此脱碳工序对 GWP_{100} 和 POCP 的贡献率分别达到 29%和 67%；最后，加热工序承担将净煤气加热至气基竖炉工艺要求的温度，会消耗大量的燃料，尾气成分主要为 CO_2，其对 GWP_{100} 的贡献率达到 14%。

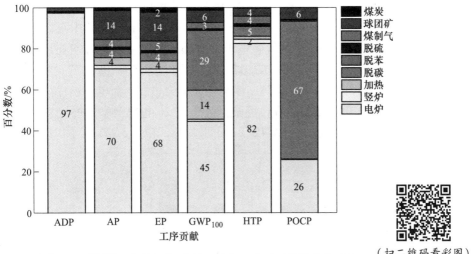

图 5-21 煤制气-气基竖炉-电炉工艺各工序对环境影响的贡献

（扫二维码看彩图）

B 影响类型贡献

本研究中，六种影响类型的贡献率见图 5-22。可以看出，煤制气-气基竖炉-电炉工艺对六种环境影响类型中，GWP_{100} 和 POCP 贡献率最大，分别占到 48.39% 和 39.86%；其次是 AP 贡献率为 7.24%，EP、ADP 和 HTP 的影响最小，贡献率分别是 1.98%、1.27% 和 1.26%。因此，在分析煤制气-气基竖炉-电炉工艺环境影响时，应针对引起 GWP_{100}、POCP 和 AP 的工序或环节为重点研究对象，并从对应环境因子考虑优化建议。

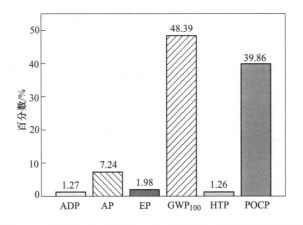

图 5-22 煤制气-气基竖炉-电炉对环境影响类型的累积贡献

C 能耗和排放

为了更直观地掌握煤制气-气基竖炉-电炉短流程的能源消耗和环境排放，将生命周期清单数据进行整理，得到短流程能耗、排放以及各环节的贡献，见图5-23。由图5-23（a）可知，短流程吨钢总能耗为263.67kgce。其中煤制气工序能耗最高，贡献率为30.37%，其次是电炉工序和加热工序，对总能耗贡献率分别为29.83%和25.27%，这三个环节能耗贡献率超过了85%。煤制气贡献主要的能源消耗为煤、氧气和脱盐水，加热工序消耗大量天然气，而电炉工序主要能耗在于对电力的消耗。由图5-23（b）可知，每生产1t电炉钢水，短流程共排放CO_2 829.89kg，CO 109.33kg，SO_2 1.54kg，NO_x 1.26kg，粉尘3.17kg，同时排放渣

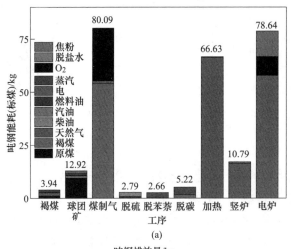

(a)

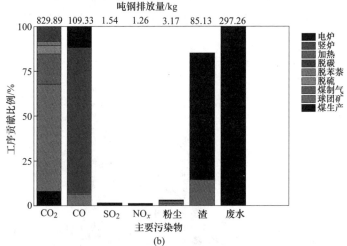

(b)

图5-23 煤制气-气基竖炉-电炉工艺的能耗和排放

（a）能耗；（b）排放

（扫二维码看彩图）

85.13kg，废水 297.26kg。在气体排放方面，对 CO_2 排放贡献最大的三个工序分别是电炉、脱碳和加热；对 CO 排放贡献最大的是脱碳和电炉工序，两者总贡献93%；对 SO_2 和 NO_x 排放贡献最大的环节均为电炉和球团矿工序；对粉尘排放贡献最大的是煤制气和球团矿生产工序。总体而言，电炉、煤制气和煤气加热三个工序的能耗和排放最高。

5.2.4.5 煤制气-气基竖炉-电炉短流程与高炉-转炉长流程环境影响对比

以国内某大型钢铁企业实际生产数据为基础，进行高炉-转炉长流程（BF-BOF）生命周期评价，并与煤制气-气基竖炉-电炉短流程进行对比，分析长短流程环境性能优劣。

A　BF-BOF 流程 LCA

以 BF-BOF 流程作为研究对象，建立生命周期评价模型，其评价范围同样分为三个阶段，分别是原材料获取阶段、运输阶段和产品生产阶段，系统边界见图5-24。功能单位选取 1t 转炉钢水。为使对比结果更具有代表性，假定两种工艺相同生产工序的生命周期清单也完全相同，经过收集数据和整理，BF-BOF 生命周期清单见表 5-50 和表 5-51。

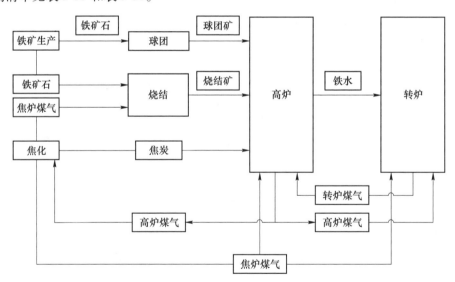

图 5-24　BF-BOF 流程系统边界

表 5-50　高炉-转炉工艺吨钢物质消耗清单

输入	煤	电	球团	烧结	焦化	高炉	转炉
原煤/kg	0	59.95	7.92	0	0	0	0
无烟煤/kg	0	0	0	47.21	0	81.16	0

输入	煤	电	球团	烧结	焦化	高炉	转炉
烟煤/kg	0	0	0	0	0	85.35	0
洗精煤/kg	0	0	0	0	497.81	0	0
褐煤/kg	0	0.12	0	0	0	0	0
天然气/m³	1.85	1.54	0	0	0	0	0
柴油/kg	0	0	0.37	0	0	0	0
汽油/kg	0	0	0.076	0	0	0	0
燃料油/kg	10.7115	0.78	0.386	0	0	0	0
电/kWh	23.36	0	16.46	57.81	17.09	28.82	36.83
蒸汽/m³	0	0	0	3.17	53.23	0	0
高炉煤气/m³	0	0	0	0	250.80	437.24	0
焦炉煤气/m³	0	0	0	4.03	5.46	2.92	0
转炉煤气/m³	0	0	0	0	0	68.85	0
焦粉/kg	0	0	0	35.35	0	0	0
脱盐水/kg	0	0	0	0	0	0	0
压缩空气/kg	0	0	0	0.39	3.73	53.75	0
O_2/m³	0	0	0	0	0	73.80	53.73

表 5-51 高炉-转炉工艺吨钢排放 （kg）

排放物	煤	电	球团	烧结	焦化	高炉	转炉	合计
CO_2	30.34	152.25	24.61	277.92	108.41	1106.77	22	1722.29
CO	0.023	0.18	3.69	34.58	0.41	14.96	0.068	53.91
SO_2	0.055	0.35	0.097	0.54	0.43	1.61	2.04	5.13
NO_x	0.10	0.34	0.094	0.60	0.31	0.092	0	1.54
粉尘	0.072	0.33	0.55	0.11	0.26	1.21	0.56	3.08
渣	0	0	0	0	0	219.92	180.82	400.74
废水	101.27	90.46	0	0	0	19.30	0	211.03

按照相同的步骤进行 BF-BOF 流程生命周期评价，归一化和加权结果见图 5-25。可知，BF-BOF 流程的整体工艺评价结果为 9.31×10⁻¹¹。

B 短流程与长流程 LCA 指标对比

煤制气-气基竖炉-电炉工艺的生命周期评价结果为 1.83×10⁻¹¹，相较于高炉-转炉长流程少了 80.3% 左右。为更直观地对比两种工艺在不同影响类型的环境负荷，需要对两工艺各影响潜值展开进一步处理。以高炉-转炉工艺中影响评

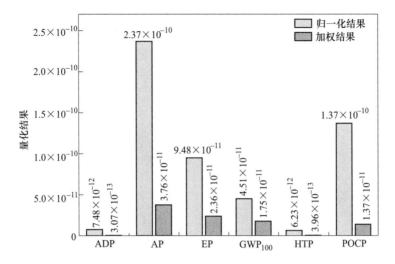

图 5-25 高炉-转炉工艺环境影响评价归一化和加权结果

价结果为基准,将煤制气-气基竖炉-电炉工艺相结果与其进行比较得相对值,结果见图 5-26。可见,煤制气-气基竖炉-电炉短流程的 ADP、AP、EP、GWP_{100}、HTP 和 POCP 分别是高炉-转炉工艺的 75.5%、3.51%、1.53%、50.54%、58.3%和 53.19%,明显低于高炉-转炉工艺。

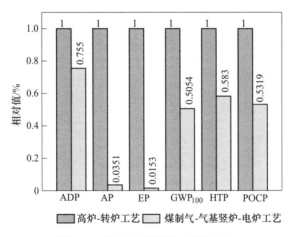

图 5-26 长短流程的单一指标对比

通过综合指标和单一指标的对比结果,可以看出煤制气-气基竖炉-电炉短流程工艺对环境影响更小,且相比高炉转炉工艺具有更优越的环境性能。

C 短流程与长流程能耗和排放对比

分别以 1t 电炉钢水和 1t 转炉钢水为功能单位的短流程和长流程能耗和排放

对比见图 5-27，可见，长流程吨钢能耗和碳排放分别为 669.82kg 和 2050.26kg。相比长流程，短流程可分别减少 60.6% 和 51.8% 的能耗和碳排放。此外，SO_2、NO_x 和粉尘排放量分别减少 74.0%、22.7% 和 15.9%。

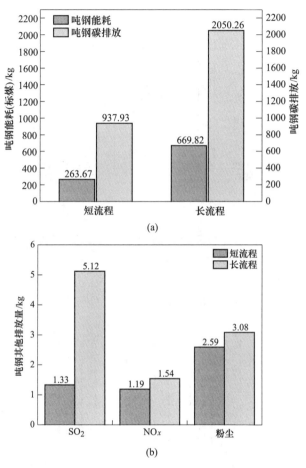

图 5-27   长流程与短流程的能耗及排放对比
（a）吨钢能耗及碳排放；（b）吨钢其他排放

综上所述，由生命周期评价结果可知，短流程的吨钢能耗和主要污染物排放均小于传统高炉-转炉长流程，环境友好优势明显。

5.2.5   煤制气-气基竖炉-电炉短流程示范工程

2018 年 4 月东北大学与辽宁华信钢铁集团公司签订协议，共建辽宁钢铁共性技术创新中心，筹建年产 1 万吨 DRI 和 10 万吨精品钢的煤制气-富氢气基竖炉-电炉短流程示范工程项目，目标是在氢冶金低碳冶炼、高端精品钢生产、钢铁冶炼短流程等重大工艺和装备技术取得重大突破和形成示范应用。煤制气-富氢气基竖炉直接还原短流程示范工程的工艺流程见图 5-28。普通磁铁精矿经精选，获得品位在 70% 左右的高品位铁精矿，生产高品位氧化球团矿作为竖炉原料；利用东北地区储量丰富、廉价的低阶煤，通过流化床法煤制气装置生产合成气，经净化和煤气转换提氢，生成含氢 65% ~ 85% 的还原气，利用自主设计的煤气加热炉加热至 930℃；再通过具有自主知识产权的气基竖炉，生产纯净 DRI，并连续热装入新型电炉，生产高纯净钢，用于高端精品钢生产和重大装备制造。

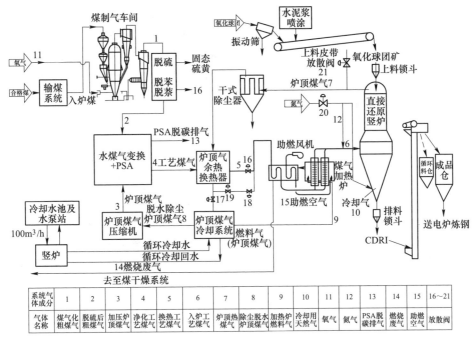

图 5-28 东北大学-华信示范工程的煤制气-气基竖炉直接还原工艺流程

系统气体成分	1	2	3	4	5	6	7	8	9	10	11	12	13	14	15	16~21
气体名称	煤气化粗煤气	脱硫后粗煤气	加压炉顶煤气	净化工艺煤气	换热工艺煤气	入炉工艺煤气	炉顶热煤气	除尘脱水炉顶煤气	加热炉燃料气	冷却用天然气	氧气	氮气	PSA脱碳排气	燃烧废气	助燃空气	放散阀

除煤制气工艺评价及选择、专用氧化球团矿制备、气基竖炉直接还原、短流程环境协调性评价等关键技术外，在工程上还进行了以下设备和技术的研发：（1）还原气加热技术及装备。通过选用耐 1100℃ 高温合金炉管、模拟优化加热炉炉管布置方式，并根据还原气加热的特点，自主设计煤气加热炉，可将净化后煤气加热至 930℃，达到气基竖炉对还原气的温度要求。（2）竖炉炉顶煤气循环利用工艺技术。将气基竖炉炉顶煤气进行除尘、换热、脱水、加压后，与脱硫后的粗煤气混合，进行脱碳、加热处理后，送入竖炉，实现煤气循环，达到节能减排的效果。（3）具有独立自主知识产权技术的气基竖炉。根据产能要求、有效煤气流量、还原段温度、竖炉有效容积利用系数以及下料速度等基本条件，计算了合理的炉身直径、炉身角、还原段高度、过渡段高度、冷却段高度等核心

参数，设计了具有独立自主知识产权技术的气基竖炉。图 5-29 给出了东北大学设计的气基竖炉三维模型和总装图。

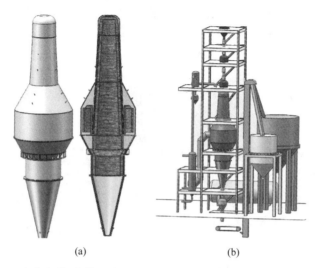

(a)　　　　　　　　　　　　　(b)

图 5-29　东北大学-华信示范工程的气基竖炉三维模型（a）和总装图（b）

与高炉-转炉钢铁长流程相比，本项目吨钢能耗、CO_2、SO_2、NO_x、粉尘排放将预期分别减少 60.6%、54.3%、74.0%、22.7% 和 15.9%。煤制气-气基竖炉-电炉短流程是符合中国国情的、国内急需的氢冶金短流程新技术，具有广阔的应用前景和显著的节能减排优势。该中试线建设项目实施对氢冶金短流程在钢铁行业的推广和实现钢铁产业低碳绿色创新发展具有重要意义。

5.3　基于气基竖炉直接还原的高铬型钒钛磁铁矿高效利用新工艺

5.3.1　高铬型钒钛磁铁矿资源综合利用概况

5.3.1.1　高铬型钒钛磁铁矿资源分布

钒、钛、铬是世界公认的战略资源，是国民经济发展和国家安全的重要物质保障。其中，钒被称为"现代工业的味精"，全球约 85% 的钒用于钢铁、军工、航空、化工等领域；铬是我国极为短缺、严重依赖进口的战略资源，至 2020 年进口依存度在 98% 以上，主要用于生产不锈钢、真空器件、太阳能电池、航空航天材料等方面；钛被誉为"崛起的第三金属"，是航空航天和海洋军工等的重要材料，其中钛白（TiO_2）粉是重要的化工原料。而钒钛磁铁矿是铁、钒、钛资源的主要载体，部分矿石还伴生有铬、钴等。钒钛磁铁矿在全球分布广泛，且储量丰富，据资料显示，资源总量达 470 亿吨，但主要集中在俄罗斯、南非、中国、美国、加拿大、挪威、芬兰、印度和瑞典等少数国家和地区，其中，俄罗斯占世界总储量的 45.30%，南非、新西兰和加拿大分别占 9.00%、1.10% 和 1.00%。此外，巴西、智利、委内瑞拉、斯里兰卡、马来西亚和印度等国家均探明有钒钛磁铁矿资源。

我国钒钛磁铁矿资源储量丰富，位居世界第三，主要分布在四川攀枝花及西昌地区、河北承德地区，还有部分零碎分布于山西代县、陕西汉中、广东兴宁和湖北勋阳等地区。其中，攀枝花地区保有储量达 100 亿吨，承德地区探明储量将近 80 亿吨。攀-西地区钒钛磁铁矿约占全国各类铁矿资源的 1/5，占世界同类铁矿资源的 1/4，是我国仅次于鞍-本地区的第二大铁矿区，也是国内著名的三大综合利用矿产资源之一。目前钒钛磁铁矿的开发利用尚不完善，尤其是在我国铁矿石对外依存度逐年增大的情况下，开发利用我国储量丰富的钒钛磁铁矿意义重大。另外，钒钛磁铁矿还伴生有珍贵的有价组元，以我国攀枝花地区钒钛磁铁矿为例，具体情况列于表 5-52。仅攀枝花地区钒钛磁铁矿中，钒储量占全国钒资源的 62.20%，占世界钒资源的 11.60%。钛的储量占全国钛储量的 90.54% 以上，占世界已探明储量的 35.20%[11]。

表 5-52 攀枝花矿区钒钛磁铁矿金属储量

名称	矿石中的金属储量/t	矿石中的存在状态
Fe	$(2.44 \sim 3.10) \times 10^8$	主要存在于钛磁铁矿，次之为钛铁矿
TiO$_2$	9.17×10^8	分别存在于钛磁铁矿和钛铁矿
V$_2$O$_5$	2.35×10^7	在钛磁铁矿
Co	1.12×10^6	分别存在于钛磁铁矿和硫化矿
Ni	2.34×10^6	分别存在于钛磁铁矿和硫化矿
Sc	2.50×10^5	存在于钛铁矿和辉石
Ga	1.80×10^5	主要存在于钛磁铁矿
Au	8.16×10^6	主要存在硫化矿
Pt	3.10×10^5	主要存在于硫化矿
Cu	1.78×10^6	主要存在于硫化矿
Cr$_2$O$_3$	1.54×10^7	主要存在于钛磁铁矿
Mn	2.53×10^7	主要存在于钛铁矿和钛磁铁矿

按照 Cr$_2$O$_3$ 含量高低，可将钒钛磁铁矿划分为普通钒钛磁铁矿和高铬型钒钛磁铁矿。矿物中的 Cr$_2$O$_3$ 含量一般小于 0.1%，但我国攀-西地区红格矿区的钒钛磁铁矿的铬含量大于 0.3%，属于典型的高铬型钒钛磁铁矿，储量达到 36 亿吨，矿石性质与攀-西地区其他类型的钒钛磁铁矿性质差距较大，具有含铁低、嵌布粒度细等特点，伴生的铬、钴、镍和铂族元素含量均较高，其中铬储量达到 900 万吨，占我国探明铬储量的 68%，是我国最大的含铬资源。因此，高铬型钒钛磁

铁矿是一种极具战略重要性的矿产资源，该资源的高效利用应立足于充分、有效地回收其中的有价组元，特别是加强铁、钒、铬、钛的回收利用。

5.3.1.2　钒钛磁铁矿冶炼现状

A　高炉冶炼

高炉炼铁-转炉提钒是现今国内外冶炼钒钛磁铁矿的主流工艺。苏联先后在 $270m^3$ 以下小高炉上做过四次高钛型高炉渣的工业试验，终渣中 TiO_2 含量高达 38%~40%，得到了合格的生铁。但高炉操作极不稳定，经常发生悬料、崩料、渣铁变稠和炉缸堆积，且焦比高，最后仅掌握终渣 TiO_2 含量在 15% 以下的高炉冶炼技术。北欧、北美等国家高炉法研究也开展较早，但始终未能解决炉渣中 TiO_2 含量大于 10% 后炉渣变黏的问题。

从 20 世纪 60 年代开始，我国对攀-西地区的钒钛磁铁矿利用工艺进行了开发研究，借助我国体制的优越性，集中国内技术力量，仅花费短短五年的时间，攻克了世界一百多年没有攻克的技术难点，成功开发了高炉冶炼钒钛磁铁矿技术，并在攀枝花建成了大型钢铁生产基地，高炉冶炼炉渣中 TiO_2 含量在 25% 的条件下，可长期稳定生产，为我国经济发展，尤其是西南地区的经济发展发挥了不可替代的巨大作用。近年来，攀钢为了降焦节能及提高效率，在钒钛磁铁矿选冶方面采取创新性技术，使高炉利用系数大大提高，创造了显著的效益。该技术把原矿中的 TiO_2 分成两部分，其中 54% 的 TiO_2 经选矿进入铁精矿，最终又分别进入生铁（约含 Ti 为 0.19%）和炉渣（含 TiO_2 为 22%~24%），其余的进入选矿尾矿。钒也是如此，约 46% 的 V_2O_5 随铁精矿进入铁水后再提钒，其余存在于尾矿和炉渣，无法实现回收利用。同时，由于含 TiO_2 高炉渣多以化学活性极低的玻璃相为主，加之赋存在炉渣中的高结晶性析出矿物种类繁多，使其矿相十分复杂，难以用常规物理或化学方法从中提取 TiO_2。因此，采用高炉-转炉传统流程不能实现有价组元的强化迁移和高效分离，导致资源利用率较低。从原矿计算，钒利用率不足 50%，钛利用率在 20% 左右，每年数百万吨含 20% 左右 TiO_2 的高钛型高炉渣因无法利用而堆放，造成极严重的资源浪费和环境污染，同时严重降低经济效益。

就高铬型钒钛磁铁矿冶炼而言，20 世纪 80 年代以来长沙矿冶研究院、四川冶金研究所、地质部矿产综合利用研究所、东北大学等单位先后开展了选矿工艺矿物学和选矿研究，分析了矿石性质、工艺矿物特征、有益元素赋存状态及理论指标，进行了选矿和资源综合回收试验，但由于受多重因素影响，未能深入开展高炉火法冶炼研究或试验。

东北大学与黑龙江建龙钢铁公司合作，以俄罗斯进口高铬型钒钛磁铁矿（其铬含量接近于攀枝花红格矿，但钛含量仅为其一半）为原料，系统进行了造块生产及工艺优化、高炉合理炉料结构、渣系优化、高炉强化冶炼等方面的实验室和现场工业试验研究。结果表明，虽然该矿铬含量低，但存在与普通钒钛磁铁矿高炉冶炼类似的问题，造块难度大而且炉料冶金性能差，高炉渣流动性不佳，强化冶炼难度大，钒、铬、钛等有价组元回收率尚待提高，从而进一步佐证了开发高铬型钒钛磁铁矿非高炉冶炼新工艺的重要性和必要性。

B 非高炉冶炼

国外钒钛磁铁矿非高炉冶炼主要利用煤基回转窑工艺。南非 Highveld 钢钒公司采用回转窑直接还原，再经电弧炉熔炼得到含钒铁水和高钛渣，含钒铁水经转炉吹钒得到钒渣和半钢，进一步湿法提钒；但高钛渣因玻璃体相存在而无法利用，造成巨大浪费。回转窑工艺的优点为效率高，生产成本低，能获得合格产品，但是铁钒钛分离效果极不理想，难以实现高效综合利用。

另外，国外还进行了多种火法和湿法工艺研究。B. C. Jena 等通过选择性还原使铁和钒钛分别进入铁水和熔渣中，再通过钠化焙烧-浸出提钒，最后再把滤渣通过盐酸浸取富钛料。S. Kathryn 等通过先加硫酸浸取钛（180h），然后利用有机溶剂苯取钛（102h），最终铁、钒、钛分离较好，回收率分别为 97%、76%、60%，但该工艺条件要求苛刻，耗时较长，且萃取剂苯为剧毒物质。日本和俄罗斯研究了铁、钒、钛同时提取工艺，优点在于一步即可分离铁、钒、钛，但添加剂需使用钒酸钠，而钒酸钠的生成条件苛刻，操作控制困难，故也未成功。

国内钒钛磁铁矿非高炉综合利用流程可归纳为：以先提钒为主要特征的"北方流程"以及后提钒为主要特征的"南方流程"。

北方流程主要是钒钛磁铁矿钠化焙烧-水浸提钒-直接还原-电炉熔分、炼钢-钛渣提钛，工艺流程见图 5-30。钒钛铁精矿加入钠化剂混合造球，球团矿在回转窑中进行氧化、钠化焙烧，将钒钛磁铁铁精矿中的 V_2O_5 转化为可以溶于水的偏钒酸钠，钒钛磁铁精矿氧化钠化球团矿经热水浸出，从水溶液中萃取 V_2O_5。浸钒后的球团矿采用煤基回转窑还原、冷却、磁选得到铁金属化率 90%~92% 的还原球团矿。还原球团矿用电炉熔化分离，最终产品为钢水和液态高品位钛渣。该流程的优点在于钒回收率高（90%左右），电炉熔分获得的炉渣 TiO_2 含量接近于理论计算值，远高于高炉渣的 TiO_2 品位，可用酸法或氯化法生产合格的钛白粉。由于熔分冶炼时没有还原钒的任务，铁水中没有过量 Ti，炉渣 TiO_2 没有产生还原或过还原，故没有高炉流程中出现的铁水严重"黏罐"等问题。但该流程提钒过程需要处理的物料量过大，为回收 0.40% 的钒必须处理全部的精矿，钠化剂用量大，且因提钒后残留钠盐的影响，球团矿还原易产生膨胀、粉化，造成提钒后球团矿的回转窑还原操作稳定性差，再加上采用回转窑为还原设备，单机生产能力难以满足大规模处理资源的需要，故未能实现工业化生产。

南方流程倾向于先提铁后提钒，工艺流程见图 5-31。钒钛磁铁精矿经造球，

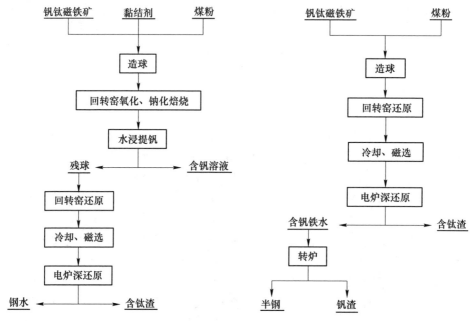

图 5-30   钒钛磁铁矿冶炼 "北方流程"   图 5-31   钒钛磁铁矿冶炼 "南方流程"

以煤为还原剂用一步法回转窑（链箅机-回转窑）还原，还原产品通过冷却、磁选，获得还原球团矿，还原球团矿在矿热炉内加碳深度还原，将钒全部还原进入铁水、熔化分离，电炉产品为含钒铁水和含钛炉渣，含钒铁水通过吹氧获得含钒炉渣和半钢。全流程的产品是含钒炉渣、半钢、含钛炉渣。南方流程虽然避免了北方流程的不足，但是采用一步回转窑还原法，即链箅机-回转窑煤基直接还原法进行钒钛磁铁精矿球团矿还原。由于一步回转窑还原法的固有缺陷，即球团矿在链箅机上温度低（<700℃），而回转窑尾气是弱还原性（含有 CO 和还原剂的挥发分），球团矿在链箅机上不能固结成有一定强度和足够耐磨强度的球团矿，球团矿进入回转窑后耐磨性能差，易于产生粉末，造成回转窑运行稳定性差、能耗高，回转窑单机生产规模难以扩大；其次，回转窑还原产品在矿热电炉内进行钒矿物的还原、熔分，含钒钛铁水黏罐严重，炉衬侵蚀严重，电炉中因有钒的还原过程造成电耗高，生产的稳定性差。电炉炉衬侵蚀引发钛渣中 MgO 的含量升高，还原剂灰分进入炉渣，使钛渣 TiO_2 降低，引发钛渣后续处理中酸耗或氯气的消耗升高，影响经济效益。

钒钛磁铁矿回转窑直接还原-电炉熔分流程见图 5-32。根据后续电炉功能的不同，该流程可分为电炉深度还原及电炉熔分两条工艺。电炉深度还原是将回转窑直接还原的金属化产品中钒还原进入熔分铁水中，最终产品为含钒铁水和钛渣；电炉熔分工艺仅实现渣铁分离，得到的产品为铁水和含钒钛炉渣。新西兰钢

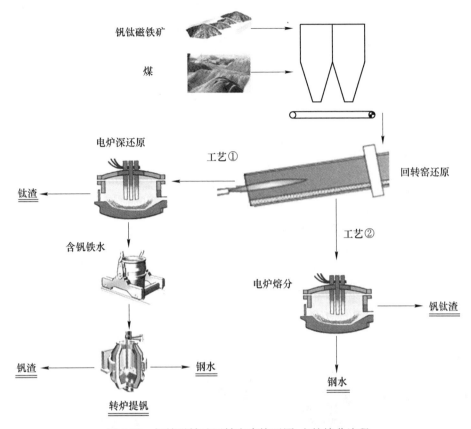

图 5-32 钒钛磁铁矿回转窑直接还原-电炉熔分流程

铁公司于 1969 年对钒钛海砂矿进行回转窑直接还原探索，并于 1988 年进行技术更新，生产出合格铁水，同时进行铁水提钒。南非 Highveld 钢钒公司采用回转窑直接还原再经电弧炉熔炼得到含钒铁水和高钛渣，含钒铁水经转炉吹钒得到钒渣和半钢，进一步湿法提钒，但高钛渣因玻璃体相存在而无法利用，造成巨大浪费。回转窑工艺具备效率高、生产成本低的优点，但铁、钒、钛分离效果不理想，难以实现高效综合利用。

转底炉直接还原-电炉熔分是将钒钛磁铁精矿、煤粉混合并添加一定的黏结剂造球，得到的钒钛矿含碳球团矿干燥后均匀铺在转底炉上，料层厚度 2~3 层球，在炉料的旋转过程中实现加热和还原。反应结束后，将还原后炉料送至电炉进行熔分，得到含钒铁水和含钛炉渣。图 5-33 为钒钛矿转底炉直接还原-电炉熔分工艺流程。我国攀钢集团和四川龙蟒集团先后开展了钒钛矿转底炉直接还原-电炉熔分流程工业化生产，取得了大量的生产实践经验。然而，转底炉工艺采用含碳球团矿为原料，内配煤粉的灰分降低钛渣品位，产品经济竞争力大大降低，同时转底炉的运行及维护难度大、能耗高，目前国内该工艺流程均处于停产状态。

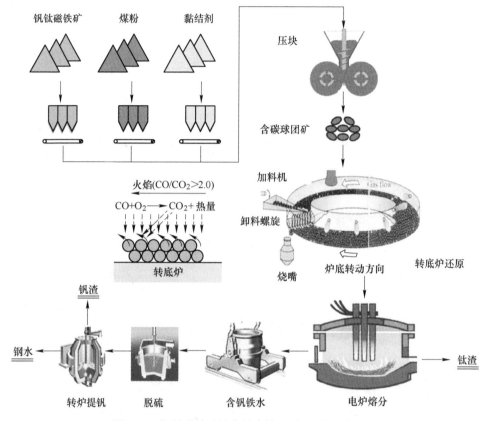

图 5-33　钒钛磁铁矿转底炉直接还原-电炉熔分流程

直接还原-磨选流程是将钒钛磁铁矿含碳球团矿在一定温度条件下还原得到金属化球团矿，在还原过程中铁氧化物充分还原成为金属铁并长大到一定的粒度，而钒、钛在其中仍保持着氧化物的形态，然后将所得到的金属化球团矿进行细磨、分选成铁粉精矿和富钒、钛材料。根据预还原主体设备的不同，常见钒钛矿直接还原-磨选流程有车底炉还原-磨选法、回转窑还原-磨选法及转底炉还原-磨选法。中南大学和攀钢钛业成功开发钛精矿直接还原法制取富钛料工艺，见图5-34。该工艺采用回转窑作为还原主体设备，借助添加剂的催化作用强化钛精矿中铁氧化物的还原，并促进铁晶粒长大到可机械分选的必要粒度。该工艺可综合回收矿物中铁、钒、钛等有价金属元素，优点是以劣质煤为能源，能耗少，投资少，成本相对较低；不足之处在于渣铁分离不彻底，一般要求金属化球团矿的金属化率达90%以上，对回转窑还原要求偏高。

高铬型钒钛磁铁矿非高炉冶炼方面，原地矿部矿产综合利用研究所采用钒铬

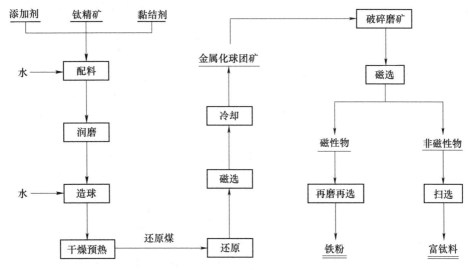

图 5-34 钛精矿直接还原-磨选工艺流程

铁精矿造球-回转窑煤基预还原-电炉炼铁-双联法吹钒铬-炼钢工艺流程，湿法提取分离钒铬，获得了含 48.40% V_2O_5 和 49.03% Cr_2O_3 产品，为钒铬综合利用技术开发奠定了一定基础。但整个工艺的关键环节存在诸多问题，钒铬的回收利用率并不理想，经济上也不够合理，难以实现工业化。

攀枝花钢铁研究院开展了高铬型钒钛磁铁精矿先提钒铬-浸出后精矿用气基竖炉还原-磁选分离试验以及后提钒铬-钒铬分离的试验，铁、钛、钒、铬回收率较高，前者偏重于化学法，后者存在气基竖炉还原允许的最高温度和时间难以满足铁颗粒长大要求、采取深度还原和促进铁颗粒长大的措施对竖炉运行的影响等问题，再加上受当时能源供应条件、技术装备水平等因素制约，两者均未得到产业化应用。

攀钢和龙蟒集团等单位曾先后对红格矿冷压块-转底炉煤基直接还原-电热熔分进行了工业性试验，结果表明：该流程存在冷压块强度低、黏结剂成本高、转底炉运行难度大、能耗高、产品质量差且不均、还原终点难以准确控制等严重问题，另外同样存在还原煤灰分和造块黏结剂的污染，导致后续的钛渣品位较低，仍难以满足钛工业需要，故至今未获得理想的试验效果。

另外，东北大学等还进行了红格矿煤基深度还原-熔化分离的探索研究，但该工艺在深度还原条件及其控制、还原装备的选择等方面存在很大难度，而且资源处理量小，技术经济可行性尚待验证。

因此，基于现有高铬型钒钛磁铁矿综合利用流程的评价，对高铬型钒钛磁铁矿高效清洁利用应立足于充分、有效地回收有价组元，特别是加强铁、钒、铬、钛的回收利用。当前紧迫的工作是开发高铬型钒钛磁铁矿高效清洁冶炼新流程，降低能耗和环境负荷，实现铁、钒、铬和钛全组元高效清洁利用[12,13]。

5.3.1.3 高铬型钒钛磁铁矿气基竖炉直接还原-电炉熔分新工艺的提出

与普通钒钛磁铁矿相比，高铬型钒钛磁铁矿的矿物组成更为复杂，造块、高炉冶炼以及钒、铬、钛综合利用难上加难。现阶段国内对攀枝花高铬型钒钛磁铁矿除了在选矿、烧结造块、高炉冶炼、煤基直接还原-熔分/磁选、化学法直接提取等方面进行了探索研究或工业性试验之外，在总体上基础研究结果较为匮乏，系统集成技术尚未形成，工业化生产基本属于空白，导致目前该资源的开采和利用规模很小。因此，积极开发与现有工艺流程相辅的、行之有效的新方法，并加强新工艺过程有价组元高效分离机理及其影响因素等核心科学问题的基础研究，是探索高铬型钒钛磁铁矿资源高效清洁利用新途径的关键。

鉴于钒钛磁铁矿高炉流程有价组元利用率低、现有煤基非高炉流程没有成功工业应用、处于直接还原发展主导方向的气基竖炉直接还原技术优势等诸多因素，本书以高铬型钒钛磁铁矿资源高效清洁利用为核心目标，提出高铬型钒钛磁铁矿氧化球团矿-气基竖炉直接还原-选择性熔化分离新工艺（见图5-35），主要

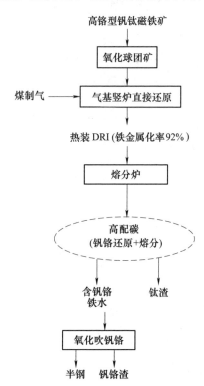

图5-35 基于气基竖炉直接还原的高铬型钒钛磁铁矿高效清洁利用新工艺

思路为：以高铬型钒钛磁铁矿精矿氧化焙烧制备氧化球团矿，采用气基竖炉以煤制气为还原气进行高铬型钒钛磁铁矿氧化球团矿的选择性还原，得到铁金属化率92%左右的还原产物，以热装方式送入熔分炉，在快速熔化的同时控制反应系统还原势，完成残铁、钒、铬的还原和控制钛的还原，实现含钒铬铁水与钛渣的分离，然后再分别以化学法提取钒、铬和钛。

因此，针对新工艺的高铬型钒钛磁铁矿氧化焙烧、气基竖炉直接还原、选择性熔分等关键环节进行系统研究，形成高铬型钒钛矿有价组元高效清洁分离利用新工艺原型技术。该新工艺有望摆脱焦煤资源依赖，减少能源消耗，提高钒、铬和钛有价组元利用率，为高铬型钒钛磁铁矿高效综合利用提供新方法，为攀-西地区高铬钒钛磁铁矿资源的大规模利用奠定理论基础和提供技术支撑，促进我国钢铁工业的可持续发展。

5.3.2 高铬型钒钛球团矿氧化行为及固结机理

5.3.2.1 焙烧温度对球团矿氧化的影响

图 5-36 给出了焙烧温度对高铬型钒钛磁铁矿氧化球团矿抗压强度的影响。随焙烧温度提高，球团矿抗压强度逐渐增大，其强度变化大致分为三个阶段：当温度低于 900℃时，球团矿强度由 300℃的 50N 增至 561N，增幅较小；当温度在 900~1100℃，球团矿强度稍有增加，增至 774N；当焙烧温度高于 1100℃后，球团矿强度大幅增至 3588N。由于温度升高，球团矿内部各种物理化学反应加快，扩散加强，颗粒间接触面积增大，这些均有利于球团矿完全氧化，进而高铬型钒钛磁铁矿球团矿抗压强度提高。当焙烧温度高于 1250℃时，高铬型钒钛磁铁矿球团矿的抗压强度为 2848N，满足气基竖炉生产的要求。因此，从氧化球团矿的抗压强度出发，高铬型钒钛磁铁矿球团矿的焙烧温度不得低于 1250℃。

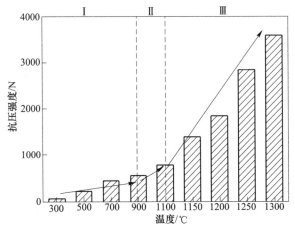

图 5-36　焙烧温度对高铬型钒钛磁铁矿球团矿抗压强度的影响

　　利用扫描电镜对不同焙烧温度条件下球团矿内部的微观形貌进行观察研究，结果见图 5-37。当焙烧温度较低时，球团矿中矿物颗粒呈棱角状，大部分颗粒独立而不互联，呈稀散分布，此时孔隙为大孔洞、小孔洞和晶粒间隙三种形式共存状态，球团整体结构疏松，强度不高；随着焙烧温度升高至 700℃，球团矿中孔隙明显减少；焙烧温度为 900℃时，球团矿进一步氧化，其内部结构也相应变紧密；进一步提高焙烧温度，赤铁矿发生再结晶长大，矿物颗粒间的晶桥发育，球团矿颗粒间孔隙也减少，但由于晶粒间晶桥的发育还不普遍，整体未连成一片，球团矿结构欠致密，球团矿仅具有一定的强度；当焙烧温度为 1300℃时，晶桥进一步迁移长大，晶粒互联而变得粗大，结构力强度，球团矿内部结构致密，球团矿也因氧化充分而达到较大的强度。

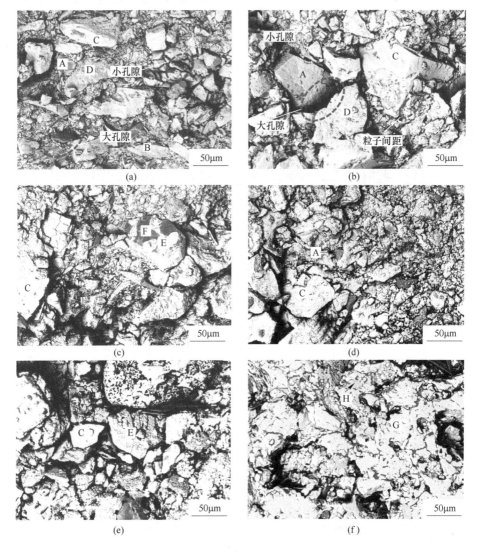

点	质量分数/%							
	O	Fe	Ti	V	Cr	Mg	Si	Al
A	49.02	9.51	0.00	0.00	0.00	41.47	0.00	0.00
B	6.95	86.20	2.92	0.81	0.74	0.50	0.59	1.28
C	29.53	62.71	3.28	0.76	0.77	0.72	0.82	1.40
D	10.98	69.26	13.53	2.71	1.84	0.45	0.00	1.23
E	24.78	46.96	25.37	0.00	0.00	1.01	0.61	1.27
F	33.70	42.53	9.20	0.00	1.47	4.14	3.80	5.16
G	15.67	79.97	3.16	0.00	0.00	0.00	0.00	1.20
H	34.20	39.14	22.40	0.00	0.00	0.79	1.01	2.46

图 5-37 不同焙烧温度制备的高铬型钒钛磁铁矿球团矿 SEM-EDS 分析结果

(a) 300℃；(b) 500℃；(c) 700℃；(d) 900℃；(e) 1100℃；(f) 1300℃

5.3.2.2 高铬型钒钛磁铁矿球团氧化固结过程

与普通磁铁矿球团固结相同，高铬型钒钛磁铁矿球团也以固相固结为主，液相黏结为辅。固相固结是指球团矿内的矿粒在低于其熔点的温度条件下互相黏结，并使颗粒之间的连接强度增大。固态下固结反应的源动力是系统自由能的降低，依据热力学平衡的趋向，具有较大界面能的微细颗粒落在较粗的颗粒上，同时表面能降低。

根据氧化球团矿抗压强度的变化规律及 SEM-EDS 分析，并结合高铬型钒钛磁铁矿在空气气氛条件下的差热分析，可将高铬型钒钛磁铁矿球团矿的具体氧化固结过程分为三个阶段：

第一阶段，氧化阶段。焙烧温度低于 900℃，主要发生了磁铁矿（Fe_3O_4）和钛磁铁矿（$Fe_{2.75}Ti_{0.25}O_4$）的氧化反应以及钒、铬矿物的固溶。在氧化焙烧过程中，700℃时，球团矿中出现了赤铁矿，钛磁铁矿氧化成钛赤铁矿（Fe_9TiO_{15}）和钛铁矿（$FeTiO_3$），铬铁矿（$FeCr_2O_4$）被磁铁矿"溶蚀"形成铬和铁的氧化物固溶体（$Fe_{1.2}Cr_{0.8}O_3$），Fe_2VO_4 中钒发生迁移，一部分形成铬和钒的氧化物固溶体（$V_{1.7}Cr_{0.3}O_3$），另一部分以 V_2O_3 形式存在。当焙烧温度升高至 900℃ 时，磁铁矿消失，完全被氧化成赤铁矿。本阶段主要以氧化为主，矿物颗粒多呈棱角状。球团矿固结主要是由于生球在焙烧过程中，孔隙率明显减小，矿物颗粒密集所致，因此球团矿强度相对较低，低于 600N，见图 5-36。

第二阶段，再结晶-固结发育阶段。焙烧温度为 900~1100℃。本阶段主要发生赤铁矿的再结晶长大，矿物颗粒间的晶桥也随之出现，此外，钒、铬等矿物持续固溶。该阶段球团矿固结主要是由于赤铁矿晶粒间晶桥的发育和矿物颗粒的密集。但由于晶粒间晶体桥的发育还不普遍，球团矿内部矿物颗粒未连成一片，球团矿结构欠致密，所以球团矿强度虽然有所提高，但只能达到1400N，见图5-36。

第三阶段，再结晶-固结互联阶段。焙烧温度为1100~1300℃。该温度区间，赤铁矿晶粒逐渐互联成整体，晶粒变粗大，连接更紧密，结构力增强，形成赤铁矿互联晶。此温度范围下，硅酸盐液相逐渐形成，少量而均匀的液相熔体也可使球团矿内部矿石颗粒在表面张力的作用下互相靠拢，球团矿体积收缩，孔隙减少，结构变得致密。在以上两方面的作用下，此阶段高铬型钒钛球团矿的抗压强度大幅上升，见图5-36。特别是当温度为1300℃时，从图5-37（f）可知，球团矿中赤铁矿结晶发育优良，互联成片，球团矿氧化和固结十分充分，球团矿强度高达3589N。

5.3.2.3 焙烧时间对球团矿氧化的影响

图5-38给出了焙烧时间对高铬型钒钛磁铁矿球团抗压强度的影响。各焙烧时间条件下球团都具有较高的强度，且延长焙烧时间有助于提高高铬型钒钛磁铁矿球团的抗压强度。球团矿焙烧时间5min时强度最低，为2001N；5min后球团矿强度大幅上升，到10min时达到3068N；而后焙烧时间延长至20min，抗压强度逐渐小幅增至3502N；继续延长焙烧时间，球团矿抗压强度变化不明显。焙烧时间较短时，球团矿因氧化不充分而形成双层结构，由于内外收缩不同步而易于产生同心裂纹，使得球团矿抗压强度降低。焙烧时间逐渐延长，球团矿氧化趋于完全，形成均一的赤铁矿球团，而赤铁矿活化能较低，这就有利于进一步氧化，促进了赤铁矿的结晶和再结晶，固相反应以及由之产生的低熔点化合物的熔化使得球团矿更加致密化，从而提高球团矿的强度。

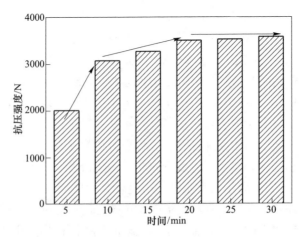

图5-38 不同焙烧时间条件下高铬型钒钛磁铁矿球团的抗压强度（1300℃）

图 5-39 给出了 1300℃不同焙烧时间条件下的球团矿内部形貌照片。焙烧时间为 5min 时，由于赤铁矿再结晶不完全，矿物颗粒呈单独、带棱角分布，球团矿内部结构疏松，孔隙较多。随着焙烧时间延长，赤铁矿逐渐完成再结晶，球团

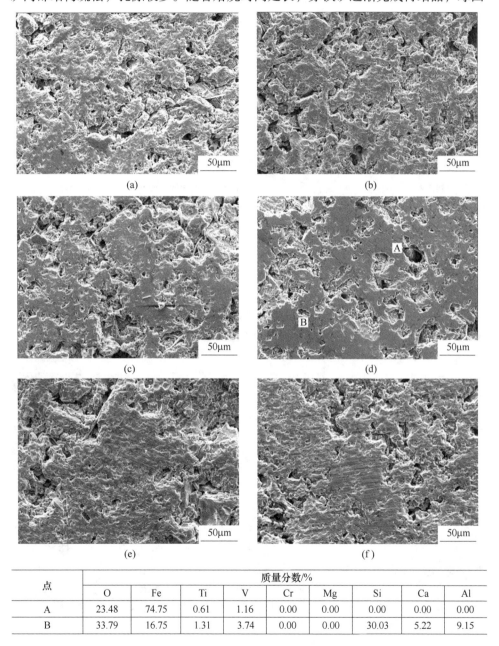

点	质量分数/%								
	O	Fe	Ti	V	Cr	Mg	Si	Ca	Al
A	23.48	74.75	0.61	1.16	0.00	0.00	0.00	0.00	0.00
B	33.79	16.75	1.31	3.74	0.00	0.00	30.03	5.22	9.15

图 5-39 不同焙烧时间条件下高铬型钒钛球磁铁矿球团 SEM-EDS 分析结果

(a) 5min；(b) 10min；(c) 15min；(d) 20min；(e) 25min；(f) 30min

矿内部孔隙减少，单颗粒矿物逐渐联结在一起，球团矿致密化。当延长焙烧时间至 20min 时，赤铁矿再结晶良好，小颗粒迅速长大形成浑圆状的粗大晶粒并互联，形成统一的整体，球团矿固结基本完成，此时球团矿强度较大。继续延长焙烧时间，球团矿的致密化导致球团矿孔隙减少，气固反应接触面减少，产物层变厚而阻碍了内扩散，故球团矿内部微观形貌较焙烧时间 20min 时变化不大。

5.3.2.4　高铬型钒钛磁铁矿球团适宜的氧化焙烧参数

基于以上研究和分析可知，提高焙烧温度和延长焙烧时间均有助于提高高铬型钒钛磁铁矿氧化球团的抗压强度，当焙烧温度高于 1250℃ 或焙烧时间长于 10min 后，球团矿的抗压强度能够满足实际气基竖炉生产的要求。焙烧温度为 1300℃ 时，球团矿单独颗粒较少，晶粒互联成整体，晶粒粗大，连接紧密，结构力强，球团矿强度较大（见图 5-37）。而在 1300℃ 焙烧 20min 后，球团矿内部赤铁矿完成再结晶，单一小颗粒迅速长大形成浑圆状晶粒，并联结在一起，球团矿内部结构致密，氧化固结完全（见图 5-39（d）），且球团矿内部结构也变化不大（见图 5-39（e）、（f））。综合考虑氧化球团矿的抗压强度，并结合 SEM-EDS 分析，合理确定高铬型钒钛磁铁矿球团适宜的焙烧条件为：焙烧温度 1300℃ 和焙烧时间 20min。

对适宜焙烧条件下制备的高铬型钒钛磁铁矿氧化球团进行面扫描分析，结果见图 5-40。Ti 的分布形状与 Fe 近似，这是由于 Fe 与 Ti 形成了一系列固溶体：钛赤铁矿（Fe_9TiO_{15}）和铁钛矿（$Fe_2Ti_3O_9$）；V 和 Cr 弥散分布于整个球团中。

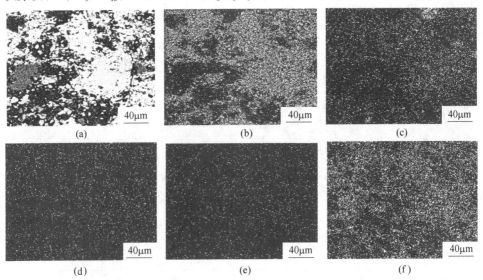

图 5-40　适宜焙烧条件下高铬型钒钛球团中的主要元素分布

（a）显微组织；（b）Fe 的分布；（c）Ti 的分布；（d）V 的分布；（e）Cr 的分布；（f）O 的分布

5.3.3　高铬型钒钛磁铁矿氧化球团气基竖炉直接还原

参考 HYL 和 MIDREX 两种典型气基竖炉直接还原工艺，同时兼顾高铬型钒钛磁铁矿的还原特性，设定实验温度和气氛条件，具体方案列于表 5-53。选取 950℃、1000℃、1050℃ 和 1100℃ 四个还原温度，$H_2/CO = 5/2$、$H_2/CO = 1/1$ 和 $H_2/CO = 2/5$（均为摩尔比）三种还原气氛，其中 $w(H_2) + w(CO) + w(CO_2) = 100\%$，$w(CO_2) = 5\%$。值得注意的是，为了减少气流速度对反应进程的影响，选取该实验装置的气体流速临界值 4L/min 为模拟气基竖炉还原气流速。

表 5-53　高铬型钒钛磁铁矿球团气基竖炉直接还原实验方案

参数	实验值			
还原温度/℃	950	1000	1050	1100
还原气氛 H_2/CO	2 : 5		1 : 1	5 : 2

注：$w(H) + w(CO) + w(CO_2) = 100\%$，$w(CO_2) = 5\%$。

5.3.3.1　还原气氛对球团矿还原的影响

不同还原温度条件下，还原气氛对高铬型钒钛磁铁矿球团还原率的影响见图 5-41。四种还原温度条件下的还原率曲线大致相似，即还原初期，球团矿反应速率较快，随着还原反应进行，产物层逐渐加厚，还原气扩散速率下降，球团矿还原反应逐渐减慢，最终趋于稳定。

在相同还原温度条件下，随着还原气氛中 H_2 含量的增多，还原反应速率明显加快，且所能到达的最终还原率增大。这主要是由于 H_2 分子（0.292nm）小于 CO 分子（0.359nm），H_2 扩散系数是 CO 的 3 倍以上，因此 H_2 很容易扩散到球团矿内部发生还原反应；另外，部分 H_2 可能不参与还原，而是作为催化剂加速还原。

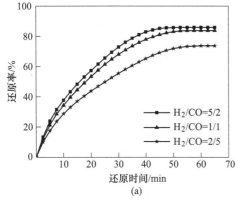

(a)

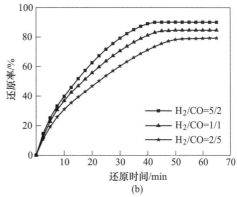

(b)

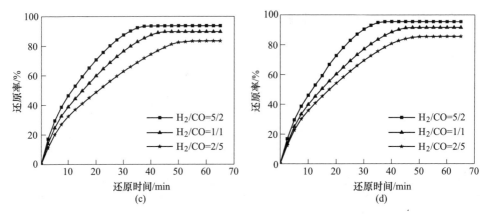

图 5-41　不同温度条件下还原气氛对球团矿还原率的影响

(a) 950℃；(b) 1000℃；(c) 1050℃；(d) 1100℃

总之，H_2 含量较高不仅能加速还原，而且可以改善反应动力学条件，这些均有助于提高高铬型钒钛磁铁矿球团的还原率。1000℃、$H_2/CO = 5/2$ 还原 45min，1050℃、$H_2/CO = 5/2$ 还原 32min，1100℃、$H_2/CO = 5/2$ 还原 30min，1100℃、$H_2/CO = 1/1$ 还原 40min，高铬型钒钛磁铁矿球团的还原率能达到 90% 以上。1100℃、$H_2/CO = 5/2$ 还原 35min，球团矿还原率能达到 95%。

5.3.3.2　还原温度对球团矿还原的影响

不同还原气氛条件下，还原温度对高铬型钒钛矿球团还原的影响见图 5-42。升高温度能明显增大还原反应速率，且终了的还原率也随之提高。这主要是由于当温度高于 810℃时，H_2 还原能力远大于 CO 还原能力；而且对于整个还原过程而言，H_2 还原为吸热反应，而 CO 还原为放热反应。升高还原温度在改善 H_2 还原

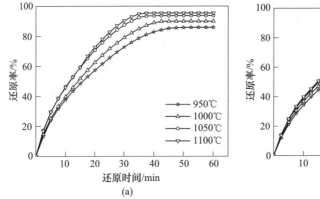

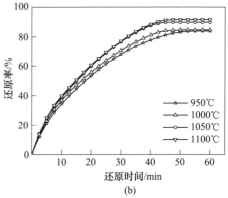

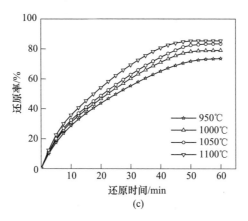

图 5-42 不同气氛条件下还原温度对球团矿还原的影响

（a）$H_2/CO=5/2$；（b）$H_2/CO=1/1$；（c）$H_2/CO=2/5$

反应动力学的同时，还有助于优化其热力学；相反，提高温度对 CO 还原反应的影响却是矛盾的，温度升高改善了动力学条件却恶化了其热力学条件。

5.3.3.3 高铬型钒钛磁铁矿球团气基竖炉还原相变历程

在还原温度 1100℃、还原气氛 $H_2/CO=5/2$、$CO_2=5\%$ 的条件下，开展高铬型钒钛磁铁矿球团的气基竖炉直接还原实验，并对不同还原时间下的球团矿进行 XRD 分析，考察气基还原过程中有价组元物相转变历程，结果见图 5-43。

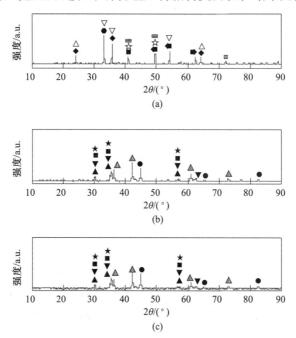

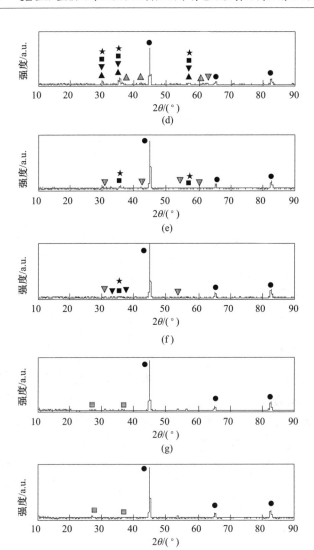

图 5-43　不同还原时间条件下高铬型钒钛磁铁矿球团的 XRD 分析

（a）0min；（b）5min；（c）10min；（d）20min；（e）30min；（f）40min；（g）50min；（h）60min

●—Fe_2O_3；▽—Fe_9TiO_{15}；△—$Fe_2Ti_3O_3$；☆—$Fe_{1.2}Cr_{0.8}O_3$；▦—$V_{1.7}Cr_{0.3}O_3$；▥—V_2O_3；

▲—Fe_3O_4；▼—$Fe_{2.75}Ti_{0.25}$；■—Fe_2VO_4；★—$FeCr_2O_4$

●—Fe；△—FeO；▽—$FeTiO_3$；▤—TiO_2

　　高铬型钒钛磁铁矿氧化球团的主要物相组成是赤铁矿（Fe_2O_3）、钛赤铁矿（Fe_9TiO_{15}）、铁钛矿（$Fe_2Ti_3O_9$）、铁铬固溶体（$Fe_{1.2}Cr_{0.8}O_3$）、钒铬固溶体（$V_{1.7}Cr_{0.3}O_3$）和 V_2O_3。经过 5min 还原后，球团矿中出现金属铁（Fe）、

FeO、磁铁矿（Fe_3O_4）和钛磁铁矿（$Fe_{2.75}Ti_{0.25}O_4$）。另外，钒铬固溶体（$V_{1.7}Cr_{0.8}O_3$）、铁铬固溶体（$Fe_{1.2}Cr_{0.8}O_3$）及 V_2O_3 转变成钒磁铁矿（Fe_2VO_4）和铬铁矿（$FeCr_2O_4$），此时球团矿的还原率为 29.49%；在还原时间由 5min 延长至 30min 的过程中，金属铁的衍射峰增高，并逐渐成为球团矿物相中的主峰，而 FeO 的衍射峰强度相应减弱，这可能是由于钛磁铁矿（$Fe_{2.75}Ti_{0.25}O_4$）→FeO 比 FeO→金属铁（Fe）慢，导致 FeO 还原较快；球团矿还原 30min 后，磁铁矿（Fe_3O_4）和钛磁铁矿（$Fe_{2.75}Ti_{0.25}O_4$）消失，发现钛铁矿（$FeTiO_3$），此时球团矿还原率也增至 90.35%；当还原进行到 40min 时，FeO 完全还原为金属铁（Fe），钛铁矿（$FeTiO_3$）仍有部分未被还原，球团矿还原率为 95.38%；还原到 50min 时，钛铁矿（$FeTiO_3$）转变成 TiO_2，而钒磁铁矿（Fe_2VO_4）和铬铁矿（$FeCr_2O_4$）的强度较之前变弱，以至于未被检测到。继续延长还原时间，除各物相的衍射峰强度稍有增强外，球团矿主要的物相组成保持不变。

5.3.3.4 高铬型钒钛磁铁矿球团气基竖炉还原微观形貌变化

1100℃、$H_2/CO=5/2$ 时，不同还原时间条件下，高铬型钒钛磁铁矿球团的 SEM 照片见图 5-44，其中，亮白色相为金属铁相。当还原时间较短时，球团矿内部颗粒疏松，亮白色的金属铁相较少，还原不充分；随着还原的进行，赤铁矿、钛赤铁矿、钛铁矿等不断被还原，金属铁相增多。由于还原过程中大量失氧，导致球团矿内部结构呈现较多均匀孔隙的海绵状；当还原 30min 后，由 XRD 分析可知，赤铁矿已全部被还原，同时钛磁铁矿不断被还原成钛铁矿，球团矿内部金属铁相较为纯净，铁颗粒不断形核长大；继续延长还原时间，铁颗粒不断长大并聚集，球团矿内部孔隙均匀细小，球团矿还原充分。

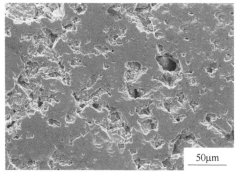

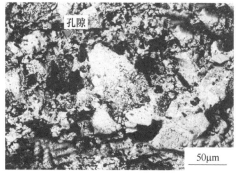

(a)　　　　　　　　　　　　(b)

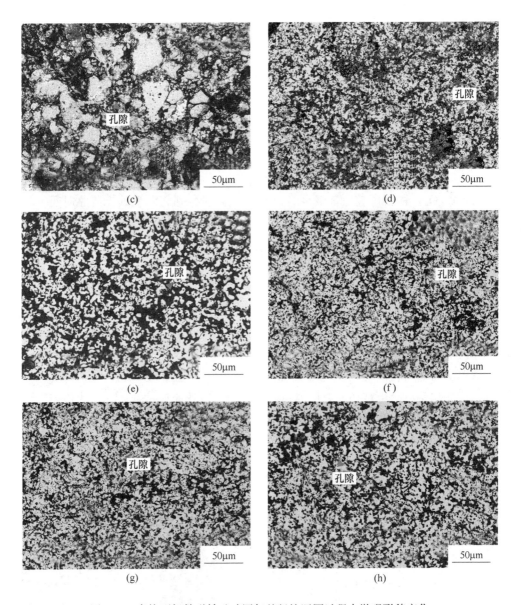

图 5-44 高铬型钒钛磁铁矿球团气基竖炉还原过程中微观形貌变化

(a) 0min; (b) 5min; (c) 10min; (d) 20min; (e) 30min; (f) 40min; (g) 50min; (h) 60min

5.3.3.5 高铬型钒钛磁铁矿球团气基竖炉还原过程的膨胀行为

在相同还原气氛条件下，温度对球团矿还原膨胀的影响规律近乎类似，即球团矿还原膨胀率随温度升高而不断增大，且达到最大膨胀率所需还原时间缩短，直观表现为代表最大膨胀率的曲线峰值向左移动。各还原条件下球团矿的最大膨胀率及其所对应的还原时间见图 5-45 和表 5-54。当还原气中 $H_2/CO = 5/2$ 时，还原温度 950℃、1000℃、1050℃、1100℃球团矿的最大膨胀率及所需的还原时间分别为 14.68% 和 16min、19.55% 和 9min、21.15% 和 7min、22.59% 和 6min；$H_2/CO = 1/1$ 还原气氛条件下，950℃球团矿还原 18min 达到最大膨胀率 15.59%，1000℃还原 18min 达到最大值 19.63%，1050℃还原 10min 达到最大值 21.29%，1100℃还原 7min 达到最大值 22.90%；而使用 $H_2/CO = 2/5$ 还原气氛在 950℃、1000℃、1050℃、1100℃对球团矿进行还原时，其达到的最大膨胀率及所对应的还原时间分别为 16.36%、21.25%、22.69%、23.48% 和 20min、20min、12min、10min。

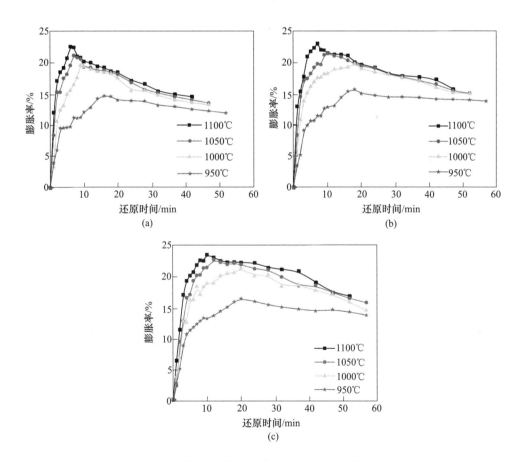

图 5-45 不同气氛条件下还原温度对球团矿膨胀率的影响

（a）$H_2/CO = 5/2$；（b）$H_2/CO = 1/1$；（c）$H_2/CO = 2/5$

表 5-54　各还原条件下球团矿最大膨胀率及其所对应的还原时间

温度/℃	H₂/CO = 5/2		H₂/CO = 1/1		H₂/CO = 2/5	
	$RSI_{max}/\%$	还原时间/min	$RSI_{max}/\%$	还原时间/min	$RSI_{max}/\%$	还原时间/min
950	14.68	16	15.59	18	16.36	20
1000	19.55	9	19.63	18	21.25	20
1050	21.15	7	21.29	10	22.69	12
1100	22.59	6	22.90	7	23.48	10

值得注意的是，在相同的还原气氛条件下，当还原温度不断升高时，球团矿在还原初期先急剧膨胀，出现一个转折点后膨胀趋势稍有减缓，而后达到最大膨胀率的峰值；并且温度较低时，转折点更加明显，温度升高，还原初期膨胀率变化无明显界限，转折点甚至消失，这也直接导致还原温度较高时球团矿最大膨胀较低温时增大很多。同时可以看出，在转折点之前，无论还原温度高低，球团矿还原膨胀随时间的变化均较大；而在转折点之后，温度对球团矿还原膨胀的影响更为敏感，不同还原温度条件下的膨胀率变化差别较大，这从侧面说明还原温度是影响该阶段球团矿膨胀的主要因素。

5.3.4　高铬型钒钛磁铁矿金属化球团电炉熔分

熔分实验原料为气基竖炉直接还原制得的金属化率约 95% 的高铬型钒钛磁铁矿金属化球团，主要化学组成和 XRD 分析结果分别见表 5-55 和图 5-46。高铬型

表 5-55　高铬型钒钛磁铁矿金属化球团的化学成分　（质量分数,%）

成分	TFe	MFe	V₂O₅	TiO₂	Cr₂O₃	CaO	SiO₂	MgO	Al₂O₃
含量	77.07	73.09	1.28	8.19	0.91	0.34	3.16	1.55	4.25

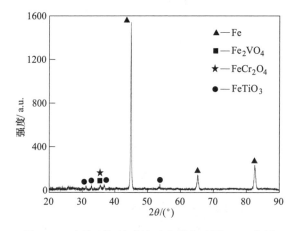

图 5-46　高铬型钒钛磁铁矿金属化球团 XRD 分析

钒钛磁铁矿金属化球团的主要物相组成有金属铁、钛铁矿（$FeTiO_3$）、铬铁矿（$FeCr_2O_4$）和钒磁铁矿（Fe_2VO_4）。熔分实验时加入分析纯活性炭，用于深还原与渗碳。为调整渣的碱度和改善渣的流动性，配入适量的分析纯 CaO 和 CaF_2 作为造渣剂和熔剂。

5.3.4.1　关键工艺参数对高铬型钒钛矿金属化球团熔分效果的影响

A　碳氧比

碳氧比（C/O）对高铬型钒钛磁铁矿金属化球团熔分效果的影响见图 5-47。当 C/O 从 0.70 增至 1 时，铁回收率由 99.01% 小幅上升至 99.99%；铁中铬回收率和质量分数分别由 86.44% 和 0.67% 升高至 88.22% 和 0.68%；渣中 TiO_2 回收率和质量分数分别由 90.93% 和 36.77% 增至 93.62% 和 36.92%。当 C/O 增大到 1.20 时，铁中钒回收率和质量分数均达到最大值 96.27% 和 0.88%。C/O 对熔分过程中的渗碳和深还原均有显著的影响。而钒、铬碳化物不断溶于铁中也可促进其回收率的提高。当 C/O 大于 1.20 后，继续增加碳氧量，铁回收率变化较小，而钒、铬回收率急剧下降，这主要是由于熔分过程实际上由热力学及动力学共同

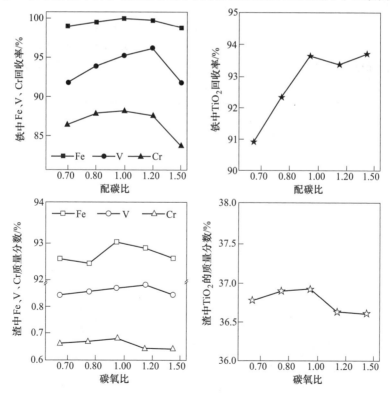

图 5-47　碳氧比对高铬型钒钛磁铁矿金属化球团熔分效果的影响

控制。虽然在一定范围内，增大碳氧比可有效改善渗碳和深还原条件，有利于熔分顺利进行；但当碳过量时，会阻碍整个体系的传质和扩散，从而造成有价组元回收率下降。另外，当渣中固液共存时，可由 Einstein-Roscoe 公式（$\text{Viscosity}_{(\text{solid+liquid mixture})} \approx \text{Viscosity}_{(\text{liquid})} \cdot (1-\text{solid fraction})^{-2.5}$）计算渣的黏度。随着渣中悬浮的过剩碳颗粒增多，渣的黏度呈指数级急剧增大，恶化了熔分动力学条件。

为了进一步探究 C/O 对熔分效果的影响，运用 Factsage 7.0 软件的 Equilb 模块进行了热力学平衡计算。选取 Fact PS、FToxid、FSstel 和 Fe_2VO_4 数据库，以 100g 高铬型钒钛磁铁矿金属化球团为分析对象，输入相应碳氧比条件下的碳含量，以及实验条件下的 CaO 及 CaF_2 含量。设定气氛为惰性气体，体系压力为一个大气压，反应温度范围为 1000~1700℃，考虑热力学平衡条件下可能稳定存在的物相：$Fe(1)$、Fe_3C、$C(s)$、$C(1)$、TiO_2、V_2O_3、$Ti(1)$、$V(1)$、$Cr(1)$、VC、$Cr_{23}C_6$、Cr_7C_3、$CaTi_2O_6$、$MgTi_2O_5$、$MgCr_2O_4$ 和 $FeCr_2O_4$ 等。计算得到不同碳氧比条件下各产物的生成温度及生成量，见图 5-48。

在图 5-48（a）中，当 C/O 由 0.70 增大至 1.20 时，$Fe(1)$ 生成量随温度变化更为敏感，即温度小幅升高，铁液生成量大幅增多，具体表现为代表 $Fe(1)$ 的曲线斜率明显增大，同时，由于渗碳更加充分，生成大量 $Fe(1)$ 所需要的温度不断降低；进一步提高 C/O，$Fe(1)$ 生成对温度的敏感性及生成大量 $Fe(1)$ 的温度无明显变化。在图 5-48（b）中，随着 C/O 从 0.70 升高至 1.20，Fe_3C 完全消失的温度显著降低，有利于提高铁回收率，同时，TiO_2 生成量小幅减少，而

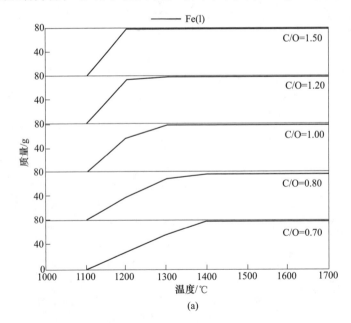

(a)

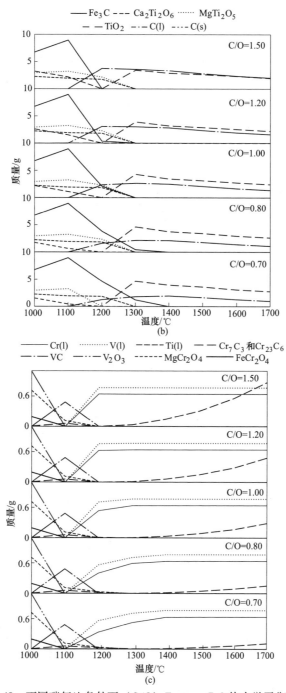

图 5-48　不同碳氧比条件下（C/O）Factsage 7.0 热力学平衡计算
（a）Fe(l) 生成温度和生成量随碳氧比的变化；（b）Fe_3C、$CaTi_2O_6$、$MgTi_2O_5$、
TiO_2、C(l)、C（s）生成温度和生成量随碳氧比的变化；（c）Cr(l)、V(l)、Ti(l)、
Cr_7C_3、$Cr_{23}C_6$、VC、V_2O_3、$MgCr_2O_4$、$FeCr_2O_4$ 生成温度和生成量随碳氧比的变化

C(l) 生成增多。在图 5-48（c）中，当 C/O 由 0.70 增大至 1.0 时，V(l)、Cr(l) 生成随温度变化更加敏感，且生成大量 V(l) 和 Cr(l) 的温度明显下降，这均有利于钒、铬回收率的提高；继续增大 C/O，对 V(l) 和 Cr(l) 生成影响较小，但钛氧化物过度还原导致 Ti(l) 生成量增多，造成钛的回收率降低，当 C/O 大于 1.20 后，Ti(l) 生成量上升幅度增大。因此，综合实验结果和热力学平衡计算，高铬型钒钛磁铁矿金属化球团熔分适宜的 C/O 为 1.20 左右。Pourabdoli 等研究也表明，当化学计算碳氧比接近 1 时，熔分效果较好。

B 熔分温度

熔分温度对高铬型钒钛磁铁矿金属化球团熔分效果的影响见图 5-49。温度对熔分效果影响显著，随着熔分温度由 1575℃ 升高至 1625℃，钒、铬在铁中的富集能力大幅提升。当熔分温度为 1625℃ 时，Fe、V、Cr 以及 TiO_2 的回收率均达到

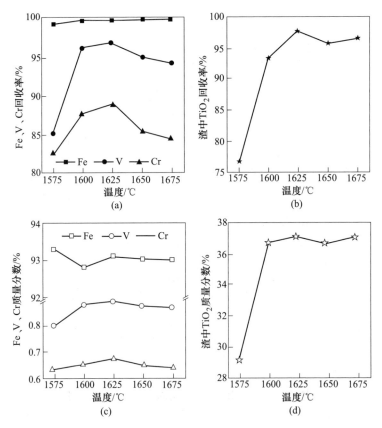

图 5-49 熔分温度对高铬型钒钛磁铁矿金属化球团熔分效果的影响

（a）Fe、V、Cr 回收率；（b）渣中 TiO_2 回收率；

（c）Fe、V、Cr 质量分数；（d）渣中 TiO_2 质量分数

最大值，分别为 99.80%、96.82%、88.81% 和 97.59%，其相应的质量分数分别为 93.12%、0.90%、0.67% 和 37.12%。进一步提高熔分温度，V、Cr 回收率较 Fe、TiO_2 回收率降低明显。

对不同熔分温度条件下得到的熔分渣进行 XRD 分析，结果见图 5-50。渣的

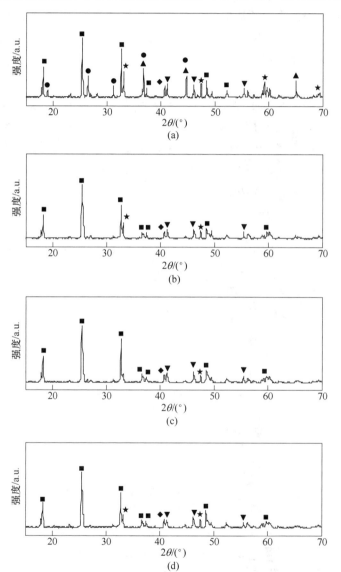

图 5-50　不同熔分温度条件下高铬型钒钛磁铁矿金属化球团熔分渣的 XRD 分析

（a）1575℃；（b）1600℃；（c）1625℃；（d）1650℃

★—$CaTiO_3$；◆—$Ca_3Al_2O_6$；■—$MgTi_2O_5$；▼—Fe_2TiO_5；▲—$MgAl_2O_4$；●—复杂尖晶石

主导物相为黑钛石（$MgTi_2O_5$，熔点 1657℃），此外，还包含一些铁板钛矿（Fe_2TiO_5，熔点 1395℃）、钙钛矿（$CaTiO_3$，熔点 1960℃）、简单尖晶石（镁铝尖晶石 $MgAl_2O_4$，熔点 2108℃；钙铝尖晶石 $Ca_3Al_2O_6$）以及复杂尖晶石（如 $Mg_{0.17}Al_{13.59}Cr_{0.24}O_{32}$）。当熔分温度由 1575℃升高至 1625℃，渣中物相变简单，高熔点的复杂尖晶石相和钙钛矿的衍射峰强度明显减弱，改善了渣的流动性，有利于顺利熔分。另外，渣中复杂尖晶石（$Mg_{0.17}Al_{13.59}Cr_{0.24}O_{32}$）减少，有利于铬回收率提高。当熔分温度升高至 1650℃时，钙钛矿数量增多，给渣铁分离带来不利影响。

C　熔分时间

图 5-51 给出了熔分时间对高铬型钒钛磁铁矿金属化球团熔分效果的影响。在实验条件范围内，延长熔分时间，Fe、V、Cr 的回收率及质量分数均呈现先上升后降低的趋势，而渣中 TiO_2 的回收率和质量分数逐渐降低。当熔分时间为 50min 时，Fe、V、Cr 和 TiO_2 的回收率分别为 99.69%、99.94%、91.59% 和 90.72%，其对应的质量分数分别为 92.63%、0.89%、0.68% 和 35.01%。

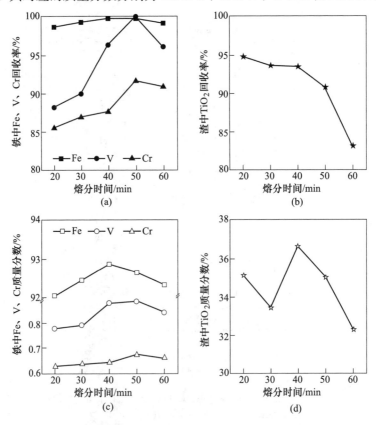

图 5-51　熔分时间对高铬型钒钛磁铁矿金属化球团熔分效果的影响

（a）铁中 Fe、V、Cr 回收率；（b）渣中 TiO_2 回收率；（c）铁中 Fe、V、Cr 质量分数；（d）渣中 TiO_2 质量分数

为进一步考察熔分时间对熔分效果的影响，对不同熔分时间条件下的熔分渣进行了 XRD 分析，结果见图 5-52。当熔分时间较短（30min）或过长（60min）

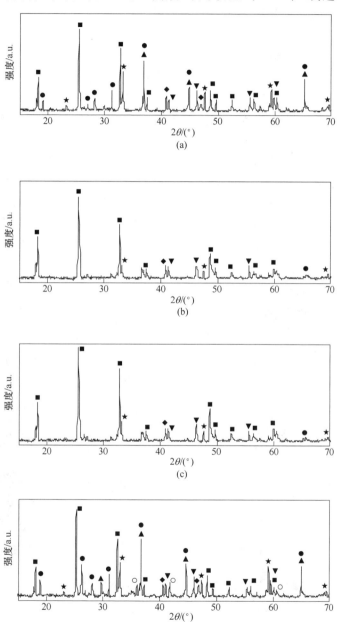

图 5-52 不同熔分时间条件下高铬型钒钛磁铁矿金属化球团熔分渣的 XRD 分析

（a）30min；（b）40min；（c）50min；（d）60min

■—$MgTi_2O_5$；▼—Fe_2TiO_5；▲—$MgAl_2O_4$；★—$CaTiO_3$；◆—$Ca_3Al_2O_6$；○—TiC；●—复杂尖晶石

时，渣中高熔点物相较多，渣的物相组成相对复杂，导致渣的黏度增大，流动性变差，从而恶化了熔分动力学条件，故渣铁分离效果不好，有价组元回收率较低。另外，熔分时间过短，深还原以及渗碳反应进行不充分，也不利于有价组元回收率的提高。

当熔分时间大于 50min 后，进一步延长时间，不利于渣铁分离。这主要是因为 TiO_2 的还原要迟于 FeO、V_2O_3 及 Cr_2O_3 的还原。当处于熔分过程后期时，钛的过还原使得 TiC 生成，如图 5-52（c）所示。在熔分 60min 后，渣中存在一定数量的 TiC（熔点 3150℃）。据相关研究表明，界面张力（δ）与渣黏度（η）的比值对渣铁分离影响显著，且该值越小，渣铁分离越困难。而渣-铁界面处的界面张力以及渣的表面张力均随 TiC 增多而降低。此外，由于 TiC 与渣和铁之间的润湿性较好，当生成的 TiC 固体颗粒接触到相界面后，为了保持热稳定性便自动快速地将铁颗粒包裹起来，造成界面张力（δ）大幅下降；而且 TiC 通常以细小的固体颗粒状悬浮弥散在渣中，由 Einstein-Roscoe 公式可知，渣的黏度将显著上升，故 δ 与 η 的比值减小，造成渣铁分离困难。综合考虑，适宜的熔分时间为 40~50min。

D　CaF_2 添加量

不同 CaF_2 添加量条件下熔分后渣铁的形貌见图 5-53。由于盛放反应坩埚的耐火砖不完全水平，导致渣并非圆饼形，而是半月状。由图 5-53（a）可知，当不添加 CaF_2 熔分时，虽然渣铁已经熔化，且有大部分铁颗粒聚集，但渣铁分离效果不好。配加 CaF_2 之后，渣铁分离效果明显改善，但随着 CaF_2 添加量增加，渣铁形貌无明显变化，如图 5-53（b）~（d）所示。

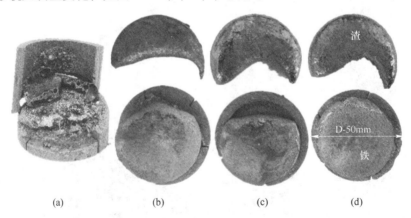

图 5-53　不同 CaF_2 添加量条件下高铬型钒钛磁铁矿金属化球团熔分试样的形貌
(a) 0 CaF_2；(b) 2% CaF_2；(c) 4% CaF_2；(d) 6% CaF_2

CaF_2 添加量对高铬型钒钛磁铁矿金属化球团熔分效果的影响见图 5-54。当 CaF_2 添加量从 0 增加到 2%，熔分各项指标均显著上升；继续增大 CaF_2 添加量，

Fe、V 和 Cr 的回收率变化不大，这一规律与图 5-52 中渣铁形貌变化一致。当 CaF_2 添加量为 2% 时，Fe、V、Cr 和 TiO_2 回收率分别为 99.69%、96.27%、87.59% 和 93.40%，其对应的质量分数分别达到 92.85%、0.88%、0.65% 和 36.62%。CaF_2 是一种典型而有效的助熔剂，首先，其电离出的 F^- 可以替代渣中 $Si_xO_y^{z-}$ 中的 O^{2-}，促使复杂结构的硅氧络合阴离子解体，渣的物相结构变简单，黏度降低；其次，配入的 CaF_2 与高熔点氧化物（如 CaO、Al_2O_3、MgO 等）结合，形成低熔点共晶体，高熔点物相减少，渣的熔化温度降低。因此，添加 CaF_2 后，渣的过热度以及结构均匀性都得到提升，从而为渣铁分离提供了良好条件。

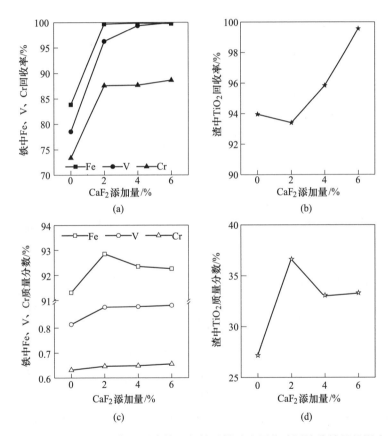

图 5-54 不同 CaF_2 添加量对高铬型钒钛磁铁矿金属化球团熔分效果的影响

(a) 铁中 Fe、V、Cr 回收率；(b) 渣中 TiO_2 回收率；

(c) 铁中 Fe、V、Cr 质量分数；(d) 渣中 TiO_2 质量分数

图 5-55 给出了不同 CaF_2 添加量条件下熔分渣的 XRD 分析。添加 CaF_2 后，渣中复杂尖晶石相明显减少，物相组成简化，改善渣的性能，优化了熔分动力学条件，有利于提高有价组元回收率。但当 CaF_2 大于 2% 后，渣物相组成变化不大，

且有少量 CaF_2 残留。而过量的 CaF_2 会加重对炉衬的侵蚀，降低炉子使用寿命。因此，对高铬型钒钛磁铁矿金属化球团熔分而言，适宜 CaF_2 添加量约为 2%。

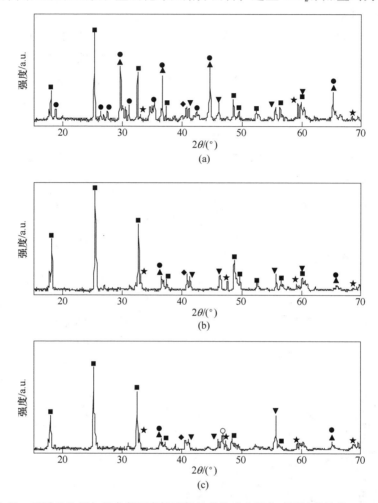

图 5-55　不同 CaF_2 添加量条件下高铬型钒钛磁铁矿金属化球团熔分渣的 XRD 分析

(a) 0% CaF_2；(b) 2% CaF_2；(c) 6% CaF_2

■—$MgTi_2O_5$；▼—Fe_2TiO_5；▲—$MgAl_2O_4$；○—CaF_2；★—$CaTiO_3$；◆—$Ca_3Al_2O_6$；●—复杂尖晶石

E　碱度对熔分效果的影响

不同碱度条件下熔分后渣铁的形貌见图 5-56。在图 5-56（a）中，当维持高铬型钒钛磁铁矿金属化球团的原始碱度 R（0.13）进行熔分时，试样未能完全熔化，渣铁无法分离。在图 5-56（b）中，提高碱至 0.60，试样熔化，大量铁颗粒在坩埚底部聚集，形成较大的铁块，同时也有小部分铁颗粒附着在渣表面；此条件下，由于渣黏度较大，流动性差，渣铁未能成功分离。在图 5-56（c）中，当碱度增加到 1.10 时，渣铁分离较好，由于渣、铁表面张力及密度等差异，含钛渣在上面，含钒铬铁在坩埚底部。

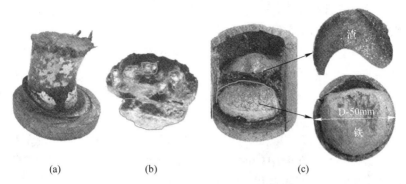

(a)　　　　　　(b)　　　　　　(c)

图 5-56　不同碱度条件下高铬型钒钛磁铁矿金属化球团熔分渣铁的形貌

(a) $R=0.13$；(b) $R=0.60$；(c) $R=1.10$

碱度对高铬型钒钛磁铁矿金属化球团熔分效果的影响见图 5-57。由于碱度 R

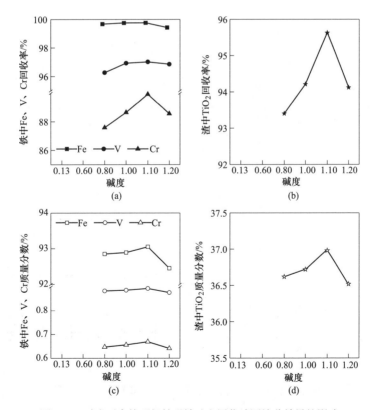

图 5-57　碱度对高铬型钒钛磁铁矿金属化球团熔分效果的影响

(a) 铁中 Fe、V、Cr 回收率；(b) 渣中 TiO_2 回收率；(c) 铁中 Fe、V、Cr 质量分数；(d) 渣中 TiO_2 质量分数

为 0.13 和 0.60 条件下的渣铁分离效果不佳，见图 5-57 （a） 和 （b），故无法给出这两组实验确切的熔分指标。而当碱度大于 0.80 时，增大碱度，熔分效果明显改善，各熔分指标呈现先增大后降低的趋势，当碱度为 1.10 时，各指标达到峰值，Fe、V、Cr 及 TiO$_2$ 回收率分别为 99.78%、97.02%、89.93%、95.63%，其对应的质量分数分别为 93.05%、0.89%、0.67% 和 36.98%。

为进一步探究碱度对高铬型钒钛磁铁矿金属化球团熔分的影响，采用 Factsage 7.0 软件的 Equlib 模块进行热力学平衡计算，计算碱度范围为 0.13 ~ 1.50。通过计算，重点分析了 Fe(l)、V(l)、Cr(l) 和 Ti(l) 的生成温度及生成量随碱度的变化，见图 5-58。当碱度增大时，Ti(l) 的数量稍有下降，这有利于钛向渣中富集，提高其在渣中的回收率，除此之外，Fe(l)、V(l) 和 Cr(l) 的生成温度及生成量均无明显变化。图 5-59 给出了碱度为 0.13 时整个熔分试样和碱度为 0.60 时坩埚底部聚集铁块的 SEM-EDS 分析，考察低碱度条件下未能顺利实现熔分的机理。当碱度为 0.13 时，试样中有三种物相：亮白色（点 A） 的金

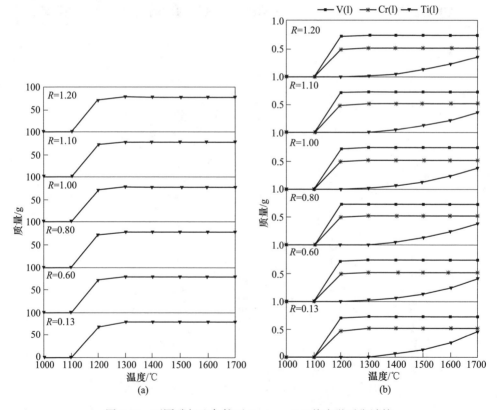

图 5-58　不同碳氧比条件下 Factsage 7.0 热力学平衡计算

（a） Fe(l) 的生成温度和生成量随碱度的变化；

（b） V(l)、Cr(l) 和 Ti(l) 的生成温度和生成量随碱度的变化

属铁，浅灰色（点 B）含少量钒的钛渣和深灰色（点 C）的铝硅渣。另外，铁与渣紧密嵌布，并未分离。而钒进入渣中，导致其回收率降低。当碱度调整至 0.60 时，尽管铁颗粒已经聚集长大（点 E 和点 F），但是仍有部分渣（点 D）夹杂在铁中，铁中带渣严重，熔分效果不好，有价组元的回收率较低。

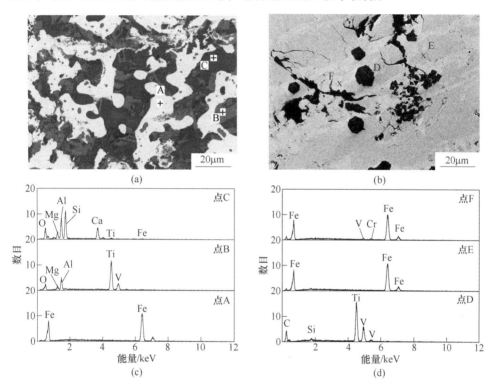

图 5-59　碱度 0.13（整个试样）和 0.60（铁块）条件下熔分试样的 SEM-EDS 分析
（a）R = 0.13，整个熔分试样的 SEM 分析；（b）R = 0.60，坩埚底部聚集铁块的 SEM 分析；
（c）R = 0.13，点 A、B、C 的 SEM 分析；（d）R = 0.60，点 E、D、F 的 SEM 分析

利用 Factsage 7.0 软件绘制 1600℃ 不同碱度的 CaO-SiO_2-MgO-Al_2O_3-TiO_2-CaF_2 六元渣系液相情况，见图 5-60，当碱度增大时，液相区域面积增大。在一定范围内液态渣增多，可为熔分提供良好的环境，有利于渣铁分离。同时，碱度升高，Al_2O_3 在渣中的溶解度随之增大，使与 MgO 及 Cr_2O_3 结合生成高熔点镁铝尖晶石（$MgAl_2O_4$）、镁铬铝尖晶石（$MgCrAlO_4$）及复杂尖晶石（$Mg_{0.17}Al_{13.95}Cr_{0.24}O_{32}$）的 Al_2O_3 量减少，渣中高熔点物质减少，渣黏度降低，有利于熔分的顺利进行。

此外，采用 Factsage 7.0 软件的 Viscosity 模块计算不同碱度条件下熔分渣的黏度，并选择 Melts 数据库，温度范围为 1350~1700℃。需要注意的是，Viscosity 模块仅限于计算液相渣的黏度，若在某温度条件下，渣未完全熔化，仍存在部分固相，则应先利用 Equilb 模块计算固相含量及液相组成，而后使用 Viscosity 模块计算

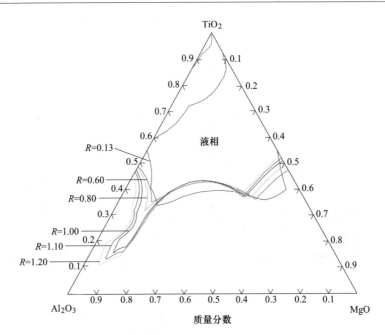

图 5-60　碱度对 $CaO\text{-}SiO_2\text{-}MgO\text{-}Al_2O_3\text{-}TiO_2\text{-}CaF_2$ 渣系液相区域的影响

液相部分黏度，并结合固相含量采用 Einstein-Roscoe 公式（Viscosity$_{(\text{solid+liquid mixture})}$ ≈ Viscosity$_{(\text{liquid})}$ · (1−solid fraction)$^{-2.5}$）最终求得渣的黏度。渣黏度计算结果见图 5-61，随着碱度升高，黏度不断降低。在高温条件下，CaO 可以向熔渣中提供 O^{2-}，促使渣中复杂硅氧络合阴离子 $Si_xO_y^{z-}$ 解体，炉渣结构简化，在一定程度上降低了渣的黏度。而通常低黏度渣具有较好的流动性，有利于熔分过程的扩散及传质，改善了熔分的动力学条件，有价组元回收率升高。

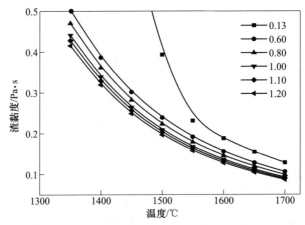

图 5-61　不同碱度对熔分渣黏度的影响

为了更深入分析碱度对高铬型钒钛磁铁矿金属化球团熔分的影响，采用 Factsage 7.0 软件的 Equlib 模块计算了渣中不同物相的质量分数随碱度的变化，计算结果见图 5-62。

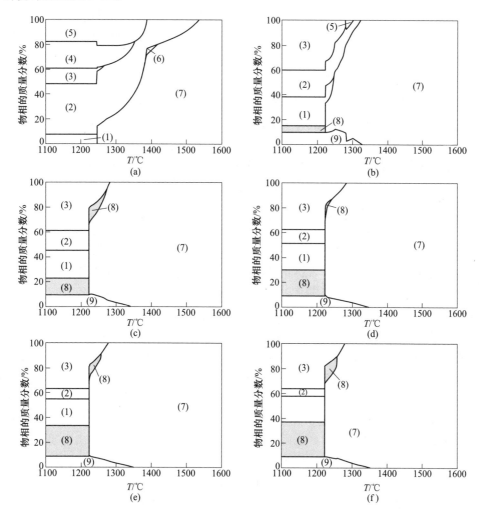

图 5-62　不同碱度条件下渣中平衡相百分含量与温度的关系

（a）$R=0.13$；（b）$R=0.60$；（c）$R=0.80$；（d）$R=1.00$；（e）$R=1.10$；（f）$R=1.20$

（1）$MgTi_2O_5$ (s)；（2）TiO_2 (s)；（3）$CaAl_2Si_2O_8$ (s)；（4）$Mg_2Al_4Si_5O_{18}$ (s)；

（5）$Mg_4Al_{10}Si_2O_{23}$ (s)；（6）Al_2TiO_5 (s)；（7）Slag (l)；（8）$CaTiO_3$ (s)；（9）$MgTi_2O_4$ (s)

图 5-62（a）中，当碱度为 0.13 时，TiO_2 除少量与 MgO、Al_2O_3 结合分别生成黑钛石 $MgTi_2O_5$（1）和钛酸铝 Al_2TiO_5（6）外，大部分以单独 TiO_2（2）的形式存在，CaO 最初与 SiO_2 和 Al_2O_3 结合生成钙长石 $CaAl_2Si_2O_8$（3），MgO 主要溶解在董青石 $Mg_2Al_4Si_5O_{18}$（4）和假蓝宝石 $Mg_4Al_{10}Si_2O_{23}$（5）中，大量液相渣在

温度约为 1400℃ 时形成。图 5-62 (b)，提高碱度至 0.60 时，部分 CaO 仍以存在于 $CaAl_2Si_2O_8$ 中，而多余的 CaO 则与 TiO_2 结合生成钙钛矿 $CaTiO_3$ (8)，熔点 1960℃。大部分 Mg 与过半的 TiO_2 形成 $MgTi_2O_5$，另外还有 $MgTi_2O_4$ (9) 新相生成。同时，出现大量液相渣的温度大幅降低。继续增大碱度，见图 5-62 (c)~(f)，生成大量液态渣的温度无明显变化，但是 $CaTiO_3$ 的生成量明显增多，导致渣完全熔化温度在碱度大于 0.60 时呈现上升趋势。因此，碱度过高在一定程度上阻碍了熔分的顺利进行。

综上所述，在一定范围内提高碱度，有助于增大渣系液相区域面积、降低熔分渣黏度、增大渣表面张力、降低渣熔点，改善熔分的动力学条件。但是，当碱度过高时，会引起渣熔点上升和过多渣量的形成，不利于熔分的顺利进行和有价组元回收率提高。因此，对于高铬型钒钛磁铁矿金属化球团熔分而言，碱度需维持在适宜的范围内，在实验条件下适宜的渣碱度在 1.10 左右。

5.3.4.2　高铬型钒钛磁铁矿金属化球团熔分行为及优化

通过气基竖炉直接还原-熔分新工艺，实现了高铬型钒钛磁铁矿中铁、钒、铬与钛的高效分离，得到了含钒铬铁和含钛渣。但对于多指标影响体系，应在单因素确定的适宜参数大致范围基础上，进一步开展优化实验，弄清各参数对熔分过程的影响主次，并进一步提高有价组元回收率。

通过单因素实验研究，已初步确定了高铬型钒钛磁铁矿金属化球团熔分适宜工艺参数的大致范围。但对于多指标影响体系而言，仅从单因素实验确定适宜参数值略显粗糙，应在其确定的适宜参数大致范围基础上，继续设计科学实验方案，并采用合理有效的分析方法，开展进一步的优化实验，提高有价组元的回收率。因此，设计了正交实验，并采用多指标综合加权评分法对数据进行优化分析，确定各参数对熔分效果的影响主次，最终获得高铬型钒钛磁铁矿金属化球团熔分的适宜工艺参数，并在适宜参数条件下进行熔分实验，研究熔分铁和渣的特性。另外，借助激光共聚焦显微镜 (Confocal Laser Scanning Microscope，简写为 CLSM) 进行原位观察，阐明高铬型钒钛磁铁矿金属化球团的熔分行为。

正交实验所用的原料与单因素实验相同，均为由气基竖炉直接还原制备得到的金属化率约 95% 的高铬型钒钛磁铁矿金属化球团，主要化学组成和 XRD 分析结果分别见表 5-55 和图 5-46。正交实验过程中，为保证充分还原和渗碳，设定碳氧比 (C/O) 为 1.20。同时，考虑熔分渣的良好流动性，并兼顾 CaF_2 对炉衬的侵蚀，CaF_2 配入量定为 2%。

采用 CLSM 对高铬型钒钛磁铁矿金属化球团的熔分行为进行原位观察。将破碎后的高铬型钒钛磁铁矿金属化球团压制成圆饼形小试样后放入坩埚内，并将坩埚置于激光镜头下的加热区间。在原位观察过程中，向显微镜内堂以 200mL/min

的气流速率通入氩气。试样首先在 150℃/min 的升温速率下加热至 1050℃，而后在 1050℃保持 30s；待稳定后，继续以 24℃/min 升温至 1600℃，并在该温度条件下恒温 40min。观察结束后，试样冷却，关闭显微镜。

正交实验设定碳氧比（C/O）为 1.20，CaF_2 配入量为 2%，主要考察熔分温度、熔分时间、碱度（$R = CaO/SiO_2$）对高铬型钒钛磁铁矿金属化球团熔分效果的影响。参考单因素实验结果得到的适宜参数大致范围，设计了三因子三水平正交实验，见表 5-56，其中熔分温度设为 1600~1650℃，熔分时间 45~55min，碱度 1.00~1.20。选取包铁中 Fe、V 和 Cr 回收率以及渣中 TiO_2 回收率在内的四个熔分指标作为正交实验评价指标。各组实验的评价指标和熔分后渣铁形貌分别见表 5-56 和图 5-63。可见，各评价指标均表现出较好的值，且从熔分试样形貌可以看出，熔分铁表面光滑，说明渣铁分离效果较好。在此正交实验水平范围内对高铬型钒钛磁铁矿金属球团熔分工艺进行优化，获得的适宜熔分参数合理可靠。

表 5-56   正交实验方案及结果

编号	因子水平			实验结果/%			
	A/℃	B/min	C	R_{Fe}	R_V	R_{Cr}	R_{TiO_2}
1	1600	45	1.00	99.58	95.13	89.71	91.61
2	1600	50	1.10	99.14	94.82	87.8	95.91
3	1600	55	1.20	99.58	94.96	90.74	93.97
4	1625	45	1.10	99.96	96.37	92.5	94.74
5	1625	50	1.20	97.79	96.89	91.75	94.29
6	1625	55	1.00	98.83	93.16	87.84	95.55
7	1650	45	1.20	99.86	96.27	90.46	91.89
8	1650	50	1.00	99.04	95.67	90.02	90.91
9	1650	55	1.10	98.28	97.22	94.38	93.65

注：A 为熔分温度；B 为熔分时间；C 为碱度；R_{Fe}、R_V、R_{Cr} 和 R_{TiO_2} 分别为 Fe、V、Cr 和 TiO_2 回收率。

正交实验极差分析列于表 5-57。高铬型钒钛磁铁矿金属化球团熔分指标随各因子水平的变化规律见图 5-64。各工艺参数对熔分效果的影响主次以及各参数的优选水平值如下：（1）各因素对 Fe 回收率的影响主次：熔分时间>熔分温度>碱度，为获得较高的 Fe 回收率，最优组合为：熔分温度 1600℃、熔分时间 45min、碱度 1.00；（2）各因素对 V 回收率的影响主次：碱度>熔分温度>熔分时间，为获得较高的 V 回收率，最优组合为：熔分温度 1650℃、熔分时间 45min、碱度 1.10；（3）各因素对 Cr 回收率的影响主次：碱度>熔分温度>熔分时间，为获得较高的 Cr 回收率，最优组合为：熔分温度 1650℃、熔分时间 55min、碱度 1.10；（4）各因素对 TiO_2 回收率的影响主次：熔分温度>碱度>熔分时间，为获得较高的 TiO_2 回收率，最优组合为：熔分温度 1625℃、熔分时间 55min、碱度 1.10。

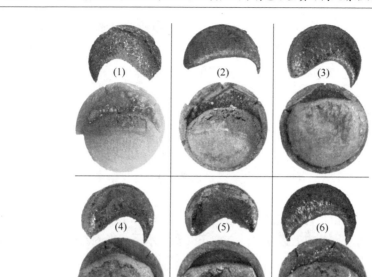

图 5-63　各组正交实验熔分铁和渣的形貌

表 5-57　正交实验极差分析

指标	R_{Fe}			R_V			R_{Cr}			R_{TiO_2}		
因子	A	B	C	A	B	C	A	B	C	A	B	C
k_1	99.43	99.80	99.15	94.97	95.92	94.65	89.42	90.89	89.19	93.83	92.75	92.69
k_2	98.86	98.66	99.13	95.47	95.79	96.14	90.70	89.86	91.56	94.86	93.70	94.77
k_3	99.06	98.90	99.08	96.39	95.11	96.04	91.62	90.99	90.98	92.15	94.39	93.38
R	0.57	1.14	0.07	1.42	0.81	1.48	2.20	1.13	2.37	2.71	1.64	2.08
显著性	$R_B>R_A>R_C$			$R_C>R_A>R_B$			$R_C>R_A>R_B$			$R_A>R_C>R_B$		
优化组合	A_1	B_1	C_1	A_3	B_1	C_2	A_3	B_3	C_2	A_2	B_3	C_2

注：A 为熔分温度；B 为熔分时间；C 为碱度；R_{Fe}、R_V、R_{Cr} 和 R_{TiO_2} 分别为 Fe、V、Cr 和 TiO_2 回收率。

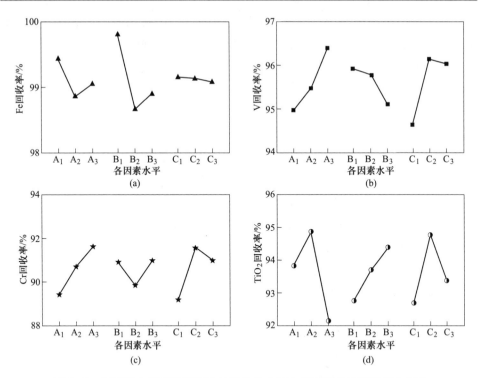

图 5-64　各因子水平下高铬型钒钛磁铁矿金属化球团熔分指标的变化规律
(a) 铁回收率；(b) 钒回收率；(c) 铬回收率；(d) TiO₂ 回收率

多指标综合加权评分法是一种科学的评价方法，常用于多指标体系的优化，广泛应用于农业、制药业、制造业等领域。它具体是指根据各项指标在整个实验中的重要性，确定其所占权重，并将多指标的实验结果化为单指标的实验结果，即综合加权评分值，然后按单指标分析方法，对方案进行综合选优。其中，确定各指标权重是进行评价优选的关键环节。为了兼顾分析者对指标重要性的主观认知（经验），同时充分利用实验结果提供的指标重要性的客观信息，使对指标的赋权达到主观与客观的统一，进而使优化客观、真实、有效。故本研究采用综合权重赋值法确定各项指标的权重，以优化理论为依据，建立指标综合权重的优化模型，并给出模型的精确解。综上所述，应用多指标综合加权评分法优化高铬型钒钛磁铁矿金属化球团熔分工艺参数合理可靠。

A　确定标准化矩阵

在多指标实验中，假设有 n 个实验方案，记为 $I = \{1, 2, \cdots, n\}$；有 m 个实验指标，记为 $J = \{1, 2, \cdots, m\}$，实验方案 i 对应的指标 j 的值为 x_{ij}（$i = 1, 2, \cdots, n; j = 1, 2, \cdots, m$），则矩阵 $X = (x_{ij})_{n \times m}$ 称作评价矩阵。为了统一各指标的趋势要求，同时消除各指标间的不可公度性，将评价矩阵 $X = (x_{ij})_{n \times m}$ 进行标准化处

理。令 $I_1=\{$指标越小越好$\}$，$I_2=\{$指标越大越好$\}$，$I_3=\{$指标为一个理想的期望值$\}$，$I_1\cup I_2\cup I_3=I$。当综合加权评分法以评分值越小越好或越大越好为准则时，y_{ij} 分别按式（5-77）或式（5-78）进行计算。式中，$x_j^*(j\in I_3)$ 为指标的期望值；$x_{j\max}=\max\limits_{1\leqslant i\leqslant n}\{x_{ij}\}$。

$$
y_{ij}=\begin{cases}x_{ij} & 当\,j\in I_1\\ x_{j\max}-x_{ij} & 当\,j\in I_2\\ -\,|x_{ij}-x_j^*| & 当\,j\in I_3\end{cases}\tag{5-77}
$$

$$
y_{ij}=\begin{cases}x_{j\max}-x_{ij} & 当\,j\in I_1\\ x_{ij} & 当\,j\in I_2\\ -\,|x_{ij}-x_j^*| & 当\,j\in I_3\end{cases}\tag{5-78}
$$

为了统一指标的数量级和消除量纲，令：

$$z_{ij}=100\times(y_{ij}-y_{j\min})/(y_{j\max}-y_{j\min}),i=1,2,\cdots,n;j=1,2,\cdots,m\tag{5-79}$$

式中，$y_{j\min}=\min\{y_{ij}|i=1,2,\cdots,n\}$；$y_{j\max}=\max\{y_{ij}|i=1,2,\cdots,n\}$，记标准化的矩阵 $Z=(z_{ij})$。

在高铬型钒钛磁铁矿金属化球团熔分过程中，要求 Fe、V、Cr 和 TiO_2 的回收率越大越好。由表5-56即可获得评价矩阵 $X=(x_{ij})$，并根据"越大越好"的评判准则求得最终的标准化矩阵 $Z(z_{ij})$。

$$
X=(x_{94})=\begin{bmatrix}99.58 & 95.13 & 89.71 & 91.61\\ 99.14 & 94.82 & 87.80 & 95.91\\ 99.58 & 94.96 & 90.74 & 93.97\\ 99.96 & 96.37 & 92.50 & 94.74\\ 97.79 & 96.89 & 91.75 & 94.29\\ 98.83 & 93.16 & 87.84 & 95.55\\ 99.86 & 96.27 & 90.46 & 91.89\\ 99.04 & 95.67 & 90.02 & 90.91\\ 98.28 & 97.22 & 94.38 & 93.65\end{bmatrix}\tag{5-80}
$$

$$
Z=(z_{94})=\begin{bmatrix}83.26 & 48.52 & 29.03 & 14.00\\ 62.21 & 40.89 & 0.00 & 100.00\\ 82.49 & 44.33 & 44.68 & 61.20\\ 100.00 & 79.06 & 71.43 & 76.60\\ 0.00 & 91.87 & 60.03 & 67.60\\ 47.93 & 0.00 & 0.61 & 92.80\\ 95.39 & 76.60 & 40.43 & 19.60\\ 57.60 & 61.82 & 33.74 & 0.00\\ 22.58 & 100.00 & 100.00 & 54.80\end{bmatrix}\tag{5-81}
$$

B 确定各指标的综合权重

由于实验用高铬型钒钛磁铁矿的钛含量相对较低，在保证有较高 TiO_2 回收率的前提下，对该种高铬型钒钛磁铁矿的利用主要集中于尽可能地提高 Fe、V 和 Cr 的回收率。因此，首先基于前期经验以及该种高铬型钒钛磁铁矿综合利用的要求，采用专家调查法得到各项指标的主观权重：Fe 回收率 $\alpha_1 = 0.30$，V 回收率 $\alpha_2 = 0.30$，Cr 回收率 $\alpha_3 = 0.30$，TiO_2 回收率 $\alpha_4 = 0.10$，即 $\boldsymbol{\alpha} = [0.30, 0.30, 0.30, 0.10]^T$。

其次，由熵值法：$h_j = (\ln n)^{-1} \sum_{i=1}^{n} p_{ij} \ln p_{ij}$，$\beta_j = (1 - h_j) / \sum_{k=1}^{m} (1 - h_k)$ （$j = 1$, $2, \cdots, m$）确定各项指标的客观权重 β_j。其中，$p_{ij} = z_{ij} / \sum_{i=1}^{n} z_{ij}$，且当 $p_{ij} = 0$ 时，$p_{ij} \ln p_{ij} = 0$ （$i = 1, 2, \cdots, n$；$j = 1, 2, \cdots, m$），即 $\boldsymbol{\beta} = [0.31, 0.27, 0.24, 0.18]^T$。

最后，为了实现主观和客观的统一，建立优化模型，得式（5-82）。

$$\min F(w) = \sum_{i=1}^{n} \sum_{j=1}^{m} \{\mu [(w_j - \alpha_j) z_{ij}]^2 + (1 - \mu)[(w_j - \beta_j) z_{ij}]^2\}$$

$$\text{s. t.} \begin{cases} \sum_{j=1}^{m} w_j = 1 \\ w_j \geqslant 0, j = 1, 2, \cdots, m \end{cases} \tag{5-82}$$

式中 μ——偏好系数（$0 \leqslant \mu \leqslant 1$），反映分析者对主观权重和客观权重的偏好程度。

在本研究中，取 $\mu = 0.50$，即可求得各项指标的综合权重 $\boldsymbol{w} = [0.30, 0.28, 0.27, 0.14]^T$。

C 计算综合加权评分值

$$f_i = \sum_{i=1}^{n} w_j z_{ij} (i = 1, 2, \cdots, n, j = 1, 2, \cdots, m) \tag{5-83}$$

根据公式（5-83）计算得到各项熔分指标的综合加权评分值为 $\boldsymbol{f} = [94.53, 94.40, 95.09, 96.19, 95.41, 93.79, 95.18, 94.50, 96.27]^T$。

D 单指标评价

用综合加权评分值进行单指标评价，从而获得高铬型钒钛磁铁矿金属化球团熔分工艺参数优化结果，列于表 5-58。适宜的高铬型钒钛磁铁矿金属化球团熔分工艺参数为：熔分温度 1650℃、熔分时间 45min、碱度 1.10，对综合指标影响主次为：碱度>熔分温度>熔分时间。

表 5-58   高铬型钒钛磁铁矿金属化球团熔分工艺优化结果

编号	因子水平			实验结果/%				f
	$A/℃$	B/min	C	R_{Fe}	R_V	R_{Cr}	R_{TiO_2}	
1	1600	45	1.00	99.58	95.13	89.71	91.61	94.53
2	1600	50	1.10	99.14	94.82	87.80	95.91	94.40
3	1600	55	1.20	99.58	94.96	90.74	93.97	95.09
4	1625	45	1.10	99.96	96.37	92.50	94.74	96.19
5	1625	50	1.20	97.79	96.89	91.75	94.29	95.41
6	1625	55	1.00	98.83	93.16	87.84	95.55	93.79
7	1650	45	1.20	99.86	96.27	90.46	91.89	95.18
8	1650	50	1.00	99.04	95.67	90.02	90.91	94.50
9	1650	55	1.10	98.28	97.22	94.38	93.65	96.27
k_1	94.67	95.30	94.27	$w_1=0.30,\ w_2=0.28,\ w_3=0.27,\ w_4=0.14$				
k_2	95.13	94.77	95.62	影响主次 $C>A>B$				
k_3	95.31	95.05	95.23	因子水平 C_2 A_3 B_1				
R	0.64	0.53	1.35	最优组合 A_3 B_1 C_2				

注:A 为熔分温度,B 为熔分时间,C 为碱度;R_{Fe}、R_V、R_{Cr} 和 R_{TiO_2} 分别为 Fe、V、Cr 和 TiO$_2$ 回收率。

在适宜条件下进行熔分实验,Fe、V、Cr 和 TiO$_2$ 的回收率分别为 99.87%,98.26%,95.32% 和 95.04%,其相应的质量分数分别为 94.16%,0.94%,0.76% 和 38.21%。对比单因素实验结果可知,通过优化,有价组元回收率明显提高,实现了高铬型钒钛磁铁矿中铁、钒、铬与钛的高效分离。熔分后铁和渣的形貌见图 5-65,在适宜条件下渣铁分离较好,获得了含钒铬铁块和含钛渣,它们分别分布在坩埚底部和上部。

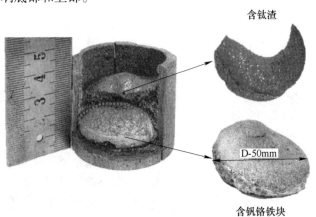

图 5-65   适宜条件下熔分铁和渣的形貌

熔分渣的 XRD 分析结果见图 5-66。渣的主导物相为黑钛石（$MgTi_2O_5$），另外还含有少量的铁板钛矿（Fe_2TiO_5）、钙钛矿（$CaTiO_3$）和尖晶石（$Ca_3Al_2O_6$）。图 5-67 是熔分铁和渣的 SEM-EDS 分析。由图 5-67（a）（c）可知，铁中主要存在亮白色的纯金属铁相（点 A）和灰白色的含有少量钒铬的金属铁相（点 B）。从图 5-67（b）、（d）可以看出，渣中也包含有两种物相，浅灰色相（点 C）含有较多的钛，而暗灰色相（点 D）则含有较多的钙和硅。另外，渣中浅灰色相呈不规则的条状，它是黑钛石的典型形状。据相关文献报道，在电炉冶炼钒钛磁铁矿时，渣中的主要物相为黑钛石。结合熔分渣的 XRD 分析、浅灰色相形状和 EDS 分析，可初步推断浅灰色相的主要物相组成为黑钛石。

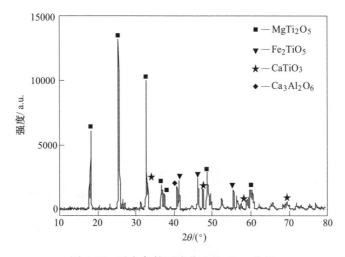

图 5-66　适宜条件下熔分渣的 XRD 分析

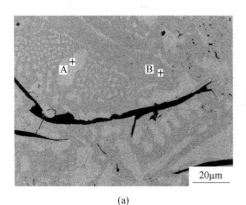

(a)

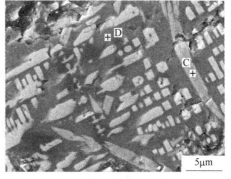

(b)

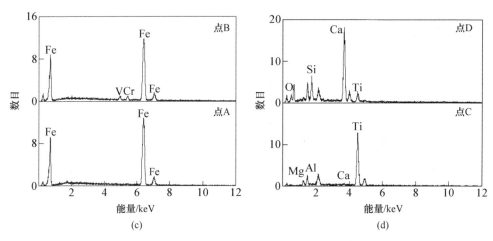

(c)　　　　　　　　　　　　　　　　(d)

图 5-67　适宜条件下熔分铁和渣的 SEM-EDS 分析

（a）铁；（b）渣；（c）点 A、B；（d）点 C、D

图 5-68 和图 5-69 分别为适宜参数条件下高铬型钒钛磁铁矿金属化球团熔分铁和渣的面扫描分析。大部分的 Fe、V 和 Cr 分布在铁中，而大量的 Ti 富集在渣中。由于钒、铬均富集在铁中，故需对钒、铬采取进一步的分离提取。

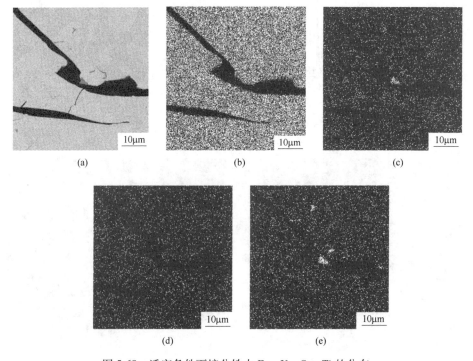

(a)　　　　　　　　　(b)　　　　　　　　　(c)

(d)　　　　　　　　　(e)

图 5-68　适宜条件下熔分铁中 Fe、V、Cr、Ti 的分布

（a）熔分铁的显微组织；（b）铁的分布；（c）钒的分布；（d）铬的分布；（e）钛的分布

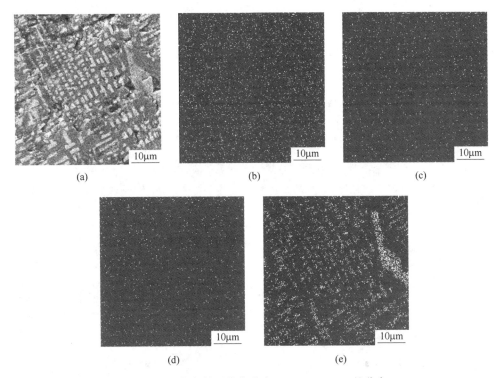

图 5-69 适宜条件下熔分渣中 Fe、V、Cr、Ti 的分布

(a) 渣的显微组织；(b) 铁的分布；(c) 钒的分布；(d) 铬的分布；(e) 钛的分布

借助 CLSM 观察高铬型钒钛磁铁矿金属化球团的熔分行为，镜头对焦在铂金载物片上，原位观察照片见图 5-70，其中图 5-70 (a) 为 Fe-C 熔体以及由于渗碳形成铁液；图 5-70 (b) 为渣熔化开始及熔渣形成；图 5-70 (c) 为渣铁开始分离（小尺寸铁熔滴或熔渣开始聚集）；图 5-70 (d) 为铁熔滴或熔渣持续聚集长大，最终成功实现渣铁分离（尺寸相对较大的铁熔滴形成）。

为了进一步观察铁液滴聚集长大行为，将镜头聚焦于试样表面，原位观察结果见图 5-71。在图 5-71 (a) 中，铁熔滴首先自发地在一些低势垒区域形核，该阶段渗碳较慢。随着温度升高，渗碳速率加快，渣量也增多，铁晶核的形成周期缩短，自发形核速率加快。在图 5-71 (b)(c) 中，在上阶段形成的铁晶核基础上，反应界面不断扩大，同时渗碳反应也逐渐加快；在图 5-71(d)~(f)中，从各个铁晶核发展起来的反应界面逐渐聚集，当形成最大反应界面后，反应界面开始减小。随着铁熔滴的不断聚集兼并，其尺寸逐渐增大，使得渣铁间的界面张力增大，其与单体渣的解离度加强，从而实现铁与渣的分离。

在高铬型钒钛磁铁矿金属化球团熔分过程中，良好的炉渣性能包括黏度低、流动性好、界面张力大等均有利于铁晶核形成、反应界面形成及扩大、反应界面

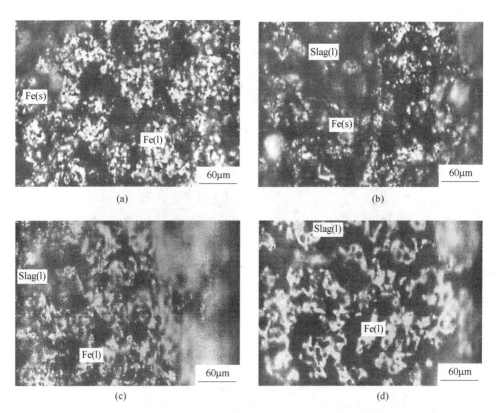

图 5-70 高铬型钒钛磁铁矿金属化球团熔分行为的原位观察照片
（a）Fe-C 熔体以及由于渗碳形成铁液；（b）渣熔化开始及熔渣形成；
（c）渣铁开始分离；（d）铁熔滴或熔渣持续聚集长大，最终成功实现渣铁分离

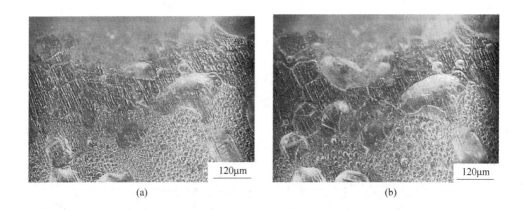

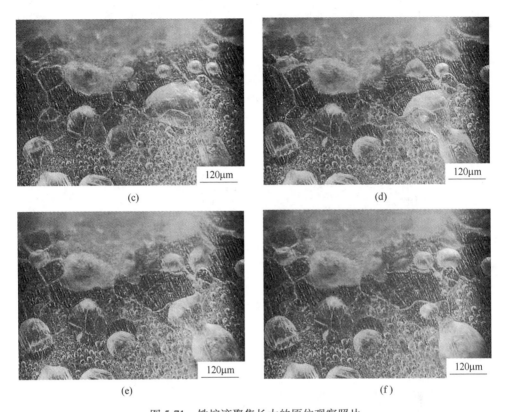

图 5-71 铁熔滴聚集长大的原位观察照片

(a) 熔渣形成后，铁与碳相互靠近；(b) 铁碳间产生引力，相互接触；(c) 渗碳进行，铁液形成；
(d) 铁碳间的接触面积增大，铁液生成增多；(e) (f) 铁熔滴富集长大

缩小及铁熔滴聚集长大。另外，$\sigma_{\text{metal-slag}}$（渣铁间的界面张力）与 η_{slag}（渣的黏度）比值对渣铁分离影响较大，该比值越大，越容易实现渣铁顺利分离。

综上所述，得出高铬型钒钛磁铁矿金属化球团熔分过程的若干关键环节，见图 5-72。图 5-72 (a) 描述了熔分过程中的渗碳行为，可能存在三种形式的渗碳：直接渗碳、气体渗碳和熔渣渗碳。随着渗碳的进行，金属铁的熔点降低，熔滴之间的扩散及聚集长大加速，故渗碳是熔分的先决条件。此外，在熔分过程中，熔渣对熔分的影响较大。熔渣与铁的润湿性较好，而与碳的润湿性较差。在这种良好的润湿性作用下，铁与碳之间产生吸引力，使得彼此慢慢接触，而后发生渗碳。随着渗碳的逐渐发展，铁液形成，且时间延长，铁液逐渐增多。熔分过程中，铁和碳之间接触面积的变化如图 5-72 (b) 所示，其中：(1) 熔渣形成后，铁与碳相互靠近；(2) 在熔渣良好的润湿性作用下，铁碳间产生引力，使得其相互接触；(3) 渗碳进行，铁液形成；(4) 由于与熔渣共存，铁液与碳润湿性较好，使得铁碳间的接触面积增大，铁液生成增多。另外，结合 CLSM 原位观测

照片，简要描述了铁熔滴的聚集长大行为，如图 5-72（c）所示：（1）铁晶核形成；（2）反应界面形成与扩大；（3）和（4）反应界面缩小，铁熔滴聚集长大。当大量尺寸较大的铁熔滴形成后，因渣、铁密度及表面张力等差异，铁熔滴沉降至坩埚底部，而渣上浮至表面，最终实现渣铁分离。值得注意的是，残铁、钒、铬和钛氧化物的还原发生在整个熔分过程中，但是由于各阶段的限制性环节不尽相同，导致各阶段的还原速率存在差异。

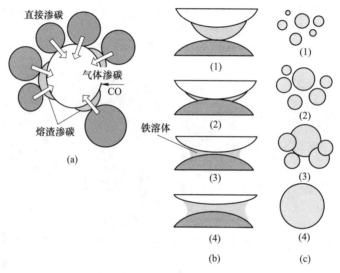

图 5-72　高铬型钒钛磁铁矿金属化球团熔分过程关键问题的示意图
（a）渗碳现象；（b）碳、铁颗粒接触面积随时间的变化；（c）铁熔体富集和长大

5.3.5　高铬型钒钛磁铁矿气基竖炉直接还原-电炉冶炼新工艺展望

采用传统的高炉-转炉流程冶炼高铬型钒钛磁铁矿，有价组元利用率低，资源浪费严重，环境负荷大。而基于气基直接还原-电炉熔分新工艺，具有工序能耗低、单位产能投资低、清洁生产等技术优势，在充分掌握高铬型钒钛磁铁矿基础特性的基础上，提出并开展了高铬型钒钛磁铁矿气基竖炉直接还原-熔分新工艺的基础研究，得出的适宜工艺参数研究结果见图 5-73。通过造球、氧化焙烧、气基竖炉还原、电炉熔分等过程，成功实现高铬型钒钛磁铁矿中钛与铁、钒、铬的清洁高效分离，Fe、V、Cr 和 TiO$_2$ 的回收率分别高达 99.87%、98.26%、95.32% 和 95.04%。新工艺由于未使用煤基还原剂，钛渣未受污染，活性及品位较高，有利于后续增值利用。同时，新工艺不依赖焦炭，碳排放低，对钒钛矿冶炼工艺变革、节能减排及低碳可持续发展意义深远，具有良好的应用前景。

整体而言，针对新工艺的研究仍需进一步改进和完善，主要包括以下方面：（1）进行后续钒、铬和钛同时提取和绿色增值利用的系统研究，并获得适

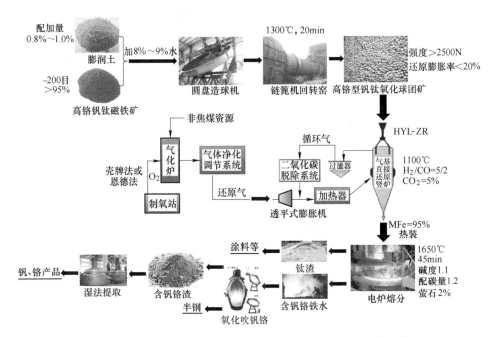

图 5-73 高铬型钒钛磁铁矿气基竖炉-电炉冶炼新工艺关键参数

宜的工艺参数；（2）构建新工艺全流程生命周期评价系统及㶲评价体系，解析新工艺过程物质流、能量流、有价组元利用和能耗；（3）开展中间试验，进行新工艺关键设备选型、设计和优化，并制定工业性试验方案，完善工艺技术并积极推广应用；（4）全面考虑新工艺技术经济性核算，进行整体经济效益分析。

参 考 文 献

[1] 陈津. 非高炉炼铁 [M]. 北京：化学工业出版社，2014.

[2] 陶江善. 中国非高炉炼铁行业现状及前景展望. 见：全国冶金还原创新论坛暨 2018，直接还原会议文集 [C]. 2018：23~30.

[3] 周渝生. 现有非高炉炼铁工艺简介及评述. 见：非高炉炼铁学术年会文集 [C]. 2016：12~35.

[4] 应自伟，储满生，唐珏，等. 非高炉炼铁工艺现状及未来适应性分析 [J]. 河北冶金，2019（6）：1~7.

[5] 张奔，赵志龙，郭豪，等. 气基竖炉直接还原炼铁技术的发展 [J]. 钢铁研究，2016，44（5）：59~62.

[6] 兰洪，朱斌. 中国钢铁工业绿色转型的思考. 见：非高炉炼铁学术年会文集 [C]. 2016：39~43.

[7] 惠团荣，罗云. 煤化工及新型煤化工技术的发展应用趋势 [J]. 化工管理，2017 (25)：12.

[8] 张小丽，赵忠，等. 煤制气方法的技术现状及工艺研究 [J]. 中国化工贸易，2019, 11 (10).

[9] 吴复忠，蔡九菊. 炼铁系统的物质流和能量流的㶲分析 [J]. 工业加热，2007 (1)：15~18.

[10] 全国能源基础与管理标准化技术委员会. 能量系统㶲分析技术导则 [S]. GB/T 14909—2005, 2006.

[11] 王勋，韩跃新，李艳军. 钒钛磁铁矿综合利用研究现状 [J]. 金属矿山，2019 (6)：33~37.

[12] 储满生，唐珏，柳政根，等. 高铬型钒钛磁铁矿综合利用现状及进展 [J]. 钢铁研究学报，2017, 29 (5)：335~344.

[13] 王帅，郭宇峰，姜涛，等. 钒钛磁铁矿综合利用现状及工业化发展方向 [J]. 中国冶金，2016, 26 (10)：40~44.

6 典型冶金二次资源高效清洁利用

6.1 不锈钢粉尘热压块-金属化还原-自粉化分离新技术

6.1.1 不锈钢粉尘利用概况

不锈钢因具有耐大气氧化、耐酸、碱、盐的腐蚀、良好的耐高温、耐低温和良好的加工性，成为金属材料中的佼佼者。因不锈钢具有良好的耐蚀、耐热、耐用、表面光亮、强度和韧性高、易加工、使用寿命长及可回收利用的特点，使其广泛应用于化工、军事、食品加工、医疗器械、家用电器、器皿、厨房用品、建筑装饰、汽车制造等领域，成为工业生产和日常生活中不可或缺的重要材料。近年来，随着经济的持续发展，不锈钢产业发展迅猛，不锈钢产量保持着较快增长，图6-1给出了全球和中国的不锈钢产量变化及中国产量占比趋势的变化曲线。

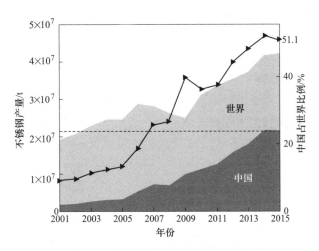

图 6-1　世界及中国不锈钢产量变化

由图6-1可以看出，2015年全球不锈钢产量达4220万吨，中国不锈钢产量达到2156万吨，2014年后中国不锈钢粗钢产量占全球一半以上[1,2]。不锈钢生产通常采用电弧炉或复吹转炉直接冶炼和炉外精炼技术为主的二步法或三步法冶炼方式。在不锈钢冶炼过程中，电弧炉、AOD/VOD 炉及转炉中的高温液体在强搅动下经烟道被布袋除尘器收集的金属和渣的混合物叫做不锈钢粉尘。根据数据统计，每生产 1t 不锈钢产生 18~33kg 不锈钢粉尘，若以 2015 年中国的不锈钢粉尘回收量生产不锈钢，其产量可达 20 万吨以上。不锈钢粉尘中含大量有价组元，如铁、铬（8%~15%）和镍（1%~10%）等，且有价组元多以氧化物的形式存在。此外，粉尘中可浸出的有毒物质如六价铬、铅、锌等重金属元素和可溶性盐类会造成地下水的严重污染。美国环境保护局经过毒性浸出实验，将电炉烟尘列为有毒废弃物，禁止随意堆放或填埋。

目前，中国铬、镍的消费主要集中于不锈钢领域，由于不锈钢产业的持续快速发展，铬、镍资源的需求也随之快速上升。截至 2013 年底，世界铬矿储量为 5378 万吨，中国铬矿储量仅占世界探明储量的 0.02%。2013 年中国铬铁矿年产量不到世界年产量的 1%，然而中国铬矿消费量超过世界铬矿产量的 1/3。2014 年美国地质调查局发布数据显示，世界镍储量为 7400 万吨，中国镍储量为 300 万吨。2013 年中国镍产量占世界镍产量的 4%，然而镍消费量占世界镍消费量的 50%。2013 年中国铬、镍资源的对外依存度分别为 98%、70%[3]。由此可知，铬、镍已成为中国对外依存度高的资源，其供应安全面临多重威胁。因此，如何有效开发利用不锈钢粉尘资源，降低铬、镍资源的对外依存度，缓解其日益短缺的现状，减少对环境的严重污染，已成为亟待解决的重要问题。

国内外对不锈钢粉尘处理进行了大量的研究与工艺开发。目前，不锈钢粉尘处理工艺主要可以分为：填埋法、湿法处理法和火法处理法[4]。

6.1.1.1　填埋法

填埋法是将不锈钢粉尘填埋地下的一种古老处理方法。但直接填埋时粉尘中重金属元素会通过渗漏浸出对地下水造成严重污染。因此，为满足环保要求实现无害化填埋，不锈钢粉尘填埋前必须进行无害化处理，无害化处理可分为稳定化和固定化两种[5,6]。稳定化是通过改变粉尘中重金属的化学形态，使其中有毒有害物质的可溶性、流动性和毒性降低，常用的稳定化药剂有沸石、高分子螯合物、硫化物等；固定化主要原理是将固化剂和含铬污泥混合，将污泥内的有害物质封存在固化体内而不被浸出；该方法简洁高效，处理后的不锈钢粉尘具有长期稳定的特性，经毒性浸出检测，浸出物浓度低于国家环保部门规定的标准，是一种安全的处理方法。目前主要的固化剂有：水泥、沥青、玻璃、水玻璃等。现阶段美国环保局认可的冶炼粉尘处理工艺为 Super-Detox，该工艺将粉尘、铝硅酸盐、石灰等其他添加剂混合后进行热固化，实现粉尘中重金属的稳定。此外，D′Souza 将粉尘在 1600℃ 的气流中加热 15min 实现粉尘中重金属的固定化，处理后粉尘中铬的浸出达到环保要求水平[7]。Enviroscience Process 工艺将电弧炉冶炼粉尘处理成初级原料,也有将粉尘制成陶瓷材料和玻璃材料等[8]。

填埋法操作简单,但长期的稳定性仍未得到证实,此外由于填埋法未实现粉尘中有价金属组元的回收利用,其仅适合处理无回收价值的有毒有害冶炼粉尘。不锈钢粉尘含有很多有价金属组元,是一种宝贵的资源,而基于当前所面临资源枯竭、炼钢成本持续上行的压力,对不锈钢粉尘的一般填埋本身就是一种资源浪费,不能最大限度地实现其巨大价值[9]。

6.1.1.2 湿法处理法

不锈钢粉尘的湿法处理工艺主要有化学浸出法、生物浸出法和熔盐电解法三大类。不锈钢粉尘的化学浸出法主要分为酸浸和氨浸两种工艺。

酸浸法的浸出剂主要有硝酸、盐酸和硫酸。浸出剂的选择要从浸出剂本身的特性和不锈钢粉尘的特性来选择。硝酸由于反应能力过强,一般用作浸出过程的氧化剂;盐酸的浸出能力高于硫酸,可浸出许多硫酸不能浸出的物质;硫酸不易分解,在常压下可采用较高的浸出温度以提高浸出效率。但酸浸法工艺仍存在一些问题,如酸对浸出设备腐蚀作用大,浸出液需进一步综合回收有价金属组元等。氨浸的浸出剂主要有碳酸铵和氢氧化铵。氨浸的特点在于某些重金属离子能与氨生成稳定的配合物,因此对某些重金属离子有高度的选择性。

目前,利用生物技术处理矿产资源及废弃物的研究非常活跃,其中研究最多的是生物氧化浸出法。生物氧化浸出法是指利用自然界中一些微生物的直接作用或其代谢产物的间接作用,通过氧化、还原、络合、吸附或溶解等方式,将固相中某些不溶性成分(如重金属、硫及其他金属)浸出分离的一种技术。目前,国内外专家致力于研究利用该方法处理含铬及重金属的废水处理污泥。生物处理技术成本低、环境污染少,但由于反应时间较长,难以实现大批量处理,回收率较低,因此该方法目前尚未大规模工业应用,仍处在研究探索阶段。

熔盐电解法主要是通过电极反应、沉淀或精炼得到纯金属。熔盐是利用高温克服离子间的吸引力而形成的熔体,其单位体积中离子数目比水溶液要多得多。因此,相较于电解质水溶液,熔盐具有优异的导电能力。熔盐电解法主要包括熔盐电沉积法、熔盐电精炼法、FFC 法、OS 法和 EMR-MSE 法。然而,由于熔盐具有较强的腐蚀性,能与许多物质相互作用,且熔盐的喷溅和挥发对人体和环境产生严重危害。因此,在选择与熔盐相接触的材料(如容器材料、电极材料、绝缘材料、工具材料等)、工艺、技术操作等方面都有较高甚至是苛刻的要求。

总之,湿法处理法具有自身的局限性以及能耗大、二次污染严重等缺点,不适合用于大批量处理钢铁工业所产生的大量不锈钢粉尘。

6.1.1.3　火法处理法

A　Inmetco 工艺

Inmetco 技术由国际金属再生公司集团研发成功的，第一个 Inmetco 装置于 1978 年在美国 Ellwood 市投产，这是世界上首例利用冶金废弃物的同时进行铬、镍等有价组元回收的转底炉；1983 年底，德国 Mannesmann Demag 获得该流程的经营权，该转底炉成功运行 30 多年的实践证明，用该方法生成海绵铁是可行的。Inmetco 工艺流程见图 6-2，主要包括 3 个步骤：原料的入料、储存及造球；RHF 还原；浸没式电炉（SAF）熔融还原。原料的入料和储存：细粒含铁原料，如几乎不含水分的炼钢粉尘等在喷射履带下从一侧输送，通过空气输送到筒仓储存；酸洗淤泥等料浆状原料经除水后由装料器输送到料仓，经干燥后作为干粉储存；轧钢皮等粒径较大的废弃物，除去水分后进行筛选，在规定尺寸以上的轧钢皮经粉碎机粉碎后储存于筒仓中；还原用煤粉和黏结剂同样采用空气输送装置送到筒仓储存，最后对上述储存的原料按规定配比混匀后进行造球。RHF 炉中金属氧化物的预还原：将前处理成形的球团矿连续投入到 RHF 炉中，炉床上球团矿铺设厚度为 1~2 层，RHF 炉温保持为 1100~1350℃，在高温下经 10~20min 的还原，得到金属化率较高的还原产物，还原产物通过螺旋排料机连续卸出 RHF 炉。

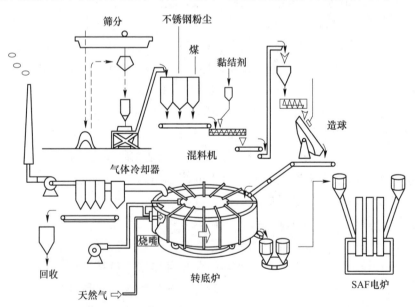

图 6-2　Inmetco 工艺流程

在还原过程中，锌、铅及部分碱、氯化物、氟化物废气一起被排出。SAF 炉熔融还原处理：通过螺旋排料机连续卸出的高温还原产物由吊车转移到 SAF 上方的保温仓内，随后通过溜槽将还原产物从保温仓的下部连续投入 SAF 内进行熔融还原处理。考虑到 SAF 炉内的终还原和炉渣成分调整，一般在保温仓内同时装入助熔剂和还原用碳粒。经熔融还原得到的铁水和炉渣定期从 SAF 炉侧面的出铁口抽出。Inmetco 工艺的特点是采用了长寿命的水冷式颗粒抽出螺孔装置，该装置结构简单且具有较高的稳定性。在高温还原产物连续排放的情况下，旋转轴被焊接成螺旋状，将颗粒连续刮出的刮板容易磨损，也可能因气体产生腐蚀，和颗粒一起被投入到炉床上的颗粒粉在炉床表面烧结硬化，颗粒排放装置的好坏决定了设备的维护间隔。这种水冷式颗粒抽出螺孔根据多年的经验进行了各种改进，寿命长达 2 年左右。

大同特殊钢公司于 1996 年从美国 Inmetco 公司引进了转底炉处理废弃物再循环技术，用于处理炼钢粉尘。该设备按照处理年产量 80 万吨的不锈钢制造厂产生的各种废弃物而设计，设计粉尘年处理能力为 5 万吨，于 2004 年开始商业化运行，该工艺出铁温度为 1440~1540℃，得到含有 5%镍、15.2%铬、约 4%碳的生铁。

SAF 炉渣成分、温度的调整及维持是稳定作业的关键点。该工艺 Fe、Cr 和 Ni 的收得率分别为 95%、86% 和 95%。通过采用本设备处理粉尘，截止到 2010 年，从稳定化处理的废弃物中每年回收 1100t 镍和 4300t 铬。此外，得到的 SAF 炉渣满足美国环境保护局毒性浸出法关于重金属溶出规定值，可用作路基材料。但是，Inmetco 工艺仍存在很多缺陷，主要包括：转底炉还原产物的高温强度低，出料和冷却倒运过程中还原产物的粉碎、开裂等现象严重，还原产物易再氧化；物料在炉底高温区黏结现象使炉底升高导致生产间断；二次燃烧风量难以精确控制；炉料前期处理较复杂，且电耗过高等。

B Fastmet/Fastmelt 工艺

Fastmet/Fastmelt 工艺流程见图 6-3。

Fastmet 是由神户制钢及其子公司 Midrex 直接还原公司合作共同开发。第 1 座商业化 Fastmet 直接还原厂于 2000 年在新日铁广畑厂投产，年产能力 19 万吨。Fastmet 工艺使用含碳球团矿作为原料，主要步骤为：首先还原用煤粉和黏结剂与含铁原料混合均匀并制成含碳球团矿，然后将干燥处理后的含碳球团矿连续均匀地铺设 1~2 层于旋转的炉底上，随着炉膛的旋转，含碳球团矿被加热至1100~1350℃，并还原成海绵铁。球团矿的停留时间一般为 6~12min。最后，海绵铁通过出料螺旋装置连续排出炉外，出炉温度约为 1000℃，将出炉后的海绵铁热压成块并使用圆筒冷却机进行冷却。Fastmet 工艺要求含铁原料粒度应适宜造球，还原用煤粉要求固定碳高于 50%、灰分小于 10%、硫分低于 1%（干基）。两侧炉壁上安装的燃烧器提供炉内所需要的热量，所用燃料为天然气、燃料油和煤粉。由于煤粉的火焰质量较天然气更为适用，且运行成本较低，故多采用煤粉

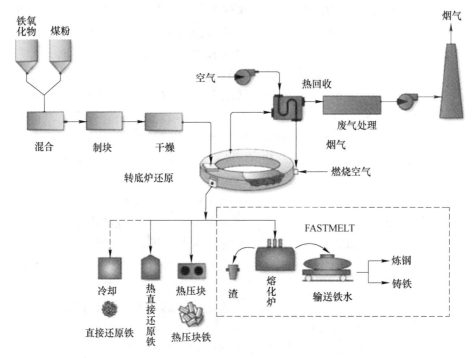

图 6-3　Fastmet/Fastmelt 工艺流程

燃烧器提供热量。一般要求燃烧用煤的挥发分不低于 30%，灰分在 20% 以下。

Fastmelt 工艺与 Fastmet 工艺基本一致，只是在 Fastmet 工艺后续添加一个熔分炉，以生产高质量的铁水。Fastmelt 工艺是在 Fastmet 基础上由 Midrex 直接还原公司开发，目的是为了实现渣铁分离，得到的铁水可用于热装炼钢，炉渣可用来制成水泥或其他建材。通过 Takasago 和日本神户钢厂 EAF 熔炼实践来看，Fastmelt 工艺得到了高度认可。2001 年，一台标准的 Fastmelt 商业装置在日本投入工业应用，年产约 50 万吨铁水。目前，U. S. Steel Group、Cyprus Northshore Mining 等企业在发展和应用该工艺。

Fastmet/Fastmelt 工艺的主要优点包括：流程短、布局紧凑、设备占地面积极少；采用含碳球团矿作为原料，为快速反应创造了条件（反应时间约 10min）；应用范围广（可还原的粉尘 0.15～1Mt/a），具有较大生产能力；可省去传统工艺中的烧结炉和鼓风炉，与 Inmetco 工艺相比，不产生废水和废气等二次污染，可实现清洁生产。其缺点是：铬回收率不高，一般仅为 70%；操作条件要求较高，尤其对煤粉质量要求较高；工序能耗较高。

C　Oxycup 工艺

Oxycup 是德国蒂森克虏伯公司结合冲天炉和高炉功能开发的新型竖炉工艺。现役热风富氧 Oxycup 竖炉于 2004 年在蒂森克虏伯钢铁公司的 Hamborn 厂首次投入使用，该工艺经过不断优化，已取得了良好的经济和环保效益。Oxycup 工艺的主要原料为含铁砖块，是将含铁废弃物配加碳粉后通过水泥固结而成的自还原炉料。将含铁砖块、焦炭、熔剂和废铁由竖炉上部装入炉内，通过与炉内上升气体的热交换进行预热，作为一种含碳的自还原炉料，含铁砖块在 Oxycup 竖炉中上部发生自还原。富氧热风通过风口吹入炉内后，与竖炉中下部的焦炭层发生反应产生 1900~2500℃ 的高温，因此预还原的含铁砖块发生熔分，形成液相金属和熔渣。Oxycup 工艺中焦炭燃烧反应产生的高温 CO 和 CO_2 混合气体在上升过程中为含铁砖块的自还原、炉料的预热和炉料的熔化提供所需的热量。

Oxycup 竖炉见图 6-4。Oxycup 风温一般为 650℃ 左右，富氧率较高，一般在 30% 左右。炉料中焦炭的主要作用是通过在风口燃烧提供能量，并保证炉内料柱的透气性。Oxycup 竖炉内还原反应主要为发生在含铁砖块内部的直接还原。Oxycup 工艺可处理由钢铁厂产生的含铁废物，包括废铁、冶金粉尘、铁水罐渣壳、转炉溅渣及污泥等。

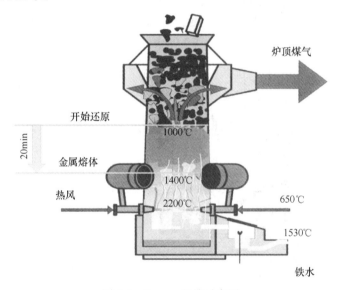

图 6-4 Oxycup 竖炉示意图

为了回收利用不锈钢粉尘中的铬、镍资源，Oxycup 竖炉工艺于 2011 年在太钢正式投产。太钢 Oxycup 竖炉的含铁砖块由不锈钢粉尘、氧化铁皮、焦粉和水泥组成，砖块制备的碳氧比为 1.2（使用焦粉），且配加 13% 水泥作为黏结剂。将原料混合均匀后，采用制砖机制成六棱柱状砖块，强度在 6MPa 以上，可满足 Oxycup 竖炉冶炼要求[10]。

太钢 Oxycup 竖炉生产的铁水铬含量为 12.1%，铬、镍及铁回收率分别为 89.5%、97.6% 和 96.8%。Oxycup 工艺充分利用钢铁厂产生的废弃物资源，在减轻不锈钢生产对环境的污染同时，降低不锈钢生产成本，推动不锈钢产业循环经济和良性发展。但是，Oxycup 工艺存在如下问题：工艺复杂，需要富氧设备；含铁砖块制备较复杂，同时配加水泥黏结剂导致渣量及冶炼能耗增加；依赖焦炭，而目前焦煤资源日益匮乏，焦化过程成本高、污染严重；Oxycup 工艺铁水铬含量较低，而 Si 和 P 含量较高，后期炼钢压力大。

D　STAR 工艺

STAR 工艺是日本川崎公司利用流化床技术开发的一种能高效回收不锈钢除尘灰的工艺，于 1994 年在日本投入工业化应用，不锈钢粉尘处理能力为 230t/d；后来该公司又将该技术用于回收含锌电炉粉尘，于 1996 年建成了处理能力为 10t/d 的试验厂，均获得了较好的还原效果。图 6-5 给出了 STAR 工艺示意图。

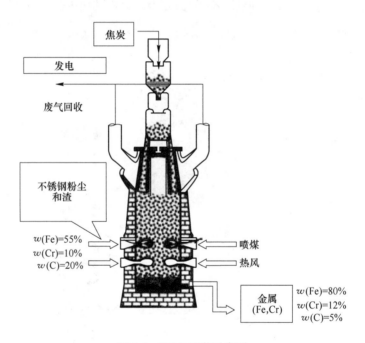

图 6-5　STAR 工艺示意图

STAR 工艺的基本装置是一个内设流态床的鼓风竖炉，竖炉两侧沿垂直方向设有一对风口，分别用于喷吹原料和燃料，还原剂焦炭由炉顶装入炉内，并在下降过程中逐渐熔化形成流态床。该工艺无需造块工序，具有可燃物气化和粉尘冶炼功能，可有效防止二噁英的生成，不产生二次废弃物。

利用流态化床技术回收处理不锈钢冶炼粉尘的还有澳大利亚的 FIOR 工艺以及 IRONCARB 工艺。虽然流化床处理不锈钢粉尘时有价组元回收率很高（镍、铁和铬均超过 90%），但生产和辅助设施过于庞杂，投资和维护费用过高。

E 其他火法冶金处理法

Scandust Proces AB 等离子技术处理不锈钢冶炼粉尘是德国于 20 世纪 40 年代开发，于 1954 年在瑞典首次投入工业应用。利用通电电流在电极（铜合金）产生 3000℃ 高温，局部能达到 10000℃ 高温，将通入的燃料气体分子解离成原子或粒子，气体原子或粒子在燃烧室内燃烧，释放出的火焰中心温度高达 20000℃。不锈钢粉尘与还原剂的混合物在如此超高温下，超过 90% 的金属氧化物被迅速还原，并生成金属蒸汽。不同的金属蒸汽因沸点不同，在冷凝器中逐渐分离，同时产生无毒的熔融体副产品。目前，应用等离子技术相继开发了 MEFOS 工艺和 Davy Mckee Hi-Plas 工艺，其技术创新是采用 DC 炉的空心电极等离子加热进行粉尘的直接还原。等离子工艺的主要优点为：流程短、效率高、设备占地面积小、工艺清洁、无二次污染；粉尘与还原剂混合干燥后直接加入等离子炉，无需造块，还原彻底，可实现较低沸点不同金属的分离；可回收利用大量的热量资源等。但是，该工艺同样存在电能消耗大、噪声大、还原剂要求高、电极和耐火材料消耗大等明显缺陷，且难以实现大批量生产。

美国 Bureau of Mines 工艺采用电炉回收利用不锈钢粉尘中的有价组元，生产高镍铬合金。该工艺在不锈钢粉尘、废铁屑中配加碳作为还原剂，充分混合后制粒得到的球团矿在电炉中进行还原。在该工艺的小规模试验中，有价组元的回收率可达 95% 以上。1977 年 Barnards 等在不同容量的电弧炉中配加与上述相似的粉尘颗粒，研究结果显示，在小容量的电炉中，有价组元氧化物的还原率达到期望值；但在大容量的电弧炉中，因为炉渣的成分难以控制，铬的回收率不稳定。

日本 Daido Steel 公司于 1997 年将不锈钢粉尘直接返回炼钢熔池，采用 Al 作为还原剂回收利用粉尘中的有价组元，并在 80t 电弧炉中进行了大规模试验。该方法 Fe 和 Ni 的回收率较高，但 Cr 回收率不到 60%。这是由于还原过程中渣碱度的降低而使还原出的铬重新氧化，因此进一步提出采用加入石灰提高铬的还原率（85%~90%）。由于粉尘中含有大量的氧化铁，该方法在处理不锈钢粉尘过程中金属铝消耗量大，以铝换铁并不经济。

1998 年美国 J&L 特殊钢公司与 Dereco 公司合作进行了直接还原工业试验处理不锈钢冶炼粉尘和废渣，即在不锈钢粉尘和废渣中配加 10% 的黏结剂、10% 的硅铁和粉煤，经充分混合后压团，以装炉量为 7.6% 的量比将球团矿返回炼钢炉，试验结果表明 Cr 回收率不到 70%，为提高回收率必须增加硅铁的使用量，这又回到了以硅换铁的经济问题。

中南大学提出不锈钢冶炼粉尘直接回收工艺方案，即将不锈钢粉尘配加还原剂碳粉和熔剂后充分混合并制粒，将球粒返回炼钢炉，利用炉中热源直接还原、回收有价组元，并在还原过程末期通过适当调整炉渣成分，添加少量硅钙合金、硅铁或铝以提高铬的回收率。中南大学就该工艺方案与加拿大 McGill 大学进行合作研究，研究成果于加拿大 Sammi Atlas Inc. 公司的 Atlass Stainless Steels 厂投入运行，Cr、Ni 和 Fe 收得率分别为 82%、99% 和 96%。

　　由上可知，直接在炼钢过程中回收利用不锈钢粉尘的方法会增大转炉或电弧炉渣量，增大炼钢负荷；此外采用大量铁合金作为还原剂，增加了冶炼成本。因此，直接在炼钢过程中回收不锈钢粉尘的处理方法存在大量的局限性，技术经济合理性有待进一步提高。

6.1.2　不锈钢粉尘热压块-金属化还原-自粉化新工艺的提出

　　针对不锈钢粉尘现有利用技术存在的问题，提出不锈钢粉尘热压块-金属化还原-自粉化新工艺，工艺流程见图 6-6。关键技术主要包括：不锈钢粉尘含碳热压块、粉尘热压块的金属化还原、还原产物中合金颗粒形成与长大、合金颗粒与渣相的高效低耗分离等。工艺的优点和创新性主要有：工艺简化，无需黏结剂，无需焦炭，铬收得率高，能耗低，成本低，不产生二次污染，合金颗粒产物中铬和镍含量高、渣铁比低。

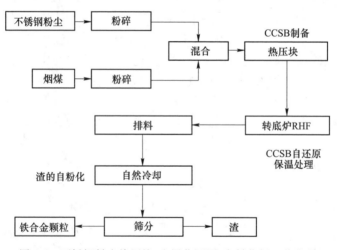

图 6-6　不锈钢粉尘热压块-金属化还原-自粉化新工艺流程

　　在新工艺实验研发之前，针对国内某不锈钢厂提供的粉尘和热压块用煤，利用现代分析测试技术，研究了不锈钢粉尘基础特性。同时，对煤粉进行了工业分析，并基于 Donscoi 模型和热重分析，建立了煤热解动力学模型，采用遗传算法得出煤热解动力学参数。

6.1.2.1　不锈钢粉尘

　　实验使用的不锈钢粉尘化学成分列于表 6-1。TFe 为 33.18%，有价组元 Cr、Ni 含量分别为 11.81%、2.10%，S、P 含量分别为 0.15% 和 0.03%，CaO、SiO₂

含量分别为 15.01%、4.15%，二元碱度高达 3.62。因此，该不锈钢粉尘具有很高的利用价值，但由于其渣量较大（>20%）、碱度过高，不适宜单纯采用传统的冶炼方法生产含铬镍铁合金。

表 6-1　不锈钢粉尘化学成分　　　　　　（质量分数，%）

TFe	FeO	Ni	Cr	Zn	SiO$_2$	CaO	Al$_2$O$_3$	MgO	S	P	其他
33.18	18.67	2.10	11.81	0.28	4.15	15.01	1.13	2.87	0.15	0.03	6.48

实验所用不锈钢粉尘的物相组成见图 6-7。XRD 分析结果表明，不锈钢粉尘中的 Fe 以 Fe$_2$O$_3$、Fe$_3$O$_4$、FeCr$_2$O$_4$ 和 NiFe$_2$O$_4$ 形式存在，Cr 以 FeCr$_2$O$_4$ 形式存在，Ni 以 NiFe$_2$O$_4$ 形式存在。另外，不锈钢粉尘中含有大量 CaO，其部分以碳酸钙形式存在。碳酸钙分解是不锈钢粉尘存在烧损的主要原因。

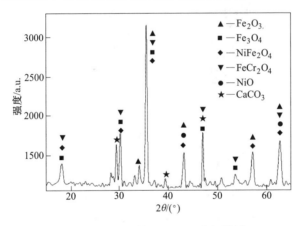

图 6-7　不锈钢粉尘的 XRD 分析结果

为进一步确定不锈钢粉尘的主要矿物特征，进行了 SEM-EDS 分析，结果见图 6-8。不锈钢粉尘内晶体颗粒粒径范围较大，图中白色球型颗粒（A 点）主要由 Fe、Cr、Ni 等重金属氧化物组成，烧结状态（B 点）为高钙渣，不规则状态的灰色部分（C 点）Ni 含量较高。铁氧化物、铬氧化物和镍氧化物相互胶结，同时夹杂一定量的烧结状态渣，嵌布极为复杂，且颗粒微细，远小于一般铁矿的选磨粒度。因此，通过常规选矿或物理处理方法，难以实现有价组元氧化物和渣相的有效分离。

6.1.2.2　热压用煤及其热解动力学

A　工业分析

热压块用煤为 1/3 焦煤，工业分析列于表 6-2。煤粉固定碳和挥发分分别为 57.87% 和 34.86%，灰分为 7.24%，全 P 和全 S 含量分别为 0.0072% 和 0.12%。

点	Fe	Cr	Ni	Mn	Ca	Si	Al	Mg	K	Cl	O	C
A	60.45	9.88	2.09	6.24	10.67	0.40	0.13	—	0.38	0.22	9.53	—
B	9.35	1.73	0.64	0.53	30.27	2.61	0.28	1.72	1.14	0.75	50.97	—
C	59.30	8.37	9.38	1.27	1.63	—	—	—	—	—	15.67	4.40

图 6-8　不锈钢粉尘 SEM-EDS 分析结果

（表中为质量分数,%）

表 6-2　热压用煤工业分析及灰分成分分析　　　　（%）

工业分析					灰分成分			
FC	V_{daf}	A_{ad}	P	S	CaO	SiO_2	Al_2O_3	MgO
57.87	34.86	7.24	0.0072	0.12	5.19	70.09	21.79	1.01

B　热解特性

为了研究实验用煤的热解特性，利用耐驰 STA409C/CD 型差式扫描量热仪研究其在氩气气氛条件下的热解特性，所用煤粉的粒径小于 0.106mm。在实验过程中，惰性氩气纯度为 99.99%，升温速率为 20K/min，温度范围为 200～1200℃。实验结果见图 6-9。可以看出，实验所用煤粉的热解过程大致分为三个阶段：在

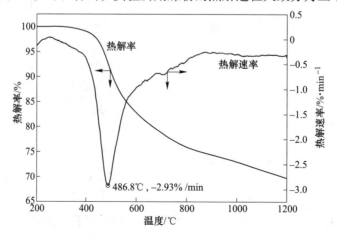

图 6-9　实验用煤的 TG 和 DTG 分析结果

室温 400℃时，烟煤热解缓慢，煤在这一阶段没有太大变化；在 400~600℃时，挥发分开始析出且析出速度逐渐加快，在 486.8℃ 附近热解速率达到最大值 2.93%/min。在此阶段，煤热解生成半焦、焦油、热解水、烃类气体和碳氧化合物；当温度超过 600℃后，热解反应以缩聚反应为主，且热解速率逐渐变缓。当达到 900℃以后，热解速率较小且基本不变。

烟煤在不同升温速率下表现出不同的热解特性。图 6-10 给出了不同升温速率下实验用煤的 TG 曲线。可以看出，不同升温速率条件下煤的热解曲线趋势一致。但随着升温速率由 20K/min 提高到 40K/min，煤的热解曲线整体向右水平移动，这说明在相同温度条件下，升温速率 40K/min 时，煤的热解率小于升温速率 20K/min 下煤的热解率。煤粉在两种升温速率下达到相同热解率时，升温速率 20K/min 下煤粉对应的温度低于升温速率 40K/min 下对应的温度。因此，升温速率对煤粉热解影响较显著。

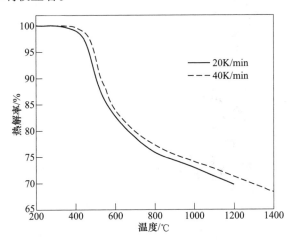

图 6-10　不同升温速率条件下实验用煤的 TG 曲线

C　热解动力学

煤热解过程是其自身发生一系列物理变化和化学变化的复杂过程，目前尚没有统一的动力学方程来描述此过程。Wen 等提出了惰性气氛中烟煤和半焦的热解速率方程式，Solomon 和 Colket 提出了煤粉快速热解的速度方程式，H. Juntgen 研究了煤粉热解过程中气体组分析出的规律，指出在其获得的动力学方程式内，只要变换相关常数就能求得任一组分的量，即获得产物的成分分布。但以上模型仅可用于分析一个化学反应过程，对应一个简单的活化能均质系统，且只有在特定的实验条件下才能使用。

多重反应模型（MRM）广泛用于模拟煤热解过程中不同成分的变化过程。模型假设煤的热解包含了无限多个独立的化学反应，通过独立的化学反应可将挥发分的析出表示为式（6-1）。

$$\frac{\mathrm{d}V_i}{\mathrm{d}t} = k_i \cdot (V_i^* - V_i) \tag{6-1}$$

式中　i——某个独立部分的化学反应；

　　　V_i——某时刻通过 i 反应析出的挥发分，%；

　　　V_i^*——当 $t \to \infty$ 时通过 i 反应析出的挥发分总量，%；

　　　k_i——Arrhenius 速率常数，s^{-1}。

k_i 由式（6-2）计算

$$k_i = k_0 \cdot \exp\left(\frac{-E}{RT}\right) \tag{6-2}$$

由于所假设的反应数目足够大，活化能的分布可由分布函数 $f^*(E)$ 来表示，$V^* f^*(E)\mathrm{d}E$ 表示活化能介于 E 和 $E+\mathrm{d}E$ 之间的部分潜在挥发分，因此某时刻挥发分析出量可表示为：

$$V = V^* - V^* \int_0^\infty \exp\left(-\int_0^t k(E)\mathrm{d}t\right) f^*(E)\mathrm{d}E \tag{6-3}$$

通常 $f^*(E)$ 用 Gaussian 分布来表示，平均活化能为 E_0，标准方差为 σ。将式（6-2）代入式（6-3）中得到：

$$V^* - V = \frac{V^*}{\sigma\sqrt{2\pi}} \int_0^\infty \exp\left(-k_0 \int_0^t \exp\left(\frac{-E}{RT}\right)\mathrm{d}t - \frac{(E-E_0)^2}{2\sigma^2}\right)\mathrm{d}E \tag{6-4}$$

MRM 分布活化能模型可描述在不同升温条件下煤粉的热解过程，但是其计算过程复杂，且预先估计积分存在误差，一旦某个交叉点选定，就必须用到整个过程中。因此，E. Donskoi 提出了热解过程中气体析出的新 n 次近似动力学方程及其模拟近似求解法，该方程可用于不同加热速度下煤粉的热解反应，具体方程见式（6-5）。

$$\frac{\mathrm{d}V}{\mathrm{d}t} = (A + B \cdot m) \cdot \exp\left(\frac{-C - D \cdot \ln(m)}{R \cdot T}\right)(V^* - V)^n \tag{6-5}$$

式中　　V^*——最终挥发分产率（$t = \infty$），%；

　　　　V——t 时刻的挥发分析出产率，%；

　　　　m——升温速率，$\mathrm{K/s}$；

　　　　n——反应次数；

A，B，C，D——常数。

Donskoi 的 n 次近似动力学模型比 MRM 模型更具有优势，但不能计算升温速度为零时挥发分析出产率，且热解后期实验值与计算值误差较大。

根据经典的碰撞理论与过渡状态理论，活化能和反应温度有关，可表示为式（6-6）。

$$E = E_0 + gRT \tag{6-6}$$

式中 E_0——与温度无关的能垒，J/mol；

  g——常数。

实际上煤的热解反应不是单纯的化学反应而是非常复杂反应的总体，反应的活化能随着温度的变化而变化。因此，本研究对 Donskoi 方程进行一定改进，得到了煤的热解联立微分方程式（6-7）。

$$\begin{cases} \dfrac{dV}{dt} = (A + Bf(t)) \exp\left(\dfrac{-C - D\ln(f(t)+1)}{T} + E\right)(V^* - V)^{n_1} + G\exp\left(-\dfrac{-H}{T}\right)(V^* - V)^{n_2} \\ \dfrac{dT}{dt} = f(t) \end{cases}$$
$$\tag{6-7}$$

式中 $f(t)$——升温速率，K/s。

式（6-7）可用 runge-kutta 数值法求解。在上述实验条件下，升温速率 $f(t)$ 分别为 1/3K/s（20K/min）、2/3K/s（40K/min）。假设当 $f(t) = 1/3$K/s 时，式（6-7）的解为 $V = V_1(T)$，实验值为 $V_1'(T)$；当 $f(t) = 2/3$K/s 时，式（6-7）的解为 $V = V_2(T)$，实验值为 $V_2'(T)$。理论计算值和实验值的误差可表示为式（6-8）。

$$\text{Error} = \sum (V_1(T) - V_1'(T))^2 + \sum (V_2(T) - V_2'(T))^2 \tag{6-8}$$

利用遗传算法，求得式（6-8）的最小值。当误差 Error 取得最小值时，即可得到动力学参数 A、B、C、D、E、G、H、n_1、n_2。遗传算法（简称 GA）是模拟达尔文生物进化论的自然选择和遗传学机理的生物进化过程计算模型，是一种通过模拟自然进化过程概率搜索最优解的方法。GA 是从代表问题可能潜在解集的一个种群开始的，而一个种群则由经过基因编码的一定数目的个体组成，每个个体实际上是带有特征的染色体的实体。染色体作为遗传物质的主要载体，即多个基因的集合，其内部表现（即基因型）为某种基因组合，它决定了个体性状的外部表现。由于仿照基因编码的工作很复杂，我们往往对其进行简化，如二进制编码。初代种群产生之后，按照适者生存和优胜劣汰的原理，逐代演化产生出越来越好的近似解；在每一代，根据问题域中个体的适应度大小选择个体，并借助于自然遗传学的遗传算子进行再生、组合交叉和变异，产生出代表新的解集的种群。这个过程将导致种群的后生代种群比前代更加适应环境，末代种群中的最优个体经过解码，可作为问题近似最优解。目前，由于函数优化问题是遗传算法的经典应用领域，因此 GA 被广泛应用于冶金方面。由动力学参数 A、B、C、D、E、G、H 和 n_1、n_2 组成设计的 GA 流程图见图 6-11。

利用 GA 对煤热解模型动力学参数进行探索，根据图 6-11 的计算流程进行计

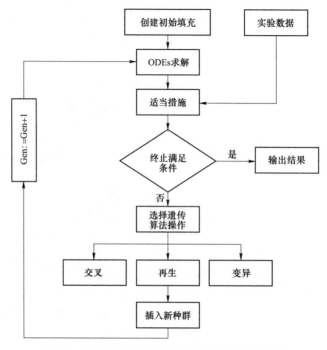

图 6-11　基于遗传算法煤的热解模型解释流程图

算，具体计算步骤如下：

Step1：初始化种群，在定义域范围内随机产生个体：$X_i = \{A_i, B_i, C_i, D_i, E_i, G_i, H_i, n_{1i}, n_{2i}\}$ 作为初始种群；

Step2：计算种群的常微分方程，即对式（6-7）进行求解，得到 $V_1(T)$，$V_2(T)$；

Step3：根据适应度函数，计算种群中每个个体的适应度；

Step4：若满足收敛条件，输出最优解 $X_{optmium}$ 并退出，否则转向 Step5；

Step5：以指定的概率反复进行下面的遗传操作，直到产生新的种群为止，转向 Step2（个体的选择根据个体适应度从种群选取一个或两个个体）：①再生：把选择的个体直接复制到新种群；②交叉：通过对选择的两个个体进行交叉操作，得到新的两个子代个体，成为新种群的个体；③变异：通过对选择的一个个体进行变异操作，得到新的个体，成为新种群的个体。

利用 MATLAB 编程，对基于遗传算法的煤热解模型参数进行求解索。遗传算法的参数列于表 6-3。

表 6-3　遗传算法参数选择

群体大小	最大遗传代数	再生产概率 P_R	交叉概率 P_C	突变概率 P_M
100	300	0.1	0.8	0.01

通过遗传运算，得到参数 A、B、C、D、E、G、H 和 n_1、n_2 值，列于表 6-4。将表 6-4 中的参数回带到模型中，得到煤粉热解模型。当升温速率为 20K/min（1/3K/s）和 40K/min（2/3K/s）时，模型计算得到的煤粉热解曲线和实验测定的煤粉热解曲线见图 6-12。通过计算，两个升温速率下，计算值和实验值之间的相关系数分别为 0.9875 和 0.9869。因此，该模型可以合理解析不同升温速率下煤粉的热解动态。

表 6-4　模型求解结果

A	B	C	D	E	G	H	n_1	n_2
96322.54	98169.39	10176.46	194.26	1.66	639275.46	29253.66	5.83	1.40

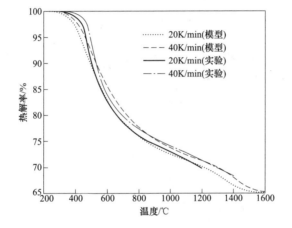

图 6-12　不同升温速率下模型计算和实验测定的煤粉热解率

利用煤粉热解动力学模型，计算在不同升温速率下的煤粉热解速率，结果见图 6-13。可以看出，升温速度对煤粉热解过程的影响较大。随升温速度的增加，

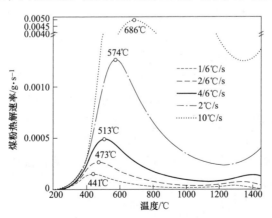

图 6-13　不同升温速率下模型计算的煤粉热解速率

煤粉热解速率增大，同时最大热解速率温度也逐渐升高，该计算结果与其他研究结果一致，这为随后解释挥发分对不锈钢粉尘还原的影响提供了理论依据。

6.1.3　不锈钢粉尘热压块-金属化还原反应热力学研究

不锈钢粉尘热压块金属化还原是一个复杂的物理化学过程，只有了解其反应过程特性及反应进行的条件，才能更好地掌握分析其还原过程和机理。由不锈钢粉尘热压块成分组成可知，不锈钢粉尘热压块中的铁、铬和镍氧化物是通过其自带的挥发分和固定碳进行还原的。对不锈钢粉尘热压块中铁、铬和镍有价组元氧化物的还原热力学进行研究，探讨不锈钢粉尘热压块金属化还原的可能性及反应进行限度。为简化研究，不涉及其他组元氧化物的还原热力学行为。

6.1.3.1　不锈钢粉尘热压块金属化还原过程

A　不锈钢粉尘热压块金属化还原反应

不锈钢粉尘热压块主要有价组元氧化物包括 Fe_2O_3、Fe_3O_4、$FeCr_2O_4$、NiO 和 $NiFe_2O_4$。还原剂为烟煤中的固定碳和热解析出的挥发分。升温过程可能发生的反应主要有：

$$烟煤 \longrightarrow CO、CO_2、H_2、H_2O、CH_4 \tag{6-9}$$

$$C + RO = CO + R \tag{6-10}$$

$$CH_4 = C + 2H_2 \tag{6-11}$$

$$1/yM_xO_y + R = x/yM + RO \tag{6-12}$$

$$1/yM_xO_y + \underline{C} = x/yM + CO \tag{6-13}$$

$$1/yM_xO_y + C = x/yM + CO \tag{6-14}$$

反应式（6-9）是热压块中煤粉热解时挥发分析出反应，即挥发分在高温下产生大量的 CO、H_2 和一些碳氢化合物；反应式（6-10）是 CO_2、H_2O 与碳的气化反应，R 为还原性气体 CO 和 H_2，RO 为氧化性气体 CO_2 和 H_2O；反应式（6-11）是挥发分中碳氢化合物在金属氧化物活性区域表面的裂解反应，产生活性炭和氢气，$\underline{C}$ 为活性炭；反应式（6-12）是有价组元氧化物与还原性气体 R(CO，H_2）的间接还原反应，M 为有价组元 Fe、Cr 和 Ni，M_xO_y 为有价组元氧化物；反应式（6-13）是金属氧化物与其直接接触的活性炭之间的直接还原反应；反应式（6-14）是金属氧化物与其直接接触煤粉中固定碳的直接还原反应，可认为借助碳气化反应产生的气体还原剂 CO 进行的还原。

B　不锈钢粉尘热压块金属化还原特性

不锈钢粉尘热压块的金属化还原过程如图 6-14 所示，分为以下两个阶段。

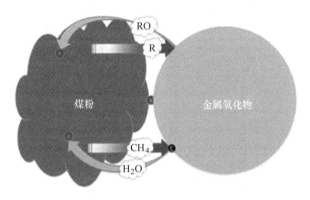

图 6-14　不锈钢粉尘热压块还原示意图

第一阶段：从还原开始到烟煤热解完成。此阶段主要发生的还原反应为式（6-12）和式（6-13）。由于在高温下烟煤的热解反应迅速进行，因此第一阶段的持续时间较短。

第二阶段：烟煤热解完成后还原剂与金属氧化物之间的还原。高温下不锈钢粉尘热压块金属化还原时产生的还原性气体使得热压块内气体压力增加，促进了还原气体的扩散，从而加速不锈钢粉尘热压块的金属化还原。烟煤热解析出的挥发分不仅包含大量的还原性气体 R，且有一些碳氢化合物 CH_4。当温度在 1100℃ 以上时，CH_4 还原能力比 H_2 更高，尽管还原气相中 CH_4 含量低，但其还原能力不可忽视。同时，由于不锈钢粉尘热压块中金属氧化物与固定碳颗粒密切接触，具备良好的还原动力学条件。此外，根据不锈钢粉尘热压块组成计算，当碳氧比（FC/O）为 0.8 和 1.0 时，不锈钢粉尘热压块还原后渣的碱度分别高达 2.93 和 2.8。因此，大部分渣在还原过程中不会变成液相，从而有利于金属氧化物的还原。

6.1.3.2　铁氧化物还原热力学

不锈钢粉尘热压块还原过程的还原剂主要有挥发分中的还原性气体 R、CH_4（裂解产生活性炭和 H_2）和固定碳。因此，不锈钢粉尘热压块金属氧化物还原可分为气体还原剂 R 的还原、CH_4 的还原及固体还原剂 C 的直接还原。

A　还原性气体 R 还原

利用 Fact Sage 7.0 软件获取还原性气体 R 还原铁氧化物反应以及气化反应的基本热力学数据，列于表 6-5。

表 6-5　还原性气体 R 还原铁氧化物反应及气化反应基本热力学数据

反　应　式	$\Delta G = f(T)/J \cdot mol^{-1}$	公式序号
$C + CO_2 = 2CO$	$170800 - 174.6T$	(6-15)
$C + H_2O = CO + H_2$	$135300 - 142.9T$	(6-16)

反　应　式	$\Delta G = f(T)/\mathrm{J \cdot mol^{-1}}$	公式序号
$3Fe_2O_3 + CO = 2Fe_3O_4 + CO_2$	$-36750 - 51.37T$	(6-17)
$Fe_3O_4 + CO = 3FeO + CO_2$	$187.8 - 13.95T + 9397000/T$	(6-18)
$1/4Fe_3O_4 + CO = 3/4Fe + CO_2$	$-12270 + 12.64T + 1414000/T$	(6-19)
$FeO + CO = Fe + CO_2$	$-19640 + 23.3T$	(6-20)
$3Fe_2O_3 + H_2 = 2Fe_3O_4 + H_2O$	$-15547 - 74.40T$	(6-21)
$Fe_3O_4 + H_2 = 3FeO + H_2O$	$71940 - 73.62T$	(6-22)
$1/4Fe_3O_4 + H_2 = 3/4Fe + H_2O$	$35550 - 30.40T$	(6-23)
$FeO + H_2 = Fe + H_2O$	$23430 - 16.16T$	(6-24)

注：T 为热力学温度，K。

采用 Matlab 软件进行还原性气体 R（CO_2，H_2）还原铁氧化物的平衡计算，获得其稳定状态图，见图 6-15。可以看出，各反应随温度和气相组成变化时不同物相的稳定区，以及在标准压力条件下气化反应式（6-10）的平衡气相成分。高温下挥发分中 CH_4 含量较少。为考察还原性气体 R 对铁氧化物的还原，假定挥发分由 CO、CO_2、H_2 和 H_2O 组成，还原气体 R 中 CO、CO_2、H_2 和 H_2O 的分压分别表示为 p_{CO}、p_{CO_2}、p_{H_2} 和 p_{H_2O}，Pa；则有：

$$p_{CO} + p_{CO_2} + p_{H_2} + p_{H_2O} = 1 \tag{6-25}$$

设 Ω 为气体的氧化率，用 Ω_C 和 Ω_H 表示还原气体的组成，其计算式如下：

$$\Omega = \frac{p_{CO_2} + p_{H_2O}}{p_{CO} + p_{CO_2} + p_{H_2} + p_{H_2O}} = p_{CO_2} + p_{H_2O} \tag{6-26}$$

$$\Omega_C = \frac{p_{CO_2}}{p_{CO} + p_{CO_2}} \tag{6-27}$$

$$\Omega_H = \frac{p_{H_2O}}{p_{H_2} + p_{H_2O}} \tag{6-28}$$

图 6-15 中 A 区为 Fe 稳定区，此区域内可发生还原反应式（6-20）和式（6-24）；B 区为 FeO 稳定区，此区域内可发生还原反应式（6-18）和式（6-22）；C 区为 Fe_3O_4 稳定区，此区域内可发生还原反应式（6-17）和式（6-21）。另外，图 6-15 中点划线表示水煤气变换反应（WGSR）平衡组成，该反应如下：

$$H_2O + CO = H_2 + CO_2 \tag{6-29}$$

当反应式（6-10）达到平衡状态时，反应式（6-29）也达到平衡状态。图 6-15 中点划线与铁氧化物还原平衡线的交叉点表示对应温度和气体组成下铁氧化物还原反应的平衡状态。同时，由图 6-15 可知，气体的还原能力与 Ω_C 和 Ω_H 有关。从气体利用率角度来看，当温度较高时，只有 Ω_C 低，FeO 还原反应才能进行；当温度低时，只有 Ω_H 低，FeO 还原反应才能进行。总之，温度高时 CO 还原

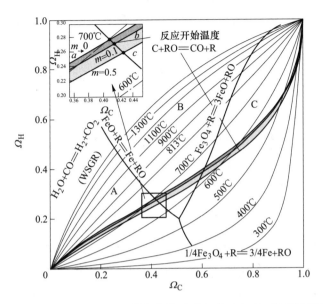

图 6-15 $R(CO、H_2)$ 还原铁氧化物及反应式（6-10）气相平衡图

能力弱，温度低时 H_2 还原能力弱。

气化反应式（6-10）在高温条件下剧烈进行，产生大量还原性气体。用 $K_{4.2.1}$ 和 $K_{4.2.2}$ 来表示气化反应式（6-15）和式（6-16）的平衡常数，计算式为：

$$K_{4.2.1} = \frac{p_{CO}^2}{p_{CO_2}} \tag{6-30}$$

$$K_{4.2.2} = \frac{p_{H_2} \cdot p_{CO}}{p_{H_2O}} \tag{6-31}$$

平衡状态下，还原气体 Ω_C 和 Ω_H 可表示为：

$$\Omega_H = \frac{1}{1 + \dfrac{K_{4.2.2}}{p_{CO}}} = \frac{1}{1 + \dfrac{2K_{4.2.2}}{-K_{4.2.1} + \sqrt{K_{4.2.1}^2 + 4K_{4.2.1}(1-m)}}} \tag{6-32}$$

$$\Omega_C = \frac{1}{1 + \dfrac{K_{4.2.1}}{p_{CO}}} = \frac{1}{1 + \dfrac{2K_{4.2.1}}{-K_{4.2.1} + \sqrt{K_{4.2.1}^2 + 4K_{4.2.1}(1-m)}}} \tag{6-33}$$

式中 m——还原气体中 H_2 和 H_2O 的比率，计算式为：

$$m = \frac{p_{H_2} + p_{H_2O}}{p_{CO} + p_{CO_2} + p_{H_2} + p_{H_2O}} = p_{H_2} + p_{H_2O} \tag{6-34}$$

烟煤中 H_2 和 H_2O 含量越高，m 值越大，但不会等于 1。当 m 值等于 0 时，意味着还原气体中不存在含氢化合物，铁氧化物只被 CO 还原。图 6-15 中的线

a、b 和 c 表示气化反应式（6-10）的气相平衡线。线 a 所对应的 m 值非常小，即 m 值收敛到 0 时的气相平衡线。线 b 和 c 分别为 $m = 0.1$ 和 0.5 时的气相平衡线。

在高温条件下挥发分气体组成可能位于图 6-15 中灰色的区域。由图 6-15 可知，随温度增加，Ω_C 和 Ω_H 值减少，气体的还原势增加。高温下气化反应式（6-10）剧烈进行，而当 $m \to 0$ 时，反应 $FeO + R = Fe + RO$ 的还原开始温度约为 700℃；当 $m = 0.5$ 时约为 670℃。由此说明，挥发分气体中 $H_2 + H_2O$ 含量越多，还原开始温度越低，且在一定温度条件下气相中 $H_2 + H_2O$ 含量越多，气相还原势越高。总之，挥发分中 $H_2 + H_2O$ 的存在有利于铁氧化物的还原，对不锈钢粉尘热压块还原过程起到促进作用。

B　CH_4 还原

在不锈钢粉尘热压块还原的第一阶段，因烟煤的热解反应式（6-9）而使产生的气体中含有一定量的 CH_4。CH_4 的存在对铁氧化物的还原起到了促进作用。研究结果表明，当温度在 1100℃ 以上时，CH_4 的还原势比 H_2 和 CO 更高，即使气体中 CH_4 含量低，其还原能力也存在一定优势。这主要是由于高温下 CH_4 裂解，产生了活性很强的碳。H. J. Grabke 指出反应式（6-11）的裂解反应是通过如下的 7 个反应阶段进行：

$$CH_4(g) = CH_4(ad) \tag{6-35}$$
$$CH_4(ad) = CH_3(ad) + H(ad) \tag{6-36}$$
$$CH_3(ad) = CH_2(ad) + H(ad) \tag{6-37}$$
$$CH_2(ad) = CH(ad) + H(ad) \tag{6-38}$$
$$CH(ad) = C(ad) + H(ad) \tag{6-39}$$
$$H(ad) = H_2 \tag{6-40}$$
$$C(ad) = C \tag{6-41}$$

反应阶段式（6-35）~式（6-40）描述了 CH_4 吸收和分解。C(ad) 为反应界面上吸收的活性炭素，不同于沉积的固体炭素。当温度高于 1200℃ 时，活性炭的活度急剧上升，使得含有 CH_4 的还原气体的还原势大幅增加。因此，挥发分中的 CH_4 对不锈钢粉尘热压块的金属化还原起到了促进作用。

6.1.3.3　含镍化合物还原热力学

不锈钢粉尘热压块中的 Ni 主要以 $NiFe_2O_4$ 形式存在。O. Antola 研究了镍矿在 CO 和 H_2 混合气体中的还原过程。结果表明，$NiFe_2O_4$ 的还原通过式（6-44）和式（6-45）进行。利用 FactSage 7.0 软件，获取不锈钢粉尘热压块还原过程镍氧化物可能发生的还原反应及其热力学数据，列于表 6-6。

表 6-6 还原性气体 R 还原镍化合物的反应及基本热力学数据

反 应 式	$\Delta G = f(T)/\text{J} \cdot \text{mol}^{-1}$	公式序号
$NiO + CO = Ni + CO_2$	$50460 + 2.52T + 0.0001238T^2 + 1249000/T$	(6-42)
$NiO + H_2 = Ni + H_2O$	$-22400 - 25.35T + 4418000/T$	(6-43)
$0.75NiFe_2O_4 + CO = 0.75Ni + 0.5Fe_3O_4 + CO_2$	$-28430 - 16.56T$	(6-44)
$0.75NiFe_2O_4 + H_2 = 0.75Ni + 0.5Fe_3O_4 + H_2O$	$6140 - 47.94T$	(6-45)

注:T 为热力学温度,K。

NiO 及 $NiFe_2O_4$ 还原反应的气相平衡见图 6-16。可以看出,$NiFe_2O_4$ 和 NiO 还原反应的 CO、H_2 平衡分压非常低,$p_{CO}/(p_{CO}+p_{CO_2})$ 小于 0.030,$p_{H_2}/(p_{H_2}+p_{H_2O})$ 小于 0.015,说明 NiO 与 CO 和 H_2 极易发生还原反应。因此,在不锈钢粉尘热压块还原过程中镍化合物还原极易进行。

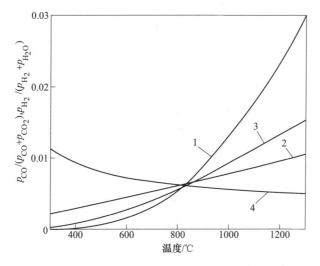

图 6-16 NiO、$NiFe_2O_4$ 还原反应气相平衡图
1—$NiO + CO = Ni + CO_2$; 2—$NiO + H_2 = Ni + H_2O$;
3—$0.75NiFe_2O_4 + CO = 0.75Ni + 0.5Fe_3O_4 + CO_2$;
4—$0.75NiFe_2O_4 + H_2 = 0.75Ni + 0.5Fe_3O_4 + H_2O$

6.1.3.4 含铬化合物还原热力学

不锈钢粉尘热压块中的 Cr 以 $FeCr_2O_4$ 的形式存在,是最难还原的物质,而且还原过程中易形成 Cr_3C_2、Cr_7C_3 和 $Cr_{23}C_6$ 等铬碳化物。根据 Cr-C-O 体系热力学研究结果可知,铬碳化物的形成优先于金属铬的出现。在标准条件下,各铬碳化物稳定存在的温度范围及碳含量列于表 6-7。

表 6-7　各铬碳化物稳定存在温度范围及碳含量

物质	稳定温度范围/℃	碳含量/%
Cr_3C_2	1150~1250	13.3
Cr_7C_3	1250~1600	9.0
$Cr_{23}C_6$	1600~1820	5.7
Cr	1820	0

由表 6-7 可知，铬碳化物中碳含量越高，其稳定性温度越低。铬氧化物固态还原研究表明，铁氧化物比铬氧化物更易被还原，铁以 Fe_3C 的形式形成碳化物，其与铬共存时会形成复合碳化物 $(Fe，Cr)_7C_3$。尽管 $Cr_2O_3 \rightarrow Cr$ 的还原反应较难进行，但 $Cr_2O_3 \rightarrow Cr_xC_y$ 可在相对较低的温度条件下进行，形成低温稳定的高碳碳化铬 $(Cr_3C_2 、Cr_7C_3)$。而由于铁与碳化铬的互溶，最终形成复合碳化物。同时，由于铬与铁的互相溶解，均使得 $Cr_2O_3 \rightarrow Cr_xC_y$ 还原反应更易进行。但是，由于 Cr_3C_2 中碳含量为 13.3%，故只有当不锈钢粉尘热压块的碳氧比过高时才能形成 Cr_3C_2。不锈钢粉尘热压块中铬化合物将借助碳气化反应产生的气体还原剂 CO 进行还原。CO 还原铬化合物的还原反应式及基本热力学数据列于表 6-8。运用表 6-8 的热力学数据，绘制铬化合物还原反应的气相平衡图，见图 6-17。可以看出，铬化合物的还原只有当 CO 分压和温度较高时才能进行。当还原温度高于 1050℃ 时，$FeCr_2O_4$ 通过反应式（6-46）还原生成 Cr_2O_3；当温度高于 1145℃ 时，Cr_2O_3 通过反应式（6-47）还原生成 Cr_7C_3；当温度高于 1254℃ 时，Cr_2O_3 通过反应式（6-48）还原生成 Cr。

表 6-8　还原性气体 CO 还原铬化合物的反应基本热力学数据

反应式	$\Delta G = f(T)/J \cdot mol^{-1}$	公式序号
$FeCr_2O_4 + CO = Fe + Cr_2O_3 + CO_2$	$59800 + 2.947T - 3331000/T$	（6-46）
$7/33Cr_2O_3 + CO = 2/33Cr_7C_3 + 9/11CO_2$	$18594 + 30.94T$	（6-47）
$1/3Cr_2O_3 + CO = 2/3Cr + CO_2$	$90933 + 3.23T - 72867/T$	（6-48）

因此，从理论上来看，$FeCr_2O_4$ 在借助碳气化反应条件下的还原次序为：

$$FeCr_2O_4 \rightarrow Cr_2O_3 \rightarrow Cr_7C_3 \rightarrow Cr$$

另外，根据配料计算，不锈钢粉尘热压块中 $m(Ni)/m(Fe+Ni)$ 为 0.06。由于还原出来的 Fe 和 Ni 的渗碳量较低，因此可认为：

$$m(Ni)/m(Fe + Ni + C) \approx m(Ni)/m(Fe + Ni) = 0.06$$

利用 FactSage 7.0 绘制 Fe-Ni-C 合金相图，见图 6-18。可知，当渗碳量为 4% 时，Fe-Ni-C 合金液相的形成温度为 1152℃。说明在热压块金属化还原过程中，先还原出来的铁、镍因渗碳很容易形成合金液相，使还原生成的铬溶于合金液

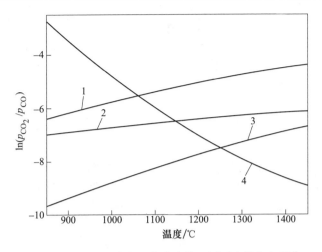

图 6-17 不同温度条件下铬化合物还原反应的气相平衡

1—$FeCr_2O_4+CO = Fe+Cr_2O_3+CO_2$；2—$7/33Cr_2O_3+CO = 2/33Cr_7C_3+9/11CO_2$；

3—$1/3Cr_2O_3+CO = 2/3Cr+CO_2$；4—$C+CO_2 = 2CO$

相，降低铬的活度，从而有利于铬氧化物的还原。此外，由于热压块渣碱度高，形成的液相渣非常少，也有利于铬氧化物的还原。假如在热压块还原过程某时刻易还原性物质铁、镍的还原率均为 100%，但铬的还原率等于零，那么此时热压块渣由 CaO、SiO_2、Al_2O_3、MgO 和 Cr_2O_3 组成。100g 不锈钢粉尘热压块（碳氧比 FC/O 为 0.8）的渣相成分见表 6-9。

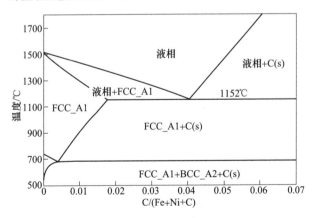

图 6-18 Fe-Ni-C 合金相图

表 6-9 100g 不锈钢粉尘热压块渣相组成（铬还原率为零）

成分	CaO	SiO_2	Al_2O_3	MgO	Cr_2O_3
渣相质量/g	12.63	4.30	1.22	2.41	14.45
渣相成分/%	36.06	12.28	3.49	6.90	41.27

　　随着铬氧化物还原的进行，渣中 Cr_2O_3 含量减少，使得渣中固相和液相含量发生变化。采用 FactSage 7.0 软件计算还原温度 1450℃、不锈钢粉尘热压块碳氧比 FC/O 0.8 时，不锈钢粉尘热压块渣中固相和液相 Cr_2O_3 含量以及液相中 Cr_2O_3 活度随铬还原率的变化规律，结果见图 6-19（100g 不锈钢粉尘热压块，1450℃）。不锈钢粉尘热压块的 CaO-SiO_2-Al_2O_3-MgO-Cr_2O_3 渣中液相 Cr_2O_3 含量很少，固相 Cr_2O_3 随铬还原率的增加而减少。当铬还原率达到 97.52% 时，固相 Cr_2O_3 消失。图 6-20 给出了液相合金中碳含量为 4% 时，液相合金中铬活度随铬还原率的变化（1400℃和1450℃，碳含量 4%）。随铬还原率的增加，合金液相中铬的活度逐渐增加。当铬还原率达到 100% 时，铬活度为 0.089 左右。由此可知，不锈钢粉尘热压块中铬氧化物的还原主要通过反应式（6-49）和式（6-50）进行，而绝大部分的铬氧化物通过反应式（6-49）被还原。

$$1/3Cr_2O_3 + CO \Longrightarrow 2/3[Cr] + CO_2 \qquad (6\text{-}49)$$

$$1/3(Cr_2O_3) + CO \Longrightarrow 2/3[Cr] + CO_2 \qquad (6\text{-}50)$$

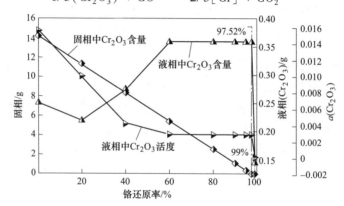

图 6-19　渣中固相 Cr_2O_3、液相 Cr_2O_3 含量和液相中 Cr_2O_3 活度随铬还原率的变化

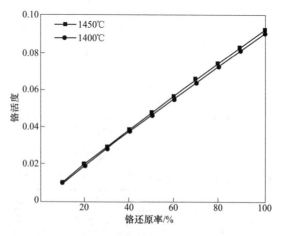

图 6-20　液相合金中铬活度随铬还原率的变化

图 6-21 给出了碳气化反应式（6-48）、式（6-49）和式（6-50）气相平衡图。反应式（6-49）中铬的活度 $a_{[Cr]}$ 为 0.089，反应式（6-50）中铬的活度 $a_{(Cr_2O_3)}$ 和 $a_{[Cr]}$ 分别为 0.0001 和 0.089。由图 6-21 可知，合金液相中铬活度达到最大值 0.089 时，反应式（6-49）开始反应温度为 1146℃。当 $a_{[Cr]}$ 低于 0.089 时，反应式（6-49）的开始反应温度较低，该温度条件下不能形成液相合金。同时，当温度高于 1152℃ 时，合金金属的出现使反应式（6-49）容易进行。

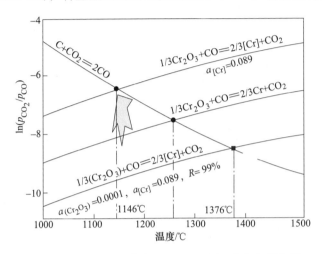

图 6-21　在不同还原条件下 Cr_2O_3 还原反应气相平衡图

此外，不锈钢粉尘热压块金属化还原过程中 Cr_2O_3 的还原按反应式（6-51）进行，反应平衡常数可表示为式（6-52）。

$$1/3Cr_2O_3 + 1/3Cr_7C_3 \Longrightarrow 3Cr + CO \tag{6-51}$$

$$K_p = a_{Cr}^3 p_{CO} \tag{6-52}$$

式中　　a_{Cr}——铬的活度；

　　　　p_{CO}——CO 分压，kPa。

T. Mori 进行了纯 Cr_2O_3 碳热还原研究。结果表明，当球团矿碳氧比为 1.0、还原温度为 1400℃、还原时间为 5min 时，还原产物中出现大量 Cr_7C_3；还原体系中没有固定碳时，通过反应式（6-51）进行铬氧化物的还原，还原 60min 后，铬还原率可达 91%。在 T. Mori 实验条件下，a_{Cr} 可认为等于 1.0，因还原体系中缺乏固定碳而使 CO 分压 p_{CO} 较低，造成反应式（6-51）的实际浓度积较低，因此式（6-52）较易进行。但在本实验条件下，反应体系存在过量的固定碳使 p_{CO} 较高，同时由于还原出来的铬进入液相合金，使铬的活度非常低。因此，不锈钢粉尘热压块金属化还原过程中反应式（6-51）的还原产物为液相 [Cr]，即反应式（6-51）通过式（6-53）反应发生。

$$1/3Cr_2O_3 + 1/3Cr_7C_3 \Longrightarrow 3[Cr] + CO \tag{6-53}$$

反应式（6-53）的平衡常数 K_p 与铬的活度 $a_{[Cr]}$ 立方成比例，即实际浓度积 K'_p 非常小。

图 6-22 中的曲线为反应式（6-53）的平衡曲线，曲线以下区域为 Cr_2O_3 的还原区。假如反应体系中 CO 的分压 p_{CO} 为 10kPa，则反应式（6-53）的实际浓度积如下：

$$K'_p = a^3_{[Cr]} \leqslant 0.089^3 = 7.1850 \times 10^{-4} \tag{6-54}$$

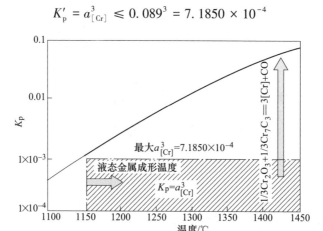

图 6-22　反应式（6-53）平衡常数与温度的关系

因此，当不锈钢粉尘热压块还原体系中出现液相合金时，式（6-54）的实际浓度积位于图 6-22 中的阴影区域。可以看出，该区域位于反应式（6-53）的平衡曲线下部，说明反应式（6-53）较易进行。

综上所述，在不锈钢粉尘热压块还原过程中，当温度高于液相合金形成温度时，绝大部分铬氧化物的还原通过反应式（6-49）和式（6-53）进行，含铬物质的物相转变顺序为：$FeCr_2O_4 \rightarrow Cr_2O_3 \rightarrow Cr_7C_3 \rightarrow [Cr]_{Fe-Cr-Ni-C}$。

6.1.4　不锈钢粉尘热压块还原

6.1.4.1　还原温度对不锈钢粉尘热压块还原的影响

选定的还原温度为 800℃、1000℃、1200℃、1300℃、1400℃ 和 1450℃。为保证还原反应充分进行，当还原温度为 800℃、1000℃、1200℃ 和 1300℃ 时，热压块的碳氧比 FC/O 为 1.2、还原时间为 2h；当还原温度为 1400℃ 和 1450℃ 时，热压块的碳氧比 FC/O 为 0.8、还原时间为 20min，还原产物的 XRD 分析结果见图 6-23。可知，当还原温度为 800℃ 和 1000℃ 时，还原产物的物相组成基本相同，均出现了 Fe 和 Fe-Ni，而 $FeCr_2O_4$ 尚未被还原，还原产物中未出现 Cr_2O_3。由此可说明当温度低于 1000℃ 时，Fe、Ni 氧化物已被还原，但 $FeCr_2O_4$ 仍未被还原，这与上文的热力学研究结果一致，即温度高于 1050℃时 $FeCr_2O_4$ 的还原才能进行。当还原温度为 1200℃时，还原产物中出现了 Cr_2O_3、碳化铬和 Fe-Cr-Ni-C 合金相，但仍存在一定量 $FeCr_2O_4$。

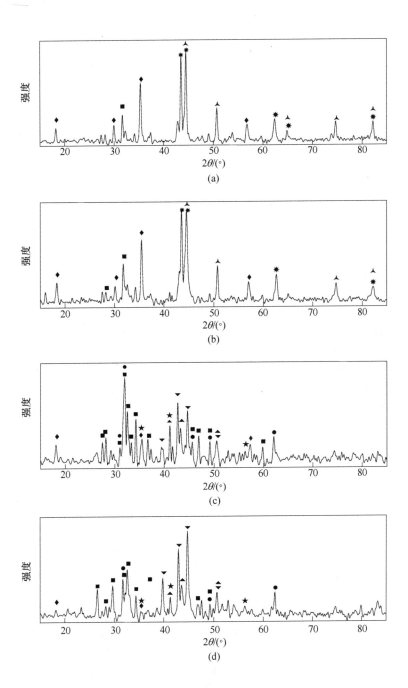

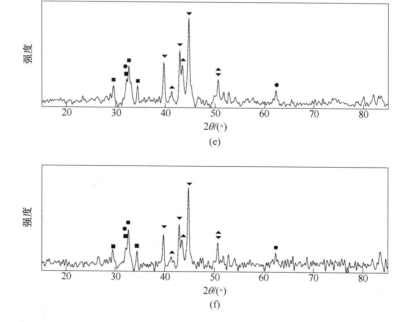

图 6-23　不同温度条件下还原产物的 XRD 分析结果

（a）800℃；（b）1000℃；（c）1200℃；（d）1300℃；（e）1400℃；（f）1450℃

▲—Fe-Cr-Ni-C；▼—(Fe，Cr)₇C₃；▲—Fe；◆—FeCr₂O₄；★—Cr₂O₃；✳—Fe-Ni；●—Ca₃SiO₅；■—Ca₂SiO₄

为详细研究该温度条件下还原后的 Fe-Cr-Ni-C 合金相中主体元素的分布规律，对典型还原产物进行 SEM、EDS 分析，结果见图 6-24。可以看出，还原产物中生成了 Fe-Cr-Ni-C 合金颗粒，且合金颗粒中 Cr 含量较高。$Cr_2O_3 \rightarrow Cr$ 的还原开始温度为 1254℃，但由于不锈钢粉尘热压块的还原性能优良，铬的还原可通过反应式（6-50）和式（6-52）在低温下（液相合金形成温度以上）进行。

当还原温度为 1300℃时，尽管碳氧比 FC/O 高达 1.2，还原时间为 2h，但 $FeCr_2O_4$、Cr_2O_3 在还原产物中仍然存在，这说明 1300℃时 $FeCr_2O_4$ 的还原还会进行，但反应速度缓慢。在还原温度为 1400℃和 1450℃时，还原产物中 $FeCr_2O_4$ 和 Cr_2O_3 消失，碳化铬和 Fe-Cr-Ni-C 合金相出现，说明热压块在还原温度 1400℃、1450℃条件下能充分还原。当温度为 1400℃时，尽管碳氧比 FC/O 较低，仅为 0.8，但由于煤粉中挥发分的还原作用较大，使得有价金属组元氧化物能够完全还原。不锈钢粉尘热压块还原过程中铬化合物的相转变历程为：$FeCr_2O_4 \rightarrow Cr_2O_3 \rightarrow Cr_7C_3 \rightarrow [Cr]$。

总之，还原温度对不锈钢粉尘热压块的还原影响显著。尽管不锈钢粉尘热压块中存在难还原的铬化合物，但因其自身具备良好的还原性能，使得在 FC/O 为 0.8、还原温度高于 1400℃时，不锈钢粉尘热压块可完全还原。

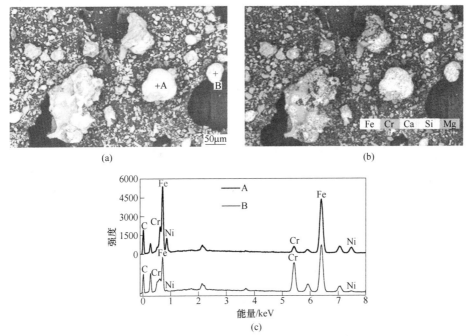

图 6-24 还原产物 SEM(a)、元素分布(b) 和 EDS 分析结果(c)

6.1.4.2 还原时间对不锈钢粉尘热压块还原的影响

保持还原温度 1400℃、碳氧比 FC/O 为 0.8 不变，通过改变还原时间，考察还原时间（5min、10min、15min、20min 和 25min）对不锈钢粉尘热压块还原的影响。不同还原时间条件下还原产物的 XRD 分析结果见图 6-25。可知，当还原时间为 5min 时，还原产物中出现了 Cr_2O_3 和（Fe，Cr）$_7C_3$，而且存在一定量尚未被还原的 $FeCr_2O_4$。随还原时间的增加，还原产物中 $FeCr_2O_4$ 逐渐减少，当还原时间为 15min 时，还原产物中 $FeCr_2O_4$ 消失，但仍存在 Cr_2O_3。当还原时间为 20min 以上时，还原产物中 Cr_2O_3 消失，说明延长还原时间有助于不锈钢粉尘热压块的还原；而当还原温度 1400℃、还原时间 20min 以上时，不锈钢粉尘热压块可完全还原。

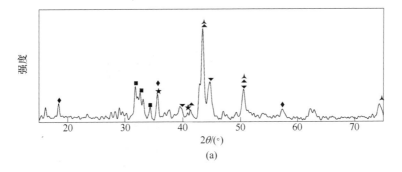

(a)

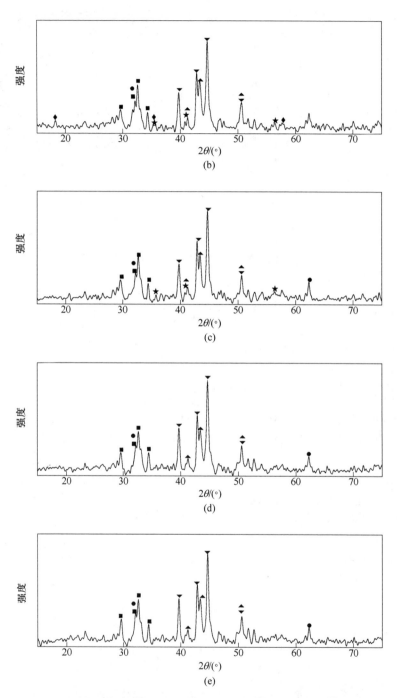

图 6-25　不同还原时间条件下还原产物的 XRD 分析结果

（a）5min；（b）10min；（c）15min；（d）20min；（e）25min

▲—Fe-Cr-Ni-C；▼—（Fe，Cr）$_7$C$_3$；◆—FeCr$_2$O$_4$；▲—Fe；★—Cr$_2$O$_3$；■—Ca$_2$SiO$_4$；●—Ca$_3$SiO$_5$

6.1.4.3 碳氧比对不锈钢粉尘热压块还原的影响

碳氧比是不锈钢粉尘热压块金属化还原的重要工艺参数。通过制备FC/O 为 0.7、0.8、0.9 和 1.0 的不锈钢粉尘热压块进行金属化还原实验，考察 FC/O 对不锈钢粉尘热压块还原的影响。实验条件为：还原温度 1450℃，FC/O 为 0.8、0.9 和 1.0 的不锈钢粉尘热压块还原时间 20min；FC/O 为 0.7 的不锈钢粉尘热压块还原时间分别为 20min 和 60min。还原产物的 XRD 分析结果见图 6-26。

由图 6-26 可知，当 FC/O 为 0.7、还原时间 60min 时，还原产物中依然存在

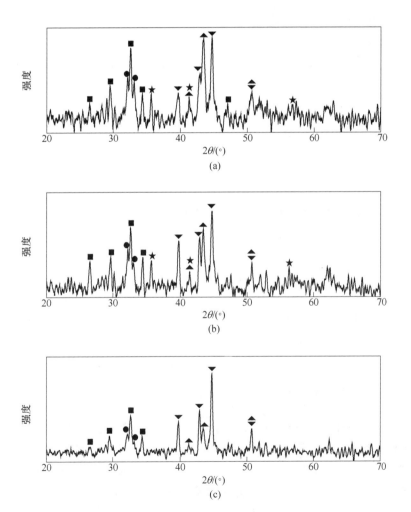

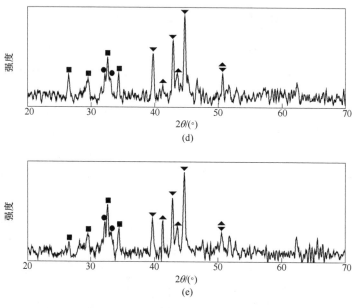

图 6-26　不同碳氧比条件下还原产物的 XRD 分析结果

（a）FC/O=0.7，20min；（b）FC/O=0.7，60min；（c）FC/O=0.8，20min；
（d）FC/O=0.9，20min；（e）FC/O=1.0，20min

●—Ca_3SiO_5；■—Ca_2SiO_4；★—Cr_2O_3；▼—$(Fe, Cr)_7C_3$；▲—Fe-Cr-Ni-C

Cr_2O_3，说明该条件下因还原剂不足不能使不锈钢粉尘热压块完全还原；当 FC/O 为 0.8、0.9 和 1.0 时，还原产物中 Cr_2O_3 消失，说明当 FC/O 超过 0.8，不锈钢粉尘热压块在还原温度为 1450℃、还原时间 20min 的条件下几乎完全还原。通过研究和计算可知，当温度为 1450℃时，FC/O 为 0.7、0.8、0.9 和 1.0 时分别对应温度 C/O 为 1.0、1.12、1.26 和 1.40。由此可知，碳氧比对不锈钢粉尘热压块的还原效果影响显著，只有当不锈钢粉尘热压块中存在过量还原剂时才能完全还原。另外，当 FC/O 为 0.8 和 1.0 时，不锈钢粉尘热压块还原后产物中渣的碱度分别高达 2.93 和 2.8，还原产物中出现了 Ca_2SiO_4 和 Ca_3SiO_5。

6.1.5　热压块还原产物 Fe-Cr-Ni-C 合金颗粒形成机理

在不锈钢粉尘热压块还原过程中 Fe-Cr-Ni-C 合金颗粒形成是有价组元回收利用的关键环节之一。合金液相的形成条件和热压块渣相性质对高温还原产物 Fe-Cr-Ni-C 合金颗粒的形成具有重要影响。因此，对还原过程中液相 Fe-Cr-Ni-C 合金的形核长大进行热力学研究，同时考察渣相性质，探讨不同还原条件（碳氧比、还原温度、还原时间）对还原产物形貌及性质的影响，从而确定不锈钢粉尘热压块金属化还原-合金颗粒形成的合理工艺参数。

6.1.5.1 Fe-Cr-Ni-C 合金液相形成热力学计算

A Fe-Cr-Ni-C 合金相图分析

不锈钢粉尘热压块中含有铁、铬、镍等有价组元及大量固定碳，大部分的固定碳参与有价金属组元氧化物的还原反应，少量的固定碳参与渗碳反应，形成低熔点合金。由于不锈钢粉尘热压块含有镍氧化物，且镍氧化物极易还原，因此不锈钢粉尘热压块还原生成的合金中存在一定量的 Ni。目前国内外对 Fe-Cr-C 合金已进行了大量研究，而针对 Fe-Cr-Ni-C 合金的研究较为匮乏。

根据配料计算，假设所有的有价组元被还原，且形成的合金液相中碳含量为 4%，则合金液相中 Ni 含量约为 4%。利用 FactSage 7.0 软件绘出 Fe-Cr-Ni-C 合金相图，见图 6-27。图中的横坐标表示合金中的 C 含量，纵坐标表示合金中的 Cr 含量。包含液相的四相共存点的熔点及其组成列于表 6-10。可以看出，合金中金属碳化物可能以 $M_{23}C_6$、M_7C_3 和 M_3C_2 形式存在，且随着合金中 Cr 和 C 含量的变化，可形成不同金属碳化物，说明 Fe-Cr-Ni-C 合金中 Cr 和 C 的含量对其熔点及物相组成影响较大。

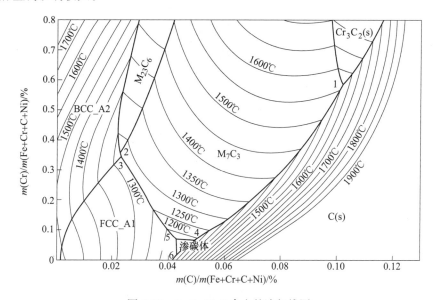

图 6-27　Fe-Cr-Ni-C 合金的液相线图

表 6-10　Fe-Cr-Ni-C 合金中包含液相的四相共存点

点	与液相的四相交点	$m(C)/m(Fe+Cr+C+Ni)/\%$	$m(Cr)/m(Fe+Cr+C+Ni)/\%$	温度/℃
1	$C(s)/M_3C_2(s)/M_7C_3$	0.10209	0.58481	1558.43
2	$BCC\_A2/M_{23}C_6/M_7C_3$	0.02283	0.35315	1276.15

点	与液相的四相交点	$m(C)/m(Fe+Cr+C+Ni)/\%$	$m(Cr)/m(Fe+Cr+C+Ni)/\%$	温度/℃
3	BCC_A2/FCC_A1/M_7C_3	0.02290	0.34476	1274.62
4	渗碳体/C(s)/M_7C_3	0.04904	0.06461	1181.32
5	渗碳体/FCC_A1/M_7C_3	0.04280	0.06827	1159.16
6	渗碳体/C(s)/FCC_A1	0.04296	0.01934	1141.41

　　Fe-Cr-Ni-C 合金中 C 含量较低时，合金的熔点随 Cr 含量增加而变化不大；当合金中 C 含量在一定范围内时，合金的熔点随 Cr 含量增加而升高；而当 C 含量超过一定范围时，合金中部分碳以固定碳的形式存在，此时合金的熔点随 Cr 含量的增加急剧降低。另外，Fe-Cr-Ni-C 合金中 Cr 含量不变时，合金的熔点随碳含量的增加缓慢降低，当 C 含量超过一定范围时则急剧增加。因此，通过调整合金中的 C 含量，可实现低熔点液相合金的生成，控制其生成量。

　　B　Fe-Cr-Ni-C 合金液相形成热力学

　　本研究采用 FactSage 7.0 软件研究不锈钢粉尘热压块还原过程中 Fe-Cr-Ni-C 合金液相形成的热力学条件。热压块的还原剂为煤粉中的挥发分和固定碳。热力学计算时难以考虑挥发分的影响，但通过前期研究得出挥发分的固定碳代替量，也即挥发分还原率。因此，本研究热力学计算时采用的还原剂为固定碳，并为后续实验提供理论依据。

　　由原料 XRD 和化学分析可知，不锈钢粉尘中的 Fe_2O_3、$NiFe_2O_4$ 含量极低。因此，在进行热压块还原过程中 Fe-Cr-Ni-C 合金液相形成的热力学计算时，假定不锈钢粉尘中 Fe 以 Fe_3O_4 和 $FeCr_2O_4$ 形式存在，Cr 以 $FeCr_2O_4$ 形式存在，Ni 以 NiO 形式存在。输入物质为 100g 不锈钢粉尘中有价组元化合物以及相应碳氧比的固定碳，气氛为惰性气氛，反应体系压力为 0.1013MPa，反应温度范围为 900~1500℃。不同碳氧比 C/O 条件下，随温度增加反应体系可能生成物及其量的变化见图 6-28。热力学计算过程中选定的碳氧比 C/O 为 1.0、1.1、1.2 和 1.3。为简化分析，未作出易还原固相 Fe 和 Ni 的平衡产量变化曲线。可知，在所考察的碳氧比 C/O 范围内，当温度高于 900℃ 时，平衡产物中 Fe_3O_4 相消失；当温度达到 1050℃ 时，$FeCr_2O_4$ 完全还原为 Cr_2O_3，同时平衡产物中出现金属碳化物 $Fe_3C(M_3C)$；当温度高于 1090℃ 时，出现碳化物 $Fe_7C_3(M_7C_3)$、$Cr_7C_3(M_7C_3)$。此外，在所考察的碳氧比条件下，液相合金形成的开始温度范围为 1130~1230℃，且随温度的升高，金属碳化物转变生成的液相合金量逐渐增加。综上所述，还原产物中主要物相变化规律为：$FeCr_2O_4 \rightarrow Cr_2O_3 \rightarrow (Fe,Cr,Ni)_3C \rightarrow (Fe,Cr,Ni)_7C_3 \rightarrow$ 液相 Fe-Cr-Ni-C。此外，当温度 1450℃、碳氧比 C/O=1.0 时，平衡产物中存在一定量的 Cr_2O_3，即热力学分析表明，此条件下 Cr_2O_3 不能完全还原，碳氧比 C/O=1.0 与碳氧比 FC/O=0.7 对应，与 XRD 分析结果相吻合。

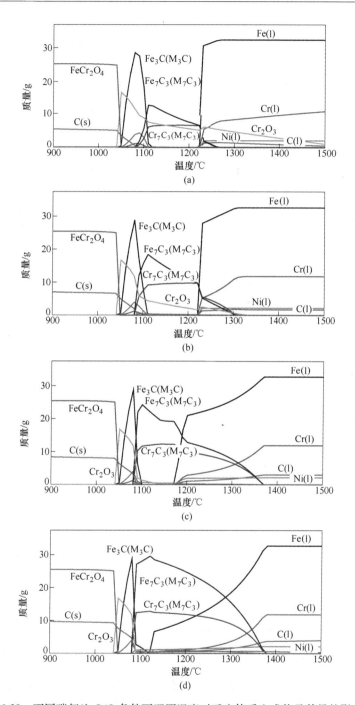

图 6-28 不同碳氧比 C/O 条件下还原温度对反应体系生成物及其量的影响
(a) C/O=1.0; (b) C/O=1.1; (c) C/O=1.2; (d) C/O=1.3

当碳氧比 C/O 为 1.1、1.2 和 1.3 时，Cr_2O_3 被完全还原的最低温度分别为 1330℃、1150℃ 和 1090℃，说明随碳氧比 C/O 增加，过量的固定碳有利于 Cr_2O_3 还原。碳氧比 C/O 高时，还原产物主要为金属碳化物，且碳化物形成温度范围随着碳氧比 C/O 增加而增加，不利于 Fe-Cr-Ni-C 液相合金的形成。

进一步处理热力学平衡计算结果，得出碳氧比 C/O 对液相中碳含量及生成最大合金液相的最低温度的影响，见图 6-29。可知，当碳氧比 C/O 为 1.0 时，生成最大合金液相的最低温度为 1620℃，即温度高于 1620℃ 条件下 Cr_2O_3 才能完全还原。碳氧比 C/O 为 1.1、1.2 和 1.3 时，生成最大合金液相的最低温度分别为 1330℃、1380℃ 和 1390℃，且随碳氧比 C/O 的增加，液相中碳含量逐渐增加。因此，可推断合金液相形成的适宜碳氧比 C/O 为 1.1，同时考虑动力学的条件，还原温度应高于 1400℃。

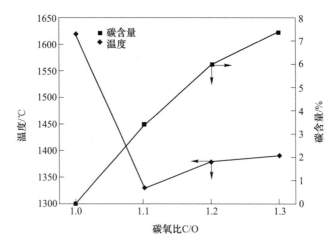

图 6-29　不同碳氧比 C/O 条件下生成最大合金液相的最低温度和合金液相中碳含量

综上所述，Fe-Cr-Ni-C 合金液相的形成与不锈钢粉尘热压块的还原温度、碳氧比 FC/O 有关。还原温度越高，越有利于 Fe-Cr-Ni-C 合金液相的形成。碳氧比 FC/O 过高，大量碳化物的生成不利于 Fe-Cr-Ni-C 合金液相的形成；碳氧比 FC/O 过低，则因还原剂不足而不利于铬氧化物的还原及液相合金的形成。

6.1.5.2　不锈钢粉尘热压块渣相特性

不锈钢粉尘热压块中渣相的性质对 Fe-Cr-Ni-C 合金颗粒聚集长大具有重要影响。若渣相完全以固相存在，液相合金聚集长大难以发生；而当渣相具有一定流动性时，合金颗粒则容易聚集长大。热压块中渣的流动性与渣中液相含量及液相流动性有关。因此，下面主要对不锈钢粉尘热压块渣组成、固相-液相比率和液相渣流动性进行研究。

A 不锈钢粉尘热压块渣相的组成

由分析可知，不锈钢粉尘热压块中渣相由 CaO、SiO_2、Al_2O_3 和 MgO 组成。通过配料计算可得出不同碳氧比 FC/O 条件下不锈钢粉尘热压块中渣相的组成及碱度，结果见表 6-11。在本研究的碳氧比 FC/O 在 0.7~1.0 范围内，随碳氧比 FC/O 的增加渣相成分变化不大，但渣相的碱度逐渐降低。当碳氧比 FC/O 为 0.8 时，渣相的碱度达到 2.93。此外，在考察的碳氧比 FC/O 范围内，渣中 MgO 含量较高，均超过了 11.5%。

表 6-11 不同碳氧比 FC/O 的不锈钢粉尘热压块中渣相组成及其碱度

碳氧比	碱度	CaO/%	SiO_2/%	Al_2O_3/%	MgO/%
0.7	3.00	61.80	20.55	5.81	11.81
0.8	2.93	61.40	20.91	5.94	11.74
0.9	2.86	61.01	21.26	6.06	11.66
1.0	2.80	60.61	21.60	6.19	11.58

不锈钢粉尘热压块中的渣相可认为是四元体系，存在温度、体系压力及三种不同渣成分等五个独立变量。若体系压力为大气压且 MgO 含量一定，则该体系中的相关性可通过三元相图来表征。利用 FactSage 7.0 由表 6-11 知软件绘出不同温度条件下 $CaO-SiO_2-Al_2O_3-MgO$ 渣系的等温截面图，见图 6-30。当碳氧比 FC/O 为 0.8 时，$CaO-SiO_2-Al_2O_3-MgO$ 四元体系中 MgO 含量为 11.74%，温度范围为 1350~1700℃。图中灰色区域表示均匀液相，深灰色区域表示均匀固相，白色区域表示固液共存区。由图 6-30 可以看出，随温度升高，均匀液相区增加，均匀固相区减少，当温度高于 1600℃时，图中无均匀固相区存在。

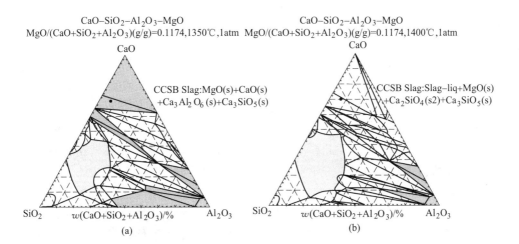

$CaO-SiO_2-Al_2O_3-MgO$
$MgO/(CaO+SiO_2+Al_2O_3)(g/g)=0.1174,1350℃,1atm$

CCSB Slag:MgO(s)+CaO(s)
$+Ca_3Al_2O_6(s)+Ca_3SiO_5(s)$

$w(CaO+SiO_2+Al_2O_3)/\%$

(a)

$CaO-SiO_2-Al_2O_3-MgO$
$MgO/(CaO+SiO_2+Al_2O_3)(g/g)=0.1174,1400℃,1atm$

CCSB Slag:Slag-liq+MgO(s)
$+Ca_2SiO_4(s2)+Ca_3SiO_5(s)$

$w(CaO+SiO_2+Al_2O_3)/\%$

(b)

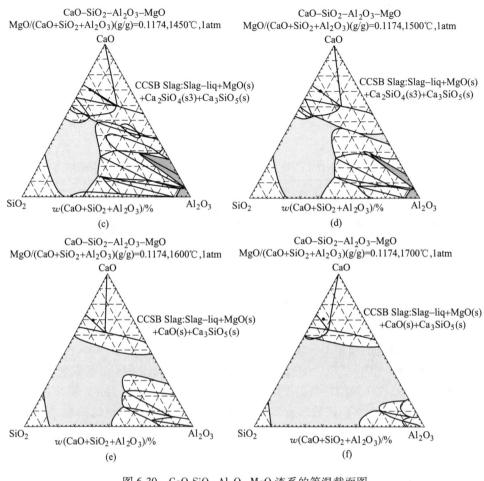

图 6-30　CaO-SiO$_2$-Al$_2$O$_3$-MgO 渣系的等温截面图

(a) 1350℃；(b) 1400℃；(c) 1450℃；(d) 1500℃；(e) 1600℃；(f) 1700℃

当温度为 1350℃时，不锈钢粉尘热压块中的渣相位于均匀固相区，而当温度高于 1400℃时，渣相位于固液共存区。由热力学计算结果可知，当温度高于 2100℃时，不锈钢粉尘热压块中的渣相才能位于均匀液相区。若不锈钢粉尘热压块中渣相易转换成均匀液相，有价组元氧化物则易于熔化到渣中，使得其活度降低，不利于金属化还原。因此，不锈钢粉尘热压块中渣的熔点较高有利于不锈钢粉尘热压块的还原。通过热力学理论计算，可得到不锈钢粉尘热压块还原过程中液相和固相渣含量，碳氧比 FC/O = 0.8 时，液相渣和固相渣含量随温度的变化见图 6-31（FC/O = 0.8）。可知，温度高于 1375℃时，渣中液相开始出现，且液相质含量随温度的增加而缓慢增加。碳氧比 FC/O 为 0.8 条件下，当还原温度为 1400℃和 1450℃时，不锈钢粉尘热压块渣中的液相量分别为 18.84%和 23.24%。

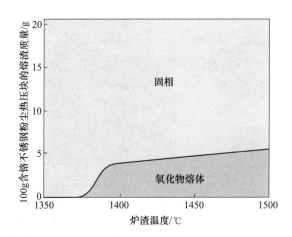

图 6-31   不同温度条件下不锈钢粉尘热压块中液相渣和固相渣含量的变化

因此，在 1400℃ 和 1450℃ 高温下，不锈钢粉尘热压块中渣具有一定的流动性，有利于合金液相的聚集长大，最终形成 Fe-Cr-Ni-C 合金颗粒。

B   Fe-Cr-Ni-C 合金颗粒聚集长大机理

在不锈钢粉尘热压块还原后期，还原产生的有价组元金属通过渗碳作用形成低熔点液相合金微粒，液相 Fe-Cr-Ni-C 合金微粒直径非常小，总界面面积较大，界面自由能较大，G 为液相合金与渣间的界面能，J；其计算式如下：

$$G = \sigma_{interface} \cdot A \tag{6-55}$$

式中 $\sigma_{interface}$——液相合金与渣间的界面张力，N/m；

A——液相合金与渣间的接触面积，m^2。

由最少自由能原理可知，$\Delta G < 0$ 时过程自动发生，而 $\sigma_{interface} > 0$，所以液相合金和渣都有自动收缩表面的趋势，使得液相 Fe-Cr-Ni-C 合金颗粒逐渐聚集长大。图 6-32 给出了不锈钢粉尘热压块还原产物中 Fe-Cr-Ni-C 合金颗粒聚集长大过程示意图。若 i、j、k 表示某时刻，$i < j < k$，则液相合金与渣之间的界面面积大小为 $A_i > A_j > A_k$，界面自由能与界面面积成正比，其大小为 $G_i > G_j > G_k$。

Fe-Cr-Ni-C 合金颗粒聚集长大过程实际上是界面自由能逐渐减少的过程。还原后期，液相合金的大量出现以及不锈钢粉尘热压块渣的流动性引起小颗粒向大颗粒方向迁移，出现团聚效应，促进了合金颗粒的快速聚集长大。在此过程中，大颗粒合金逐渐长大，周围的小颗粒合金逐渐减少甚至消失，大颗粒合金所占比率越来越大，最终有利于实现还原产物中合金颗粒的分离。

合金颗粒聚集长大的驱动力与渣、合金的黏度和它们间的界面张力有关，$\sigma_{interface} / (\eta_{slag} + \eta_{metal})$ 在起关键作用，此比值越大，合金颗粒越易聚集长大。η_{slag} 为不锈钢粉尘热压块还原产物中渣的黏度，η_{metal} 为还原产物中液相合金的黏度。液相合金的黏度远低于渣的黏度。此外，渣与合金间的表面张力与渣、合金的表

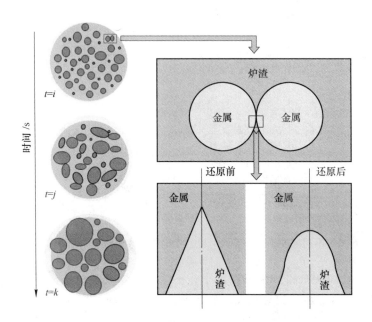

图 6-32　不锈钢粉尘热压块还原产物中 Fe-Cr-Ni-C 合金颗粒聚集长大过程示意图

面张力和接触角有关，所以难以确定，但可认为不同温度条件下其变化不大。因此，合金颗粒形成的关键因素为渣的黏度。

C　不锈钢粉尘热压块渣相的性质

不锈钢粉尘热压块还原产物中渣由固相和液相组成，随温度的升高，渣中液相含量不断变化，且液相组成也发生变化。本研究采用 FactSage 7.0 软件分析渣中液相和固相含量及液相组成。当温度为 1400℃ 和 1450℃ 时，不同碳氧比条件下不锈钢粉尘热压块中固液相含量及液相组成列于表 6-12，当碳氧比 FC/O 为 0.8 时渣中液相组成变化见图 6-33。由表 6-12 可知，当温度一定时，液相渣含量随碳氧比的增加而逐渐升高，而液相渣的组成几乎不随碳氧比 FC/O 的变化而变化。由图 6-33 可知，液相渣的碱度和 Al_2O_3 含量过高，且随温度的升高而下降。此外，液相渣中 MgO 含量很少，且其含量基本不随温度变化而变化。

表 6-12　不同碳氧比 FC/O 的不锈钢粉尘热压块渣中固液相及液相渣组成（质量分数）

碳氧比	温度/℃	液相/%	CaO/%	SiO_2/%	Al_2O_3/%	MgO/%
0.7	1400	18.4279	56.3113	8.8436	31.5282	3.3167
	1450	22.7285	57.5399	13.3919	25.5625	3.5055
0.8	1400	18.8399	56.3110	8.8434	31.5286	3.3168
	1450	23.2374	57.5406	13.3917	25.5621	3.5054

续表 6-12

碳氧比	温度/℃	液相/%	CaO/%	SiO$_2$/%	Al$_2$O$_3$/%	MgO/%
0.9	1400	19.2203	56.3102	8.8437	31.5291	3.3168
	1450	23.7068	57.5403	13.3919	25.5622	3.5054
1.0	1400	19.6333	56.3122	8.8431	31.5279	3.3167
	1450	24.2147	57.5392	13.3922	25.5629	3.5055

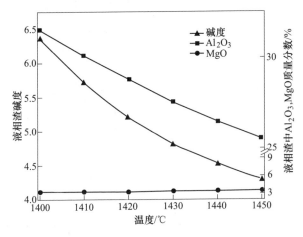

图 6-33 不同温度条件下液相渣的碱度及组成变化

液相渣的碱度过高，且液相渣为离子混合物，其表面张力与离子间的键能有关。由于负离子的半径比阳离子大，液相渣的表面主要为负离子所占据，不同离子间的键能不一样，所以不同组成渣形成熔体时，表面张力也不一样，其主要取决于表面的负离子与邻近阳离子的作用力。Tanaka 等提出了基于 Butler 方程离子混合物的表面张力计算模型，广泛应用于各种渣系的表面张力计算，如下：

$$\sigma = \sigma_i^{\text{pure}} + \frac{RT}{A_i} \ln \frac{M_i^{\text{Surf}}}{M_i^{\text{Bulk}}} \tag{6-56}$$

$$A_i = N_0^{1/3} \cdot V_i^{2/3} \tag{6-57}$$

$$M_i^{\text{P}} = \frac{\dfrac{R_i^{\text{cation}}}{R_i^{\text{anion}}} \cdot N_i^{\text{P}}}{\sum\limits_i \dfrac{R_i^{\text{cation}}}{R_i^{\text{anion}}} \cdot N_i^{\text{P}}} \tag{6-58}$$

式中　i——渣组成的氧化物；

　　R——气体常数，J/(mol·K)；

　　T——绝对温度，K；

σ_i^{pure}——纯液相 i 的表面张力，N·m；

N_0——Avogadro 数，mol^{-1}；

V_i——纯液相 i 的摩尔体积，m^3/mol；

N_i^{P}——P 相中组元 i 的摩尔分数（P 为 Surf 或 Bulk）；

R_i^{cation}——组元 i 的阳离子半径，nm；

R_i^{anion}——组元 i 的负离子半径，nm。

  氧化物的离子半径和表面张力、摩尔体积与温度的关系见表 6-13。由上述公式和表 6-13 的数据，可计算液相渣的表面张力。图 6-34 给出了不同温度条件下液相渣表面张力的变化。可以看出，液相渣表面张力较高，且随温度升高表面张力逐渐下降。

表 6-13 氧化物的离子半径和表面张力、摩尔体积与温度的关系

氧化物	离子半径/nm		表面张力/mN·m^{-1}	摩尔体积/m^3·mol^{-1}
	阳离子	阴离子		
CaO	Ca^{2+} 为 0.099	O^{2-} 为 0.144	791−0.0935T	20.7×10^{-6}×[1+10^{-4}×(T−1773)]
SiO$_2$	Si^{4+} 为 0.042	SiO$_4^{4-}$ 为 0.084	243.2+0.031T	27.516×10^{-6}×[1+10^{-4}×(T−1773)]
Al$_2$O$_3$	Al^{3+} 为 0.051	O^{2-} 为 0.144	1024−0.177T	28.3×10^{-6}×[1+10^{-4}×(T−1773)]
MgO	Mg^{2+} 为 0.066	O^{2-} 为 0.144	1770−0.636T	16.1×10^{-6}×[1+10^{-4}×(T−1773)]

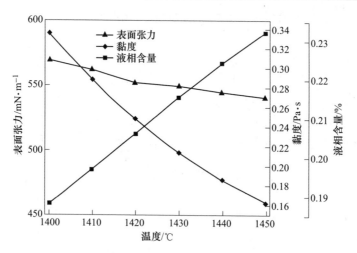

图 6-34 不同温度条件下液相渣黏度、表面张力和含量的变化

  另外，还原产物中的渣由固相和液相组成，固液相共存的渣的黏度采用 Einstein-Roscoe 方程计算：

$$\eta = \eta_0(1 - a \cdot f)^{-n} \tag{6-59}$$

式中 η——固液相共存的渣的黏度，Pa·s；

η_0——液相渣的黏度，Pa·s;

　　f——固液相共存的渣中固相的体积分率;

　　a，n——常数。

据 S. Right 的研究，常数 a，n 与渣中固相粒子的大小有关。本研究认为不同碳氧比 FC/O 条件下不锈钢粉尘热压块中渣的 a 和 n 值相同。通过 FactSage 7.0 软件计算液相渣的黏度，图 6-34 给出了不同温度条件下液相渣黏度的变化。可知，液相渣黏度随温度的升高而下降。当温度为 1400℃ 和 1450℃ 时，液相渣的黏度分别为 0.33Pa·s 和 0.16Pa·s，液相含量分别为 18.8% 和 23.2%。相比于 1400℃，当温度 1450℃ 时不锈钢粉尘热压块中液相渣的含量上升。由式（6-59）可知，虽然因固相的存在使渣黏度高，但随温度的升高，液相渣含量增加，且液相渣黏度降低，因此还原产物中渣的黏度随温度的升高而大幅下降。

综上所述，温度和碳氧比 FC/O 对于渣的黏度具有重要影响，尤其是升高温度可明显改善渣的流动性，促进 Fe-Cr-Ni-C 合金颗粒的聚集长大。

6.1.5.3　Fe-Cr-Ni-C 合金颗粒形成机理

A　碳氧比 FC/O 对 Fe-Cr-Ni-C 合金颗粒形成的影响

为考察碳氧比 FC/O 对 Fe-Cr-Ni-C 合金颗粒形成的影响，选定热压块碳氧比 FC/O 为 0.7、0.8、0.9 和 1.0，观察了在 1400℃ 和 1450℃、还原 25min 条件下还原产物的宏观形貌，见图 6-35。可知，碳氧比 FC/O 对 Fe-Cr-Ni-C 合金颗粒的形成影响显著，碳氧比为 0.7 和 0.8 条件下还原产物中出现大的合金颗粒，但当

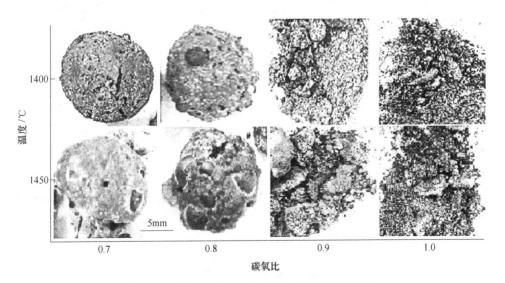

图 6-35　碳氧比 FC/O 对还原产物宏观形貌的影响

碳氧比为 0.7 时粉尘热压块不能完全还原；碳氧比为 0.9 和 1.0 时还原产物在冷却过程发生自粉化，且还原产物未出现较大的合金颗粒，合金颗粒生成不明显。

为得到 1400℃、碳氧比 FC/O 0.9 和 1.0 时还原产物的微观形貌，对还原产物进行了光学显微、SEM、EDS 和面扫描分析。

图 6-36 给出了碳氧比 FC/O 为 0.9 时的分析结果。图 6-36（a）为还原产物的光学显微照片，可以看出还原产物中存在一些小的合金颗粒；图 6-36（b）~（d）为还原产物的 SEM 照片。由图 6-36（b）（c）可发现，还原产物中的微粒合金颗粒和渣颗粒。图 6-36（b）中 M、N 点的 EDS 能谱分析结果列于表 6-14。可知，碳氧比 FC/O 0.9 时还原产物中出现 Fe-Cr-Ni-C 合金颗粒，但颗粒尺寸很小。此外，由图 6-36（d）可看出，还原产物中出现复杂的物相；为考察该物相的组成，对图 6-36（d）进行了面扫描分析，结果见图 6-37。由图 6-37 可知，Ca、Si、Al 元素存在的区域比较一致，Mg 元素存在于 Ca、Si、Al 元素区域的周围，且 O 元素区域与 Ca、Si、Al、Mg 元素区域一致。说明图中灰色的不规

（a）　　　　　　　　　　　　　　（b）

（c）　　　　　　　　　　　　　　（d）

图 6-36　碳氧比 FC/O 为 0.9 时还原产物的微观形貌（1400℃）

（a）还原产物的光学显微形貌；（b）~（d）还原产物 SEM 微观形貌

范形态的颗粒为硅酸盐组成的渣，MgO 难以固溶于 $CaO-SiO_2-Al_2O_3$ 渣系。Fe、Cr、C 元素区域互相一致，图 6-36（d）中灰色的不规范形态的物相主要由 Fe、Cr 和 C 组成，物相中白色的颗粒为 Fe-Cr-Ni-C 合金，黑色及灰黑色的物质为 C 和碳化物。

表 6-14　碳氧比 FC/O 为 0.9 时还原产物的 EDS 分析（质量分数,%）

点	Fe	Cr	Ni	C
M	80.71	7.91	3.36	0.62
N	66.61	26.08	2.79	0.72

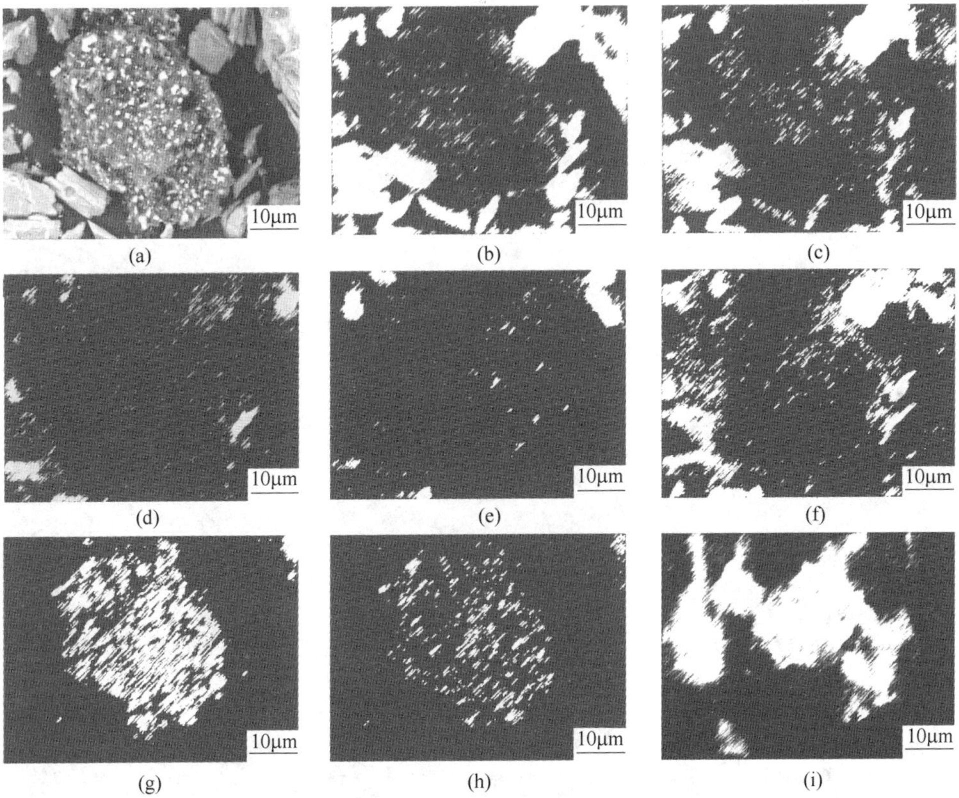

图 6-37　碳氧比 FC/O 为 0.9 时还原产物的面扫描分析
（a）面扫描照片；（b）钙的分布；（c）硅的分布；（d）铝的分布；（e）镁的分布；
（f）氧的分布；（g）铁的分布；（h）铬的分布；（i）碳的分布

图 6-38 是碳氧比 FC/O 为 1.0 时还原产物的微观形貌。图 6-38（a）为还原产物的光学显微照片，可以看出一些小的合金颗粒；图 6-38 中（b）（c）为还原产物的 SEM 照片。图 6-39 为图 6-38（c）的面扫描照片。由图 6-38（c）和图 6-

39 的结果可认为，合金颗粒的表面上明显存在碳，且由于微粒合金颗粒、碳、碳化物、渣共存在一起，合金颗粒难以聚集长大。

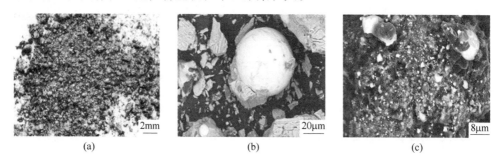

(a)　　　　　　　　　　(b)　　　　　　　　　　(c)

图 6-38　1400℃条件下碳氧比 FC/O 为 1.0 时的还原产物微观形貌（25min）

（a）还原产物的光学显微形貌；（b）还原产物 SEM 微观形貌；（c）还原产物 SEM 微观形貌

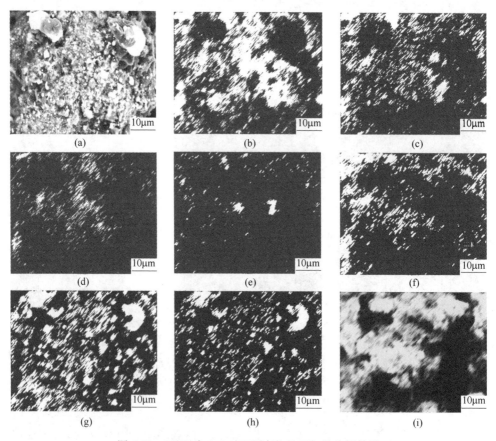

(a)　　　　　　　　　　(b)　　　　　　　　　　(c)

(d)　　　　　　　　　　(e)　　　　　　　　　　(f)

(g)　　　　　　　　　　(h)　　　　　　　　　　(i)

图 6-39　FC/O 为 1.0 时还原产物的面扫描分析结果

（a）面扫描照片；（b）钙的分布；（c）硅的分布；（d）铝的分布；（e）镁的分布；

（f）氧的分布；（g）铁的分布；（h）铬的分布；（i）碳的分布

图 6-40 (a) (b) 分别给出了还原温度 1450℃ 条件下，当碳氧比 FC/O 为 0.9 和 1.0 时还原产物的光学显微分析结果。可知，还原温度为 1450℃ 条件下，碳氧比 FC/O 为 0.9 和 1.0 时还原产物中均出现较多的合金小颗粒，但未出现大的合金颗粒。尤其是当碳氧比 FC/O 为 1.0 时还原产物中存在大量碳，这些过量碳的存在增加了渣的黏度，阻碍合金颗粒的聚集长大。

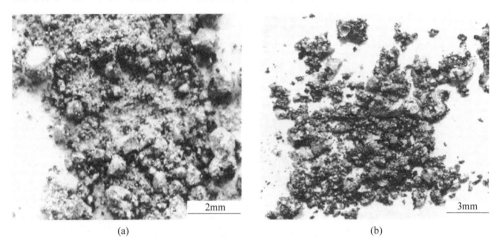

(a)   (b)

图 6-40 1450℃ 条件下还原产物的微观形貌（还原时间 25min）
(a) FC/O 为 0.9；(b) FC/O 为 1.0

综上所述，碳氧比 FC/O 对合金颗粒的形成影响显著。当碳氧比 FC/O 为 0.7 时，虽然还原产物中产生大的合金颗粒，但不能完全还原。当碳氧比在 0.9 以上时，还原产物中合金颗粒难以聚集长大，且还原产物的宏观形貌类似。其原因是：尽管碳氧比 FC/O 的增加改善了热压块中渣的流动性，有助于合金颗粒的聚集长大，但是由于过量固定碳的存在，使还原过程中产生大量金属碳化物和未反应的固定碳，不利于合金液相的形成，阻碍合金颗粒的聚集长大。因此，可以认为对合金颗粒形成的适宜碳氧比 FC/O 为 0.8。

B 还原时间和温度对 Fe-Cr-Ni-C 合金颗粒形成的影响

当还原温度为 1400℃ 和 1450℃ 时，不同碳氧比 FC/O 和还原时间条件下还原产物的宏观形貌变化分别见图 6-41 和图 6-42。

由图 6-41 可以看出，在还原温度为 1400℃ 条件下，当碳氧比 FC/O 为 0.7 时，随还原时间的延长还原产物形貌几乎没有变化；碳氧比 FC/O 为 0.8 时，还原产物中出现了少量合金颗粒，且随还原时间的延长，合金颗粒生成量变化不明显，其原因是：当还原温度为 1400℃ 时，合金液相的形成速度慢，渣的流动性差，不利于合金颗粒的聚集长大；当碳氧比 FC/O 为 0.9 和 1.0 时，还原产物中合金颗粒的形成不明显，还原产物冷却过程中发生自粉化，且自粉化效果随时间

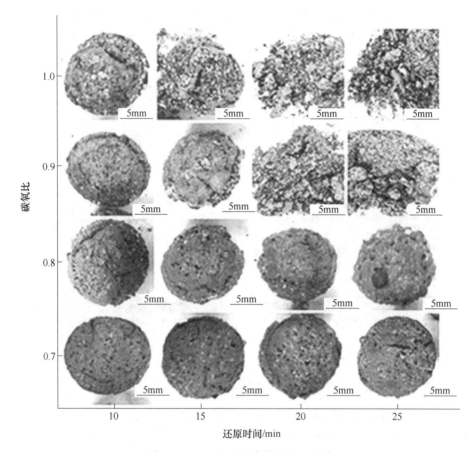

图 6-41　1400℃还原产物的宏观形貌

的延长明显增大。

在还原温度为 1450℃条件下，当碳氧比 FC/O 为 0.7 时，还原产物出现少量合金颗粒（见图 6-42），且随还原时间的延长合金颗粒逐渐变大；在碳氧比FC/O 为 0.8 的条件下，随还原时间延长，还原产物中出现较多合金颗粒，且随着还原时间的延长，合金颗粒聚集长大十分显著；在碳氧比 FC/O 为 0.9 和 1.0 条件下，还原产物中合金颗粒的形成也不明显。

图 6-43（a）（b）分别给出了碳氧比 FC/O 为 0.9、还原时间 15min、还原温度 1400℃和 1450℃时的还原产物微观形貌。图 6-43（c）（d）分别是碳氧比 FC/O 为 1.0、还原时间 15min、还原温度 1400℃和 1450℃时还原产物的微观形貌图。图 6-44 给出了还原温度 1400℃、还原时间 15min 时的还原产物 SEM 照片。图 6-44（a）（b）是碳氧比 FC/O 为 0.9 时的 SEM 照片，图 6-44（c）（d）是碳氧比 FC/O 为 1.0 时的 SEM 照片。可知，温度 1400℃时还原产物中存在大量的小合金颗粒，但温度和还原时间对合金颗粒聚集长大的影响不明显。

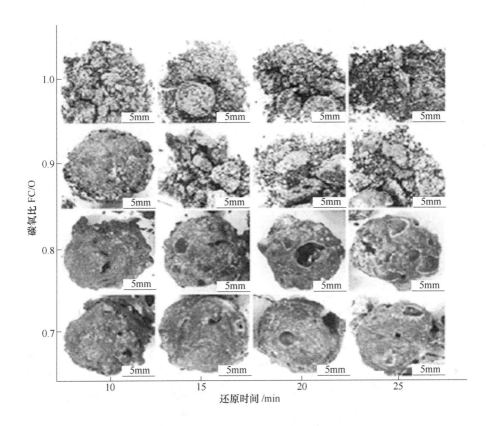

图 6-42   1450℃还原产物的宏观形貌

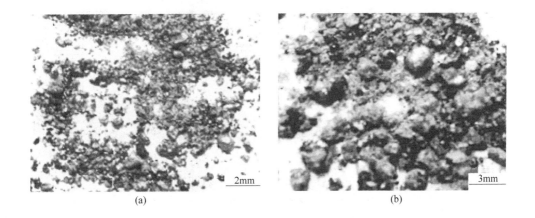

(a)   (b)

图 6-43　还原产物的微观形貌（还原时间 15min）
(a) FC/O 为 0.9, 1400℃；(b) FC/O 为 0.9, 1450℃；
(c) FC/O 为 1.0, 1400℃；(d) FC/O 为 1.0, 1450℃

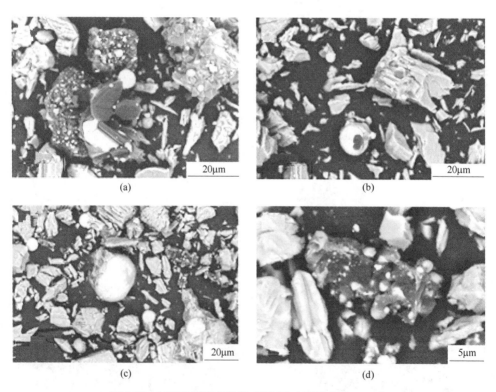

图 6-44　1400℃还原产物的 SEM 图（还原时间 15min）
(a)(b) FC/O 为 0.9；(c)(d) FC/O 为 1.0

综上所述，碳氧比 FC/O 是合金颗粒聚集长大的关键因素。当碳氧比为 0.8 时，温度和还原时间对合金颗粒聚集长大的影响十分显著。当还原温度 1450℃ 时，由于良好的合金液相形成条件，使渣的流动性得到改善，进而使还原产物中生成大的合金颗粒；而当碳氧比为 0.9 和 1.0 时，温度和还原时间对合金颗粒聚集长大的影响不明显。从还原产物冷却后的自粉化现象来看，1450℃ 时自粉化效果更好。因此，Fe-Cr-Ni-C 合金颗粒形成的适宜条件为：还原温度 1450℃、碳氧比 FC/O 为 0.8、还原时间 20min。

6.1.6 Fe-Cr-Ni-C 合金颗粒与渣相的分离机理

不锈钢粉尘热压块还原产物中 Fe-Cr-Ni-C 合金颗粒和渣的高效分离是不锈钢粉尘高效利用新工艺的关键环节之一。在合金颗粒与渣分离过程中，生成的渣相起关键作用。首先分析不锈钢粉尘热压块中可发生的主要渣相反应热力学，并通过实验考察渣相组成对还原产物自粉化的影响；其次，采用 Fact Sage 7.0 软件进行不锈钢粉尘热压块渣相平衡热力学及冷却凝固过程非平衡热力学研究；然后，通过还原产物中合金颗粒分离实验，考察保温温度、保温时间对渣金分离效果的影响；最后，对合金颗粒和渣粉末进行化学成分、XRD、SEM 和 EDS 分析，阐明还原产物渣金分离机制。

6.1.6.1 不锈钢粉尘热压块还原过程的主要渣相反应

不锈钢粉尘热压块在金属化还原及合金颗粒形成过程中，渣成分之间互相反应形成稳定的化合物。由于渣碱度高，整个过程将发生大量的固相反应及少量的液相生成反应。其中，主要的渣相反应式（6-60）和式（6-61）及其反应热力学数据列于表 6-15，反应的吉布斯自由能变化见图 6-45。

表 6-15　不锈钢粉尘热压块中的渣相反应及基本热力学数据

反应式	$\Delta G = f(T)/J \cdot mol^{-1}$	公式序号
$2CaO + SiO_2 = Ca_2SiO_4$	$-128300 + 1.186T, T < 1120K; -92640 - 30.33T, T > 1120K$	(6-60)
$3CaO + SiO_2 = Ca_3SiO_5$	$-68540 - 44.53T$	(6-61)
$CaCO_3 = CaO + CO_2$	$80960 - 68.77T$	(6-62)
$2CaCO_3 + SiO_2 = Ca_2SiO_4 + 2CO_2$	$217200 - 295.4T$	(6-63)
$3CaCO_3 + SiO_2 = Ca_3SiO_5 + 3CO_2$	$444100 - 473.7T$	(6-64)
$Ca_2SiO_4 + CaO = Ca_3SiO_5$	$76470 - 64.01T, T < 1160K; 8163 - 5.16T, T > 1160K$	(6-65)

由图 6-45 可以看出，反应式（6-60）和式（6-61）的吉布斯自由能 ΔG 值在整个温度范围内（600~1800K）小于 0，说明反应可以自发进行。但根据相关文献从反应动力学角度来看，反应式（6-60）在温度 900℃ 以上才能进行，反应

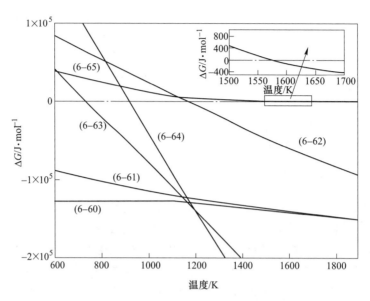

图 6-45　不锈钢粉尘热压块反应体系中渣相反应的吉布斯自由能

式（6-61）在温度 1350℃以上才能进行。

当温度高于 1170K 时，在反应式（6-62）达到平衡的条件下，$CaCO_3$ 已完全分解。但由于不锈钢粉尘热压块金属化还原为快速加热过程，$CaCO_3$ 来不及分解，因此在不锈钢粉尘热压块渣相反应体系内仍存在 $CaCO_3$，即除 CaO 与 SiO_2 反应生成 C_2S、C_3S 以外，$CaCO_3$ 也可与 SiO_2 发生反应，此种情况类似于水泥的生产过程。当温度高于 1160K 时，反应式（6-63）和式（6-64）的吉布斯自由能 ΔG 比式（6-60）和式（6-61）低；当温度为 1573K 时，式（6-63）、式（6-64）与式（6-60）、式（6-61）吉布斯自由能 ΔG 的比分别为 1.8、2.2 倍；当温度为 1723K（不锈钢粉尘热压块金属化还原温度）时，比值分别为 2.0、2.6 倍。由 ΔG 值最小稳定存在原则可知，当温度高于 1160K 时，式（6-63）、式（6-64）较易进行。

由于反应式（6-63）和式（6-64）不仅生成 C_2S、C_3S，且生成气体 CO_2，因此该反应受到反应体系中 CO_2 分压的影响。由于不锈钢粉尘热压块反应体系内存在固定碳，当反应温度高于 1000K 时，碳的气化反应剧烈发生，反应体系内 CO_2 分压大大降低。因此，在反应体系中，反应式（6-63）和式（6-64）更易进行，即更易形成 C_2S 和 C_3S。

当温度高于 1576K 时，反应式（6-65）的吉布斯自由能 ΔG 值低于零，但其绝对值很小。因此，在高温条件下不易通过反应式（6-65）形成 C_3S。此外，反应体系中部分 CaO、SiO_2、Al_2O_3 和 MgO 之间发生反应，形成液相渣，液相渣的存在大大提高反应物的扩散速度，从而加快 C_2S 和 C_3S 的形成速度。总之，在金属化还原及合金颗粒形成过程较易进行 C_2S 和 C_3S 的形成反应。这与不锈钢粉尘热压块还原产物的 XRD 分析结果一致，即还原产物存在较多 C_2S 和 C_3S。

6.1.6.2 不锈钢粉尘热压块还原产物自粉化研究

图 6-46 给出了当还原温度 1450℃、还原时间 20min、不同碳氧比 FC/O 条件下不锈钢粉尘热压块还原产物自然冷却后形貌。可以看出，相比于碳氧比 FC/O 为 0.7、0.8 的还原产物形貌，当碳氧比 FC/O 为 0.9 和 1.0 时还原产物产生了严重破裂粉碎现象。

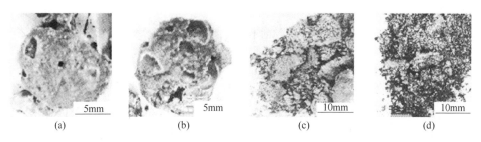

图 6-46　不同碳氧比 FC/O 的不锈钢粉尘热压块还原产物自然冷却后形貌
（a）FC/O 为 0.7；（b）FC/O 为 0.8；（c）FC/O 为 0.9；（d）FC/O 为 1.0

上述现象与不锈钢粉尘热压块中渣的碱度有关。随碳氧比 FC/O 的增加，不锈钢粉尘热压块的碱度逐渐降低。当碳氧比 FC/O 为 0.8 时，不锈钢粉尘热压块渣的碱度为 2.94；当碳氧比 FC/O 为 0.9 时，渣的碱度为 2.8。热压块中渣的碱度越低，渣中 C_2S 含量越高，而由于 C_2S 在冷却过程发生相转换所产生的体积膨胀，使得还原产物中渣在冷却过程中发生自粉化。另外，从金属化还原与合金颗粒形成角度来看，适宜的碳氧比 FC/O 为 0.8。因此，在保证热压块碳氧比 FC/O 为 0.8 的条件下，可以通过添加 3% 和 5% 铁矿粉降低不锈钢粉尘热压块的碱度。所用铁矿粉的化学组成列于表 6-16。

表 6-16　铁矿粉的化学组成　（质量分数,%）

TFe	FeO	SiO_2	CaO	Al_2O_3	MgO
64.5	28.03	7.00	0.85	0.99	0.50

由表 6-16 可知，铁矿粉中 SiO_2 含量为 7.00%，CaO 含量为 0.85%，属酸性铁矿。由计算可得，在添加 3% 和 5% 铁矿粉条件下，不锈钢粉尘热压块碱度分别为 2.80 和 2.74。对添加铁矿粉的不锈钢粉尘热压块进行还原实验，当还原温度 1450℃、碳氧比 FC/O 为 0.8、还原时间 20min 时，还原产物在冷却过程中产生自粉化。添加 3% 铁矿粉的不锈钢粉尘热压块（FC/O 为 0.8）还原产物冷却后的形貌见图 6-47。

图 6-47　添加 3%铁矿粉的不锈钢粉尘热压块还原冷却后形貌

由图 6-47 可看出，还原产物由 Fe-Cr-Ni-C 合金颗粒、渣粉末和一些小的渣颗粒组成，基本实现了合金颗粒与渣的分离。尽管未添加铁矿粉和添加铁矿粉的不锈钢粉尘热压块碳氧比 FC/O 均为 0.8，但是由图 6-46 和图 6-47 可以看出，两者的还原产物形貌差别明显，说明不锈钢粉尘热压块的碱度起到关键作用。碱度高时，渣中生成较多 C_3S，而 C_2S 较少；碱度低时，渣中 C_3S 生成量少，而 C_2S 生成量较多，有利于合金颗粒和渣的分离。

一般增加渣中 C_2S 的方法有两种：（1）控制渣碱度，即配加一定量的辅助材料，如高硅铁矿、沙子等，但该方法使 Fe-Cr-Ni-C 合金中的铬、镍品位降低，且工艺复杂；（2）将渣中 C_3S 转换成 C_2S，使渣中 C_2S 含量增加。由图 6-48 可以看出，在温度低于 1570K 时，反应式（6-65）的逆反应可进行。因此，若能在合金颗粒形成后的冷却过程中，为反应式（6-65）的逆反应提供良好条件，即可使渣中 C_2S 含量增加，最终实现合金颗粒的自然分离。本研究采用方法（2）增加渣中 C_2S 含量，反应式（6-65）的逆反应如下：

$$Ca_3SiO_5 \rule[0.5ex]{2em}{0.4pt} Ca_2SiO_4 + \text{f-CaO} \tag{6-66}$$

式中　f-CaO——游离氧化钙。

6.1.6.3　渣相中 C_2S 生成热力学及 C_2S 生成优化和控制

A　不锈钢粉尘热压块渣相平衡热力学计算

不使用任何辅助材料时，不锈钢粉尘热压块金属化还原及 Fe-Cr-Ni-C 合金颗粒形成过程中 C_3S 和 C_2S 生成量对合金颗粒与渣相的分离具有重要影响。平衡热力学计算可提供反应体系最稳定状态时的渣相组成。对于一个复杂反应体系，当反应达到平衡时，体系吉布斯自由能达到最小值，因此反应体系的平衡可采用吉布斯最小化方法计算。本研究采用 FactSage 7.0 软件计算不锈钢粉尘热压块的渣相平衡，输入物质为 100g 不锈钢粉尘热压块中渣相成分含量（CaO、$CaCO_3$、

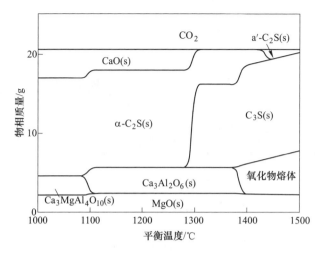

图 6-48 不同温度条件下不锈钢粉尘热压块渣相平衡组成

SiO_2、Al_2O_3 和 MgO），气氛为惰性气体，压力为 0.1MPa，温度范围为 1000～1500℃。图 6-48 给出了 FC/O 为 0.8 时不锈钢粉尘热压块中渣相平衡计算结果。由图 6-48 可知，在平衡条件下，当温度高于 1000℃时，渣中无 $CaCO_3$ 存在；当温度在 1000～1290℃范围内时，渣中存在大量的 C_2S；当温度高于 1300℃时，无 CaO 存在，渣中出现 C_3S；当温度高于 1380℃时，C_2S 生成量随温度升高逐渐减少。此外，在整个温度范围内，渣中 MgO 与其他物相难以进行反应，因此渣中固相 MgO 含量基本不变。

当温度为 1375℃时，渣中开始形成液相，且液相量随温度的升高逐渐增加。温度越高，渣中 C_3S 含量越高，C_2S 含量越低。当温度为 1450℃、碳氧比 FC/O 为 0.8 时，渣中 C_3S 含量为 60.35%，而 C_2S 含量较低，仅为 5.48%，不利于 Fe-Cr-Ni-C 合金颗粒与渣相的分离。图 6-49 给出了温度为 1450℃时不同 FC/O 条件下渣相的平衡组成图。可以看出，碳氧比 FC/O 的变化对渣中 MgO 及液相含量影响不大，但对 C_3S、C_2S 含量的影响显著。渣中 C_2S 含量随碳氧比 FC/O 的增加而增加，而 C_3S 含量随碳氧比 FC/O 的增加而下降。当碳氧比 FC/O 为 0.7 时，渣中 C_2S 含量不到 1%，C_3S 含量 65.3%；而当碳氧比 FC/O 为 0.8 时，渣中 C_2S 含量为 5.48%，C_3S 含量为 60.20%。

B 冷却过程渣相非平衡热力学计算

在不锈钢粉尘热压块高温还原过程中，有价组元氧化物还原、Fe-Cr-Ni-C 合金颗粒形成、渣相反应及渣中液相生成同时进行，但在还原产物冷却过程中，由于冷却速度快，渣相未能达到平衡状态。非平衡凝固过程理论认为，在合金或渣的凝固过程中固液两相的均匀化来不及通过传质充分进行，除固-液界面处能处于局部平衡状态外，固液两相中平均成分势必偏离平衡相图所确定的数值。平衡

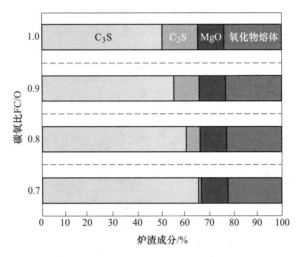

图 6-49　1450℃时不同 FC/O 条件下的渣相平衡组成

凝固过程是极难实现的，实际凝固过程均为非平衡凝固。由于溶质在固相中的扩散系数非常小，因此当溶质还未来得及扩散时，温度已大幅降低，从而使固-液界面大大向前推进，新成分的固相又结晶出来。Scheil-Gulliver 模型可描述合金及渣的非平衡凝固过程中溶质的再分配，该模型基于以下假设：（1）固相中无扩散；（2）液相中溶质无限快再分配，使液相均匀混合，成分完全均匀。目前，Scheil-Gulliver 模型广泛应用于模拟合金、水泥的凝固过程。为考察水泥熟料和石灰生产的过程，Hokfors Bodil 等基于 Scheil-Gulliver 模型进行了物相化学平衡计算和非平衡冷却计算。

　　如上文所述，不锈钢粉尘热压块还原产物存在部分液相渣，还原产物在冷却凝固过程渣中固相 C_2S 含量增加。为了确定凝固后渣相组成及各成分含量，本研究采用 Scheil-Gulliver 模型对还原产物中的渣相进行计算，计算温度范围为 1450～1150℃。图 6-50 给出了碳氧比 FC/O 为 0.8 时，基于 Scheil-Gulliver 模型的渣相非平衡冷却计算结果。可以看出，渣中 C_3S 和 MgO 含量基本不变，但 C_2S 随液相渣量的减少而增加。在凝固过程中体系内除出现 C_2S 外，也出现了 $Ca_3Al_2O_6$、$Ca_3MgAl_4O_{10}$ 和 $CaAl_2O_4$。当温度低于 1290℃时，液相渣完全成为固相，此时渣体系中 C_2S 含量上升到 14.8%。

　　图 6-51 给出了 Scheil-Gulliver 非平衡冷却下 FC/O 变化对渣相组成和碱度的影响。可知，渣相非平衡凝固后渣中 C_3S 随碳氧比 FC/O 的升高而降低，而 C_2S 随 FC/O 的升高而增加，渣相碱度随碳氧比 FC/O 增加而降低。尽管碳氧比 FC/O 为 0.8 时渣中 C_2S 含量在凝固过程中增加到 14.8%，但还原产物中渣未发生自粉化。当碳氧比 FC/O 为 0.9、1.0 时，凝固后渣中 C_2S 含量分别达到 18.9%、

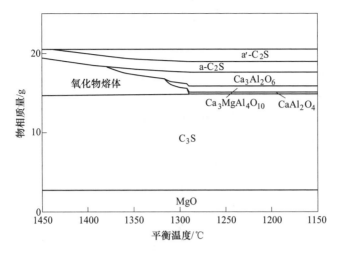

图 6-50　Scheil-Gulliver 非平衡冷却后 FC/O 为 0.8 的不锈钢粉尘热压块渣组成

23.5%，渣的自粉化效果较好。因此可估计，当渣中 C_2S 含量高于 18.9% 时，渣可发生自粉化现象。液相渣凝固时的反应如下：

$$（氧化物熔体）=== Ca_2SiO_4 + Ca_3Al_2O_6 + Ca_3MgAl_4O_{10} + CaAl_2O_4 \qquad （6-67）$$

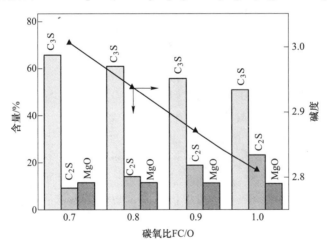

图 6-51　Scheil-Gulliver 非平衡冷却后不同碳氧比 FC/O 的热压块的渣组成

C　渣相中 C_2S 生成优化和控制研究

通过渣中 C_3S 分解反应式（6-66）可知，提高渣中 C_2S 的含量有利于渣的自粉化。C_3S 的分解反应多发生于水泥的生产过程，水泥熟料的主要矿物组成有 C_3S、C_2S 等，其中 C_3S 起水化反应快、早期强度高和水化时体积收缩小等作用。高温水泥熟料冷却时，C_3S 通过反应式（6-66）分解成 C_2S、二次 C_2S 和 f-CaO，

导致 C_3S 含量降低，水化活性减弱。文献研究结果表明：C_3S 的稳定温度范围为 1250～1900℃。Tenório 等通过连续冷却转变曲线（CCT）在不同冷却条件下对纯 C_3S 及添加了 Fe_2O_3、Al_2O_3 的 C_3S 进行分解反应研究，结果表明：冷却速度越慢，反应式（6-67）速度越快；当添加铁氧化物时，有利于 CaO 和 C_2S 在 C_3S 结晶表面上的形核，加速反应式（6-67）的进行；当添加 Al_2O_3 时，由于 Al_2O_3 可视为 C_3S 的稳定剂，阻碍了反应式（6-67）的进行。Mohan 等研究指出，反应式（6-67）在 1025～1175℃ 温度范围内反应速度最快。对水泥中 C_3S 分解反应的研究结果表明：与合成 C_3S 的分解相比，水泥中 C_3S 的分解反应速度更快，最快的分解温度范围为 1025～1175℃，与合成 C_3S 分解反应最快温度范围基本一致。Li Xunrui 等对波特兰水泥熟料中 C_3S 分解反应动力学进行了研究，结果指出当实验温度范围为 900～1200℃ 时，C_3S 分解反应动力学模型被确认为 Jander 模型（固相三维扩散），见式（6-68），在温度为 1107.5℃ 时反应速度达到最大。

$$[1 - (1 - \alpha)^{\frac{1}{3}}]^2 = kt \tag{6-68}$$

式中　α——转化率；

　　　t——时间，s；

　　　k——反应速度常数，s^{-1}。

通常以 Arrhenius 方程描述：

$$k = A\exp\left(\frac{-E}{RT}\right) \tag{6-69}$$

式中　A——指前因子，s^{-1}；

　　　R——气体常数，8.314J/(mol·K)；

　　　E——活化能，J/mol；

　　　T——温度，K。

若渣中 C_3S 分解过程与水泥中 C_3S 分解类似，则通过还原产物的保温处理可增加渣中 C_2S 的含量，且通过方程式（6-68）估算渣中 C_2S 含量的变化。不锈钢粉尘热压块渣中 C_2S 含量与保温温度和保温时间有关。不锈钢粉尘热压块碳氧比 FC/O 为 0.8 时，保温处理前渣中 C_3S、C_2S 含量分别为 60.0%、14.8%。图 6-52 给出了当保温温度为 1100℃ 时，渣中 C_3S 和 C_2S 含量随保温时间延长的变化。

由图 6-52 可知，渣中 C_3S 含量随保温时间延长而逐渐下降，而 C_2S 含量则随保温时间延长而增加。图中 A、B 点对应的 C_2S 含量是碳氧比 FC/O 为 0.9、1.0 时渣中 C_2S 含量。可以看出，当碳氧比 FC/O 为 0.8 时，为使还原产物渣中的 C_2S 含量到达 A、B 点，需要的保温时间分别为 5min、20min。因此，通过适宜的保温处理可增加渣中 C_2S 含量，实现还原产物中 Fe-Cr-Ni-C 合金颗粒与渣的高效分离。

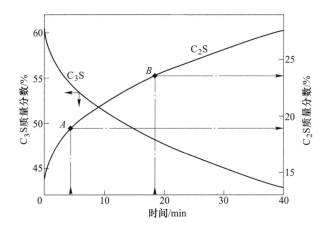

图 6-52 保温温度 1100℃时渣中 C_3S 和 C_2S 含量随保温时间的变化

6.1.6.4 渣金自粉化分离实验研究

A 保温时间和保温温度对合金颗粒分离的影响

由理论分析可知，当保温温度为 1100℃时，C_3S 分解速度最快。因此，本实验首先考察了保温温度为 1100℃时，保温时间对合金颗粒分离的影响，所选保温时间分别为 0min、5min、10min、15min 和 20min。保温温度为 1100℃时，保温时间对还原产物冷却后形貌的影响见图 6-53。可以看出，未经保温处理的还原产物冷却后未发生自粉化，经保温处理后的还原产物冷却后的形貌随保温时间的延长自粉化效果更明显。

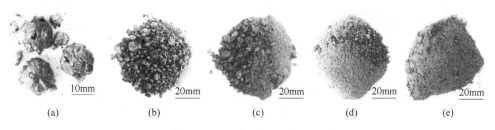

图 6-53 保温时间对还原产物冷却后形貌的影响
(a) 0min；(b) 5min；(c) 10min；(d) 15min；(e) 20min

当保温时间为 5min 和 10min 时，虽然还原产物发生自粉化，但还原产物中依然存在不少的渣颗粒；当保温时间为 15min 和 20min 时，还原产物基本完全自粉化。为将合金颗粒从还原产物中分离出来，对还原冷却后产物进行了筛分，筛分粒度为 0.106mm。保温温度为 1100℃时，不同保温时间处理后还原产物中小于 0.106mm 的渣粉末比例变化见图 6-54。可知，随保温时间延长，渣粉末量显著上升，当保温时间为 15min 时，还原产物中小于 0.106mm 的渣粉末比例超过 0.28。

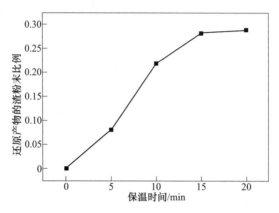

图 6-54 保温时间对还原产物中小于 0.106mm 渣粉末比例的影响（1100℃ 保温）

为考察保温温度对合金颗粒分离的影响，将保温时间保持在 20min，考察的保温温度为 1200℃、1150℃、1100℃、1050℃ 和 1000℃。图 6-55 给出了不同保温温度条件下还原产物中小于 0.106mm 的渣粉末比例变化。可以看出，当保温温度为 1200℃ 时，渣几乎没有自粉化；当保温温度为 1100℃ 时，渣的自粉化效果最好，这说明在 1100℃ 保温处理时 C_3S 的分解反应速率最快。

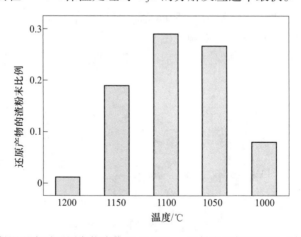

图 6-55 保温温度对还原产物中小于 0.106mm 渣粉末比例的影响（保温 20min）

B Fe-Cr-Ni-C 合金颗粒和自粉渣特性

图 6-56 给出了当保温温度和保温时间分别为 1100℃ 和 15min 时，经筛分粒度为 0.106mm 合金颗粒和渣粉末的宏观形貌。

上述实验得到的 Fe-Cr-Ni-C 合金颗粒的化学成分列于表 6-17，由此计算得出 Fe、Cr 和 Ni 的收得率分别为 92.5%、92.0% 和 93.1%。

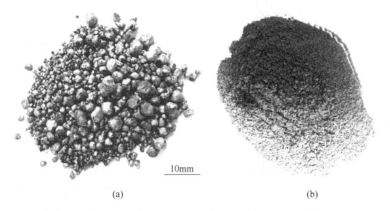

(a) (b)

图 6-56 保温温度 1100℃、保温 15min 时合金颗粒（a）和渣粉末（b）的形貌

表 6-17 合金颗粒的化学组成 （质量分数,%）

Fe	Cr	Ni	C	P	S
66.20	20.01	4.12	4.01	0.045	0.0086

此外，渣粉末的 XRD 分析结果见图 6-57。图 6-57（a）为添加 3%铁矿粉且

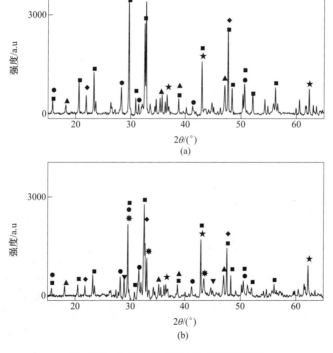

图 6-57 渣粉末的 XRD 物相分析结果

（a）添加铁矿；（b）经过保温处理

■—C_2S；●—C_3S；✱—f-CaO；★—MgO；◆—C_3A；▲—CA；▼—C_3MA_2

未经保温处理的渣粉末（粒度小于 0.106mm）的 XRD 分析结果，图 6-57（b）为经保温处理后的渣粉末 XRD 分析结果。可知，渣相主要由 C_2S、C_3S、MgO、C_3A、CA 和 C_3MA_2 组成，这与渣相反应非平衡热力学计算结果基本一致。此外，未经保温处理的渣相中未出现氧化钙 f-CaO，而经保温处理后的渣相中出现 f-CaO。说明在保温处理过程中，通过 C_3S 的分解反应式（6-67）生成了 f-CaO，这与上文所述的研究结果一致。

　　表 6-18 和图 6-58 给出了 Fe-Cr-Ni-C 合金颗粒和渣粉末的 SEM-EDS 分析结果。可知，合金颗粒的 SEM 照片由黑色、灰色和白色区域组成，黑色区域中 Cr 含量较高，为 37.4%，相反白色区域中 Cr 含量低，而 Ni 含量较高；由渣粉末的 EDS 分析可知，渣粉末中未发现有价组元 Fe、Cr 和 Ni，但图 6-58（d）中白色圆圈里存在小的合金颗粒，说明渣粉末中仍含有极少量微小的合金颗粒，若对这部分微小合金颗粒进行分离回收，可进一步提高有价组元收得率。一般常用的分离方法有磁选和重选。

表 6-18　Fe-Cr-Ni-C 合金颗粒和渣粉末的 EDS 分析结果　　（质量分数,%）

有价组元	Fe	Cr	Ni	C	
明亮物相	80.0	4.1	12.8	3.2	
灰相	61.5	32.7	1.4	4.4	
黑相	55.5	37.4	2.2	5.0	
渣相	Ca	Si	Al	Mg	O
图 6-58（b）中 A 点	47.9	13.9	4.0	1.4	32.8
图 6-58（b）中 B 点	48.7	11.0	2.3	0.6	37.4

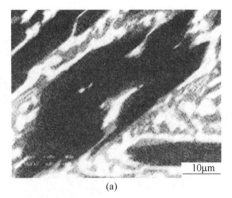

(a)

(b)

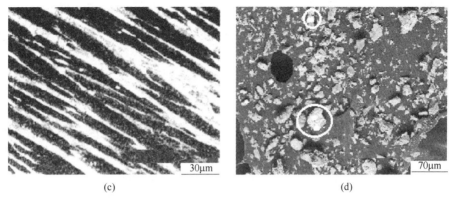

(c)   (d)

图 6-58 Fe-Cr-Ni-C 合金颗粒和渣粉末的 SEM 图

（a）（c）合金颗粒；（b）（d）渣粉末

由于本研究的 Fe-Cr-Ni-C 合金颗粒磁性非常弱，通过磁选无法实现合金颗粒的分离。图 6-59 给出了 Schaeffler 相图，纵坐标和横坐标分别用镍当量和铬当量来表示，具体计算式如下：

$$Cr_{eq} = w[Cr] + w[Mo] + 1.5w[Si] + 0.5w[Nb] + 2w[Ti] \tag{6-70}$$

$$Ni_{eq} = w[Ni] + 30w[C] + 30w[N] + 0.5w[Mn] + 0.25w[Cu] \tag{6-71}$$

镍当量是反映金属组织奥氏体化程度的指标，铬当量是反映金属组织的铁素体化程度的指标。图 6-59 标出了 A（奥氏体）、F（铁素体）及 M（马氏体）等组织的区域范围。本研究的合金颗粒中碳过高，碳主要以碳化物和固溶体的形式存在，且固溶的碳含量较高。由式（6-71）可知，碳是一种较强的奥氏体形成元素，形成奥氏体的能力是镍的 30 倍。

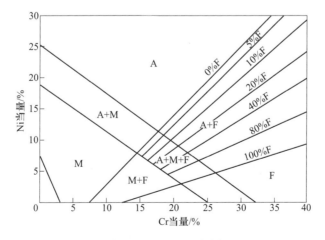

图 6-59 Schaeffler 相图

因此，本研究所得的 Fe-Cr-Ni-C 合金颗粒中存在大量奥氏体，使合金的磁性非常弱。对于渣粉末中微小合金颗粒的分离回收，后续将采用重选法展开深入研究，以期进一步提高有价组元的收得率。

6.1.6.5　渣金自粉化分离机理

由于不锈钢粉尘热压块中渣的碱度过高，当温度为 1450℃ 时，不锈钢粉尘热压块在进行还原及合金颗粒形成的同时，渣相中形成大量的 C_3S 及部分 C_2S 和液相。C_3S 在加热过程中可发生一系列可逆的晶态转变，形成晶体结构极其复杂的三种晶系（三方、单斜和三斜）及七种变形体，见图 6-60。

$$
\begin{array}{cccccc}
620℃ & 920℃ & 980℃ & 990℃ & 1060℃ & 1070℃ \\
T_1 \Longleftrightarrow T_2 & \Longleftrightarrow & T_3 \Longleftrightarrow M_1 & \Longleftrightarrow M_2 & \Longleftrightarrow M_3 & \Longleftrightarrow R
\end{array}
$$

（T—三斜；M—单斜；R—三方）

图 6-60　不同的 C_3S 晶态转变

C_3S 是一种不一致熔融的物质，在温度高于 2070℃ 时才能分解为 CaO 晶体和熔体。渣中的 C_2S 含量对合金颗粒的分离起关键作用，C_2S 在标准大气压条件下以 5 种晶体型态存在：$\alpha\text{-}C_2S$、$\alpha'_H\text{-}C_2S$、$\alpha'_L\text{-}C_2S$、$\beta\text{-}C_2S$ 和 $\gamma\text{-}C_2S$。当温度高于 2130℃ 时，C_2S 以液相存在。C_2S 液相在冷却过程中，当温度为 2130℃ 时，液相 C_2S 转变成 $\alpha\text{-}C_2S$；当温度为 1420℃ 时，$\alpha\text{-}C_2S$ 转变成 $\alpha'_H\text{-}C_2S$；当温度为 1160℃ 时，$\alpha'_H\text{-}C_2S$ 转变成 $\alpha'_L\text{-}C_2S$；当温度为 680℃ ~ 630℃ 时，$\alpha'_L\text{-}C_2S$ 转变成 $\beta\text{-}C_2S$。α、α'_H、α'_L 和 β 型的晶体结构较为相似，但与此四种晶体结构相比，$\gamma\text{-}C_2S$ 存在有一定区别，主要表现为 $\gamma\text{-}C_2S$ 密度更小（$\gamma\text{-}C_2S$ 密度为 2960kg/m³，$\beta\text{-}C_2S$ 密度为 3320kg/m³）。当温度低于 500℃ 时，发生 $\beta\text{-}C_2S \rightarrow \gamma\text{-}C_2S$ 相转变，此时，因体积膨胀使渣发生自然粉化。图 6-61 给出了渣中 C_2S 形成过程的示意图。

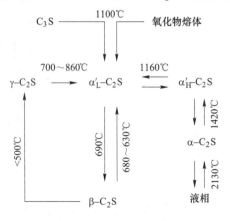

图 6-61　渣中 C_2S 相转变

在1450℃不锈钢粉尘热压块还原和Fe-Cr-Ni-C合金颗粒形成的同时，渣存在大量C_3S、少量C_2S和液相；在还原结束后开始降温，渣相凝固过程中C_2S含量增加，但仍不足以发生自粉化；随着冷却继续进行，在1100℃左右对还原产物进行保温15min处理，以保证通过渣中的C_3S发生分解反应式（6-67）来增加C_2S含量，这时的C_2S主要以α'_L-C_2S形式存在；在随后的继续自然冷却过程中，发生α'_L-$C_2S \rightarrow \beta$-$C_2S \rightarrow \gamma$-C_2S晶体转变，其中β-C_2S转变成γ-C_2S导致物料发生体积膨胀，渣相产生自然粉化。这样一来，通过简单的筛分处理，即可实现合金颗粒与粉渣的高效分离。

6.1.7 不锈钢粉尘热压块-金属化还原-自粉化分离新工艺总结

综合上述研究，得出不锈钢粉尘热压块-金属化还原-自粉化分离新工艺的工业化系统构成，见图6-62，主要工艺参数为：不锈钢粉尘和烟煤粒度小于0.106mm、压块温度200℃、压块压力35MPa、还原温度1450℃、还原时间20min、保温温度1100℃、保温15min；获得的Fe-Cr-Ni-C合金中Fe、Cr、Ni的含量分别为66.20%、20.01%、4.12%，P、S含量低，分别为0.045%、0.0089%，Fe、Cr和Ni收得率分别为92.50%、92.02%和93.10%。新工艺可以实现不锈钢粉尘有价组元高效利用，具有以下优势：（1）新工艺无需黏结剂和任何其他辅助材料；（2）不锈钢粉尘热压块制备时热压温度较低，热源可利用整个系统的废气回收热量；（3）工艺操作简单，以一步法实现有价组元的还原

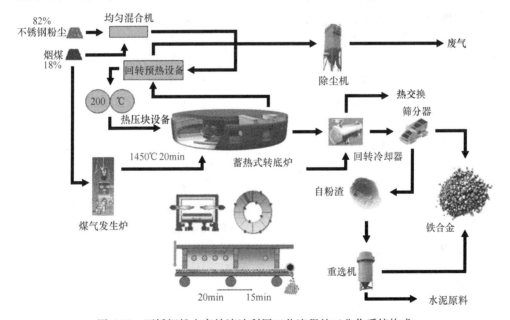

图6-62 不锈钢粉尘高效清洁利用工艺流程的工业化系统构成

及分离，不产生还原产物黏结炉底耐火材料的问题，还原产物易排出，不会产生二次氧化；（4）有价组元 Cr 的收得率达到 92%，而且 Fe-Cr-Ni-C 合金颗粒的 Cr 含量高，可用作不锈钢生产的原料，粉渣可以用作水泥生产的原料，实现整体综合利用。

6.2　基于氧化球团矿添加剂的硼泥规模化综合利用技术

6.2.1　硼资源及硼泥概况

6.2.1.1　硼资源储量及分布

硼是保障国民经济发展和国家安全的重要战略资源。硼制品广泛应用于冶金、化工、航空航天、国防等领域，是关乎国计民生的重要物质。近年来，硼制品的市场增长速度非常快，硼资源需求量急剧增加。目前，由于地理位置及开发手段等条件限制，青海盐湖地区硼矿资源尚未能加以利用，可供利用的硼矿资源主要为硼镁石资源（白硼矿）和硼镁铁共生矿资源（黑硼矿），随着硼镁石资源日趋枯竭，硼镁铁共生矿资源的高效开发利用成为增强我国硼工业生存和竞争能力的重要课题[11,12]。

辽东地区硼镁铁共生矿储量 2.8 亿吨，B_2O_3 储量 2184 万吨，占全国硼资源总储量的 57.88%。硼镁铁共生矿中硼、铁、镁等多元素共生，TFe 含量为 26%~32%，B_2O_3 含量为 7.0%~8.5%，MgO 含量为 25%~42%，是一种具有很高综合利用价值的矿石资源，战略地位十分重要。但由于多元素复合共生，有价组元品位较低，物相复杂，嵌布密切等特点，给采、选、冶等工艺带来巨大困难，造成铁、硼、镁等有价组元利用率低和显著的资源浪费及环境污染问题。究其原因：一方面是由于观念上没有把这种多元素共生矿看成是一种比普通铁矿更有价值的资源，而是简单地采用普通铁矿的选冶工艺进行加工利用；另一方面至今没有合适的符合硼镁铁共生矿生态化综合利用的思路和技术，其结果必然造成资源综合利用率低、含硼废弃物多、环境负荷大等弊端。国内针对硼镁铁共生矿的综合利用已经研究多年，但相关的研究成果与工业需求不相匹配[13,14]。

硼镁铁共生矿资源开发利用不可忽视的问题是含硼废弃物（简称为硼泥）的治理。在原矿破碎、筛分、还原产物磨矿、湿法除杂以及各工序衔接过程中不可避免地产生一定量的硼泥。在硼砂生产过程中，一些脉石矿物同硼矿石一同焙烧、粉碎并参与化学反应后，也会产生一定量的硼泥。硼砂生产中产生的硼泥，外观为浅棕色，粉状固体，属于不易溶性物质，具有一定的黏结性，可塑性指数 6~14，相对密度 2.3g/cm³，堆积密度 1.8g/cm³，颗粒粒度约 0.15mm。新产生的硼泥内含 20%~30% 游离水。硼泥呈碱性，pH 值为 8~11。通过 XRD-EDS 分析，硼泥的主要矿物组成为含铁的镁橄榄石、蛇纹石、菱镁石、石英、斜长石、钾长石、磁铁矿以及一些非晶质颗粒。

硼泥中含有 MgO、CaO、Na_2O、K_2O 等碱性物质，大量硼泥未经过任何环保技术处理，而且又是露天排放，导致硼泥排放之处寸草不生，其碱液可溶入到地下水中，使周围农田减产甚至绝产，并且对周围饮用水产生污染。由于硼泥颗粒较细，在失去水分以后，常常随风飞散。因此，在硼化工生产区已造成严重环境和大气污染。大量脉石在生产过程进入硼泥，硼泥中还含有硼镁矿提硼后产生的碱式碳酸镁。生产 1t 硼砂约产生硼泥 4t，每年全国产生 40 万~50 万吨硼砂，产生 160 万~200 万吨硼泥。随着对硼砂需求的不断扩大，硼泥这种固体废渣的排放量也急剧增大，加上多年积存，数以千万吨硼泥都亟待处理。

硼泥中含有 30%~40% MgO、3%~6% B_2O_3，是一种具有综合利用价值的资源。无论从环境保护还是资源利用角度看，研发硼泥高效高价值综合利用技术是非常必要和迫切的。

6.2.1.2　硼泥综合利用现状

硼泥中含有大量有用的矿物质，特别是通过烧结，可以使其 MgO 含量富集到 60%~80%、B_2O_3 含量富集到 5%~8%。由此可见，硼泥是完全可以被利用的。目前硼泥的综合利用途径主要有以下几个方面。

A　农业方面

硼泥中含有的镁、硼等元素是农作物需要的中量和微量营养元素，可提高作物的抗病抗寒能力，促进植物体内的硅和酶的活性。通过向硼泥中加入一定量的稀硫酸或稀硝酸进行酸化处理，使其发生中和反应，将 pH 值控制在 6~7 之间，反应后的硼泥经过干燥、粉碎，即可获得富含硫酸镁、硝酸镁、硼酸、二氧化硅的硼镁磷肥。将制得的硼镁磷肥应用于缺硼土壤，可以使喜硼作物产量明显提高。另外，在硼泥中加入少量的碳酸钠、氯化钠和硫酸，将其进行充分地混合，放入密闭的容器中，使水蒸气通过 10min，对其进行造粒、干燥可以作为除草醚颗粒剂使用，也能起到微量元素的作用。

B　镁系列化工产品

将硼泥形成规则的几何形状，自然晒干，放入焙烧窑中，焙烧 10h，将窑内温度控制在 600~700℃ 之间，可提高 MgO 活性。通过焙烧，烧损量达到 40% 以上，从而使 MgO 富集，氧化镁含量近 70%，然后加水对 MgO 进行消化 1h 左右，除生产轻质碳酸镁和轻质 MgO 外，还可以生产高纯无定型硼粉或进一步加工成高科技含量、高附加值的高纯 MgO 及氧化镁大尺寸单晶等产品。

C　建筑方面

将硼泥和黏土按 1∶2 的比例进行混合，可制得高强度、致密的特种砖。将硼泥和水泥按一定比例进行混合用作建筑用泥浆。由于硼泥具有较小的粒度和较好的黏结性，能够与水泥充分融合，因此其拌合性较好。通过实验，泥浆的强度、黏结度都有明显的提高。将硼泥作为掺和料加入普通水泥中，用其制成混凝土，对混凝土的各项性能测试发现，掺入硼泥的混凝土早期强度大幅提高，后期强度也能得到保证。

D　污水处理

硼泥中含有大量的碱性物质，可以用来中和硫酸、磷肥、氟硅酸等厂矿排泄的酸性物质。另外，由于硼泥溶于水后具有胶体性质，可以对砷、氟、重金属离子等进行吸附沉淀。

E　制造防水、隔热材料

以硼泥干粉为主体，掺和少量的石棉粉、珍珠岩粉，然后在130~150℃温度条件下与少量硬脂酸反应生成硼泥防水隔热粉，待冷却至40℃时再将硼泥防水隔热粉与乙烯-醋酸乙烯共聚乳液和丙烯酸脂进行聚合反应生成硼泥防水隔热膏，具有优越的防水性、隔热性及耐老化性能。

F　燃煤助燃除硫剂

燃煤助燃除硫剂是以废治污产品，利用硼泥、盐土等废渣并配合其他化学物质而成，可解决中小锅炉高耗煤、低效率、超标排放烟气及二氧化硫问题。

G　制备硼泥絮凝剂

硼泥中不含有对人体有毒的化学成分，可以作为水处理剂的原料加以利用。在酸性条件下用硫酸亚铁使电镀铬中的六价铬还原为三价铬，然后在碱性条件下加入硼泥使三价的铬、铁生成氢氧化物沉淀，并且使其他杂质也随之沉降。在一定处理条件下，经过一次絮凝，就可达到国家的排放标准。

H　燃煤高效节煤净化剂

燃煤高效节煤净化剂以白云石、石灰石、硼泥、铜矿渣、铝矾土、铁矿渣、工业食盐、碳酸钾和硝酸钠为原料，粉碎至0.5mm以下，以一定比例混匀即成。其配比为：白云石10%~20%，石灰石10%~20%，硼泥10%~30%，铜矿渣8%~15%，铝矾土8%~10%，铁矿渣8%~12%，工业食盐8%~12%，碳酸钾6%~12%和硝酸钠8%~10%。使用时，该净化剂与燃煤按照（5~8）∶10的比例进行混合，可使煤的着火提前，燃烧完全，消除冒烟现象，并降低NO_x和SO_x的排放量，适用于链条炉和其他工业锅炉，也可以用于煤粉炉及型煤炉中。

I　硼泥合成镁橄榄石

利用硼泥生产镁橄榄石，其性能指标已达到或优于国内外用生镁橄榄石料煅烧的镁橄榄石的指标。目前适于国内外大型浮法窑、手板窑、轻工窑、玻璃窑中采用镁橄榄石砖代替原来镁铬材料，国内外平炉炉顶普遍采用镁橄榄石砖。

J　塑料及橡胶填充剂

硼泥经加工后，可以用于硬PVC塑料及橡胶制品的添加剂，降低产品成本。

K 冶金中的应用

利用硼泥作铁精矿烧结和球团添加剂，也是硼泥资源利用的一条重要途径。在铁精矿中加入硼泥（B_2O_3 质量分数>2.0%）制粒，克服了烧结矿易粉化、强度低等影响高炉生产的弊端，特别对低磷高硅磁铁矿的烧结效果更好。有些钢铁厂已经将硼泥作为烧结矿的抗粉化剂进行试验性使用。另外，有些研究还探讨硼泥用作铁精矿球团添加剂，可以降低焙烧温度。

目前，国内外对硼泥综合利用开展了很多工作，但硼泥污染的现象仍然大量存在，工业化利用程度仍然较低，这主要是由于各类硼泥综合利用技术的局限性，导致其未能有效的实际应用。因此，无论是提高资源利用率，还是满足严格的环保要求，都必须加强硼泥的大规模高效利用技术开发。

6.2.2 硼泥用作氧化球团矿添加剂的实验研究

根据硼泥的特性和我国酸性氧化球团矿生产的特点，探索将硼泥用作氧化球团矿添加剂实现大规模利用的可行性。通过球团制备、高温冶金性能检测及物相分析等，系统研究硼泥用作氧化球团矿添加剂降低膨润土用量的可行性，并对硼泥添加剂进行优化，以期在改进或不影响球团矿性能的前提下，实现硼泥资源化利用，并为其他含硼废弃物治理提供借鉴和参考，促进硼资源绿色高效综合开发利用。

实验原料主要有铁精矿粉、膨润土和硼泥，主要成分和粒度组成列于表6-19。铁精矿粉和膨润土来自东北地区某钢铁厂，该铁精矿粉 TFe 为 65.76%，SiO_2 含量为 6.31%，小于 0.074mm 粒级占 67.88%，满足氧化球团矿生产的要求。

表 6-19 实验原料成分及粒度组成 （质量分数，%）

成分	TFe	B_2O_3	MgO	SiO_2	Na_2O	K_2O	粒度 （<0.074mm）
铁精矿粉	65.76		0.29	6.31			67.88
硼泥	5.39	3.80	35.94	24.44	0.66	0.52	98.09
膨润土			3.95	63.00	1.09	1.05	88.49

膨润土是以蒙脱石为主要成分的黏土矿物，是使用最广泛的添加剂。蒙脱石是一种呈层状结构的含水硅酸盐，具有膨胀、阳离子吸附和交换、水化等性能。蒙脱石的这些特性使得膨润土具有高黏结性、吸附性、分散性和膨胀性。本研究采用的膨润土为钠基膨润土，粒度细，其中小于 0.074mm 的粒级占 88.49%，是优良的球团矿黏结剂。国外膨润土的添加量为混合料的 0.2%~0.5%，而国内一般占混合料的 1.2%~1.5%，个别球团厂甚至高达 4.0%。膨润土经焙烧后残留物的主要成分是 SiO_2 和 Al_2O_3，球团矿中每增加 1.0% 的膨润土，球团矿含铁品位

将降低 0.4%~0.6%，故应尽量少添加。本研究采用的硼泥是将硼化工各工序产生的含硼废弃物细磨后均匀混合而成，小于 0.074mm 粒级占 98.09%。

本研究的造球工艺制度：称取 3kg 磁铁精矿粉，按照实验配料方案外配一定量的膨润土、硼泥和水充分混匀，经过 40min 的焖料，然后在圆盘造球机上进行造球实验。造球完成后，取直径 12~14mm 的生球测其落下强度、抗压强度和生球水分。具体实验流程和工艺参数见图 6-63。

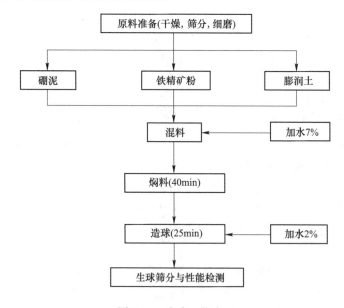

图 6-63　造球工艺流程

6.2.3　硼泥添加剂对氧化球团矿性能的影响

6.2.3.1　硼泥对生球性能的影响

高质量的生球是获得高产、优质球团矿产品的先决条件。因此，球团生产对生球质量提出了严格要求，优质生球必须具有适宜而均匀的粒度、足够的抗压强度和落下强度等，生球的性能直接影响后续的干燥、预热、焙烧工序及最终成品球团矿的产量和质量。一般要求生球水分在 8%~10%，生球粒度组成为 8~16mm 占 95% 以上，生球抗压强度 ≥9.8N，生球落下强度 ≥3 次。

本研究在膨润土加入量为 1.0% 的条件下，将硼泥用量由 0 增加到 2.0%，考察硼泥添加量对生球性能的影响，结果见图 6-64。可见，随着硼泥添加剂配入量的增加，生球水分、落下强度无显著变化，生球抗压强度略有增加。本实验向球团矿原料中加入硼泥添加剂，由于其粒度组成以及表面特性等与铁精矿粉有一定的差异，在造球过程中，对铁精矿粉颗粒之间的黏结有一定影响。但由于加入量较少，因此硼泥添加剂对生球的质量影响不显著，生球性能可以满足后续工序要求。

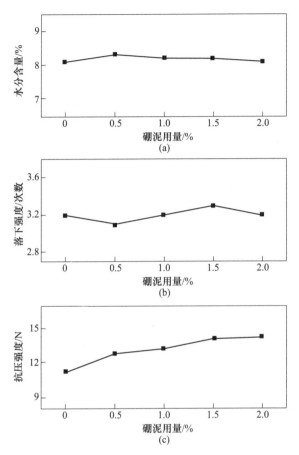

图 6-64 硼泥添加剂对生球性能的影响
（a）水分含量；（b）落下强度；（c）抗压强度

6.2.3.2 硼泥对成品球团矿性能的影响

影响球团矿焙烧的因素主要有焙烧温度、焙烧时间、加热速度、气氛、冷却速度以及原料物化性质等。本实验在 1250℃对球团矿进行焙烧，其他焙烧工艺参数不变，考察硼泥用量对氧化球团矿抗压强度的影响，结果见图 6-65。在膨润土用量 1.0%条件下，随着硼泥配加量的增加，成品球团矿抗压强度逐渐提高，硼泥配加量为 1.0%时，球团矿抗压强度为 4085N，比未添加硼泥的球团强度提高 1026N。继续增加硼泥用量至 2.0%，球团矿抗压强度增加幅度明显减小，仅比硼泥配加量 1.0%的球团矿强度提高 353N。因此，硼泥添加剂有助于成品球团矿抗压强度的提高，但随着配入量增加，其效果逐渐减弱。在满足高炉生产要求和贯彻节能降耗方针以及本研究实验条件下，确定硼泥添加剂的适宜加入量为1.0%。

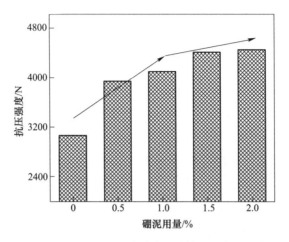

图 6-65　硼泥用量对成品球团矿抗压强度的影响

磁铁精矿是生产氧化球团矿的主要原料，在焙烧过程中，Fe_3O_4逐渐被氧化成Fe_2O_3再结晶。氧化球团矿就是依靠这种Fe_2O_3再结晶固结作为固结机理。Fe_2O_3再结晶主要形成三种晶形，即初晶、发育晶和互连晶；球团矿质量与Fe_2O_3的晶形有密切关系，三种不同晶形的球团矿抗压强度有明显差异；随着焙烧温度的升高，初晶-发育晶-互连晶型依次形成，球团矿抗压强度逐渐提高，当氧化球团矿内部Fe_2O_3大量形成互连晶时，氧化球团矿抗压强度最高，质量最好。固态下固结反应的原动力是系统自由能的降低，依据热力学平衡的趋向，具有较大界面能的微细颗粒落在较粗的颗粒上，同时表面能减少。在有充足的反应时间、足够的温度以及界面能继续减少的条件下，这些颗粒便聚结，进一步成为晶粒的聚集体。

一般来说，酸性球团矿主要有下列几种矿物成分：（1）赤铁矿。不管生产球团矿的原料是磁铁精矿还是赤铁精矿，只要是在氧化气氛条件下焙烧，球团矿的主要矿物成分都应该是赤铁矿，大约占球团矿中所有矿物的80%~94%。（2）独立存在的SiO_2。球团矿中的SiO_2一方面来自铁精矿本身，另一方面来自膨润土，铁精矿中的SiO_2含量高，独立的SiO_2含量一般也高。（3）少量的液相量。球团矿中的液相量主要受球团矿原料中SiO_2含量和膨润土用量的影响。若铁精矿中的MgO含量较高或有含镁的矿物添加剂时，球团矿中还会含有一定量的铁酸镁矿物。

实验所用球团矿为磁铁矿酸性氧化球团矿，且焙烧气氛为氧化性气氛。因此，氧化球团矿固相固结的主要形式为 Fe_2O_3 再结晶，球团矿的主要矿物成分为赤铁矿。在球团矿焙烧固结过程中，其抗压强度是由球团矿内部的微观结构所决定的。图 6-66 给出了 1250℃ 焙烧条件下球团矿的 SEM 图片和相应点的 EDS 分析。未添加硼泥添加剂的球团矿中，赤铁矿间有较多的镁橄榄石等硅酸盐矿物，

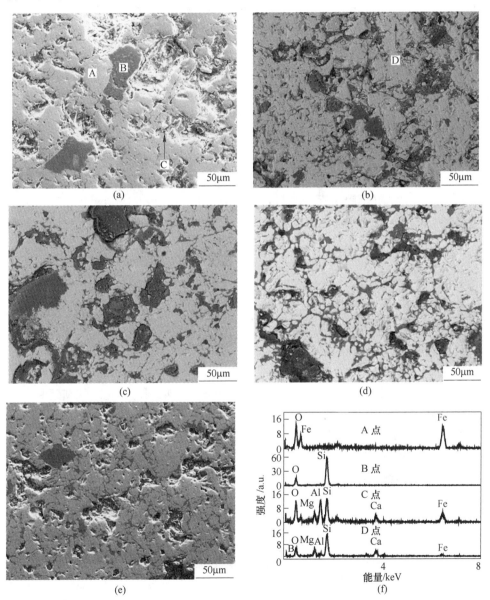

图 6-66　1250℃ 不同硼泥配加量球团矿焙烧后 SEM 和相应点的 EDS 分析

(a) 0.0%；(b) 0.5%；(c) 1.0%；(d) 1.5%；(e) 2.0%；(f) 各点的 EDS

但由于焙烧温度较高，球团矿内部各种物理化学反应迅速，球团矿中的 Fe_2O_3 再结晶的特点是晶粒互连成整体，晶粒粗大，连接紧密，结构力强，这种晶形称为互连晶；说明焙烧温度和时间都很适宜，Fe_3O_4 软熔充分，氧化完全，残存的 Fe_3O_4 极少，因此固结效果较好。在加入硼泥添加剂的球团矿内部，由于硼离子半径小（0.02nm），电荷多，极化能力很强，引起主晶格畸变，活化了晶格，有利于扩散进行，促使赤铁矿再结晶发育成片，赤铁矿晶粒粗大，成块状，球团矿氧化较为充分，赤铁矿之间填充着含有 Fe、Si、Mg、O 等物质的黏结相。随着硼泥加入量的增加，进入球团矿的 B_2O_3 数量增加，球团矿中的液相黏结相逐渐增加，含硼硅酸盐取代铁酸盐，表明该种硅酸盐具有更低熔点、更易生成、促使在相同温度条件下渣相较早生成和生成量增加；另外，由于氧化硼有很好的分散性和溶解性，在高温下能均匀、迅速地分散在球团矿的赤铁矿晶粒和渣相中，加强了黏结作用，有利于球团矿强度的提高。因此，随着硼泥加入量的增加，球团矿的强度呈现升高的趋势。但硼泥的加入量并非越多越好，否则球团矿内部液相黏结相过多，不仅阻碍固相颗粒直接接触，并且球团矿相互黏结，恶化球层通气性，影响球团矿强度的提高。本研究条件下，适宜的硼泥添加剂配加量为 1.0%。

6.2.3.3 硼泥对球团矿还原膨胀性的影响

球团矿的还原膨胀是指在还原条件下，当球团矿内的 Fe_2O_3 还原成 Fe_3O_4 时由于晶格转变引起的体积膨胀，以及浮氏体还原成金属铁时由于出现铁晶须而引起的体积膨胀。还原膨胀可使球团矿破裂粉化，显著降低球团矿的高温强度，给高炉操作带来极为不利的影响。高炉用球团矿的体积膨胀率一般应小于 20%，一级品率应小于 15%。

本研究按国家标准 GB/T 13240—91 检测硼泥添加剂对氧化球团矿还原膨胀性的影响，结果见图 6-67。膨润土配比 1.0% 条件下，各试样还原膨胀后球团无明显裂纹。可见，配入硼泥添加剂后，各球团试样的还原膨胀率变化较小，均属于正常膨胀（RSI<20%），还原后强度变化幅度也较小。因此，可认为配加硼泥对球团还原膨胀性能影响较小。

关于铁矿球团的还原膨胀，国内外在 20 世纪六七十年代就开始研究，并形成了一些比较经典的理论，如碳沉积膨胀理论、气体压力膨胀理论、铁晶须膨胀理论、碱金属膨胀理论等。在国内，随着进口赤铁精矿的大量增加，以赤铁矿为原料制备的球团矿的还原膨胀问题就日益突出。关于正常膨胀的原因，大多数研究认为是 Fe_2O_3 还原成 Fe_3O_4 的晶型转变所引起的。赤铁矿还原成磁铁矿的过程中，晶型由六方晶系转变成立方晶系，在此过程中球团矿体积会产生一定的膨胀。另外，新生成的 Fe_3O_4 还原成 Fe_xO 时，体积也会膨胀 4%~11%，Fe_2O_3 在还原过程中正常膨胀是不可避免的。关于异常膨胀的原因，普遍认为是由于碱金属

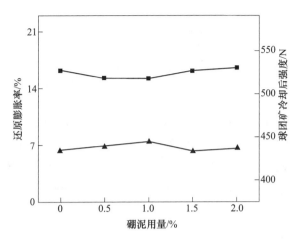

图 6-67 硼泥添加剂对球团矿膨胀性的影响
■— 还原膨胀率；▲— 球团矿冷却后强度

氧化物在浮氏体内的不均匀分布，在还原过程中致使铁晶须增长的结果。异常膨胀往往发生在品位高、脉石量少的球团矿中，球团矿的膨胀性与其脉石的含量和成分密切相关，正确选择脉石的数量和种类，可以控制和调整最佳膨胀率，从而保证球团矿不发生异常膨胀。

为了研究硼泥添加剂对氧化球团矿还原膨胀的影响机理，本研究对还原后各球团矿试样进行了 SEM 和 EDS 分析，结果见图 6-68。由于硼泥添加剂中含有较多的 SiO_2、B_2O_3 以及 MgO 等物质，一方面，添加 MgO 后，在焙烧过程中会形成稳定的铁酸镁，在还原时生成 MgO 和 FeO_x 的固溶体，Mg^{2+} 能均匀分布在浮氏体内，使球团矿中 Fe_2O_3 还原成 Fe_3O_4 时的晶格变化减小，膨胀应力减弱，体积膨胀降低；另一方面，球团矿中黏结相增多，在还原过程中黏结赤铁矿晶粒的黏结相能够克服相变过程中的相变应力，避免了更多裂纹和空隙的产生，使球团矿的还原膨胀率降低。另外，硼泥中含有一定量碱金属钾和钠，使得球团矿在还原过程中各相的反应速度不均匀，催化了 Fe_2O_3 还原成 Fe_3O_4 的晶型转变，改变反应应力，容易导致纤维状金属铁的出现，加剧体积膨胀。综上分析，两种作用相互抵消，使得球团矿体积膨胀变化不大。

6.2.4 硼泥降低膨润土用量的可行性研究

我国球团生产用铁精矿粉的粒度较粗，为了满足造球需要通常要配加较高比例的膨润土。同时，由于我国球团生产用膨润土的质量总体上较差，所以我国球团生产时膨润土的配加比例要远高于国外。另外，膨润土的主要成分是 SiO_2 和 Al_2O_3，这些杂质组分的加入势必导致球团矿品位降低，高炉焦比上升，渣量增大。因此，减少膨润土用量和优化氧化球团生产工艺已成为亟待解决的问题。本

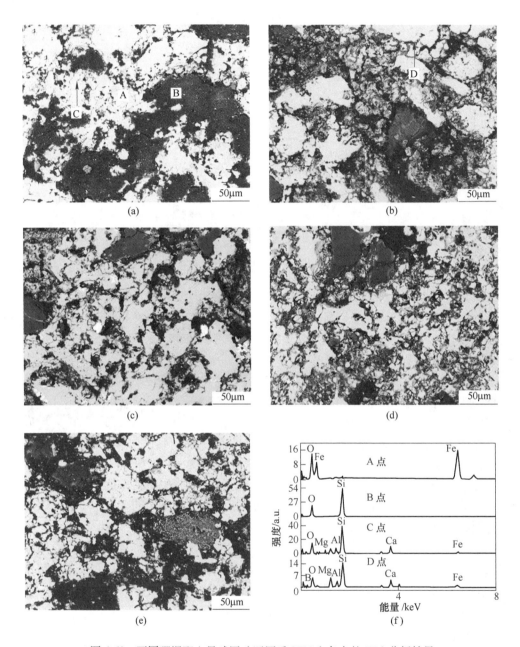

图 6-68 不同硼泥配入量球团矿还原后 SEM 和各点的 EDS 分析结果

(a) 0.0%；(b) 0.5%；(c) 1.0%；(d) 1.5%；(e) 2.0%；(f) 各点的 EDS

研究在球团矿原料已加入 1.0% 硼泥添加剂的基础上，改变膨润土用量，探索其降低膨润土用量的可行性。

6.2.4.1 降低膨润土用量对生球性能的影响

生球的高质量是获得高产、优质球团矿产品的先决条件，因此球团生产对生球质量提出了严格要求。优质生球必须具有适宜而均匀的粒度、足够的抗压强度和落下强度等，生球的性能直接影响后续的干燥、预热、焙烧工序及最终成品球团矿的产量和质量。因此，在硼泥添加剂适宜配加量1.0%条件下，首先考察了降低膨润土用量对球团矿生球性能的影响，结果见图6-69。可见，本研究条件下，膨润土用量由1.0%降低至0.1%时，生球各项性能指标变化不明显，水分含量保持在8.0%~8.4%之间，落下强度均在3.0次以上，抗压强度在12.5~13.6N之间，生球性能可以满足后续工艺要求。

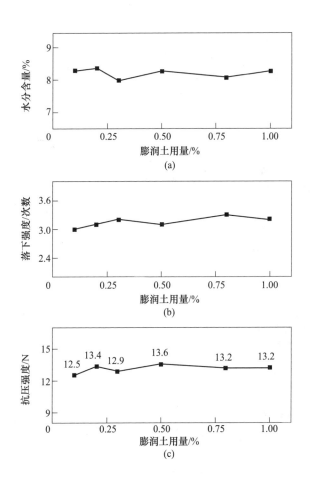

图 6-69　膨润土用量对生球性能的影响
(a) 水分含量；(b) 落下强度；(c) 抗压强度

6.2.4.2　降低膨润土用量对成品球团矿性能的影响

本研究在硼泥添加剂适宜配加量 1.0% 条件下，考察了降低膨润土用量对成品球团矿性能的影响，结果见图 6-70。可见，随着膨润土用量的减少，成品球团矿抗压强度逐渐降低。硼泥配入量为 1.0% 和膨润土配入量为 1.0% 时，成品球团矿抗压强度为 4085N；硼泥配入量为 1.0% 和膨润土配入量为 0.3% 时，成品球团矿抗压强度为 3010N，与膨润土用量为 1.0% 且未配加硼泥的基准球团矿抗压强度（3059N）相近，可以满足高炉冶炼需求。从成品球团矿抗压强度来看，配入适量的硼泥添加剂，可以降低球团矿原料中膨润土用量。本研究条件下，硼泥添加剂配入量为 1.0% 时，膨润土用量可由 1.0% 降低至 0.3%。

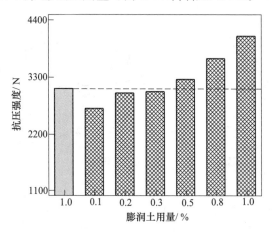

图 6-70　膨润土添加量对成品球团矿抗压强度的影响
（图中灰色柱状为膨润土，用量为 1.0% 且未加硼泥时球团矿的抗压强度）

6.2.4.3　降低膨润土用量对球团矿还原膨胀性的影响

本研究在硼泥添加剂适宜配加量 1.0% 条件下，考察了降低膨润土用量对球团还原膨胀性的影响，结果见图 6-71。可见，随着膨润土用量减少，球团还原膨胀指数整体略有增加。当硼泥配入量为 1.0% 且膨润土配入量 0.1% 时，球团矿 RSI 为 17.89%；当硼泥配入量为 1.0% 而膨润土配入量 0.2% 和 0.3% 时，球团矿的 RSI 与膨润土用量为 1.0% 且未配加硼泥的基准球团矿的 RSI 相近。球团矿还原后强度基本保持稳定，均在 420~455N 之间，可以满足高炉冶炼要求。

6.2.4.4　焙烧后氧化球团矿成分对比分析

硼泥添加剂氧化球团矿与未配加硼泥添加剂的基准球团矿焙烧后的化学成分列于表 6-20，可见，与膨润土用量 1.0%、未配加硼泥的基准球团相比，硼泥配

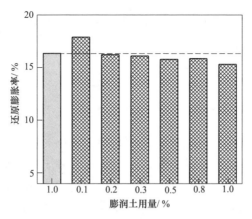

图 6-71　膨润土用量对球团矿还原膨胀性的影响

（图中灰色柱状为膨润土，用量为 1.0% 且未加硼泥时球团矿的还原膨胀率）

比 1.0%、膨润土配比 0.3% 的硼泥添加剂制备的球团品位升高 0.35%，SiO_2 和 MgO 含量略有降低，还含有一定量的 B_2O_3。综上所述，通过配入适量的硼泥添加剂，可将球团膨润土配比由 1.0% 降低至 0.3%，氧化球团品位升高，高炉冶炼过程产生的粉末较少，有利于高炉稳定顺行，提高冶炼强度，降低焦比。

表 6-20　球团矿焙烧后的化学成分　　　　　　（质量分数，%）

组　成	TFe	SiO_2	Al_2O_3	CaO	MgO	B_2O_3	Na_2O	K_2O
基准球团矿（1.0% 膨润土）	62.90	6.95	0.54	0.54	0.67		0.12	0.05
实验球团矿（1.0% 硼泥+0.3% 膨润土）	63.25	6.03	0.50	0.59	0.75	0.26	0.02	0.04

6.2.5　硼泥添加剂的改进和影响

硼泥添加剂对氧化球团矿性能影响和降低膨润土用量可行性的研究结果表明，通过配入适量的硼泥添加剂，可将球团矿原料膨润土的配比由 1.0% 降低至 0.3%，但此条件下，球团矿的还原膨胀始终保持在较高的水平，未达到降低球团矿还原膨胀指数的目的。因此，通过将硼泥与某硼精矿按照一定比例混合，获得复合型硼泥添加剂，以期达到进一步改善球团矿性能、提高使用效果的目的。

复合型硼泥添加剂的成分列于表 6-21。相比于表 6-19 中的硼泥添加剂，复合型添加剂中 B_2O_3 含量明显提高，MgO 含量略有提高，Na_2O 和 K_2O 含量明显下降。研究表明，含硼物质能提升球团矿强度，所以可推断复合型添加剂将有助于改善球团矿性能。通过上文研究得出：硼泥配比为 1.0% 条件下可将膨润土用量降低至 0.3%，考虑到复合型添加剂有益成分含量明显优于硼泥中的含量，因此本系列研究中将膨润土配比进一步降低至 0.2%，以考察复合型硼泥添加剂对氧化球团矿性能的影响和优化作用。

表 6-21　复合型硼泥添加剂化学成分　　　（质量分数,%）

成分	TFe	B_2O_3	MgO	SiO_2	Al_2O_3	CaO	Na_2O	K_2O
含量	4.99	8.50	37.79	24.06	2.01	3.31	0.45	0.27

6.2.5.1　复合型添加剂对生球性能的影响

在膨润土配加量 0.2% 的条件下，复合型硼泥添加剂配加量分别为 0.8%、1.0%、1.5% 和 2.0%，进行球团矿制备，考察了复合型添加剂对生球质量的影响，结果见图 6-72。可知，改变复合型添加剂的用量对生球性能影响不明显，生球水分含量均在 8% 左右，落下强度均大于 3 次，抗压强度均大于 12N，生球性能可以满足后续实验要求。

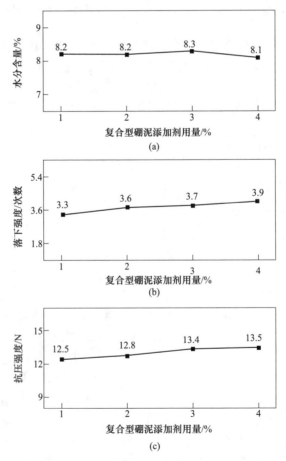

图 6-72　复合型硼泥添加剂对生球性能的影响
(a) 水分含量；(b) 落下强度；(c) 抗压强度

6.2.5.2 复合型添加剂对成品球团矿性能的影响

将上述合格生球在1250℃下焙烧，焙烧后测其抗压强度，考察复合型添加剂对成品球团矿性能的影响，结果见图6-73。可以看出，随着复合型硼泥添加剂用量的增加，成品球团矿抗压强度逐渐升高。当复合型硼泥添加剂的配加量为0.8%时，成品球团矿抗压强度为3019N，与膨润土用量1.0%且未配加硼泥的基准球团的抗压强度（3059N）相近。复合型添加剂中B_2O_3含量更高，而其熔点又较低，可以与多数氧化物生成低熔点的复杂化合物和固溶体，又因其分散度高，可在某些微区达到较高浓度产生液相核心，起到如下作用：（1）促进颗粒重新排列，以达到较高的致密度；（2）硼离子半径很小，很容易溶入其他晶体的晶格，根据结晶学理论，一种物质溶入另一种物质的晶格，会使其发生畸变，能量升高，晶格活化，使反应的活化能降低。因此，与基准球团矿相比，虽然膨润土用量由1.0%降至0.2%，但由于复合型添加剂中B_2O_3含量更高，起到上述作用，使得球团矿强度与基准球团矿相近。

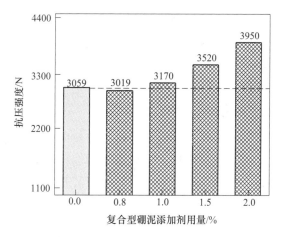

图6-73　复合型硼泥添加剂对成品球团矿抗压强度的影响
（图中灰色柱状为膨润土，用量为1.0%且未加硼泥时球团矿的抗压强度）

6.2.5.3 复合型添加剂对球团矿还原膨胀性能的影响

按照《高炉用铁球团矿自由膨胀指数的测定》（GB/T 13240—2018），考察了膨润土加入量为0.2%时，复合型添加剂对成品球团矿还原膨胀性能的影响，实验结果见图6-74。复合型添加剂球团矿试样还原前后形貌完好，未破碎无裂纹。各球团矿试样的还原膨胀率均属于正常值（<20%），而且随着复合型添加

剂的减少，球团矿还原膨胀率逐渐变小，球团矿还原膨胀率由基准球团矿的
16.31%降至14.70%，达到了一级品球团矿的标准。复合型添加剂中碱金属K、
Na含量更低，有利于降低球团矿还原时的异常膨胀。另外，球团矿还原后强度
呈增加趋势，复合型添加剂配比为0.8%、1.0%、1.5%和2.0%时，球团矿还原
后抗压强度分别为375N、358N、349N和335N。因此，复合型硼泥添加剂有助
于进一步降低膨润土的配加量，同时改善球团矿冶金性能。

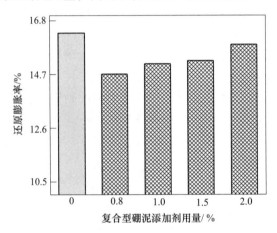

图6-74 复合型硼泥添加剂对球团矿还原膨胀性的影响

（图中灰色柱状为膨润土，用量为1.0%且未加硼泥时球团矿的还原膨胀率）

6.2.6 硼泥用作氧化球团矿添加剂的研究总结

我国拥有大量硼泥二次资源未得到有效开发利用，而且对环境造成严重污
染。本研究通过向球团矿原料中加入硼泥添加剂进行球团实验，研究了硼泥添
加剂对氧化球团制备工艺及高温冶金性能的影响，并在确定硼泥最佳用量的基
础上，考察了硼泥添加剂降低膨润土用量的可行性。通过研究，得出以下
结论。

6.2.6.1 硼泥添加剂对氧化球团制备工艺的影响

硼泥添加剂对生球的性能影响不明显。在膨润土加入量为1.0%的条件下，
硼泥加入量由0增加到2.0%，生球的落下强度无显著变化，生球抗压强度呈现
逐渐增加的趋势，但变化不明显；随着硼泥用量的增加，成品球团矿的抗压强度
呈逐渐增加的趋势，由基准的3059N升高到4438N；但随着硼泥加入量的升高，
球团矿强度增加的幅度变小。因此，硼泥有助于成品球团矿抗压强度的升高，硼
泥的适宜加入量为1.0%。

6.2.6.2 硼泥添加剂对氧化球团矿高温冶金性能的影响

硼泥加入量分别为 0.5%、1.0%、1.5% 和 2.0% 时，各球团矿试样的还原膨胀率均属于正常值（<20%），而且加入硼泥后球团矿还原膨胀率的变化较小；还原后强度总体上呈增加趋势，但幅度较小。因此，可认为配加硼泥对球团矿还原膨胀性能影响较小。

6.2.6.3 硼泥添加剂降低膨润土用量的可行性

当硼泥加入量为 1.0% 时，逐渐降低球团矿原料中膨润土的用量，对生球落下强度、抗压强度及生球水分无明显影响；与不加硼泥的基准球团矿相比，加入一定量的硼泥有助于成品球团矿抗压强度的提高，在硼泥加入量为 1.0% 的情况下，逐渐降低膨润土的用量，成品球团矿的抗压强度逐渐降低，当膨润土用量为 0.5% 时，球团矿强度仍高于基准球团矿强度，当膨润土用量为 0.3% 时，球团矿强度（3010N）低于基准球团矿强度（3059N）；当硼泥添加剂加入量为 1.0% 时，降低膨润土用量，球团矿的还原膨胀性基本保持稳定，对球团矿还原冷却后强度影响也较小，同时由实验结果也可以看出，膨润土的加入量不宜过低，以免导致球团矿恶性膨胀，不能满足生产要求。因此，在硼泥配比为 1.0% 的条件下，膨润土用量可降低至 0.3%，降低幅度达 70%；使用硼泥添加剂可以使球团矿品位有所提高，并可以创造一定的经济效益和社会效益，具有广阔的应用前景。

综合以上研究，将硼泥开发为氧化球团矿添加剂是可行的，可以降低氧化球团生产中膨润土的添加量。将硼泥添加剂优化后，还可进一步降低膨润土用量，并改善球团矿性能。中国钢铁行业产能大，原料需求量大，开发硼泥作为氧化球团矿添加剂，将极大地提高含硼废弃物资源化处理规模，而且制造硼泥添加剂投资少，见效快，具有良好的推广价值和广阔的应用前景。

6.3 赤泥金属化还原-分选技术

6.3.1 赤泥二次资源概况

目前，我国氧化铝生产工艺主要有拜耳法（见图 6-75）、烧结法和拜耳烧结联合法等多种流程，其中拜耳法为主体。铝业赤泥是氧化铝工业产生的废弃物，主要有拜耳法赤泥、烧结法赤泥。一般来说，每生产 1t 氧化铝将产生 1.0~2.5t 赤泥。目前铝业赤泥年产量约 8000 万吨，累积量超过 3.5 亿吨。

拜耳法赤泥是制铝工业将铝土矿经强碱浸出后，残留的一种红色、粉泥状且高含水量的强碱性固体废料。拜耳法赤泥的化学成分和矿物组成相当复杂，主要含赤铁矿、针铁矿、铝硅酸钠、霞石、钛酸钙、水化石榴石等溶出产物以及少量未溶出不易反应的物质。烧结法赤泥的成分与拜耳法赤泥相似，主要区别是其含

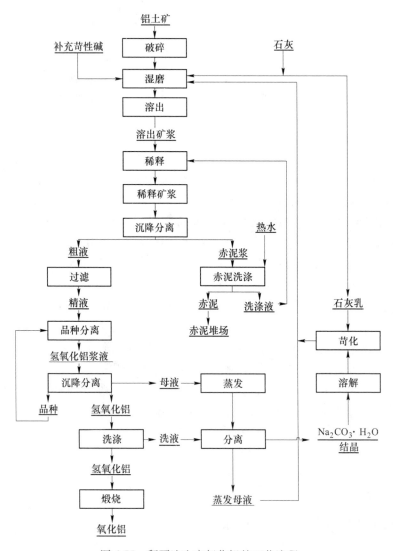

图 6-75　拜耳法生产氧化铝的工艺流程

有大量 $2CaO \cdot SiO_2$ 等活性成分，此外还含有一定量的赤铁矿、针铁矿、水合铝酸钠、铁酸钙、水化石榴石、碳酸钙等。

赤泥 pH 值为 10.29~11.3，氟化物含量 4.89~8.6mg/L。按有色金属工业固体废物污染控制标准，因赤泥 pH 值小于 12.5，氟化物含量小于 50mg/L，故赤泥属于一般固体废渣，但赤泥附液 pH 值大于 12.5，氟化物含量大于 50mg/L，为超标废水。因此，赤泥（含附液）属于有害废渣（强碱性土）。

赤泥的物理性质指标主要包括密度、孔隙比、含水量、界限含水量（塑限、液限、塑性指数和液性指数）、饱和度等。赤泥的化学特性主要包括阳离子交换和比表面积两项指标。赤泥阳离子交换量总体上偏高，数值变化幅度大，最大交换量为 578.1me/kg，最小为 207.9me/kg，多数为 250~300me/kg；其值高于膨胀土和高岭土，低于伊利土和蒙特土，说明赤泥的交换量不稳定。赤泥比表面积偏高，最大值为 186.9m^2/g，最小值为 64.09m^2/g，大小相差悬殊，且变化幅度大，说明赤泥的矿物分散度和晶格构造差异性显著。

赤泥虽可用于生产水泥、建筑材料、功能材料等，但使用量小，利用率仅占 5%，而且经济效益差。由于缺乏规模化利用的有效方法，赤泥综合利用程度低。目前，绝大部分赤泥露天堆存，既污染环境，也浪费资源。赤泥堆放带来的环境危害日益引起广泛关注，主要有：（1）赤泥堆放占用大量土地，堆场建设和维护费用高；（2）雨季时赤泥坝体存在潜在安全与环保隐患；（3）赤泥高碱性，向地下渗透造成地下水体和土壤污染；（4）裸露赤泥自然干燥后形成粉尘，污染大气，恶化生态环境。最大限度地限制赤泥危害，有效大规模处理赤泥，解决赤泥利用难题，具有重要的现实意义。

6.3.2　赤泥综合利用技术的研发现状

国内外对赤泥综合利用做了大量研究。根据赤泥成分、性质的差异，提出了不同的利用方法，主要方向有：回收铁组元、回收钪等稀有金属、用于环境保护处理废气废水。

6.3.2.1　赤泥中提取有价金属

赤泥含有大量 Al_2O_3、Fe_xO_y、SiO_2、CaO 等，还含有 Ti、Ni、Cd、K、Pb、As，是综合利用价值很高的二次资源。因此，赤泥有价组元的提取和回收利用具有重要意义。

A　赤泥中铁的回收

苏联、日本、美国、德国等在铁回收方面均做了大量研究，且研究相对较早，现在有大量的实际应用。随着我国铝工业发展加快，赤泥利用问题得到了高度关注，加强了对赤泥中铁回收的研究。

美国矿物局的研究将赤泥、石灰石、碳酸钠与煤混合，磨碎后在 800~1000℃ 条件下进行还原性烧结，烧结块粉碎后用水溶出，铝溶出率达 89%，过滤后滤液返回拜耳法系统回收铝，溶渣用高强度磁选机分选，磁性部分在 1480℃ 进行还原熔炼得到生铁，非磁性部分用硫酸溶解其中的钛，过滤后钛的硫酸盐经水解、燃烧制得 TiO_2。该工艺进行了小型试验和半工业试验，可制得含 Fe 为 90%~94%、C 为 1.0%~4.5% 的生铁。按磁性部分铁含量计算，铁回收率达到 95%，生成的 TiO_2 纯度为 80%~89%，钛在非磁性部分中的回收率为 73%~79%。但该工艺主要问题是能耗大，铁的磁选效率低。

日本将含铁33%的赤泥与石灰石粉、焦粉烧结成块，然后在高炉中熔炼。由于赤泥含铁量较高，利用高炉直接炼铁是可行的。此外，日本还提出利用还原烧结法处理赤泥，将铁氧化物转化为磁铁矿，其余部分用于回收 Al_2O_3。首先将赤泥烘干至含水率30%后放在干燥器中进行自然蒸发，然后放在流化床中进行还原，使氧化铁变成磁铁矿，再经磁选分离。研究发现，若对试验条件严格控制，焙烧赤泥的还原反应可一直进行到使赤泥中的赤铁矿完全转化为直接还原铁，而后进行磁分选离，然后将直接还原铁压块，直接用于电炉炼钢，这比使用磁铁矿更为简便经济。

拜耳法赤泥的平均铁含量可达32%左右，赋存状态以弱磁性的 Fe_2O_3 为主，其次为FeO。因此，可采用物理选矿技术对赤泥中的铁进行回收，最主要的方法是采用高磁场强度磁选机。中铝广西分公司采用两道高梯度磁选机等设备组成串级磁选生产线，对赤泥中的铁进行别选、富集，每年可得到TFe在55%以上的铁精矿22.88万吨，作为高炉炼铁原料，每年实现销售收入5866万元。采用高炉冶炼方法可以回收赤泥中的铁，但增加了高炉渣量和炉渣处理难度，不符合环保的要求。直接还原焙烧技术是近几年研发的热点，生产直接还原铁作为炼钢原料使用。北京科技大学模拟转底炉法，用无烟煤做还原剂，添加氟化钙，将焙烧温度控制在1400℃，还原12min，最后从高铁赤泥中分离出珠铁和渣。

1999年，广西平果铝业公司和赣州有色金属研究所开展氧化铝厂赤泥综合利用技术研究，并进行了半工业性试验。选用2台SLON型脉动高梯度磁选机分步磁选，用一粗一精全磁选流程，采用开路流程时赤泥中含TFe为18.88%，获得铁精矿中铁品位54.16%，铁回收率30.5%；采用闭路流程时赤泥中含铁为17%~19%，磁选出铁品位52%~58%的铁精矿，同时铁回收率18%~34%。试验最后获得的铁精矿产率12.38%，TFe为54.65%，Fe回收率35.25%。

B　赤泥中铝的回收

拜耳法赤泥中 Al_2O_3 含量一般在20%~30%之间。若不对 Al_2O_3 进行回收处理，不仅会污染环境，而且还造成资源浪费。目前，国内外也有专门针对赤泥中 Al_2O_3 回收的研究。

Pascale Vachon 等对生物法处理赤泥回收 Al_2O_3 进行了较为详细的研究。采用真菌将赤泥中的铝溶解回收。国内刘桂华等对碳酸钠分解法回收 Al_2O_3 进行了研究。碳酸钠分解法是根据赤泥加氧化钙脱钠后得到的钙硅渣能被碳分母液苛化分解的原理。用碳分母液与钙硅渣进行化学反应，可使其中的 Al_2O_3 溶解出来。

中南大学周秋生、李小斌等研究了烧结法处理高铁赤泥回收 Al_2O_3 的技术，在热力学分析的基础上，研究了烧成温度、烧成时间、炉料配比等烧成工艺条件对烧成效果的影响。结果表明，赤泥炉料的配钙比可以在较宽的范围内变化，并且在烧成过程中可能生成不溶盐类；降低 Al_2O_3 的溶出率，延长烧成时间，增加配料铁酸钠的含量均有利于烧结;高铁赤泥炉料的最佳配料:熟料中 $Na_2O \cdot Fe_2O_3$ 含量为 10%~12%,钙铁摩尔比为 1.0~1.2;烧成工艺条件是:温度 1000~1050℃,烧成时间 30~40min;在最佳配料和烧成工艺条件下,当熟料中 Al_2O_3 含量为 15%左右时,熟料中 Al_2O_3 回收率可达 85%~90%。

孙旺等采用 NaOH 亚熔盐法处理拜耳法赤泥,将一定量 NaOH 和赤泥混合后置于高温反应釜中溶出赤泥中的 Al_2O_3,系统研究了铝、硅组分的反应行为,碱/泥质量比为 6 时,于 230℃下溶出 120min,Al_2O_3 溶出率达 79.22%左右。Li Zhong 等采用 45% NaOH 溶液在 170~200℃温度条件下对赤泥进行浸出研究,经过 2~3.4h,可回收赤泥中 87.8%的 Al_2O_3 和 96.4%的 Na_2O,残渣碱含量低。

郑秀芳等将赤泥和含钙较高的烧结法硅渣掺配后进行烧结法提铝研究,所得 Al_2O_3 溶出率大于 95%,达到了以废治废的目的。

C 赤泥中稀有金属的回收

一些赤泥还含有稀有金属组分,如钛、钪、镓等,其中钛的赋存状态主要以 $CaTiO_3$、$FeTiO_4$ 的复合形式存在,钪、镓等稀土金属赋存状态主要以类质同象形式分散于铝土矿及其副矿物中。赤泥中钛的含量为 2%~7%,而铝土矿中 95%~100%的钛都遗留在赤泥中,因此理论上赤泥可以作为工业回收钛的原料。

李星亮等先用盐酸浸出赤泥中的 Fe、Al、K、Na 成分,Ti 则富集在浸出渣中,浸出渣再采用硫酸酸化焙烧处理及脱铝除渣工序,得到富钛溶液,富钛液最后经过除杂、水解、煅烧,最终得到纯度为 95%的钛白。赤泥中金属钪含量约为 20g/t,而我国金矿最低开采品位只有 1~4g/t,因此从赤泥中获取稀有金属钪是相较于金矿开采钪的更有效途径。杨志华等先从赤泥中酸浸出易溶的 Na_2O 和 CaO,再从余渣中酸浸溶出 80%以上的钪;然后再将含有钪的酸浸溶液先采用 P_{204} 萃取剂进行粗萃取钪,之后用 P_{350} 萃取剂进行二次萃取,最后得到纯度在 99%以上的氧化钪产品。从赤泥中提取稀有金属,尚在实验研究阶段,实验室内微量元素提取多采用萃取或离子交换法,会产生大量废水,加大了环保处理难度,且富集后的稀有金属含量较低,工业化的技术经济性尚待实践证明。

6.3.2.2 赤泥在建材领域的应用

由于烧结法赤泥含有大量的 $2CaO \cdot SiO_2$ 及其亚黏土特性,可以将其用于水泥、砖、陶瓷、混凝土、路面材料、微量玻璃及塑料等。

国内外大量研究及实践表明,赤泥可用于生产多种型号的水泥。中铝山东铝厂借鉴苏联的经验,1963 年建成了全国第一座利用赤泥生产水泥的水泥厂,50 多年来利用赤泥湿法生产了 3000 万吨水泥,共消化赤泥 800 万吨。2003 年,该公司新建了新型干法水泥熟料生产线,赤泥掺杂量达到 45%,并提高了水泥质量(由 425 号提高到 525 号),目前年产能超过 300 万吨。

　　近年来研究表明，利用赤泥为主要原料可以生产多种砖产品，包括免蒸免烧砖、粉煤灰砖、陶瓷釉面砖以及黑色颗粒料装饰砖等。将赤泥、粉煤灰、石渣等工业废料以适当比例混合，加入固化剂，加水搅拌后直接压制成型并养护，可制出符合国标的免蒸养砖。以赤泥、粉煤灰及煤矸石为原料，可以制成烧结砖，在赤泥掺加量小于 30% 时，都可以烧出符合国家烧结普通砖标准的烧结砖。目前已研制出利用赤泥、粉煤灰等加入一定的天然矿物添加剂制备出的高性能的艺术型清水砖，孔隙率达到 40%~50%，抗折强度可达到 50~85MPa。2008 年，中铝山东分公司利用赤泥制砖试生产近 10 万块赤泥标准砖及多孔砖。

　　利用赤泥作为路基材料是一种赤泥大量消耗的应用方式。赤泥用作路基材料成本低廉、性能优良，具有广阔的市场应用前景。2008 年，中铝山东分公司利用烧结法赤泥修建了一条 4km 长的赤泥路基示范性路段，性能达到石灰稳定土的一级和高速路的要求。2008 年，由该公司提供配方，再次在淄博市铺筑了一条长 500m，宽 27m 的试验路段。目前，两条试验路路段运转良好。

　　在国内外都有赤泥生产微晶玻璃的报道。吴建锋等采用烧结法和熔融法制备赤泥质微晶玻璃，赤泥含量高达 50%。赤泥还可用作塑料功能性填料，由于赤泥特有的化学组成，使其具有良好的抗老化性能及热稳定性能，因此功能性制品寿命是普通聚氯乙烯制品的 2~3 倍。由于赤泥的流动性优于其他填料，使塑料具有良好的加工性能，同时具有较好的耐酸、碱性和阻燃性。另外，赤泥还用于生产多孔陶粒、绝热材料等。

6.3.2.3　赤泥在环保领域的应用

A　废水处理

　　土耳其研究者研究用赤泥吸附水中的放射性元素 Cs^{137}、Sr^{90}。赤泥使用前要经过水洗、酸洗、热处理三个步骤，以产生类似吸附剂的水合氧化物。赤泥的表面处理有助于 Cs^{137} 吸附，但热处理对赤泥表面吸附 Sr^{90} 的活性点不利，导致对 Sr^{90} 吸附能力不高。

　　三井石化的研究结果表明，将赤泥在温度 600℃ 焙烧 30min，然后加入含有 Cd^{2+} 为 3.5mg/L、Zn^{2+} 为 4mg/L、Cu^{2+} 为 5mg/L 的废水中，搅拌 10min，可分别除去 98% 的 Cd^{2+}、Zn^{2+}、Cu^{2+}。赤泥的加入量为 500mg/L。徐进修曾进行拜耳法赤泥处理含 Cu^{2+}、Zn^{2+}、Cd^{2+}、Pb^{2+} 废液的探索试验。不经焙烧的赤泥直接处理废液可使其达排放标准。

　　Namasivaya 将赤泥用作制酪业废水处理的絮凝剂，在赤泥用量为 1304mg/L 时，废水的混浊度、BOD、COD 油脂、细菌数脱去率分别为 77%、71%、65%、95%。Vladislav 将经酸活化过的赤泥用作纺织行业废水的絮凝剂和混凝剂，处理废水过程如下：先将颜色很深的废水用石灰乳调至 pH = 8.5，加入活化赤泥，用

量为 $5\sim6kg/m^3$，被处理废水的透明度从 61.6% 增到 95%；COD 从 1400mg/L 下降到 163mg/L，脱除率 88.4%，BOD 下降 95%，使用过的赤泥可经盐酸活化后再使用。从上述研究可知，赤泥处理废水适应面广，不仅能处理含放射性元素、重金属离子、非金属离子废水，还能用于废水的脱色、澄清，而且经赤泥处理的废水能够达排放标准。赤泥应用于废水处理方法简单、成本低，使用前景较好。

B 废气处理

赤泥中含有大量的固硫成分如 Fe_2O_3、Al_2O_3、CaO、MgO 及 Na_2O 等，比表面积大，可用于代替石灰/石灰乳湿法脱硫。由于赤泥中存在溶解性碱，能够吸收 SO_2、SO_3、H_2S 等酸性含硫气体，因此净化效果更好，并且赤泥吸收这些酸性气体后，更易于综合利用。

赤泥用于废气处理分干法和湿法两种，目前，两种方法均已应用于废气净化处理，且都获得较高的脱硫效率。据报道，赤泥经干燥焙烧活化处理后，用于 500℃ 条件下处理含硫为 0.2% 的发电厂废气，脱硫率达 100%，经 10 次循环后，脱硫效率仍达 93.6%。另外，赤泥也可用于生产新型燃煤脱硫剂。2009 年中铝山东铝业成功开发出活性高、固硫效果好的循环流化床锅炉用燃煤固硫剂。赤泥用于脱硫具有吸收能力强、选择性好、化学稳定性好，黏度小、稀释后对设备腐蚀性小、价廉易得、不易产生二次污染等优点，并且具有广阔的市场前景，是实现以废治废的有效途径，具有良好的经济效益和社会效益。另外，由于赤泥中含有大量的碱，可以用于吸收 CO_2。G. Jones 等发现赤泥可以快速大量吸收 CO_2。Lammier 等研究赤泥作为氨选择还原废气中氮氧化物的催化剂，并发现在氨还原 NO 过程中，赤泥具有中等程度的催化活性，而且经 $Cu(NO_3)_2$ 浸渍的赤泥可以提高活性。但在氨还原 N_2O 过程中，赤泥具有较高的催化活性。

陈义等对氧化铝厂拜耳赤泥吸收净化 SO_2 废气进行了研究。拜耳赤泥吸收 SO_2 的过程起作用的主要是化学中和反应，其次是物理吸附。赤泥有很小的粒度和非常大的比表面积。分析数据表明：小于 0.045mm 粒级的赤泥占总量 50% 以上，比表面积可达到 $10\sim20m^2/g$，小粒径及大比表面积均可加大化学反应速度和反应深度，符合脱硫过程的粒度要求。因此，拜耳赤泥作为 SO_2 的吸收剂，具有吸收效率高、吸硫量大、流程简单等优点，将拜耳法赤泥作为 SO_2 的吸收剂在环境保护及废弃物综合利用方面都具有现实意义。

目前我国山东、贵州、广西等地区都已发现了大量高硫铝土矿资源，其中多为铝硫比大于 7 的高品位铝土矿资源。据相关资料报道，我国已探明的高硫铝土矿占已有高品位铝土矿资源总量的 50% 以上。从我国氧化铝工业发展速度和铝土矿供应形势来看，使用高硫铝土矿作为氧化铝生产原料已经成为必然趋势。高硫铝土矿采用焙烧预处理脱硫会排放出大量的浓度 0.6%~2% 不等的 SO_2 气体，该浓度的 SO_2 烟气使用传统吸收制酸的方式很难进行处理。同时，我国氧化铝生产每年都排放大量的碱性赤泥，由于其含碱量高无法直接利用。吕国志等在研究高硫铝土矿时提出了焙烧预处理新技术，即用氧化铝生产过程中产生的赤泥直接吸收处理焙烧过程中产生的 SO_2 尾气，该技术既解决了 SO_2 尾气排放问题，同时也解决了赤泥脱碱难题。脱碱改性后的赤泥可以作为建筑原料，加以整体利用。

　　C　土壤处理

由于赤泥本身具有良好的吸附性能，尤其是重金属。因此，可以将赤泥用于重金属污染土地修复。赤泥对土壤中的 Cu^{2+}、Ni^{2+}、Zn^{2+}、Pb^{2+}、Cd^{2+} 等重金属离子有较好的固着作用，使其由可交换态转变为键合氧化态，从而降低重金属离子的活动力和反应性，有利于土壤中微生物和植物的生长。研究表明，经赤泥修复后的重金属污染土壤孔隙水中的重金属含量大大下降，如 Zn 含量由 $50 \sim 100mg/L$ 降至 $5mg/L$；同时，土壤中微生物含量得到了提高，农作物种子及叶子中的重金属含量明显降低，根据相关实验，莴苣叶子中 Zn、Ni、Cu 含量分别降低了 97.1%、98.2%、99.1%。

赤泥中含有大量的钙、硅、钾、磷，同时还含有数十种农作物必需的微量元素及一定的碱度。赤泥经脱水后，在高温下烘干活化并磨细后，即可配制硅钙农用肥，对酸性土壤有一定的调节作用，可作为基肥改良土壤；对缺钙、硅、钾、磷及相应微量元素的土地有一定的增产作用。目前，赤泥硅钙肥的年产量已经达 20 万吨，不过赤泥的成分很复杂，长期大量施用可能污染地下水，并且其碱性很高，对土壤的改良作用也有限。另外，赤泥也可以与其他物质共同对土壤改性。

6.3.3　赤泥金属化还原-分选工艺的提出

综上所述，国内外对赤泥提铁进行了很多研究，包括：（1）直接磁选。采用脉动高梯度磁选机直接磁选，磁选后赤泥精矿做高炉炼铁原料，存在着铁回收率低问题。（2）还原熔炼。基于煤基直接还原（转底炉等）熔分或电炉还原熔分，存在渣铁分离困难不利脱硫、能耗大等问题。（3）还原焙烧-磁选。$700 \sim 800℃$ 焙烧使 Fe_2O_3 还原为 Fe_3O_4，再磁选，存在铁品位、铁回收率低问题。（4）高温还原焙烧磁选，存在铁品位低等问题。

金属化还原-分选是综合利用复杂难选难处理铁矿资源的有效手段，已成功应用于处理辽宁丹东硼镁铁矿、宁乡式铁矿鲕状赤铁矿等"呆矿"，资源利用率超过常规分选工艺。对难处理铁矿进行深度还原处理，还原过程中金属铁颗粒成核及晶核长大破坏了原矿复杂的矿物结构，通过磨矿和分选可实现金属铁与脉石的有效分离。因此，在充分考虑铝业赤泥原料特性基础上，提出基于热压块的铝业赤泥金属化还原-分选工艺，见图 6-76。

该工艺的主要流程是铝业赤泥经干燥后按一定比例与烟煤均混，在适宜温度

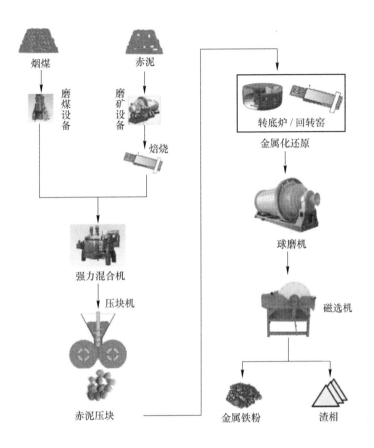

图 6-76 基于热压块的铝业赤泥金属化还原-分选新工艺

条件下制得铝业赤泥热压块，热压块在高温下进行金属化还原，其中烟煤煤粉作为还原剂，将矿石中的铁矿物直接还原为金属铁。通过控制还原条件从而合理控制铁颗粒的长大形态和粒度，使之适合于后续的分选作业；之后经磨矿、分选得到金属铁粉和尾矿。本工艺通过将铝业赤泥热压成块，并控制还原条件，使铝业赤泥中的铁相经过充分还原并聚集成铁颗粒，从而实现铁的有效回收。

热压块试验使用的赤泥化学成分见表 6-22。铝业赤泥经烘干脱水后，粉碎成小于 0.074mm 的细粉。热压实验用煤为烟煤，固定碳含量为 61.52%，工业分析列于表 6-23。

表 6-22 实验用铝业赤泥的成分 （质量分数，%）

成分	TFe	Fe_2O_3	SiO_2	Al_2O_3	CaO	TiO_2	K_2O 和 Na_2O	MgO	烧损	总计
含量	33.93	48.477	9.68	16.18	2.59	6.26	4.36	0.25	12.20	100.00

表 6-23　实验用烟煤的成分　　　　　　　　　　　（%）

名称	灰分	挥发分	固定碳
含量	8.75	29.13	61.52

6.3.4　赤泥金属化还原-分选工艺的单因素实验研究

6.3.4.1　还原时间对还原-分选指标的影响

选用碳氧比为 1.20 的铝业赤泥热压块，在还原温度为 1300℃、分选磁场强度 50mT 的条件下，研究了还原时间对金属化还原-分选指标的影响。考察了还原时间（40min、60min、80min 和 100min）对铝业赤泥热压块金属化还原-分选指标的影响，并初步分析了还原时间对工艺指标的作用规律。

图 6-77 给出了还原时间对铝业赤泥热压块金属化还原-分选工艺指标的影响。

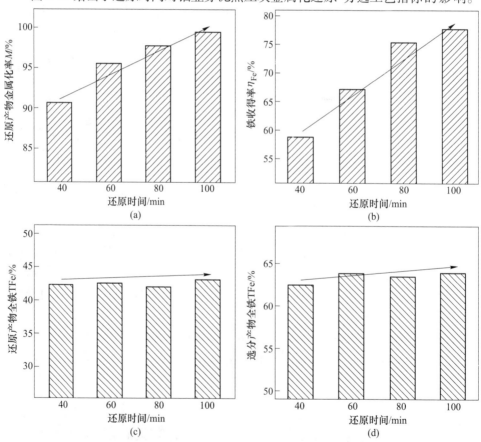

图 6-77　还原时间对还原-分选工艺指标的影响

（a）还原产物金属化率；（b）铁收得率；（c）还原产物全铁；（d）选分产物全铁

可以看出，随着还原时间的增加，还原产物中全铁 TFe 含量变化不大，但金属化率明显升高。分选产物中全铁 TFe 均呈略微增加趋势，但铁收得率 η_{Fe} 明显增加。当还原时间由 40min 逐渐增加到 100min 时，还原产物中全铁 TFe 和分选产物中全铁 TFe 分别从 42.30% 和 62.38% 增加到 43.13% 和 63.88%，还原产物金属化率从 90.95% 增加到 99.49%，铁收得率从 58.69% 增加到 77.76%。还原时间的延长有助于提高还原产物中金属化和分选产物中铁收得率，但对还原产物和分选产物中全铁仅略微提高。因此，可通过延长还原时间提高还原产物金属化率和分选产物中铁收得率，考虑采用其他措施提高分选产物全铁含量。

还原时间较短时，铁颗粒细小、分散且与渣相结合紧密，不利于磁选分离。随着还原时间的延长，铁的还原进行更加充分，同时有更多的时间渗碳，有助于降低铁相熔点，铁相熔融性能改善，与周边铁相颗粒聚集的能力得到加强，逐渐聚合长大，使还原产物金属化率逐渐增加，铁收得率逐渐增加。在本实验条件下，还原时间为 100min 对应的工艺综合指标较优。

6.3.4.2 还原温度对还原-分选指标的影响

选用碳氧比为 1.20 的铝业赤泥热压块，在还原时间 60min、分选磁场强度 50mT 的条件下，研究了还原温度对还原分选的影响。考察了还原温度（1275℃、1300℃、1325℃和1350℃）对铝业赤泥热压块金属化还原-分选工艺指标的影响，并初步分析了还原温度对工艺指标的作用规律。

图 6-78 给出了还原温度对铝业赤泥热压块金属化还原-分选工艺指标的影响。可以看出，随着还原温度的升高，还原产物中全铁 TFe 和分选产物中全铁 TFe 均呈略微增加趋势，还原产物金属化率 M 波动上升，铁收得率 η_{Fe} 明显增加。还原温度从 1275℃ 逐渐升高到 1350℃ 时，还原产物中全铁 TFe 和分选产物中全铁 TFe 分别从 42.73% 和 62.89% 增加到 45.69% 和 67.10%，还原产物金属化率 M 在 95.95%~98.12% 之间变化不大，铁收得率从 56.96% 增加到 70.49%。还原温度的升高有助于提高还原产物中金属化率和分选产物中铁收得率，且对于还原产物和分选产物中全铁也有提高。因此，可通过升高还原温度提高还原产物金属化率、分选产物铁收得率和分选产物全铁含量。

温度较低时，还原速度较慢，铁颗粒细小，不利于磁分选离。随着还原温度升高，铁的还原进行得更加充分，同时铁相中熔融相增多，铁颗粒易于聚合长大，有利于磁分选离，使还原产物金属化率呈增加趋势，铁收得率逐渐增加。在本实验的条件下，较佳的还原温度应不低于 1350℃。

6.3.4.3 碳氧比对还原-分选指标的影响

碳氧比是影响热压块冶金性能的重要因素，适当的碳氧比有助于热压块的还

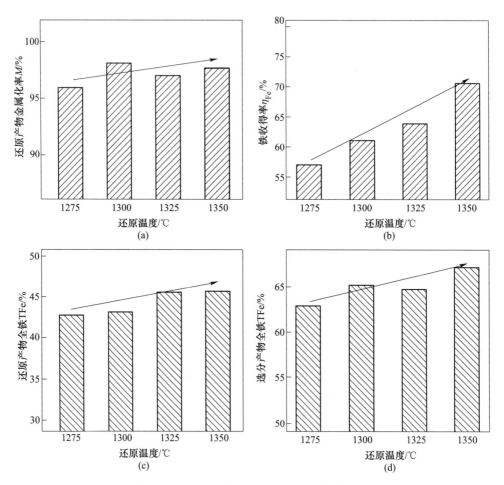

图 6-78 还原温度对还原-分选工艺指标的影响
（a）还原产物金属化率；（b）铁收得率；（c）还原产物全铁；（d）选分产物全铁

原。在还原时间 60min、还原温度 1300℃、分选磁场强度 50mT 的条件下，研究了碳氧比对还原-分选指标的影响。考察了碳氧比（1.00、1.20、1.40 和 1.60）对铝业赤泥热压块金属化还原-分选工艺指标的影响，并初步分析了碳氧比对工艺指标的作用规律。

图 6-79 给出了碳氧比对铝业赤泥热压块金属化还原-分选工艺指标的影响。可以看出，随着碳氧比的增加，还原产物中全铁 TFe 和分选产物中全铁 TFe 呈减少趋势，还原产物金属化率呈略微增加趋势，铁收得率 η_{Fe} 明显减少。碳氧比从 1.0 到逐渐增加 1.6，还原产物中 TFe 稳定在 43.91%~43.92%，分选产物中 TFe 从 69.93% 减少到 60.79%，还原产物金属化率从 96.20% 增加到 99.66%，收得率从 78.91% 减少到 14.16%。在一定程度上降低碳氧比有助于提高分选产物中铁收

得率。因此，考虑到还原以及铁收得率的影响，碳氧比应处于一定的比例，本实验中，较佳的碳氧比为1.0。

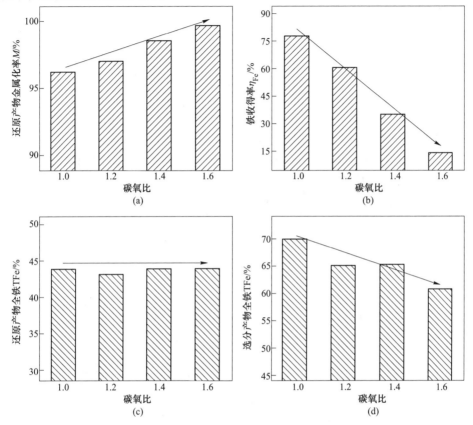

图6-79 碳氧比对还原-分选工艺指标的影响

（a）还原产物金属化率；（b）铁收得率；（c）还原产物全铁；（d）选分产物全铁

铁相的聚集是渗碳量促进作用和剩余碳量阻碍作用相互影响的结果。随着碳氧比的增加，铁相中渗碳量增加，铁相形成的熔融状态中液相就越多，有利于铁相聚集长大。同时碳氧量过多，剩余的碳就会包裹在铁颗粒周围，影响铁颗粒的进一步聚集，不利于磁选时渣铁分离，使铁回收率降低。在本实验的条件下，较佳的碳氧比为1.0，其工艺指标最优。

6.3.4.4 还原-分选工艺单因素优化

还原时间、还原温度和碳氧比对还原-分选效果影响的研究得出：（1）在实验条件下，较佳的还原温度为1350℃，还原温度的升高有助于提高还原产物中金属化率和分选产物中铁收得率，但1350℃时，铁回收率仅为70.49%；（2）还原时间的升高有助于提高还原产物中金属化率和分选产物中铁收得率，对铁收得率提高较大；（3）金属化还原-分选工艺中碳具有促进还原和抑制铁颗粒聚集长大的双重作用，本实验条件下较佳的碳氧比为 1.0。根据上述研究得到的结果和规律，进行了铝业赤泥热压块金属化还原-分选单因素优化实验研究。

图 6-80 给出了将温度升高至 1350℃时，还原时间对铝业赤泥热压块金属化还原-分选工艺指标的影响。可以看出，随着还原时间的延长，还原产物 TFe 和分选产物 TFe 含量均基本稳定，还原产物金属化率基本稳定，铁收得率 η_{Fe} 明显增加。还原时间从 40min 逐渐延长 100min，还原产物 TFe 和分选产物 TFe 分别稳定在 45.55% ~ 46.51% 和 73.28% ~ 73.39%，还原产物金属化率在 94.97% ~ 95.98%波动，铁收得率从 82.85%增加到 88.12%。相对于实验方案改动前，分选产物全铁含量和铁收得率均有明显提高。因此，实验条件下，适宜的还原温度为不低于 1350℃，还原时间不短于 100min。

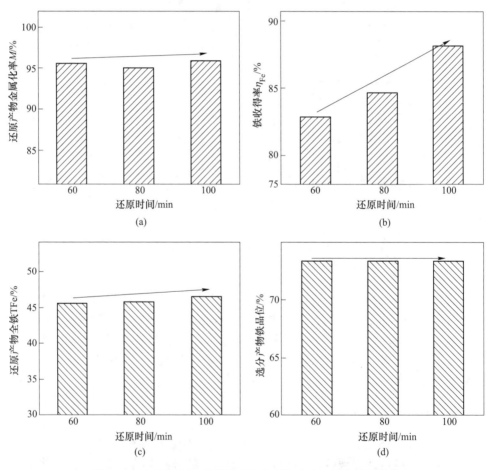

图 6-80　1350℃条件下还原时间对还原-分选工艺指标的影响

（a）还原产物金属化率；（b）铁收得率；（c）还原产物全铁；（d）选分产物铁品位

由前面的研究结果可知，到一定还原时间和还原温度后，延长还原时间和提高还原温度有助于提高分选产物中铁收得率，但对分选产物中铁品位 TFe 提高幅度有限。因此，需考虑采用其他措施提高分选产物全铁含量。本研究在还原时间 100min、还原温度 1350℃、碳氧比为 1.0 条件下，进行了磁选段数对还原-分选指标的影响。取两组上述条件还原后产物磨矿，每组称取 20g，在磁场强度 50mT 下磁选，之后烘干、称重，为一阶磁选；收集一段磁选后金属铁粉磨细，取10g，在 250mT 下磁选，之后烘干、称重，为二阶磁选。实验结果见表6-24。

表 6-24   一阶磁选和二阶磁选实验结果   （%）

还原产物 TFe	还原产物 MFe	一阶磁选 TFe	二阶磁选 TFe	金属化率	一阶磁选 铁收得率	二阶磁选 铁收得率	总铁收得率
47.24	45.23	73.23	80.58	95.75	87.97	95.95	84.41

从表 6-24 和图 6-81 可知，通过两段磁选，分选产物 TFe 从一阶磁选后的 73.23% 增加到二阶磁选后的 80.58%，金属化率为 95.75%，一阶磁选铁收得率为 87.97%，二阶磁选铁收得率为 95.95%，总铁收得率为 84.41%。通过两阶磁选可将分选产物 TFe 提高到 80% 以上，同时铁收得率在较高水平。

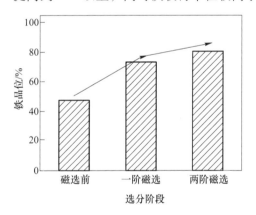

图 6-81   磁选段数对分选产物铁品位的影响

6.3.5   赤泥金属化还原-分选工艺的响应曲面优化

6.3.5.1   响应曲面优化设计方案

在选定热压用煤和热压设备的基础上，将热压温度选定在 200℃、热压压力不小于 40MPa 的前提下，考察还原时间、还原温度和碳氧比对铝业赤泥金属化还原-分选的影响。采用统计软件 Design Expert 8.0 中心组合设计方法，以还原时间、还原温度和碳氧比为自变量，分别用 x_1、x_2、x_3 代表，以铝业赤泥的金属化率、铁回收率和铁品位为因变量进行研究，分别以 Y_1、Y_2、Y_3 表示。实验中的因子编号及水平列于表 6-25。其中碳氧比选择的范围为 0.8~1.6，还原时间为 40~120min，还原温度为 1250~1350℃。通过中心复合设计出的统计优化方案中，每一个影响因子都有 3^3 个充分阶乘，从 3×23 个充分阶乘中选取 8 个阶乘点、6 个轴向点以及 6 个中心重复点（优化设计中选用中心重复点的目的是为了减少实验性误差），需要总共 20 组实验来完成实验的优化，实验次数由式（6-72）计算：

$$N = 2^n + 2n + n_c = 2^3 + 2 \times 3 + 6 = 20 \tag{6-72}$$

式中　N——要完成的总实验次数；

$\quad\quad n$——影响因子个数；

$\quad\quad n_c$——重复实验的中心点（中心复合设计中 $n_c=6$）。

表 6-25　响应曲面分析因素与水平

水平	因　素		
	碳氧比	还原温度/℃	还原时间/min
−1	0.8	1250	40
0	1.2	1300	80
+1	1.6	1350	120
−1.682	1.87	1216	13
+1.682	0.53	1384	147

根据表 6-25 中的实验方案进行铝业赤泥热压块金属化还原-分选优化实验，还原产物金属化率、分选产物铁回收率和铁品位结果列于表 6-26。可以看出，还原产物金属化率基本上大于 90%，分选产物的铁回收率和铁品位变化较大，而铁回收率和铁品位是选分工艺的主要考察指标。因此，采用响应曲面法对分选产物铁回收率和铁品位 TFe 进行优化分析，建立了优化预测数学模型，得到了最优工艺参数。

表 6-26　实验方案与结果

实验编号	碳氧比	还原温度/℃	还原时间/min	金属化率/%	铁收得率/%	TFe/%
1	0.80	1250	40	95.08	61.25	61.70
2	1.60	1250	40	94.78	21.24	62.41
3	0.80	1350	40	95.72	90.16	74.02
4	1.60	1350	40	97.59	54.28	64.13
5	0.80	1250	120	97.47	65.54	62.62
6	1.60	1250	120	94.19	25.25	63.28

实验编号	碳氧比	还原温度 /℃	还原时间 /min	金属化率 /%	铁收得率 /%	TFe /%
7	0.80	1350	120	94.92	94.15	77.04
8	1.60	1350	120	98.96	61.95	65.93
9	0.53	1300	80	70.47	70.75	67.59
10	1.87	1300	80	97.51	34.70	62.49
11	1.20	1216	80	89.69	15.30	63.85
12	1.20	1384	80	98.89	90.35	69.07
13	1.20	1300	13	86.38	41.22	69.37
14	1.20	1300	147	98.44	96.30	71.72
15	1.20	1300	80	97.33	62.94	64.44
16	1.20	1300	80	95.50	65.19	66.15
17	1.20	1300	80	94.26	66.52	65.28
18	1.20	1300	80	96.78	61.86	64.26
19	1.20	1300	80	97.89	62.78	66.78
20	1.20	1300	80	94.08	63.43	63.41

6.3.5.2 铁回收率优化分析

采用响应曲面法中的二次回归模型对表 6-26 中的铁回收率与碳氧比、还原时间和还原温度等数据进行回归拟合，建立了铝业赤泥热压块金属化还原-分选工艺指标铁回收率与各影响因素的数学模型如下：

$$Y_1 = -2680.32735 - 85.65957x_1 + 3.97094x_2 - 0.3056x_3 + 0.076375x_1x_2 +$$
$$0.026562x_1x_3 + 2.1 \times 10^{-4}x_2x_3 - 22.5057x_1^2 -$$
$$1.42622 \times 10^{-3}x_2^2 + 1.2927 \times 10^{-3}x_3^2 \tag{6-73}$$

式中　Y_1——铁回收率，%；

　　　x_1——碳氧比；

　　　x_2——还原温度，℃；

　　　x_3——还原时间，min。

铁收得率模型标准差为 10.01，相关系数 R^2 为 0.9028，表明实测值与预测值之间的相关性较高，实验可信度较高。图 6-82 给出了铁收得率预测值与实际值对比图。可以看出，实际值与预测值基本处于直线附近，说明所建立模型的预测值与实际值很相符。

采用方差分析对所选用的铁收得率模型精确度进行分析，结果列于表 6-27。可知，模型的 P 值为 0.0006，表明模型的精确度很高，模拟效果显著（模型分析中，$P<0.05$ 即说明所选模型可信度较高，模拟精确）。对于铝业赤泥热压块金

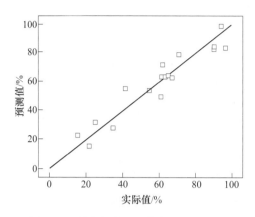

图 6-82　铁收得率预测值与实际值对比

属化还原-分选工艺铁收得率，一次项 x_1、x_2 的影响极显著（$P<0.01$），一次项 x_3 影响显著（$P<0.05$），其影响程度的大小依次为 x_2、x_1、x_3；二次项中 x_1^2、x_2^2 和 x_3^2 的影响不显著（$P>0.05$）；交互项中 x_1x_2、x_1x_3 和 x_2x_3 的影响不显著（$P>0.05$）。因此，对铝业赤泥热压块金属化还原-分选工艺铁收得率的影响程度大小依次为还原温度、碳氧比、还原时间。

表 6-27　铁收得率模型方差分析结果

项目	平方和	自由度	均方和	F 值	P 值
模型	9298.09	9	1033.12	10.32	0.0006
x_1	3198.73	1	3198.73	31.94	0.0002
x_2	4704.70	1	4704.70	46.98	<0.0001
x_3	928.27	1	928.27	9.27	0.0124
x_1x_2	18.67	1	18.67	0.19	0.6751
x_1x_3	1.44	1	1.44	0.014	0.9068
x_2x_3	1.41	1	1.41	0.014	0.9079
x_1^2	186.87	1	186.87	1.87	0.2019
x_2^2	183.21	1	183.21	1.83	0.2060
x_3^2	61.65	1	61.65	0.62	0.4509

　　根据模型方程，应用响应曲面法绘制响应值铁回收率与影响因素的三维响应曲面分析图。最佳水平范围在响应曲面顶点附近的区域。如果响应曲面坡度相对平缓，表明该因素对响应值的影响程度不明显，相反则表明响应值对该因素的改变非常敏感。

　　图 6-83 给出了碳氧比和还原时间对铁收得率的影响。可知，随还原温度的升高和碳氧比的减小，铁收得率均有明显增加。在本实验的范围内，当还原温度为 1350℃、碳氧比为 0.8 时，即还原温度与碳氧比两者交汇处曲面最高点铁收得

率有最大值。图中靠近还原温度的响应曲面坡度明显比靠近碳氧比的响应曲面陡峭，说明与还原温度相比，虽然随着碳氧比减小，铁收得率有明显增加，但其增加幅度相对于还原温度升高引起的增加幅度要低，即还原温度对铁收得率的影响比碳氧比更显著。另外，从下方投影的等高线图可以看出，当温度更高时，碳氧比对铁收得率的影响程度更小。

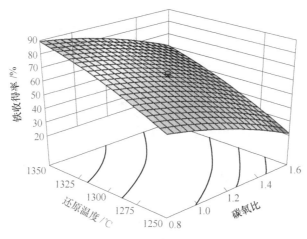

图 6-83　还原温度和碳氧比对铁收得率的影响

　　图 6-84 给出了还原时间和碳氧比对铁收得率的影响。可知，随还原时间的延长和碳氧比的减小，铁回收率均有较明显增加。图中靠近碳氧比的响应曲面坡度明显比靠近还原时间的响应曲面陡峭，说明与还原时间相比，碳氧比对铁收得率的影响更显著。从投影的等高线图可以看出，当碳氧比更高时，还原时间对铁回收率的影响更为显著。但从整体而言，还原时间对铁回收率的影响程度更小。

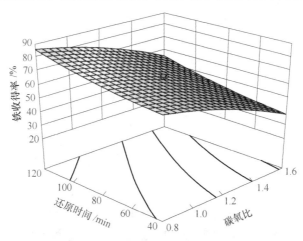

图 6-84　还原时间和碳氧比对铁收得率的影响

　　图 6-85 给出了还原时间和还原温度对铁收得率的影响。可知，随还原时间的延长和还原温度的升高，铁收得率均有较明显增加。图中靠近还原温度的响应曲面坡度明显比靠近还原时间的响应曲面陡峭，说明与还原时间相比，还原温度对铁收得率的影响更显著。

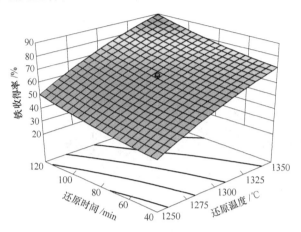

图 6-85　还原时间和还原温度对铁收得率的影响

　　由以上研究结果可知，碳氧比、还原温度和还原时间对铝业赤泥热压块金属化还原-分选工艺铁收得率影响显著。其中，还原温度影响最大。因此，提高还原温度、减小碳氧比和延长还原时间均可增加铁收得率。

6.3.5.3　分选产物铁品位优化分析

　　采用响应曲面法中的二次回归模型对表 6-26 中的分选产物铁品位 TFe 与碳氧比、还原时间和还原温度等数据进行回归拟合，建立了铝业赤泥热压块金属化还原-分选工艺指标铁品位与各影响因素的数学模型如下：

$$Y_2 = -21.04435 + 180.92734x_1 - 0.065585x_2 - 0.38597x_3 - 0.13981x_1x_2 -$$
$$9.92188 \times 10^{-3}x_1x_3 + 1.89375 \times 10^{-4}x_2x_3 - 1.47537x_1^2 + 1.06395 \times$$
$$10^{-4}x_2^2 + 1.06891 \times 10^{-3}x_3^2 \tag{6-74}$$

式中　Y_2——分选产物铁品位 TFe，%；

　　　x_1——碳氧比；

　　　x_2——还原温度，℃；

　　　x_3——还原时间，min。

　　铁品位模型标准差为 1.82，相关系数 R^2 为 0.8983，表明实测值与预测值之间的相关性较高，实验可信度较高。图 6-86 给出了铁品位 TFe 预测值与实际值对比，可以看出，实际值与预测值基本处于直线附近，说明所建立模型的预测值与实际值很相符。

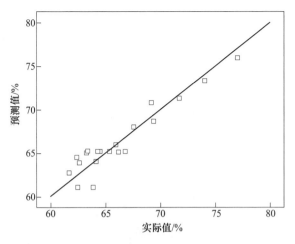

图 6-86 分选产物铁品位预测值与实际值对比

采用方差分析对所选用的 TFe 模型精确度进行分析，结果列于表 6-28。由表 6-28 可知，模型的 P 值为 0.0007，表明模型的精确度很高，模拟效果显著（模型分析中，$P<0.05$ 即说明所选模型可信度较高，模拟精确）。对于铝业赤泥热压块金属化还原-分选工艺 TFe，一次项 x_1、x_2 的影响极显著（$P<0.01$），一次项 x_3 的影响不显著（$P>0.05$），其影响程度的大小依次为 x_2、x_1、x_3；二次项中 x_1^2 和 x_2^2 的影响不显著（$P>0.05$），x_3^2 的影响极显著（$P<0.01$）；交互项中 x_1x_2 的影响极显著（$P<0.01$），x_1x_3 和 x_2x_3 的影响不显著（$P>0.05$）。因此，对铝业赤泥热压块金属化还原-分选工艺 TFe 的影响程度大小依次为还原温度、碳氧比、还原时间。

表 6-28　分选产物铁品位模型方差分析结果

项目	平方和	自由度	均方和	F 值	P 值
模型	291.65	9	32.41	9.82	0.0007
x_1	58.26	1	58.26	17.65	0.0018
x_2	116.51	1	116.51	35.29	0.0001
x_3	8.17	1	8.17	2.47	0.1468
x_1x_2	62.55	1	62.55	18.95	0.0014
x_1x_3	0.20	1	0.20	0.061	0.8098
x_2x_3	1.15	1	1.15	0.35	0.5685
x_1^2	0.80	1	0.80	0.24	0.6325
x_2^2	1.02	1	1.02	0.31	0.5906
x_3^2	42.15	1	42.15	12.77	0.0051

　　图 6-87 给出了碳氧比和还原时间对分选产物铁品位的影响。可以看出，随还原温度的升高，铁品位明显增加；温度较低时，TFe 随着碳氧比的增大而略有增大，而温度较高时 TFe 随着碳氧比的减小而明显增加。在本实验的范围内，当还原温度为 1350℃、碳氧比为 0.8 时，即还原温度与碳氧比两者交汇处曲面最高点 TFe 有最大值。图中靠近还原温度的响应曲面坡度明显比靠近碳氧比的响应曲面陡峭，说明与碳氧比相比，还原温度对 TFe 的影响更显著。

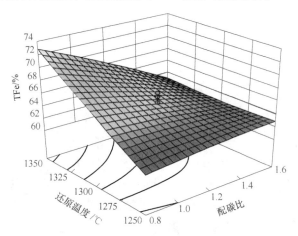

图 6-87　还原温度和碳氧比对铁品位的影响

　　图 6-88 给出了还原时间和碳氧比对铁品位的影响。可知，随碳氧比的减小，铁品位有较明显增加，还原时间在 40~80min 范围内变化不大，而还原时间在 80~120min 之间，铁品位随着还原时间延长而略有增加，图中靠近碳氧比的响应曲面坡度明显比靠近还原时间的响应曲面陡峭，说明与还原时间相比，碳氧比对铁品位的影响更显著。

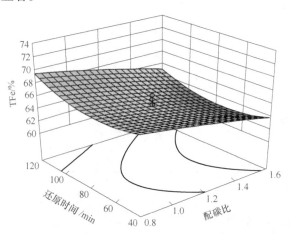

图 6-88　还原时间和碳氧比对铁品位的影响

图 6-89 给出了还原时间和还原温度对铁品位的影响。可知，随还原温度的升高，铁品位有明显增加，还原时间在 40~80min 内，分选产物铁品位变化不大，而还原时间在 80~120min 内，铁品位随还原时间延长而略有增加。图中靠近还原温度的响应曲面坡度明显比靠近还原时间的响应曲面陡峭，说明与还原时间相比，还原温度对铁收得率的影响更显著。

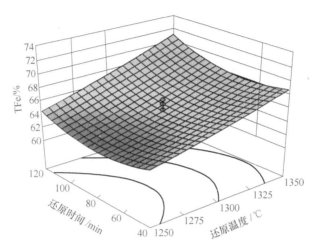

图 6-89 还原时间和还原温度对铁品位的影响

由以上研究结果可知，碳氧比和还原温度对铁品位影响显著，还原时间对 TFe 影响较显著。其中，还原温度影响最大。因此，增加还原温度、减小碳氧比和延长还原时间均可提高分选产物的铁品位。

6.3.5.4 工艺参数优化与实验验证

铝业赤泥热压块金属化还原-分选工艺中尽可能地回收铁以及提高分选产物中的铁品位。采用响应曲面优化法，基于拟合出的数学预测模型式（6-73）和式（6-74）对各影响因素进行优化，得到的铁收得率和铁品位最大化的优化工艺参数为：碳氧比 0.8，还原温度 1400℃，还原时间 99.65min，在此条件下回归模型预测的铁收得率和铁品位最大化分别为 100% 和 80.66%。

为了验证模型方程的合适性与可靠性，考虑到实际实验操作中达不到优化值的精确程度。因此选取碳氧比 0.8，还原温度 1400℃，还原时间 100min，进行铝业赤泥热压块金属化还原-分选工艺工艺实验，实验结果列于表 6-29。从表 6-29 中可以看出，优化工艺参数下，实验中铁收得率和铁品位的实验值分别为 99.10% 和 82.52%，与模型预测优化值接近，误差分别只有 0.9% 和 2.30%，说明模型合适可靠。

表 6-29　模型预测值与实验值对比

表 6-29　模型预测值与实验值对比

名称	还原温度/℃	碳氧比	还原时间/min	铁收得率/%			TFe/%		
				预测值	实验值	误差	预测值	实验值	误差
模型	1400	0.8	99.65	100.00	—	0.90	80.66	—	2.30
实验	1400	0.8	100.00	—	99.10		—	82.52	

6.3.6　铝业赤泥金属化还原–分选工艺总结

针对铝业赤泥的原料特性和研究利用现状，提出了基于热压块法的铝业赤泥金属化还原–分选新工艺。通过金属化还原–分选实验，研究了还原时间、碳氧比、还原温度等工艺参数对还原分选效果的影响规律，采用响应曲面法优化了还原工艺参数，得出以下结论：

（1）在一定范围内提高还原温度、延长还原时间、降低碳氧比可以提高分选产物铁回收率以及铁品位。

（2）单因素实验中，适宜的铝业赤泥热压块金属化还原–分选工艺参数为：碳氧比不大于 1.00、还原温度不低于 1350℃、还原时间 100min，一阶磁场强度为 50mT，二阶磁场强度 250mT；在此条件下，整个工艺流程中铁收得率为 84.41%，分选产物铁品位为 80.58%。

（3）采用响应曲面法中心组合设计回归拟合得到的模型能够解释各参数及其交互作用对响应值的作用规律，具有良好的预测作用；各工艺参数对铝业赤泥热压块金属化还原–分选工艺铁收得率和 TFe 的影响程度大小均依次为还原温度、碳氧比、还原时间。

（4）建立铁收得率与各因素预测模型为：$Y_1 = -2680.32735 - 85.65957x_1 + 3.97094x_2 - 0.3056x_3 + 0.076375x_1x_2 + 0.026562x_1x_3 + 2.1 \times 10^{-4} x_2x_3 - 22.5057x_1^2 - 1.42622 \times 10^{-3} x_2^2 + 1.2927 \times 10^{-3} x_3^2$，其相关系数为 0.9028；建立 TFe 与各因素预测模型为：$Y_2 = -21.04435 + 180.92734x_1 - 0.065585x_2 - 0.38597x_3 - 0.13981x_1x_2 - 9.92188 \times 10^{-3} x_1x_3 + 1.89375 \times 10^{-4} x_2x_3 - 1.47537x_1^2 + 1.06395 \times 10^{-4} x_2^2 + 1.06891 \times 10^{-3} x_3^2$，其相关系数为 0.8983；两个方程能够预测铝业赤泥热压块金属化还原–分选工艺铁收得率和分选产物铁品位随各工艺参数的变化规律。

（5）在实验范围内，响应曲面法得到的最佳工艺参数为碳氧比 0.8，还原温度 1400℃，还原时间 100min，在此条件下铁收得率和分选产物铁品位 TFe 的实验值分别为 99.10% 和 82.52%，与模型预测值 100% 和 80.66% 接近，误差分别为 0.9% 和 2.30%。

参 考 文 献

[1] 李成，刘翠珍，张巨功，等. 不锈钢实用手册 [M]. 北京：中国科学技术出版社，2003：3~15.

[2] 曾祥婷，元春华，许虹，等. 中国铬资源产业形势及其相关策略研究 [J]. 资源与产业，2015，17 (3)：39~44.

[3] 曾祥婷，许虹，田尤，等. 中国镍资源产业现状及可持续发展策略 [J]. 资源与产业，2015，17 (4)：94~99.

[4] 魏芬绒，张延玲，魏文洁，等. 不锈钢粉尘化学组成及其 Cr、Ni 存在形态 [J]. 过程工程学报，2011，11 (5)：786~793.

[5] Sofilić T, Rastovčan-Mioč A, Cerjan-Stefanović Š, et al. Characterization of steel mill electric-arc furnace dust [J]. Journal of Hazardous Materials, 2004, 109 (1-3)：59~70.

[6] Pelino M, Karamanov A, Pisciella P, et al. Vitrification of electric arc furnace dusts [J]. Waste Management, 2002, 22 (8)：945~949.

[7] 隋亚飞，孙国栋，靳斐，等. 从不锈钢粉尘中选择性提取 Cr、Ni 和 Zn 重金属 [J]. 北京科技大学学报，2012，34 (10)：1130~1137.

[8] Doromin I E, Svyazhin A G. Commercial methods of recycling dust from steelmaking [J]. Metallurgist, 2011, 54 (9)：673~680.

[9] Bartels-von C, Lemperle M, Rachner J. Recovery of iron from residues using the OxiCup technology [J]. MPT Metallurgical Plant and Technology International, 2006, 29 (1)：18~26.

[10] 赵海泉，齐渊洪，史永林，等. 含镍、铬固体废弃物资源化利用工艺研究 [J]. 中国资源综合利用，2015，33 (6)：43~46.

[11] 唐尧. 中国硼矿资源勘查现状及前景分析 [J]. 国土资源情报，2015，20 (3)：24~28.

[12] 唐尧，陈春琳，熊先孝，等. 硼资源开发利用现状及我国硼资源发展战略浅析 [J]. 化工矿物与加工，2014，43 (1)：21~24.

[13] 李治杭，韩跃新. 我国硼铁矿综合开发利用现状及其进展 [J]. 矿产综合利用，2015 (2)：22~25.

[14] Yan X L, Chen B. Chemical and boron isotopic compositions of tourmaline from the Paleoproterozoic Houxianyu borate deposit, NE China：implications for the origin of borate deposit [J]. Journal of Asian Earth Science, 2014 (94)：252~266.

索　引

B

不锈钢粉尘　525，534

C

COOLSTAR　16，17
COURSE50　15，16
赤泥　609
催化机理　205，227

D

电炉熔分　494
多孔模型　330

E

二次资源　525

F

Fe-Cr-Ni-C 合金形成机理　558
钒钛磁铁矿　268，272，277
风口回旋区　46，48
复合铁焦　117，122，135，138，174，189，228
复合型添加剂　606

G

高铬型钒钛磁铁矿　472，480
高炉喷吹焦炉煤气　41，42，43
高炉喷吹天然气　44，45
高炉喷氢　39，40
固结机理　481

H

H_2FUTURE　20，21

HYBRIT　24，25
含碳复合炉料　268，278，283，294，319
核能制氢　34，35
环境影响　458

J

节能减排　9，11

K

可再生能源制氢　36，37

L

LCA　458，460
理论燃烧温度　45，50

M

MIDREX-H_2　28，29
煤气化制氢　32，33
煤制气-气基竖炉-电炉短流程　419

P

硼泥　592

Q

气化动力学　205，206，220
气基竖炉　410
氢气闪速熔炼　25，27

R

热补偿　53，55
热解动力学　537
热压块-金属化还原-自粉化　525，534

S

SALCOS　22, 23

生命周期评价　464

数学模拟　46, 52, 55

T

天然气制氢　33

U

ULCOS　18, 19

W

物料平衡　59

X

响应曲面　623

Y

氧化球团矿　430

㶲平衡　75, 76

㶲评价　73, 80

㶲效率　456

Z

渣金自粉化　590